电气工程师自学成才手册

（提高篇）

（第2版）

蔡杏山　主编

電子工業出版社
Publishing House of Electronics Industry
北京·BEIJING

内 容 简 介

《电气工程师自学成才手册》（第 2 版）分为基础篇、提高篇、精通篇三册。本书为提高篇，主要介绍住宅配电线路的设计规划，常用电动工具的使用，暗装方式敷设电气线路，明装方式敷设电气线路，开关、插座的接线与安装，灯具、浴霸的接线与安装，弱电线路及门禁系统的接线与安装，电工识图基础，电工测量电路的识读，照明与动力配电线路的识读，供配电系统电气线路的识读，电子电路的识读，电力电子电路的识读，实用电工电子电路的识读，变频器的组成与主电路原理及检修，变频器的电源、驱动电路原理与检修，变频器的其他电路原理与检修等内容。

本书具有基础起点低、内容由浅入深、语言通俗易懂、结构安排符合学习认知规律的特点，不仅适合作为电气工程师中级阶段的自学图书，也可作为职业学校和社会培训机构中级层次的电工技术教材。

图书在版编目（CIP）数据

电气工程师自学成才手册. 提高篇 / 蔡杏山主编. —2 版. —北京：电子工业出版社，2021.7
ISBN 978-7-121-41507-4

Ⅰ. ①电…　Ⅱ. ①蔡…　Ⅲ. ①电工技术－技术手册　Ⅳ. ①TM-62

中国版本图书馆 CIP 数据核字（2021）第 129267 号

责任编辑：夏平飞
印　　刷：北京天宇星印刷厂
装　　订：北京天宇星印刷厂
出版发行：电子工业出版社
　　　　　北京市海淀区万寿路 173 信箱　　邮编 100036
开　　本：787×1 092　1/16　印张：26.25　字数：672 千字
版　　次：2018 年 1 月第 1 版
　　　　　2021 年 7 月第 2 版
印　　次：2022 年 9 月第 2 次印刷
定　　价：108.00 元

凡所购买电子工业出版社图书有缺损问题，请向购买书店调换。若书店售缺，请与本社发行部联系，联系及邮购电话：（010）88254888，88258888。

质量投诉请发邮件至 zlts@phei.com.cn，盗版侵权举报请发邮件至 dbqq@phei.com.cn。

本书咨询联系方式：（010）88254498。

前　言

《电气工程师自学成才手册》（第 1 版）自 2018 年 1 月上市以来，深受读者欢迎，已多次重印。根据读者的反馈意见，我们推出了第 2 版。新版图书订正了第 1 版图书中的一些错误，同时为图书配置了相关视频，以帮助读者更好地学习和理解有关内容。读者可以用手机扫描二维码观看视频。

随着科学技术的发展，社会各领域的电气化程度越来越高，使得电气及相关行业需要越来越多的电工技术人才。对于一些对电工技术一无所知或略有一点基础的人来说，要想成为一名电气工程师或达到相同的技术程度，既可以在培训机构培训，也可以在职业学校系统学习，还可以自学成才，不管采用哪种方法，都需要一些合适的学习图书，选择一些好图书，不但可以让读者轻松迈入电工技术大门，而且能让读者的技术水平迅速提高，快速成为电工技术领域的行家里手。

《电气工程师自学成才手册》（第 2 版）是一套零基础起步、由浅入深、知识技能系统全面的与电工技术相关的图书。读者只要具有初中文化水平，通过系统阅读本书，就能很快达到电气工程师的技术水平。**本书分为基础篇、提高篇、精通篇三册，内容说明如下。**

《电气工程师自学成才手册（基础篇）》（第 2 版）主要包括电工基础知识，电工工具的使用及导线的选用和连接，电工电子测量仪表的使用，低压电器，电子元器件，变压器，电动机，三相异步电动机的常用控制电路，单相异步电动机及其控制电路，直流电动机及其控制电路，常用机床电气控制电路，变频器入门，PLC 入门等内容。

《电气工程师自学成才手册（提高篇）》（第 2 版）主要包括住宅配电线路的设计规划，常用电动工具的使用，暗装方式敷设电气线路，明装方式敷设电气线路，开关、插座的接线与安装，灯具、浴霸的接线与安装，弱电线路及门禁系统的接线与安装，电工识图基础，电工测量电路的识读，照明与动力配电线路的识读，供配电系统电气线路的识读，电子电路的识读，电力电子电路的识读，实用电工电子电路的识读，变频器的组成与主电路原理及检修，变频器的电源、驱动电路原理与检修，变频器的其他电路原理与检修等内容。

《电气工程师自学成才手册（精通篇）》（第 2 版）主要包括 PLC 入门与实践操作，三菱 FX 系列 PLC 硬件接线和软元件说明，三菱 PLC 编程与仿真软件的使用，基本梯形图元件与指令的使用及实例，步进指令的使用及实例，应用指令的使用举例，模拟量模块的使用，PLC 通信，变频器的使用，变频器的典型控制功能及应用电路，变频器的选用、安装与维护，PLC 与变频器的综合应用，触摸屏与 PLC 的综合应用，交流伺服系统的组成与原理，三菱通用伺服驱动器的硬件系统，三菱伺服驱动器的显示操作与参数设置，伺服驱动器三种工作模式的应用举例与标准接线，步进电动机与步进驱动器的使用及应用实例，三菱定位模块的使用等内容。

《电气工程师自学成才手册》（第2版）主要有以下特点：

◆ **基础起点低**。读者只需具有初中文化程度即可阅读。

◆ **语言通俗易懂**。少用专业化的术语，遇到较难理解的内容用形象比喻说明，尽量避免复杂的理论分析和烦琐的公式推导，阅读起来十分顺畅。

◆ **内容解说详细**。考虑到自学时一般无人指导，因此在编写过程中对书中的知识技能进行详细解说，让读者能轻松理解所学内容。

◆ **采用图文并茂的表现方式**。大量采用读者喜欢的直观形象的图表方式表现内容，使阅读变得非常轻松，不易产生阅读疲劳。

◆ **内容安排符合认知规律**。按照循序渐进、由浅入深的原则来确定各章节内容的先后顺序，读者只需从前往后阅读图书，便会水到渠成。

◆ **突出显示知识要点**。为了帮助读者掌握知识要点，书中用阴影和文字加粗的方法突出显示知识要点，指示学习重点。

◆ **网络免费辅导**。读者在阅读时遇到难理解的问题，可登录易天电学网，观看有关辅导材料或向老师提问进行学习。

本书在编写过程中得到了许多教师的支持，在此一并表示感谢。由于我们水平有限，书中的错误和疏漏在所难免，望广大读者和同仁予以批评指正。

编　者

扫码看视频

目　录

第 1 章　住宅配电线路的设计规划

1.1　住宅供配电系统

1.1.1　电能的传输环节　A01 电能的传输环节

一般住宅用户的用电由当地电网提供，而当地电网的电能来自发电站。发电站的电能传输到用户的环节如图 1-1 所示，发电站的发电机输出电压先经升压变压器升至 220kV 电压，然后通过高压输电线进行远距离传输，到达用电区后，先送到一次高压变电所，由降压变压器将 220kV 电压降压成 110kV 电压，接着送到二次高压变电所，由降压变压器将 110kV 电压降压成 10kV 电压，10kV 电压一部分送到需要高压的工厂使用，另一部分送到低压变电所，由降压变压器将 10kV 电压降压成 220/380V 电压，提供给一般用户使用。

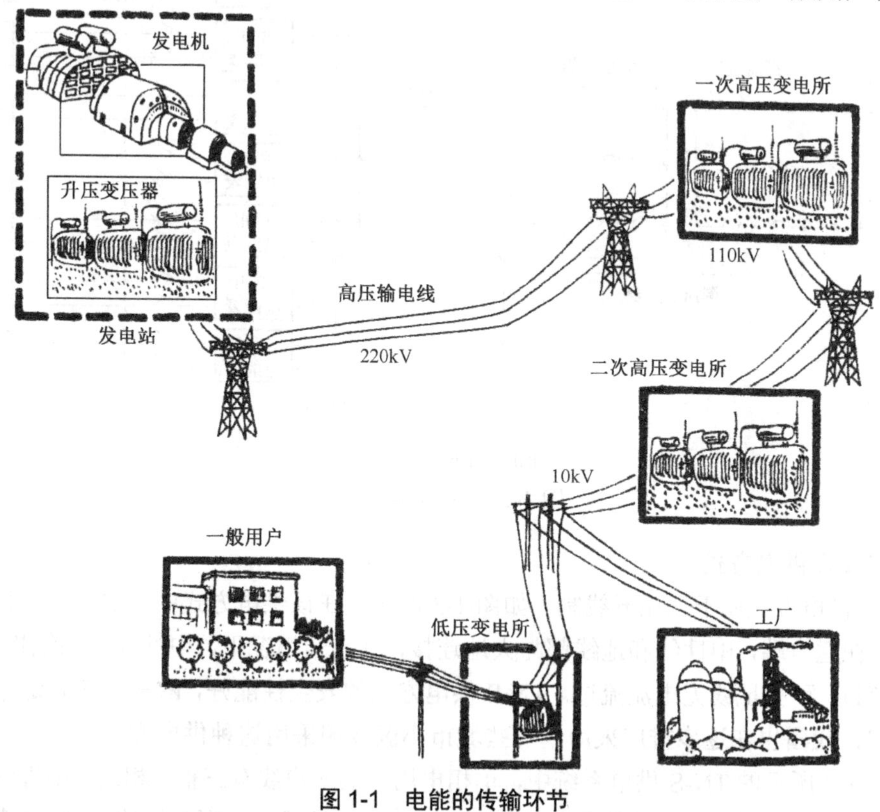

图 1-1　电能的传输环节

1.1.2　TN-C 供电方式和 TN-S 供电方式

住宅用户使用 220/380V 电压，由低压变电所（或小区配电房）提供。低压变电所的降压变压器将10kV的交流电压转换成220/380V的交流电压后，提供给用户。**低压变电所为住宅用户供电主要有两种方式：TN-C供电方式（三相四线制）和TN-S供电方式（三相五线制）。**

1．TN-C供电方式

A02 住宅用户供电方式

TN-C供电方式属于三相四线制，如图1-2所示。在该供电方式中，中性线直接与大地连接，并且接地线和中性线合二为一（即只有一根接地的中性线，无接地线）。**TN-C供电方式常用在低压公用电网及农村集体电网等小负荷系统。**

在图1-2所示的TN-C供电系统中，低压变电所的降压变压器将10kV电压降为220/380V（相线与中性线之间的电压为220V，相线之间的电压为380V），为了平衡变压器输出电能，将L1相电源分配给A、B村庄，将L2相电源分配给C、D村庄，将L3相电源分配给E、F村庄，将L1、L2、L3三相电源提供给三相电用户，每个村庄的入户线为两根，而三相电用户的输入线有四根。电能表分别用来计量各个村庄及三相电用户的用电量，断路器分别用来切换各个村庄和三相电用户的用电。图中虚线框内的部分通常设在低压变电所。

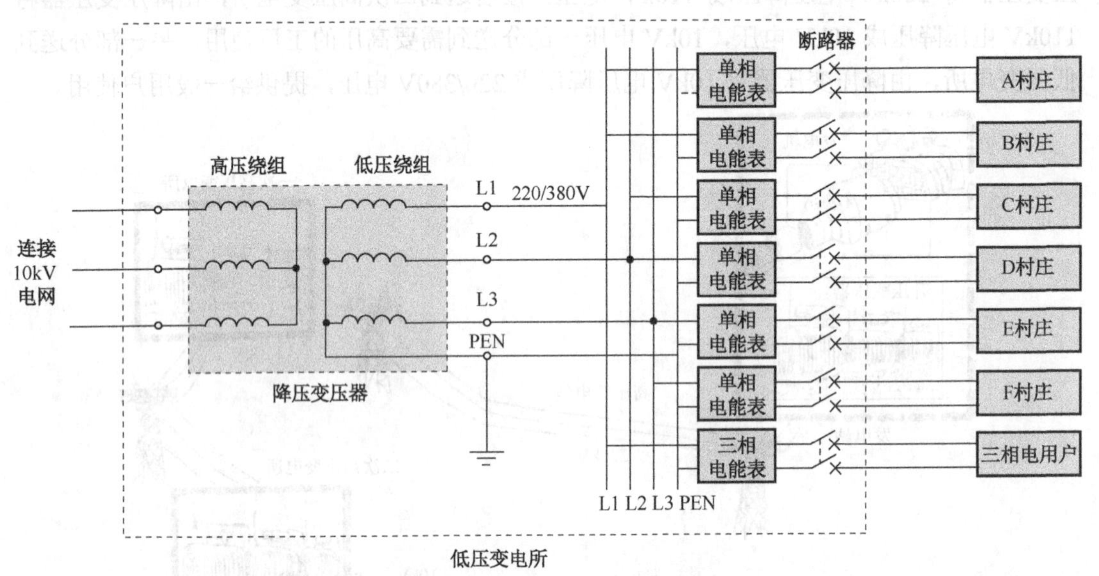

图1-2　TN-C供电方式

2．TN-S供电方式

TN-S供电方式属于三相五线制，如图1-3所示。在该供电方式中，中性线和接地线是分开的，在送电端，中性线和地线都与大地连接，在正常情况下，中性线与相线构成回路，有电流流过，而接地线无电流流过。**TN-S供电方式的安全性能好，欧美各国普遍采用这种供电方式，我国也在逐步推广采用，一些城市小区普遍采用这种供电方式。**

在图1-3所示的TN-S供电系统中，单相电用户的入户线有三根（相线、中性线和接地线），三相电用户的输入线有五根（三根相线、一根中性线和一根接地线）。电能表分别用来计量各幢楼及三相电用户的用电量，断路器分别用来切换各幢楼及三相电用户的用电。图中虚线框内的部分通常设在小区的配电房内。

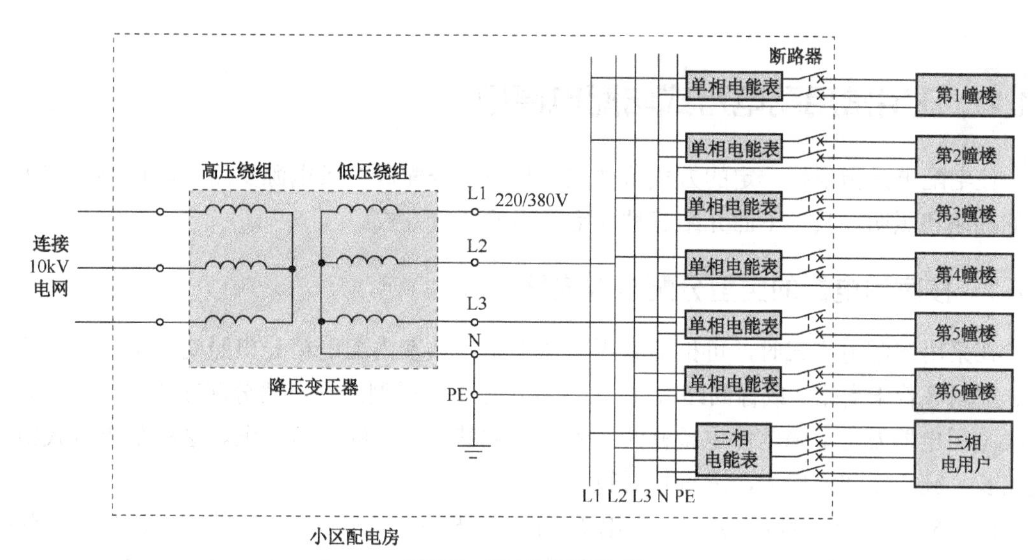

图 1-3　TN-S 供电方式

1.1.3　用户配电系统　A03 住宅配电

当配电房将电源送到某幢楼时，就需要开始为每个用户分配电源。图 1-4 是一幢 8 层共 16 个用户的配电系统图。楼电能表用于计量整幢楼的用电量，断路器用于接通或切断整幢楼的用电，整幢楼的每户都安装有电能表，用于计量每户的用电量，为了便于管理，这些电能表一般集中安装在一起（如安装在楼梯间或地下车库），用户可到电能表集中区查看电量。电能表的输出端接至室内配电箱，用户可根据需要在室内配电箱安装多个断路器、漏电保护器等配电电器。

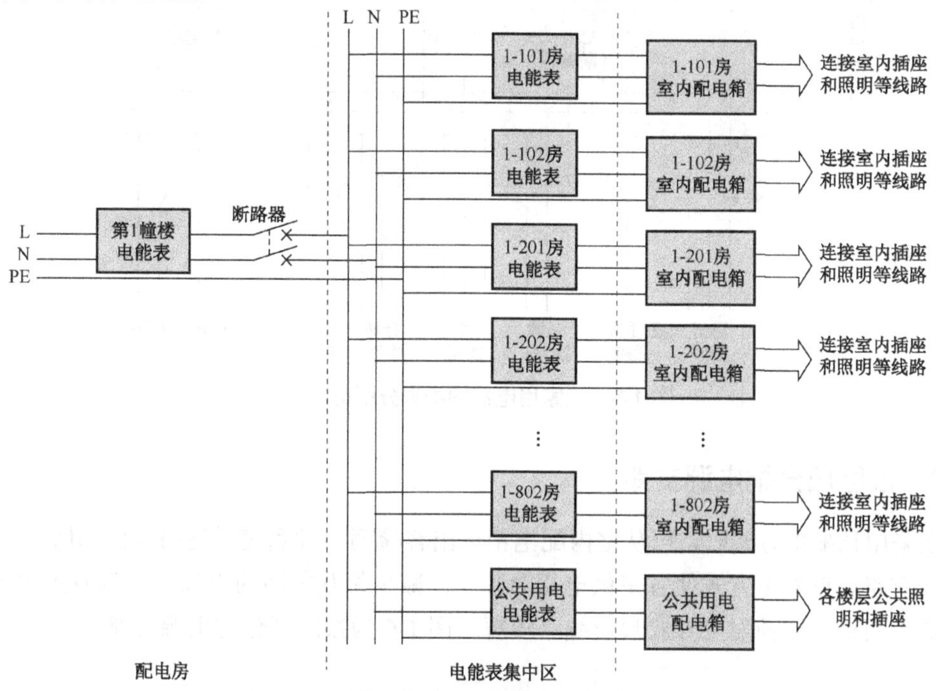

图 1-4　一幢 8 层共 16 个用户的配电系统图

1.2 住宅常用配电方式与配电原则

住宅配电是指根据一定的方式将住宅入户电源分配成多条电源支路，以提供给室内各处的插座和照明灯具。下面介绍三种住宅常用的配电方式。

1.2.1 按家用电器的类型分配电源支路

在采用该配电方式时，可根据家用电器类型，从室内配电箱分出照明、电热、厨房电器、空调等若干支路（或称回路）。由于该方式将不同类型的用电器分配在不同支路内，当某类型用电器发生故障需停电检修时，不会影响其他电器的正常供电。这种配电方式敷设线路长，施工工作量较大，造价相对较高。

图1-5为按家用电器的类型分配电源支路。三根入户线中的L、N线进入配电箱后先接用户总开关，厨房的用电器较多且环境潮湿，故用漏电保护器单独分出一条支路；一般住宅都有多台空调，由于空调功率大，可分为两条支路（如一路接到客厅大功率柜式空调插座，另一路接到几个房间的小功率壁挂式空调）；浴室的浴霸功率较大，也单独引出一条支路；卫生间比较潮湿，用漏电保护器单独分出一条支路；室内其他各处的插座分出两路来接，如一条支路接餐厅、客厅和过道的插座，另一条支路接三房的插座；照明灯具功率较小，故只分出一条支路接到室内各处的照明灯具。

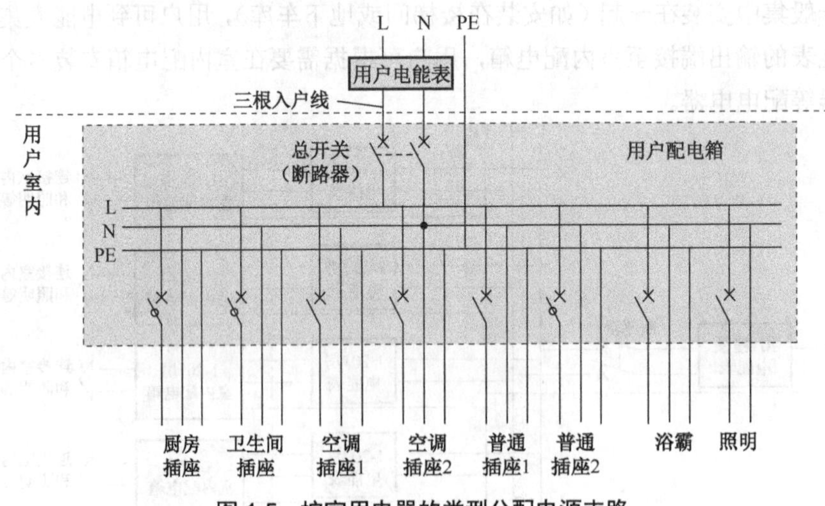

图1-5 按家用电器的类型分配电源支路

1.2.2 按区域分配电源支路

在采用该配电方式时，可从室内配电箱分出客/餐厅、主卧室、客/书房、厨房、卫生间等若干支路。该配电方式使各室供电相对独立，减少相互之间的干扰，一旦发生电气故障仅影响一两处。这种配电方式敷设线路较短。图1-6为按区域分配电源支路。

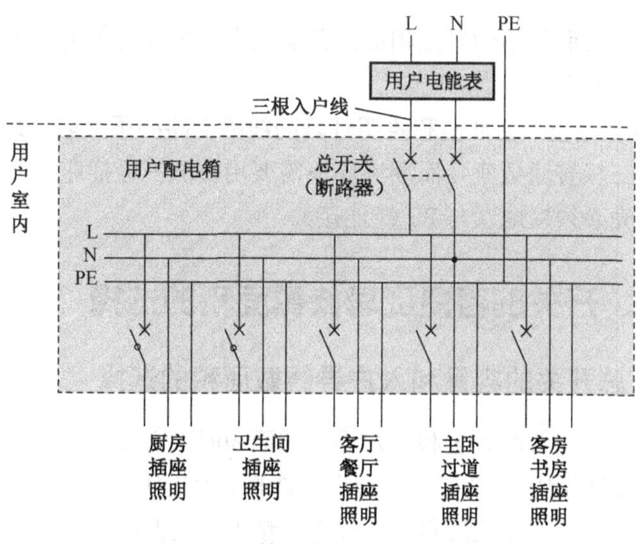

图 1-6　按区域分配电源支路

1.2.3　混合型分配电源支路

在采用该配电方式时，除大功率的用电器（如空调、电热水器、电取暖器等）单独设置线路回路以外，其他各线路回路并不一定分割得十分明确，而是根据实际房型和导线走向等因素来决定各用电器所属的线路回路。这样配电对维修和处理故障有一定不便，但由于配电灵活，可有效减小导线敷设长度，节省投资，方便施工，所以这种配电方式应用较广泛。

1.2.4　住宅配电的基本原则

现在的住宅用电器越来越多，为了避免某一电器出现问题影响其他或整个电器的工作，需要在配电箱中将入户电源进行分配，以提供给不同的电器使用。不管采用哪种配电方式，在配电时都应尽量遵循基本原则。

住宅配电的基本原则如下：

① 一个线路支路的容量应尽量在 1.5kW 以下，如果单个用电器的功率在 1kW 以上，建议单独设为一个支路。

② 照明、插座尽量分成不同的线路支路。当插座线路连接的电气设备出现故障时，只会使该支路的电源中断，不会影响照明线路的工作，因此可以在有照明的情况下对插座线路进行检修，如果照明线路出现故障，可在插座线路接上临时照明灯具，对插座线路进行检查。

③ 照明可分成几个线路支路。当一个照明线路出现故障时，不会影响其他的照明线路工作，在配电时，可按不同的房间搭配分成两三个照明线路。

④ 对于大功率用电器（如空调、电热水器、电磁灶等），尽量一个电器分配一个线路支路，并且线路应选用截面积大的导线。如果多台大功率电器合用一个线路，当它们同时使用时，导线会因流过的电流很大而易发热，即使导线不会马上烧坏，长期使用也会降低

导线的绝缘性能。与截面积小的导线相比，截面积大的导线的电阻更小，对电能的损耗更小，不易发热，使用寿命更长。

⑤ **潮湿环境（如浴室）的插座和照明灯具的线路支路必须采取接地保护措施。**一般的插座可采用两极、三极普通插座，而潮湿环境需要用防溅三极插座，其使用的灯具如有金属外壳，则要求外壳必须接地（与 PE 线连接）。

1.3 电能表、开关的容量及导线截面积的选择

1.3.1 电能表、总开关的容量和入户导线截面积的选择

在选择电能表、总开关的容量和入户导线截面积时，必须知道住宅用电负荷（住宅用电的最大功率），再根据用电负荷值进行合理的选择。确定住宅用电负荷的方法主要有经验法和计算法，经验法快捷但精确度稍差，计算法精确度高但稍显麻烦。

1. 用经验法选择电能表、总开关容量和入户导线截面积

经验法是根据大多数住宅用电情况总结出来的，故在大多数情况下都是适用的。表 1-1 列出一些不同住宅用户的用电负荷值和总开关、电能表应选容量值及入户导线的选用规格。例如，对于建筑面积在 80～120m^2 的住宅用户，其用电负荷一般在 3kW 左右，负荷电流为 16A 左右，电能表容量选择 10（40）A，入户总开关额定电流选择 32A，入户导线规格为 3 根截面积为 10mm^2 的塑料铜线。

表 1-1　一些不同住宅用户的用电负荷值和总开关、电能表应选容量值及入户导线的选用规格

住 宅 类 别	用电负荷/kW	负荷电流/A	总开关额定电流/A	电能表容量/A	入户导线规格
复式楼	8	43	90	20（80）	BV-3×16mm^2
高级住宅	6.7	36	70	15（60）	BV-3×10mm^2
120m^2 以上住宅	5.7	31	50	15（60）	BV-3×10mm^2
80～120m^2 住宅	3	16	32	10（40）	BV-3×6mm^2

2. 用计算法选择电能表、总开关容量和入户导线截面积

在用计算法选择电能表、总开关容量和入户导线截面积时，先计算住宅用电负荷，再根据用电负荷进行选择。

用计算法选择电能表、总开关容量和入户导线截面积的步骤如下：

（1）计算用户有功用电负荷功率 P_{js}

用户有功用电负荷功率 P_{js} 也即用户用电负荷功率。

$$用户有功用电负荷功率\ P_{js}=需求系数\ K_c\times 用户所有电器的总功率\ P_E$$

需求系数 K_c 又称同时使用系数，$K_c=P_{30}/P_E$，P_{30} 为半小时同时使用的电器功率，同时使用半小时的电器越多，需求系数越大。对于一般的住宅用户，K_c 通常取 0.4～0.7，如果用户经常同时使用半小时的电器功率是总功率的一半，则需求系数 K_c=0.5。

表 1-2 列出了一个小康住宅的各用电设备功率与总功率 P_E，由于表中的 P_E 值是一个大致范围，为了计算方便，这里取中间值 P_E=13kW，如果取 K_c=0.5，那么该住宅的有功用电

负荷功率为

$$P_{js}=K_c \times P_E=0.5\times 13kW=6.5kW$$

表 1-2　一个小康住宅的各用电设备功率与总功率 P_E

分　类	序　号	用 电 设 备	功率/kW
照明	1	照明灯具	0.5～0.8
普通家用电器	2	电冰箱	0.2
	3	洗衣机	0.3～1.0
	4	电视机	0.3
	5	电风扇	0.1
	6	电熨斗	0.5～1.0
	7	组合音响	0.1～0.3
	8	吸湿机	0.1～0.15
	9	影视设备	0.1～0.3
厨房及洗浴电器	10	电饭煲	0.6～1.3
	11	电烤箱	0.5～1.0
	12	微波炉	0.6～1.2
	13	消毒柜	0.6～1.0
	14	抽油烟机	0.3～1.0
	15	食品加工机	0.3
	16	电热水器	0.5～1.0
空调办公设备等	17	电取暖器	0.5～1.5
	18	吸尘器	0.2～0.5
	19	空调机	1.5～3.0
	20	计算机	0.08
	21	打印机	0.08
	22	传真机	0.06
	23	防盗保安	0.1
总　计			8.39～16.24

（2）计算用户用电负荷电流 I_{js}

选择电能表、总开关容量和导线截面积必须知道用户用电负荷电流 I_{js}。

$$用户用电负荷电流\ I_{js}=\frac{用户有功用电负荷功率P_{js}}{电源电压U\bullet\cos\phi}$$

$\cos\phi$ 为功率因数，一般取 0.6～0.9，感性用电设备（如日光灯、含电机的电器）越多，$\cos\phi$ 取值越小。以上面的小康住宅为例，如果取 $\cos\phi$=0.8，那么其用户用电负荷电流为

$$I_{js}=\frac{P_{js}}{U\bullet\cos\phi}=\frac{6.5kW}{220V\times 0.8}\approx 36.9A$$

（3）选择电能表和总开关容量

电能表和总开关容量是以额定电流来体现的，选择时要求电能表和总开关的额定电流大于用户用电负荷电流 I_{js}，考虑到一些电器（如空调）的启动电流很大，通常要求电能表和总开关的额定电流是用电负荷电流的 2 倍左右，上例中的 I_{js}=36.9A，那么可选择容量为

15（60）A 的电能表和 70A 的总开关（断路器）。

（4）入户导线截面积的选择

导线截面积可根据 1A 电流对应 $0.275mm^2$ 截面积的经验值选择塑料铜芯导线。上例中的 I_{js}=36.9A，根据经验值可计算出塑料铜芯导线的截面积为 $36.9 \times 0.275mm^2 \approx 10.14mm^2$，按 1.5～2.0 倍的余量，即可选择截面积在 $15 \sim 20mm^2$ 左右的塑料铜芯导线作为入户导线。

1.3.2 支路开关的容量与支路导线截面积的选择

入户导线引入配电箱后，先经过总开关，然后由支路开关分成多条支路，再通过各支路导线连接室内各处的照明灯具和开关。

配电箱的支路开关有断路器（空气开关）和漏电保护器（漏电保护开关）。断路器的功能是当所在线路或家用电器发生短路或过载时，能自动跳闸来切断本路电源，从而有效地保护这些设备免受损坏或防止事故扩大；漏电保护器除具有断路器的功能外，还能执行漏电保护，当所在线路发生漏电或触电（如人体碰到电源线）时，能自动跳闸来切断本路电源，故对于容易出现漏电或触电的支路（如厨房、浴室支路），可使用漏电保护器作为支路开关。

支路开关的容量是以额定电流大小来规定的，一般小型断路器规格主要有 6A、10A、16A、20A、25A、32A、40A、50A、63A、80A、100A 等。在选择支路开关时，要求其容量大于所在支路负荷电流，一般要求其容量是支路负荷电流的 2 倍左右，容量过小，支路开关容易跳闸，容量过大，起不到过载保护作用。如果选用漏电保护器作为支路开关，**住宅用户一般选择保护动作电流为 30mA 的漏电保护器**。支路导线的截面积也由支路电器的负荷电流来决定，如果导线截面积过小，支路电流稍大导线就可能会被烧坏，如果条件许可，导线截面积可以选大一些，但过大会造成一定的浪费。

1. 用计算法选择支路开关和导线

在选择支路开关容量和支路导线截面积时，可采用与前述总开关容量和入户导线截面积选择一样的方法，只要将每条支路看成一个用户即可。

用计算法选择支路开关容量和支路导线截面积的步骤如下：

（1）计算分支用电负荷功率 P_{js}

$$\text{分支用电负荷功率 } P_{js}=\text{需求系数 } K_c \times \text{分支所有电器的总功率 } P_E$$

若某分支线路的电器总功率为 2kW，如果取 K_c=0.6，那么该住宅的有功用电负荷功率为

$$P_{js}=K_c \times P_E=0.6 \times 2kW=1.2kW$$

（2）计算分支用电负荷电流 I_{js}

$$\text{分支用电负荷电流 } I_{js}=\frac{\text{分支用电负荷功率} P_{js}}{\text{电源电压} U \cdot \cos\phi}$$

如果取 $\cos\phi$=0.7，那么分支用电负荷电流为

$$I_{js}=\frac{P_{js}}{U \cdot \cos\phi}=\frac{1.2kW}{220V \times 0.7} \approx 7.8A$$

（3）选择支路开关的容量

在选择支路开关的容量（额定电流）时，要求其大于分支用电负荷电流，一般取 2 倍

左右的负荷电流，因此支路开关的额定电流应大于 $2I_{js}=2\times7.8=15.6$A，由于断路器和漏电保护器的规格没有 15.6A 的，故选择容量为 16A 的断路器或漏电保护器作为该支路开关。

（4）支路导线截面积的选择

支路导线截面积可根据 1A 电流对应 0.275mm^2 截面积的经验值选择塑料铜芯导线。上例中 $I_{js}=7.8$A，根据经验值可计算出塑料铜芯导线的截面积为 7.8×0.275mm^2≈2.145mm^2，按 1.5～2.0 倍的余量，即可选择截面积在 3～4mm^2 的塑料铜芯导线作为该支路导线。

2．用经验法选择支路开关和导线

用计算法选择支路开关和导线虽然精确度高一些，但比较麻烦，一般情况下，也可直接参照一些经验值来选择支路开关和导线。

下面列出一些支路开关和导线选择的经验数据：

① 照明线路：选择 10A 或 16A 的断路器，导线截面积选择 1.5～2.5mm^2。

② 普通插座线路：选择 16A 或 20A 的断路器或漏电保护器，导线截面积选择 2.5～4mm^2。

③ 空调及浴霸等大功率线路：选择 25A 或 32A 的断路器或漏电保护器，导线截面积选择 4～6mm^2。

1.4 配电箱的安装　A04 配电箱安装与接线

1.4.1 配电箱的外形与结构

家用配电箱种类很多，图 1-7 是一种常用的家用配电箱，拆下前盖后，可以看见配电箱的内部结构，如图 1-7（d）所示，中部有一个导轨，用于安装断路器和漏电保护器，上部有两排接线柱，分别为地线（PE）公共接线柱和零线（N）公共接线柱。

图 1-8 是一个已经安装了配电电器并接线的配电箱（未安装前盖）。

（a）正面

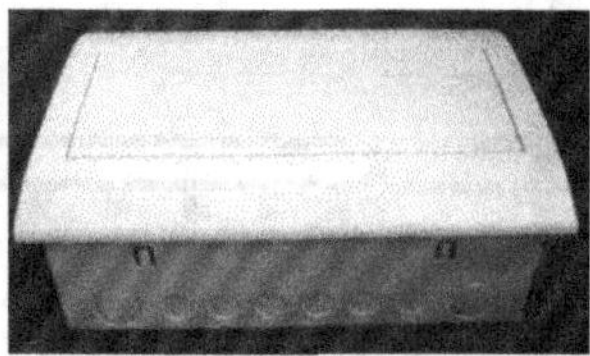
（b）侧面

（c）打开保护盖

（d）内部结构（拆下前盖）

图 1-7　一种常用的家用配电箱

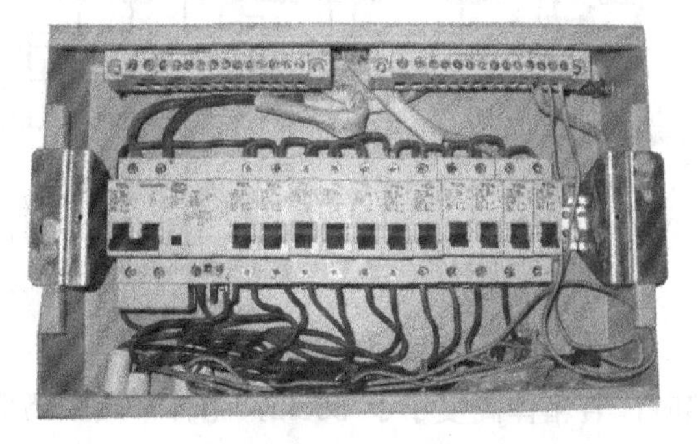

图 1-8　一个已经安装了配电电器并接线的配电箱

1.4.2 配电电器的安装与接线

在配电箱中安装的配电电器主要有断路器和漏电保护器，在安装这些配电电器时，需要将它们固定在配电箱内部的导轨上，再给配电电器接线。

图1-9是配电箱线路原理图，图1-10是与之对应的配电箱的配电电器接线示意图。三根入户线（L、N、PE）进入配电箱，其中L、N线接到总断路器的输入端，而PE线直接接到地线公共接线柱（所有接线柱都是相通的）。总断路器输出端的L线接到三个漏电保护器的L端和五个1P断路器的输入端；总断路器输出端的N线接到三个漏电保护器的N端和零线公共接线柱。在输出端，每个漏电保护器的两根输出线（L、N）和一根由地线公共接线柱引来的PE线组成一个分支线路，而单极断路器的一根输出线（L）和一根由零线公共接线柱引来的N线，再加上一根由地线公共接线柱引来的PE线组成一个分支线路，由于照明线路一般不需要地线，故该分支线路未使用PE线。

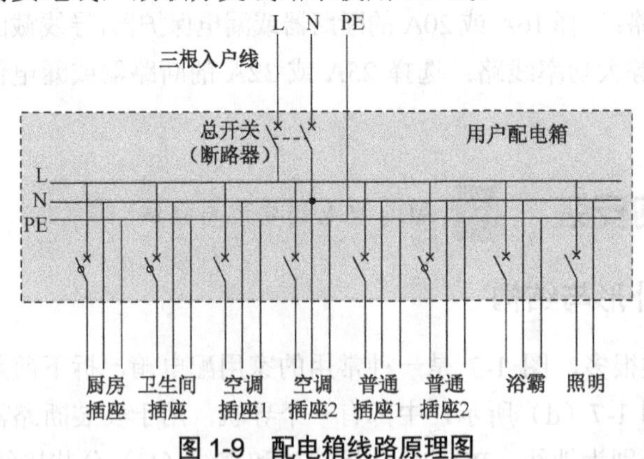

图1-9　配电箱线路原理图

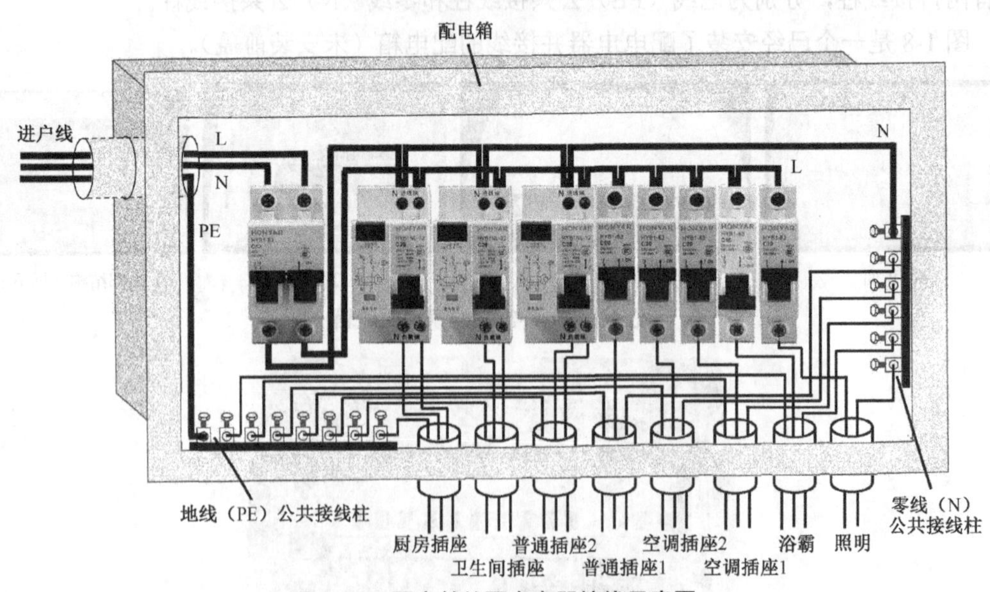

图1-10　配电箱的配电电器接线示意图

在安装住宅配电箱时，若箱体高度小于60cm，箱体下端距离地面宜为1.5m；若箱体高度大于60cm，箱体上端距离地面不宜大于2.2m。

在配电箱接线时，对导线颜色也有规定：相线应为黄、绿或红色，单相线可选择其中一种颜色，零线（中性线）应为浅蓝色，保护地线应为绿、黄双色导线。

1.5 住宅配电线路的走线规划

住宅配电线路可分为照明线路和插座线路。**在安装实际线路前，需要先确定好住宅各处的开关、插座和灯具的安装位置，再规划具体线路将它们连接起来。**住宅配电线路可以采用走顶方式，也可以采用走地方式。如果采用走地方式布线，需要在地面开槽埋设布线管（暗装方式布线时）；如果室内采用吊顶装修，可以选择线路走顶方式布线，将线路安排在吊顶内，能节省线路安装的施工量。住宅布线采用走地还是走顶方式，可依据实际情况，按节省线材和施工量的原则来确定，目前住宅布线采用走地方式更为常见。

1.5.1 照明线路的走顶与连接规划

照明线路走顶是指将照明线路敷设在房顶、导线分支接点安排在灯具安装盒（又称底盒）内的走线方式。图 1-11 所示的二室二厅的照明线路采用走顶方式，照明线路包括普通照明线路 WL1 及具有取暖和照明功能的浴霸线路 WL2。

1. 普通照明线路 WL1

配电箱的照明支路引出 L、N 两根导线，连接到餐厅的灯具安装盒，L、N 导线再分作两路：一路连接到客厅的灯具安装盒，另一路连接到过道的灯具安装盒；连接到客厅灯具安装盒的 L、N 导线又分作两路：一路连接到客厅大阳台的灯具安装盒，另一路连接到大卧室的灯具安装盒；连接到过道灯具安装盒的 L、N 导线又去连接小卧室的灯具安装盒，L、N 线连接到小卧室灯具安装盒后，再依次去连接厨房的灯具安装盒和小阳台的灯具安装盒。每个灯具都受开关控制，各处灯具的控制开关位置如图 1-11 所示，其中厨房灯具和小阳台灯具的控制开关安装在一起。

普通照明线路 WL1 采用走顶方式的灯具和开关接线如图 1-12 上半部分所示。配电箱到灯具安装盒、灯具安装盒到开关安装盒和灯具安装盒之间的连接导线都穿在护管（塑料管或钢管）中，这样导线不易损伤；护管中的导线不允许出现接头，导线的连接点应放在灯具安装盒和开关安装盒中；灯具安装盒内的零线直接接灯具的一端，而相线先引入开关安装盒，经开关后返回灯具安装盒，再接灯具的另一端。

2. 浴霸线路 WL2

浴霸是浴室用于取暖和照明的设备，由两组加热灯泡、一个照明灯泡和一个排风扇组成，故浴霸要受四个开关控制。

浴霸线路采用走顶方式的灯具和开关接线如图 1-12 下半部分所示，配电箱的浴霸支路引出 L、N 和 PE 三根导线，连接到卫生间的浴霸安装盒。PE 导线直接接安装盒中的接地点；N 导线与四根导线接在一起，这四根导线分别接浴霸的两组加热灯泡、一个照明灯泡和一个排气扇的一端；L 导线先引到开关安装盒，经四个开关一分为四后，四根导线从开关安装盒返回到浴霸安装盒，分别接浴霸的两组加热灯泡、一个照明灯泡和一个排气扇的另一端。

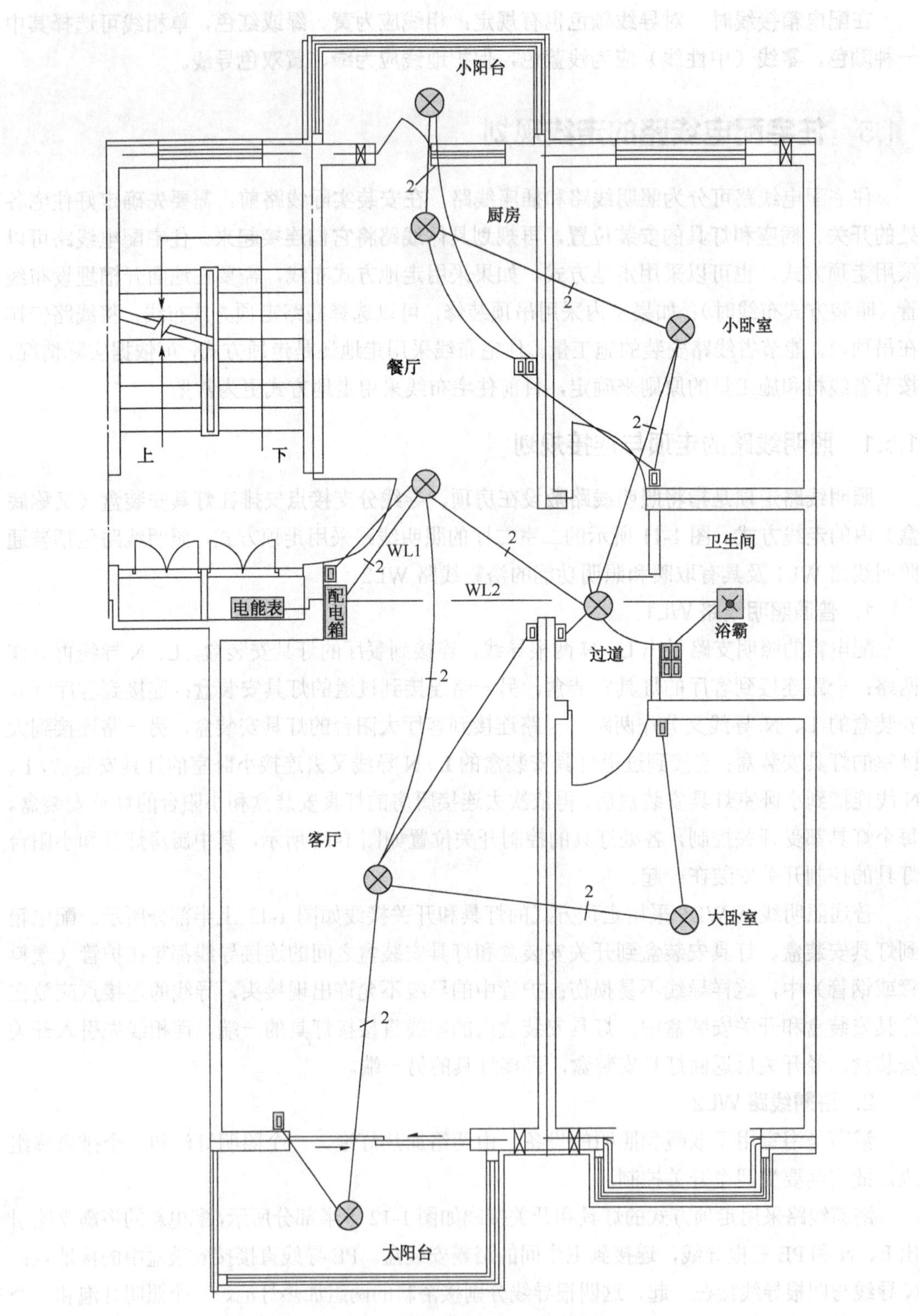

图 1-11　照明线路采用走顶方式

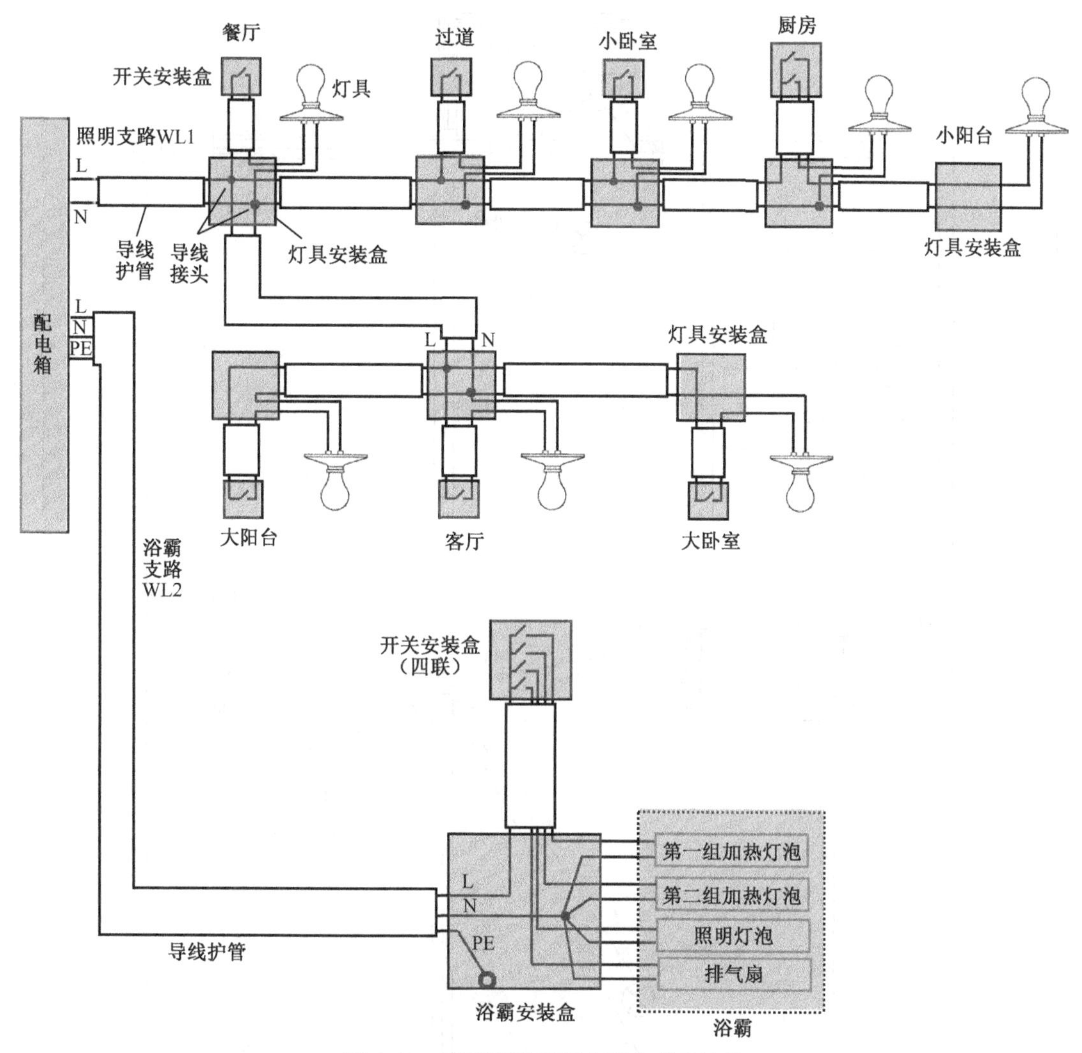

图 1-12　照明线路采用走顶方式的接线

1.5.2　照明线路的走地与连接规划

照明线路走地是指将照明线路敷设在地面、导线分支接点安排在开关安装盒内的走线方式。图 1-13 所示的二室二厅的照明线路采用走地方式。

1．普通照明线路 WL1

配电箱的照明支路引出 L、N 两根导线，连接到餐厅的开关安装盒，开关安装盒内的 L、N 导线再分作三路：一路连接到客厅的开关安装盒，另一路连接到过道的开关安装盒，还有一路连接到餐厅的灯具安装盒。连到客厅开关安装盒的 L、N 导线又分作两路：一路连接到客厅大阳台的开关安装盒，另一路连接到客厅的灯具安装盒。连到过道开关安装盒的 L、N 导线分作三路：一路连接到大卧室的开关安装盒，一路连接到过道的灯具安装盒，还有一路连接到小卧室的开关安装盒。连接到小卧室开关安装盒的 L、N 线分作两路：一路连接到小卧室的灯具安装盒，另一路连接到厨房和小阳台的开关安装盒。

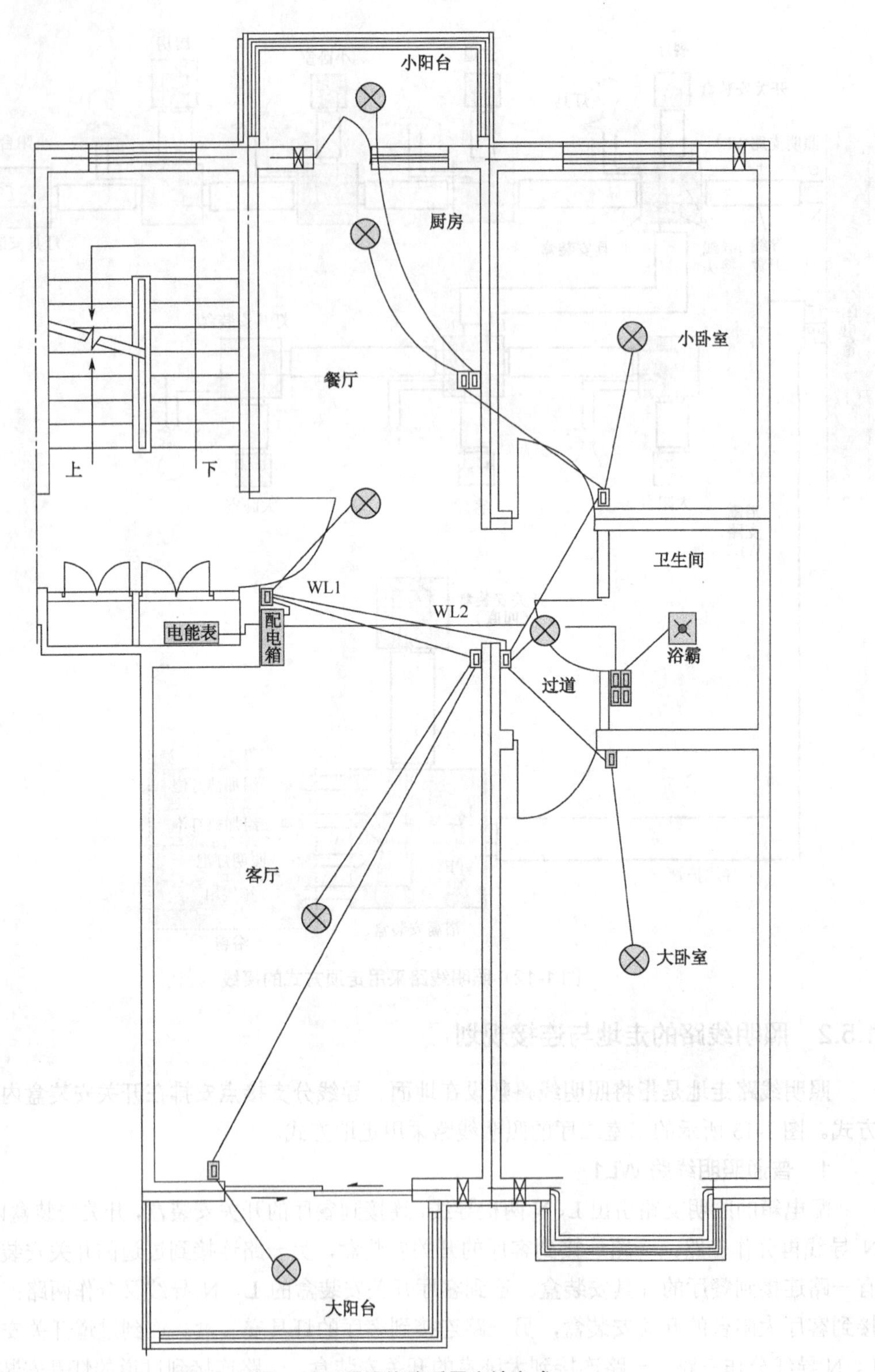

图 1-13　照明线路采用走地方式

普通照明线路 WL1 采用走地方式的灯具和开关接线如图 1-14 上半部分所示，导线的分支接点全部安排在开关盒内。

2．浴霸线路 WL2

浴霸线路采用走地方式的灯具和开关接线如图 1-14 下半部分所示，配电箱的浴霸支路引出 L、N 和 PE 三根导线，连接到卫生间的浴霸开关安装盒。N、PE 线直接穿过开关安装盒接到浴霸安装盒，而 L 线在开关安装盒中分成四根，分别接四个开关后，四根 L 线再接到浴霸安装盒。在浴霸安装盒中，N 线分成四根，它与四根 L 线组成四对线，分别接浴霸的两组加热灯泡、一个照明灯泡和一个排气扇，PE 线接安装盒的接地点。

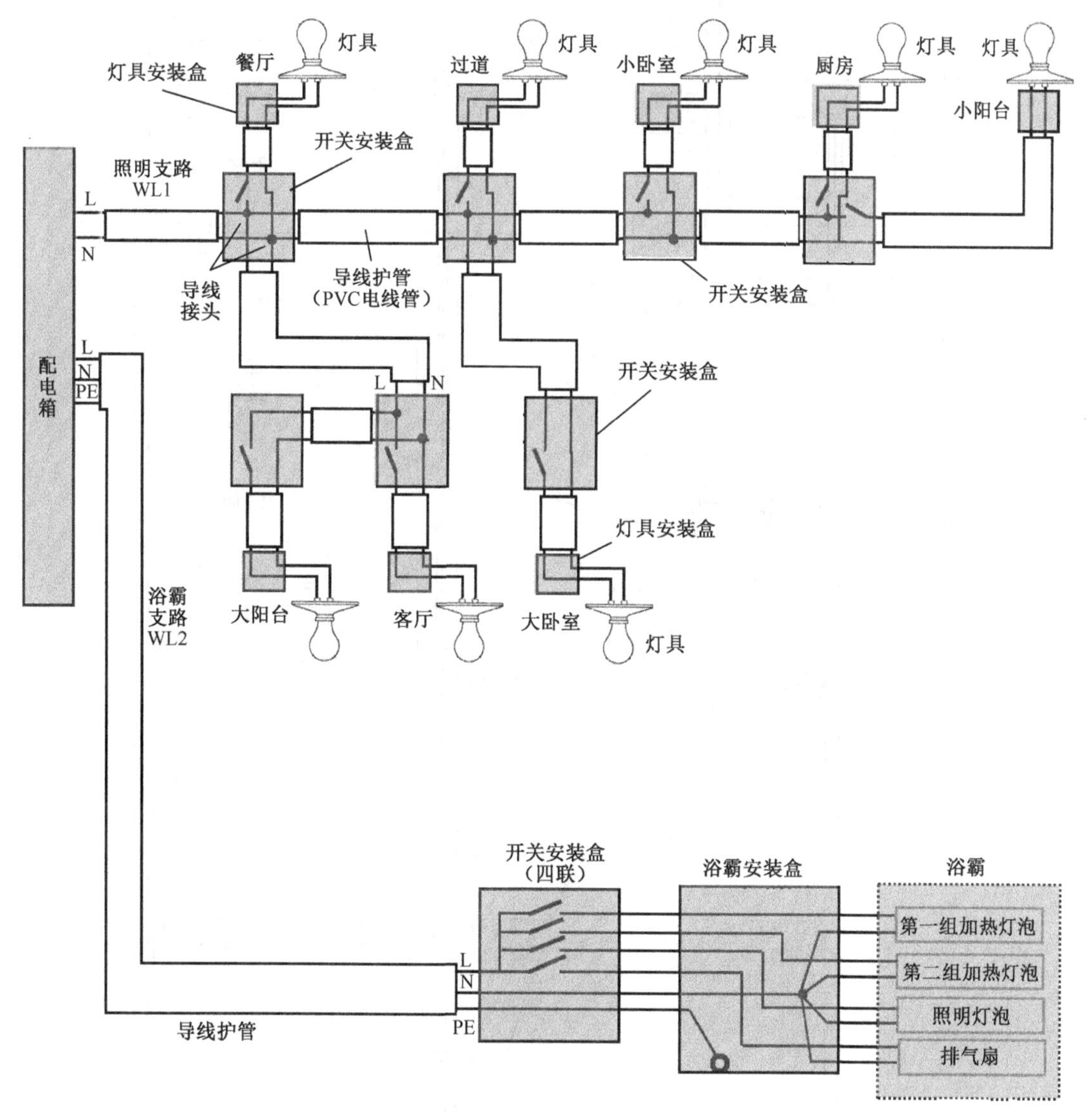

图 1-14　照明线路采用走地方式的接线

1.5.3　插座线路的走线与连接规划

除灯具由照明线路直接供电外，其他家用电器供电都来自插座。由于插座距离地面较近，故插座线路通常采用走地方式。

图 1-15 为二室二厅的插座线路的各插座位置和线路走向图，包括普通插座 1 线路 WL3、

普通插座2线路WL4、卫生间插座线路WL5、厨房插座线路WL6、空调插座1线路WL7、空调插座2线路WL8。

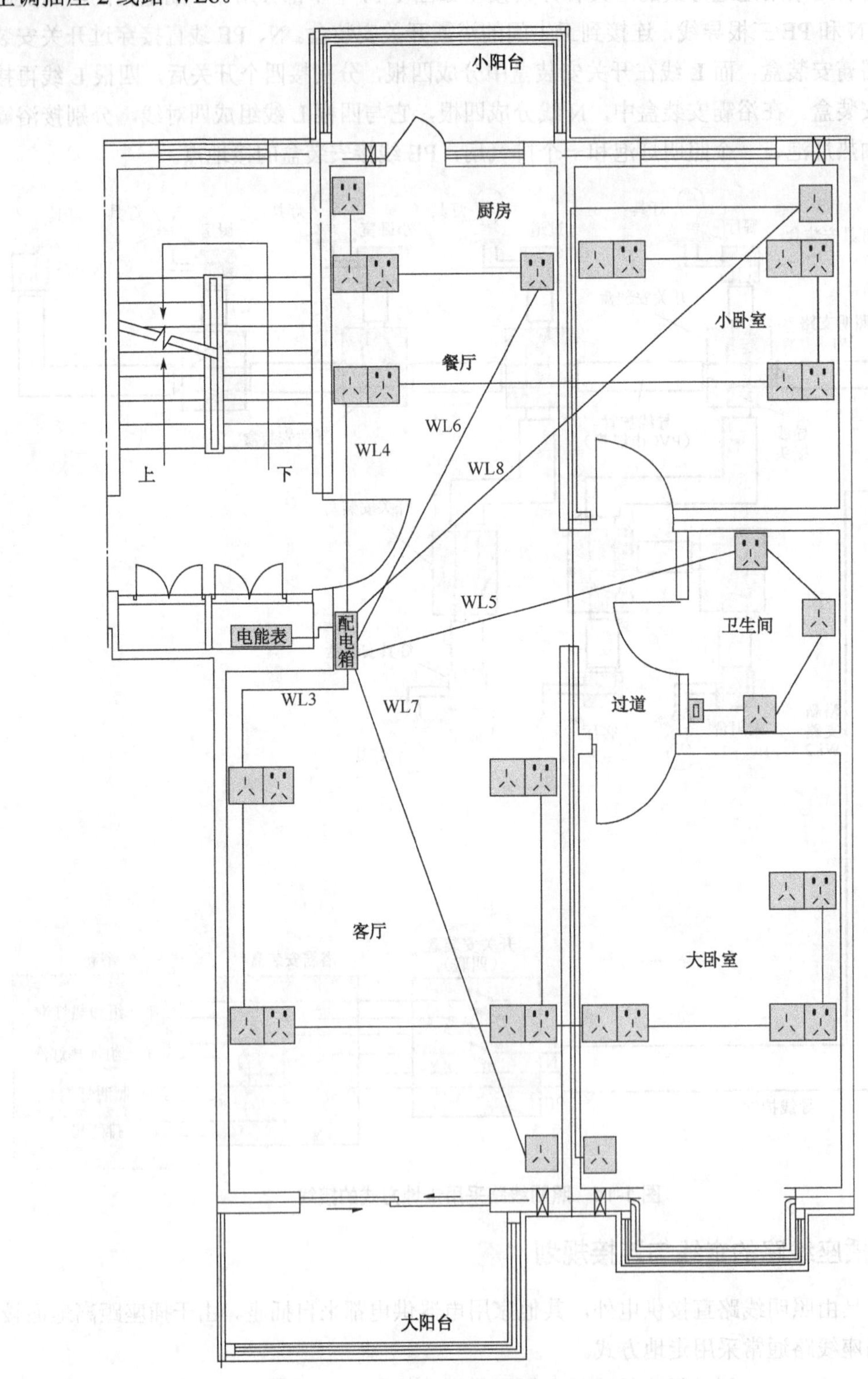

图1-15　插座线路的各插座位置和线路走向图

普通插座 1 线路 WL3：配电箱的普通插座 1 支路引出 L、N 和 PE 三根导线→客厅左上插座→客厅左下插座→客厅右下插座，分作两路，一路连接客厅右上插座结束，另一路连接大卧室左下插座→大卧室右下插座→大卧室右上插座结束。

普通插座 2 线路 WL4：配电箱的普通插座 2 支路引出 L、N 和 PE 三根导线→餐厅插座→小卧室右下插座→小卧室右上插座→小卧室左上插座。

卫生间插座线路 WL5：配电箱的卫生间插座支路引出 L、N 和 PE 三根导线→卫生间上方插座→卫生间右中插座→卫生间下方插座及该插座控制开关。

厨房插座线路 WL6：配电箱的厨房插座支路引出 L、N 和 PE 三根导线→厨房右下插座→厨房左下插座→厨房左上插座。

空调插座 1 线路 WL7：配电箱的空调插座 1 支路引出 L、N 和 PE 三根导线→客厅右下角插座（柜式空调）。

空调插座 2 线路 WL8：配电箱的空调插座 2 支路引出 L、N 和 PE 三根导线→小卧室右上角插座→大卧室左下角插座。

插座线路的各插座间的接线如图 1-16 所示，插座接线要遵循“左零（N）、右相（L）、中间地（PE）”规则，如果插座要受开关控制，相线应先进入开关安装盒，经开关后回到插座安装盒，再接插座的右极。

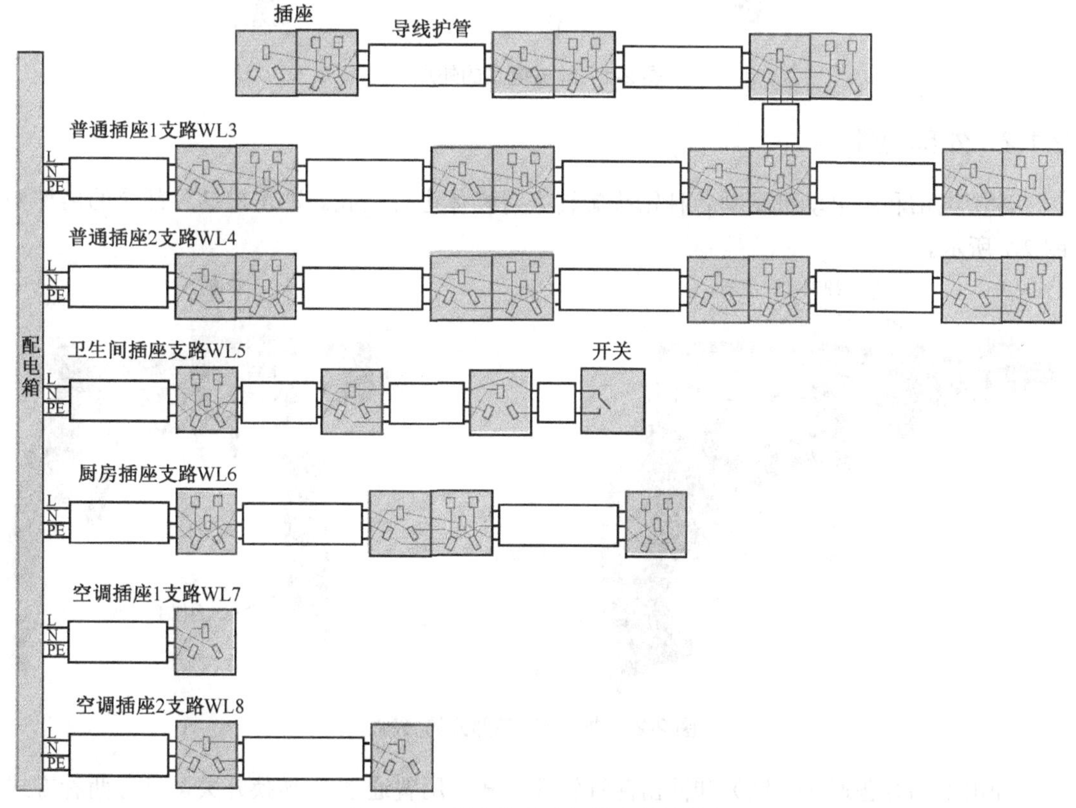

图 1-16　插座线路的各插座间的接线

第2章 常用电动工具的使用

2.1 冲击电钻的使用

2.1.1 外形 A05 冲击电钻介绍

冲击电钻简称电钻、冲击钻，是一种用来在物体上钻孔的电动工具，可以在砖、砌块、混凝土等脆性材料上钻孔。冲击电钻的外形如图 2-1 所示。

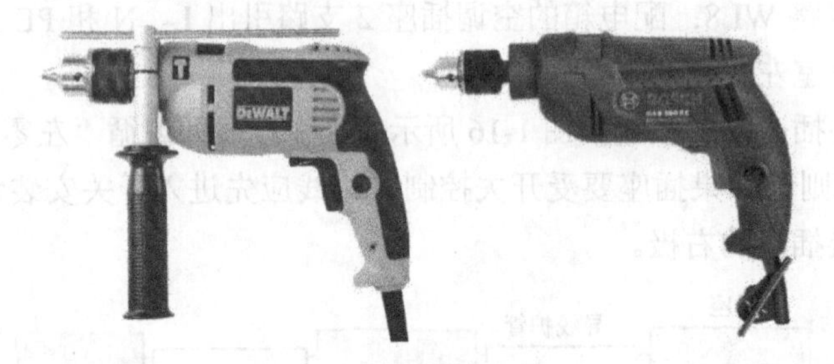

图 2-1 冲击电钻的外形

2.1.2 外部组件

冲击电钻利用电动机驱动各种钻头旋转来对物体进行钻孔。冲击电钻各部分的名称如图 2-2 所示。

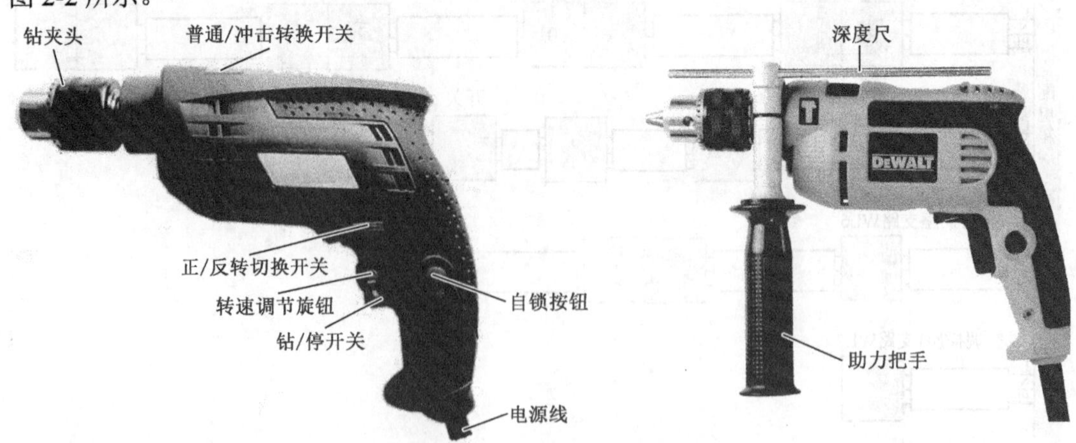

图 2-2 冲击电钻各部分的名称

冲击电钻有普通（平钻）和冲击两种钻孔方式，用普通/冲击转换开关可进行两种方式的转换；冲击电钻可以使用正/反转切换开关来控制钻头正、反向旋转，如果将钻头换成了螺丝批，则可以旋进或旋出螺钉；转速调节旋钮的功能是调节钻头的转速；钻/停开关用于开始和停止钻头的工作，按下时钻头旋转，松开时钻头停转；如果希望松开钻/停开关后钻夹头仍旋转，可在按下开关时再按下自锁按钮，将钻/停开关锁定；钻夹头的功能是安装并夹紧钻头；助力把手的功能是在钻孔时便于把持电钻和用力；深度尺用来确定钻孔深度，可防止钻孔过深。

2.1.3 使用 A06 冲击电钻的使用

在使用冲击电钻时，先要做好以下工作：

① 检查电钻使用的电源电压是否与供电电压一致，严禁220V的电钻使用380V的电压。

② 检查电钻空转是否正常。给电钻通电，使之空转一段时间，观察转动时是否有异常的情况（如声音不正常）。

1．安装钻头、助力把手和深度尺

安装过程如图2-3所示。

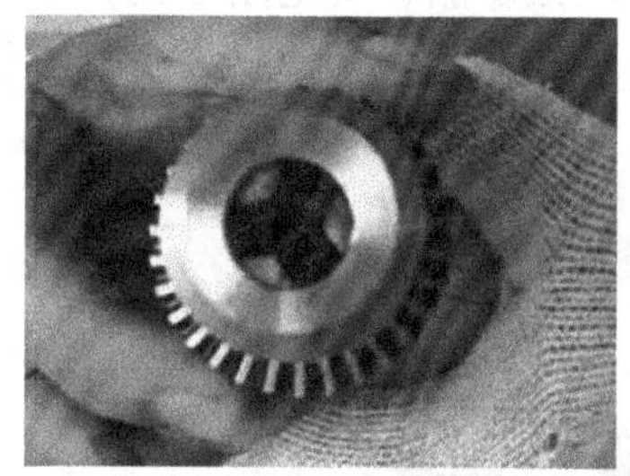

（a）旋松钻夹头

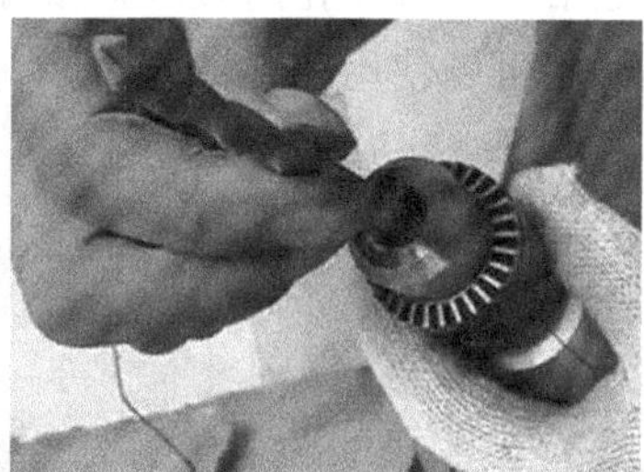

（b）插入钻头

（c）用配套的钥匙扳手旋紧钻夹头

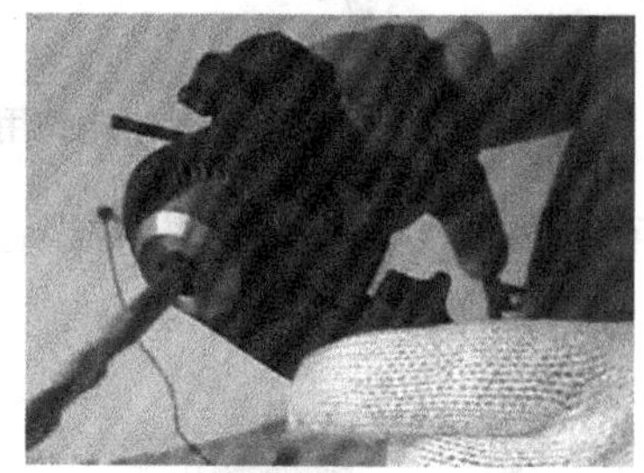

（d）套入助力把手

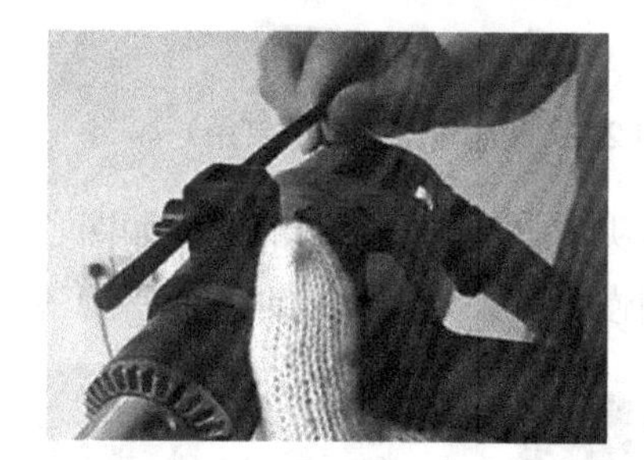

（e）在助力把手上安装深度尺

图2-3 钻头、助力把手和深度尺的安装

2．用冲击钻头在墙壁上钻孔

在墙上钻孔要用到冲击钻头，如图2-4所示，其钻头部分主要由硬质合金（如钨钢合金）构成。用冲击钻头在墙壁上钻孔如图2-5所示，钻孔时，冲击电钻要选择“冲击”方式，操作时手顺着冲击方向稍微用力即可，不要像使用电锤一样用力压，以免损坏钻头和电钻。

使用冲击钻头不但可以在墙壁上钻孔，还可以在混凝土地基、花岗石上进行钻孔，以便在孔中安装膨胀螺栓、膨胀管等紧固件。

图2-4 冲击钻头

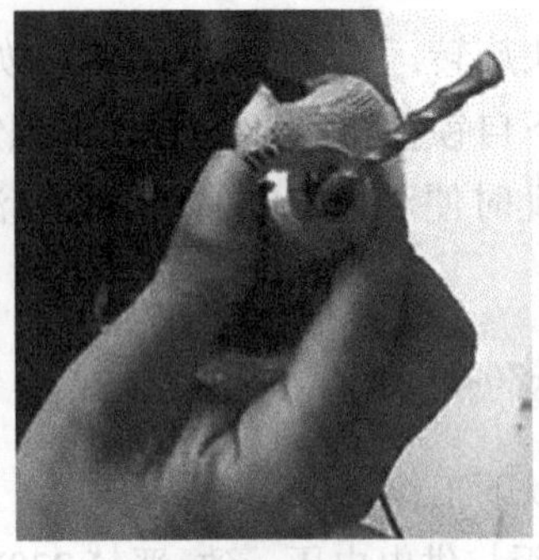

(a) 安装冲击钻头

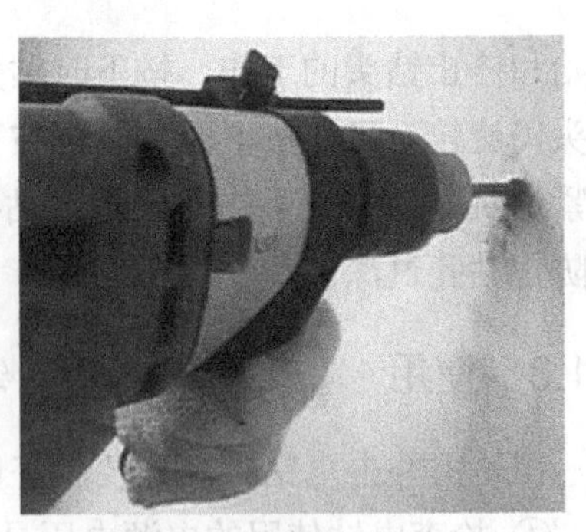

(b) 在墙壁上钻孔

图2-5 用冲击钻头在墙壁上钻孔

3. 用批头在墙壁上安装螺钉

在家装时经常需要在墙壁上安装螺钉，以便悬挂一些物件（如壁灯等）。在墙壁上安装螺钉时，先用冲击电钻在墙壁上钻孔，再往孔内敲入膨胀螺栓或膨胀管（见图2-6），然后往膨胀管内旋入螺钉。旋拧螺钉既可以使用普通的螺丝刀，也可以给冲击电钻安装旋拧螺钉的批头，如图2-7所示，让电钻带动批头来旋拧螺钉。

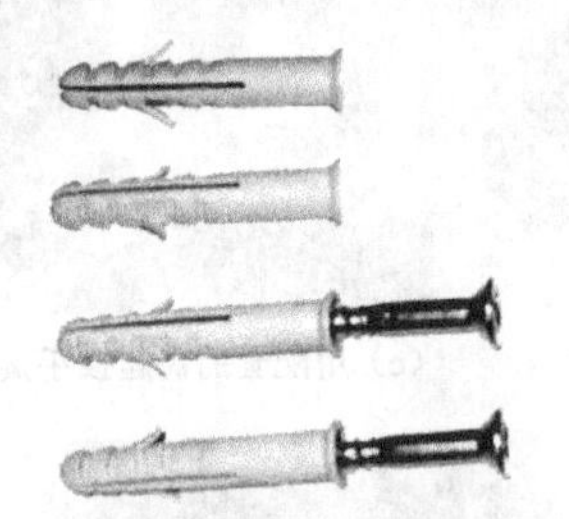

图2-6 膨胀管（安装螺钉用）

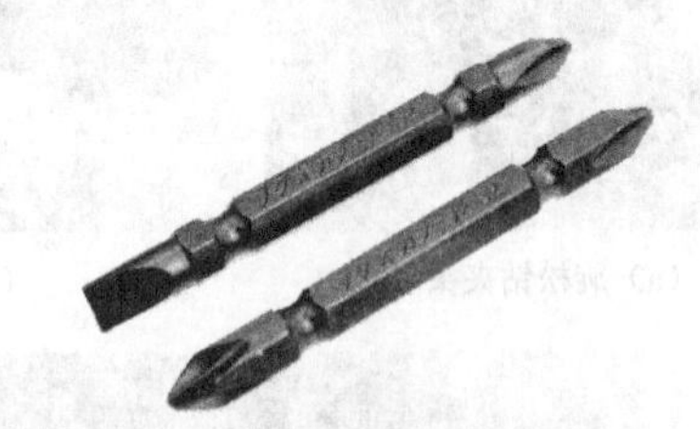

图2-7 旋转螺钉的批头（电钻用）

用带批头的电钻安装螺钉的过程如图2-8所示。在用电钻的批头旋拧螺钉时，应将电钻的转速调慢，如果要旋出螺钉，可将旋转方向调为反向。

(a) 往墙壁孔内敲入膨胀管

(b) 给电钻安装批头

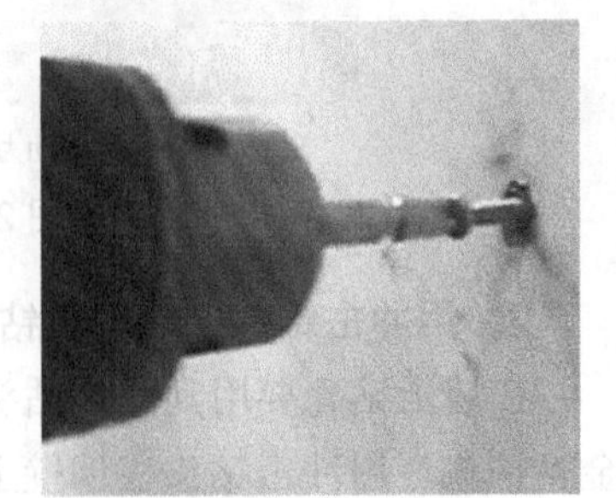

(c) 用批头往膨胀管内旋拧螺钉

图2-8 用带批头的电钻安装螺钉

4. 用麻花钻头在木头、塑料和金属上钻孔

麻花钻头以形似麻花而得名，其外形如图2-9所示，麻花钻头适合在木头、塑料和金属上钻孔。在冲击电钻上安装麻花钻头如图2-10所示，在木头、塑料和金属上钻孔如图2-11所示，钻孔时，冲击电钻要选择“普通”钻孔方式。

图 2-9　麻花钻头

图 2-10　在冲击电钻上安装麻花钻头

（a）在木头上钻孔

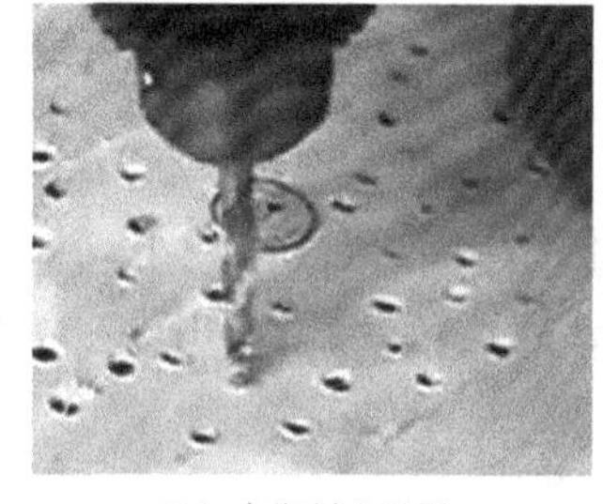

（b）在塑料上钻孔

（c）在金属上钻孔

图 2-11　用麻花钻头在木头、塑料和金属上钻孔

5. 用三角钻头在瓷砖上钻孔

三角钻头的外形如图 2-12 所示，三角钻头适合在陶瓷、玻璃、人造大理石等脆硬材料上钻孔，其钻出来的孔洞边缘整齐无毛边，瓷砖边缘钻孔不崩边。用三角钻头在瓷砖上钻孔如图 2-13 所示。

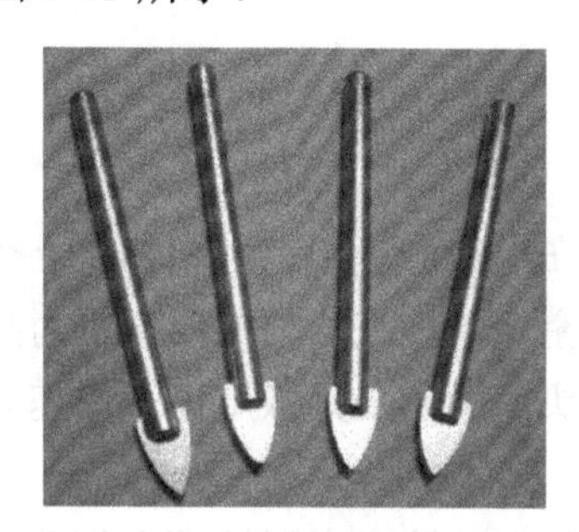

图 2-12　三角钻头

图 2-13　用三角钻头在瓷砖上钻孔

6. 用电钻切割打磨物体

如果给电钻安装切割打磨配件，就可以对物体进行切割打磨。电钻常用的切割打磨配件如图 2-14 所示，其中包含金属切割片、陶瓷切割片、木材切割片、石材切割片、金属抛光片和连接件等。用电钻切割打磨物体如图 2-15 所示。

图 2-14　电钻常用的切割打磨配件

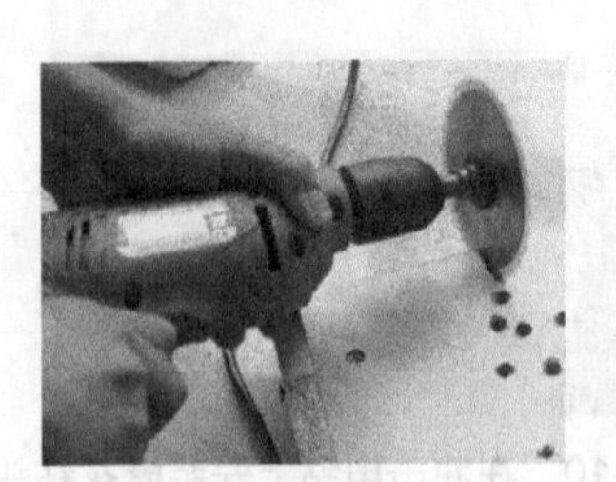
（a）切割木头

（b）切割瓷砖

（c）打磨金属

图2-15　用电钻切割打磨物体

7．用开孔器钻大孔

用普通的钻头可以钻孔，但钻出的孔径比较小，如果希望在铝合金、薄钢板、木制品上开大孔，可以给电钻安装开孔器。开孔器如图2-16所示，用开孔器在木材上开大孔如图2-17所示。

图2-16　开孔器

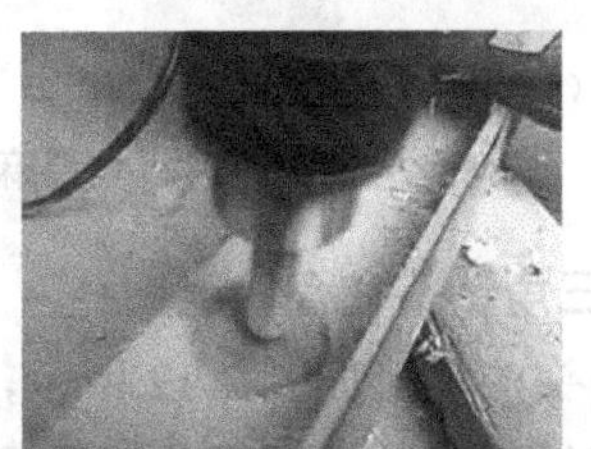
图2-17　用开孔器在木材上开大孔

2.2　电锤的使用

电锤与冲击电钻一样，也是一种打孔工具。电锤是在电钻的基础上，增加了一个由电动机带动的有曲轴连杆的活塞，在一个汽缸内往复压缩空气，使汽缸内的空气压力呈周期性变化，变化的空气压力带动汽缸中的击锤往复打击钻头的顶部，好像用锤子快速连续敲击旋转的钻头一样。

冲击电钻工作在冲击状态时只有微小的振动，故只能在砖墙或水泥墙面上打孔。电锤的转速较慢，但冲击力很大，可以在坚硬的墙面、混凝土和石材上打孔。电锤的钻头较长，最大直径可达26mm，常用来打穿墙孔。电锤打孔时振动较大，一定要拿稳，用力压紧，防止把孔打偏。

2.2.1　外形

电锤的外形如图2-18所示。

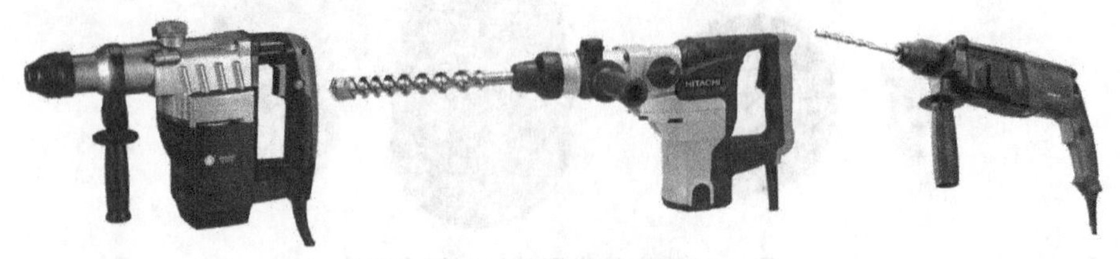

图2-18　电锤的外形

2.2.2　外部组件

电锤各部分的名称如图 2-19 所示，该电锤具有电钻、电锤和电镐三种功能。

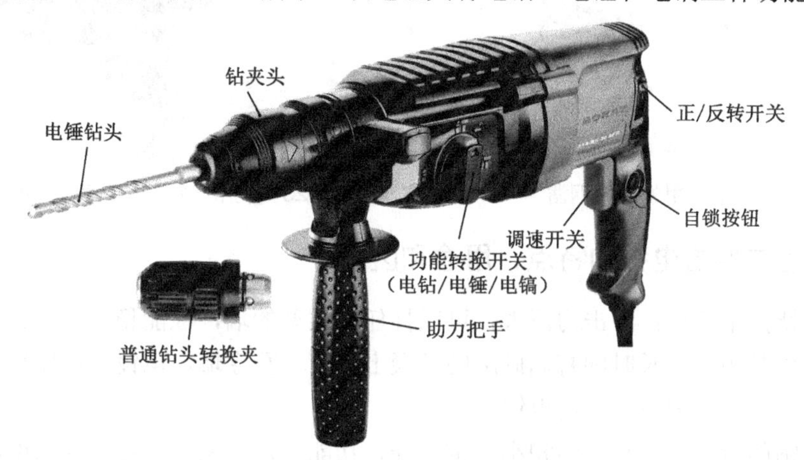

图 2-19　电锤各部分的名称

2.2.3　使用

这里介绍一种具有电钻、电锤和电镐三种功能的电锤的使用。

1．电锤功能的使用

在使用电锤的“电锤”（又锤又转）功能时，将电锤钻头安装在钻夹头上，并将电锤的功能开关旋至“电锤”挡，如图 2-20 所示，然后就可以在墙壁、石材或混凝土上钻孔了。

2．电钻功能的使用

在使用电锤的“电钻”（只转不锤）功能时，需要先安装转换夹，再在转换夹内安装普通的钻头，并将电锤的功能开关旋至“电钻”挡，如图 2-21 所示，然后就可以在塑料、瓷砖、木材和金属等材料上钻孔了。

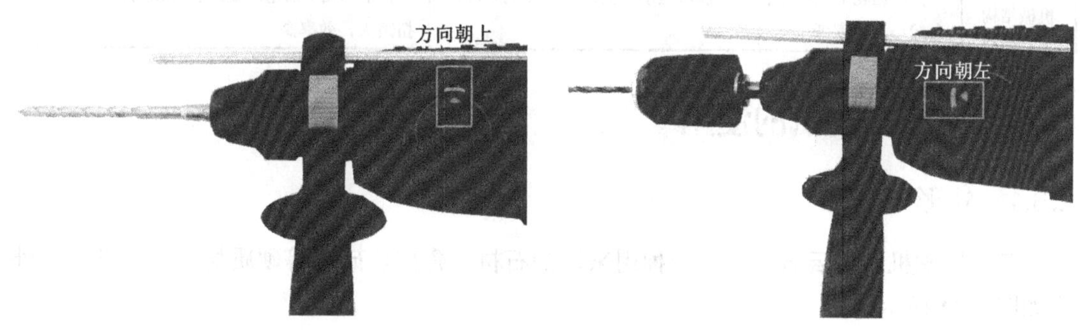

图 2-20　使用电锤的“电锤”功能　　图 2-21　使用电锤的“电钻”功能

3．电镐功能的使用

在使用电锤的“电镐”（只锤不转）功能时，将尖凿、扁凿或 U 形凿（见图 2-22）安装在钻夹头上，并将电锤的功能开关旋至“电镐”挡，如图 2-23 所示。在使用电锤的“电镐”功能时，电锤相当于一个自动锤击的钢凿，利用它可以在砖墙上凿出沟槽，然后就可以在槽内敷设水电管道，电锤配合切割机还可以在混凝土上开槽。

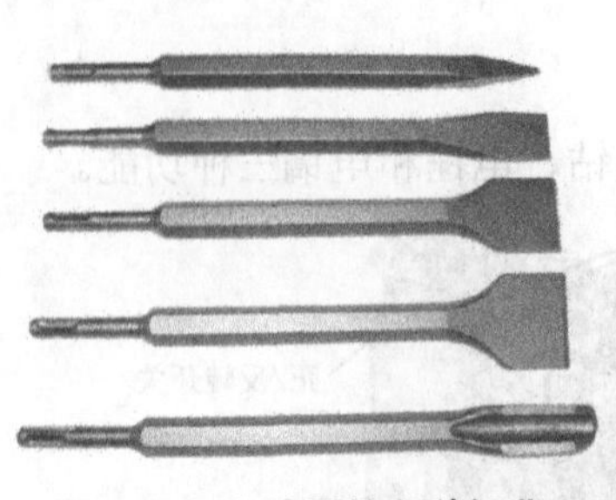

图 2-22 电镐用的各种钢凿

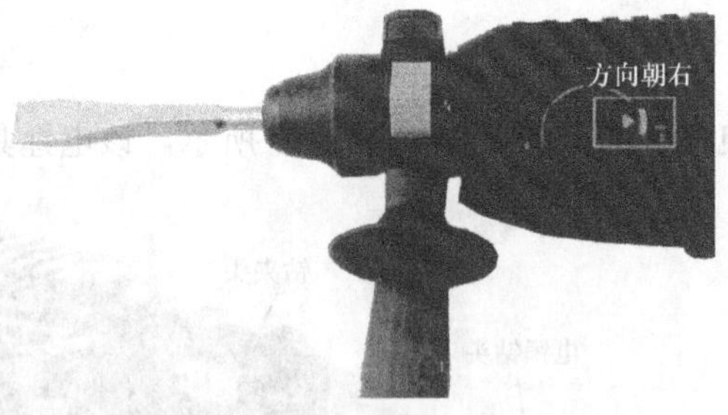

图 2-23 使用电锤的"电镐"功能

2.2.4 电锤与冲击电钻的特点、用途和区别

电锤的特点主要有：冲击力巨大，可以打任何类型的墙，性能稳定，适合专业打墙或房子整体装修使用，可长时间打高硬度的混凝土，可打孔穿墙，电锤整体比较重，虽然有平钻功能，但平钻精度不如冲击电钻。

冲击电钻的特点主要有：体积小、重量轻、功能多，平钻功能比电锤精度高，适合家用工作量不大的场合，但冲击力小，在高硬度混凝土上钻孔比较慢。

电锤与冲击电钻的用途和区别见表 2-1。

表 2-1 电锤与冲击电钻的用途和区别

项　目	冲击电钻	电　锤
适用人群	家庭、装修工人	专业钻孔施工人员
工作量	少量、小直径、多用途、多材质	大量、大直径、专业混凝土钻孔
适用材质	木材、塑料、金属、陶瓷、纸张、大理石、砖墙、小直径混凝土、非承重墙的钻孔、自攻螺丝的拧紧与松开	混凝土大直径深孔、承重墙、高硬度混凝土钻孔，另配转换夹头可当电钻使用（精度不高）
工作范围	12mm 以下非混凝土墙钻孔（冲击），安装 8mm 以下膨胀螺栓；13mm 以下薄金属、木材、塑料等钻孔（平钻），配合开孔器还可开孔	38mm 以下混凝土钻孔，可穿墙，适合专业混凝土打孔、房屋整体装修
机械结构	依靠齿轮的凹凸结构产生前后运动进而产生冲击力，冲击力较小，效率低	依靠汽缸、活塞压缩产生冲击力，冲击力大，扭矩大，效率高

2.3 云石切割机的使用

2.3.1 外形

云石切割机简称云石机，是一种用来切割石材、瓷砖、砖瓦等硬质材料的工具，其外形如图 2-24 所示。

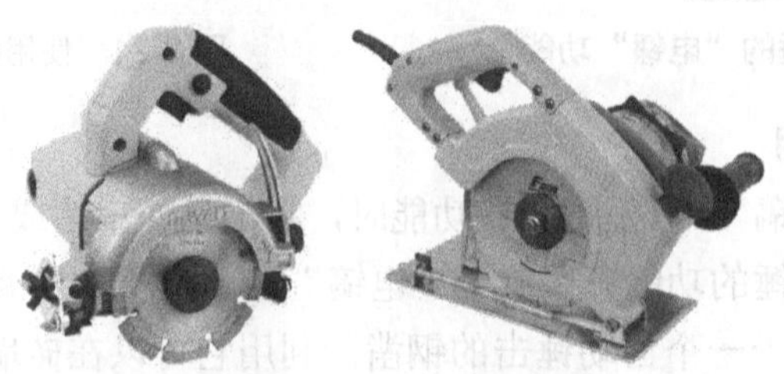

图 2-24 云石切割机

2.3.2　外部组件

云石切割机各部分的名称如图 2-25 所示。

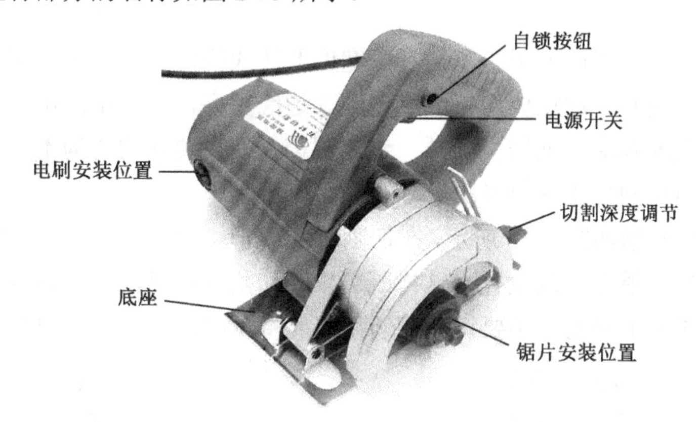

图 2-25　云石切割机各部分的名称

2.3.3　使用

1．切割石材

在使用云石切割机切割石材（大理石、花岗岩和瓷砖等）时，需要给它安装石材切割片，如图 2-26 所示。用云石切割机切割石材如图 2-27 所示。

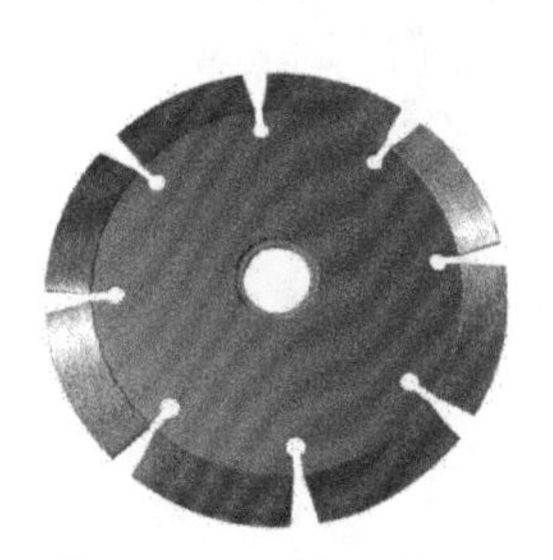

图 2-26　石材切割片

图 2-27　用云石切割机切割石材

2．切割木材

在使用云石切割机切割木材时，需要给它安装木材切割片，如图 2-28 所示。用云石切割机切割木材如图 2-29 所示。

图 2-28　木材切割片

图 2-29　用云石切割机切割木材

3. 开槽

为了在墙面内敷设线管、安装接线盒和配电箱，家装电工需要在墙面上开槽，开槽常使用云石切割机。

在开槽时，先在开槽位置用粉笔把开槽宽度及边线确定下来，然后用云石切割机在开槽位置的边线进行切割，注意要切得深度一致、边缘整齐，最后用冲击电钻或电锤沿着云石切割机切割的宽度及深度把槽内的砖、水泥剔掉。如果要开的槽沟不宽，可不用冲击电钻或电锤，只需用切割机在槽内多次反复切割即可。

用云石切割机开槽如图 2-30 所示，在切割时，切割片与墙壁摩擦会有大量的热量产生，因此在切割时要用水淋在切割位置，这样既可以给切割片降温，还能减少切割时产生的灰尘。在开槽时如果遇上钢筋，不要切断钢筋，而要将钢筋往内打弯，如图 2-31 所示。

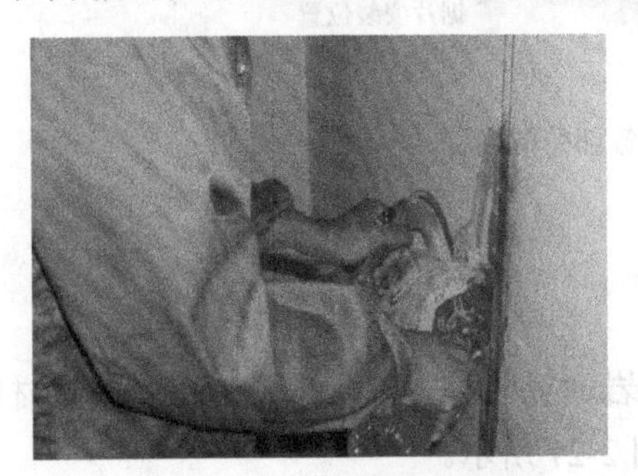

图 2-30　用云石切割机开槽

图 2-31　打弯槽沟内的钢筋

第 3 章　暗装方式敷设电气线路

暗装方式敷设电气线路简称暗装布线，是指将导线穿入 PVC 管或钢管并埋设在楼板、顶棚和墙壁内的敷设方式。暗装布线通常与建筑施工同步进行，在建筑施工时将各种预埋件（如插座盒、开关盒、灯具盒、线管）埋设固定在设定位置，在施工完成后再进行穿线和安装开关、插座、灯具等工作。如果在建筑施工主体工作完成后进行暗装布线，就需要用工具在墙壁、地面开槽来放置线管和各种安装盒，再用水泥覆盖和固定。

暗装布线的一般过程是：规划配电线路→布线选材→布线定位→开槽凿孔→管线加工与敷设→导线穿管→插座、开关和灯具安装→线路测试。

规划配电线路主要内容有：① 室内配电划分为几个分支线路；② 每条支路线路的大致走向；③ 照明支路的灯具、开关的大致位置及连接关系；④ 插座支路插座的大致位置及连接关系等。规划配电线路的有关内容在第 1 章已做过介绍，这里不再赘述。

3.1　布线选材

暗装布线的材料主要有套管、导线和插座、开关、灯具安装盒。

3.1.1　套管的选择

在暗装布线时，为了保护导线，需要将导线穿在套管中。布线常用的套管有钢管和塑料管，家装布线广泛使用塑料管，而钢管由于价格较贵，在家装布线时较少使用。

家装布线主要使用具有绝缘阻燃功能的 PVC 电工套管，简称 PVC 电线管。PVC 电线管以聚氯乙烯树脂为主要原料，加入特殊的加工助剂并采用热熔挤出的方法制得。PVC 电线管内外壁光滑平整，有良好的阻燃性能和电绝缘性能，可冷弯成一定的角度，适用于建筑物内的导线保护或电缆布线。

PVC 电线管如图 3-1 所示。PVC 电线管的管径有 ϕ16mm、ϕ20mm、ϕ25mm、ϕ32mm、ϕ40mm、ϕ50mm、ϕ63mm、ϕ75mm 和 ϕ110mm 等规格。室内布线常使用 ϕ16～ϕ32mm 管径的 PVC 电线管，其中室内照明线路常用 ϕ16mm、ϕ20mm 管，插座及室内主线路常用 ϕ25mm 管，进户线路或弱电线路常用 ϕ32mm 管。管径在 ϕ40mm 以上的 PVC 电线管主要用在室外配电布线。

为了保证选用的 PVC 电线管合格，可做如下检查：

① 管子外壁要带有生产厂标和阻燃标志。

② 在测试管子的阻燃性能时，可用火燃烧管子，火源离开后 30s 内火焰应自熄，否则为阻燃性能不合格产品。

③ 使用弯管弹簧弯管，将管子弯成 90°、弯管半径为 3 倍管径时，弯曲后的外观应光滑。

④ 用锤子将管子敲至变形，变形处应无裂缝。

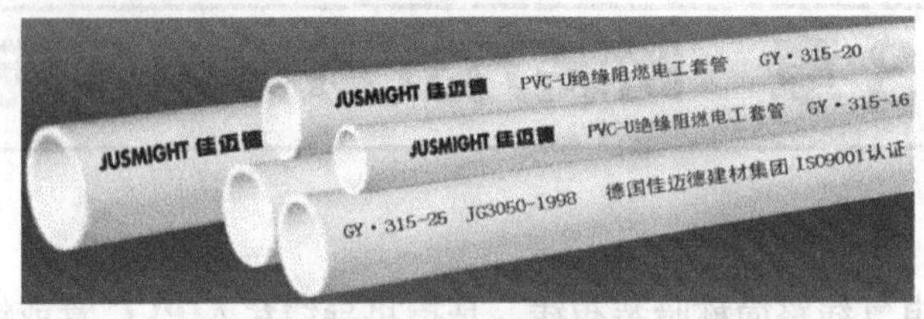

图 3-1　PVC 电线管

如果管子通过以上检查，则为合格的 PVC 电线管。

3.1.2　导线的选择

室内布线使用绝缘导线。根据芯线材料的不同，绝缘导线可分为铜芯导线和铝芯导线，铜芯导线电阻率小，导电性能较好，铝芯导线电阻率比铜芯导线稍大些，但价格低；根据芯线的数量不同，绝缘导线可分为单股线和多股线，多股线是由几股或几十股芯线绞合在一起形成的，常见的有 7、19、37 股等。单股和多股芯线的绝缘导线如图 3-2 所示。

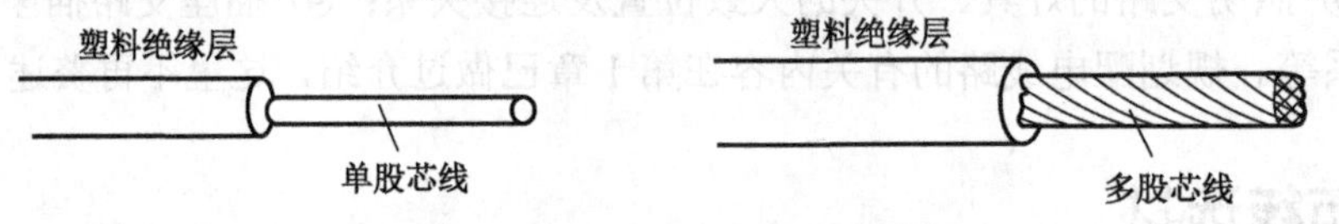

图 3-2　单股和多股芯线的绝缘导线

1. 室内配电常用导线的类型

室内配电主要使用的导线类型有 BV 型、BVR 型和 BVV 型。

（1）BV 型导线（单股铜芯导线）

B——布线用，V——聚氯乙烯绝缘。**BV 型导线又称聚氯乙烯绝缘导线，用较粗硬的单股铜丝作为芯线，**如图 3-3（a）所示。导线的规格是以芯线的截面积来表示的，常用规格有 1.5mm^2（BV-1.5）、2.5mm^2（BV-2.5）、4mm^2（BV-4）、6mm^2（BV-6）、10mm^2（BV-10）、16mm^2（BV-16）等。

（2）BVR 型导线（多股铜芯导线）

B——布线用，V——聚氯乙烯绝缘，R——软导线。**BVR 型导线又称聚氯乙烯绝缘软导线，采用多股较细的铜丝绞合在一起作为芯线，其硬度适中，容易弯折。**BVR 型导线如图 3-3（b）所示。BVR 型导线较 BV 型导线柔软性更好，容易弯折且不易断，故布线更方便，在相同截面积下，BVR 型导线安全载流量要稍大一些。BVR 型导线的缺点是接线容易不牢固，接线头最好进行挂锡处理，另外，BVR 型导线的价格要贵一些。

（3）BVV 型导线（护套线）

B——布线用，V——聚氯乙烯绝缘，V——聚氯乙烯护套。**BVV 型导线又称聚氯乙烯绝缘护套线，**其外形与结构如图 3-4 所示。根据护套内导线的数量不同，可分为单芯护套线、两芯护套线和三芯护套线等。**室内暗装布线时，由于导线已有 PVC 电线管保护，故一般不采用护套线，护套线常用于明装布线。**

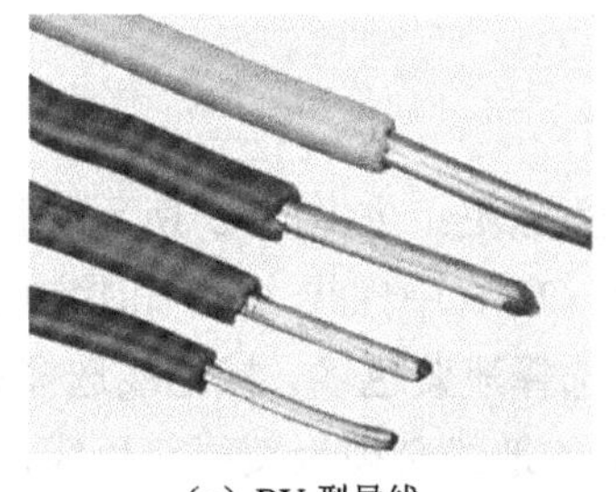

（a）BV 型导线

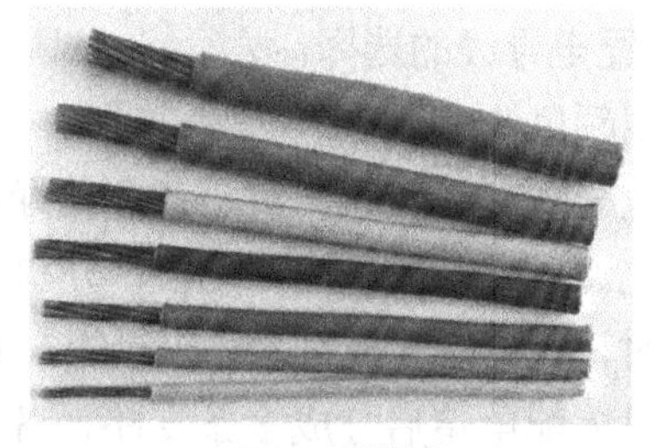

（b）BVR 型导线

图 3-3　BV 型及 BVR 型导线

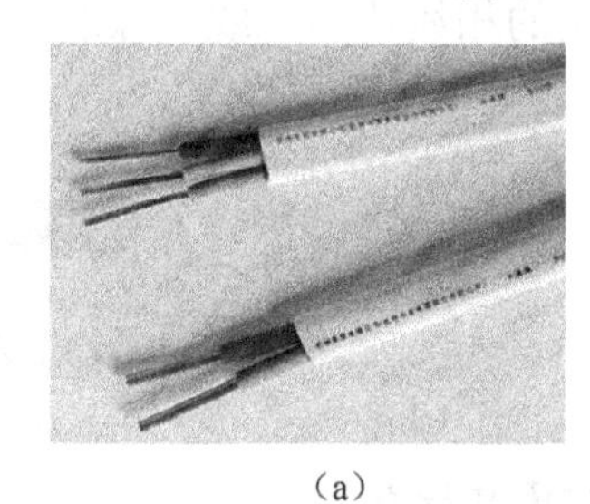

（a）

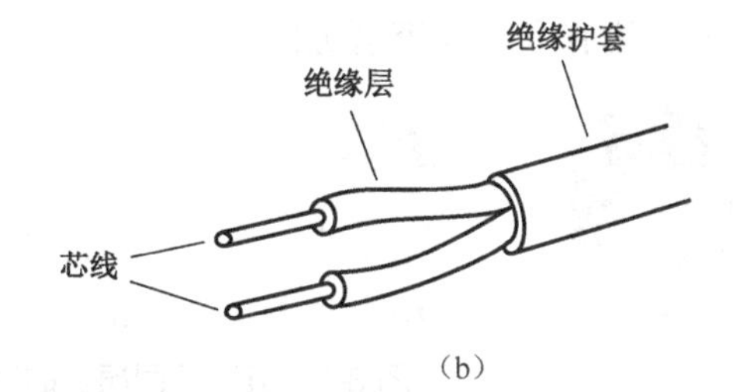

（b）

图 3-4　BVV 型导线的外形与结构

2．电线电缆型号命名方法

电线电缆型号命名方法如下：

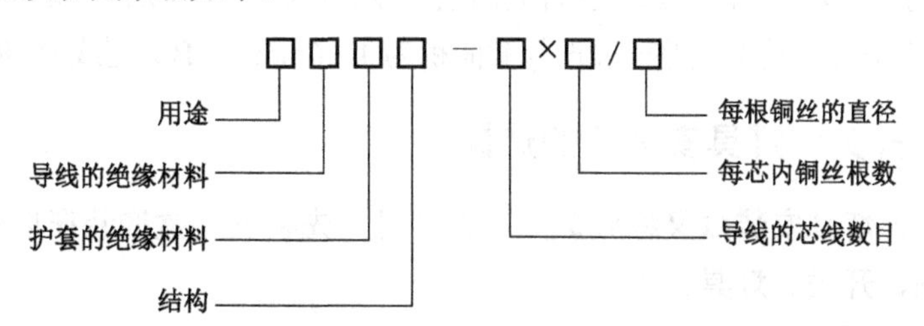

电线电缆型号中的字母意义见表 3-1。

表 3-1　电线电缆型号中的字母意义

分类代号或用途		绝　缘		护　套		派 生 特 性	
符　号	意　义	符　号	意　义	符　号	意　义	符　号	意　义
A	安装线缆	V	聚氯乙烯	V	聚氯乙烯	P	屏蔽
B	布线缆	F	氟塑料	H	橡套	R	软
F	飞机用低压线	Y	聚乙烯	B	编织套	S	双绞
R	日用电器用软线	X	橡胶	L	腊克	B	平行
Y	工业移动电器用线	ST	天然丝	N	尼龙套	D	带形
T	天线	B	聚丙烯	SK	尼龙丝	T	特种
		SE	双丝包				

例如，RVV-2×15/0.18，R 表示日用电器用线，VV 表示芯线、护套均采用聚氯乙烯绝缘材料，2 表示 2 条芯线，15 表示每条芯线有 15 根铜丝，0.18 表示每根铜丝的直径为 0.18mm。

3．室内配电导线的选择

（1）导线颜色的选择

室内配电导线有红、绿、黄、蓝和黄绿双色五种颜色，如图3-5所示。我国住宅用户一般为单相电源进户，进户线有三根，分别是相线（L）、中性线（N）和接地线（PE），在**选择进户线时，相线应选择黄、红或绿线，中性线选择淡蓝色线，接地线选择黄绿双色线**。三根进户线进入配电箱后分成多条支路，各支路的接地线必须为黄绿双色线，中性线的颜色必须采用淡蓝色线，而各支路的相线可都选择黄线，也可以分别采用黄、绿、红三种颜色的导线，如一条支路的相线选择黄线，另一条支路的相线选择红线或绿线，支路相线选择不同颜色的导线有利于检查区分线路。

图3-5　五种不同颜色的室内配电导线

（2）导线截面积的选择

进户线一般选择截面积为10～20mm^{2}的BV型或BVR型导线；照明线路一般选择截面积为1.5～2.5mm^{2}的BV型或BVR型导线；普通插座一般选择截面积为2.5～4mm^{2}的BV型或BVR型导线；空调及浴霸等大功率线路一般选择截面积为4～6mm^{2}的BV型或BVR型导线。

3.1.3　插座、开关、灯具安装盒的选择

插座、开关、灯具安装盒又称底盒，在暗装时，先将安装盒嵌装在墙壁内，然后在安装盒上安装插座、开关、灯具。

1．开关插座安装盒

开关与插座的安装盒是通用的。市场上使用的开关插座主要规格有86型、118型和120型。

86型开关插座：其正面一般为86mm×86mm正方形，但也有个别产品可能因外观设计导致大小稍有变化，但安装盒是一样的。86型开关插座安装盒及常见可安装的开关插座如图3-6所示。在86型基础上，派生出146型（146mm×86mm）多联开关插座。86型开关插座使用最为广泛。

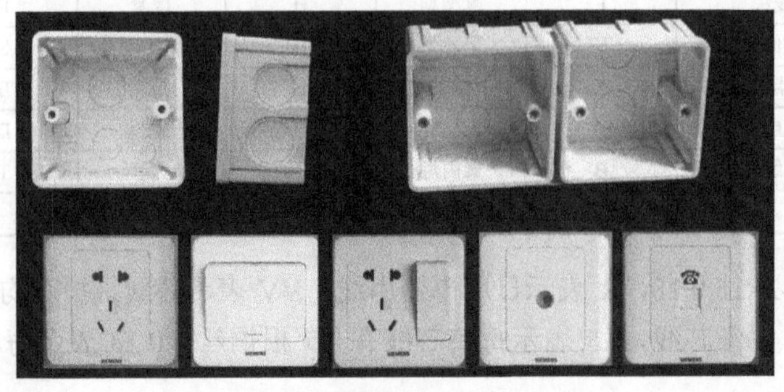

图3-6　86型安装盒及开关插座

120 型开关插座：其正面为 74mm×120mm 纵向长方形，采用纵向安装，120 型安装盒及开关插座如图 3-7 所示。在 120 型基础上，派生出 120mm×120mm 大面板，以便组合更多的开关插座。120 型开关插座起源于日本，在中国台湾地区和浙江省较为常见。

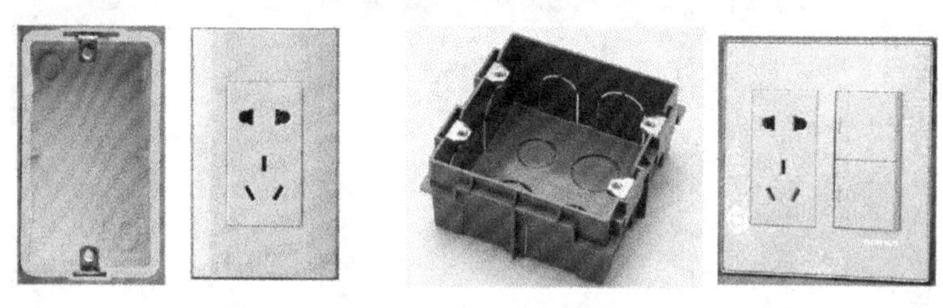

图 3-7　120 型安装盒及开关插座

118 型开关插座：其正面为 118mm×74mm 横向长方形，采用横向安装，118 型安装盒及开关插座如图 3-8 所示。在 118 型基础上，派生出 156mm×74mm、200mm×74mm 两种加长配置，以便组合更多的开关插座。118 型开关插座是 120 型标准进入中国后，国内厂家按中国人习惯仿制生产的。118 型和 120 型普通型安装盒具有通用性，安装时只要改变安装盒的方向即可。118 型开关在湖北省、重庆市较为常见。

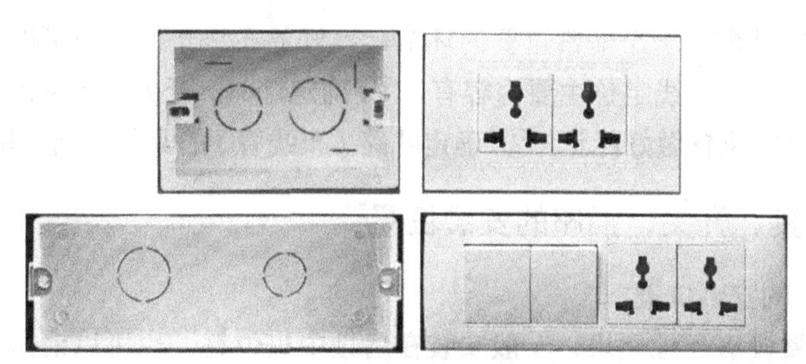

图 3-8　118 型安装盒及开关插座

根据安装方式的不同，开关插座安装盒可分为暗装盒和明装盒，暗装盒嵌入墙壁内，明装盒需要安装在墙壁表面，因此明装盒的底部有安装固定螺钉的孔。图 3-9 为两种开关插座明装盒。

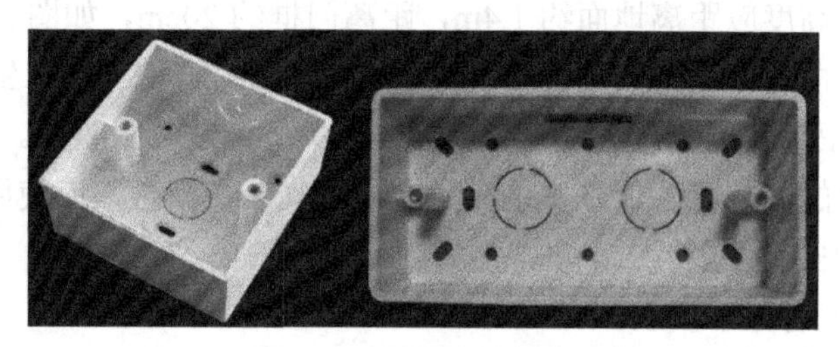

图 3-9　开关插座明装盒

2. 灯具安装盒

灯具安装盒简称灯头盒，图 3-10 为一些灯具安装盒及灯座。对于无通孔的安装盒，安装时需要先敲掉盒上的敲落孔，再将套管穿入盒内，导线则通过套管进入盒内。

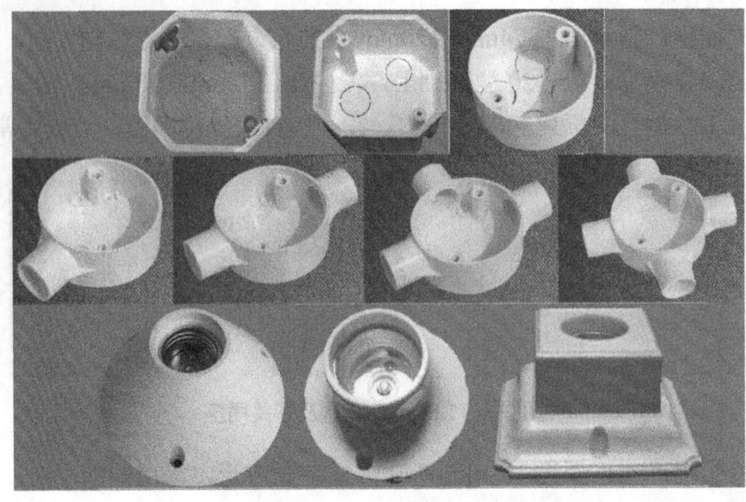

图3-10 一些灯具安装盒及灯座

3.2 布线定位与开槽

布线定位是家装配电一个非常重要的环节，良好的布线定位不但可以节省材料，还可以减少布线的工作量。**布线定位主要内容有：① 确定灯具、开关、插座在室内各处的具体安装位置，并在这些位置做好标记；② 确定线路（布线管）的具体走向，并做好走线标记。**

3.2.1 确定灯具、开关、插座的安装位置

1. 确定灯具的安装位置

灯具安装位置没有硬性要求，一般安装在房顶中央位置，也可以根据需要安装在其他位置，灯具的高度以人体不易接触到为佳。在室内安装壁灯、床头灯、台灯、落地灯、镜前灯等灯具时，如果高度低于2.4m，灯具的金属外壳均应接地以保证使用安全。

2. 确定开关的安装位置

开关的安装位置有如下要求：

① 开关的安装高度应距离地面约1.4m，距离门框约20cm，如图3-11所示。

② 控制卫生间内的灯具开关最好安装在卫生间门外，若安装在卫生间，应使用防水开关，这样可以避免卫生间的水汽进入开关，影响开关寿命或导致事故。

③ 开敞式阳台的灯具开关最好安装在室内，若安装在阳台，应使用防水开关。

3. 确定插座的安装位置

插座的安装位置有如下要求：

① 客厅插座距离地面大于30cm。

② 厨房/卫生间插座距离地面约1.4m。

③ 空调插座距离地面约1.8m。

④ 卫生间、开敞式阳台内应使用防水插座。

⑤ 卧室床边的插座要避免被床头柜或床板遮挡。

⑥ 强、弱电插座之间的距离应不小于 20cm，以免强电干扰弱电信号，如图 3-11 所示。

⑦ 同一室内的电源、电话、电视等插座面板应在同一水平标高上，高度差应小于 5mm。

⑧ 插座可以多装，最好房间每面墙壁都装有插座。

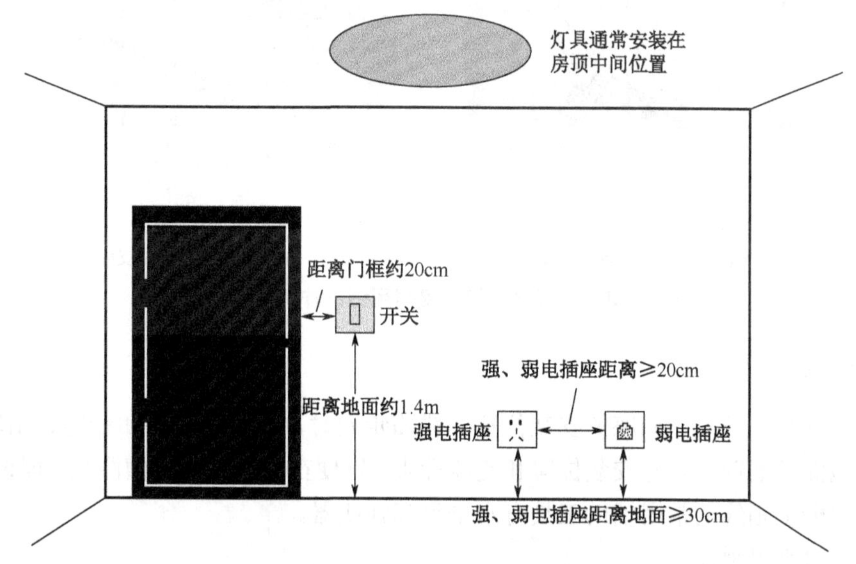

图 3-11　灯具、开关和插座的合理安装位置

3.2.2　确定线路（布线管）的走向

配电箱是室内线路的起点，室内各处的开关、插座和灯具是线路要连接的终点。

在确定走线时应注意以下要点：

① **走线要求横平竖直，路径短且美观实用，走线尽量减少交叉和弯折次数。**如果为了节省材料和工时而随心所欲走线（特别是墙壁），则在线路封埋后很难确定线路位置，在以后的一些操作（如钻孔）中可能会损伤内部的线管。图 3-12 为一些较常见的地面和墙壁走线。

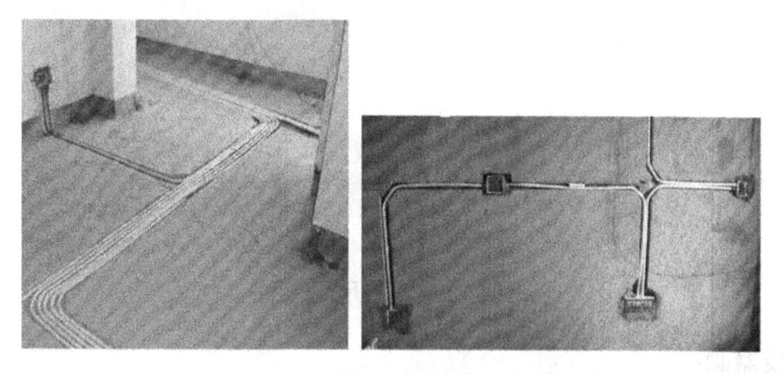

图 3-12　一些较常见的地面和墙壁走线

② **强电和弱电不要同管槽走线，以免形成干扰，强电和弱电的管槽之间的距离应在 20cm 以上。**如果强电和弱电的线管必须交叉，应在交叉处用铝箔包住线管进行屏蔽，如图 3-13 所示。

③ **电线与暖气、热水、煤气管之间的平行距离不应小于 30cm，交叉距离不应小于 10cm。**

④ 梁、柱和承重墙上尽量不要设计横向走线，若必须横向走线，长度不要超过20cm，以免影响房屋的承重结构。

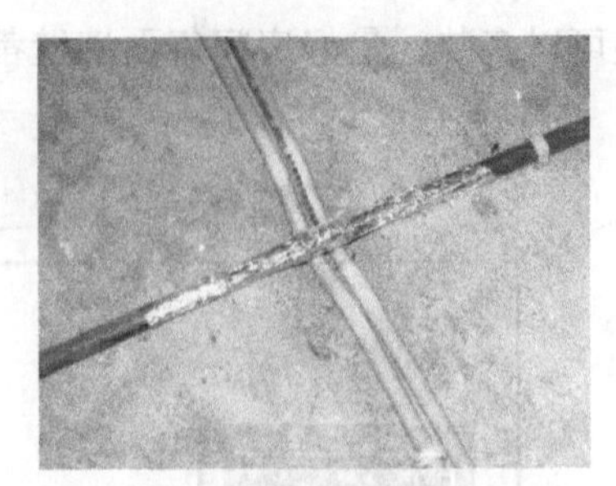

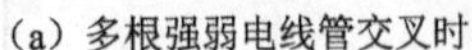
（a）多根强弱电线管交叉时　　（b）一两根强弱电线管交叉时

图3-13　强弱电线管交叉时用铝箔作为屏蔽处理

3.2.3　画线定位

在确定灯具、开关、插座的安装位置和线路走向时，需要用笔（如粉笔、铅笔）和弹线工具在地面及墙壁上画好安装位置和走线标志，以便在这些位置开槽凿孔，埋设电线管。在地面和墙壁上画线的常用辅助工具有水平尺和弹线器。

（1）用水平尺画线

水平尺主要用于画较短的直线。图3-14（a）是一种水平尺，有水平、垂直和斜向45°三个玻璃管，每个玻璃管中有一个气泡。在水平尺横向放置时，如果横向玻璃管内的气泡处于正中间位置，表明水平尺处于水平位置，沿水平尺可画出水平线；在水平尺纵向放置时，如果纵向玻璃管内的气泡处于正中间位置，表明水平尺处于垂直位置，沿水平尺可画出垂直线；在水平尺斜向放置时，如果斜向玻璃管内的气泡处于正中间位置，表明水平尺处于与水平（或垂直）位置成45°夹角的方向，沿水平尺可画出45°直线。利用水平尺画线如图3-14（b）所示。

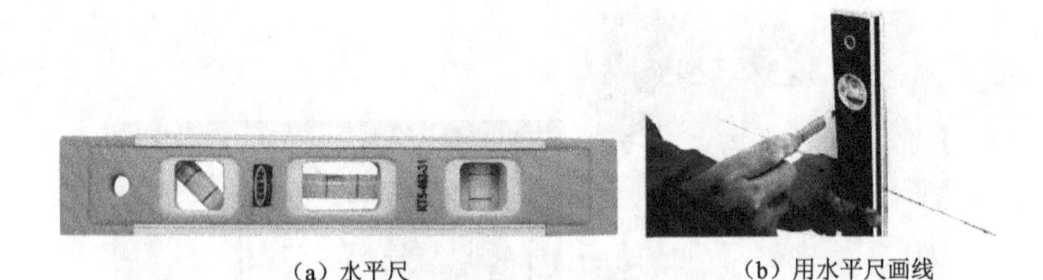

（a）水平尺　　（b）用水平尺画线

图3-14　水平尺及使用

（2）用弹线器画线

弹线器主要用于画较长的直线。图3-15（a）是一种弹线器，又称墨斗，在使用时，先将弹线器的固定端针头插在待画直线的起始端，然后压住压墨按钮同时转动手柄拉出墨线，到达合适位置后一只手拉紧墨线，另一只手往垂直方向拉起墨线，再松开，墨线碰触地面或墙壁，就画出了一条直线。利用弹线器画线如图3-15（b）所示。图3-16为地面及墙壁上的定位线。

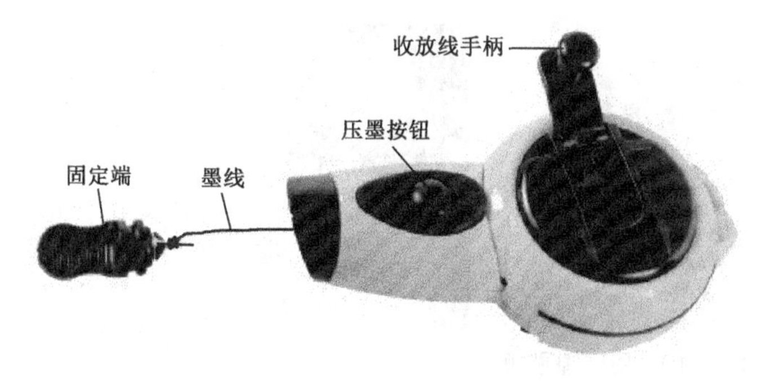

（a）弹线器

（b）用弹线器在地面画线

图 3-15　弹线器及使用

（a）在地面上画的定位线

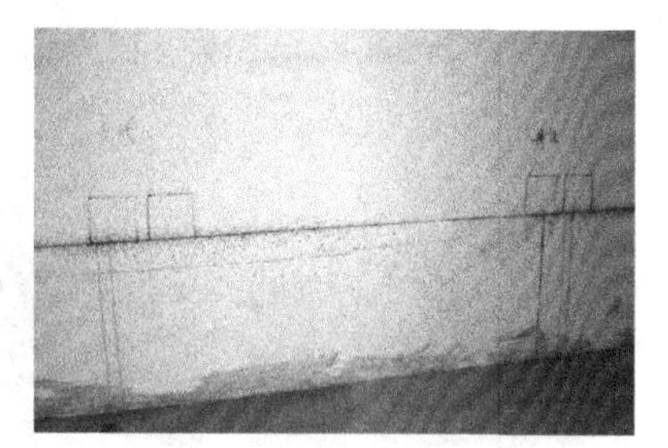

（b）在墙壁上画的定位线

图 3-16　地面及墙壁上的定位线

3.2.4　开槽

在墙壁和地面上画好敷设电线管及开关插座的定位线后，就可以进行开槽操作了，开**槽常用工具有云石切割机、钢凿和电锤**，如图 3-17 所示。

图 3-17　开槽常用工具（云石切割机、钢凿和电锤）

开槽时，先用云石切割机沿定位线切割出槽边沿，其深度较电线管直径深 5～10mm，然后用钢凿或电锤将槽内的水泥、砂石剔掉。用云石切割机沿定位线割槽如图 3-18 所示，用电锤剔槽如图 3-19 所示，用钢凿剔槽如图 3-20 所示。一些已开好的槽路如图 3-21 所示。

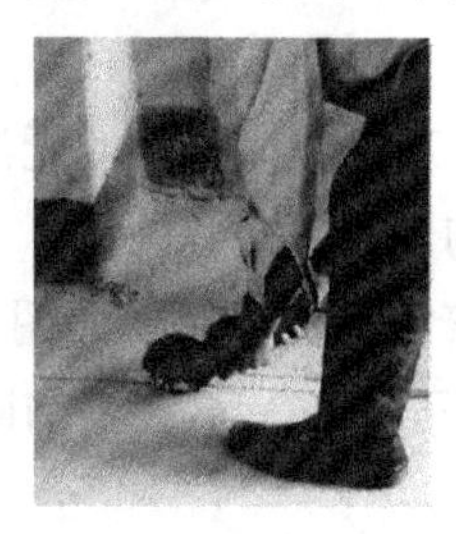

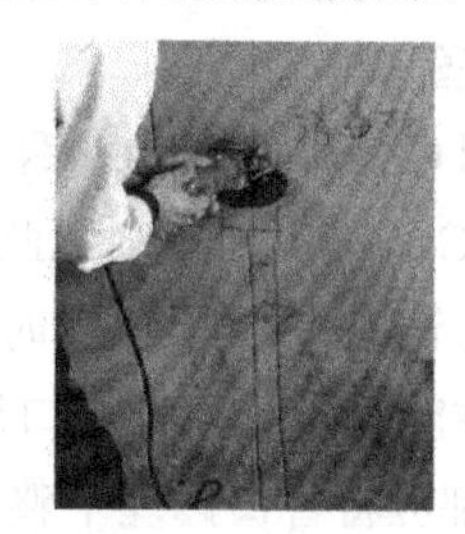

图 3-18　用云石切割机沿定位线割槽

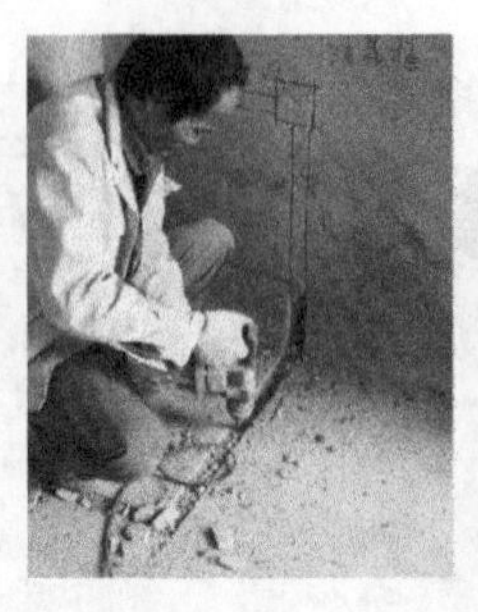

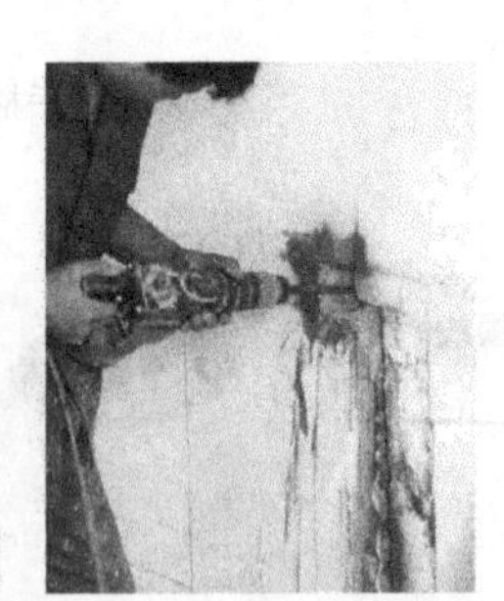

图3-19　用电锤剔槽

图3-20　用钢凿剔槽

图3-21　一些已开好的槽路

3.3　线管的加工与敷设

3.3.1　线管的加工

线管加工包括断管、弯管和接管。

1．断管

断管可以使用剪管刀或钢锯，如图3-22所示。由于剪管刀的刀口有限，无法剪切直径过大的PVC管，而钢锯则无此限制，但断管效率不如剪管刀。

在用剪管刀剪切PVC管时，打开剪管刀手柄，将PVC管放入刀口内，如图3-23所示，握紧手柄并转动管子，待刀口切入管壁后用力握紧手柄将管子剪断。不管是剪断还是锯断PVC管，都应将管口修理平整。

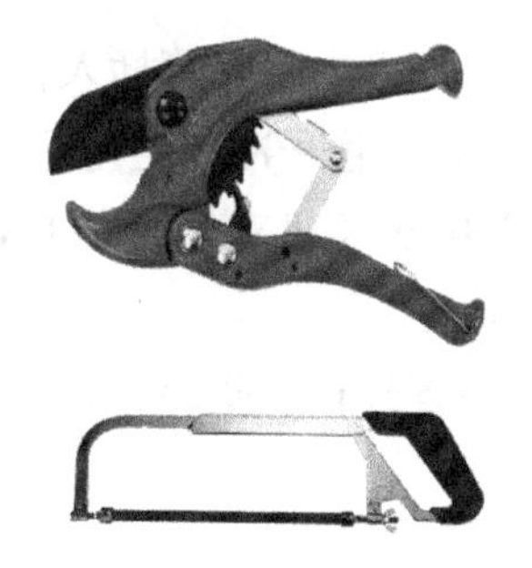
图 3-22　剪管刀和钢锯

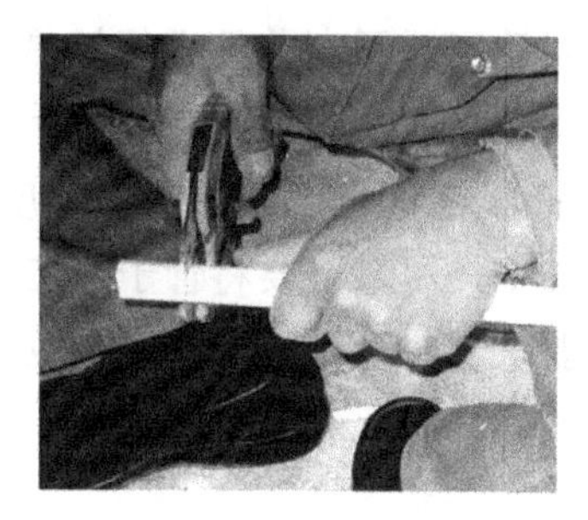
图 3-23　用剪管刀断管

2. 弯管

PVC 管不能直接弯折，需要借助弯管工具来弯管，否则容易弯瘪。

（1）冷弯

对于ϕ16～ϕ32mm 的 PVC 管，可使用弯管弹簧或弯管器进行冷弯。

弯管弹簧及弯管操作如图 3-24 所示，将弹簧插到管子需扳弯的位置，然后慢慢弯折管子至想要的角度，再取出弹簧。由于管子弯折处内部有弹簧填充，故不会弯瘪，考虑到管子的回弹性，管子弯折时的角度应比所需弯度小 15°；为了便于抽送弹簧，常在弹簧两端系上绳子或细铁丝。弯管弹簧常用规格有 1216（4 分）、1418（5 分）、1620（6 分）和 2025（1 寸），分别适用于弯曲ϕ16mm、ϕ18mm、ϕ20mm 和ϕ25mm 的 PVC 管。

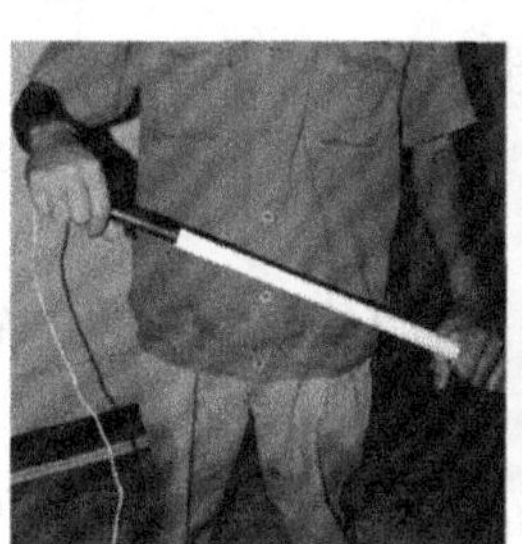
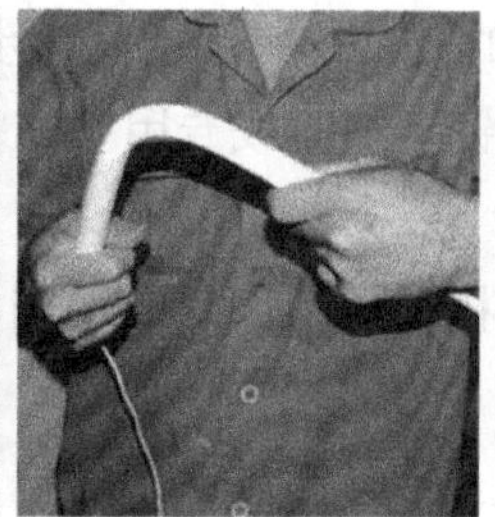
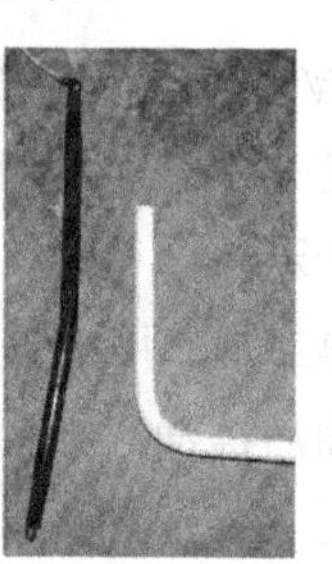
图 3-24　弯管弹簧及弯管操作

弯管器及弯管操作如图 3-25 所示，将管子插入合适规格的弯管器，然后用手扳动手柄，即可将管子弯成所需的弯度。

图 3-25　弯管器及弯管操作

（2）热弯

对于ϕ32mm 以上的 PVC 管采用热弯法弯管。

在热弯时，对管子需要弯曲处进行加热，若有弹簧可先将弹簧插入管内，当管子变软后，马上将管子固定在木板上，逐步弯成所需的弯度，待管子冷却定型后，再将弹簧抽出，也可直接使用弯管器将管子弯成所需的弯度。可采用热风机对管子加热，或者将其浸入100～200℃的液体中，尽量不要将管子放在明火上烘烤。

在弯管时，要求明装管材的弯曲半径应大于4倍管外径，暗装管材的弯曲半径应大于6～10倍管外径。

3．接管

PVC管连接的常用方法有管接头连接法和热熔连接法。

（1）管接头连接法

PVC管常用的管接头如图3-26所示，为了使管子连接牢固且密封性能好，还要用到PVC胶水（胶黏剂），如图3-27所示。

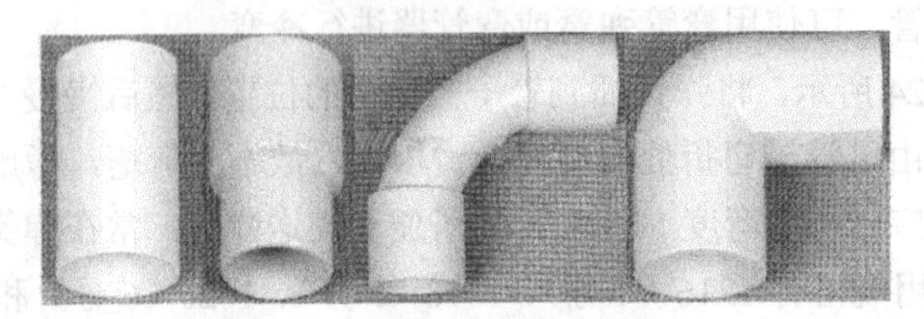

图3-26　PVC管常用的管接头

图3-27　PVC胶水

PVC管的连接如图3-28所示，具体步骤如下：

第一步：选用钢锯、割刀或专用PVC断管器，将管子按要求长度垂直切断，如图3-28（a）所示。

第二步：用板锉将管子断口处的毛刺和毛边去掉，并用干布将管头表面的残屑、灰尘、水、油污擦净，如图3-28（b）所示。

第三步：在管子上做好插入深度标记，再用刷子快速将PVC胶水均匀地涂抹在管接口的外表面和管接头的内表面，如图3-28（c）所示。

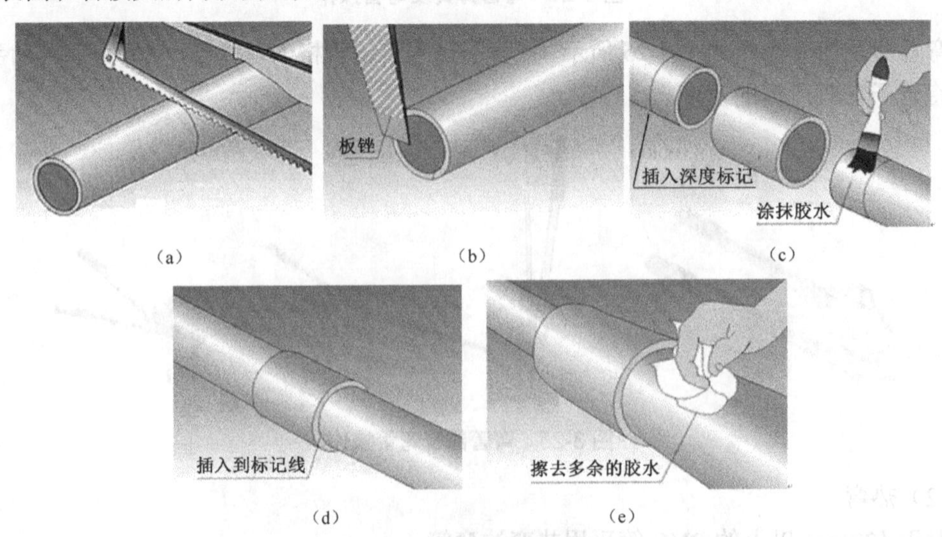

图3-28　用管接头连接PVC管

第四步：将待连接的两根管子迅速插入管接口内并保持至少 2min，以便胶水固化，如图 3-28（d）所示。

第五步：用布擦去管子表面多余的胶水，如图 3-28（e）所示。

（2）热熔连接法

热熔法是将 PVC 管的接头加热熔化再套接在一起。在用热熔法连接 PVC 管时，常用到塑料管材熔接器（又称热熔器），如图 3-29 所示。图中的一套熔接器包括支架、熔接器、3 对（6 个）焊头、两个焊头固定螺栓和一个内六角扳手。

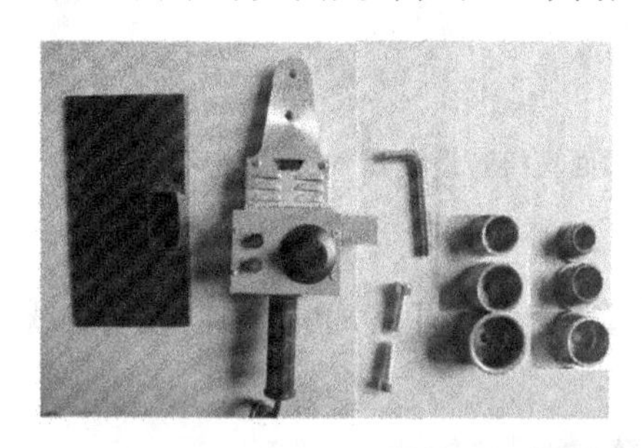

图 3-29　塑料管材熔接器

用塑料管材熔接器连接 PVC 管的具体步骤如下：

第一步：将熔接器的支脚插入配套支架的固定槽内，在使用时用双脚踩住支撑架。

第二步：根据管子的大小选择合适的一对焊头（凸凹），用螺栓将焊头固定在熔接器加热板的两旁。冷态安装时螺栓不能拧太紧，否则在工作状态拆卸时易将焊头螺纹损坏。在工作状态更换焊头时要注意安全。拆下焊头应妥善保管，不能损坏焊头表面的涂层，否则容易引起塑料黏结，影响管子的连接质量，缩短焊头寿命。

第三步：接通熔接器的电源，红色指示灯亮（加热），待红色指示灯熄灭、绿色指示灯亮时，即可开始工作。

第四步：将一根管子套在凸焊头的外部，另一根管子插入凹焊头的内部，如图 3-30 所示，并加热数秒钟，再将两根管子迅速拔出，把一根管子垂直推入另一根已胀大的管子内，冷却数分钟即可。在推进时用力不宜过猛，以免管头弯曲。

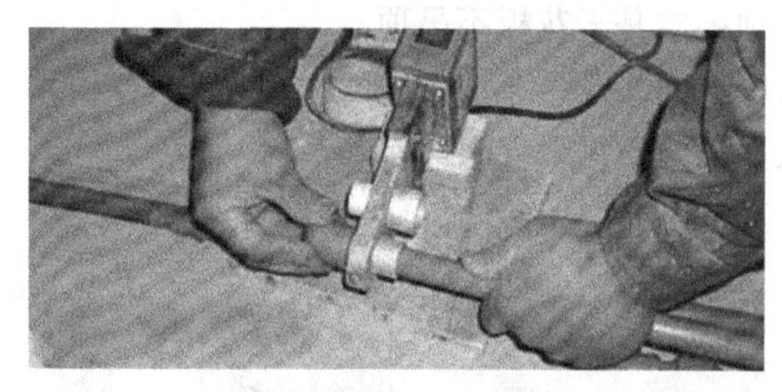

图 3-30　用塑料管材熔接器连接 PVC 管

3.3.2　线管的敷设

1. 地面直接敷设线管

对于新装修且后期需加很厚垫层的地面，可以不用在地面开槽，而直接将电线管横平

竖直铺在地面，如图 3-31 所示。如果有管子需交叉，可在交叉处开小槽，将底下的管子往槽内压，确保上面的管子能平整。

图 3-31　地面直接敷设线管

2．槽内敷设线管

对于后期改造或垫层不厚的地面和墙壁，需要先开槽，再在槽内敷设电线管，如图 3-32 所示。

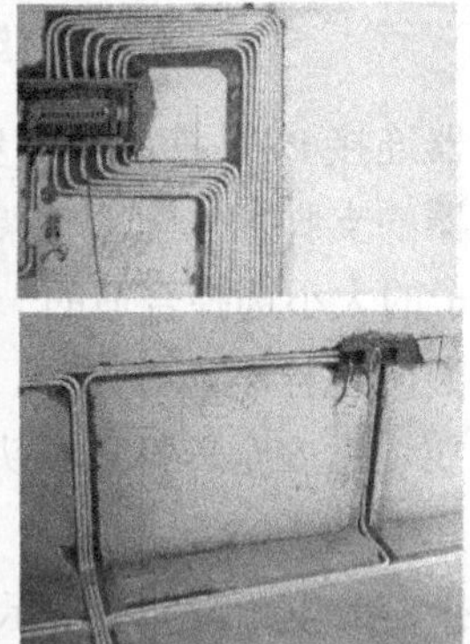

图 3-32　槽内敷设线管

3．天花板敷设线管

由于灯具通常安装在天花板，故天花板也需要敷设线管。**在天花板敷设线管分两种情况：一是天花板需要吊顶；二是天花板不吊顶。**

如果天花板需要吊顶，可以将线管和灯具底盒直接明敷在房顶上，如图 3-33 所示，线管可用管卡固定住，然后用吊顶将线管隐藏起来。

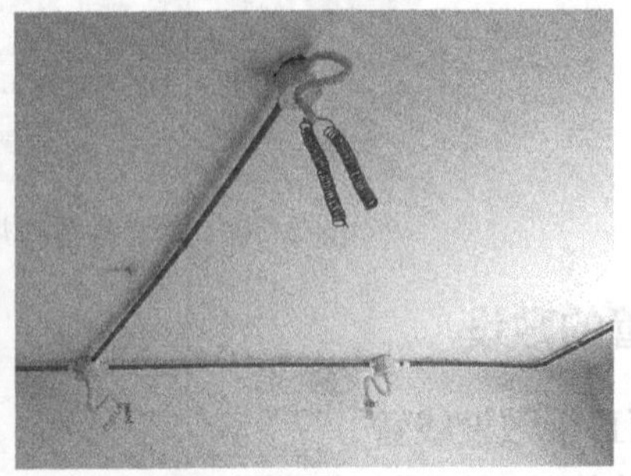

图 3-33　有吊顶的天花板敷设线管

如果天花板不吊顶且不批很厚的水泥砂浆，则在敷设线管时，可以在房顶板开浅槽，再将管径小的线管铺在槽内并固定住，灯具底盒可不用安装，只需留出灯具接线即可，如图 3-34 所示。

图 3-34　无吊顶的天花板敷设线管

4．开关、插座底盒与线管的连接与埋设

在敷设线管时，线管要与底盒连接起来。为了使两者能很好地连接，需要给底盒安装锁母，如图 3-35（a）所示，它由一个带孔的螺栓和一个管形环套组成。

在给底盒安装锁母时，先旋下环套上的螺栓，再敲掉底盒上的敲落孔，螺栓从底盒内部往外伸出敲落孔，旋入敲落孔外侧的环套。底盒安装好锁母后，再将线管插入锁母，如图 3-35（b）所示。使用锁母连接好并埋设在墙壁的底盒和线管如图 3-35（c）所示。

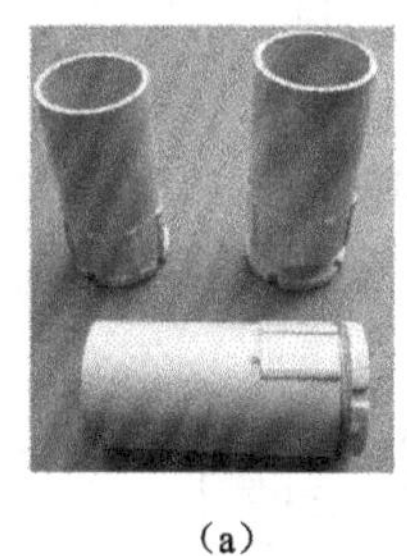

（a）

（b）

（c）

图 3-35　用锁母连接底盒与线管

3.4　导线穿管和测试

电线管敷设好后，就可以往管内穿入导线了。**对于敷设好的电线管，其两端开口分别位于首尾端的底盒，穿线时将导线从一个底盒穿入某电线管，再从该电线管另一端的底盒穿出来。**

3.4.1　导线穿管的常用方法

在穿管时，可根据不同的情况采用不同的方法。

① 对于短直的电线管，如图 3-36（a）所示，如果穿入的导线较硬，可直接将导线从底盒的电线管入口穿入，从另一个底盒的电线管出口穿出；如果是多根导线，可将导线的头部绞合在一起，再进行穿管。

② 对于有一个拐弯的电线管，如图 3-36（b）所示，如果导线无法直接穿管，可使用直径为 1.2mm 或 1.6mm 的钢丝来穿管。将钢丝的端头弯成小钩，从一个底盒的电线管的入口穿入，由于管子有拐弯，在穿管时要边穿边转钢丝，以便钢丝能顺利穿过拐弯处。钢丝从另一个底盒的电线管穿出后，将导线绑在钢丝一端，在另一端拉出钢丝，导线也随之穿入电线管。

③ 对于有两个拐弯的电线管，如图 3-36（c）所示，如果使用一根钢丝无法穿管，可

使用两根钢丝穿管。先将一根端头弯成小钩的钢丝从一个底盒的电线管的入口穿入，边穿边转钢丝，同时在该电线管的出口处穿入另一根钢丝（端头也要弯成小钩），边穿边转钢丝。这两根钢丝转动方向要相反，当两根钢丝在电线管内部绞合在一起后，两根钢丝一拉一送，将一根钢丝完全穿过电线管；再将导线绑在钢丝一端，在另一端拉出钢丝，导线也随之穿入电线管。

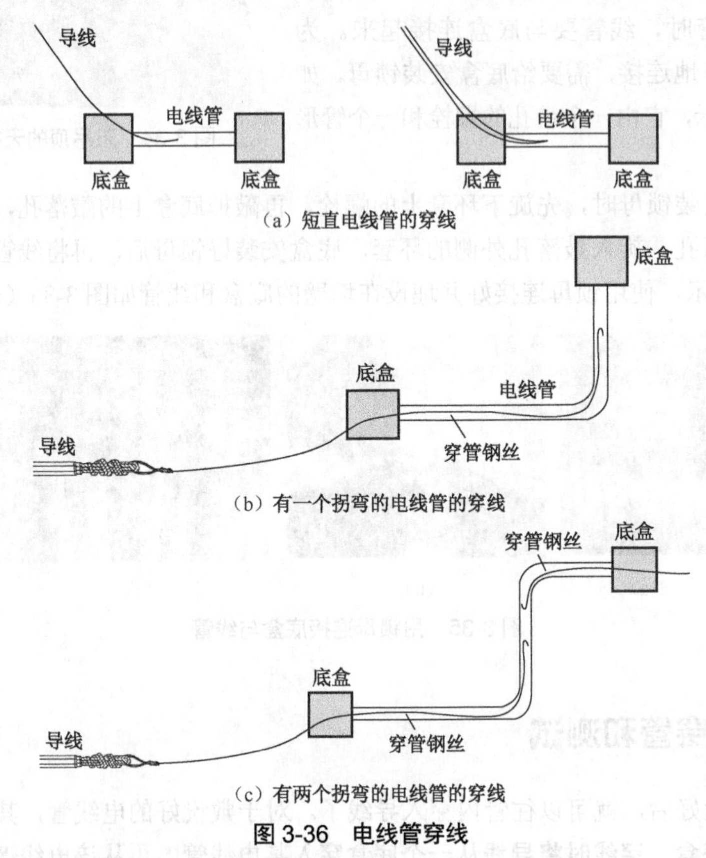

图 3-36　电线管穿线

图 3-37 为一些导线穿管完成图。

图 3-37　一些导线穿管完成图

3.4.2　导线穿管注意事项

在导线穿管时，要注意以下事项：

① 同一回路的导线应穿入同一根管内，但管内导线总数不应超过 8 根，导线总截面积（包括绝缘外皮）不应超过管内截面积的 40%。

② 套管内导线必须为完整的无接头导线，接头应设在开关、插座、灯具底盒或专设的接、拉线底盒内。

③ 电源线与弱电线不得穿入同一根管内。

④ 当套管长度超过 15m 或有两个直角弯时，应增设一个用于拉线的底盒（见图 3-38）。拉线的底盒与开关插座底盒一样，但面板上无开关或插孔。

⑤ 在较长的垂直套管中穿线后，应在上方固定导线，防止导线在套管中下坠。

⑥ 在底盒中应留长度为 15cm 左右的导线，以便接开关、插座或灯具。

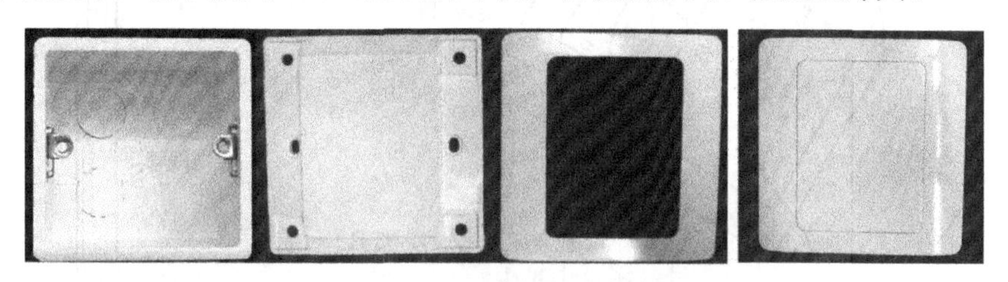

图 3-38　接、拉线底盒及面板

3.4.3　套管内的导线通断和绝缘性能测试

导线穿管后，为了检查导线在穿管时是否断线或绝缘层是否受损，可以用万用表和兆欧表对导线进行测试。

1．套管内的导线通断测试

检测套管内的导线通断可使用万用表欧姆挡，测试如图 3-39 所示。两个底盒间穿入三根导线，将一个底盒中的三根导线剥掉少量绝缘层，将它们的芯线绞合在一起，然后将万用表拨至×1Ω 挡，测量另一个底盒中任意两根导线间的电阻。比如测量 1、2 号两根线的电阻，若测得的阻值接近 0Ω，说明 1、2 号导线正常；若测得的阻值为无穷大，说明两根导线有断线。为了找出是哪一根线有断线，让接 1 号导线的表笔不动，将另一支表笔改接 3 号导线，若测得的阻值为 0Ω，则说明 2 号线开路。

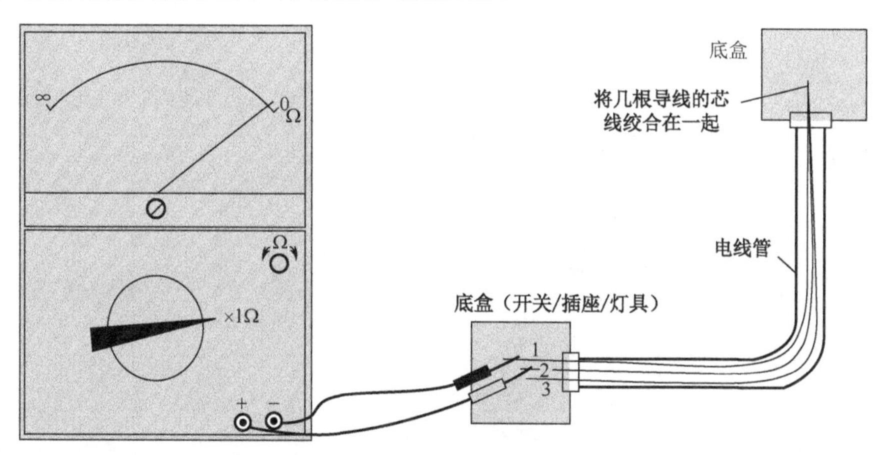

图 3-39　用万用表检测套管内的导线通断

2．套管内的导线绝缘性能测试

检测套管内的导线绝缘性能使用兆欧表，测试如图3-40所示。两个底盒间穿入三根导线，让两个底盒中的导线间保持绝缘，用兆欧表在任意一个底盒中测量任意两根导线芯线之间的绝缘电阻。导线芯线间的正常绝缘电阻应大于 0.5MΩ，如果测得的绝缘电阻小于0.5MΩ，则说明被测导线间存在漏电或短路，需要更换新导线。

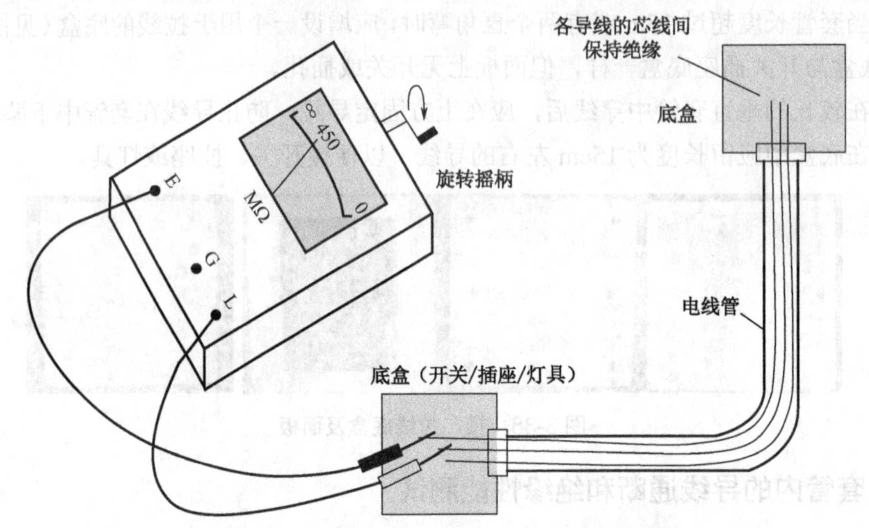

图3-40　用兆欧表测试套管内的导线绝缘性能

第 4 章　明装方式敷设电气线路

明装方式敷设电气线路简称明装布线，是指将导线沿着墙壁、天花板、梁柱等表面敷设的布线方式。在明装布线时，要求敷设的线路横平竖直、线路短且弯头少。由于明装布线是将导线敷设在建筑物的表面，故应在建筑物全部完工后进行。**明装布线的具体方式很多，常见的有线槽布线、线管布线、瓷夹板布线和线夹卡布线等。**

采用暗装布线的最大优点是可以将电气线路隐藏起来，使室内更加美观，但暗装布线成本高，并且线路更改难度大。与暗装布线相比，明装布线具有成本低、操作简单和线路更改方便等优点，一些简易建筑（如民房）或需新增加线路的场合常采用明装布线。由于明装布线直观简单，如果对布线美观要求不高，甚至略懂一点电工知识的人都可以进行。

4.1 线槽布线

线槽布线是一种较常用的住宅配电布线方式，它将绝缘导线放在绝缘槽板（塑料或木质）内进行布线，由于导线有槽板的保护，因此绝缘性能和安全性较好。塑料槽板布线用于干燥场合做永久性明线敷设，或用于简易建筑或永久性建筑的附加线路。

布线使用的线槽类型很多，其中使用最广泛的为 PVC 电线槽，如图 4-1 所示。方形电线槽截面积较大，可以容纳更多导线；半圆形电线槽虽然截面积要小一些，但因其外形特点，用于地面布线时不易绊断。

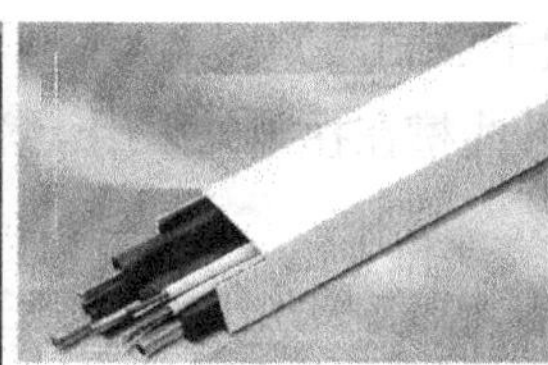
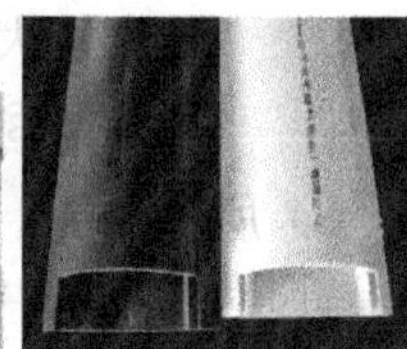
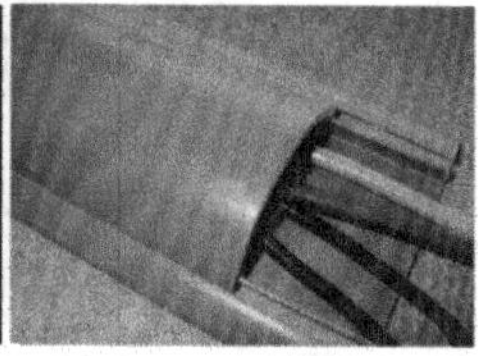

图 4-1　PVC 电线槽

4.1.1　布线定位

在线槽布线定位时，要注意以下几点：

① 先确定各处的开关、插座和灯具的位置，再确定线槽的走向。插座采用明装时距离地面一般为 1.3～1.8m，采用暗装时距离地面一般为 0.3～0.5m；普通开关安装高度一般为 1.3～1.5m，开关距离门框在 20cm 左右，拉线开关安装高度为 2～3m。

② 线槽一般沿建筑物墙、柱、顶的边角处布置，要横平竖直，尽量避开不易打孔的混凝土梁、柱。

③ 线槽一般不要紧靠墙角，应间隔一定的距离，紧靠墙角不易施工。

④ 在弹（画）线定位时，如图 4-2 所示，横线弹在槽上沿，纵线弹在槽中央位置，这样安装好线槽后就可将定位线遮拦住，使墙面干净整洁。

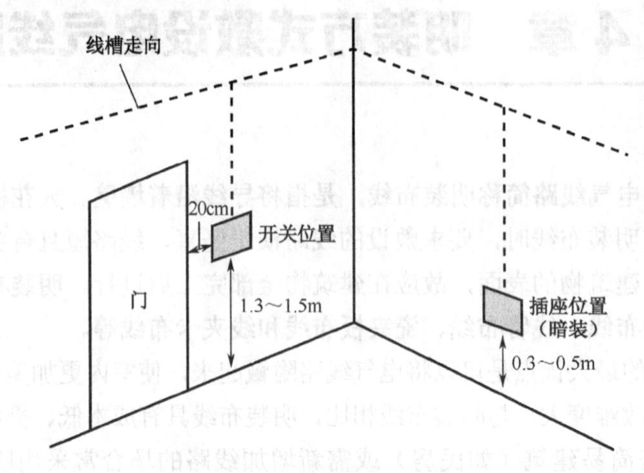

图 4-2　在墙壁上画线定位

4.1.2　线槽的安装

线槽的安装如图 4-3 所示，先用钉子将电线槽的槽板固定在墙壁上，再在槽板内铺入导线，然后给槽板压上盖板即可。

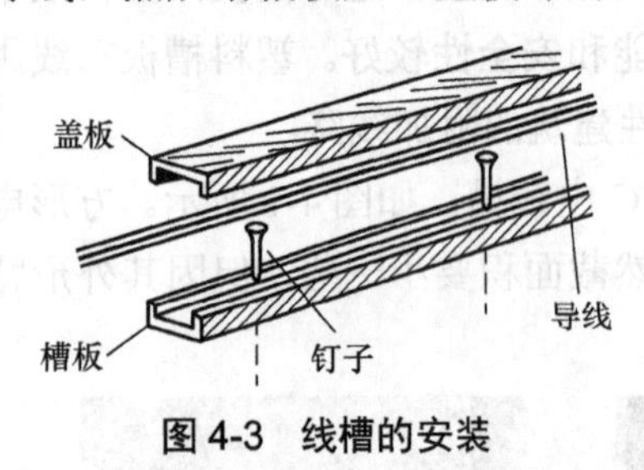

图 4-3　线槽的安装

在安装线槽时，应注意以下几个要点：

① 在安装线槽时，内部钉子之间相隔距离不要大于 50cm，如图 4-4（a）所示。

② 在线槽连接安装时，线槽之间可以直角拼接安装，也可切割成 45° 拼接安装，钉子与拼接中心点距离不大于 5cm，如图 4-4（b）所示。

③ 线槽在拐角处采用 45° 拼接，钉子与拼接中心点距离不大于 5cm，如图 4-4（c）所示。

④ 线槽采用 T 字形拼接时，可在主干线槽旁边切出一个凹三角形口，分支线槽切成凸三角形，再将分支线槽的三角形凸头插入主干线槽的凹三角形口，如图 4-4（d）所示。

⑤ 线槽采用十字形拼接时，可将四个线槽头部切成凸三角形，再并接在一起，如图 4-4（e）所示。

⑥ 线槽在与接线盒（如插座、开关底盒）连接时，应将二者紧密无缝隙地连接在一起，如图 4-4（f）所示。

4.1.3　用配件安装线槽

为了让线槽布线更为美观和方便，可采用配件来连接线槽。PVC 电线槽常用的配件如图 4-5 所示，这些配件在线槽布线时的安装位置如图 4-6 所示，要注意的是，该图仅用来说明各配件在线槽布线时的安装位置，并不代表实际的布线。

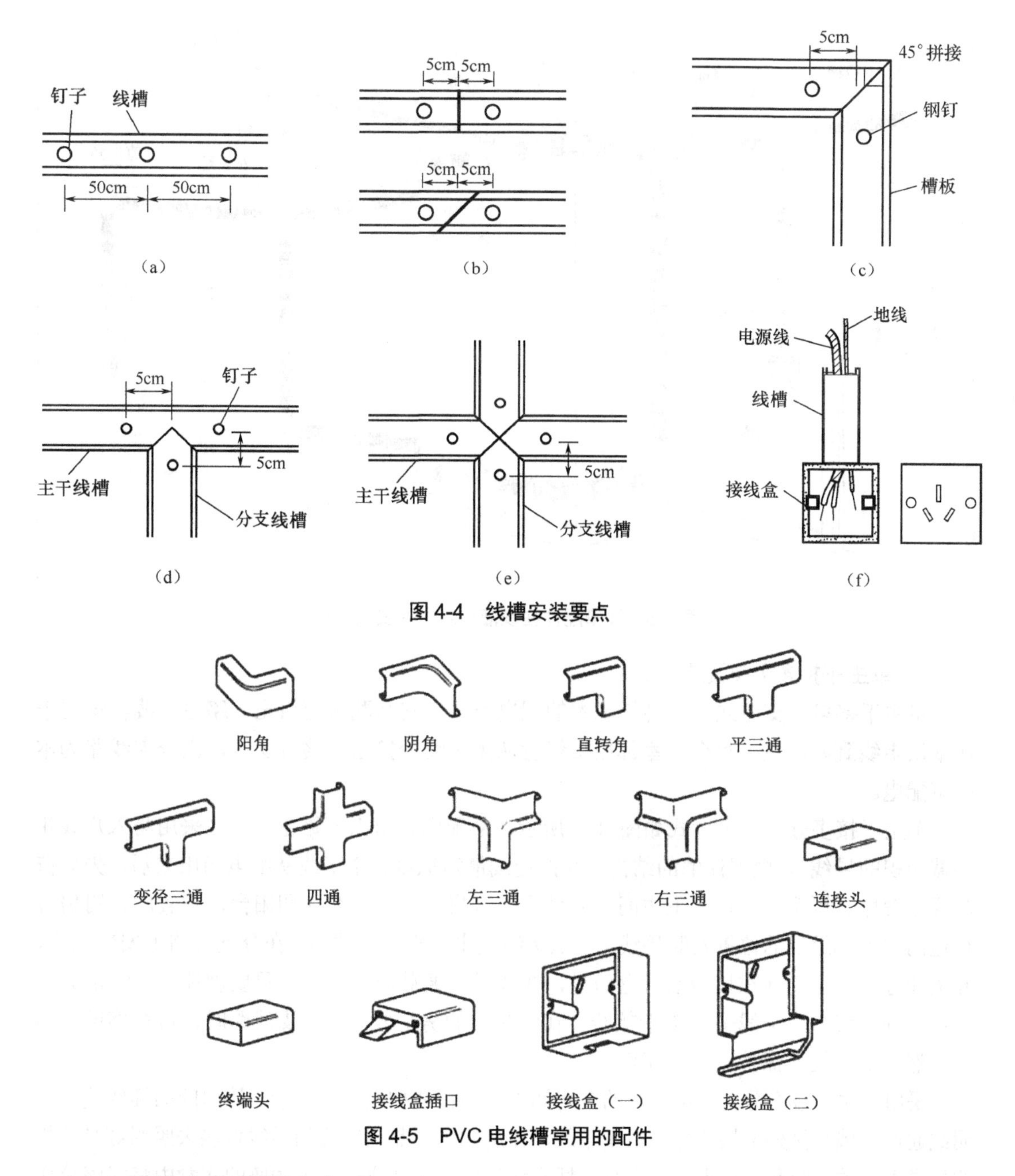

图 4-4　线槽安装要点

图 4-5　PVC 电线槽常用的配件

4.1.4　线槽布线的配电方式

在线管暗装布线时，由于线管被隐藏起来，故将配电分成多个支路并不影响室内的整洁美观；而采用线槽明装布线时，如果也将配电分成多个支路，在墙壁上明装敷设大量的线槽，则不但不美观，而且还比较碍事。**为适应明装布线的特点，线槽布线常采用区域配电方式。配电线路的连接方式主要有：① 单主干接多分支方式；② 双主干接多分支方式；③ 多分支方式。**

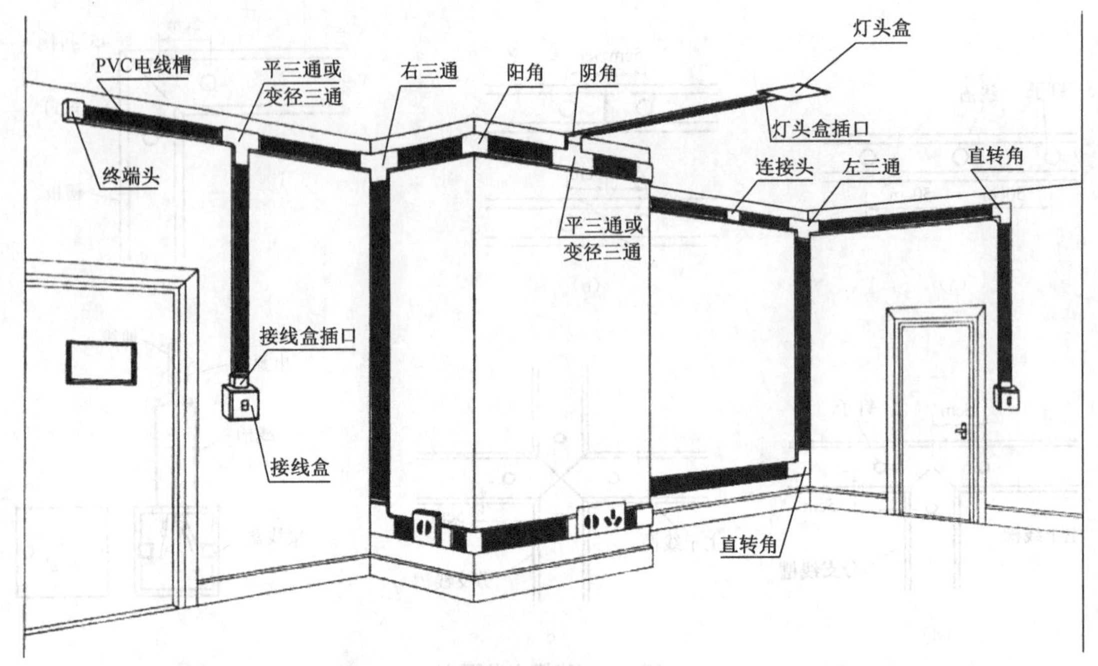

图4-6　线槽配件在线槽布线时的安装位置

1．单主干接多分支配电方式

单主干接多分支方式是一种低成本的配电方式，它从配电箱引出一路主干线，该主干线依次走线到各厅室，每个厅室都用接线盒从主干线处接出一路分支线，由分支线路为本厅室配电。

单主干接多分支配电方式如图4-7所示，从配电箱引出一路主干线（采用与入户线相同截面积的导线），根据住宅的结构，并按走线最短原则，主干线从配电箱出来后，先后依次经过餐厅、厨房、过道、卫生间、主卧室、客房、书房、客厅和阳台，在餐厅、厨房等合适的主干线经过的位置安装接线盒，从接线盒中接出分支线路，在分支线路上安装插座、开关和灯具。主干线在接线盒穿盒而过，接线时不要截断主干线，只要剥掉主干线部分绝缘层，分支线与主干线采用T形接线。在给带门的房室内引入分支线路时，可在墙壁上钻孔，然后给导线加保护管进行穿墙。

采用单主干接多分支配电方式的某房间走线与接线如图4-8所示。该房间的插座线和照明线通过穿墙孔接外部接线盒中的主干线，在房间内，照明线路的零线直接去照明灯具，相线先进入开关，经开关后去照明灯具，插座线先到一个插座，在该插座的底盒中将线路分作两个分支，分别去接另两个插座，导线接头是线路容易出现问题的地方，不要放在线槽中。

2．双主干接多分支方式

双主干接多分支方式从配电箱引出照明和插座两路主干线，这两路主干线依次走线到各厅室，每个厅室都用接线盒从两路主干线分别接出照明和插座支路线，为本厅室照明和插座配电。由于双主干接多分支配电方式要从配电箱引出两路主干线，同时配电箱内需要两个控制开关，故较单主干接多分支方式的成本要高，但由于照明和插座分别供电，当一路出现故障时可暂时使用另一路供电。

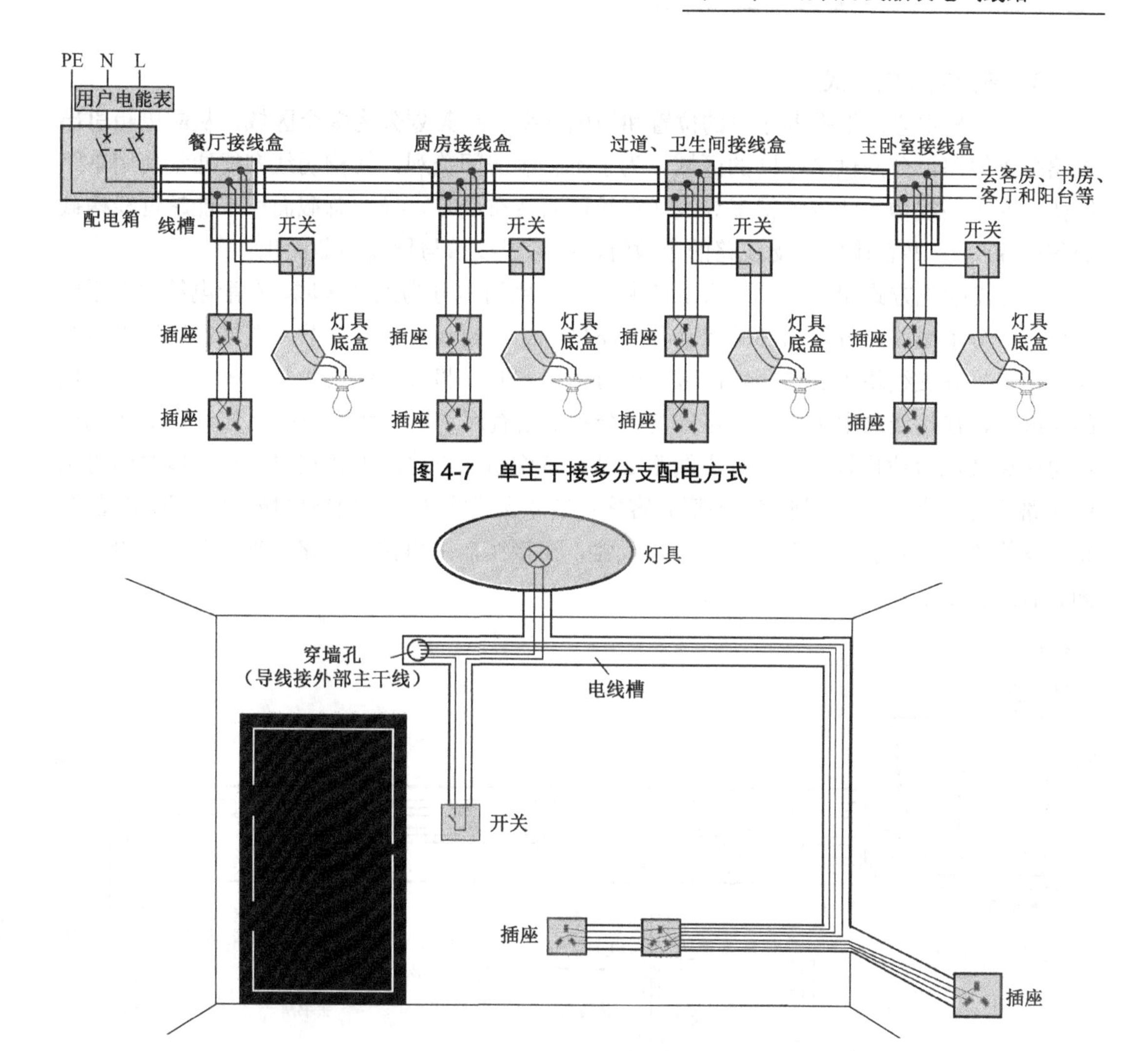

图 4-7　单主干接多分支配电方式

图 4-8　某房间的走线与接线

双主干接多分支配电方式如图 4-9 所示，该方式的某房间走线与接线与图 4-8 所示是一样的。

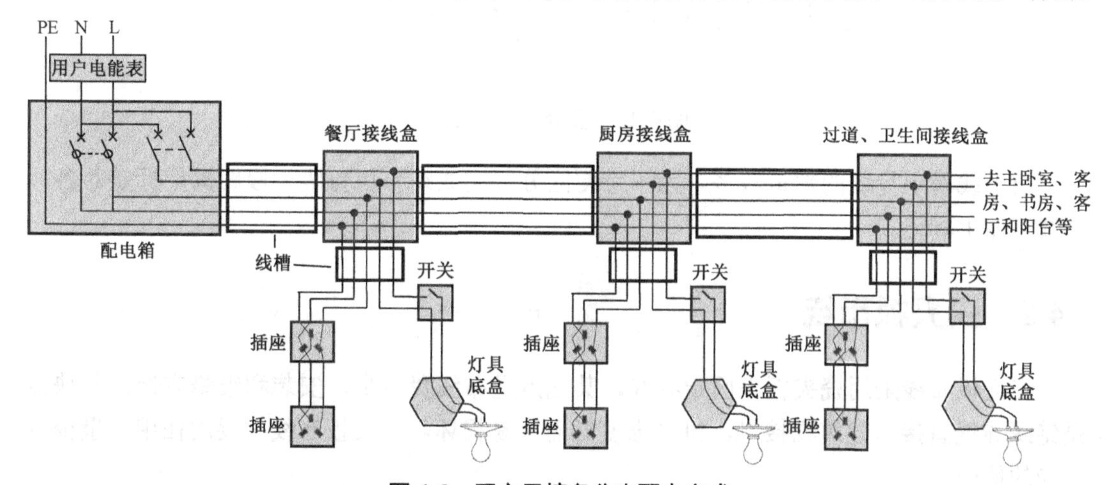

图 4-9　双主干接多分支配电方式

3. 多分支配电方式

多分支配电方式根据各厅室的位置和用电功率，将其划分为多个区域，从配电箱引出多路分支线路，分别供给不同的区域。为了不影响房间美观，线槽明线布线通常使用单路线槽，而单路线槽不能容纳很多导线（在线槽明装布线时，导线总截面积不能超过线槽截面积的60%），故在确定分支线路的个数时，应考虑线槽与导线的截面积。

多分支配电方式如图4-10所示，它将一户住宅用电分为三个区域，在配电箱中将用电分作三条分支线路，分别用开关控制各支路供电的通断。三条支路共九根导线通过单路线槽引出，当分支线路1到达用电区域1的合适位置时，将分支线路1从线槽中引到该区域的接线盒，在接线盒中再接成三路分支，分别供给餐厅、厨房和过道；当分支线路2到达用电区域2的合适位置时，将分支线路2从线槽中引到该区域的接线盒，在接线盒中再接成三路分支，分别供给主卧室、书房和客房；当分支线路3到达用电区域3的合适位置时，将分支线路3从线槽中引到该区域的接线盒，在接线盒中再接成三路分支，分别供给卫生间、客厅和阳台。

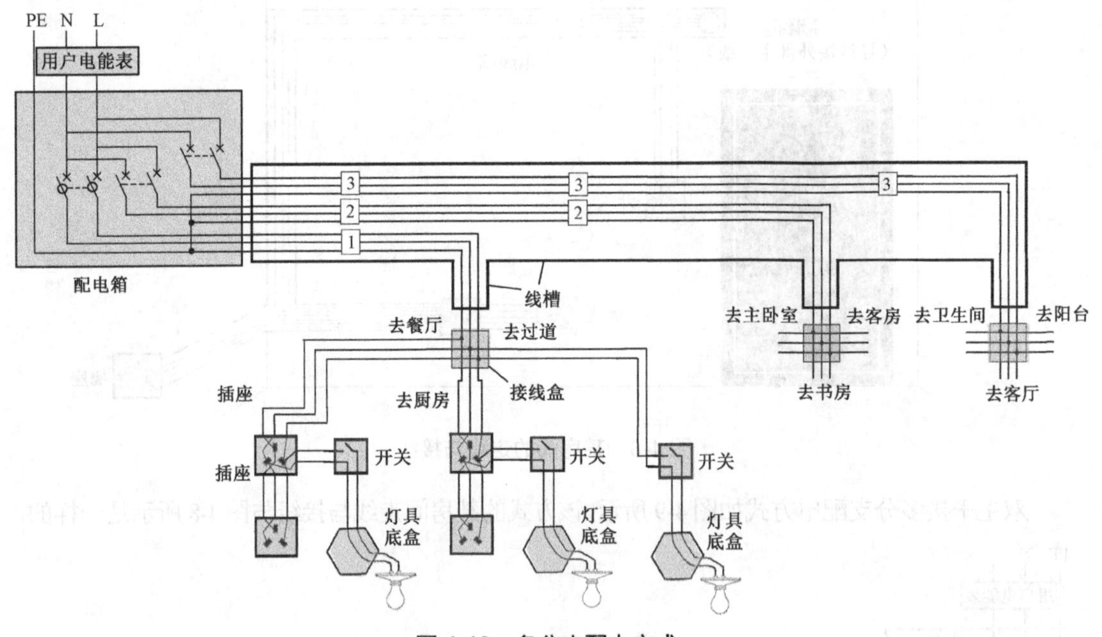

图4-10　多分支配电方式

由于线槽中导线的数量较多，为了方便区分分支线路，可每隔一段距离用标签对各分支线路做上标记。

4.2 瓷夹板布线

瓷夹板布线采用瓷夹板来固定导线，其优点是布线费用少，安装和维修方便；其缺点是绝缘导线直接与建筑物接触，机械强度低而容易损坏。瓷夹板布线主要用在用电量少且干燥的场合。

4.2.1　瓷夹板的安装

瓷夹板如图 4-11 所示。在使用瓷夹板安装导线时，若墙壁是木质结构的，则可以用螺钉将瓷夹板固定；若墙壁是砖墙或水泥结构的，则通常需要先在墙壁上安装木塞，再将瓷夹板固定在木塞上。墙壁是砖墙结构时，一般安装矩形木塞；墙壁是水泥结构时，则安装八角形木塞。两种木塞如图 4-12 所示。

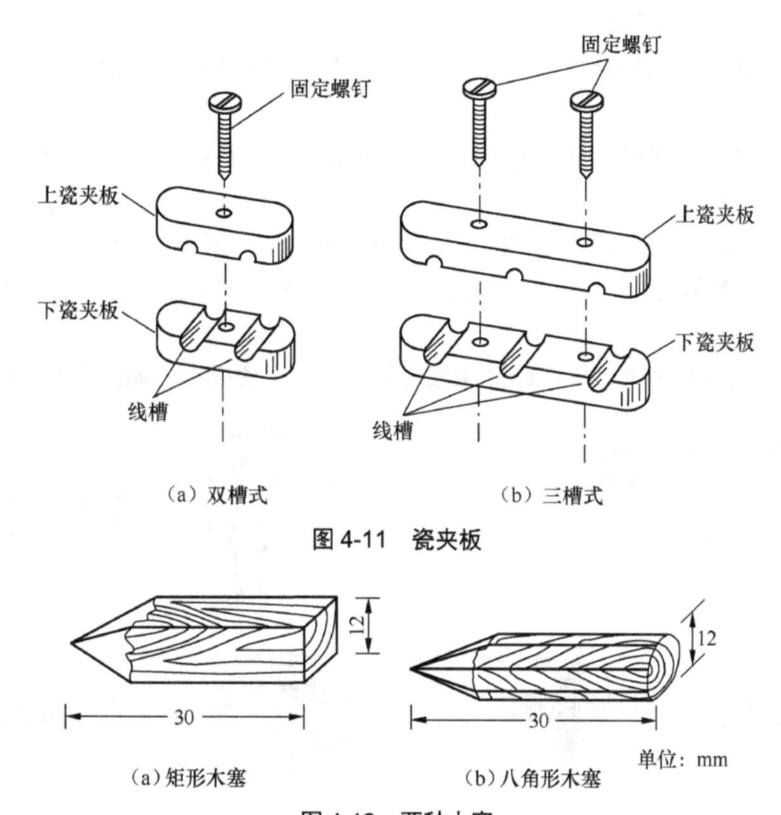

（a）双槽式　　（b）三槽式

图 4-11　瓷夹板

（a）矩形木塞　　（b）八角形木塞

图 4-12　两种木塞

木塞的安装如图 4-13 所示，具体说明如下：

① 用材质松的杉木削制出如图 4-12 所示的木塞。

② 用电锤或手电钻在墙壁上钻出一个直径为 10mm（较木塞直径小）、深度较木塞长的小孔。

③ 用锤子将木塞敲入小孔。

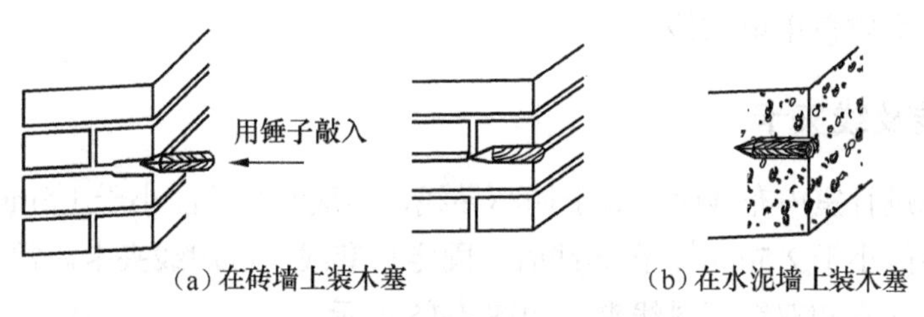

（a）在砖墙上装木塞　　（b）在水泥墙上装木塞

图 4-13　木塞的安装

4.2.2　瓷夹板布线要点

在使用瓷夹板布线时，应注意以下几个要点：

① 沿导线的走向每隔 80cm 安装一个瓷夹板，将导线压在夹板槽内，如图 4-14（a）所示。

② 遇到导线拐弯时，应在拐弯处两边各安装一个瓷夹板，瓷夹板到拐弯处的距离为 5～10cm，如图 4-14（b）所示。

③ 当有三根导线同行时，可使用三槽式瓷夹板，也可以使用双槽式，如图 4-14（c）所示。

④ 当导线出现交叉时，应在交叉处安装四个瓷夹板，并且在交叉的导线上套上硬塑料管，如图 4-14（d）所示。

⑤ 当导线以 T 字形接出分支线时，应在分支处安装三个瓷夹板，并且在分支被跨过的导线上套上硬塑料管，塑料管的一端靠住瓷夹板，另一端靠住绝缘胶带，如图 4-14（e）所示。

⑥ 在导线进入插座前，要在距插座较近处安装一个瓷板夹，如图 4-14（f）所示。

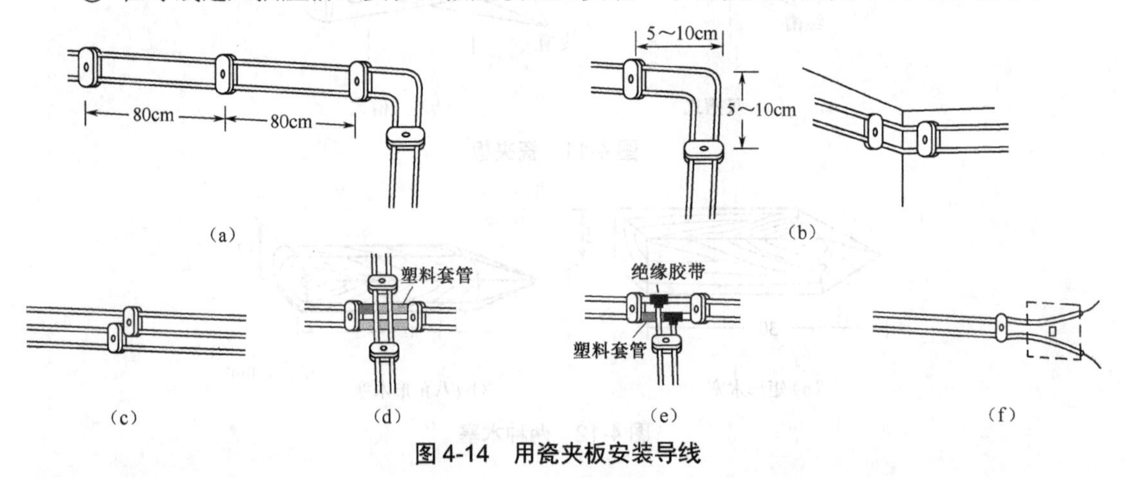

图 4-14　用瓷夹板安装导线

4.3　护套线布线

护套线是一种带有绝缘护套的两芯或多芯绝缘导线，具有防潮、耐酸、耐腐蚀和安装方便且成本低等优点，可以直接敷设在墙壁、空心板及其他建筑物表面。但护套线的截面积较小，不适合大容量用电布线。

4.3.1　护套线及线夹卡

采用护套线进行室内布线时，对于铜芯导线，其截面积不能小于 1.5mm²；对于铝芯导线，其截面积不能小于 2.5mm²。在布线时，固定护套线一般用线夹卡。常见的线夹卡有铝片卡、单钉塑料线夹和双钉塑料线夹，如图 4-15 所示。

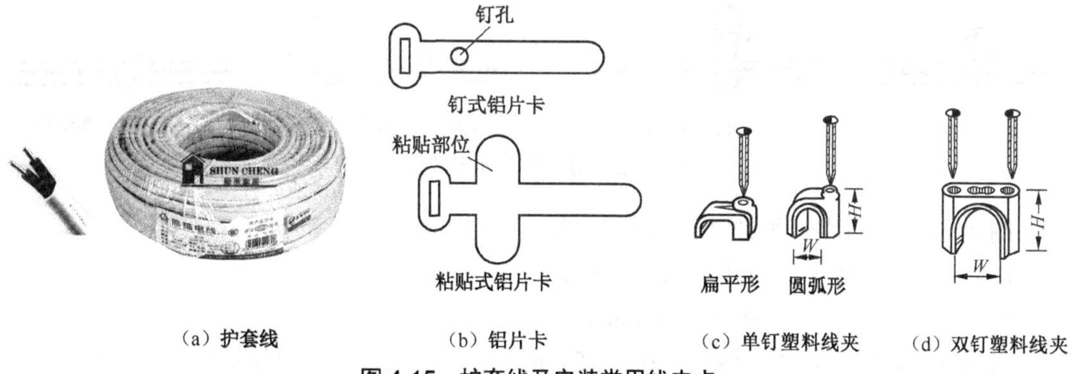

（a）护套线　（b）铝片卡　（c）单钉塑料线夹　（d）双钉塑料线夹

图 4-15　护套线及安装常用线夹卡

4.3.2　单钉夹安装护套线

单钉夹只有一个固定钉，安装护套线方便快捷，但不如双钉夹牢固，因此安装时要注意一定的技巧。使用单钉夹安装护套线如图 4-16 所示，具体如下：

① 在用单钉夹固定护套线时，钉子应交替安排在导线的上、下方，如图 4-16（a）所示。

② 在护套线转弯处，应在转弯前后各安装一个固定夹，如图 4-16（b）所示。

③ 在护套线交叉处，应使用四个固定夹，如图 4-16（c）所示。

④ 在护套线进入接线盒（开关或插座）前，应使用一个固定夹，如图 4-16（d）所示。

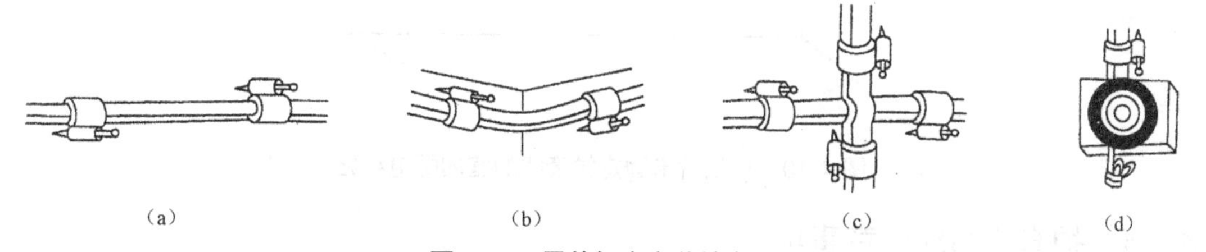

（a）　（b）　（c）　（d）

图 4-16　用单钉夹安装护套线

4.3.3　用铝片卡安装护套线

铝片卡又称钢精扎头，有钉式和粘贴式两种，前者用铁钉进行固定，后者用黏合剂固定。在安装护套线时，先用铁钉或黏合剂将铝片卡固定在墙壁上，如图 4-17 所示。在钉铝片卡时要注意铝片卡之间的距离一般为 200～250mm，铝片卡与接线盒、开关的距离要近一些，约为 50mm。铝片卡安装好后，将护套线放在铝片卡上，再按图 4-18 所示的方法将护套线固定下来。

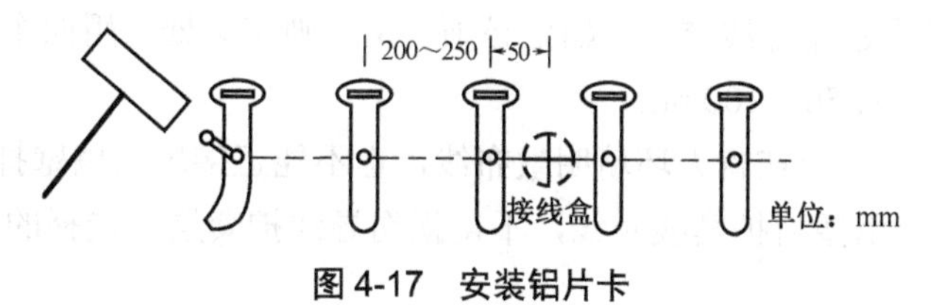

图 4-17　安装铝片卡

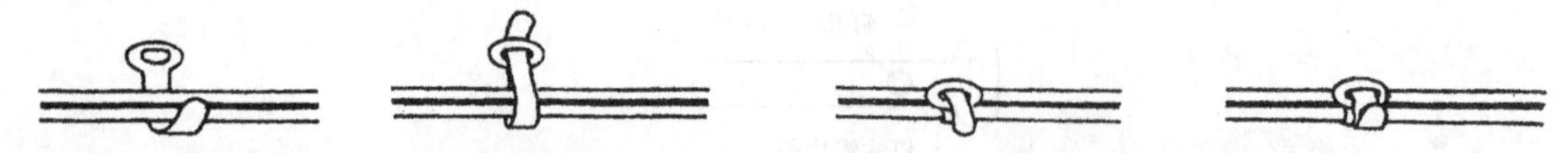

图 4-18　用铝片卡固定护套线

图4-19是用铝片卡固定护套线的室内配电线路。

用铝片卡安装护套线应注意以下几个要点：

① 护套线与天花板的距离为50mm。

② 铝片卡之间的正常距离为200～250mm，铝片卡与开关、吸顶灯和拐角的距离要近些，约为50mm。

③ 在导线分支、交叉处要安装铝片卡。

④ 导线分支接头尽量安排在插座和开关中。

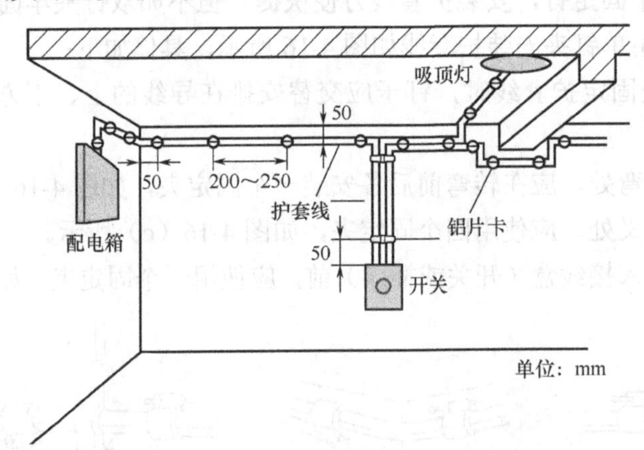

图 4-19　用铝片卡固定护套线的室内配电线路

4.3.4　护套线布线注意事项

在使用护套线布线时，要注意以下事项：

① 在使用护套线在室内布线时，规定铜芯导线的最小截面积不小于1.5mm^2，铝芯导线的最小截面积不小于2.5mm^2。

② 在布线时，导线应横平竖直、紧贴敷设面，不得有松弛、扭绞和曲折等现象。在同一平面上转弯时，不能弯成死角，弯曲半径应大于导线外径的6倍，以免损伤芯线。

③ 在安装开关、插座时，应先固定好护套线，再安装开关、插座的固定木台，木台进线的一边应按护套线所需的横截面开出进线缺口。

④ 布线时，尽量避免导线交叉，如果必须交叉，则交叉处应用四个线夹卡固定，两线夹卡距交叉处的距离为50～100mm。

⑤ 塑料护套线不适合在露天环境明敷布线，也不能直接埋入墙壁抹灰层内暗敷布线，如果在空心楼板孔使用塑料护套线布线，不得损伤导线护套层，选择的布线位置应便于更换导线。

⑥ 在护套线与电气设备或线盒连接时，护套层应引入设备或线盒内，并在距离设备和

线盒 50～100mm 处用线夹卡固定。

⑦ 如果塑料护套线需要跨越建筑物的伸缩缝和沉降缝，则应将跨越处的一段导线做成弯曲状并用线夹卡固定，以留有足够伸缩的余量。

⑧ 如果塑料护套线需要与接地导体和不发热的管道紧贴交叉，则应加装绝缘管保护；如果塑料护套线敷设在易受机械操作影响的场所，则应用钢管进行穿管保护；在地下敷设塑料护套线时，必须穿管保护；在与热力管道平行敷设时，其间距不得小于 1.0m，交叉敷设时，其间距不得小于 0.2m，否则必须对护套线进行隔热处理。

⑨ 塑料护套线严禁直接敷设在建筑物的顶棚内，以免发生火灾。

第5章 开关、插座的接线与安装

5.1 开关的接线与安装

5.1.1 开关的安装 B06 开关的安装与拆卸

1. 暗装开关的拆卸与安装

（1）暗装开关的拆卸

拆卸是安装的逆过程，在安装暗装开关前，先了解一下如何拆卸已安装的暗装开关。单联暗装开关的拆卸如图 5-1 所示，先用一字螺丝刀插入开关面板的缺口，用力撬下开关面板，再撬下开关盖板，然后旋出固定螺钉，就可以拆下开关主体。多联暗装开关的拆卸与单联暗装开关大同小异，如图 5-2 所示。

（a）撬下面板

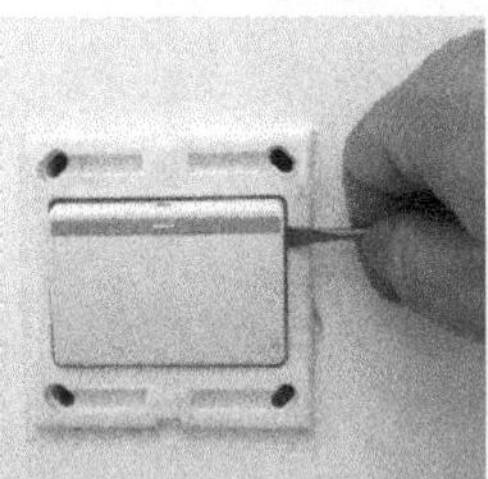

（b）撬下盖板

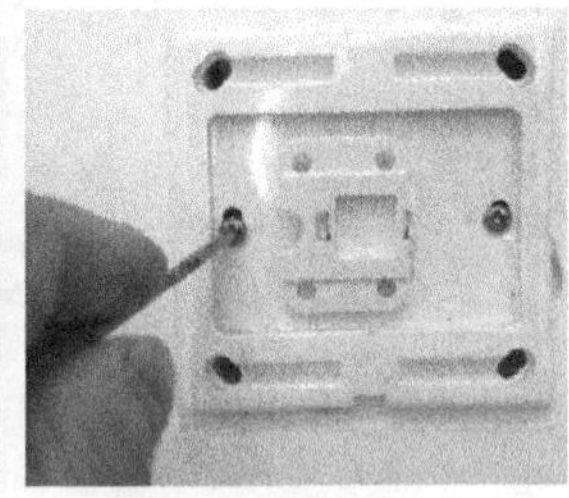

（c）旋出固定螺钉

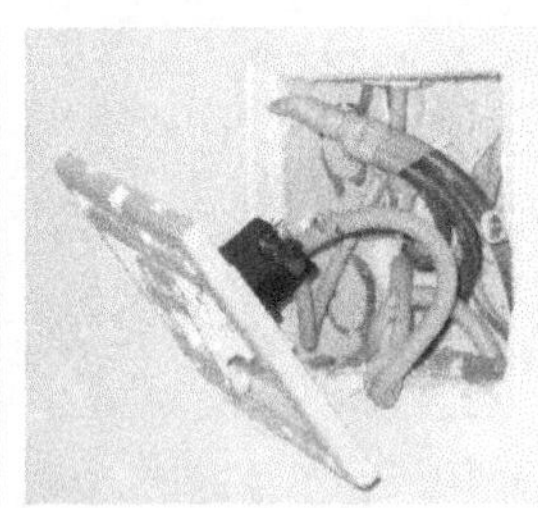

（d）拆下开关主体

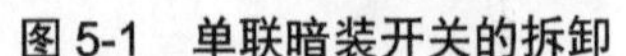

图 5-1 单联暗装开关的拆卸

（a）未撬下面板

（b）已撬下面板

（c）已撬下一个开关盖板

图 5-2 多联暗装开关的拆卸

（2）暗装开关的安装

由于暗装开关是安装在暗盒（又称安装盒或底盒）上的，在安装暗装开关时，要求暗盒已嵌入墙内并已穿线，如图 5-3 所示。暗装开关的安装如图 5-4 所示，先从暗盒中拉出导线，接在开关的接线端，然后用螺钉将开关主体固定在暗盒上，再依次装好盖板和面板即可。

图 5-3　已埋入墙壁并穿好线的暗盒

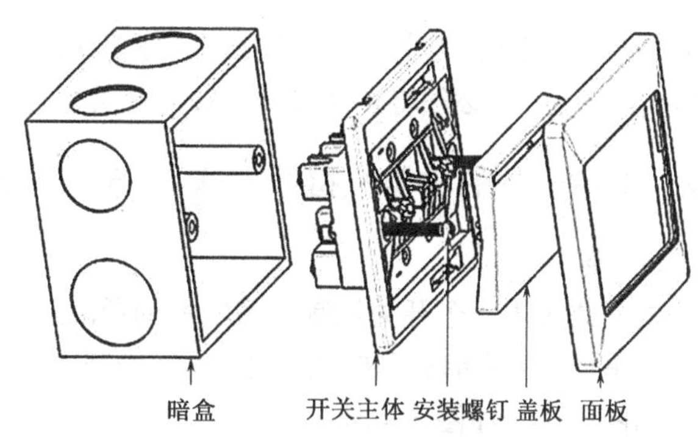

图 5-4　暗装开关的安装

2. 明装开关的安装

明装开关直接安装在建筑物表面。明装开关有分体式和一体式两种类型。

如图 5-5 所示，分体式明装开关采用明盒与开关组合。在安装分体式明装开关时，先用电钻在墙壁上钻孔，接着往孔内敲入膨胀管（胀塞），然后将螺钉穿过明盒的底孔并旋入膨胀管，将明盒固定在墙壁上，再从侧孔将导线穿入底盒并与开关的接线端连接，最后用螺钉将开关固定在明盒上。明装与暗装所用的开关是一样的，但底盒不同，由于暗装底盒嵌入墙壁，底部无须螺钉孔，如图 5-6 所示。

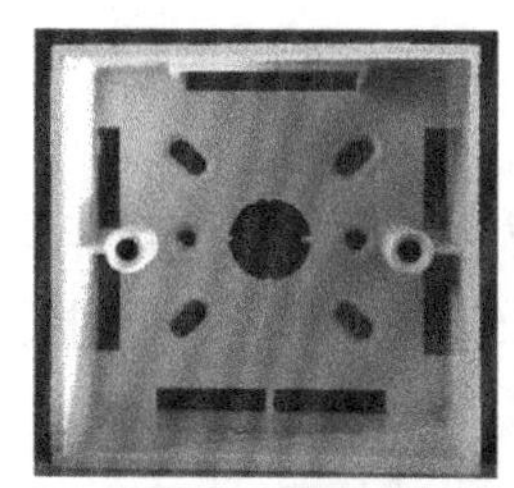

图 5-5　分体式明装开关（明盒+开关）

图 5-6　暗盒（底部无螺钉孔）

一体式明装开关如图 5-7 所示，在安装时先要撬开面板盖，才能看见开关的固定孔，用螺钉将开关固定在墙壁上，再将导线引入开关并接好线，然后合上面板盖即可。

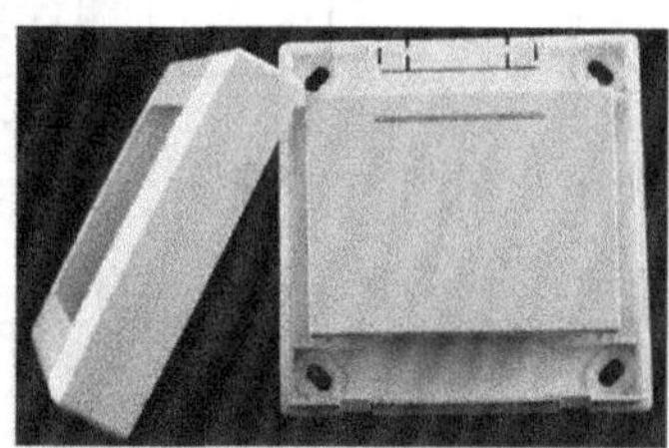

图 5-7　一体式明装开关

3. 开关的安装要点

开关的安装要点如下：

① 开关的安装位置以距地约 1.4m、距门口约 0.2m 处为宜。

② 为避免水汽进入开关而影响开关寿命或导致电气事故，卫生间的开关最好安装在卫生间门外，若必须安装在卫生间内，应给开关加装防水盒。

③ 开敞式阳台的开关最好安装在室内，若必须安装在阳台，应给开关加装防水盒。

④ 在接线时，必须将相线接开关，经开关后再去接灯具，零线直接接灯具。

5.1.2 单控开关的种类及接线 B01 单控开关

1．种类

单控开关采用一个开关控制一条线路的通断，是一种最常用的开关。单控开关具体可分为单联单控（又称单极单控或一开单控）、双联单控、三联单控、四联单控和五联单控等。其外形和图形符号如图 5-8 所示。

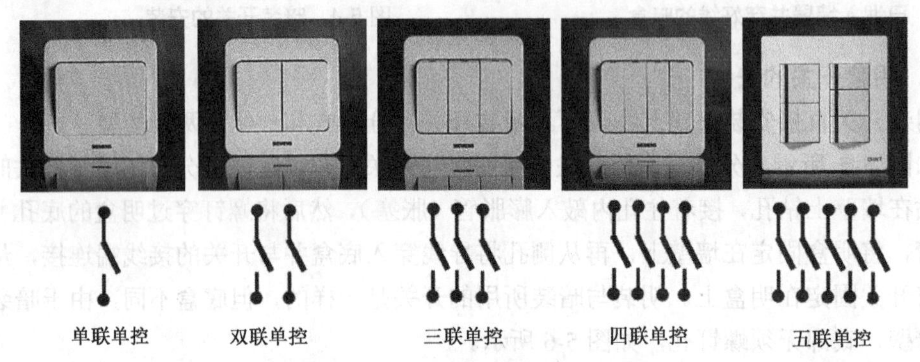

图 5-8 单控开关外形和图形符号

2．接线

单控开关接线比较简单，零线直接接到灯具，相线则要经开关后再接到灯具。单控开关接线如图 5-9 所示：图 5-9（a）为单联单控开关接线；图 5-9（b）为三联单控开关接线。

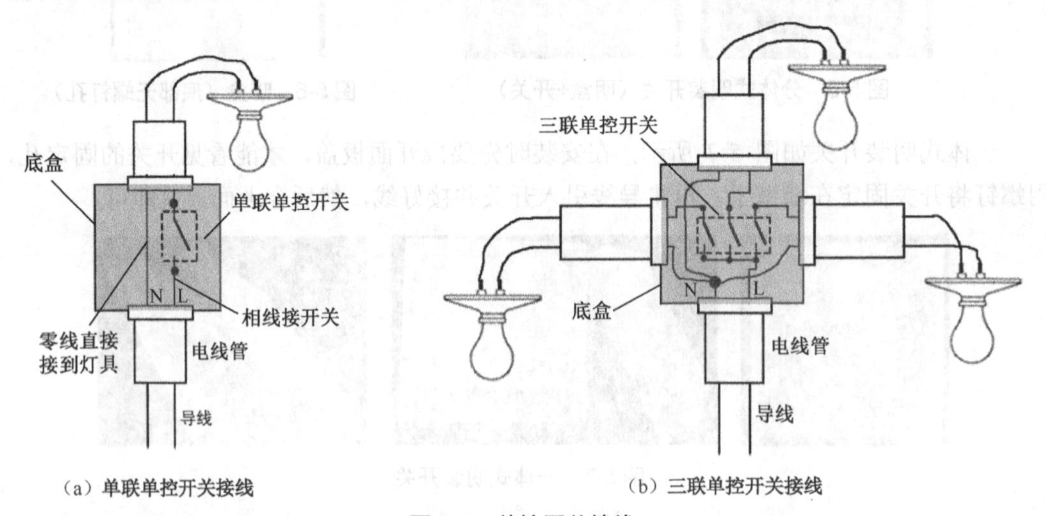

（a）单联单控开关接线 （b）三联单控开关接线

图 5-9 单控开关接线

5.1.3 双控开关的种类及接线 B02 双控开关

1．种类

双控开关是一种带常开和常闭触点的开关。双控开关具体可分为单联双控、双联双控、三联双控和四联双控等。其外形和图形符号如图 5-10 所示。

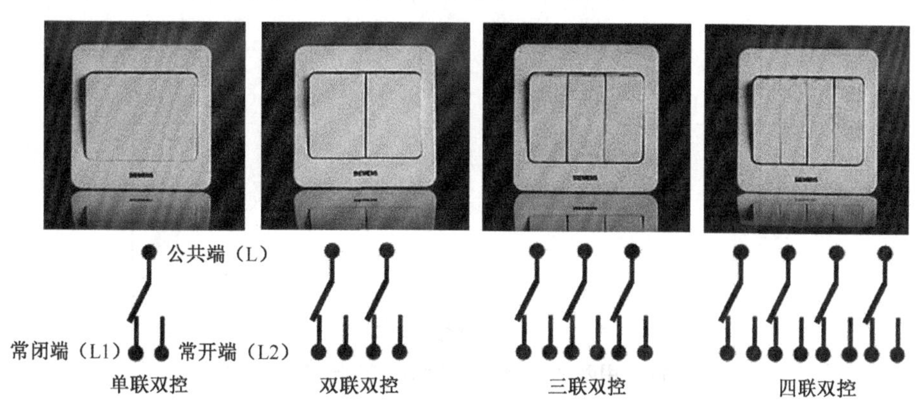

图 5-10　双控开关外形和图形符号

2. 接线端的判别

双控开关每联均含有一个常开触点和一个常闭触点，每联有三个接线端，分别为常开端、常闭端和公共端。双控开关的结构如图 5-11 所示，从左到右依次为单联双控开关、双联双控开关和三联双控开关。

单联双控开关

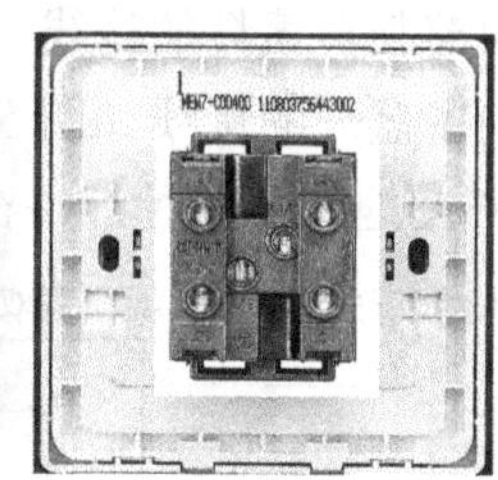
双联双控开关

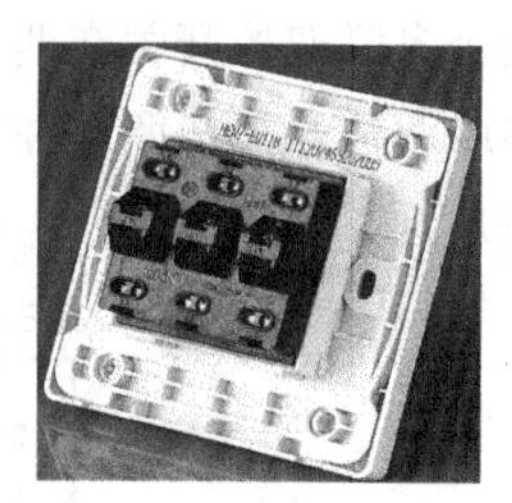
三联双控开关

图 5-11　双控开关的结构

在判别双控开关的接线端时，可以通过直接查看接线端旁的标注来识别，如公共端一般用 L 表示，常闭端和常开端用 L1、L2 表示，也有的开关采用其他表示方法。如果无法从标注判别出各接线端，可使用万用表来检测。从图 5-10 可以看出，不管开关如何切换，常开端和常闭端之间的电阻始终为无穷大，而公共端与常开端或常闭端之间的电阻会随开关切换在 0～∞之间变换。

在检测单联双控开关时，万用表选择×1Ω 挡，红、黑表笔接任意两个接线端，如果测得电阻为 0Ω，则一支表笔不动，另一支表笔接第三个接线端，测得电阻应为∞。再切换开关，如果电阻变为 0Ω，则不动的表笔接的为公共端；如果电阻仍为∞，则当前两支表笔所接之外的那个端子为公共端，常开端和常闭端通常不做区分。多联双控开关可以看作由多个单联双控开关组成，各联开关之间接线端区分明显，检测各联开关三个接线端的方法与检测单联双控开关是一样的。

3. 应用接线

（1）用两个双控开关在两地控制一盏灯的接线

双控开关最典型的应用就是实现两地控制一盏灯。它需要用到两个双控开关。其接线如图 5-12 所示。该线路可以实现 A 地开灯、B 地关灯或 A 地关灯、B 地开灯。

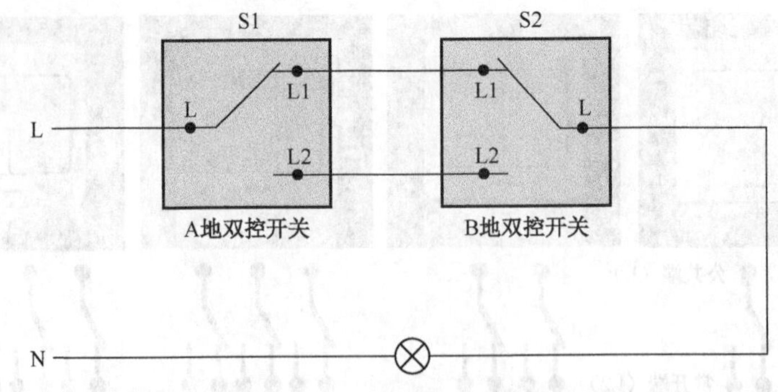

图 5-12　用两个双控开关在两地控制一盏灯的接线

两地控制一盏灯应用非常广泛。当用作楼梯灯控制时，A 地开关安装在一层楼梯口，B 地开关安装在二层楼梯口，灯安装在楼梯间的休息平台（楼梯转弯处）上方。当用作室内厅灯控制时，A 地开关安装在大门口，B 地开关安装在室内过道，灯安装在厅内，这样可在进门时在大门口打开厅灯，在离厅进卧室休息时关掉厅灯。当用作卧室灯控制时，A 地开关安装在卧室门口，B 地开关安装在床头，灯安装在卧室，进卧室时在门口开灯，休息时在床头关灯。

（2）用两个多联双控开关在两地控制多盏灯的接线

用两个多联双控开关在两地控制多盏灯的接线如图 5-13 所示。该线路采用两个三联双控开关控制餐厅灯、射灯和灯带，在 A 地打开某种灯，在 B 地可将该灯关掉。

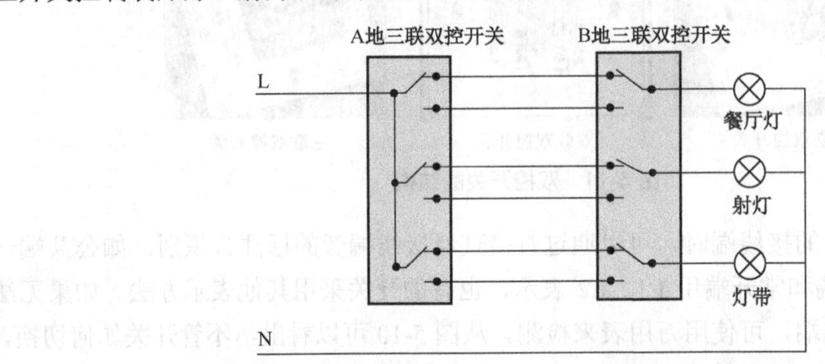

图 5-13　用两个多联双控开关在两地控制多盏灯的接线

（3）切换工作电器的接线

利用双控开关切换工作电器的接线如图 5-14 所示。

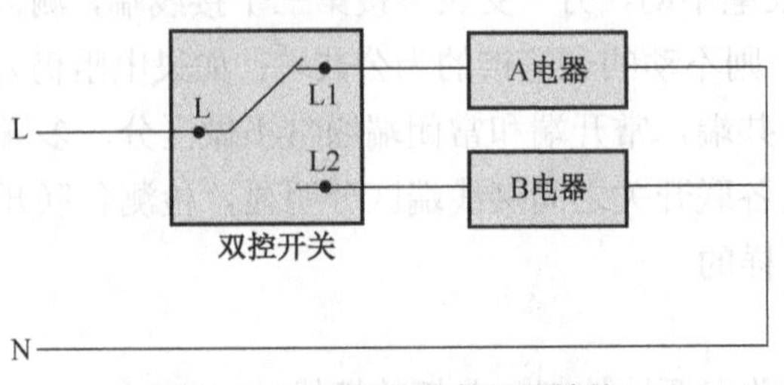

图 5-14　切换工作电器的接线

（4）切换工作电源的接线

利用双控开关切换工作电源的接线如图5-15所示。

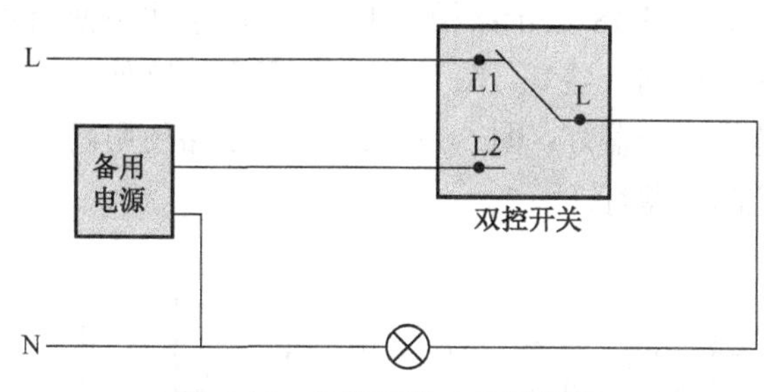

图5-15　切换工作电源的接线

5.1.4　中途开关的种类及接线　 B03 多控开关

1．种类

中途开关又称双路换向开关，常用于多地（三地及以上）控制，有四接线端和六接线端两种类型。图5-16为四接线端中途开关，若开关切换前1、2接通，3、4接通，那么开关切换后，1、4接通，2、3接通。图5-17为六接线端中途开关，开关内部已用导线将1、6端及3、4端接通，若开关切换前1、2接通，4、5接通，那么开关切换后，2、3接通，5、6接通。

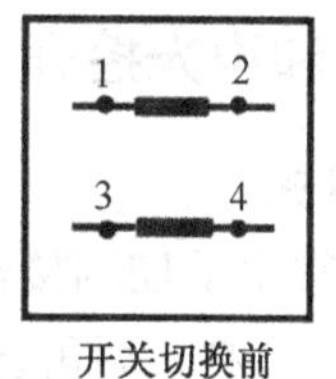

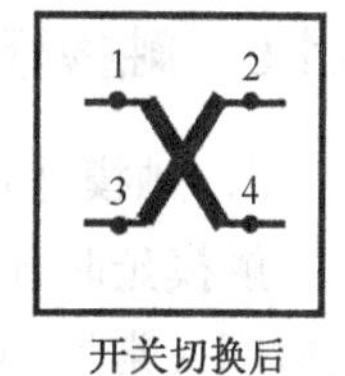

图5-16　四接线端中途开关

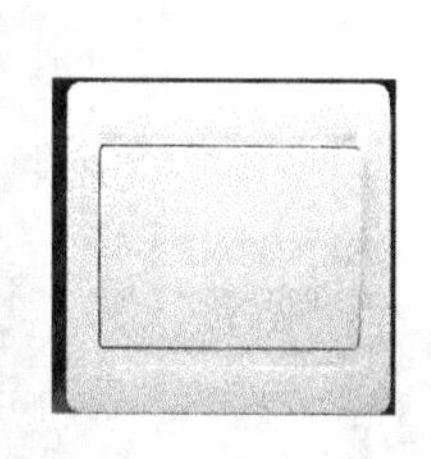

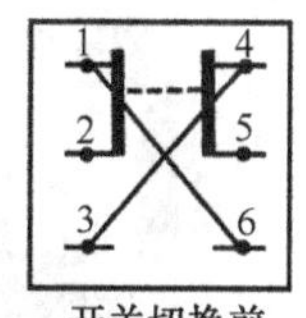

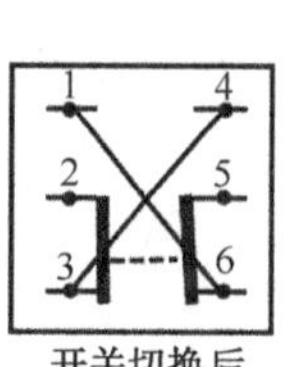

图5-17　六接线端中途开关

2. 应用接线

利用中途开关与双控开关配合，可以实现多地控制一个用电器，如三个房间都能控制客厅灯。多地控制接线如图 5-18 所示：图 5-18（a）所示线路使用两个四接线端中途开关和两个双控开关实现四地控制一盏灯；图 5-18（b）所示线路使用一个六接线端中途开关和两个双控开关实现三地控制一盏灯；图 5-18（c）所示线路使用两个六接线端中途开关和两个双控开关实现四地控制一盏灯。

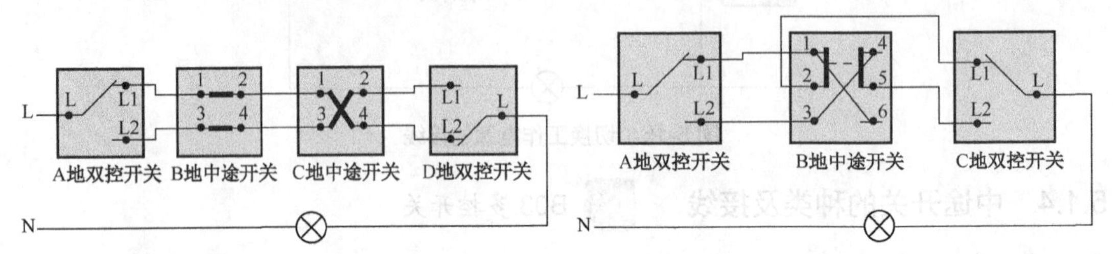

（a）两个四接线端中途开关配合两个双控开关实现四地控制一盏灯（b）一个六接线端中途开关配合两个双控开关实现三地控制一盏灯

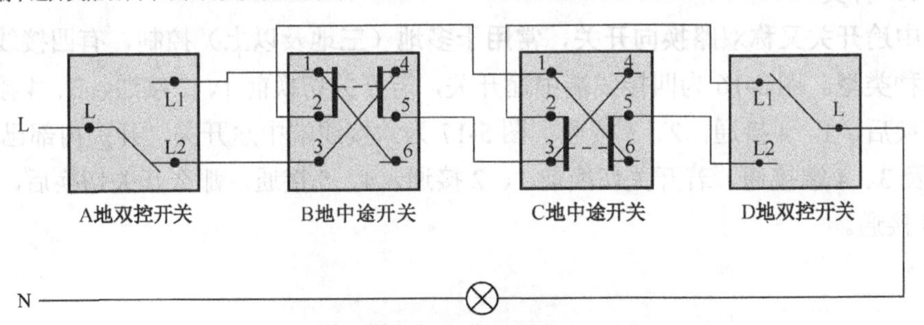

（c）两个六接线端中途开关配合两个双控开关实现四地控制一盏灯

图 5-18 多地控制接线

5.1.5 触摸延时和声光控开关的接线

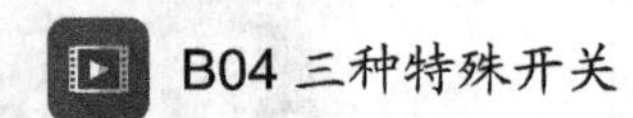

1. 触摸延时开关

触摸延时开关常用于控制楼梯灯，在使用时，触摸一下开关的触摸点，开关会闭合一段时间（常为 1min 左右）后再自动断开。触摸延时开关的外形如图 5-19（a）所示，在开关的背面通常会标识接线方法、负载类型和负载最大功率等，如图 5-19（b）所示。

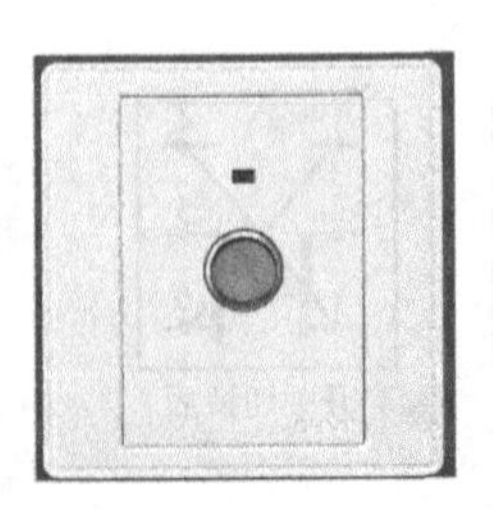

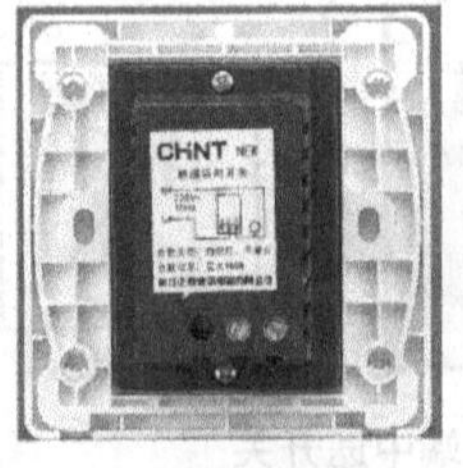

（a）外形

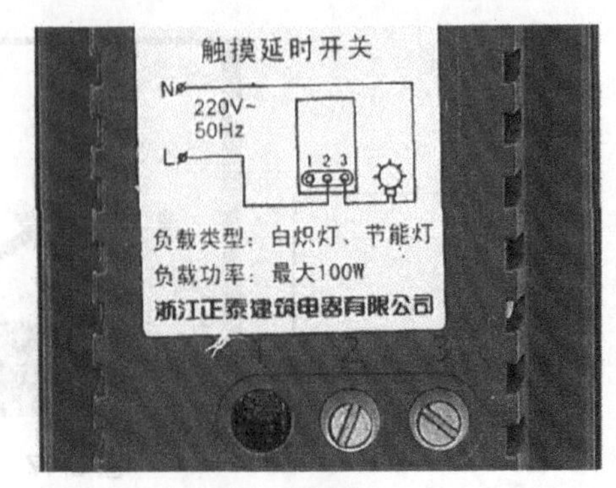

（b）背面标识

图 5-19 触摸延时开关

2．声光控开关

声光控开关常用于控制楼梯灯，其通、断受声音和光线的双重控制，当开关所在环境的亮度暗至一定程度且有声音时，开关马上接通，接通一段时间后自动断开。声光控开关的外形如图 5-20（a）所示，在开关的背面通常会标识接线方法、负载类型和负载功率范围等，如图 5-20（b）所示。

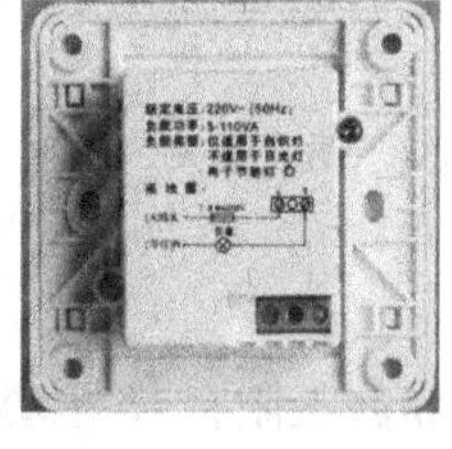

（a）外形　　（b）背面标识

图 5-20　声光控开关

5.1.6　调光和调速开关的接线  B05 两种特殊开关

1．调光开关

调光开关的功能是通过调节灯具的电压来实现调光，一般只能接纯阻性灯具（如白炽灯）。调光开关的外形如图 5-21（a）所示，在开关的背面标识有接线方法、负载类型和负载最大功率等，如图 5-21（b）所示。在调光时，旋转开关上的旋钮，灯具两端的电压在 220V 以下变化，灯具发出的光线也就变化。

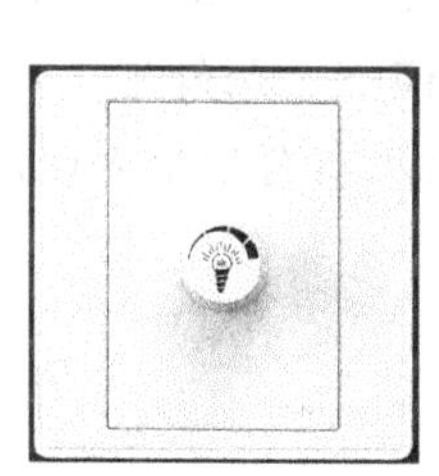
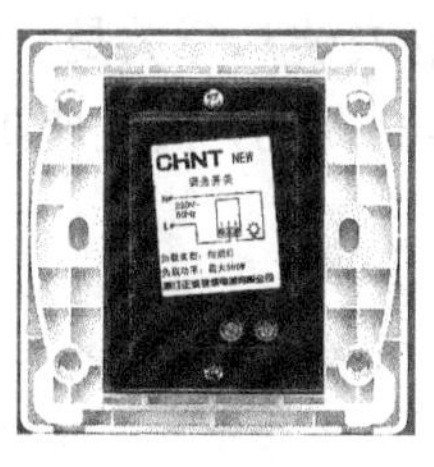

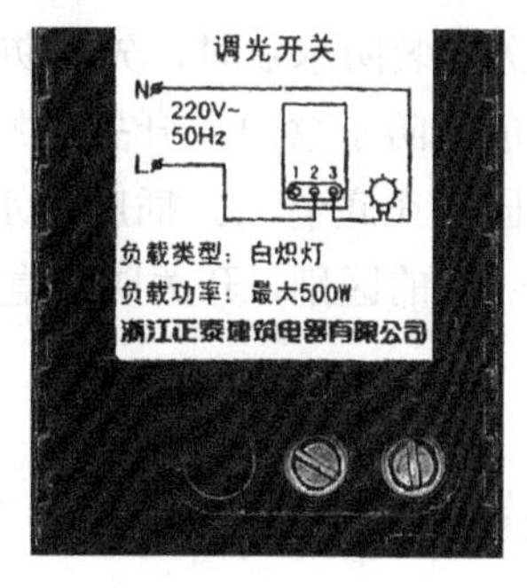

（a）外形　　（b）背面标识

图 5-21　调光开关

2．调速开关

调速开关的功能是通过调节风扇电动机的电压来实现调速。调速开关的外形如图 5-22（a）所示，在开关的背面标识有接线方法、负载类型和负载功率范围等，如图 5-22（b）所示。在调速时，旋转开关上的旋钮，风扇电动机两端的电压在 220V 以下变化，风扇的风速也就变化。

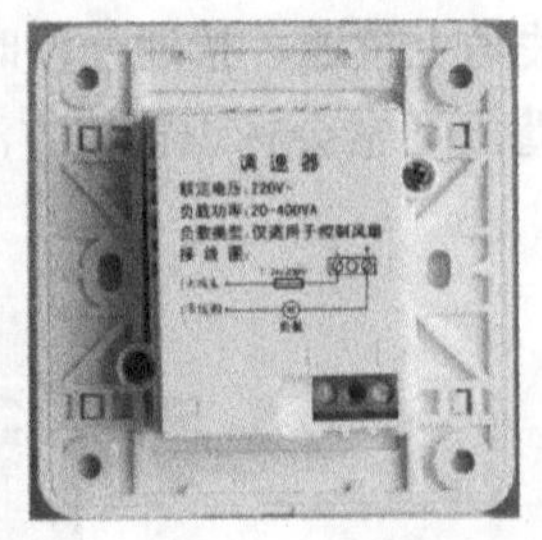

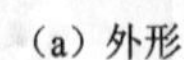

（a）外形　　　　（b）背面标识

图 5-22　调速开关

5.1.7　开关防水盒的安装

如果开关安装在潮湿环境（如卫生间和露天阳台），水容易进入开关，会使开关寿命缩短和绝缘性能下降，为此可给潮湿环境中的开关和插座安装防水盒。防水盒又称防溅盒，外形如图 5-23 所示。

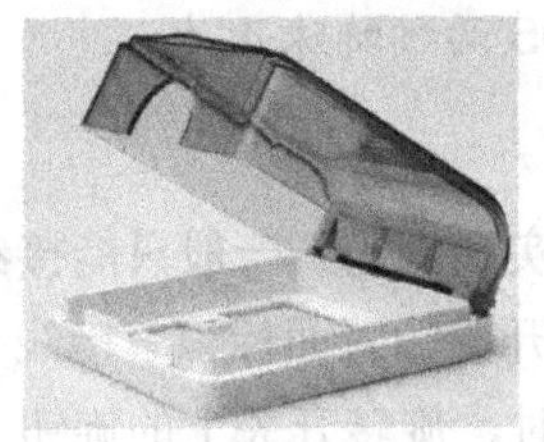

图 5-23　开关、插座的防水盒

在给开关安装防水盒时，先将防水盒的螺钉孔与底盒的螺钉孔对齐后粘贴在墙壁上，然后将开关放入防水盒内，开关的螺钉孔要与防水盒和底盒螺钉孔对齐，再用螺钉将开关、防水盒固定在底盒上。插座防水盒的安装与开关是一样的，在外形上，开关、插座的防水盒有一定的区别，开关防水盒是全封闭的，而插座防水盒有一个缺口，用于引出插头线。

5.2　插座的接线与安装

5.2.1　插座的种类　B07 插座种类、安装与拆卸

插座种类很多，常用的基本类型有三孔、四孔、五孔插座和三相四线插座，还有带开关的插座，如图 5-24 所示。从图中可以看出，三孔插座有三个接线端，四孔插座有两个接线端（对应的上下插孔内部相通），五孔插座有三个接线端，三相四线插座有四个接线端，一开三孔插座有五个接线端（两个为开关端，三个为插座端），一开五孔插座也有五个接线端。

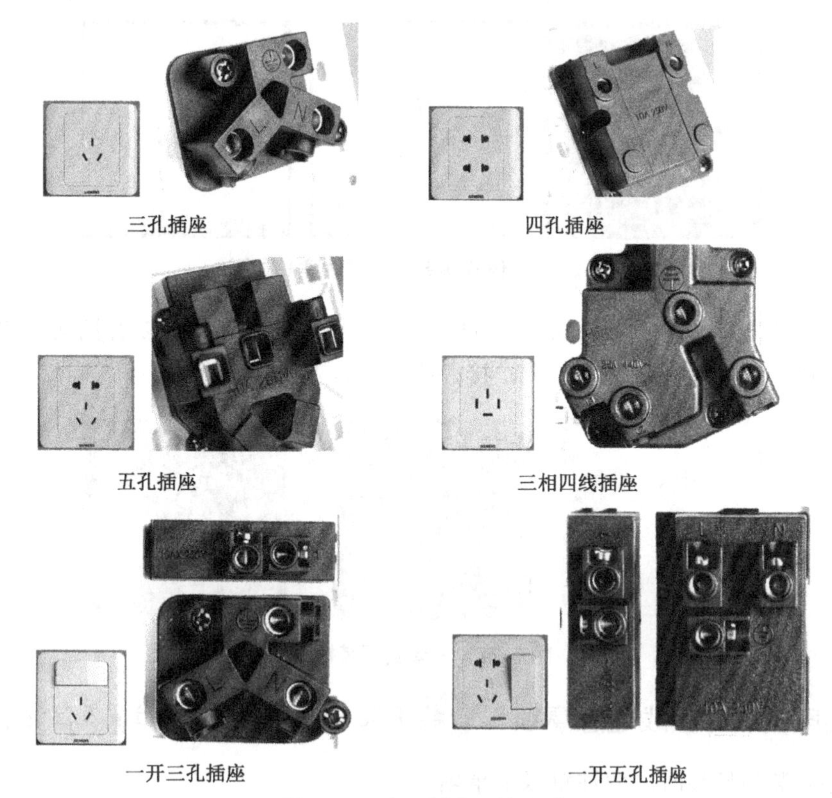

图 5-24　常用插座及接线端

5.2.2　插座的拆卸与安装

1. 暗装插座的拆卸与安装

暗装插座的拆卸方法与暗装开关是一样的。暗装插座的拆卸如图 5-25 所示。

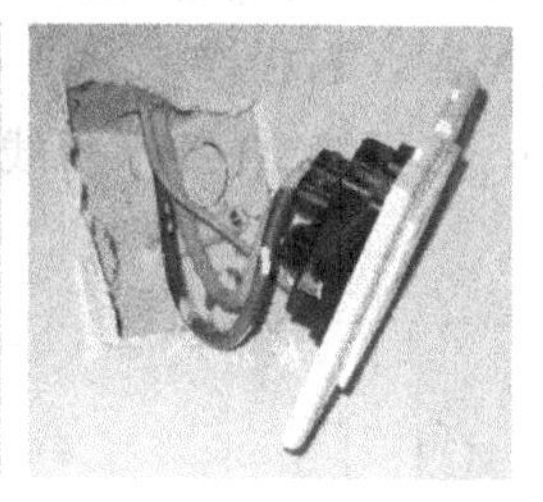

图 5-25　暗装插座的拆卸

暗装插座的安装与暗装开关也是一样的，先从暗盒中拉出导线，按极性规定将导线与插座相应的接线端连接，然后用螺钉将插座主体固定在暗盒上，再盖好面板即可。

2. 明装插座的安装

与明装开关一样，明装插座也有分体式和一体式两种类型。

如图 5-26 所示，分体式明装插座采用明盒与插座组合，明装与暗装所用的插座是一样的。安装分体式明装插座与安装分体式明装开关一样，将明盒固定在墙壁上，再从侧孔将导线穿入底盒并与插座的接线端连接，最后用螺钉将插座固定在明盒上。

图5-26　分体式明装插座（明盒+插座）

一体式明装插座如图5-27所示，在安装时先要撬开面板盖，可以看见插座的螺钉孔和接线端，用螺钉将插座固定在墙壁上，接好线后，合上面板盖即可。

图5-27　一体式明装插座

5.2.3　插座安装与接线注意事项

B08 开关、插座安装位置及注意事项

在插座安装与接线时，要注意以下事项：

① 在选择插座时，要注意插座的电压和电流规格，住宅用插座电压规格通常为220V，电流等级有10A、16A、25A等，插座所接的负载功率越大，要求插座的电流等级越大。

② 如果需要在潮湿的环境（如卫生间和开敞式阳台）安装插座，应给插座安装防水盒。

③ 在接线时，插座的插孔一定要按规定与相应极性的导线连接。插座的接线极性规律如图5-28所示。**单相两孔插座的左极接N线（零线），右极接L线（相线）；单相三孔插座的左极接N线，右极接L线，中间极接E线（保护地线）；三相四线插座的左极接L3线（相线3），右极接L1线（相线1），上极接E线，下极接L2线（相线2）。**

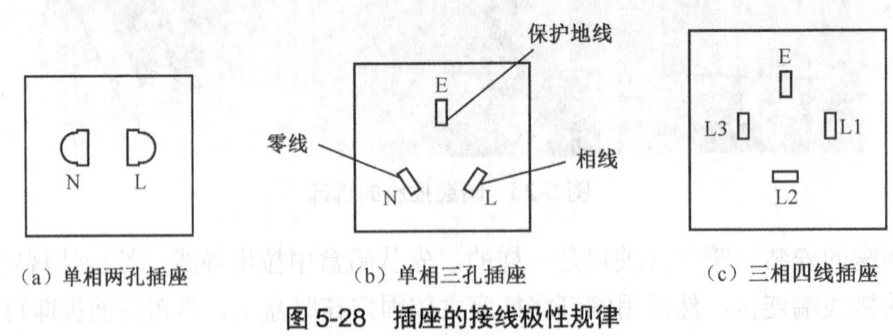

图5-28　插座的接线极性规律

5.2.4　导线的接头处理

1. 导线接头尽量安排在安装盒内

在家庭安装电气线路时，导线不可避免会出现分支接点，由于导线分支接点是线路的薄弱点，为了查找和维护方便，分支接点不能放在导线保护管（PVC电线管）内，应安排

在开关、插座或灯具安装盒内。如图 5-29 所示，电源三根线进入灯具安装盒后，需要与开关线、灯具线和下一路电源线连接，它们之间一般采用并头连接。

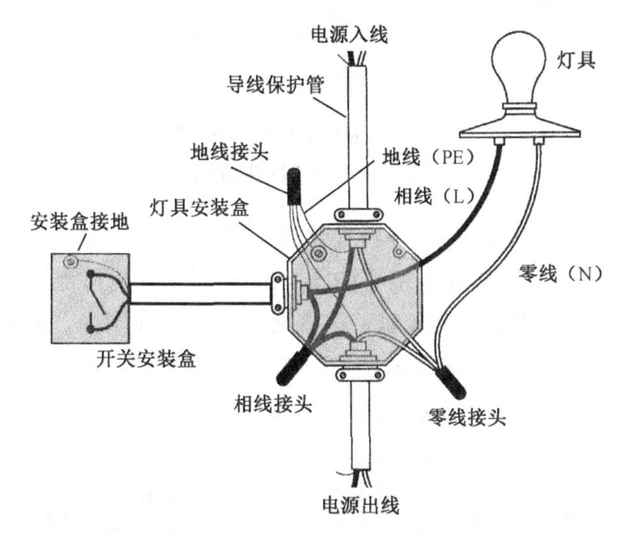

图 5-29　导线连接点安排在安装盒内

2．导线的并头连接

导线并头连接的具体方法有：

① 对于两根导线，可剥掉绝缘层后直接绞合在一起，如图 5-30 所示。

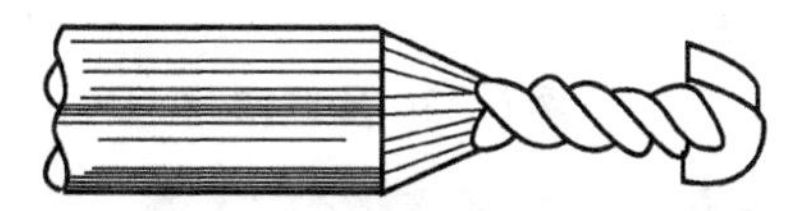

图 5-30　两根导线的并头连接

② 对于多根导线，先将其中一根导线绝缘层剥长一些（以让芯线露出更长），然后将这些导线的绝缘层根部对齐，再用芯线长的导线缠绕其他几根芯线短的导线，缠绕 5 圈后，将被缠的几根导线的芯线往回弯，并用钳子夹紧，如图 5-31 所示。**导线并头连接后，为了使接触面积增大且更牢固，常常需要对接头进行涮锡处理。**在涮锡时，用锡炉将锡块熔化，再将导线接头浸入熔化的锡液中，接头沾满锡后取出，如图 5-32 所示，如果不满意，可重复操作。

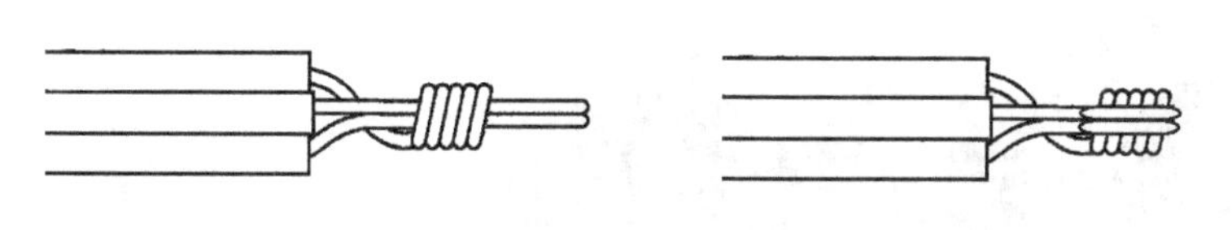

（a）用一根导线缠绕其他导线　（b）将被缠导线往回弯

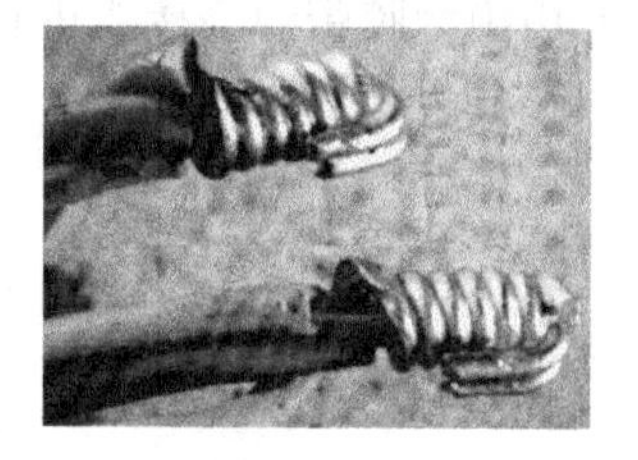

（c）多根导线并头连接实图

图 5-31　多根导线的并头连接

（a）锡炉

（b）将导线接头浸入熔化的锡液中

（c）涮锡效果

图 5-32　导线接头涮锡

③ 导线并头连接还可以使用压线帽。压线帽如图 5-33 所示。其外部是绝缘防护帽，内部是镀银铜管。用压线帽压接导线接头如图 5-34 所示，先将待连接的几根导线绝缘层剥掉 2～3cm，对齐后用钢丝钳将它们绞紧，再将接头伸入压线帽内，用压线钳合适的压口夹住压线帽，用力压紧压线帽，压线帽内压扁的铜管将各导线紧紧压在一起。使用压线帽压接的导线接头不用涮锡，也不用另加绝缘层。

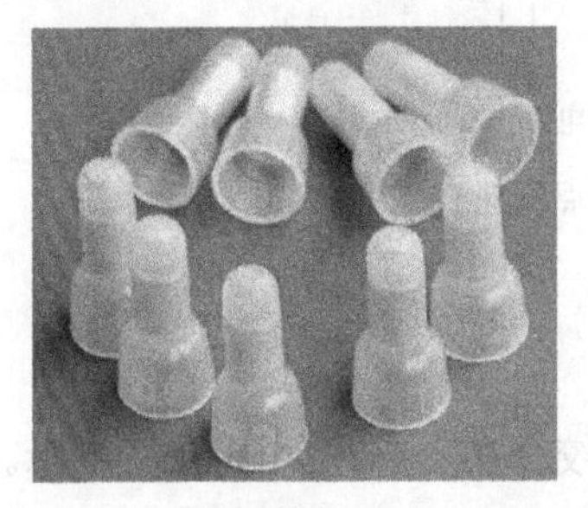
（a）外形

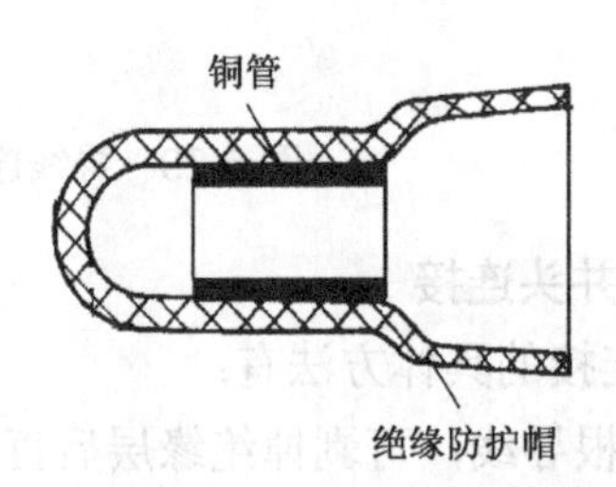

（b）结构

图 5-33　压线帽

（a）将导线绞合在一起

（b）将导线接头伸入压线帽

（c）用压线钳压紧压线帽

图 5-34　用压线帽压接导线接头

在如图 5-35 所示的底盒内，有的导线接头采用压线帽压接，有的导线接头直接绞接，并用绝缘胶带缠绕接头进行绝缘处理。

图 5-35　底盒中导线的并头连接

第 6 章　灯具、浴霸的接线与安装

6.1　白炽灯的接线与安装

6.1.1　结构与原理　C01 白炽灯与荧光灯工作原理

白炽灯是一种常用的照明光源，有卡口式和螺口式两种，如图 6-1 所示，安装时需要相应的灯座或灯头。

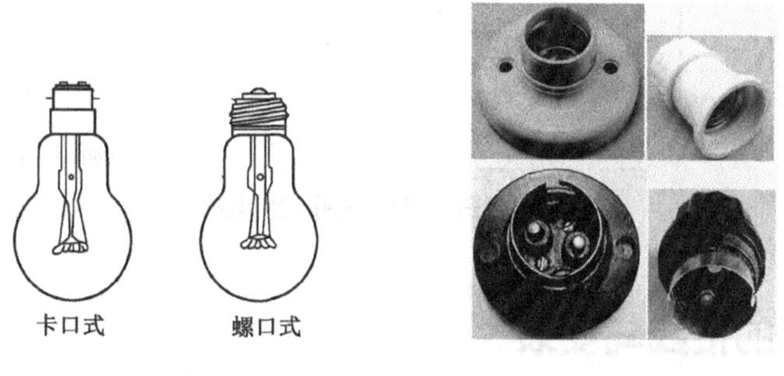

（a）类型　　（b）灯座或灯头

图 6-1　白炽灯

白炽灯内的灯丝为钨丝，通电后，当钨丝温度升高到 2200～3300℃时发出强光，当灯丝温度太高时，会使钨丝蒸发过快而降低寿命，且蒸发后的钨沉积在玻璃壳内壁上，使玻璃壳内壁发黑而影响亮度。为此通常在 60W 以上的白炽灯玻璃壳内充入适量的惰性气体（氦、氩、氪等），可以减少钨丝的蒸发。

在选用白炽灯时，注意其额定电压要与所接电源电压一致。若电源电压偏高，如电压偏高 10%，则虽然发光效率会提高 17%，但寿命会缩短到原来的 28%；若电源电压偏低，则发光效率会降低，寿命会延长。

6.1.2　白炽灯的常用控制电路

白炽灯的常用控制电路如图 6-2 所示。在实际接线时，导线的接头应安排在灯座和开关内部的接线端子上，不但可以减少线路连接的接头数，而且在线路出现故障时也比较容易查找。

6.1.3　安装注意事项

在安装白炽灯时，要注意以下事项：

① 白炽灯座安装高度通常应在 2m 以上，环境差的场所应达 2.5m 以上。

② 在给螺口灯头或灯座接线时，应将灯头或灯座的螺旋铜圈极与市电的零线（或称中

性线）相连，相线与灯座中心铜极连接。

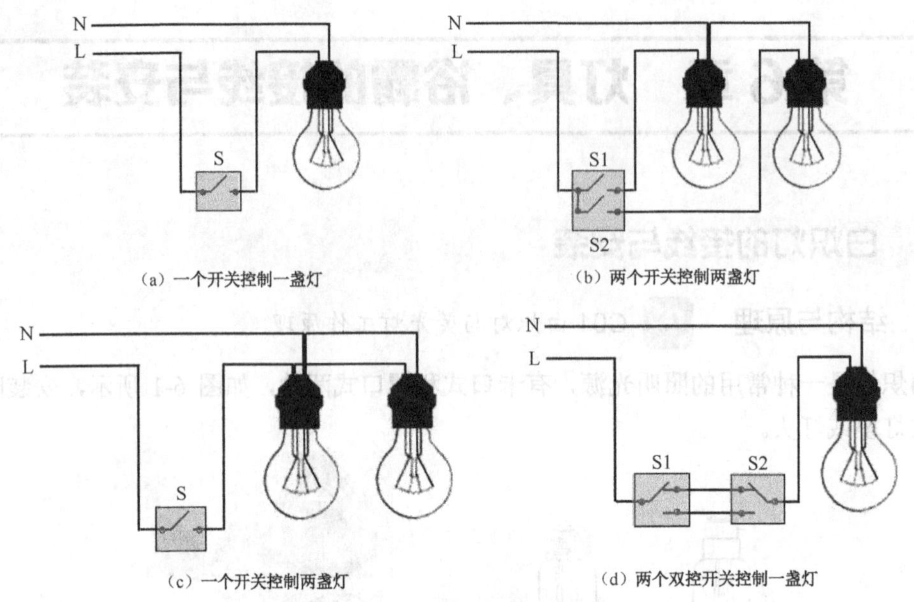

图6-2　白炽灯的常用控制电路

6.2　荧光灯的接线与安装

6.2.1　普通荧光灯的接线与安装

荧光灯又称日光灯，是一种利用气体放电而发光的光源。荧光灯具有光线柔和、发光效率高和寿命长等特点。

1. 工作原理

荧光灯主要由荧光灯管、启辉器和镇流器等组成。荧光灯的结构及电路连接如图6-3所示。

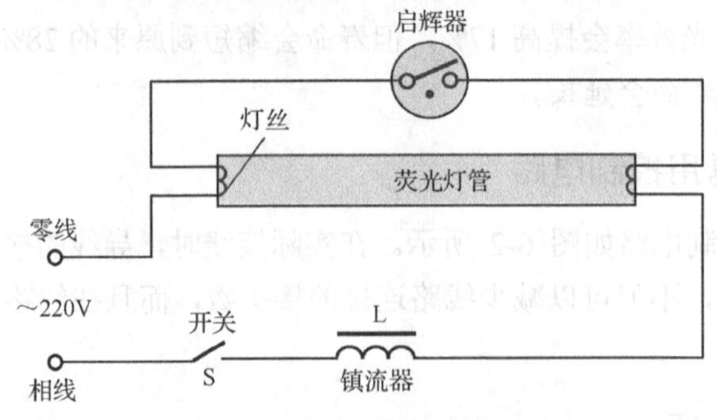

图6-3　荧光灯的结构及电路连接

荧光灯工作原理说明如下：

当闭合开关S时，220V电压通过开关S、镇流器和荧光灯管的灯丝加到启辉器两端。由于启辉器内部的动、静触片距离很近，两触片间的电压使中间的气体电离发出辉光，辉光的热量使动触片弯曲与静触片接通，于是电路中有电流通过，电流途径：相线→开关→镇流器→右灯丝→启辉器→左灯丝→零线。该电流流过荧光灯管两端灯丝，灯丝温度升高。当灯丝温度升高到850～900℃时，荧光灯管内的汞蒸发就变成气体。与此同时，由于启辉器动、静触片的接触而使辉光消失，动触片无辉光加热又恢复原样，从而使得动、静触片又断开，电路被突然切断，流过镇流器（实际是一个电感）的电流突然减小，镇流器两端马上产生很高的反峰电压，该电压与 220V 电压叠加送到荧光灯管的两灯丝之间（两灯丝间的电压为220V 加上镇流器上的高压），使荧光灯管内部两灯丝间的汞蒸气电离，同时发出紫外线，紫外线激发荧光灯管壁上的荧光粉发光。

荧光灯管内的汞蒸气电离后，变成导电气体，一方面发出紫外线激发荧光粉发光，另一方面使两灯丝电气连通。两灯丝通过电离的汞蒸气接通后，它们之间的电压下降（100V以下），启辉器两端的电压也下降，无法产生辉光，内部动、静触片处于断开状态，这时取下启辉器，荧光灯管照样发光。

2．荧光灯各部分说明  C02 荧光灯的组成部件介绍

（1）荧光灯管

荧光灯管的结构如图 6-4 所示。

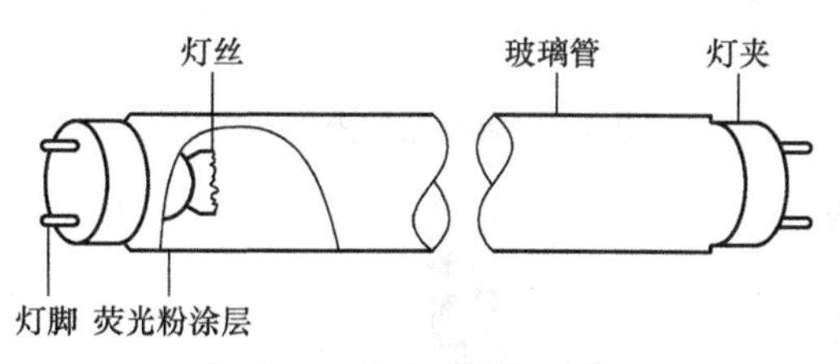

图 6-4 荧光灯管的结构

荧光灯管的功率与管长、管径有一定的关系，一般来说荧光灯管越长、管径越粗，功率越大。表 6-1 列出了一些荧光灯管的管径尺寸与对应的功率。

表 6-1 荧光灯管的管径尺寸与对应的功率

管径代号	T5	T8	T10	T12
管径尺寸/mm	15	25	32	38
功率/W	4、6、8、12、13	10、15、18、30、36	15、20、30、40	15、20、30、40、65、80、85、125

荧光灯管最易出现的故障是内部灯丝烧断，由于荧光灯管不透明，无法看见内部灯丝情况，故可使用万用表欧姆挡来检测。检测时，将万用表拨到×1Ω 挡，红、黑表笔接荧光灯管一端的两个灯脚，如图 6-5 所示。如果内部灯丝正常，则测得的阻值很小；如果阻值为无穷大，表明内部灯丝已开路，荧光灯管不能使用。再用同样的方法检测荧光灯管另一端的两个灯脚，正常阻值同样很小。一般荧光灯管两端灯丝的电阻相同或相近，如果差距较大，电阻大的灯丝老化严重。

（2）启辉器

启辉器是由一个辉光放电管与一个小电容器并联而成的。启辉器的外形和结构如图 6-6 所示。辉光放电管的外形与内部结构如图 6-7 所示。

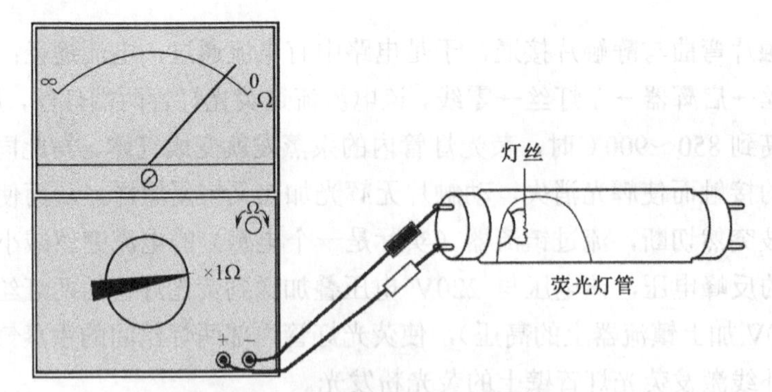

图 6-5　检测荧光灯管灯丝的好坏

（a）外形　　（b）结构

图 6-6　启辉器的外形和结构

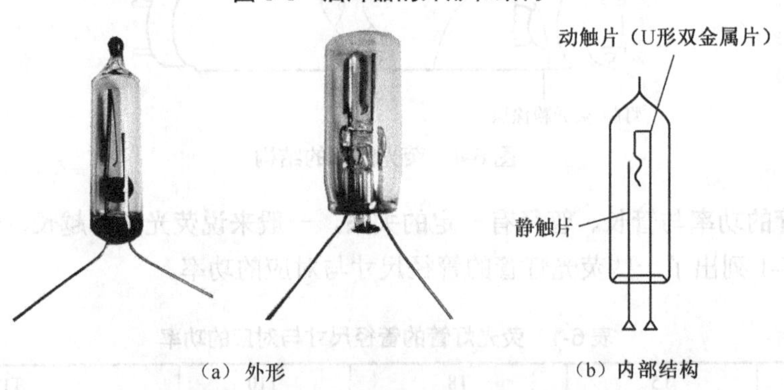

（a）外形　　（b）内部结构

图 6-7　辉光放电管的外形与内部结构

从图 6-7 可以看出，辉光放电管内部有一个动触片（U 形双金属片）和一个静触片，在玻璃管内充有氖气、氩气或氖氩混合惰性气体。当动、静触片之间加有一定的电压时，中间的惰性气体被击穿导电而出现辉光放电，动触片被辉光加热而弯曲与静触片接通。动、静触片接通后不再发生辉光放电，动触片开始冷却，经过 1～8s，动触片收缩回原来状态，动、静触片又断开。此时因灯管导通，辉光放电管动、静触片两端的电压很低，无法再击穿惰性气体产生辉光。另外，在辉光放电管两端一般并联一个电容，用来消除动、静触片通断时产生的干扰信号，防止干扰无线电接收设备（如电视机和收音机）。

（3）镇流器

镇流器实际上是一个电感量较大的电感器，是由线圈绕制在铁芯上构成的。镇流器的外形与结构如图 6-8 所示。

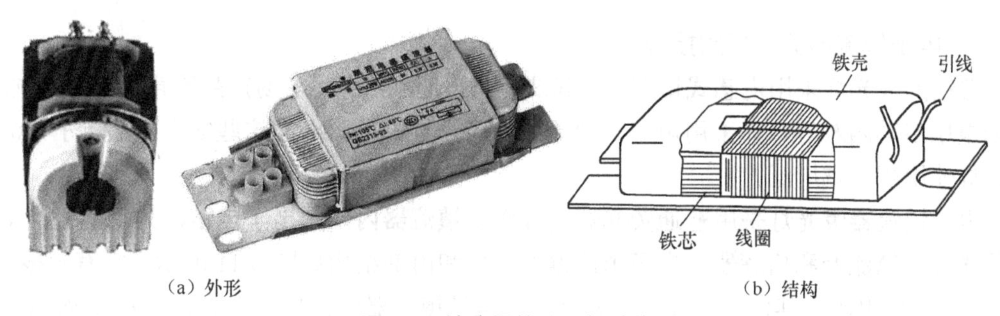

（a）外形　（b）结构

图 6-8　镇流器的外形与结构

电感式镇流器体积大、笨重，成本高，故现在很多荧光灯采用电子式镇流器。电子式镇流器采用电子电路来对荧光灯进行启动，同时还可以省去启辉器。

3．荧光灯的安装　C04 直管荧光灯的安装

荧光灯的安装形式主要有直装式、吊装式和嵌装式，其中吊装式可以避免振动且有利于镇流器散热，直装式安装简单，嵌装式是将荧光灯嵌装在吊顶内，适合同时安装多根灯管，常用于公共场合（如商场）的高亮度照明。

荧光灯的吊装式安装如图 6-9 所示，安装时先将启辉器和镇流器安装在灯架上，再按图 6-3 所示的接线方法将各部件连接起来，最后用吊链（或钢管等）进行整体吊装。

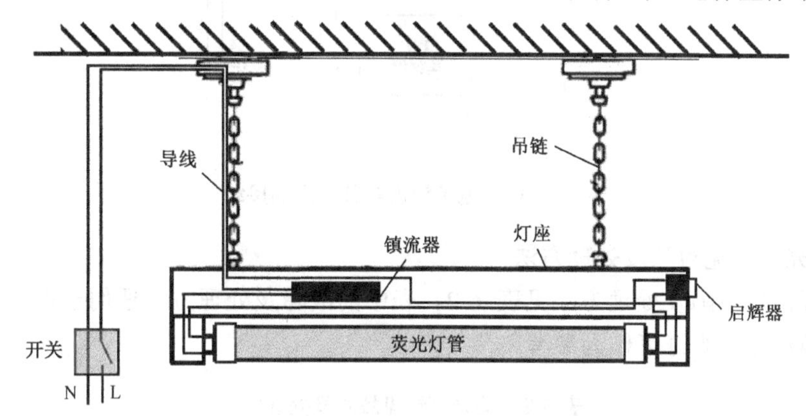

图 6-9　荧光灯的吊装式安装

荧光灯的直装式安装如图 6-10 所示，安装时先将启辉器和镇流器安装在灯架上，接线后用钉子将灯架固定在房顶或墙壁上。

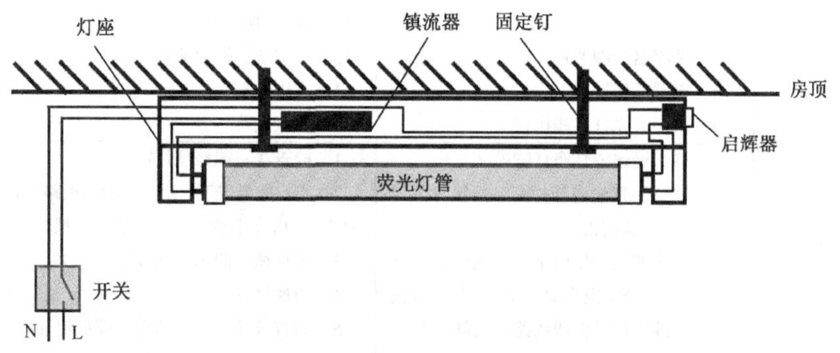

图 6-10　荧光灯的直装式安装

4．电子镇流器荧光灯的接线

普通的荧光灯采用电感式镇流器，其缺点是电能利用率低、易产生噪声（镇流器发出）和低电压启动困难等，而采用电子式镇流器的荧光灯可有效克服这些缺点，故电子镇流器荧光灯使用越来越广泛。

电子镇流器荧光灯采用普通荧光灯的灯管，镇流器内部为电子电路，其功能相当于普通荧光灯的镇流器和启辉器。电子镇流器的外形和内部结构如图6-11所示。它有6根线，两根接220V电源，其他4根线接荧光灯管。电子镇流器荧光灯的接线如图6-12所示。

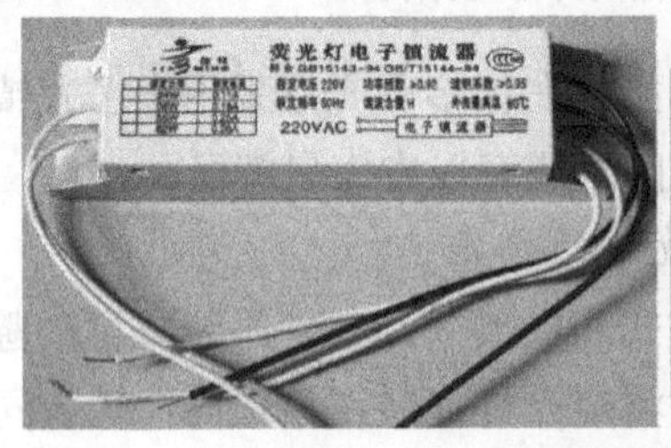

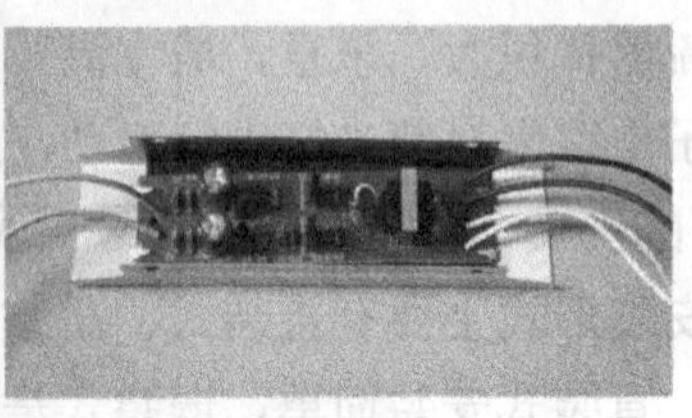

图6-11　电子镇流器的外形和内部结构

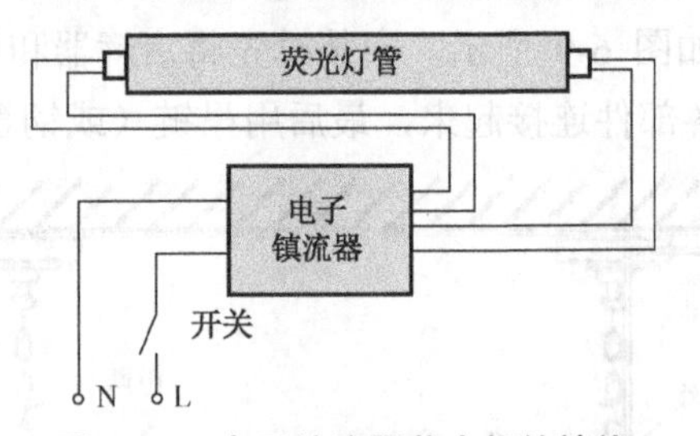

图6-12　电子镇流器荧光灯的接线

5．荧光灯常见故障及处理方法

荧光灯常见故障及处理方法见表6-2。表中的故障及处理方法适用于电感镇流器荧光灯，电子镇流器荧光灯可作为参考。

表6-2　荧光灯常见故障及处理方法

故障现象	故障原因	处理方法
荧光灯管不能发光	1．灯座或启辉器底座接触不良 2．灯管漏气或灯丝断 3．镇流器线圈断路 4．电源电压过低 5．新装荧光灯接线错误	1．转动灯管，让灯管四极和灯座夹座接触，或转动启辉器，使启辉器两极与底座两铜片接触，找出原因并修复 2．用万用表检查，或观察荧光粉是否变色，如果灯管已坏，可换新灯管 3．修理或更换镇流器 4．不用修理 5．检查线路
荧光灯管抖动或两头发光	1．接线错误或灯座灯脚松动 2．启辉器氖泡内部的动、静触片不能分开或电容器被击穿 3．镇流器配用规格不合适或接头松动 4．灯管陈旧，发光效率和放电作用降低 5．电源电压过低或线路电压降过大 6．气温过低	1．检查线路或修理灯座 2．将启辉器取下，用导线瞬间短路启辉器底座的两块铜片，如果灯管能跳亮，则启辉器损坏，应更换启辉器 3．更换适当的镇流器或加固接头 4．调换灯管 5．如有条件，则升高电压或加粗导线 6．用热毛巾对灯管加热

续表

故障现象	故障原因	处理方法
灯光闪烁或管内光发生滚动	1．新灯管暂时现象 2．灯管质量不好 3．镇流器规格不符或接线松动 4．启辉器损坏或接触不好	1．多用几次或将灯管两端对调 2．更换灯管试试，若正常，则为原灯管质量差 3．调换合适的镇流器或加固接线 4．调换或加固启辉器
荧光灯管两端发黑或有黑斑	1．灯管陈旧，寿命将终的表现 2．如果是新灯管，可能因启辉器损坏使灯丝的发射物质加速挥发 3．灯管内水银凝结，是细灯管常见的现象 4．电源电压太高或镇流器配用不当	1．更换灯管 2．更换启辉器 3．灯管工作后即能蒸发，或将灯管旋转180° 4．调整电源电压或更换适当的镇流器
荧光灯管光度降低或色彩较差	1．灯管陈旧的表现 2．灯管上积垢太多 3．电源电压太低或线路电压降太大 4．气温过低或冷风直吹灯管	1．更换灯管 2．清除灯管积垢 3．调整电压或加粗导线 4．加防护罩或避开冷风
荧光灯管寿命短或发光后立即熄灭	1．配用镇流器的规格不合或质量较差，或镇流器内部线圈短路，使灯管电压过高 2．受到剧震，使灯丝震断 3．新装灯管因接线错误将灯管烧坏	1．更换或修理镇流器 2．调换安装位置并更换灯管 3．检修线路
镇流器有杂音或电磁声	1．镇流器质量较差或其铁芯的硅钢片未夹紧 2．镇流器过载或其内部短路 3．镇流器过度受热 4．电源电压过高引起镇流器发出声音 5．启辉器不好引起开启时辉光杂音 6．镇流器有微弱声，但影响不大	1．更换镇流器 2．更换镇流器 3．检查受热原因 4．若有可能，请设法降低电压 5．更换启辉器 6．正常现象，可用橡胶垫衬，以减小振动
镇流器过热或冒烟	1．电源电压过高或容量过低 2．镇流器内部线圈短路 3．灯管闪烁时间长或使用时间太长	1．若有可能，可调低电压或换用容量较大的镇流器 2．更换镇流器 3．检查闪烁原因或减少连续使用的时间

6.2.2　多管荧光灯的接线与安装　C03 LED灯的结构

单管荧光灯的亮度有限，如果室内空间很大，可以考虑安装多管荧光灯。多管荧光灯的外形如图6-13所示，图中间和右方的灯前方有横格条，这种灯称为格栅灯。

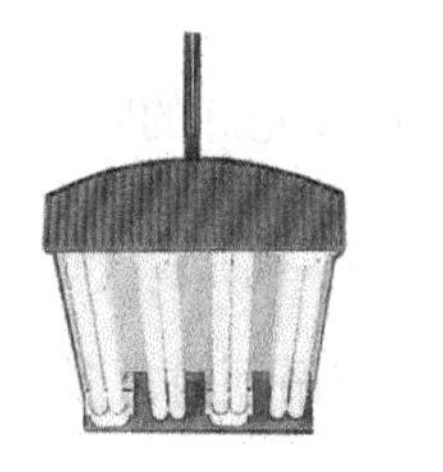

图6-13　多管荧光灯的外形

1．接线

多管荧光灯有两个或两个以上的荧光灯管。这些灯管在工作时也需要安装镇流器。多管荧光灯配接镇流器有两种方式：一是各灯管使用独立的镇流器；二是各灯管使用一拖多电子镇流器。

（1）使用独立镇流器的多管荧光灯的接线

多管荧光灯使用独立镇流器（电感镇流器）的接线如图6-14所示。

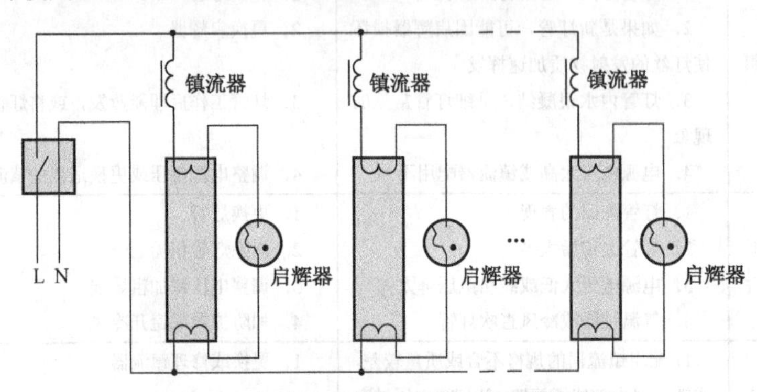

图6-14　多管荧光灯使用独立镇流器的接线

（2）使用一拖多镇流器的多管荧光灯的接线

如果多管荧光灯的各灯管使用一拖多电子镇流器，根据电子镇流器不同，接线方法也不尽相同，具体可查看电子镇流器的接线说明。图6-15是一种一拖三电子镇流器外形，其接线如图6-16所示。

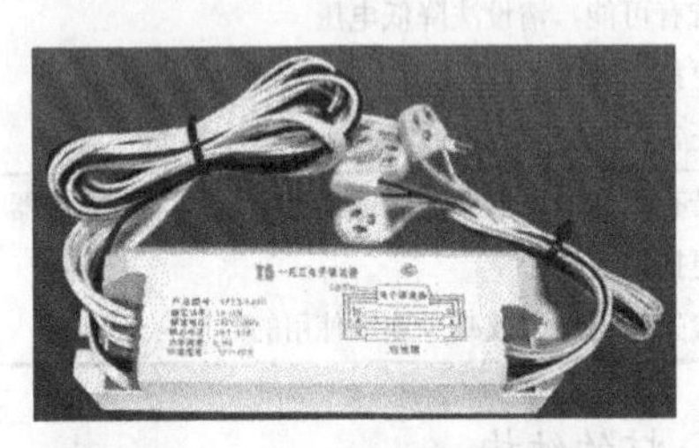

图6-15　一拖三电子镇流器外形

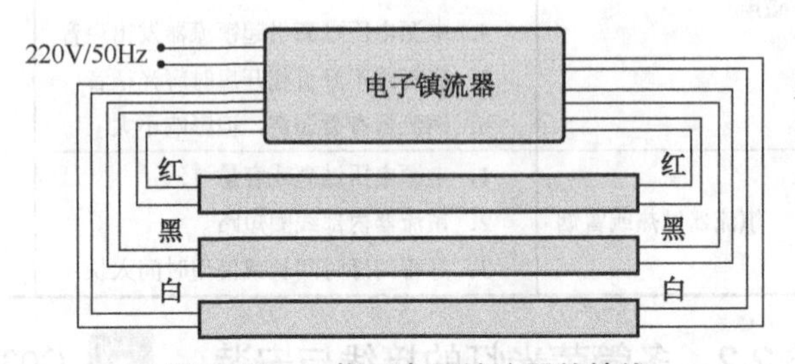

图6-16　一拖三电子镇流器的接线

2．安装

多管荧光灯主要有两种安装方式：吸顶安装和嵌入式安装。

（1）吸顶安装

吸顶安装是指将灯具紧贴在房顶表面的安装方式。多管荧光灯的吸顶安装如图6-17所示。

（2）嵌入式安装

如果室内有吊顶，通常以嵌入的方式将多管荧光灯安装在吊顶内。多管荧光灯的嵌入式安装如图6-18所示。

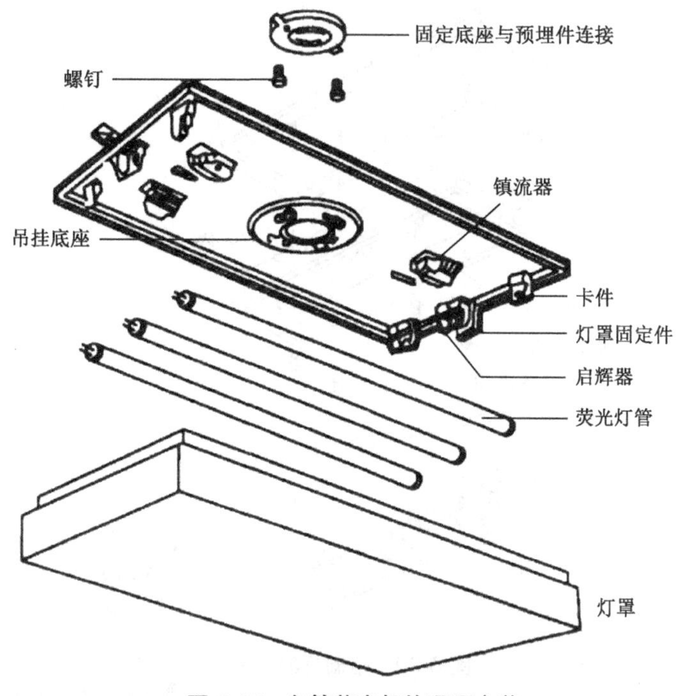

图 6-17　多管荧光灯的吸顶安装

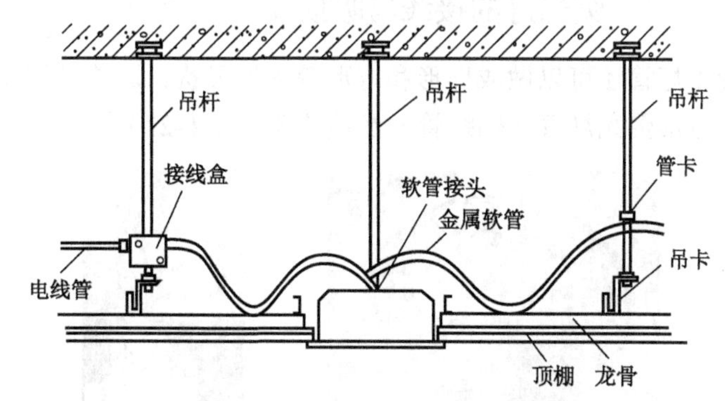

图 6-18　多管荧光灯的嵌入式安装

（3）格栅灯的安装

格栅灯是一种较为常见的多管荧光灯，其外形结构如图 6-19 所示。格栅灯通常采用嵌入式安装，如图 6-20 所示。

图 6-19　格栅灯的外形结构

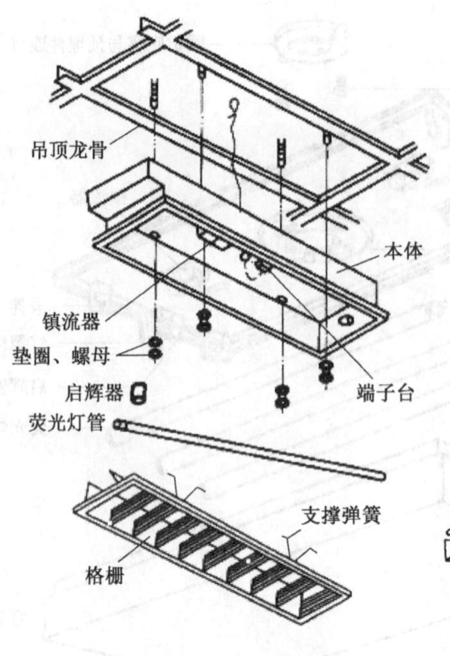

图6-20　格栅灯的安装

6.2.3　环形（或方形）荧光灯的接线与吸顶安装

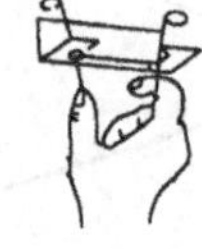

C05 环形或方形荧光灯的安装

除了直管，荧光灯管还可以做成环形和方形等各种形状。这些灯管在工作时也需要连接镇流器。环形、方形荧光灯管（蝴蝶管）及镇流器如图6-21所示。

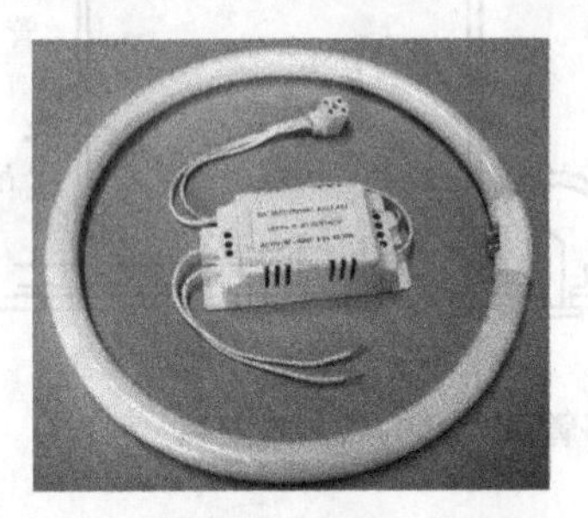
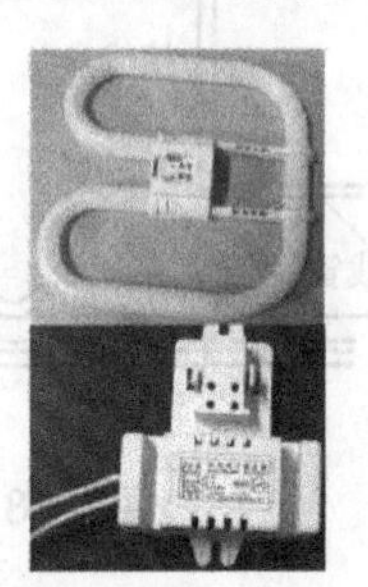

图6-21　环形、方形荧光灯管及镇流器

1．接线

与直管荧光灯一样，环形、方形荧光灯工作时也需要用镇流器来驱动，如果使用电感镇流器，则还需要启辉器；如果使用电子镇流器，就无须启辉器。环形（或方形）荧光灯的接线如图6-22所示。

2．吸顶安装

方形（或环形）荧光灯通常以吸顶方式安装。

方形（或环形）荧光灯的吸顶安装如图6-23所示，具体过程如下：

① 用螺钉将底盘固定在房顶，并将镇流器输入线接电源后固定在底盘内，如图6-23（a）所示。

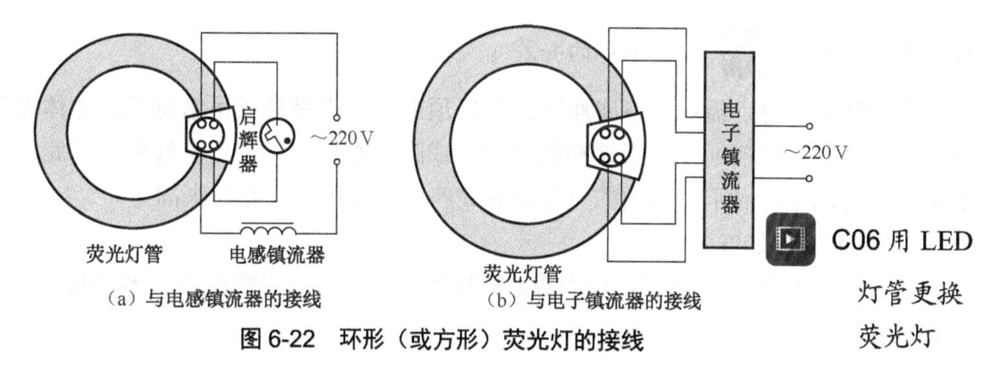

图 6-22　环形（或方形）荧光灯的接线

C06 用 LED 灯管更换荧光灯

② 将图 6-23（b）所示的方形灯管安装在镇流器上，如图 6-23（c）所示。在安装时，灯管方位一定要适合镇流器，否则无法安装，方位正确后就可以将灯管压入镇流器，灯管的引脚会自然正确地插入镇流器的插孔。

③ 将图 6-23（d）所示的透明底盖安装在灯具底盘上，如图 6-23（e）所示。

安装完成的吸顶方形荧光灯如图 6-23（f）所示。

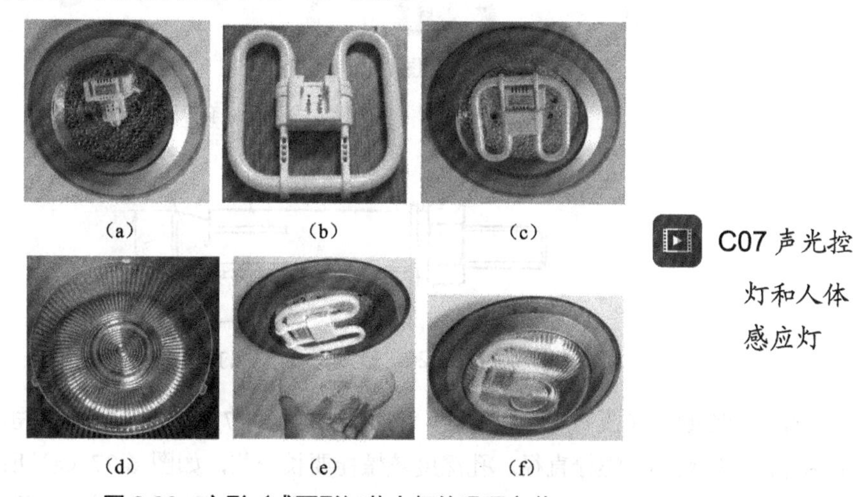

图 6-23　方形（或环形）荧光灯的吸顶安装

C07 声光控灯和人体感应灯

6.3 吊灯的安装

6.3.1 外形

图 6-24 为一些常见的吊灯。**吊灯通常使用吊杆或吊索吊装在房顶。**

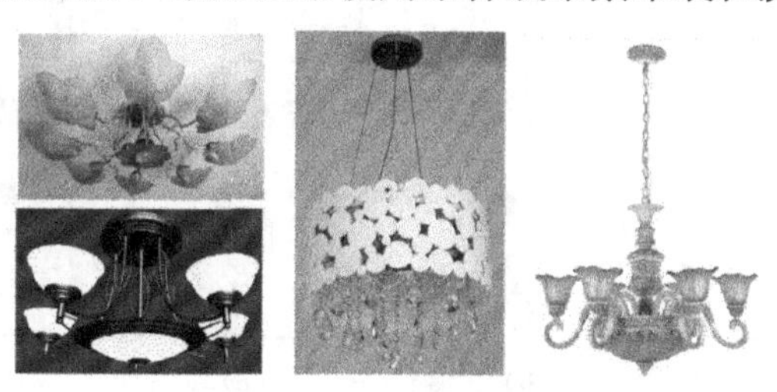

图 6-24　一些常见的吊灯

6.3.2 安装　C08 吊灯的安装

在安装吊灯时，需要先将底座固定在房顶上，再用吊杆或吊索将吊灯主体部分吊在底座上。固定吊灯底座通常使用塑料胀管螺钉或膨胀螺栓。对于重量轻的吊灯底座，可用塑料胀管螺钉固定；对于体积大的重型吊灯底座，需要用膨胀螺栓来固定。

1. 膨胀螺栓的安装

膨胀螺栓如图6-25所示，分为普通膨胀螺栓、钩形膨胀螺栓和伞形膨胀螺栓。普通膨胀螺栓的结构如图6-26所示。

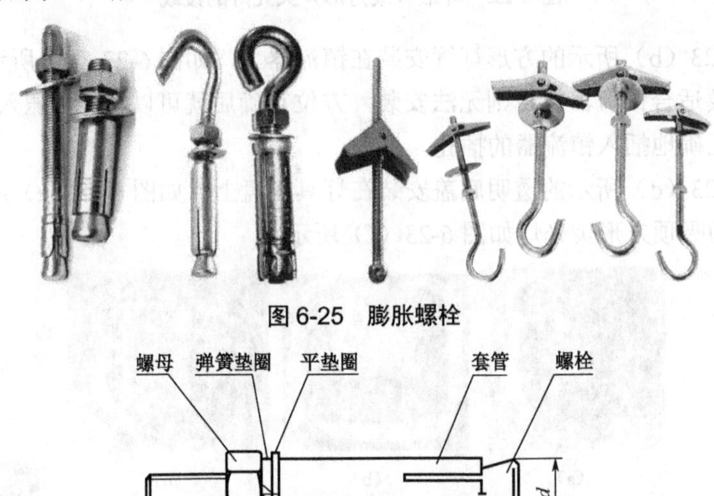

图6-25　膨胀螺栓

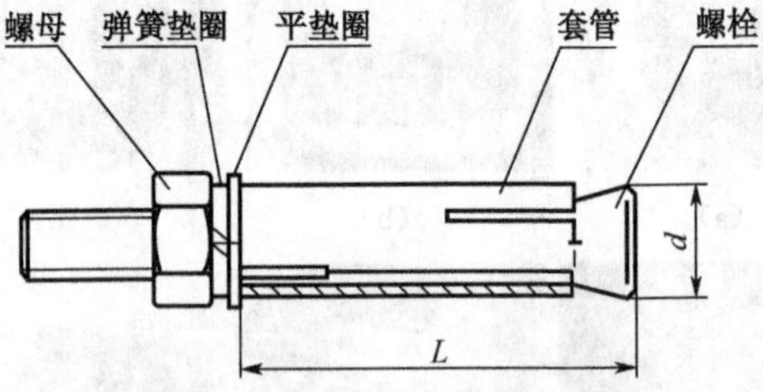

图6-26　普通膨胀螺栓的结构

普通膨胀螺栓（或钩形膨胀螺栓）的安装如图6-27所示，首先用冲击电钻或电锤在墙壁上钻孔，孔径略小于螺栓直径，孔深度较螺栓要长一些，如图6-27（a）所示；然后用工具将孔内的残留物清理干净，如图6-27（b）所示；将需要固定在墙壁的带孔物（图中为黑色部分）对好孔洞，再用锤子将膨胀螺栓往孔洞内敲击，如图6-27（c）所示；待螺栓上的垫圈夹着带孔物体靠着墙壁后停止敲击，用扳手旋转螺栓上的螺母，螺栓被拉入套管内，套管胀起而紧紧卡住孔壁，如图6-27（d）所示，螺栓上的螺母、垫圈也就将带孔物固定在墙壁上了。

伞形膨胀螺栓的安装比较简单，具体如图6-28所示。

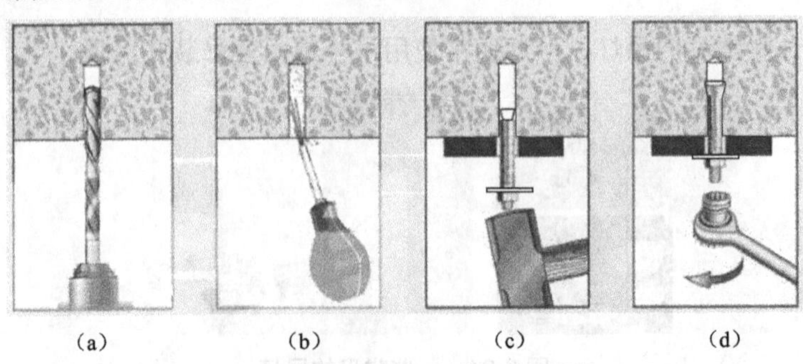

图6-27　普通膨胀螺栓（或钩形膨胀螺栓）的安装

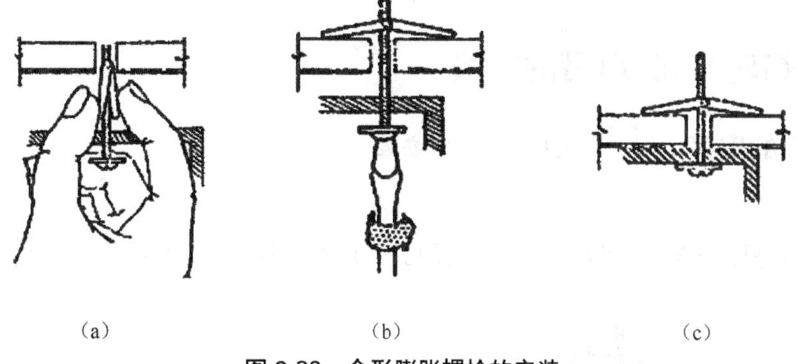

（a）　（b）　（c）

图 6-28　伞形膨胀螺栓的安装

2. 吊灯底座的安装

吊灯可分主体和底座两部分。吊灯底座的安装如图 6-29 所示，具体过程如下：

① 从吊灯底座上取下挂板，如图 6-29（a）所示。

② 将挂板贴近房顶，用记号笔做好钻孔标志，以便安装固定螺钉或螺栓，如图 6-29（b）所示。

③ 用电钻在钻孔标志处钻孔，如图 6-29（c）所示。

④ 往钻好的孔内用锤子敲入塑料胀管，如图 6-29（d）所示。

⑤ 用螺钉穿过挂板旋入胀管，将挂板固定在房顶上，如图 6-29（e）所示。

⑥ 将底座上的孔对准挂板上的螺栓并插放在挂板上，如图 6-29（f）所示。

安装好的底座可参见图 6-29（g）。

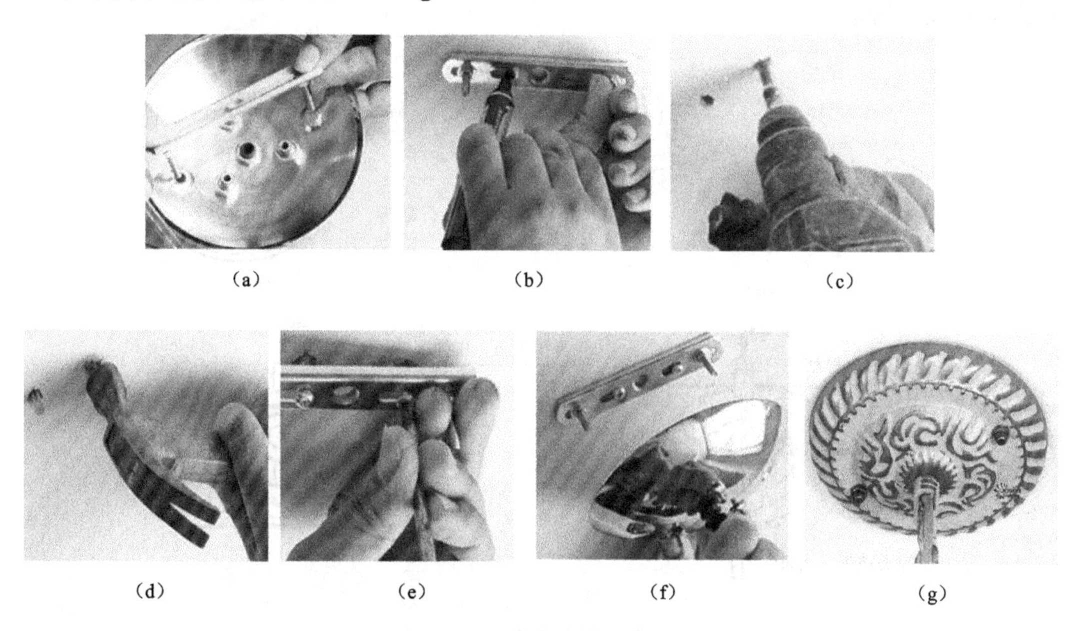

（a）　（b）　（c）

（d）　（e）　（f）　（g）

图 6-29　吊灯底座的安装

吊灯主体部分通过吊杆或吊索吊在底座上，如果主体部分是散件，需要将它们组装起来（可凭经验或查看吊灯配套的说明书），再吊装在底座上。

6.4 筒灯与LED灯带的安装

6.4.1 筒灯的安装  C09 筒灯的安装

1．外形

筒灯通常是以嵌入式安装在天花板内的。筒灯外形如图6-30所示。筒灯内可安装节能灯、白炽灯等光源。

图6-30 筒灯外形

2．安装

筒灯的安装如图6-31所示。在安装时，先按筒灯大小在天花板上开孔，如图6-31（a）所示；然后从天花板内拉出电源线并接在筒灯上，如图6-31（b）所示；再将筒灯上的弹簧扣扳直，并将筒灯往天花板孔内推入，如图6-31（c）所示；当筒灯弹簧扣进入天花板后，将弹簧扣下扳，同时往天花板内完全推入筒灯，依靠弹簧扣下压天花板的力量支撑住筒灯，如图6-31（d）所示。

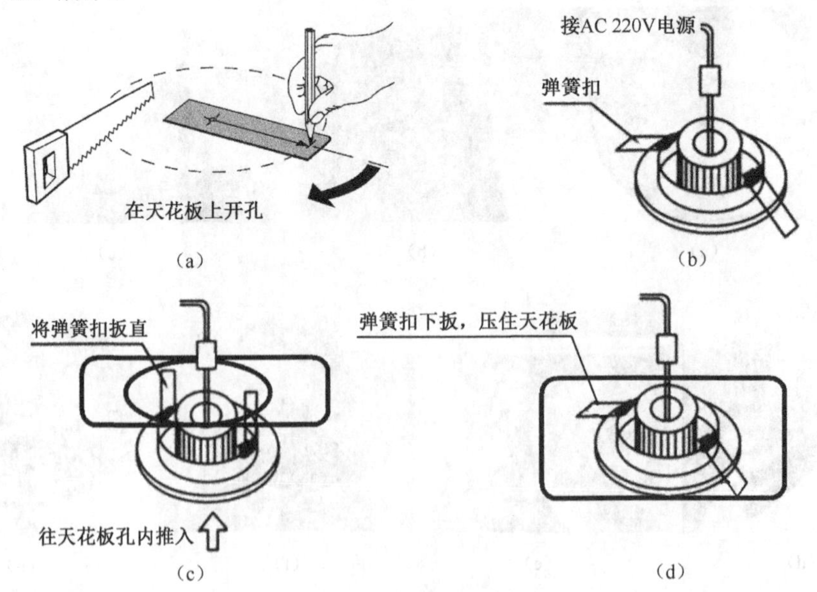

图6-31 筒灯的安装

6.4.2 LED灯带的电路结构与安装  C10 LED灯带的安装

LED灯带简称灯带，是一种将**LED**（发光二极管）组装在带状**FPC**（柔性线路板）

或 PCB 硬板上而构成的形似带子一样的光源。LED 灯带具有节能环保、使用寿命长（可达 8 万～10 万小时）等优点。

1．外形与配件

LED 灯带外形如图 6-32（a）所示，安装灯带需要用到电源转换器、插针、中接头、固定夹和尾塞，如图 6-32（b）所示。**电源转换器的功能是将 220V 交流电转换成低压直流电（通常为+12V），为灯带供电；插针用于连接电源转换器与灯带；中接头用于将两段灯带连接起来；尾塞用于封闭和保护灯带的尾端；固定夹配合钉子可用来固定灯带。**

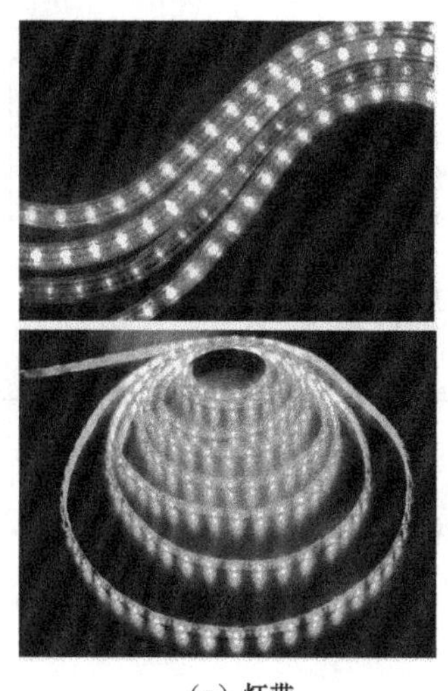

（a）灯带

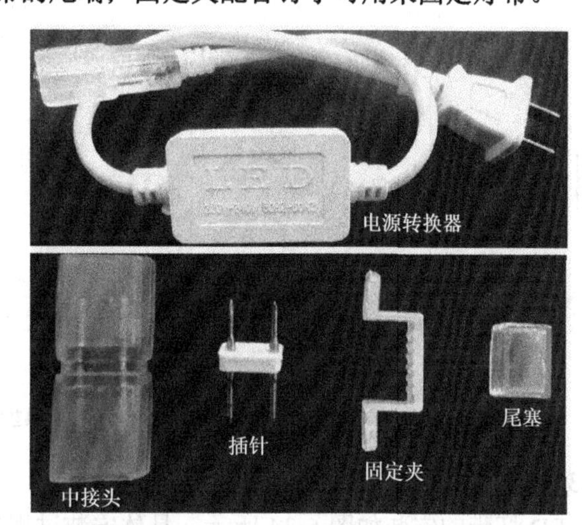

（b）配件

图 6-32　灯带与配件

2．电路结构

灯带内部的 LED 通常是以串/并联电路结构连接的。LED 灯带的典型电路结构如图 6-33 所示。

图 6-33（a）为两线灯带电路。它以 3 个同色或异色发光二极管和 1 个限流电阻构成一个发光组，多个发光组并联组成一个单元，一个灯带由一个或多个单元组成，每个单元的电路结构相同，其长度一般在 1m 或 1m 以下。如果不需要很长的灯带，可以对灯带进行剪切。剪切时，需在两单元之间的剪切处剪切，这样才能保证剪断后两条灯带上都有与电源转换器插针连接的接触点。

图 6-33（b）为三线灯带电路。这种灯带用 3 根电源线输入两组电源（单独正极、负极共用），两组电源供给不同类型的发光组，如 A 组为红光 LED，B 组为绿光 LED。如果电源转换器同时输出两组电源，则灯带的红光 LED 和绿光 LED 同时亮；如果电源转换器交替输出两组电源，则灯带的红光 LED 与绿光 LED 交替发光。此外，还有四线、五线灯带，线数越多的灯带，其光线色彩变化越多样，配套的电源转换器的电路越复杂。

在工作时，LED 灯带的每个 LED 都会消耗一定的功率（约 0.05W），而电源转换器输出功率有限，故一个电源转换器只能接一定长度的灯带。如果连接的灯带过长，灯带亮度会明显下降，因此可剪断灯带，增配电源转换器。

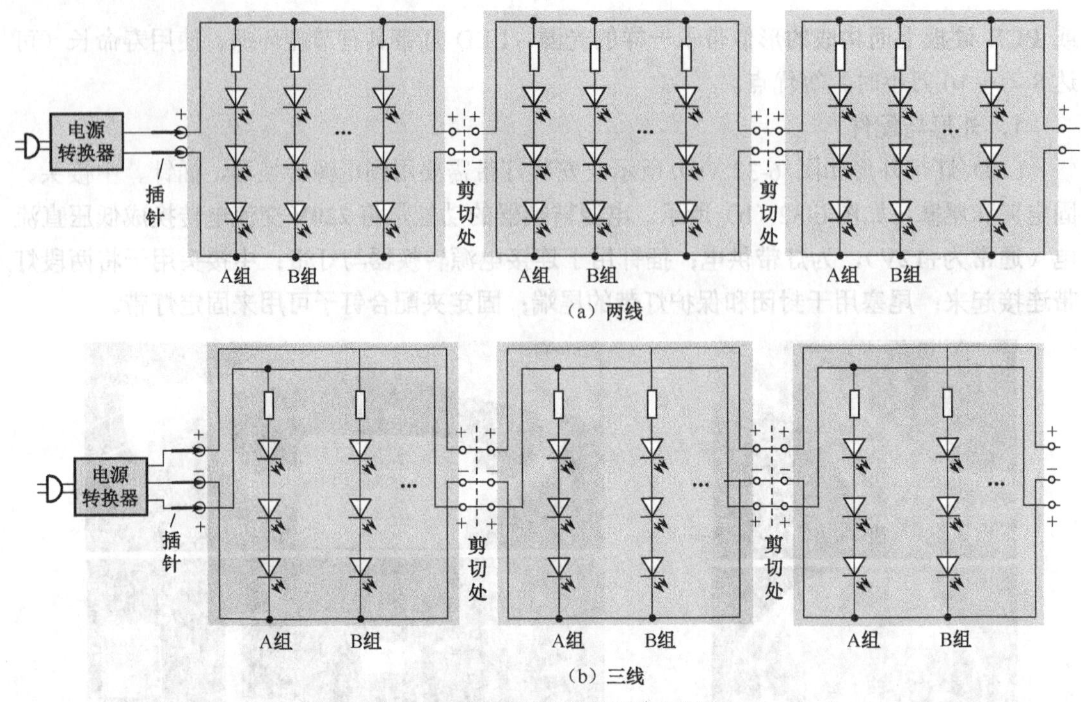

图 6-33　LED 灯带的典型电路结构

3. 安装

LED 灯带的安装如图 6-34 所示，具体安装过程如下：

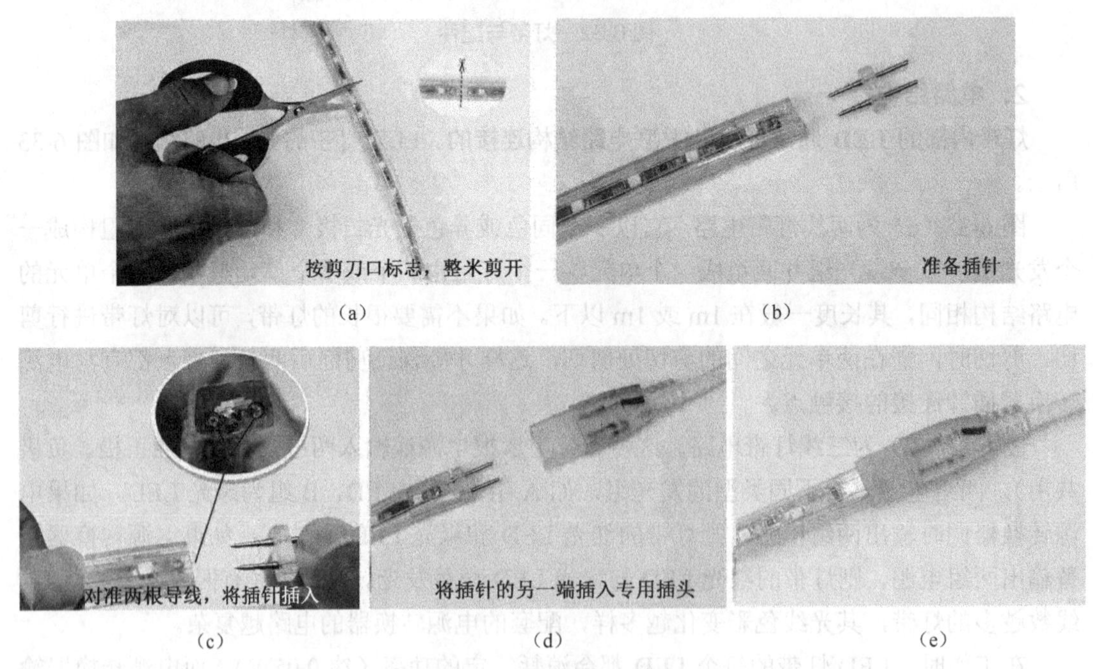

图 6-34　LED 灯带的安装

① 用剪刀从灯带的剪切处剪断灯带，如图 6-34（a）所示。

② 准备好插针。将插针对准灯带内的导线插入，让插针与灯带内的导线良好接触，如图 6-34（b）、（c）所示。

③ 将插针的另一端插入电源转换器的专用插头，如图 6-34（d）所示。

④ 给电源转换器接通 220V 交流电源，灯带变亮，如图 6-34（e）所示。如果灯带不亮，可能是提供给灯带的电源极性不对，可将插针与专用插头两极调换。

在安装 LED 灯带时，一般将灯带放在灯槽里摆直就可以了，也可以用细绳或细铁丝固定。如果是外装或竖装，需要用固定夹固定，并在灯带尾端安装尾塞；若是安装在户外，最好在尾塞和插头处打上防水玻璃胶，以提高防水性能。

4．常见问题及注意事项

灯带安装时的常见问题及注意事项如下：

① 在剪切灯带时，一定要在剪切处剪断灯带，否则灯带剪断后，在靠近剪口处会出现一段不亮，一般不好维修，剪错的 1m 报废。

② 若灯带通电后，出现一排灯不亮，或每隔 1m 有一段不亮，则其原因是插头没有插好，可重新插好插头。

③ 对于两线和四线灯带，如果插头插反，灯带不会损坏也不会亮，调换插头极性即可；对于三线和五线灯带，插头不分正反。

④ 如果灯带通电时插接处冒烟，一定是因为插针插歪导致短路。每根针要正对相应的导线，切不可一根针穿过两根导线。

6.5 浴霸的安装　C11 浴霸的安装

浴霸是一种在浴室使用的具有取暖、照明、换气和装饰等多种功能的浴用电器。

6.5.1 种类

根据发热体外形不同，浴霸可分为灯泡发热型和灯管发热型。两种类型的浴霸如图 6-35 所示。灯泡发热型浴霸发热快，不需要预热，有一定的照明功能；灯管发热型浴霸通常使用 PTC（陶瓷发热材料）或碳纤维发热材料等，发热稍慢，需要短时预热，热效率高，使用寿命较长。

图 6-35　灯泡发热型和灯管发热型浴霸

根据安装方式不同，浴霸可分为吊顶式和壁挂式，如图 6-36 所示。

图 6-36　吊顶式和壁挂式浴霸

6.5.2　结构

下面从如图 6-37 所示的拆卸过程来了解浴霸的结构，具体说明如下：

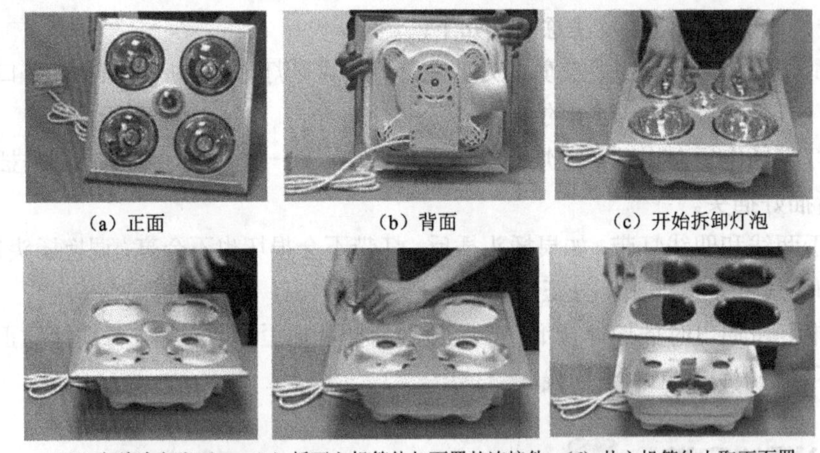

（a）正面　（b）背面　（c）开始拆卸灯泡

（d）灯泡全部取下　（e）拆下主机箱体与面罩的连接件　（f）从主机箱体上取下面罩

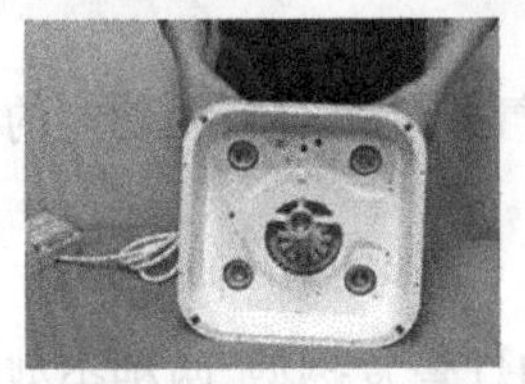

（g）主机箱体内有 5 个灯泡座

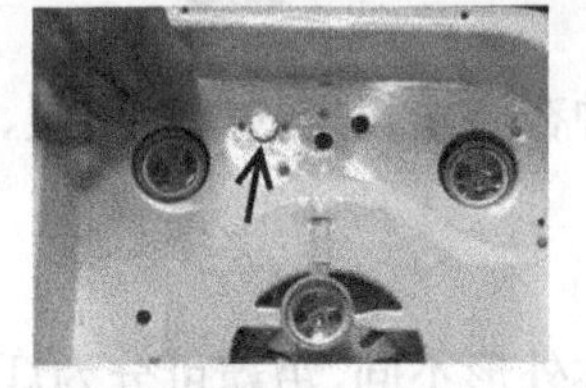

（h）主机箱体内有 1 个过热保护器

图 6-37　浴霸的拆卸

① 浴霸的正面有 5 个灯泡，周围 4 个为加热取暖灯泡，中间 1 个为照明灯泡，如图 6-37（a）所示。

② 浴霸的背面有一个换气口，内部有换气扇，浴霸的开关线和电源线也由背部接入内部，如图 6-37（b）所示。

③ 将浴霸正面朝上，旋下 5 个灯泡，如图 6-37（c）、（d）所示。

④ 拆下主机箱体与面罩的连接件（通常为连接弹簧），再从主机箱体上取下面罩，如图 6-37（e）、（f）所示。

⑤ 面罩取下后，可以从主机箱体内部看到 5 个灯泡座，如图 6-37（g）所示。

⑥ 在主机箱体内表面有 1 个过热保护器，如图 6-37（h）所示，当浴霸工作温度过高时，过热保护器会启动换气扇工作。

6.5.3　接线

普通浴霸有两对（4 个）取暖灯泡、1 个照明灯泡和 1 个换气扇，其工作与否受浴霸开关控制。浴霸的接线与采用的浴霸开关类型有关。图 6-38 是普通浴霸广泛使用的两种类型开关。它们与浴霸的接线如图 6-39 所示。

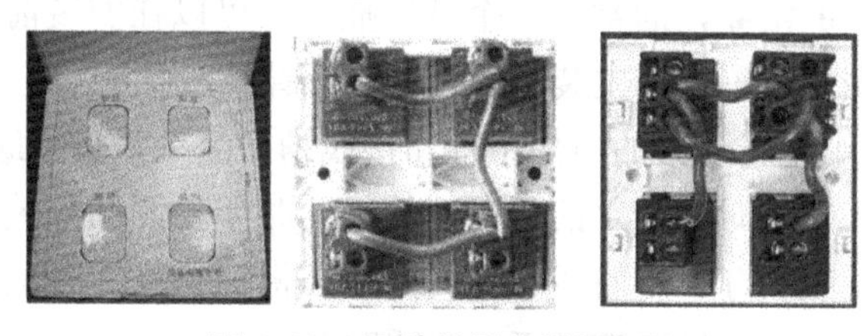

图 6-38　两种类型的浴霸开关

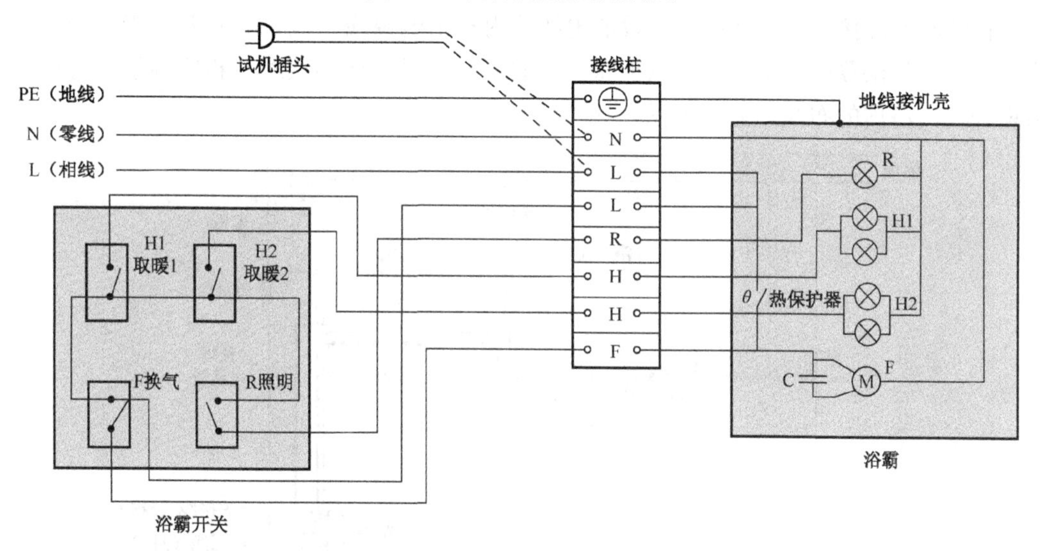

(a)

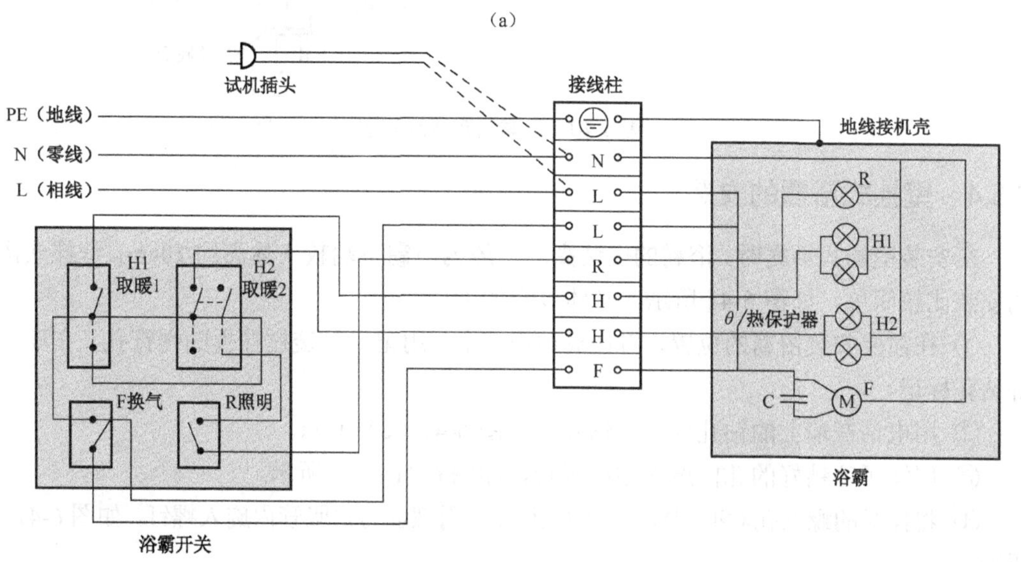

(b)

图 6-39　普通浴霸使用不同开关的接线图

图6-39（a）中采用的浴霸开关是一个四联单控开关，4个开关的一端都接在一起并与相线连接，4个开关的另一端分别接出线与两对取暖灯泡、照明灯泡和换气扇连接，即各个开关分别控制各自的控制对象，互不影响。在浴霸上有一个热保护器（温控开关），当取暖出现浴霸过热时，热保护器的开关即闭合，为换气扇接通电源进行散热，无须人为按下换气开关。对于新购买的浴霸，通常有一个试机插头，可以在安装前测试浴霸及开关的控制是否正常，它接在图示位置，在安装浴霸时需要拆掉试机插头。

图6-39（b）中采用浴霸开关的内部结构和接线稍微复杂，当取暖开关上拨（开）时，取暖灯泡亮，该灯泡在发热时有一定的照明功能，此时闭合照明开关无法为照明灯供电，即取暖灯泡亮时开不了照明灯。有的浴霸开关内部已将H1、H2开关的中、下触点按虚线所示进行了连接，那么在取暖灯泡亮时可开启照明灯。

在浴霸实际接线时，从墙壁埋设的电线管内拉出电源线（3根），接到浴霸接线柱的相应端子上，将浴霸附带的开关线（5根）穿管后，一端接浴霸接线柱相应端子，另一端接浴霸开关，浴霸的布线示意图如图6-40所示。

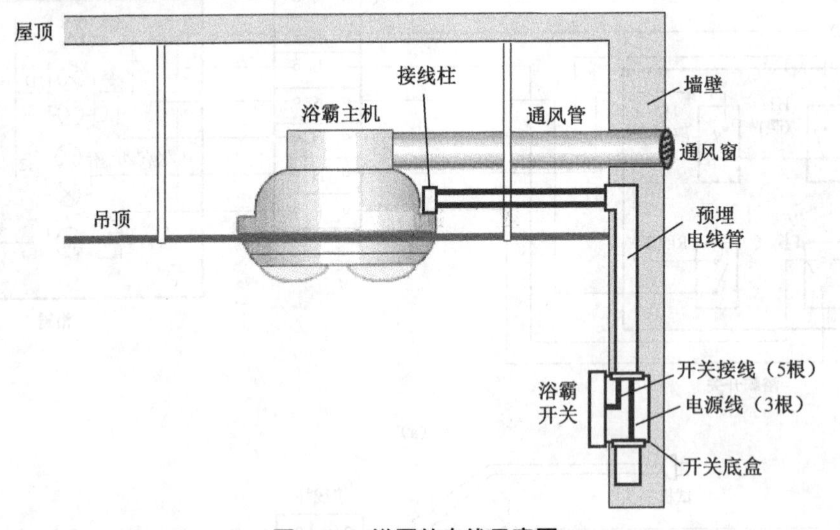

图6-40　浴霸的布线示意图

6.5.4　壁挂式浴霸的安装

在安装壁挂式浴霸时，浴霸的安装高度一般为浴霸下端较人体高约20cm。壁挂式浴霸的安装比较简单，如图6-41所示，具体过程如下：

① 在需要安装浴霸的位置，将挂板贴在墙上，用记号笔透过挂板的螺钉孔，在墙上做好钻孔标记。

② 用电钻在墙上的钻孔标记处钻孔，如图6-41（a）所示。

③ 用锤子往钻好的孔内敲入塑料胀管，如图6-41（b）所示。

④ 将挂板的螺丝孔对准塑料胀管贴在墙上，用螺丝刀往胀管内旋入螺钉，如图6-41（c）所示。

⑤ 螺钉旋入胀管后，将挂板固定在墙上，如图6-41（d）所示。

⑥ 将浴霸后部的挂孔对好挂板上的挂钩，如图6-41（e）所示。

⑦ 将浴霸挂在挂板上，如图6-41（f）所示。

壁挂式浴霸的开关一般位于机体上，不需要另外单独安装，只要将浴霸的电源线插头插入插座，再直接操作浴霸上的开关即可让浴霸开始工作。

（a）在墙上做好标记处钻孔

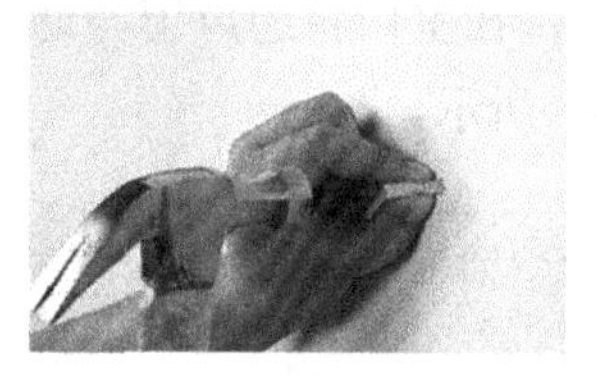
（b）在孔内敲入塑料胀管

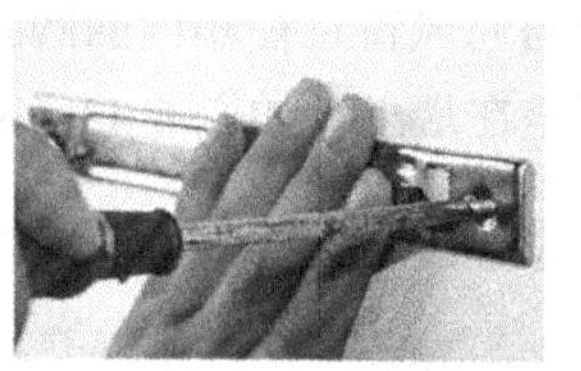
（c）往胀管内旋入螺钉

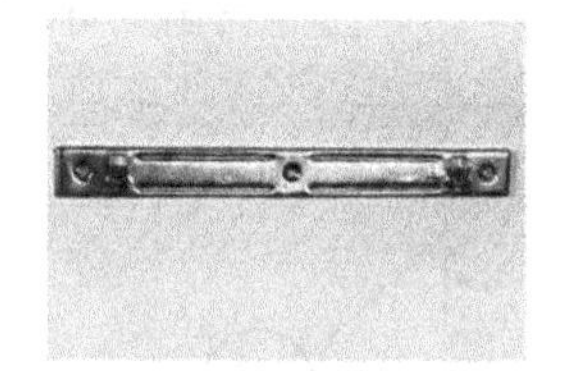
（d）用螺钉将挂板固定在墙上

（e）将浴霸后部的挂孔对好挂板上的挂钩

（f）将浴霸挂在挂板上

图6-41　壁挂式浴霸的安装

6.5.5　吊顶式浴霸的安装

1. 安装注意事项

① 开关底盒和电线管（用于穿电源线、开关控制线）一般应在水电安装及贴墙砖前进行。

② 在选择电源线和开关控制线时，要求导线能承载10A或15A以上的负载（导线截面积为1.5～4mm^{2}的铜线）。开关控制线可选用浴霸原配的互连软线，如果自行配线，则各线颜色应有区别，以便于浴霸接线时区分。

③ 在安装浴霸开关时，其位置距离沐浴花洒不可小于100cm，高度离地面应不小于140cm。

④ 为了取得最佳的取暖效果，浴霸应安装在浴缸或沐浴房中央正上方的吊顶。浴霸安装完毕后，灯泡离地面的高度应在2.1～2.3m之间，位置过高或过低都会影响使用效果。

2. 安装通风管和通风窗

在安装吊顶式浴霸时，先要在墙上开通风孔，以便浴霸换气时能通过通风管将室内空气由通风孔排到室外。通风管和通风窗外形如图6-42所示。通风管可以拉长或缩短。通风窗在换气时叶片打开，非换气时关闭。

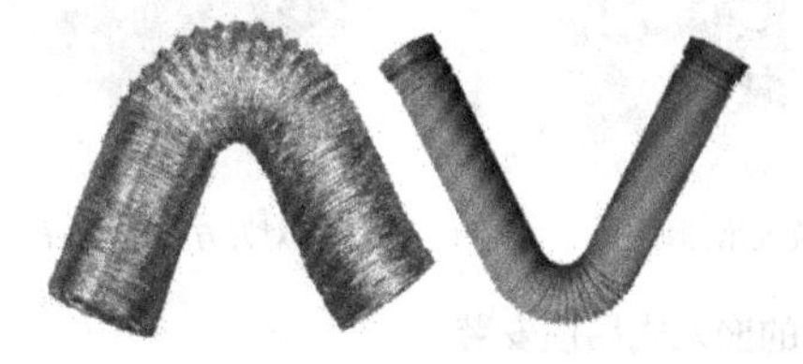
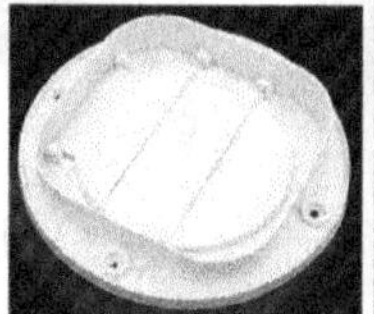

图6-42　通风管和通风窗外形

如果在一楼安装浴霸，由于距离地面不高，可在墙上开一个与通风管直径相同的圆孔，将通风管穿孔而过，在室外给通风管装上通风窗，并用钉子将通风窗固定在墙上，如图6-43（a）所示，通风窗和通风管与外墙之间的缝隙用水泥填封。

如果在二楼以上安装浴霸，由于距离地面高，不适合在室外安装通风窗，因此可在墙上开一个与通风窗直径相同的圆孔，在室内将通风窗与通风管连接后，再用钉子在室内将通风窗固定在墙上，如图6-43（b）所示。

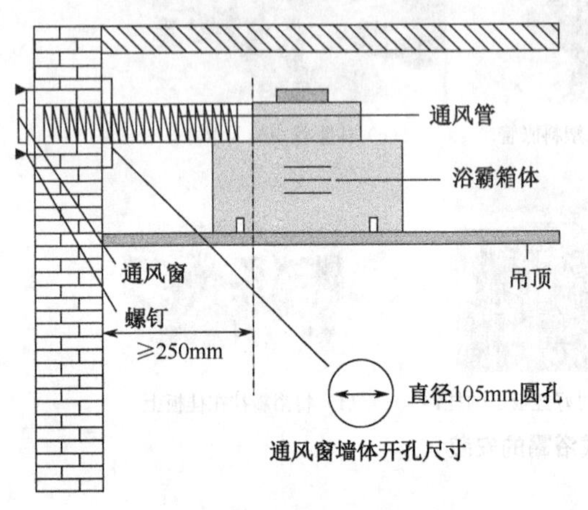

（a）在一楼安装通风管和通风窗

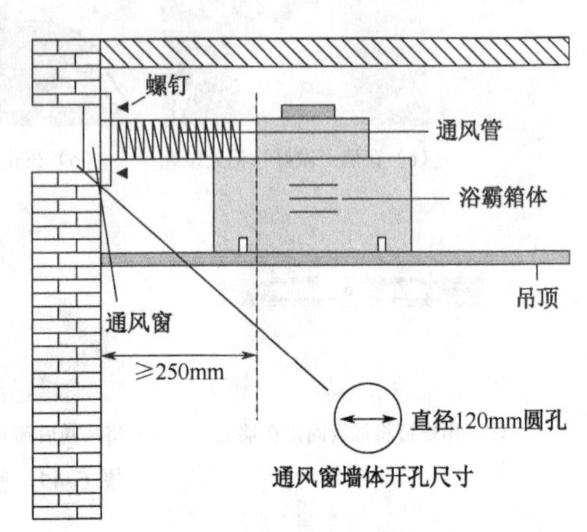

（b）在二楼以上安装通风管和通风窗

图6-43　浴霸通风管和通风窗的安装

3．安装浴霸

普通浴霸的嵌入式吊顶安装如图6-44所示，具体说明如下：

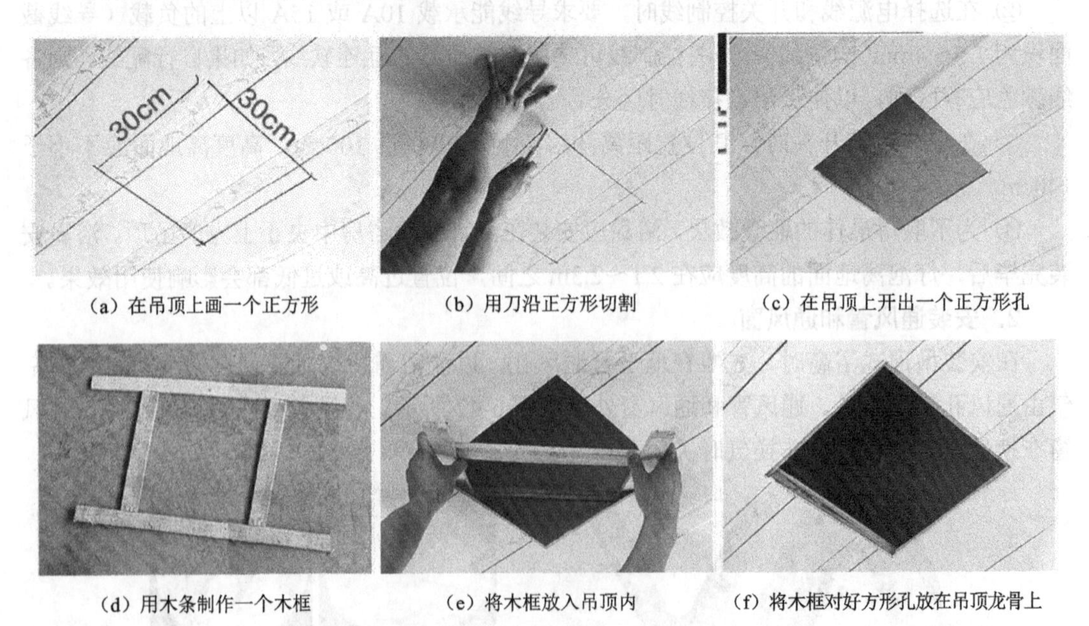

（a）在吊顶上画一个正方形　（b）用刀沿正方形切割　（c）在吊顶上开出一个正方形孔

（d）用木条制作一个木框　（e）将木框放入吊顶内　（f）将木框对好方形孔放在吊顶龙骨上

图6-44　普通浴霸的嵌入式吊顶安装

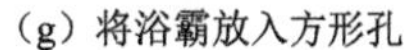

(g) 将浴霸放入方形孔

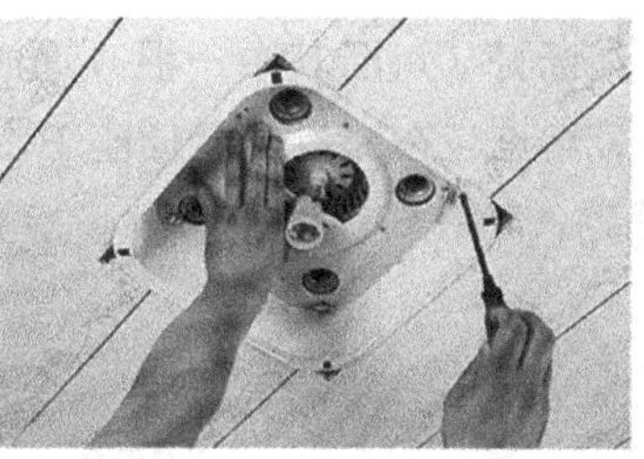

(h) 用螺钉将浴霸固定在木框上

(i) 给浴霸安装面罩

(j) 用弹簧将面罩固定在浴霸上

(k) 给浴霸安装灯泡

(l) 浴霸安装完成

图6-44 普通浴霸的嵌入式吊顶安装（续）

① 在吊顶上确定好安装浴霸的位置，在该处用笔画一个30cm×30cm的正方形（与浴霸有关，具体可查看说明书）。用刀沿正方形边沿进行切割，切割出一个30cm×30cm的方孔，如图6-44（a)、(b)、(c）所示。

② 用木条制作一个内尺寸为30cm×30cm的木框，如图6-44（d）所示，再将木框放入吊顶并架在吊顶内部的龙骨上，如图6-44（e)、(f）所示。

③ 拆下浴霸的灯泡和面罩，给浴霸接好线后，将浴霸底部朝上放入吊顶方孔，如图6-44(g)所示。在放入前，从吊顶内拉出已安装的通风管，将通风管与浴霸通风口接好，把浴霸推入方孔后，用螺钉将浴霸固定在木框上，如图6-44（h）所示。然后给浴霸安装面罩，并用连接弹簧将面罩固定好，如图6-44（i)、(j）所示。

④ 给浴霸安装灯泡，如图6-44（k）所示；安装完成的浴霸如图6-44（l）所示。

6.6 电气线路安装后的检测

C12 住宅电气安装后的检测

插座和照明电气线路安装完成后，为了安全起见不要马上通电，应在通电前对安装的电气线路进行检测，确定线路没有短路和漏电故障后才可接通220V电源。检测内容主要有检查电气线路有无短路、漏电、开路现象和极性是否接错等。

6.6.1 用万用表检测电气线路有无短路及查找短路点

图6-45是已安装的插座电气线路，以检测卫生间插座线路为例，检测时先将配电箱内的总开关QS和支路开关QS5断开，然后用万用表×10kΩ挡在QS5开关之后测量L、N、PE线之间的电阻，正常L-N、L-PE、N-PE的电阻均为无穷大，如果某两线之间的阻值为0或接近0，则该两线之间存在短路。如果L、N线之间的电阻很小或为0，为了找出短路

点，可以将插座 B 中的 L、N 线断开（可断其中一根），再在图示位置测量 L、N 线间的电阻。若测得的阻值仍为 0，则短路点应在测量点至插座 B 之间；若测得的阻值为无穷大，则短路点应在插座 B 之后的线路，可在该范围内进一步检查。再用同样的方法检测其他支路有无短路。

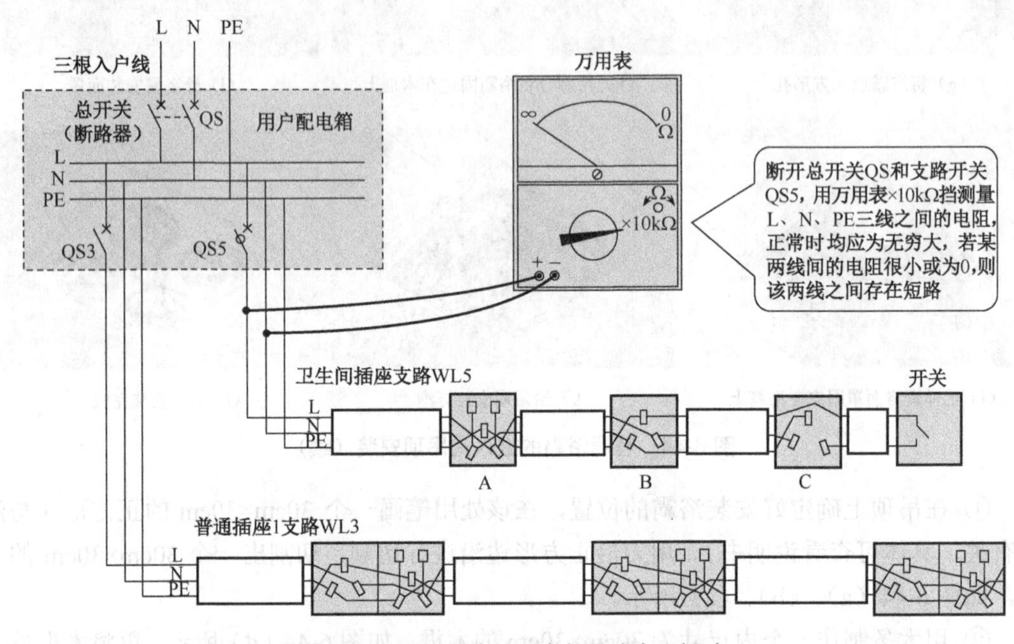

图 6-45　用万用表检测电气线路有无短路

6.6.2　用兆欧表检测电气线路绝缘性能及查找漏电点

用万用表测电阻的方法可以发现电气线路是否有短路，由于用万用表测电阻时使用的电压很低（9V），因此对于电气线路在高压时的绝缘性能下降不易检测出来。检测电气线路的绝缘性能可使用兆欧表，测量时，兆欧表给被测线路施加几百伏的电压，在该高压作用下，如果被测线路电阻变小，说明线路绝缘性能差，通电会有严重的漏电。因此，当用万用表检测电气线路无短路点后，最好再用兆欧表进一步检测电气线路是否存在绝缘性能下降，以消除安全隐患。

以检测如图 6-46 所示的卫生间插座线路为例，检测时先将配电箱内的总开关 QS 和支路开关 QS5 断开，然后用兆欧表在 QS5 开关之后测量 L、N、PE 线之间的电阻，正常 L-N、L-PE、N-PE 的电阻均应大于 0.5MΩ。如果某两线之间的电阻小于 0.5MΩ，则该两线之间绝缘性能差，通电会有严重的漏电。

如果 L、N 线之间的电阻小于 0.5MΩ，为了找出漏电点，可以将插座 B 中的 L、N 线断开（可断其中一根），再在图示位置测量 L、N 线间的电阻。若测得的阻值仍小于 0.5MΩ，则漏电点应在测量点至插座 B 之间；若测得的阻值大于 0.5MΩ，则漏电点应在插座 B 之后的线路，可在该范围内进一步检查。

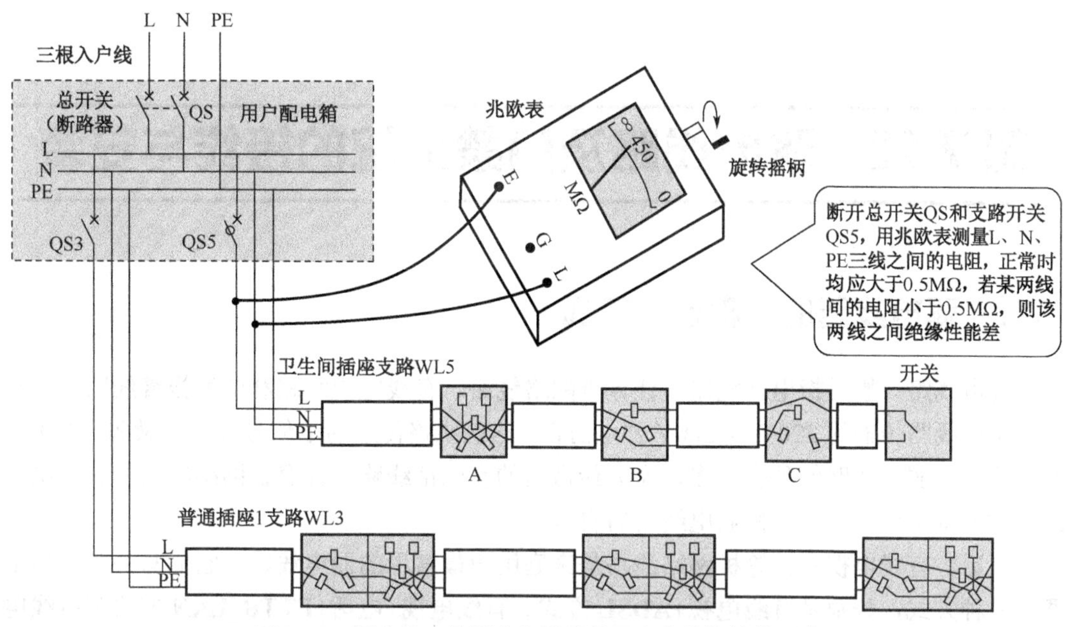

图 6-46　用兆欧表检测电气线路是否存在绝缘性能下降

6.6.3　用校验灯检查插座是否通电

在插座接线时，如果导线与插座未接好，插座就无法对外供电，因此住宅电气线路安装结束后，需要通电检查所有的插座有无电源。

在检查插座有无电源时，可以按图 6-47 所示的方法制作一个校验灯，给住宅电气线路接通电源后，将校验灯插头依次插入各插座，插到某插座时灯亮表示插座有电源，不亮表示插座无电源，应拆开插座检查内部接线。除校验灯外，也可以使用一些小型 220V 供电的电器来检查插座有无电源，如台灯、电吹风和电风扇等通电即刻有响应的小电器。

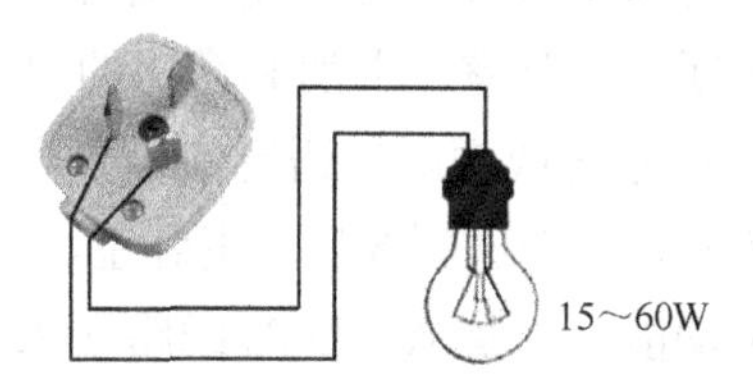

图 6-47　校验灯的制作

6.6.4　用测电笔检测插座的极性

不管是两极插座还是三极插座，其插孔必须是左零（N）右相（L），两极接反虽然不影响电器正常工作，但存在安全隐患。通电检查所有插座均有电源后，再用测电笔依次检测所有插座的右插孔，测电笔插入插座的右插孔时，若该插孔内部接 L 线，则测电笔的指示灯会亮；若指示灯不亮，表示插孔内部所接的不是 L 线，应拆开插座调换接线。

第 7 章　弱电线路及门禁系统的接线与安装

7.1　弱电线路的三种接入方式

弱电线路一般是指电话线路、计算机网络线路、有线电视线路和防盗报警线路等，相对于强电线路传输的 220V 或 380V 强电而言，这些线路传送的电信号都比较微弱，故称为弱电线路。弱电线路的种类很多，家庭最常用的有电话线路、计算机网络线路和有线电视线路。本章主要介绍这三种弱电线路的安装。

电话、有线电视和计算机网络线路是家庭用户最常用的弱电线路，它们与外部连接主要有三种方式，分别是有线电视+ADSL 方式、有线电视+电话+FTTB_LAN 方式和有线电视宽带+电话方式。

7.1.1　有线电视+ADSL 方式

ADSL（Asymmetric Digital Subscriber Line，非对称数字用户线路）是一种数据传输方式，采用一条电话线路同时传输电话语音信号和网络数据，即能实现在打电话的时候同时上网，在进行网络数据传送时，上行（本地→远端）和下行（远端→本地）速度是不同的，故称为非对称数字线路。在不影响正常语音通话的情况下，ADSL 线路最高上行速度可达 3.5Mbit/s，最高下行速度可达 24Mbit/s。

有线电视+ADSL 方式的布线如图 7-1 所示。电视信号分配器的功能是将一路输入电视信号分成多路信号，分别去客厅、主卧室、书房和客房的电视插座。ADSL 分离器的功能是将 ADSL 电话信号中的高频信号与低频电话语音信号分离开来。电话分线器的功能是将一路电话语音信号分成多路信号，分别送到客厅、主卧室、书房和客房的电话插座。ADSL Modem（调制解调器）有两个功能：一是从 ADSL 线路送来的高频模拟信号中解调出数字信号，送给路由器或计算机；二是将路由器或计算机送来的数字信号转换成高频模拟信号，送到 ADSL 线路。路由器的功能是利用转发方式进行一到多和多到一的连接，以实现多台计算机共享一条数据线路连接国际互联网。

如果有线电视开通了数字电视节目，则有线电视接入线中除含有模拟电视信号外，还含有数字电视信号。模拟电视信号只要送入电视机的天线插孔（拔下天线），电视机就可以收看，操作电视机遥控器即可选台；而数字电视信号需要先送到数字电视机顶盒进行解码，从中解调出音、视频信号，再送到电视机观看，选台需要操作机顶盒的遥控器。

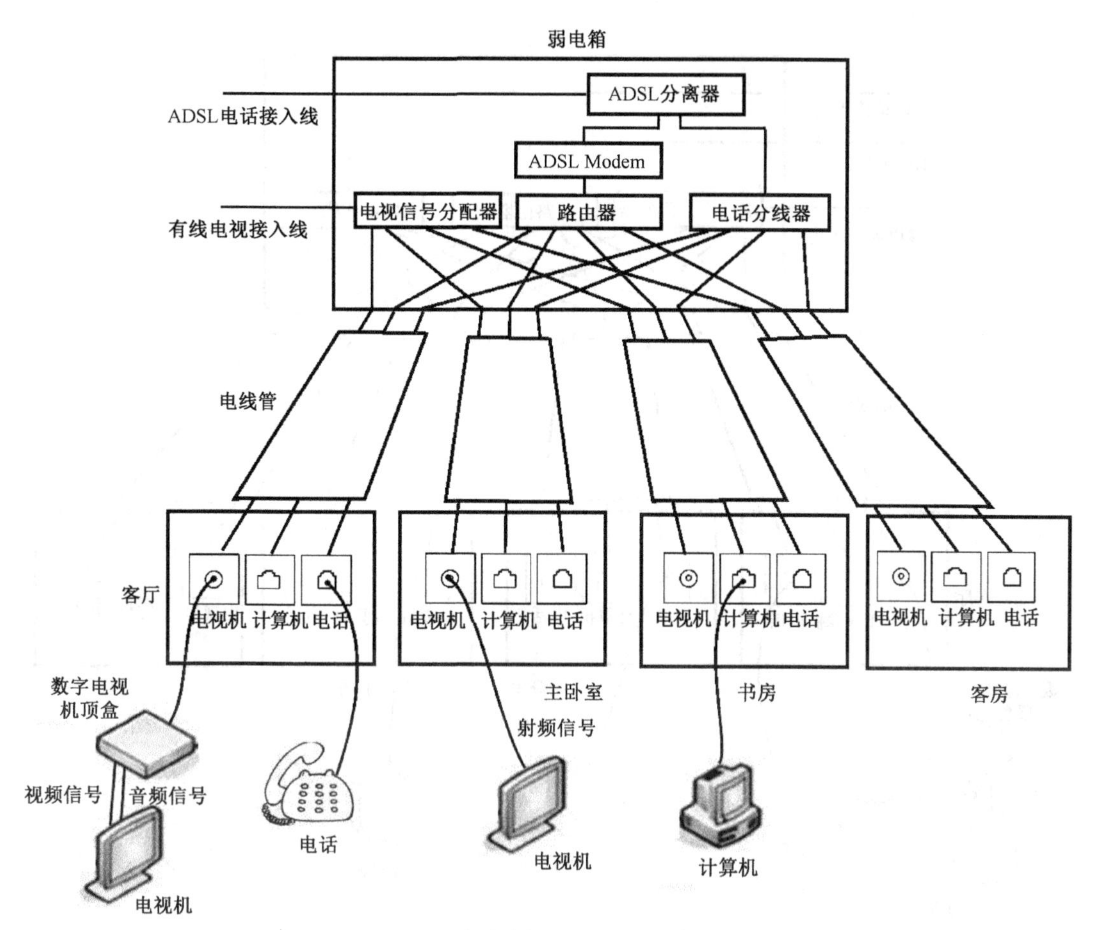

图 7-1　有线电视+ADSL 方式的布线

7.1.2　有线电视+电话+FTTB_LAN 方式

FTTB_LAN 方式是目前城市新建小区普遍使用的一种宽带接入方式。FTTB 意为光纤到楼（Fiber To The Building）。LAN 意为局域网（Local Area Network）。 FTTB_LAN 方式采用光纤高速网络实现千兆带宽到社区，利用转换器将光纤信号转换成电信号，分路后使用双绞线以百兆带宽接到各幢楼宇，再分路后用双绞线以十兆带宽接到用户。

有线电视+电话+FTTB_LAN 方式的布线如图 7-2 所示。FTTB_LAN 线路仅传送网络数据，不传送电话信号，故电话线路需另外接入。在使用 FTTB_LAN 接入方式时，接入用户的线路中已是数字信号，用户无须使用 Modem（调制解调器）进行数/模和模/数转换，即 FTTB_LAN 接入线可直接连接路由器。

7.1.3　有线电视宽带+电话方式

有线电视宽带+电话方式利用有线电视线路同时传送电视信号和宽带信号，为了从有线电视线路中分离出宽带信号，需要使用 Cable Modem（电缆调制解调器）。

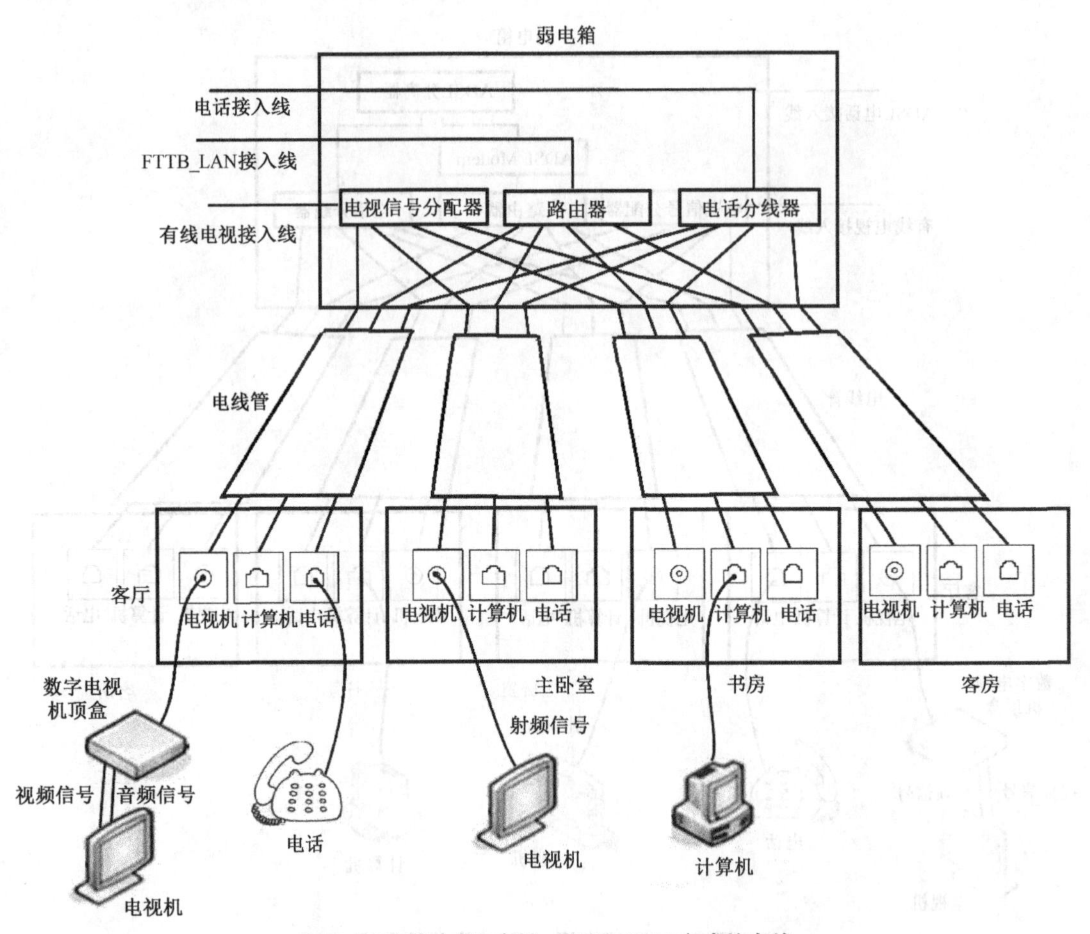

图7-2　有线电视+电话+FTTB_LAN方式的布线

有线电视宽带+电话方式的布线如图7-3所示。Cable Modem的功能是从电视信号中分离出宽带信号（模拟信号），并转换成数字信号送给计算机或路由器，同时也能将计算机或路由器送来的数字信号转换成宽带模拟信号，送至有线电视线缆。

7.2　有线电视线路的安装

7.2.1　同轴电缆

有线电视采用同轴电缆作为信号传输线路。同轴电缆的外形与结构如图7-4所示。**同轴电缆屏蔽层除起屏蔽作用外，还相当于一根导线，以构成信号回路。一根正常的同轴电缆的屏蔽层应是连续的，若同轴电缆的屏蔽层断开，仅凭同轴电缆内部的芯线是不能传送信号的。**

根据用途不同，同轴电缆可分为基带同轴电缆和宽带同轴电缆。基带同轴电缆又称网络同轴电缆，其特性阻抗为50Ω，主要用于传送数字信号，如用作局域网（以太网）组网线路；宽带同轴电缆也称视频同轴电缆，其特性阻抗为75Ω，**有线电视信号传输采用宽带同轴电缆。**

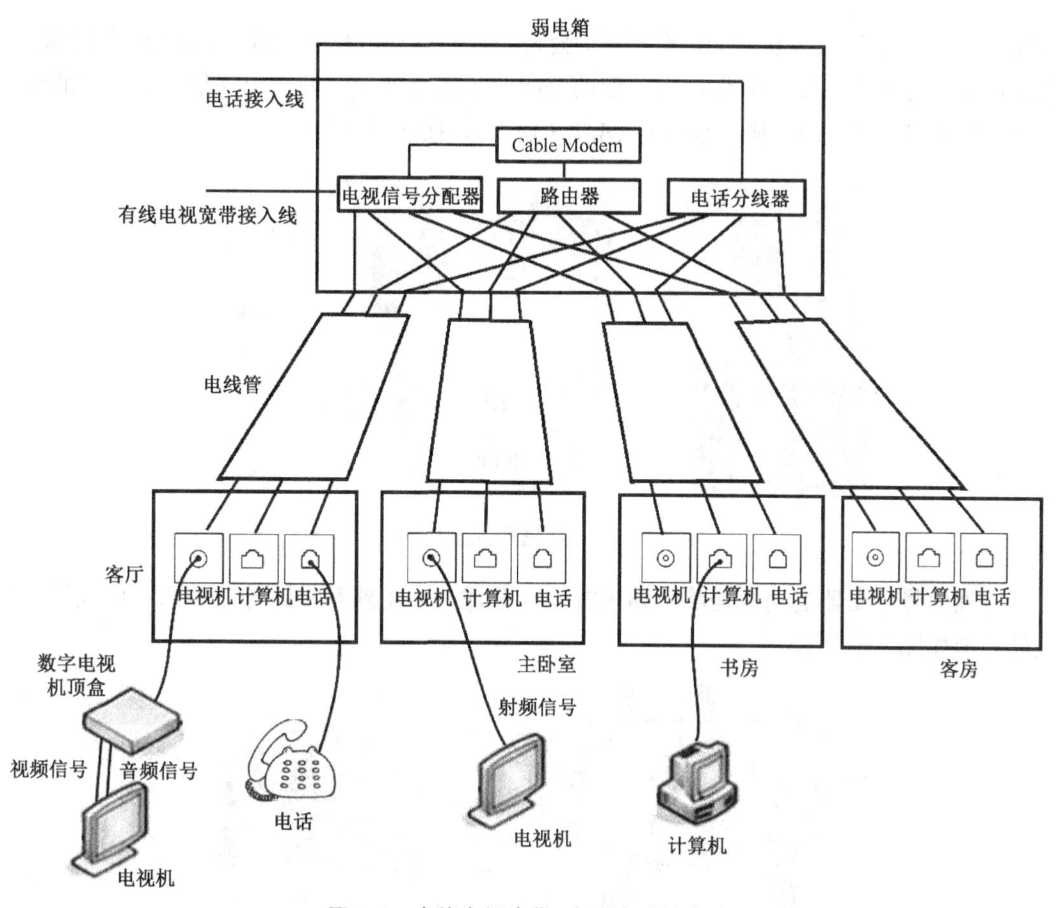

图 7-3　有线电视宽带+电话方式的布线

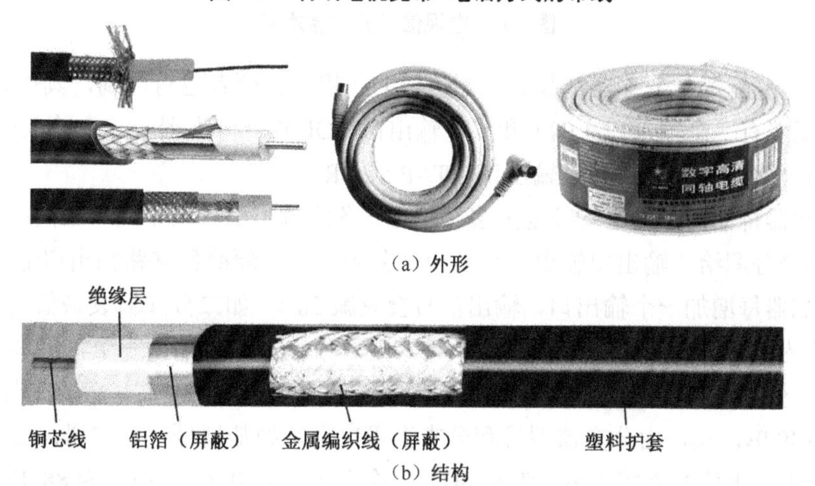

（a）外形

（b）结构

图 7-4　同轴电缆的外形与结构

7.2.2　电视信号分配器与分支器

电视信号分配器的功能是将一路电视信号平衡分配成多路输出。电视信号分配器外形如图 7-5 所示：左图是 1 入 2 出分配器（简称二分配器）；中图是 1 入 8 出分配器（简称八分配器）；右图是带放大功能的四分配器，会将输入的电视信号进行放大，再分作四路输出，由于内部含有放大电路，故带放大功能的分配器还需要外接电源。电视信号分配器的输入端一般标有IN（输入），输出端标有OUT（输出），接线时不能接反。

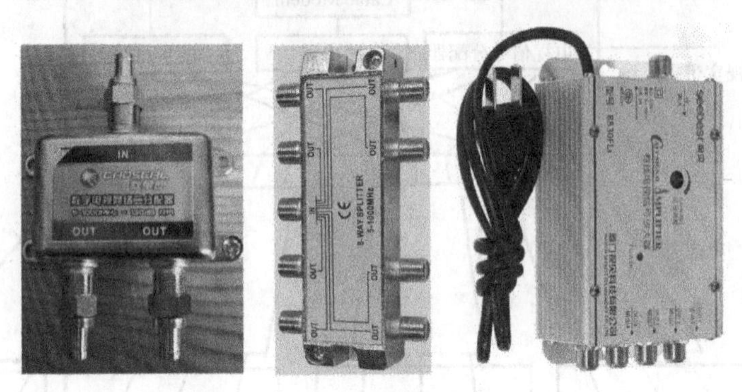

图7-5　电视信号分配器外形

电视信号分支器的功能是将一路电视信号分成一路主路和多路分路输出。电视信号分支器外形如图7-6所示。

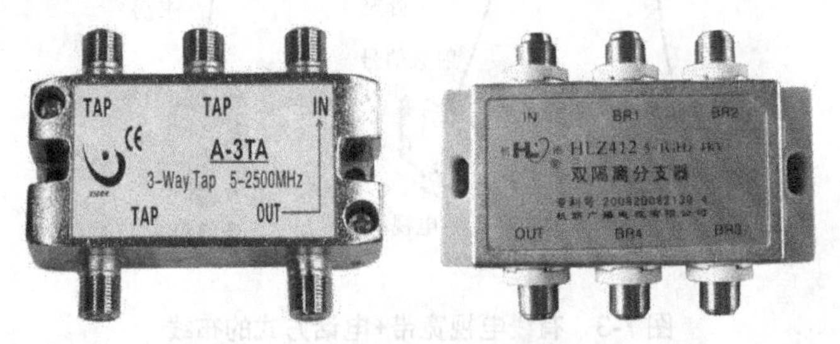

图7-6　电视信号分支器外形

电视信号分配器与分支器都起着分配信号的作用，但两者也有区别，具体如下：

① 分配器有一个输入口（IN）和多个输出口（OUT）；分支器有一个输入口（IN）、一个主输出口（OUT）和多个分支输出口（TAP或BR）。

② 分配器将输入信号平均分配成多路输出，各路输出信号大小基本相同；分支器将输入信号大部分分配给主输出口输出，另有少部分被平均分配给各支路输出口输出。

③ 分配器每增加一个输出口，输出信号会衰减2dB，如二分配器衰减值为4dB，三分配器衰减值为6dB，对于三分配器，如果输入信号为100dB，那么三个输出口的输出信号都是94dB；分支器对主输出口信号衰减很小，一般只衰减1dB左右，分支信号衰减较大，一般为8～30dB，具体由分支器型号和分支数量决定，如某型号三分支器，如果输入信号为100dB，主输出信号衰减1dB，为99dB，三个分支信号衰减12dB，为88dB。

④ 分配器用于需平均分配信号的场合，例如，某个家庭用户有多台电视机时，需要用分配器为每个电视机平均分配信号；分支器常于电视干线接出分支，例如，当电视干线接到某幢楼时，若该幢楼有40个用户，如果采用分配器分配信号，就需要用40个分配器和40根独立电视线，如果采用分支器，可用一条主干线敷设经过各户住宅，每个住宅都使用一个分支器，分支器主输出口接干线到下一户，而分支输出口接到本户住宅。

7.2.3　同轴电缆与接头的连接

1. 同轴电缆的接头

在与电视信号分配器连接时，需要给同轴电缆安装专用接头，又称 F 头，这种接头直接利用电缆芯线插入分配器插口。同轴电缆常用 F 头如图 7-7 所示。F 头分为英制和公制两种。英制 F 头又称-5 头，头部较小；公制 F 头的头部较大，也称-7 头。

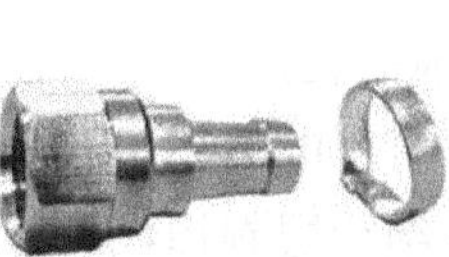

防水型F头　插入型F头　冷压型F头

图 7-7　同轴电缆常用 F 头

同轴电缆常用的其他接头如图 7-8 所示。同轴电缆与电视机连接常用竹节头或弯头，对接头用于将两根同轴电缆连接起来。

竹节头　弯头　对接头

图 7-8　同轴电缆常用的其他接头

2. 同轴电缆与接头的连接

（1）防水型 F 头与同轴电缆的连接

防水型 F 头与同轴电缆的连接如图 7-9 所示，具体过程如下：

(a)
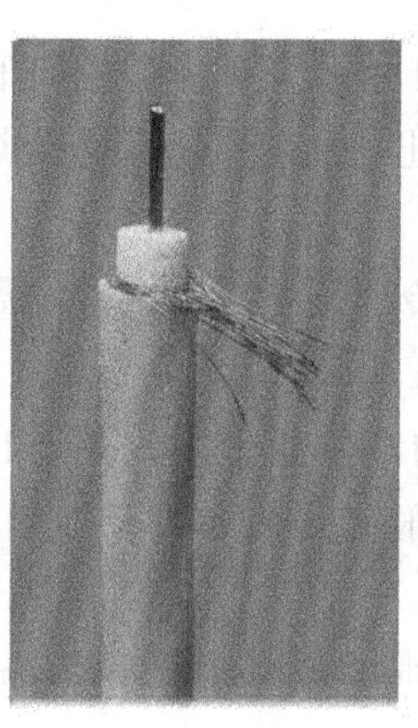
(b)
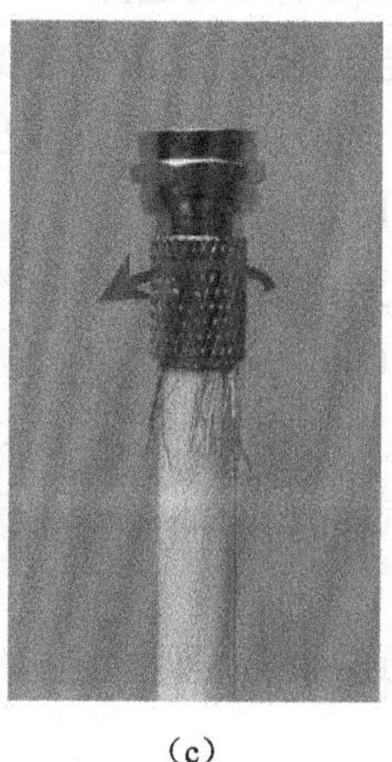
(c)

(d)

图 7-9　防水型 F 头与同轴电缆的连接

① 准备好同轴电缆与防水型F头，如图7-9（a）所示，剥掉同轴电缆一部分绝缘层，露出1cm的铜芯线，如图7-9（b）所示。

② 将同轴电缆的屏蔽层往后折在护套表面，再将防水型F头套到电缆线上，按顺时针方向用力旋拧，如图7-9（c）所示。

③ 待F头露出铜芯2mm左右后停止旋拧，如图7-9（d）所示。

在F头与同轴电缆连接时，不要让电缆的屏蔽线及F头与铜芯线接触，以免将信号短路。

（2）插入型F头与同轴电缆的连接

插入型F头与同轴电缆的连接如图7-10所示，具体过程如下：

① 将同轴电缆一端的部分绝缘层剥掉，露出铜芯线，再将F头附带的金属环套在电缆上，如图7-10（a）所示。

② 将插入型F头插入同轴电缆的护套内，让护套内的屏蔽层与F头保持接触，如图7-10（b）所示。

③ 将金属环推进F头，用金属环压紧电缆护套，如图7-10（c）所示，这样既可以让护套内的屏蔽层与F头紧紧接触，又可以防止F头从护套内掉出。

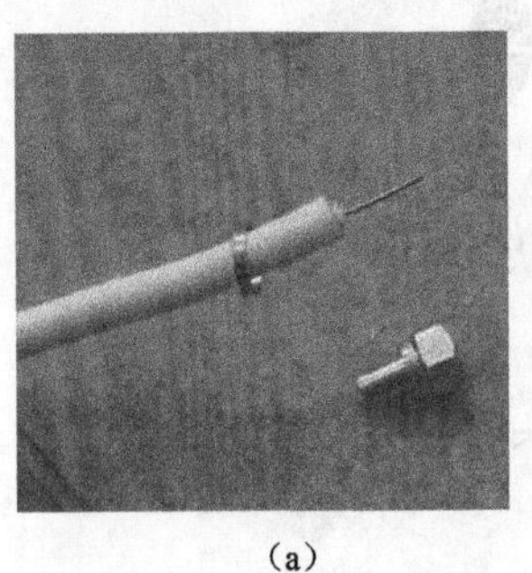
（a）

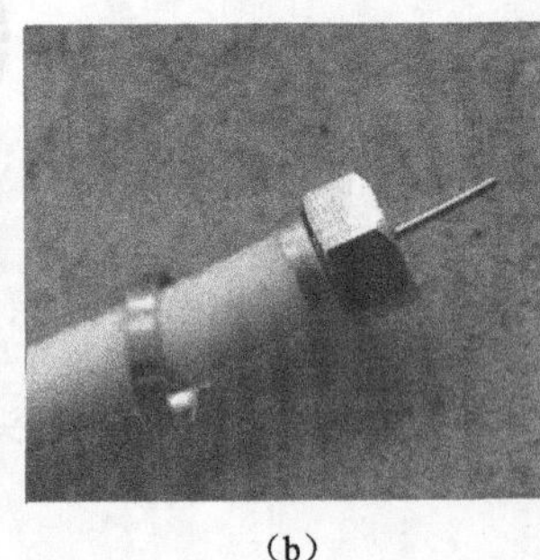
（b）

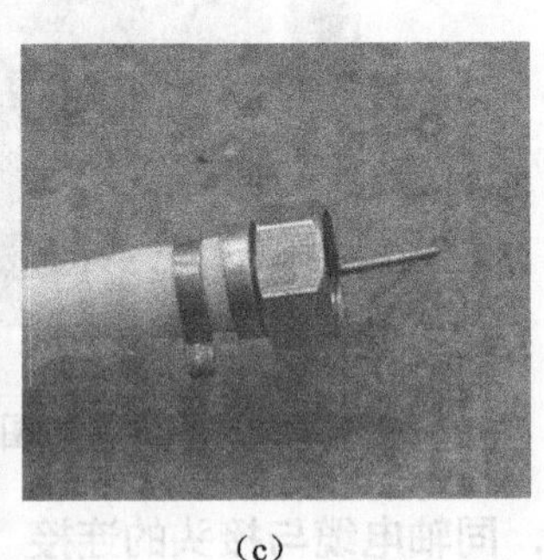
（c）

图7-10　插入型F头与同轴电缆的连接

（3）冷压型F头与同轴电缆的连接

冷压型F头与同轴电缆的连接如图7-11所示，具体过程如下：

① 将同轴电缆剥掉一部分绝缘层，露出1cm左右的铜芯线，并将屏蔽层往后反包在护套上，如图7-11（a）所示。

② 将冷压型F头套到电缆线上，有的冷压型F头有两层，需要将内层插入到护套内和屏蔽层接触，如图7-11（b）所示。

③ 用冷压钳沿F头的压沟压紧，每沟都要压紧，如图7-11（c）所示。如果没有冷压钳，可使用钢丝钳（老虎钳）压紧，但压制效果不如冷压钳。压制好的冷压型F头如图7-11（d）所示。

在F头与同轴电缆连接时，不要让电缆的屏蔽线及F头与铜芯线接触，以免将信号短路。

（4）竹节头与同轴电缆的连接

竹节头与同轴电缆的连接如图7-12所示，具体过程如下：

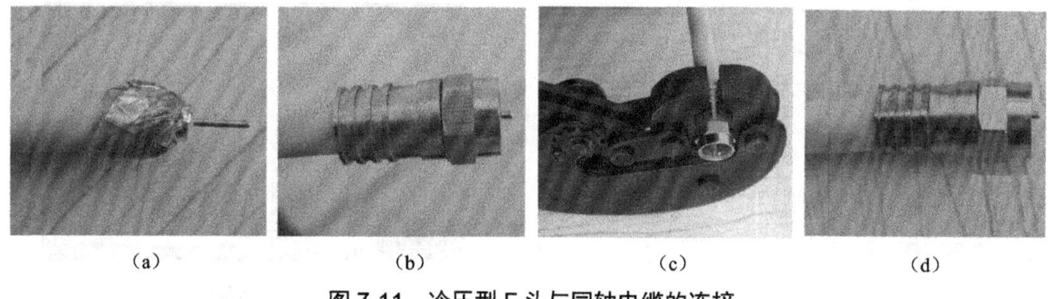

(a)　(b)　(c)　(d)

图 7-11　冷压型 F 头与同轴电缆的连接

① 将同轴电缆剥掉一部分绝缘层，露出 1cm 左右的铜芯线，并将屏蔽层往后反包在护套上，再将竹节头拆开，把后竹节套到同轴电缆上，如图 7-12（a）所示。

② 将竹节头的金属环卡套到电缆线的屏蔽层上，并压紧压环卡，如图 7-12（b）所示。

③ 将电缆线的铜芯线插入竹节头的插针后孔内，再旋拧螺丝将铜芯线在插针内固定下来，如图 7-12（c）所示。

④ 将竹节头的金属管套入顶针并插到金属环卡上，如图 7-12（d）所示。

⑤ 将前竹节套在金属管上并旋入后竹节内，如图 7-12（e）所示。

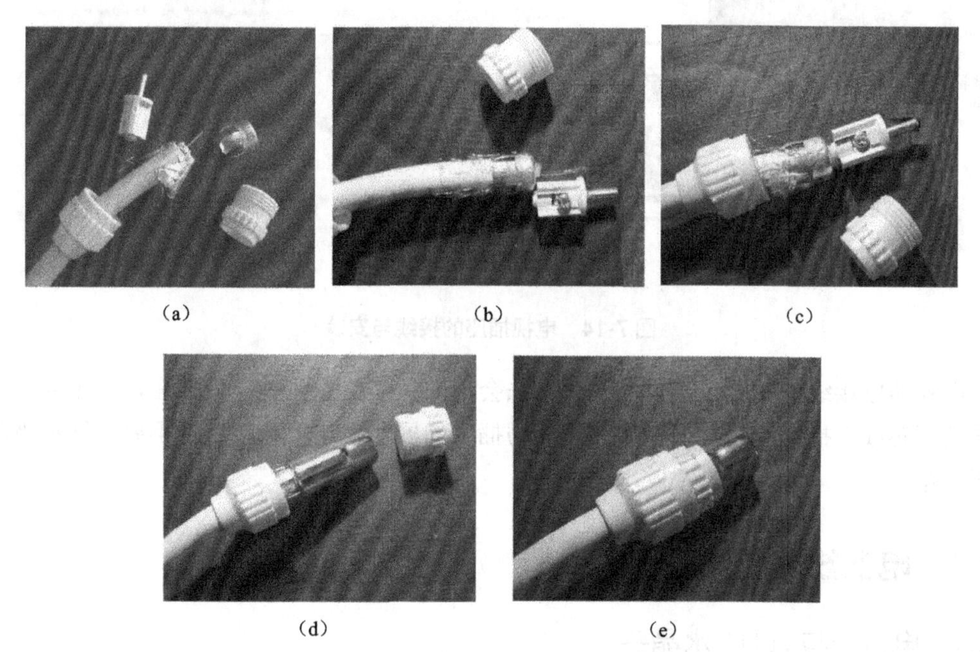

(a)　(b)　(c)

(d)　(e)

图 7-12　竹节头与同轴电缆的连接

7.2.4　电视插座的接线与安装

1．外形与内部结构

电视插座的外形与内部结构如图 7-13 所示。

2．接线与安装

电视插座的接线与安装如图 7-14 所示，具体过程如下：

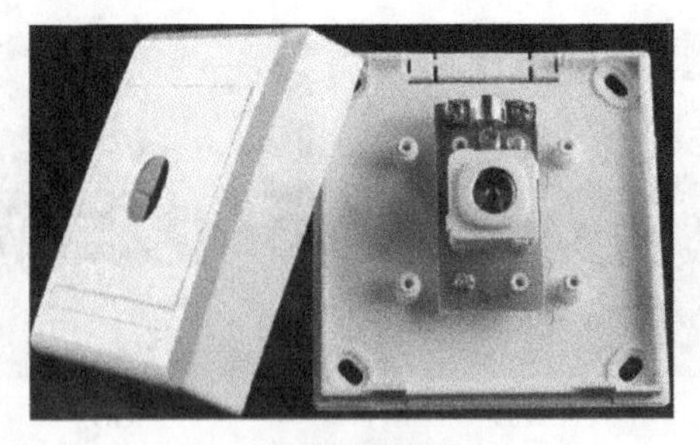
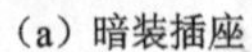

（a）暗装插座　　（b）明装插座

图 7-13　电视插座的外形与内部结构

① 从底盒中拉出先前埋设的同轴电缆，将同轴电缆剥掉一部分绝缘层和屏蔽层，露出1cm 左右的铜芯线，再剥掉一段护套层，该处的屏蔽层和发泡绝缘层保留，然后将铜芯线和屏蔽层分别固定在插座的屏蔽极和信号极上，如图 7-14（a）所示。

② 用螺钉将电视插座固定在底盒上，如图 7-14（b）所示。

③ 给电视插座盖上面板，如图 7-14（c）所示。

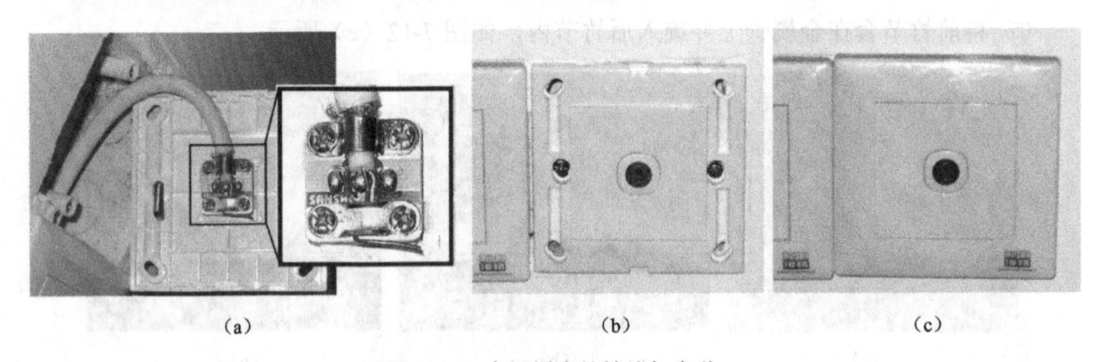

（a）　（b）　（c）

图 7-14　电视插座的接线与安装

电视插座接线端不同，其具体接线方法会不同，但不管何种电视插座，一定要将同轴电缆的铜芯线接插座的信号极，屏蔽层要与插座的屏蔽极连接，接线时不要让屏蔽极和信号极短路。

7.3 电话线路的安装

7.3.1 电话线与 RJ11 水晶头

1. 电话线

在弱电安装时，先将室外电话线接入用户弱电箱，在弱电箱中用分线器分成多条电话支路，用多条电话线分别连接到客厅和各个房间的电话插座。

室内布线一般采用软塑料导线作为电话线，如 RVB 或 RVS 型塑料软导线。电话线有 2 芯和 4 芯之分，单芯规格为 0.2～0.5mm^2，普通电话机使用 2 芯电话线，功能电话机（又称智能电话或数字电话）使用 4 芯电话线。此外，4 芯电话线也可以连接两个独立的普通电话机。电话线如图 7-15 所示。

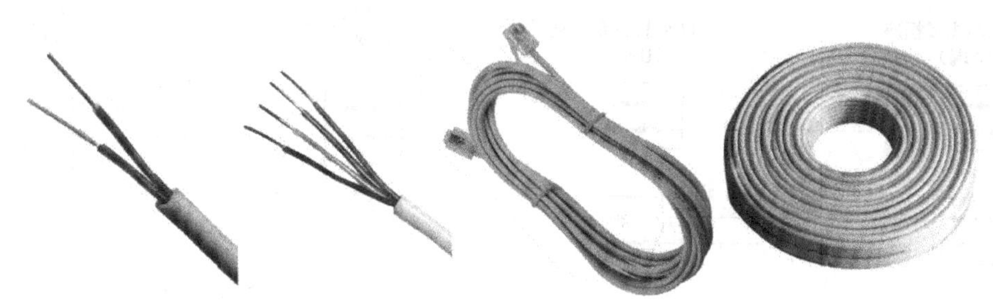

图 7-15　电话线

2．RJ11 水晶头

电话分线器和电话机对外连接都使用 RJ11 插座，电话线要与它们连接必须安装 RJ11 水晶头。电话线有 2 芯和 4 芯之分，RJ11 水晶头也分 2 芯和 4 芯，分别有 2 个和 4 个与电话线连接的金属触片。RJ11 水晶头与网络线使用的 RJ45 插头相似，但 RJ11 水晶头较 RJ45 插头短小。RJ11 水晶头和 RJ45 插头如图 7-16 所示。

（a）RJ11 水晶头

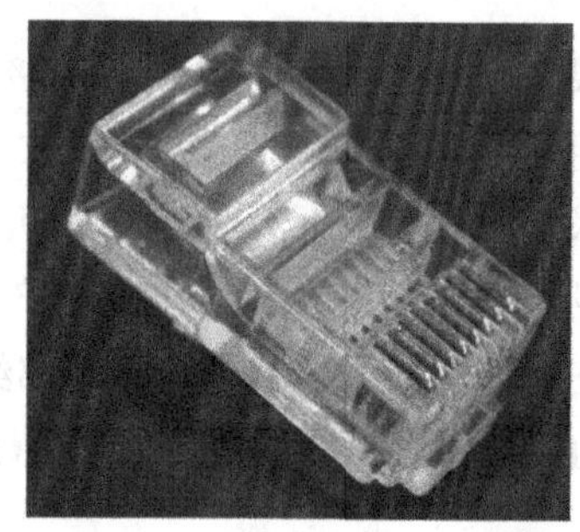

（b）RJ45 插头

图 7-16　RJ11 水晶头和 RJ45 插头

3．电话线与 RJ11 水晶头的连接

电话线有 2 芯和 4 芯之分，大多数电话使用 2 芯电话线（芯线颜色一般为红、绿色），智能电话或两路电话采用 4 芯电话线（芯线颜色一般为黄、红、绿、黑色）。由于 2 芯和 4 芯电话线价格区别不大，为了便于以后的扩展，现在家装大部分使用 4 芯电话线布线，接普通电话时只使用其中两根芯线。

2 芯电话线可与 2P 或 4P 的 RJ11 水晶头连接，在与 2P 水晶头连接时，可采用如图 7-17（a）、（b）所示的两种接法，即平行和交叉接线。在交叉连接时，电话机内部电路会自动换极。2 芯电话线在与 4P 水晶头连接时，应与水晶头的中间 2P 连接，如图 7-17（c）所示。

4 芯电话线与 RJ11 水晶头连接方式如图 7-18（a）、（b）所示，如果该电话线用于连接智能电话，则 2、3 线作为一组用于传输普通电话信号，1、4 线作为一组用于传送数据信号；如果该电话线用于连接两台普通电话，则 2、3 线作为一组传输一路普通电话信号，1、4 线作为一组传送另一路电话信号，组内的两线平行或交叉接线均可，但不能将一组的芯线与水晶头另一组的触片连接，比如与 A 端水晶头 2 号触片连接的线不能接到 B 端水晶头的 1 号或 4 号位置。

电话线与 RJ11 水晶头的连接制作与网线相似。

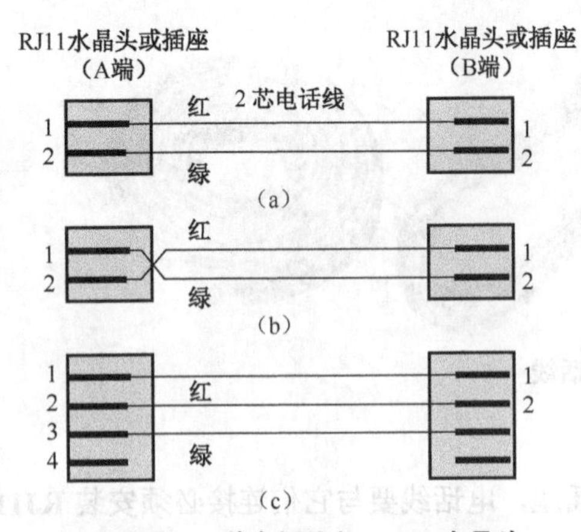

图7-17　2芯电话线与RJ11水晶头或插座的三种连接方式

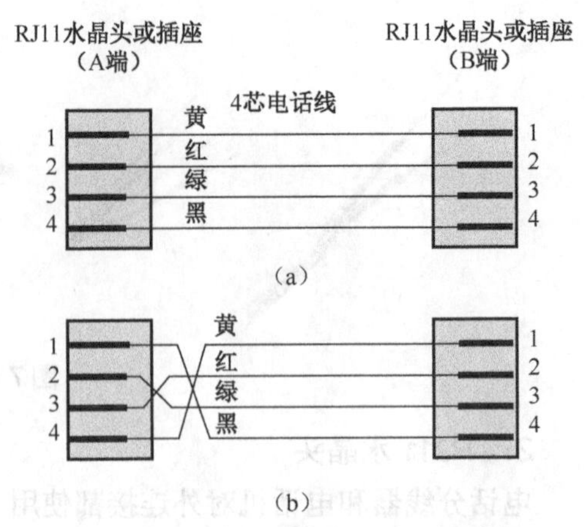

图7-18　4芯电话线与RJ11水晶头或插座的两种连接方式

7.3.2　ADSL语音分离器

如果用户使用ADSL电话宽带接入方式，电话入户线首先要接到ADSL语音分离器，分离器将电话线送来的信号一分为二，一路直接去ADSL Modem，另一路经低通滤波器选出频率较低的语音信号，送到电话机或电话分线器，频率高的宽带信号无法通过低通滤波器去电话机，从而避免其对电话机产生干扰。

ADSL语音分离器的外形、内部结构和电路图如图7-19所示，其**"LINE"**端接电话入户线，**"PHONE"**端接电话机，**"MODEM"**端接**ADSL Modem**。

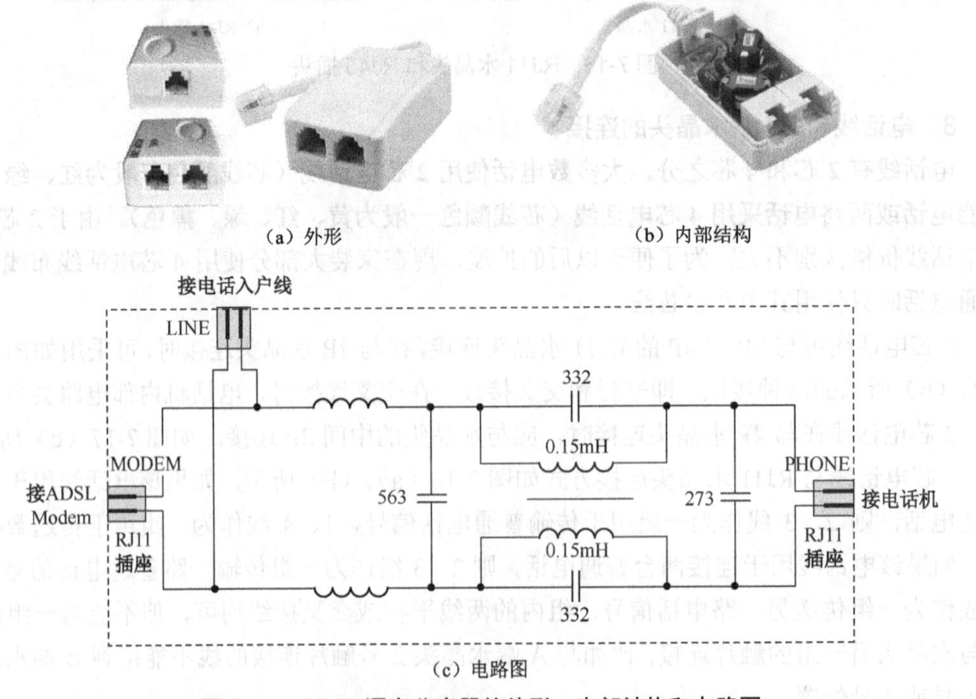

图7-19　ADSL语音分离器的外形、内部结构和电路图

7.3.3　电话分线器

电话分线器的功能是将一路电话信号分成多路电话信号输出。普通电话分线器的外形与电路结构如图 7-20 所示，从电路结构可以看出，各个插座是并联关系，当某个插座接电话进线时，其他各路都可以接电话机。

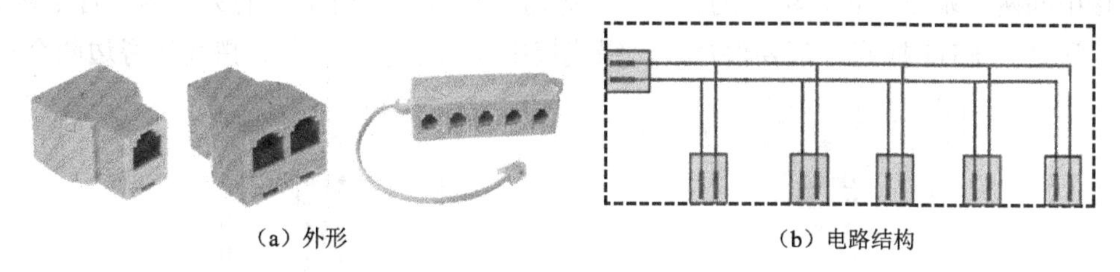

（a）外形　　（b）电路结构

图 7-20　普通电话分线器的外形与电路结构

普通电话分线器的主要特点有：

① 如果有电话呼入，所有插座连接的电话机都会响铃。

② 任何一部电话都可以接听电话。

③ 任何一部电话通话时，其他各部电话都能听见该通话。

④ 任何一部电话都可以挂机来中断通话。

⑤ 各电话之间可以互相通话（电话机通过分线器直接接通）。

普通电话机结构简单，但通话保密性差，故有些电话分线器在内部增加了一些电路来实现通话保密和通话指示等功能。

7.3.4　电话插座的接线与安装

1．外形

电话插座的外形如图 7-21 所示，在插座的背面有电话线的接线端子（或接线模块）。

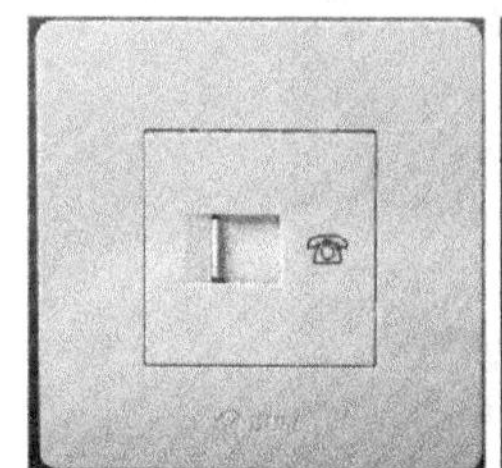
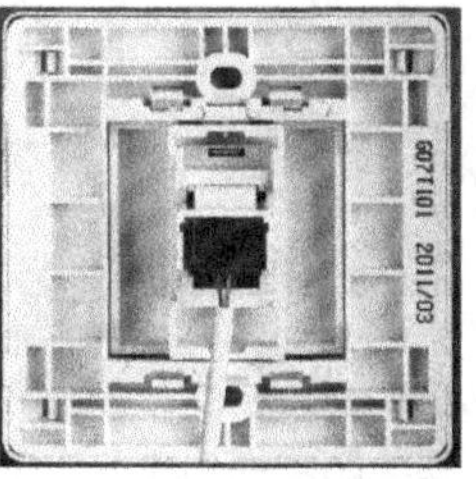

图 7-21　电话插座的外形

2．接线与安装

电话插座前面的接线端子主要有两种形式，一种是与面板固定在一起的一体化接线端子，另一种是与面板安装在一起的接线模块，接线模块可以从插座上拆下来，接好线后再安装上去。不管电话插座采用哪种接线端子，接线时都要保证：对于 2 芯电话线，2 芯线一定要与 RJ11 插座中间两个触片接通；对于 4 芯电话线，其与插座各触片的连接关系如图 7-18 所示。

（1）一体化接线端子的电话插座接线

一体化接线端子的电话插座接线如图7-22所示，该插座有4个接线端子，若2芯电话线与插座接线，电话线的2根芯线（通常为红、绿色）要接插座的中间两个接线端子；若4芯电话线与插座接线，电话线的4根芯线颜色一般为黄、红、绿、黑色，红、绿线为一组，接中间两个端子，黄、黑线为一组，接旁边两个端子，电话线的另一端不管是接RJ11水晶头还是接RJ11插座，都要保持红、绿线接中间两个端子，黄、黑线接旁边两个端子。

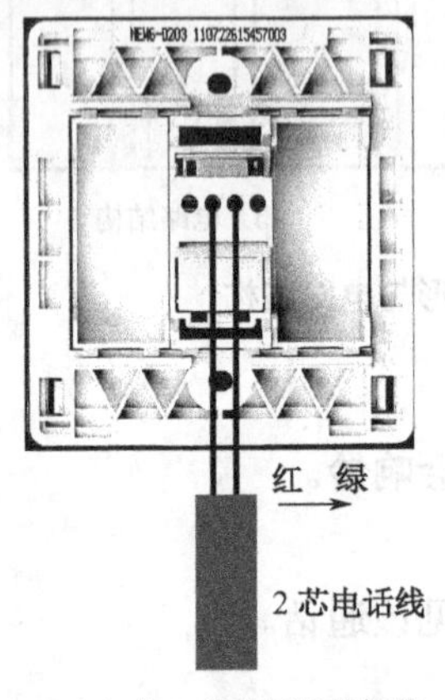

（a）与2芯电话线的接线

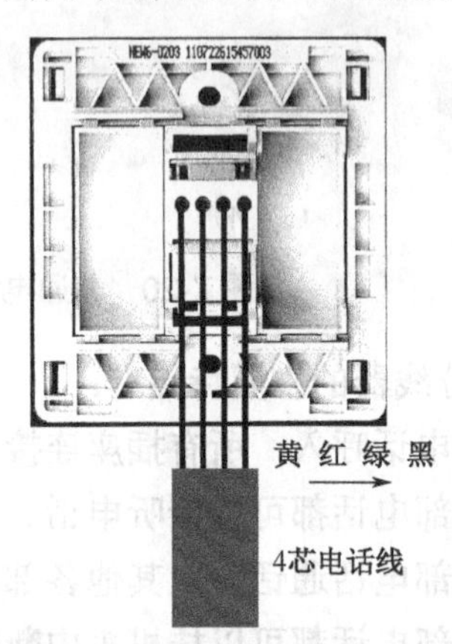

（b）与4芯电话线的接线

图7-22　一体化接线端子的电话插座接线

（2）模块化接线端子的电话插座接线

模块化接线端子的电话插座如图7-23所示，它由插座面板和可拆卸的接线模块组成，该模块上有4个接线卡，**在2芯电话线与模块接线时，2根芯线要接模块的中间两个接线卡；若4芯电话线与该模块接线，普通电话信号线接中间两个端子，数据信号线或另一路电话信号线接边缘两个端子。**

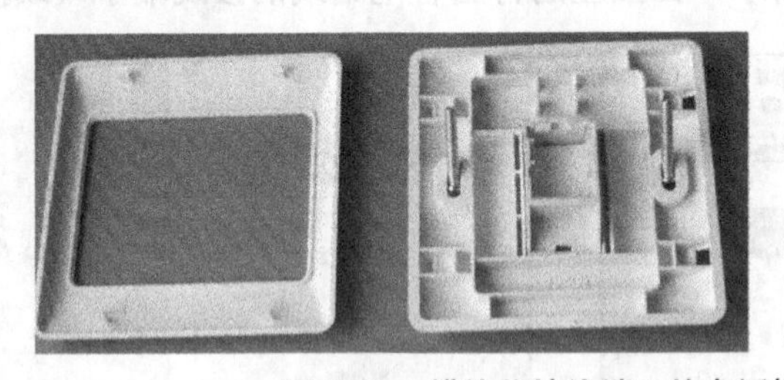

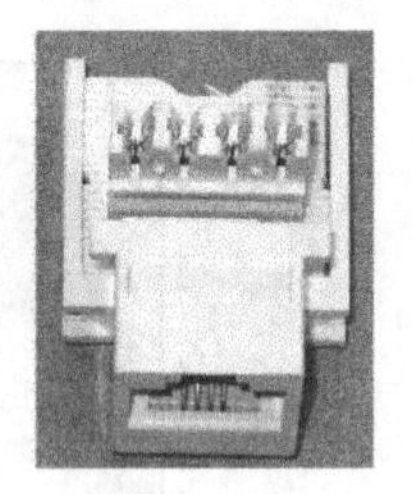

图7-23　模块化接线端子的电话插座

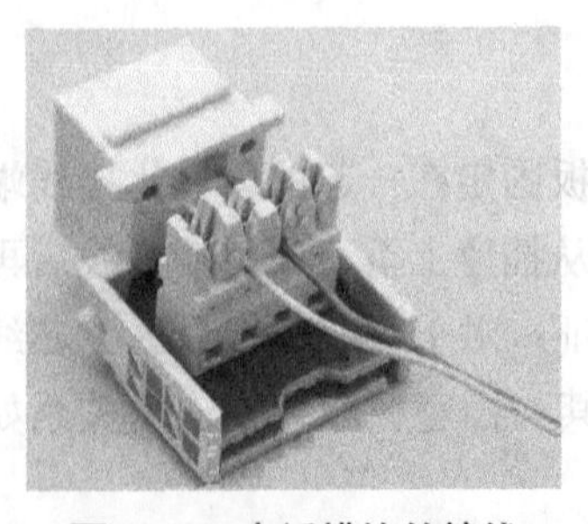

图7-24　电话模块的接线

电话模块的接线如图7-24所示，先从已埋设的底盒中拉出电话线，剥掉护套后将电话芯线压入模块的线卡内，在压线时线卡薄片会割破芯线的绝缘层面与芯线的内部金属芯接触；若担心线卡不能割破绝缘层因而不能与金属芯接触，也可先去掉芯线上的绝缘层，然后将去掉绝缘层的芯线压入线卡。给模块接好线后，再将模块安装在电话插座上，最后将电话插座用螺钉固定在底盒上。

7.4 计算机网络线路的安装

7.4.1 双绞线、网线和 RJ45 水晶头

1．双绞线

双绞线是由一对互相绝缘的金属导线互相绞合而成的导线。双绞线的外形如图 7-25 所示，将相互绝缘的导线按一定密度互相绞在一起，每一根导线在传输中辐射的电波会被另一根线上发出的电波抵消，另外，抵御外界电磁波干扰的能力也有所增强。一般来说，双绞线绞合越密，抗干扰能力就越强。与无屏蔽层的双绞线相比，带屏蔽层的双绞线辐射小，抑制外界干扰能力更强，可防止信息被窃听，数据传输速率也更高。

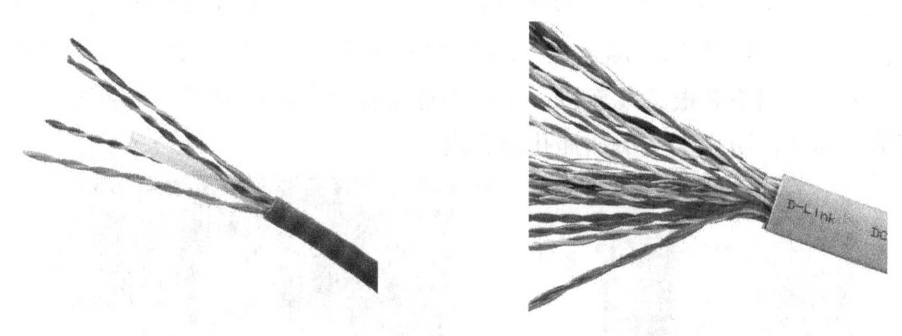

图 7-25　双绞线的外形

计算机通信常用双绞线的分类如图 7-26 所示，类别高的双绞线的线径通常更粗，其传输数据速率更快。目前使用最广泛的计算机网线是 5 类和超 5 类双绞线。双绞线可以单对使用，也可以多对组合在一起使用。

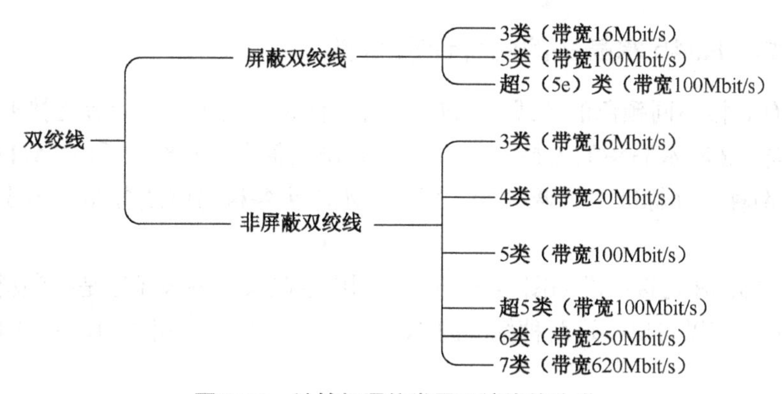

图 7-26　计算机通信常用双绞线的分类

2．网线

网线的功能是传输数据，网线可以采用双绞线、同轴电缆或光缆，在家装弱电布线时一般采用双绞线结构的网线。

计算机网线由 4 对（8 根）双绞线组成，如图 7-27 所示，**为了便于区分，这 4 对双绞线采用了不同的颜色，分别是橙-橙白、绿-绿白、蓝-蓝白、棕-棕白。**

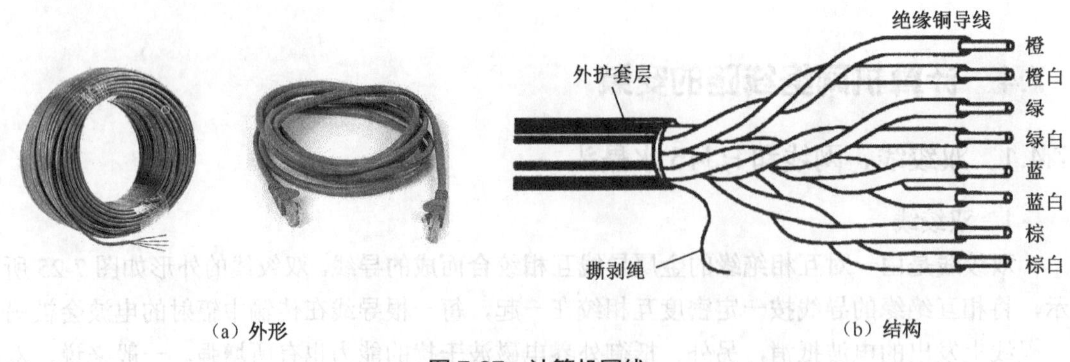

图7-27　计算机网线

3. RJ45水晶头

RJ45水晶头又称网络水晶头，网线需要安装水晶头才能插入计算机或路由器等设备的RJ45插孔中，从而实现网络线路连接。RJ45水晶头的外形如图7-28所示。它内部有8个金属触片，分别与网络8根芯线连接；水晶头背面有一个塑料弹簧片，插入RJ45插孔后，弹簧片可卡住插孔，防止水晶头从插孔内脱出。

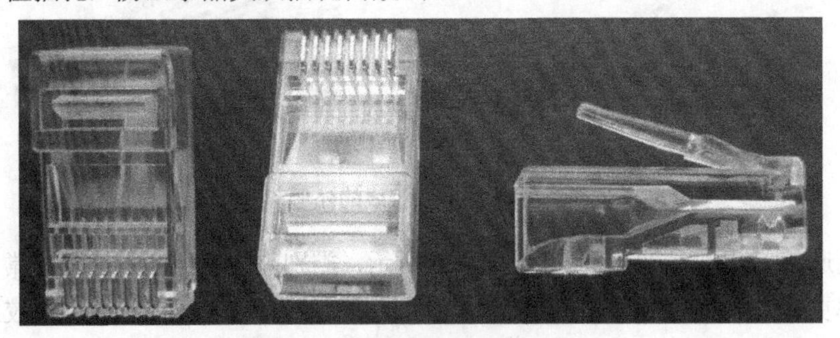

图7-28　RJ45水晶头的外形

7.4.2　网线与RJ45水晶头的两种连接标准

网线含有8根不同颜色的芯线，RJ45水晶头有8个金属极，两者连接要符合一定的标准。**网线与RJ45水晶头的连接有EIA/TIA568A（简称T568A）和EIA/TIA568B（简称T568B）两种国际标准，这两种标准规定了水晶头各极与网线各颜色芯线的对应连接关系。**

T568A、T568B连接标准如图7-29所示，图中水晶头的各极排序是按塑料卡在另一面确定的，从图中可以看出，这两种标准的4、5、7、8极接线是相同的，6、3极和2、1极位置互换。

在家装网络布线时，网线与RJ45水晶头连接采用T568A或T568B标准均可，但在同一工程中只能采取其中一种标准接线，即同一工程中所有网线要么都采用T568A标准接线，要么都采用T568B标准接线。**目前家装网络布线采用T568B标准接线更为常见。**在一些特殊场合，比如用一根网线将两台计算机直接连起来通信，若该网线一端水晶头采用T568A标准接线，那么另一端就要采用T568B标准接线。**网线两端采用相同标准接线称为直通网线或平行网线，网线两端采用不同标准接线称为交叉网线。**

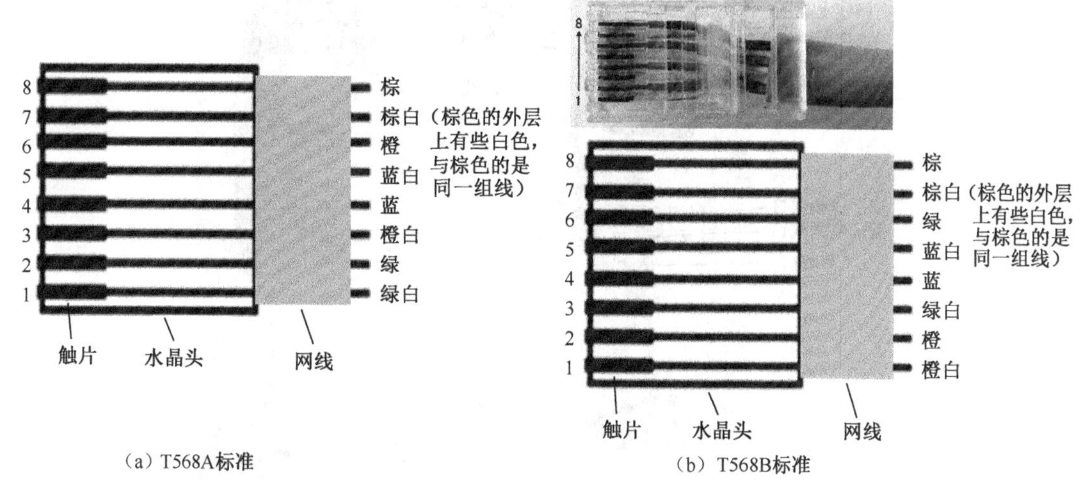

（a）T568A标准 （b）T568B标准

图 7-29 T568A、T568B 连接标准

7.4.3 网线与水晶头的连接

在连接网线与水晶头时，需要用到专门的剥线刀、网线钳，为了检查网线与水晶头连接是否良好，还要用到网线测试仪。

1．剥线刀和网线钳

（1）剥线刀

剥线刀的功能是剥掉绝缘导线的绝缘层。图 7-30 是一种较常见的剥线刀。剥线刀的使用如图 7-31 所示。在剥线时，将绝缘导线放入剥线刀合适的定位孔内，然后握紧剥线刀并旋转一周，剥线刀的刀口就将导线绝缘层割出一个圆环切口，握住剥线刀往外推，即可剥离绝缘层，如图 7-31（a）所示。在将网线与计算机插座的模块接线时，还可利用剥线刀头部的 U 形金属片将网线压入模块的线卡内，如图 7-31（b）所示。

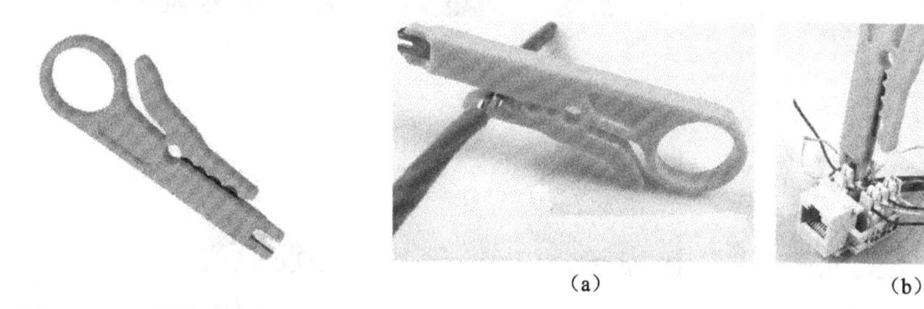

图 7-30 一种较常见的剥线刀

（a） （b）

图 7-31 剥线刀的使用

（2）网线钳

网线钳的功能是将水晶头的金属极与网线压制在一起，让网线与各金属极良好接触。图 7-32 是一种较常见的多功能网线钳，不但有压制水晶头的功能，还有剪线和剥线的功能。

2．网线与水晶头的连接制作

网线与水晶头的连接制作如图 7-33 所示，具体过程如下：

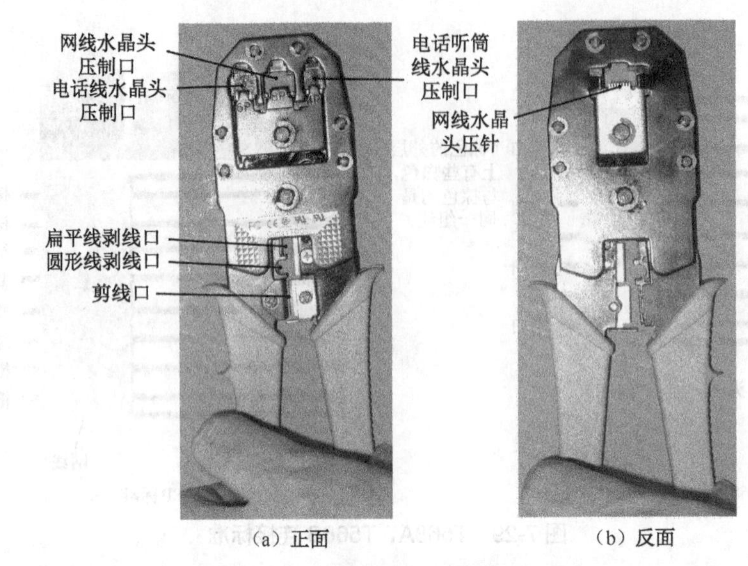

（a）正面　（b）反面

图 7-32　一种较常见的多功能网线钳

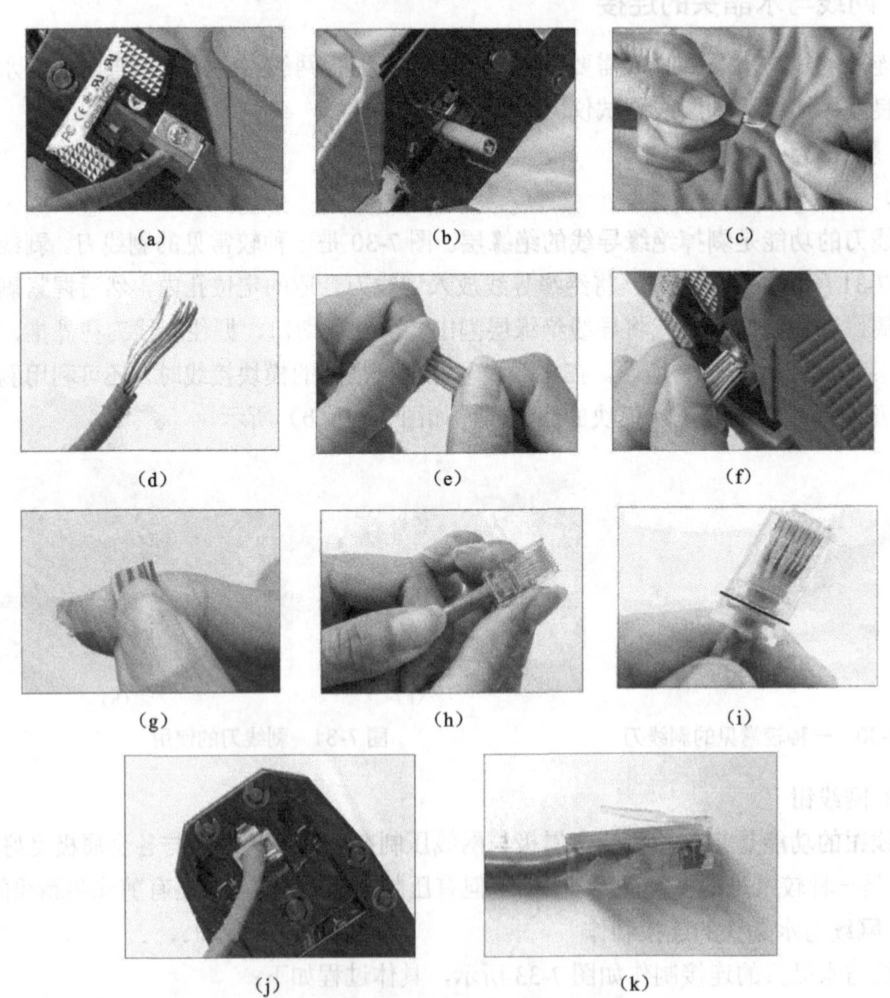

（a）（b）（c）（d）（e）（f）（g）（h）（i）（j）（k）

图 7-33　网线与水晶头的连接制作

① 用网线钳的剪线口将网线剪断，以得到需要长度的网线，如图7-33（a）所示。

② 将网线一端放入网线钳的圆形线剥线口，握紧钳柄后旋转一周，切割出约2cm长的护套层，如图7-33（b）所示；将割断的护套层从网线上去掉，露出网线的4对共8根芯线，如图7-33（c）、（d）所示。

③ 将4对8根芯线逐一解开、理顺、扯直，然后按接线规定将各颜色芯线按顺序排列整齐，并尽量让8根芯线处于一个平面内，如图7-33（e）所示。

④ 将各芯线排列好并理顺、扯直后，应再仔细检查各颜色芯线排列顺序是否正确，然后用网线钳的剪线口将各芯线头部裁剪整齐，如图7-33（f）、（g）所示。如果此前护套层剥下过多，现在可将芯线剪短一些，芯线长度保留15mm左右。

⑤ 将理顺的8根芯线插入水晶头内部的8个线槽中，如图7-33（h）所示；各芯线一定要插到线槽底部，护套层也应进入水晶头内部，如图7-33（i）所示。

⑥ 将插入芯线的水晶头放入网线钳的8P压制口，如图7-33（j）所示；然后用力握紧网线钳的手柄，8P压制口的8个压针（网线钳背面）上移，将水晶头的8个线槽与网线的8根芯线紧紧压在一起，线槽中锋利的触片会割破芯线的绝缘层使其与内部铜芯接触。

安装好水晶头的网线如图7-33（k）所示。

7.4.4　网线与水晶头连接的通断测试

1．网线测试仪

网线与水晶头有8个连接点，两者连接时容易出现接触不良现象，利用网线测试仪可以检测网线与水晶头是否接触良好，并能判别出接触不良的芯线。图7-34所示是一种常见的网线测试仪，不但可以测试网线与水晶头的通断，还可以测试电话线与水晶头的通断。

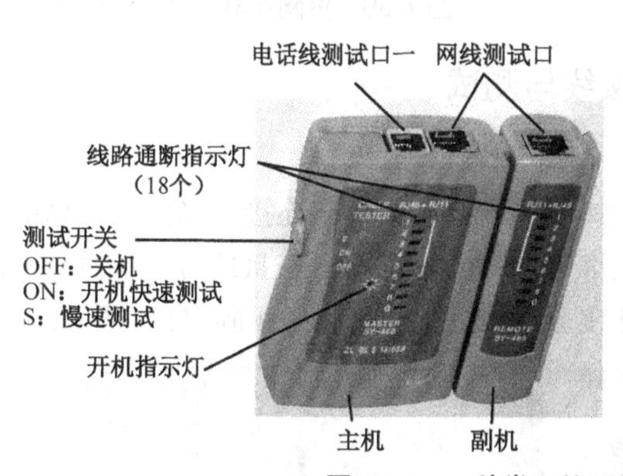

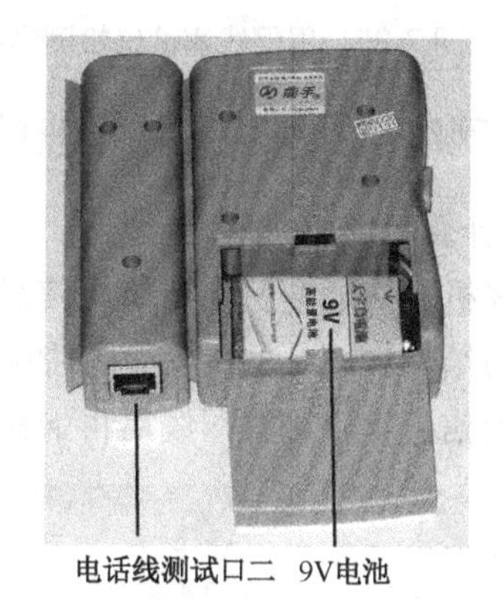

图7-34　一种常见的网线测试仪

2．网线和电话线的检测

用网线测试仪检测网线如图7-35所示，先将网线的两个水晶头分别插入网线测试仪主机和副机的RJ45插口，再将测试开关拨至“ON”处，会有以下情况：

① 如果网线与水晶头连接良好，并且芯线在两水晶头排序相同，那么网线测试仪主机

和副机的1～8号指示灯会依次逐个同步亮。

② 如果某根芯线开路或该芯线与水晶头触片接触不良，则网线测试仪主机和副机的该芯线对应的指示灯都不会亮。

③ 如果网线的芯线在两个水晶头的排序不相同，则网线测试仪主机和副机的1～8号指示灯会错乱显示，比如网线测试仪主机的1号灯与副机的3号灯同时亮，说明主机端水晶头1号触片所接芯线接到副机端水晶头的3号触片。

④ 如果网线测试仪主机和副机的1～8号指示灯都不亮，说明网线有一半以上的芯线不通或有其他问题。

如果网线两个水晶头距离较远，可以将网线测试仪的主机和副机分开使用。

用网线测试仪检测电话线如图7-36所示，将电话线的两个水晶头分别插入网线测试仪主机和副机的RJ11插口，再将测试开关拨至“ON”处，即开始测试，测试表现及原因与网线测试相同。网线测试仪的RJ11插口为6P，分别对应主、副机的1～6号指示灯。在测试4芯电话线时，正常时网线测试仪主、副机的2～5号灯会依次逐个同步亮；在测试2芯电话线时，网线测试仪主、副机的3、4号灯会依次逐个同步亮。

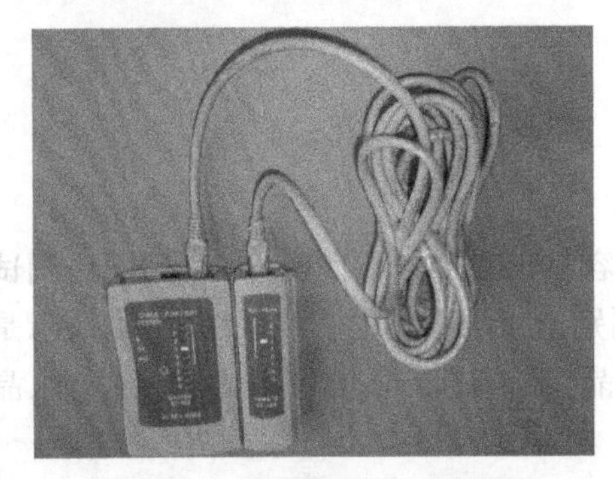

图7-35　用网线测试仪检测网线

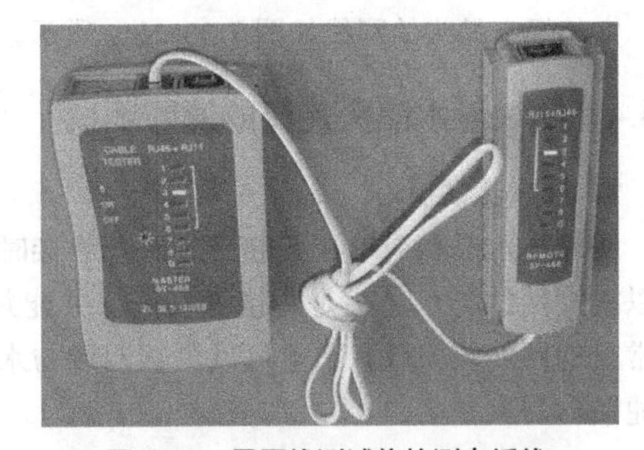

图7-36　用网线测试仪检测电话线

7.4.5　网线与计算机网络插座的接线与测试

1. 计算机网络插座

计算机网络插座又称计算机信息插座，用于插入网线来连接计算机。计算机网络插座的外形与结构如图7-37所示，由插座面板和信息模块组成。在接线时，从面板上拆下信息模块，给信息模块接好网线后再卡在插座上，然后用螺钉将插座固定在墙壁底盒上。

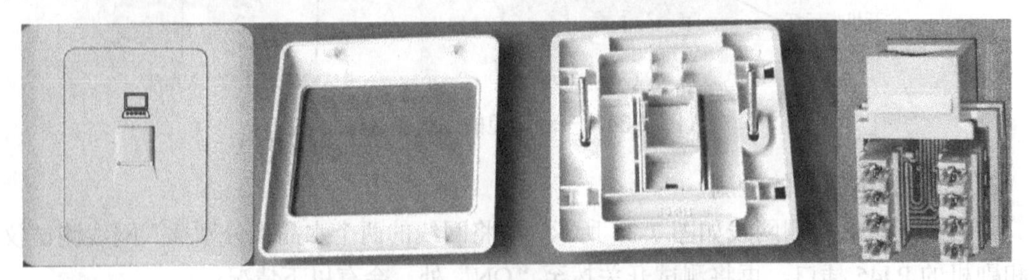

图7-37　计算机网络插座的外形与结构

2．信息模块的接线

（1）信息模块的两种接线标准

在计算机网络插座中有用于接线的信息模块，该模块有 8 个接线卡，网线的 8 根芯线要接在这 8 个接线卡内。网线、信息模块之间的接线与网线、水晶头之间的接线一样，有 T568A 和 T568B 两种标准。以图 7-38 中左侧模块为例，若按 T568A 标准接线，上方 4 个接线卡应按照 A 组接线颜色指示，分别接网线的橙白、橙、棕白、棕色芯线；若模块按 T568B 标准接线，上方 4 个接线卡应按照 B 组接线颜色指示，分别接网线的绿白、绿、棕白、棕色芯线。

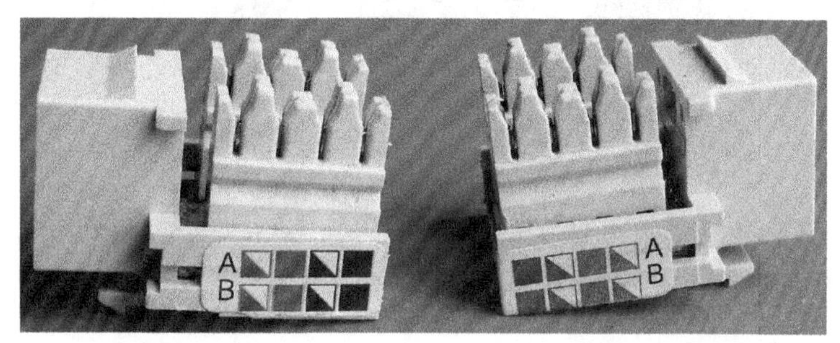

T568A标准：橙白 橙 棕白 棕　　T568A标准：绿 绿白 蓝 蓝白
T568B标准：绿白 绿 棕白 棕　　T568B标准：橙 橙白 蓝 蓝白

图 7-38　信息模块的两种接线标准

（2）信息模块的接线

信息模块的接线如图 7-39 所示，具体过程如下：

① 用网线钳将网线剥去约 3cm 的护套层。

② 将网线各双绞芯线解开、理顺，然后按信息模块上某一接线标准标示的颜色，将各颜色芯线插入相应的线卡，再用压线工具（前面介绍的剥线刀有压线功能）将芯线压入线卡，线卡内锋利的触片会将芯线绝缘层割破使其与芯线的铜芯接触。

③ 用网线钳的剪线口或剪刀将模块各线卡过长的芯线剪掉。

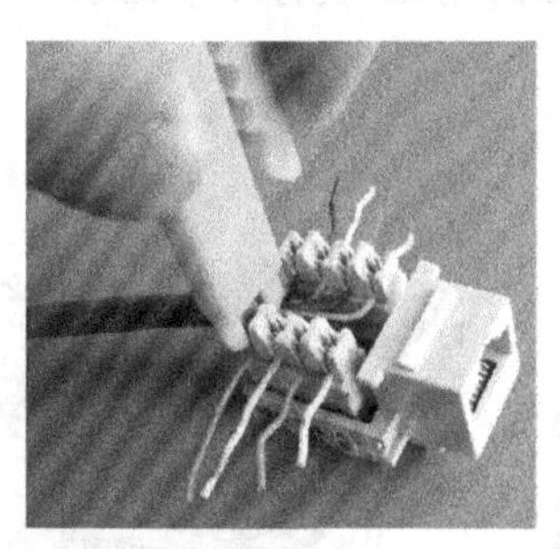
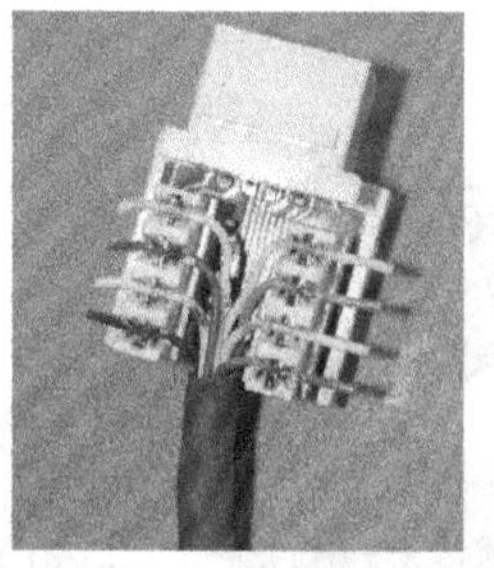

图 7-39　信息模块的接线

（3）信息模块与网线的接线测试

在信息模块接线时，网线的各芯线是带绝缘层被压入接线卡的，线卡是否割破芯线绝缘层使其与铜芯接触，很难用眼睛观察出来，使用网线测试仪可以检测信息模块与网线是否连接良好。

用网线测试仪检测信息模块与网线的连接如图7-40所示。将信息模块的网线另一端水晶头插入网络测试仪主机的RJ45插口，再找一根两端带水晶头的经测试无故障的网线，该网线一端插入网线测试仪的副机RJ45插口，另一端插入信息模块的RJ45插口，然后将网线测试仪的测试开关拨至“ON”位置开始测试。如果信息模块与网线的连接正常，主、副机的1～8号指示灯应依次逐个同步亮，否则两者的连接有问题。

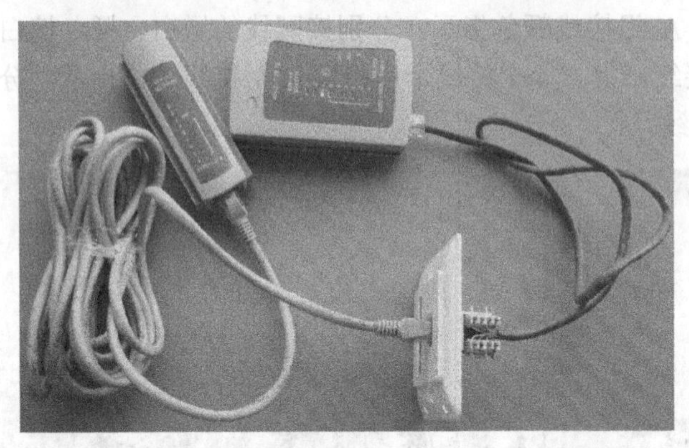

图7-40　用网线测试仪检测信息模块与网线的连接

7.4.6　ADSL Modem硬件连接及拨号

采用ADSL宽带接入可以利用现有的电话线路，而且上网速度较快，因而它是目前家庭用户选用较多的一种上网方式。

1．ADSL Modem

如果采用ADSL方式上网，ADSL Modem是一个必不可少的设备。Modem的中文含义为调制解调器，俗称上网猫。**ADSL Modem的功能是将入户电话线传送来的模拟信号转换成数字信号（解调功能）送给计算机，同时将计算机送来的数字信号转换成模拟信号（调制功能），通过电话线传送到远程服务器。**

图7-41是一种较为常用的ADSL Modem，前面板有4个指示灯，后面板有开关和一些接口。

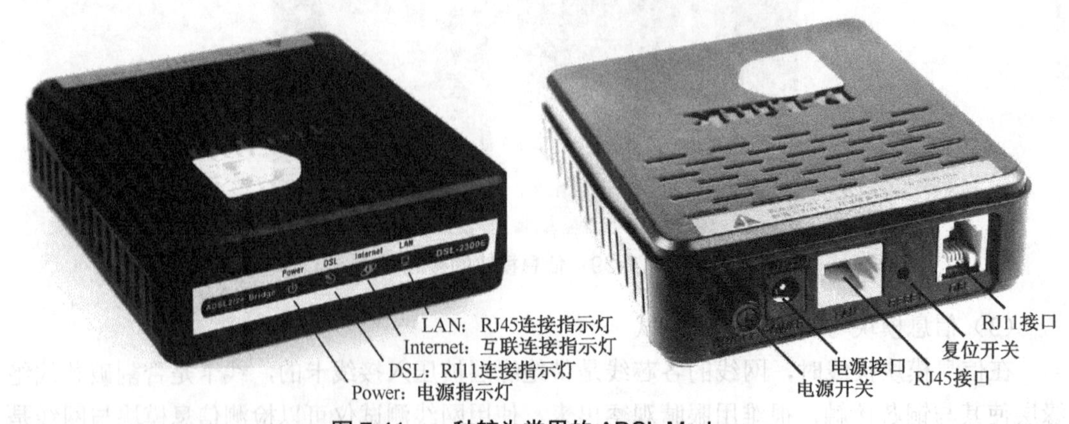

图7-41　一种较为常用的ADSL Modem

（1）开关与接口说明

ADSL Modem 的开关和接口功能说明如下：

① DSL/LINE（RJ11 接口）：入户电话线或由语音分离器接来的电话线通过该接口与本设备连接。

② Reset（复位开关）：在通电的情况下，用细针插入孔内持续 3s 或者连续按 3 次，可将设备恢复到出厂状态。

③ Ethernet/LAN（RJ45 接口）：本设备用于插入网线与计算机或其他设备（如路由器）连接。

④ ON/OFF（电源开关）：接通和切断设备的电源。

⑤ Power（电源接口）：外部电源适配器通过该接口为设备提供电源。

（2）指示灯说明

ADSL Modem 的指示灯说明见表 7-1。

表 7-1　ADSL Modem 的指示灯说明

指示灯标识	颜　色	状　态	说　明
Power（电源指示灯）	绿/红	不亮	关机
		绿灯	系统自检通过，正常
		红灯	系统正在自检或自检失败；软件正在升级
DSL（RJ11 连接指示灯）	绿	不亮	RJ11 接口没有检测到信号
		闪烁	Modem 正在尝试与远程服务器连接
		亮	Modem 与远程服务器连接成功
Internet（互联连接指示灯）	绿	不亮	Modem 未与外界建立互联连接
		闪烁	有互联数据通过 Modem
		亮	Modem 与外界已建立互联连接
LAN / Ethernet（RJ45 连接指示灯）	绿	不亮	RJ45 接口处于非通信状态
		闪烁	RJ45 接口有数据收发
		亮	RJ45 接口处于通信状态

2．硬件连接

在采用 ADSL 宽带接入方式上网时，需要的硬件设备及连接如图 7-42 所示。电话入户线的信号经 LINE 接口送入语音分离器，在语音分离器中分作两路，一路分离出低频语音信号从 PHONE 接口输出，通过 RJ11 电话线（2 芯）去电话机，另一路直接通过 MODEM 接口输出，通过 RJ11 电话线（2 芯）去 ADSL Modem，ADSL Modem 再通过 RJ45 直通网线（网线两端接线标准相同）与计算机网卡的 RJ45 接口连接。

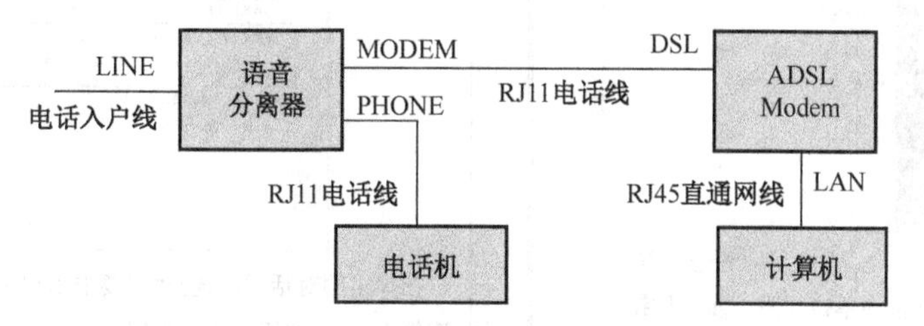

图 7-42　ADSL 宽带上网的硬件连接

打开 ADSL Modem 电源并启动计算机，如果 ADSL Modem 的 LAN 指示灯亮，表明 ADSL Modem 与计算机硬件连接成功。

3. 拨号连接

ADSL 宽带上网的硬件连接后，并不能马上上网，还需要在计算机中用软件进行拨号，与电信运营商的服务器建立连接。 ADSL 接入类型主要有专线方式（服务商提供固定 IP）和虚拟拨号方式（动态 IP）两种，家庭用户一般采用虚拟拨号方式，虚拟拨号有 PPPOE 和 PPPOA 两种具体方式，目前国内向普通用户提供的是 PPPOE（以太网的点对点传输协议）虚拟拨号方式。

PPPOE 虚拟拨号软件有很多，下面介绍如何使用 Windows XP 自带的拨号软件进行拨号连接，具体过程见表 7-2。

表 7-2　利用 Windows XP 自带的拨号软件进行拨号连接

序号	操作图及说明	序号	操作图及说明
1	网上邻居 打开(O) 资源管理器(X) 搜索计算机(C)... 映射网络驱动器(N)... 断开网络驱动器(I)... 创建快捷方式(S) 删除(D) 重命名(M) 属性(R) 回收站 在计算机桌面上的“网上邻居”图标上右击，在弹出的菜单中选择“属性”	4	新建连接向导 网络连接类型 您想做什么？ ◉连接到 Internet(C) 连接到 Internet，这样您就可以浏览 Web 或阅读电子邮件。 ○连接到我的工作场所的网络(O) 连接到一个商业网络(使用拨号或 VPN)，这样您就可以在家里或者其它地方办公。 ○设置家庭或小型办公网络(S) 连接到一个现有的家庭或小型办公网络，或者设置一个新的。 ○设置高级连接(E) 用并口，串口或红外端口直接连接到其它计算机，或设置此计算机使其它计算机能与它连接。 < 上一步(B)　下一步(N) >　取消 在弹出的对话框中选择“连接到 Internet”，单击“下一步”按钮
2	网络连接 文件(F)　编辑(E)　查看(V)　收藏(A)　工具(T)　高级(N)　帮助(H) 搜索　文件夹 地址(D)　网络连接　转到 网络任务 创建一个新的连接 设置家庭或小型办公网络 更改 Windows 防火墙设置 启动新建连接向导，它将帮助您创建到 Internet、另一台计算机、或您的办公 网络疑难解答程序 控制面板 Internet 网关 Internet 连接 禁用 LAN 或高速 Internet 本地连接 已连接上，有防火墙的 在弹出的“网络连接”窗口中单击“创建一个新的连接”	5	新建连接向导 准备好 此向导准备设置您的 Internet 连接。 您想怎样连接到 Internet? ○从 Internet 服务提供商(ISP)列表选择(L) ◉手动设置我的连接(M) 您将需要一个帐户名，密码和 ISP 的电话号码来使用拨号连接。对于宽带帐号，您不需要电话号码。 ○使用我从 ISP 得到的 CD(C) < 上一步(B)　下一步(N) >　取消 在弹出的对话框中选择“手动设置我的连接”，单击“下一步”按钮
3	新建连接向导 欢迎使用新建连接向导 此向导将帮助您： • 连接到 Internet。 • 连接到专用网络，例如您的办公网络。 • 设置一个家庭或小型办公网络。 要继续，请单击“下一步”。 < 上一步(B)　下一步(N) >　取消 在弹出的对话框中单击“下一步”按钮	6	新建连接向导 Internet 连接 您想怎样连接到 Internet? ○用拨号调制解调器连接(D) 这种类型的连接使用调制解调器和普通电话线或 ISDN 电话线。 ◉用要求用户名和密码的宽带连接来连接(U) 这是一个使用 DSL 或电缆调制解调器的高速连接。您的 ISP 可能将这种连接称为 PPPoE。 ○用一直在线的宽带连接来连接(A) 这是一个使用 DSL，电缆调制解调器或 LAN 连接的高速连接。它总是活动的，并且不需要您登录。 < 上一步(B)　下一步(N) >　取消 在弹出的对话框中选择“用要求用户名和密码的宽带连接来连接”，单击“下一步”按钮

续表

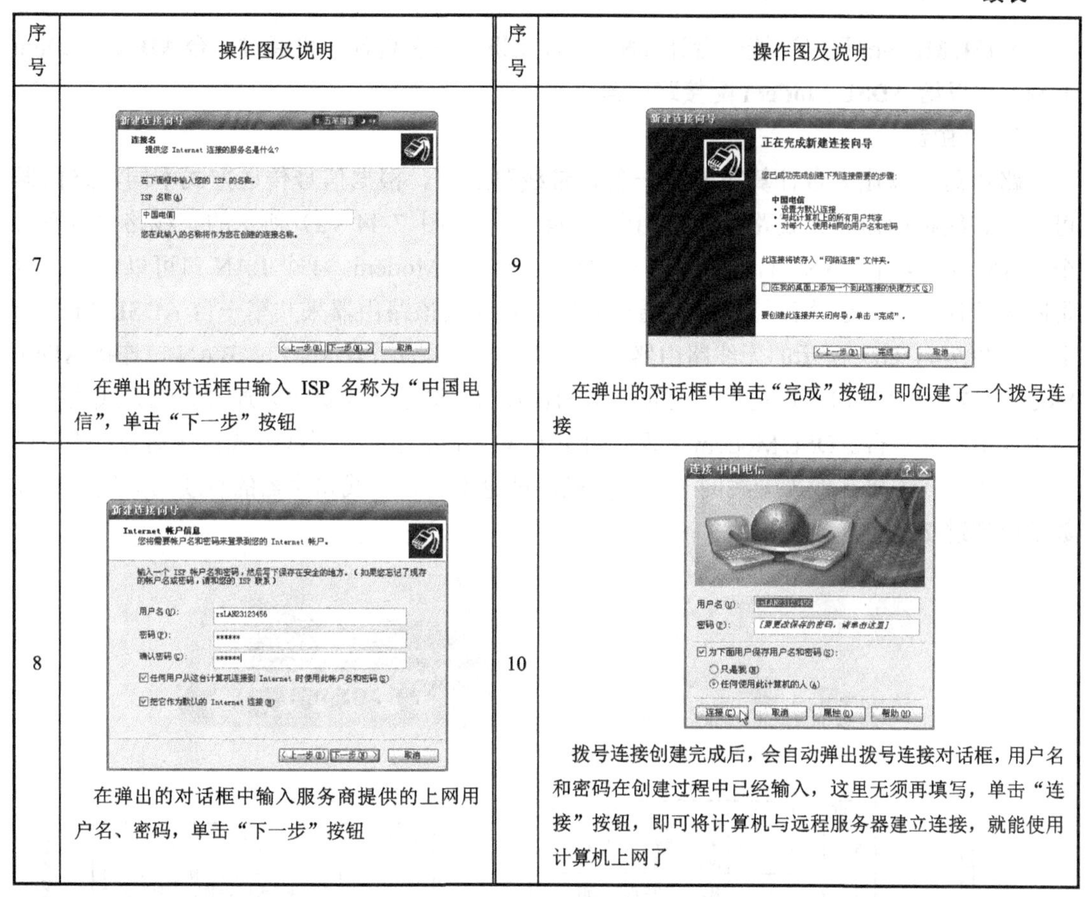

序号	操作图及说明	序号	操作图及说明
7	在弹出的对话框中输入 ISP 名称为“中国电信”，单击“下一步”按钮	9	在弹出的对话框中单击“完成”按钮，即创建了一个拨号连接
8	在弹出的对话框中输入服务商提供的上网用户名、密码，单击“下一步”按钮	10	拨号连接创建完成后，会自动弹出拨号连接对话框，用户名和密码在创建过程中已经输入，这里无须再填写，单击“连接”按钮，即可将计算机与远程服务器建立连接，就能使用计算机上网了

如果要查看或重新进行拨号连接，可以在计算机桌面上的“网上邻居”图标上右击，在弹出的菜单中选择“属性”，会弹出“网络连接”窗口，在该窗口中可以看见刚建立的“中国电信”拨号连接，如图 7-43 所示，双击即可打开拨号连接对话框，进行重新拨号。这样打开拨号连接比较麻烦，创建快捷方式可以解决这个问题。在“中国电信”拨号连接上右击，在弹出的菜单中选择“创建快捷方式”，就可以给拨号连接创建一个桌面快捷方式，以后直接在桌面上双击拨号连接的快捷图标，即可打开拨号连接对话框进行拨号。

图 7-43　在“网上邻居”中查看创建的拨号连接

7.4.7 路由器的硬件连接

ADSL Modem 只能连接一台计算机上网，如果希望多台计算机通过一台 ADSL Modem 上网，可以给 ADSL Modem 配接路由器。

1．路由器

路由器可以让多台计算机共享一条宽带线路上网。根据信号传送方式不同，路由器可分为有线路由器和无线路由器，如图 7-44 所示。图 7-44（a）所示的有线路由器有 1 个 WAN 口和 4 个 LAN 口，WAN 口用于连接 ADSL Modem，4 个 LAN 口可以连接 4 台带网卡的计算机，这些计算机可以通过有线方式连接该路由器来共享一台 ADSL Modem 上网；图 7-44（b）所示的无线路由器有 1 个 WAN 口和 7 个 LAN 口，WAN 口连接 ADSL Modem，7 个 LAN 口可以连接 7 台带网卡的计算机，这些计算机可以通过有线方式连接该路由器来共享一台 ADSL Modem 上网。由于无线路由器还能以无线方式传送信号，故还可通过无线方式连接其他带无线网卡的计算机，**理论上一台无线路由器的有线与无线总连接数不能超过 254 个。**

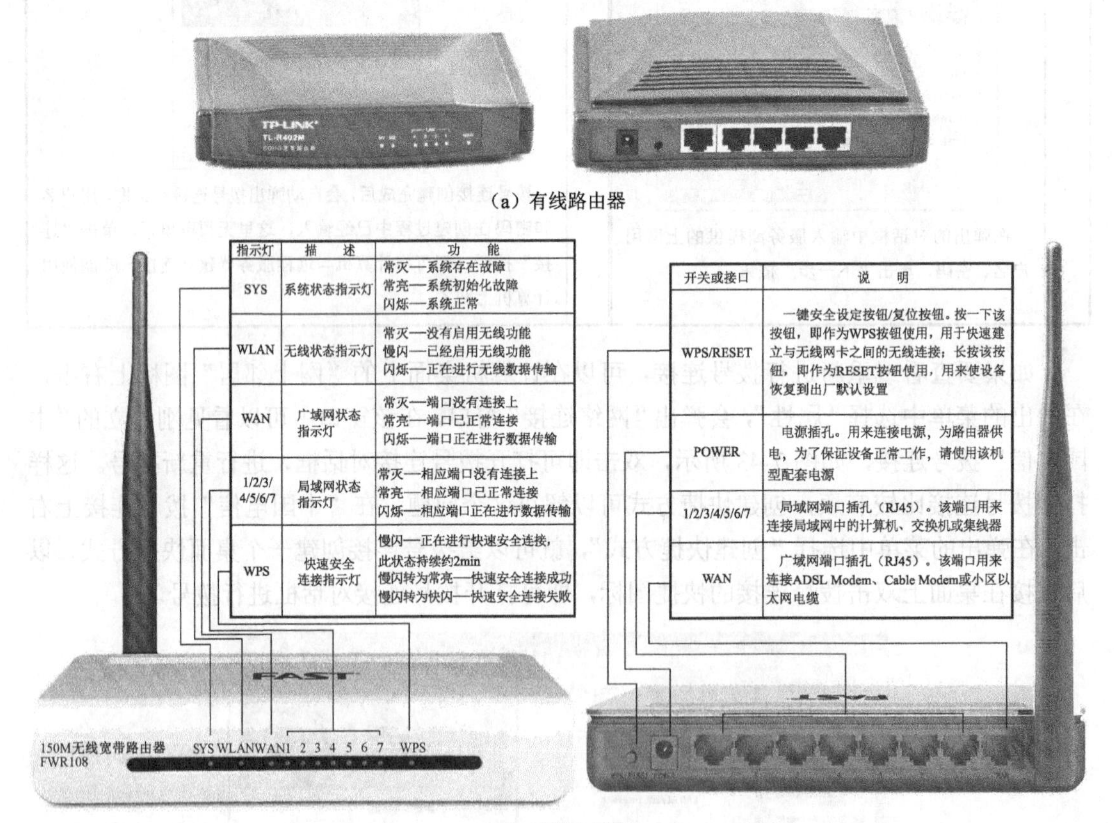

（a）有线路由器

指示灯	描　述	功　能
SYS	系统状态指示灯	常灭—系统存在故障 常亮—系统初始化故障 闪烁—系统正常
WLAN	无线状态指示灯	常灭—没有启用无线功能 慢闪—已经启用无线功能 闪烁—正在进行无线数据传输
WAN	广域网状态指示灯	常灭—端口没有连接上 常亮—端口已正常连接 闪烁—端口正在进行数据传输
1/2/3/4/5/6/7	局域网状态指示灯	常灭—相应端口没有连接上 常亮—相应端口已正常连接 闪烁—相应端口正在进行数据传输
WPS	快速安全连接指示灯	慢闪—正在进行快速安全连接，此状态持续约2min 慢闪转为常亮—快速安全连接成功 慢闪转为快闪—快速安全连接失败

开关或接口	说　明
WPS/RESET	一键安全设定按钮/复位按钮。按一下该按钮，即作为WPS按钮使用，用于快速建立与无线网卡之间的无线连接；长按该按钮，即作为RESET按钮使用，用来使设备恢复到出厂默认设置
POWER	电源插孔。用来连接电源，为路由器供电，为了保证设备正常工作，请使用该机型配套电源
1/2/3/4/5/6/7	局域网端口插孔（RJ45）。该端口用来连接局域网中的计算机、交换机或集线器
WAN	广域网端口插孔（RJ45）。该端口用来连接ADSL Modem、Cable Modem或小区以太网电缆

（b）无线路由器

图 7-44　路由器

2．硬件连接

图 7-45 是路由器在三种不同的宽带接入方式下的连接，从图中不难看出，不管何种宽

带接入方式，接到路由器 WAN 口的都是 RJ45 直通网线，LAN 口通过 RJ45 直通网线接计算机或交换机，交换机可将一路扩展为多路，从而弥补路由器接口不足的问题。

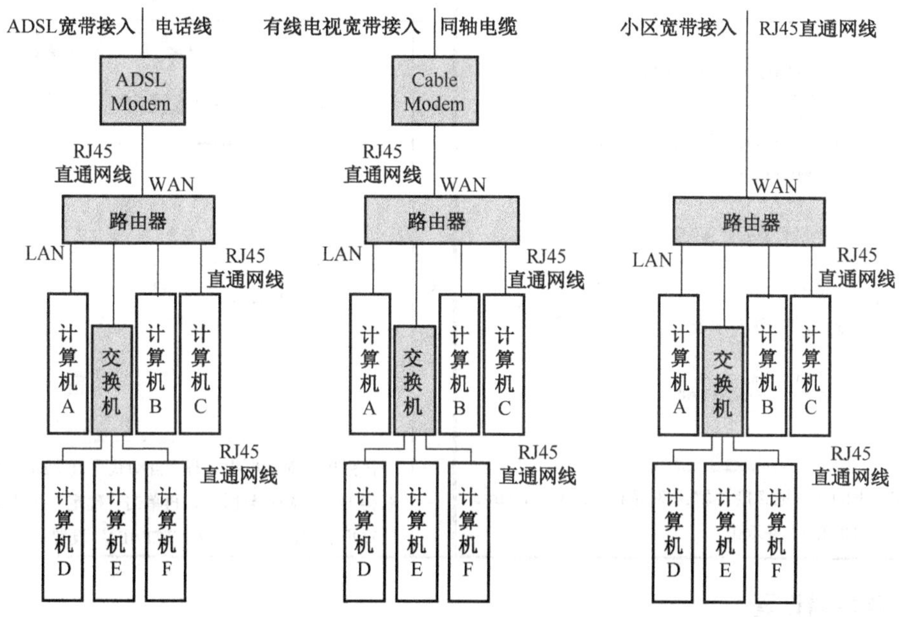

图 7-45　路由器在三种不同的宽带接入方式下的连接

7.4.8　路由器的设置

路由器与 Modem 及计算机连接后，其连接的计算机还不能上网，还需要对路由器及其连接的计算机进行设置。一般先设置计算机，再设置路由器。

1．计算机设置

如果计算机要连接路由器共享上网，需要设置 Internet 协议（TCP/IP）。在计算机中设置 Internet 协议（TCP/IP）的过程见表 7-3。

表 7-3　在计算机中设置 Internet 协议（TCP/IP）

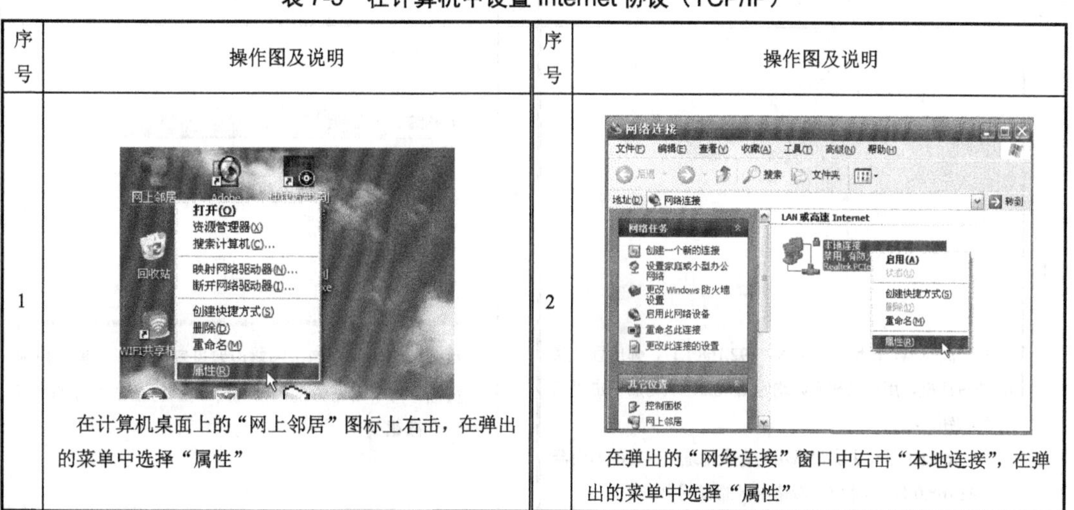

序号	操作图及说明	序号	操作图及说明
1	在计算机桌面上的“网上邻居”图标上右击，在弹出的菜单中选择“属性”	2	在弹出的“网络连接”窗口中右击“本地连接”，在弹出的菜单中选择“属性”

续表

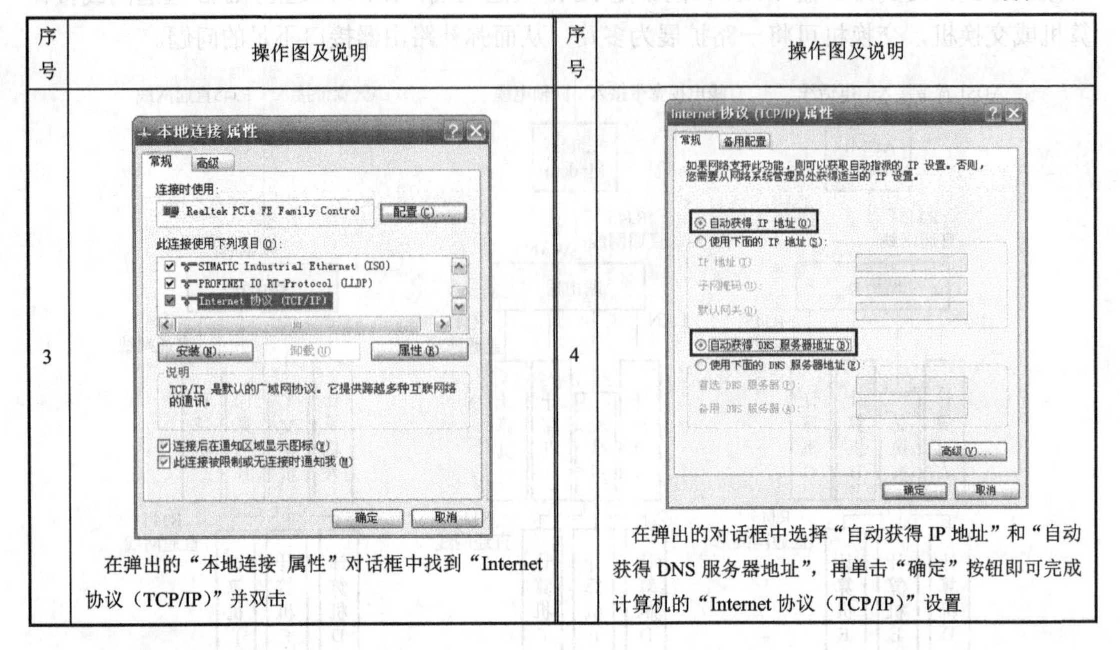

序号	操作图及说明	序号	操作图及说明
3	在弹出的“本地连接 属性”对话框中找到“Internet协议（TCP/IP）”并双击	4	在弹出的对话框中选择“自动获得IP地址”和“自动获得DNS服务器地址”，再单击“确定”按钮即可完成计算机的“Internet协议（TCP/IP）”设置

2. 路由器设置

如果一台计算机直接连接Modem，需要用拨号软件输入上网账号和密码，与远程服务器建立连接，计算机才能通过Modem上网。**如果用路由器连接Modem，则需要给路由器输入上网账号和密码，让路由器用上网账号和密码自动拨号，路由器与远程服务器建立连接后，其连接的计算机都可以上网。**如果使用无线路由器，还需要为路由器设置无线连接密码，与路由器用无线方式联系的计算机只有输入正确的密码，才能与路由器建立连接。

路由器设置主要包括给路由器输入上网账号、密码和无线连接密码。路由器的设置见表7-4。

表7-4　路由器的设置

序号	操作图及说明	序号	操作图及说明
1	打开浏览器，在地址栏输入“192.168.1.1”，弹出登录路由器对话框，用户名和密码均为admin，填写后单击“确定”按钮。 192.168.1.1是路由器最常用的登录地址，也有的路由器为192.168.0.1，具体可查看路由器的说明书	2	在浏览器中出现图示的路由器设置向导，如果未出现该页面，可单击左方的“设置向导”，再单击右方的“下一步”按钮

续表

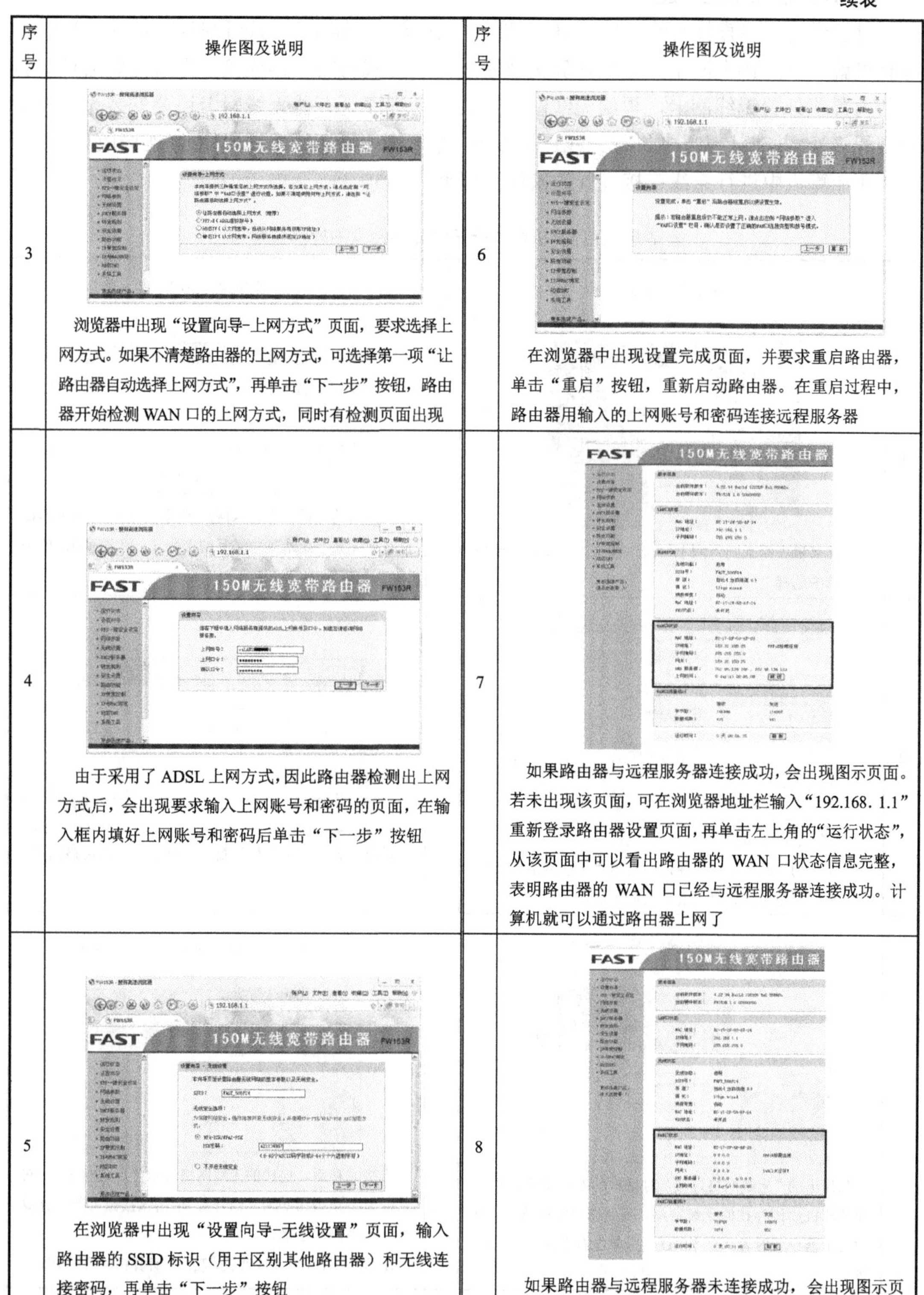

序号	操作图及说明	序号	操作图及说明
3	浏览器中出现“设置向导-上网方式”页面，要求选择上网方式。如果不清楚路由器的上网方式，可选择第一项“让路由器自动选择上网方式”，再单击“下一步”按钮，路由器开始检测 WAN 口的上网方式，同时有检测页面出现	6	在浏览器中出现设置完成页面，并要求重启路由器，单击“重启”按钮，重新启动路由器。在重启过程中，路由器用输入的上网账号和密码连接远程服务器
4	由于采用了 ADSL 上网方式，因此路由器检测出上网方式后，会出现要求输入上网账号和密码的页面，在输入框内填好上网账号和密码后单击“下一步”按钮	7	如果路由器与远程服务器连接成功，会出现图示页面。若未出现该页面，可在浏览器地址栏输入“192.168. 1.1”重新登录路由器设置页面，再单击左上角的“运行状态”，从该页面中可以看出路由器的 WAN 口状态信息完整，表明路由器的 WAN 口已经与远程服务器连接成功。计算机就可以通过路由器上网了
5	在浏览器中出现“设置向导-无线设置”页面，输入路由器的 SSID 标识（用于区别其他路由器）和无线连接密码，再单击“下一步”按钮	8	如果路由器与远程服务器未连接成功，会出现图示页面，从该页面中可以看出 WAN 口状态信息空缺，表明路由器的 WAN 口未能与远程服务器建立连接

3. 计算机无线上网连接

对于通过网线直接与路由器 LAN 口连接的计算机，路由器与远程服务器连接成功后，计算机就可以直接上网了。如果计算机要通过无线方式与路由器连接，那么先要给计算机安装内置或外置无线网卡，再给无线网卡安装驱动程序（有些无线网卡还要安装无线网卡管理程序），并在计算机中进行无线连接设置，输入连接密码才能与路由器连接成功。

在计算机中进行无线连接设置的操作过程见表 7-5。

表 7-5　在计算机中进行无线连接设置的操作过程

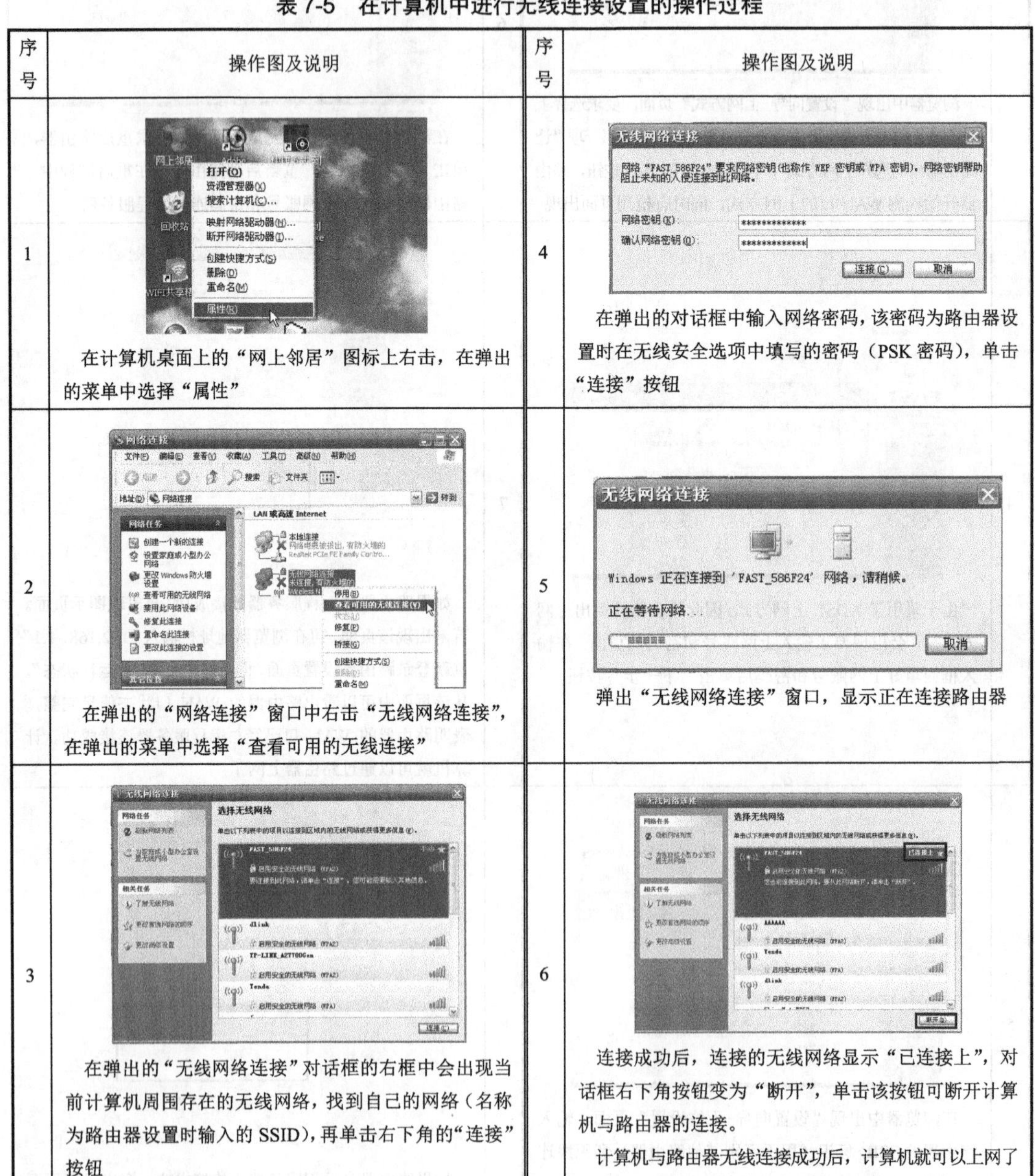

序号	操作图及说明	序号	操作图及说明
1	在计算机桌面上的“网上邻居”图标上右击，在弹出的菜单中选择“属性”	4	在弹出的对话框中输入网络密码，该密码为路由器设置时在无线安全选项中填写的密码（PSK 密码），单击“连接”按钮
2	在弹出的“网络连接”窗口中右击“无线网络连接”，在弹出的菜单中选择“查看可用的无线连接”	5	弹出“无线网络连接”窗口，显示正在连接路由器
3	在弹出的“无线网络连接”对话框的右框中会出现当前计算机周围存在的无线网络，找到自己的网络（名称为路由器设置时输入的 SSID），再单击右下角的“连接”按钮	6	连接成功后，连接的无线网络显示“已连接上”，对话框右下角按钮变为“断开”，单击该按钮可断开计算机与路由器的连接。 计算机与路由器无线连接成功后，计算机就可以上网了

7.5 弱电模块与弱电箱的安装

弱电箱又称智能家居布线箱、综合布线箱、多媒体信息箱、家庭信息接入箱、住宅信息配线箱和智能布线箱等。弱电箱是弱电线路的集中箱，它利用内部安装的各种类型的分配设备，将室外接入或室内接入的弱电线路分配成多条线路，再送到室内各处的弱电插座或开关。

弱电箱内部的分配设备主要有电视信号分配器、电话分线器、Modem 和路由器等，这些设备可以自行自由选配，接好线后放在弱电箱内，但美观性较差。有些厂家还生产出与所售弱电箱配套的各种信号分配模块。弱电箱及弱电模块如图 7-46 所示，**弱电模块主要有电视模块、电话模块、网络模块和电源模块等。**

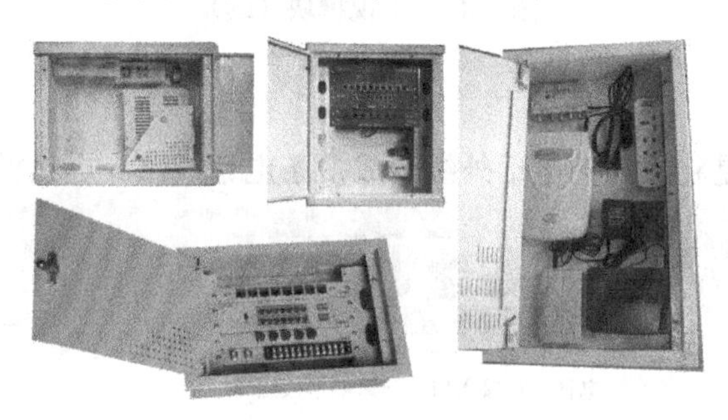

图 7-46　弱电箱及弱电模块

7.5.1 电视模块

电视模块的功能是将输入的电视信号分配成多路输出，有的电视模块还具有放大电视信号的功能。电视模块如图 7-47 所示。

图 7-47（a）是一个电视 6 分配器模块，可将 IN 端输入的电视信号均分成 6 路电视信号，分别由 OUT1～OUT6 端输出。图 7-47（b）是一个电视信号放大器模块，可将 RF-IN 端输入的电视信号进行放大，然后从 RF-OUT 端输出，由于这种模块内部有放大电路，故需要外接电源（由其他的电源模块提供）。

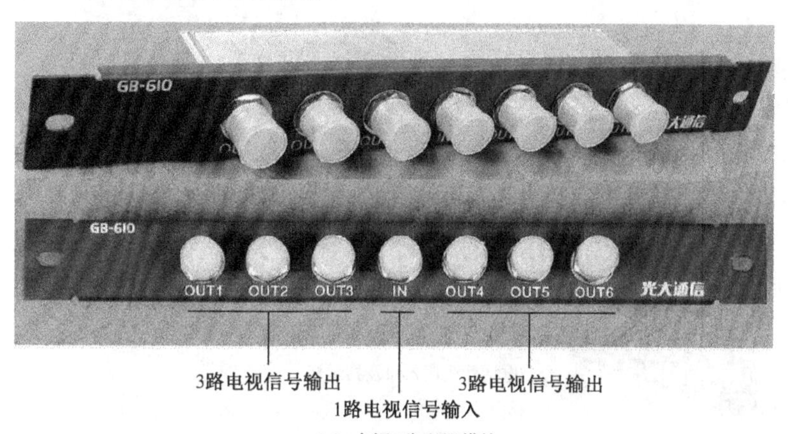

（a）电视6分配器模块

图 7-47　电视模块

（b）电视信号放大器模块

图7-47　电视模块（续）

7.5.2　电话模块

电话模块的功能是将接入的电话外线分成多条电话线路。电话模块如图7-48所示。

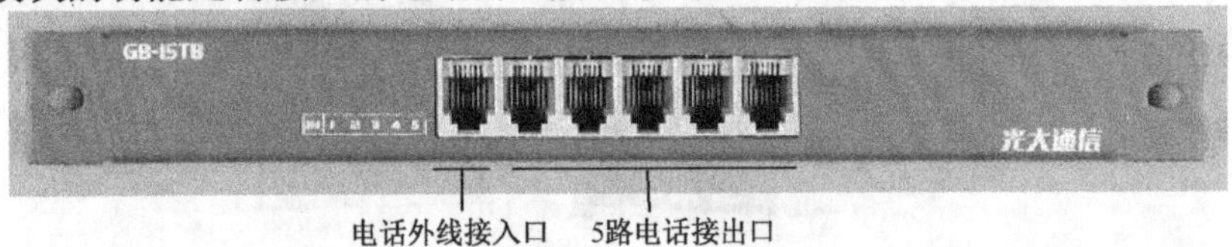

（a）1外线5分机电话模块

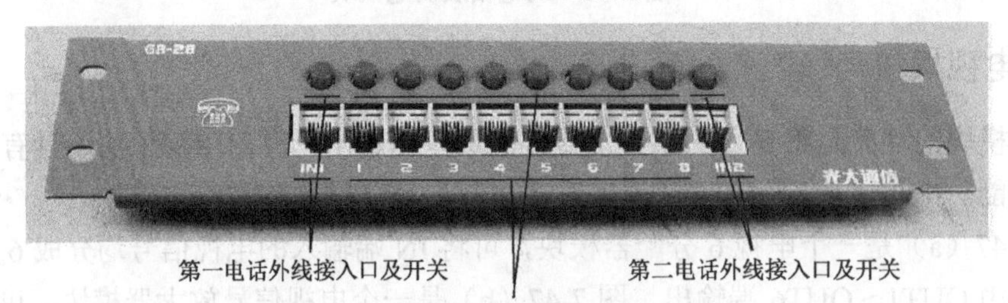

（b）带开关的两外线8分机电话模块

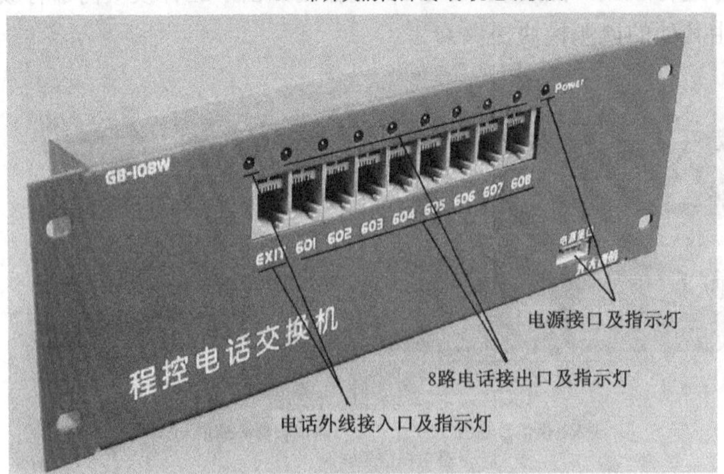

（c）1外线8分机程控交换机模块

图7-48　电话模块

图 7-48（a）为 1 外线 5 分机电话模块，可以将 1 路电话外线分成 5 路，能接 5 个分机。

图 7-48（b）为带开关的两外线 8 分机电话模块，可以将两路电话外线分成 8 路，能接 8 个分机，8 个开关可分别控制各自接口的通断，当 1 路电话外线呼入时，8 个分机都可以接听，在分机接听时，另一路电话外线无法呼入。

图 7-48（c）为 1 外线 8 分机程控交换机模块，可以将 1 路电话外线分成 8 路，能接 8 个分机，分机除了能呼叫外线，各分机间还可以互相呼叫。比如，某分机需要呼叫 2 号分机时，只需先按*键，再按 602 即可使 2 号分机响铃，本呼叫不经过外线，故不产生通信费。这种模块工作需要电源，由专门的电源模块提供。

7.5.3　网络模块

网络模块的功能是将 Modem 送来的一路宽带信号分成多路，网络模块主要有路由器模块和交换机模块。网络模块如图 7-49 所示。

图 7-49（a）为 5 口（1 进 4 出）有线路由器模块，WAN 口接 Modem，LAN 口通过有线方式接计算机或交换机；图 7-49（b）为 5 口（1 进 4 出）无线路由器模块，WAN 口接 Modem，该路由器除了 LAN 口能以有线方式接计算机或交换机，还能以无线方式连接带无线网卡的计算机；图 7-49（c）为 5 口（1 进 4 出）网络交换机模块，IN（或 Uplink）口接路由器，OUT 口接计算机，交换机与路由器一样，可以实现一分多功能，但交换机不用设置，硬件连接好后就能使用。交换机无路由器一样的自动拨号功能，常接在路由器之后用来扩展接口数量。

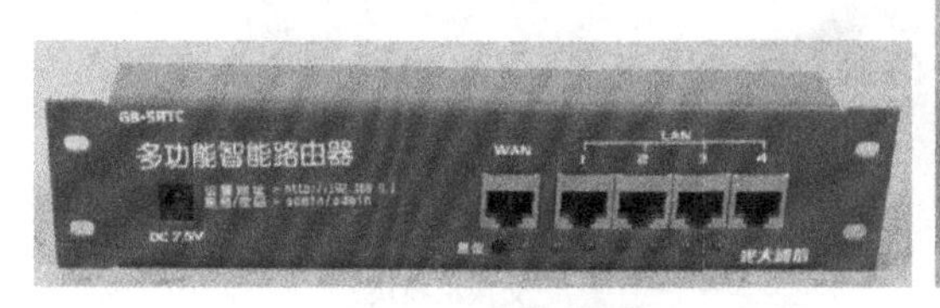

（a）5 口有线路由器模块

（b）5 口无线路由器模块

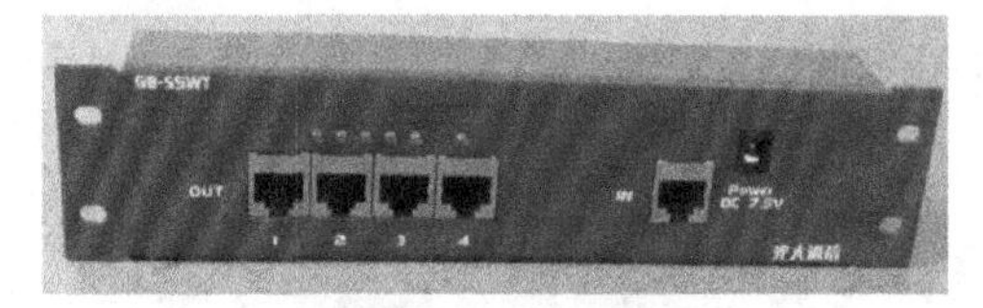

（c）5 口网络交换机模块

图 7-49　网络模块

7.5.4　电源模块

电源模块的功能是为有关模块提供电源。需要电源的弱电模块主要有带放大功能的电视模块、带程控交换功能的电话模块、路由器模块和交换机模块等。电源模块如图 7-50 所示。

图 7-50（a）为单组输出电源模块，可以提供一组直流电源；图 7-50（b）为 4 组输出电源模块，可以提供 3 组直流电源和 1 组交流电源，3 组直流电源可以分别供给电视信号放大器模块、路由器模块和交换机模块，交流电源供给电话程控交换机模块；图 7-50（c）为电

源插座模块，可以为 Modem 或一些不配套的弱电设备的电源适配器提供 220V 电压。

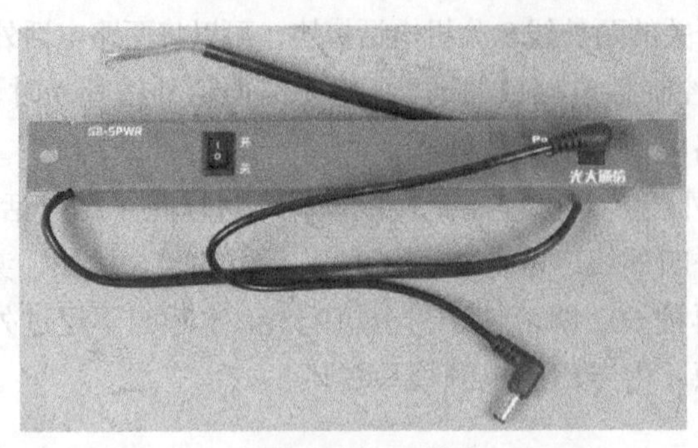

（a）单组输出电源模块

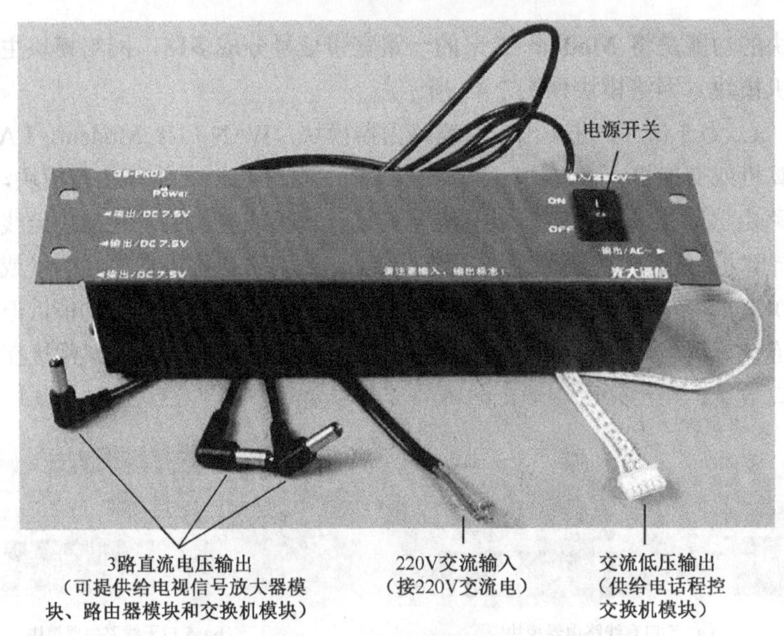

（b）4 组输出电源模块

（c）电源插座模块

图 7-50　电源模块

7.5.5　弱电线路的安装要点

1. 弱电线路安装前的准备工作

在安装弱电线路前，先要了解小区有关电话、宽带、有线电视等相关服务种类，明确

各弱电线路的入户线位置，以便确定弱电箱的安装位置。

在室内安装弱电线路需要准备以下材料：

① 8 芯网线（超 5 类非屏蔽双绞线）、RJ45 水晶头和计算机网络插座。

② 4 芯电话线、4 芯 RJ11 水晶头和电话插座。

③ 电视线（75Ω 同轴电缆）、同轴电缆接头及电视插座。

④ PVC 电线管。

⑤ 弱电箱及弱电模块。

2. 弱电线路安装步骤

弱电线路安装的一般步骤：确定弱电箱位置→预埋箱体→敷设 PVC 电线管→管内穿线，穿线前应测试线缆的通断→给线缆安上接头（RJ45、RJ11、电视 F 头）→在弱电箱内安装弱电模块→将各线缆接头插入相应模块→对每条线路进行测试→安装完成。

3. 弱电线路安装注意事项

在安装弱电线路时，要注意以下事项：

① 确定弱电箱安装位置后，在箱体埋入墙体时，若弱电箱是钢板面板，其箱体露出墙面 1cm；若弱电箱是塑料面板，其箱体和墙面平齐，箱体出线孔不要填埋，当所有布线完成并测试后，才用石灰封平。

② 弱电箱的安装高度一般为距离地面 1.6m，这个高度操作管理方便。如果希望隐藏弱电箱，可安装在距离地面 0.3m 较隐蔽的位置。

③ 为了减少强电对弱电的干扰，弱电线路距离强电线路应不小于 0.5m；弱电线路与强电线路有交叉走线时，应用铝箔包住交叉部分的弱电线路。

④ 在穿线前，应对所有线缆的每根芯线进行通断测试，以免布线完毕后才发现有断线而重新敷设。

⑤ 穿线时，应在弱电箱内预留一定长度的线缆，具体长度可根据进线孔到模块的位置确定，一般最短长度（从进线孔算起）要求为：电视线（75Ω 同轴电缆）预留至少 25cm，网线（5 类双绞线）预留至少 35cm，接入的电话外线预留至少 30cm，其他类型弱电线缆预留至少 30cm。

7.5.6 弱电模块的安装与连接

弱电箱埋设在墙体后，再将各弱电模块安装在弱电箱内的支架上。有些弱电箱的模块安装支架可以拆下，拆下后在该支架上安装好各弱电模块，然后再将该支架固定在弱电箱内即可。

弱电箱的外形如图 7-51 所示，该弱电箱体积较大，不但可以安装常用的弱电模块，还可以安放 Modem 和无线路由器等设备，如图 7-52 所示。弱电箱内各弱电模块和弱电设备的连接如图 7-53 所示。

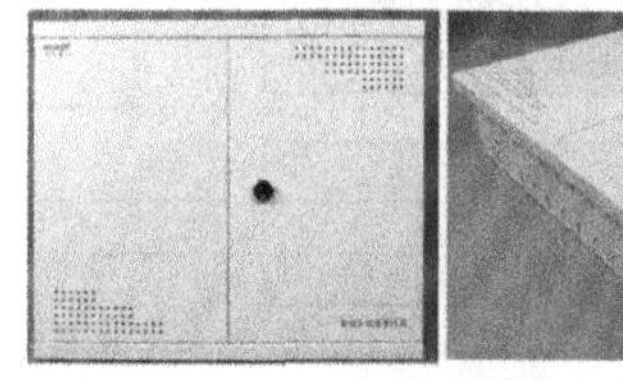

图 7-51 弱电箱的外形

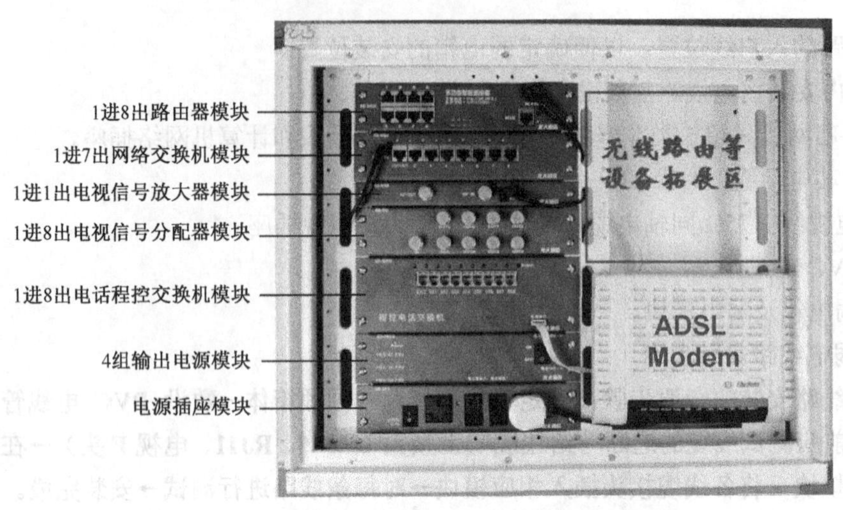

图 7-52　弱电箱中安装了各种弱电模块和弱电设备

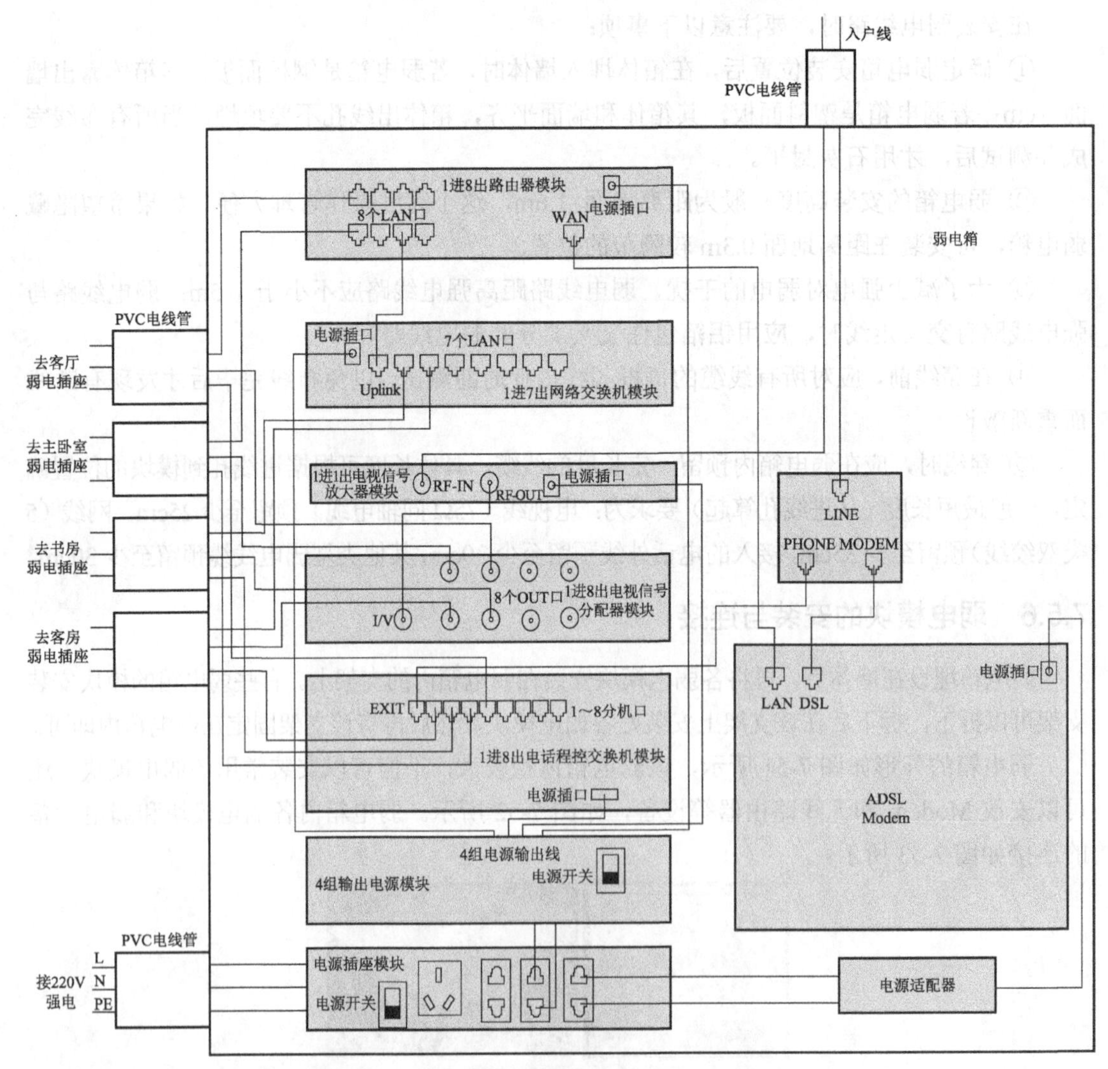

图 7-53　弱电箱内各弱电模块和弱电设备的连接

7.6　可视对讲门禁系统的接线与安装

7.6.1　单对讲门禁系统介绍

单对讲门禁系统是一种较简单的门禁系统，一般具有密码开锁、刷卡开锁、远程开锁、远程呼叫和远程语音对讲等功能。根据门口机与室内机的连接方式不同，单对讲门禁系统可分为多线制、总线-分线制和总线制三种类型。

1．多线制单对讲门禁系统

多线制单对讲门禁系统的组成如图7-54所示，该系统从门口机引出4根公用线分别接到各住户的室内机，4根公用线分别为电源线、开锁线、通话线和公共线，门口机还为每户单独接出1根门铃线（呼入线），门口机引出导线的总数量为4+N，N为室内机数。例如，住户用到12个室内机，门口机则要引出16根导线。

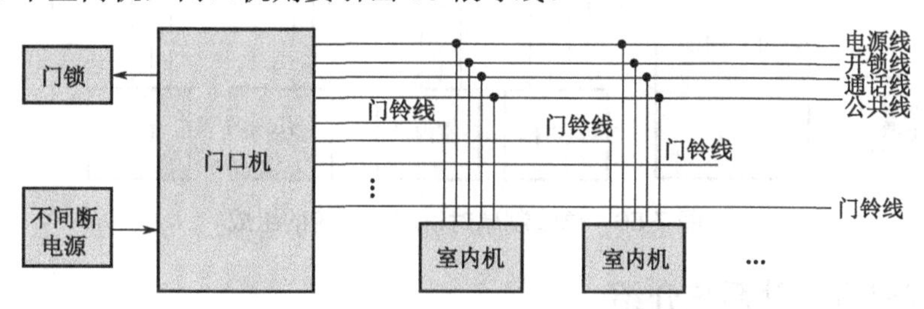

图7-54　多线制单对讲门禁系统的组成

当住户在门口机上输入密码或刷卡时，门口机会打开电控门锁，让住户进入本栋楼（或单元楼）；当访客在门口机上输入房号时，门口机会从该房号对应的门铃线送出响铃信号，该房号的室内机响铃，住户听到铃声后可以操作通话键与门口机的访客通话（信号由通话线传送），住户在确定访客身份后操作开锁键，通过门口机打开本栋楼的门锁。为了防止停电时门禁系统不工作，需要用不间断电源（UPS）为本系统供电。

多线制单对讲门禁系统结构简单、价格低，主要用于户数少的低层建筑。这是因为该系统的门口机需要为每台室内机接出一根单独的门铃线，室内机数量很多时会增加门口机的接线量，增大接线、敷线和维护的难度。

2．总线-分线制单对讲门禁系统

总线-分线制单对讲门禁系统的组成如图7-55所示，该系统从门口机引出总线（多根导线）接到各楼层解码器，楼层解码器再分成几路接到该楼层住户的室内机。例如，当访客在门口机输入202房号时，门口机通过总线将该信息传送到各楼层解码器，只有二楼解码器可解调出该信息并接通202房的室内机，使该房的室内机响铃，即门口机和202房的室内机占用总线而建立起临时通道，可以远程对讲、远程开锁等。

3．总线制单对讲门禁系统

总线制单对讲门禁系统的组成如图7-56所示，该系统从门口机引出总线（多根导线），以并联的形式接到各住户室内机，每个室内机中都设有解码器。例如，当访客在门口机输入202房号时，门口机通过总线将该信息传送到各住户的室内机，只有202房室内机中的解码器可解调出该信息，并与门口机占用总线建立起临时通道，可以远程对讲、远程开锁等。

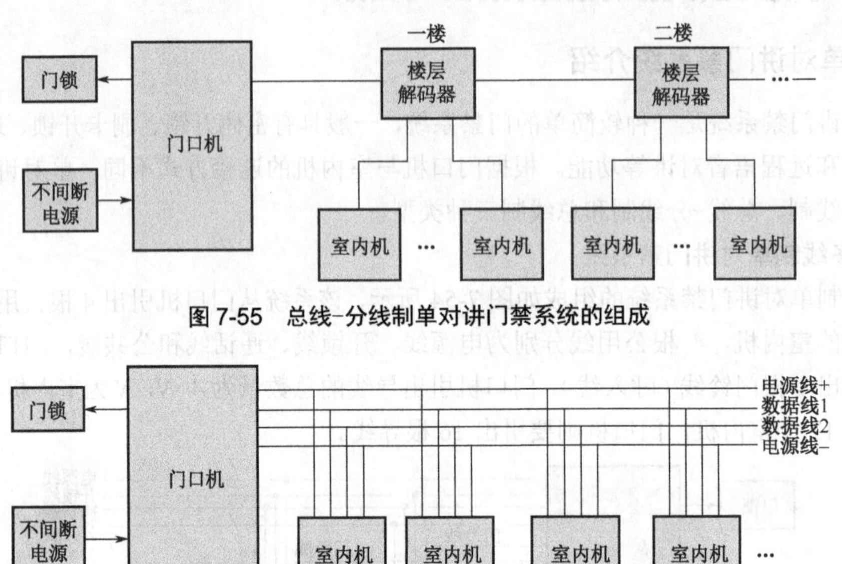

图7-55　总线-分线制单对讲门禁系统的组成

图7-56　总线制单对讲门禁系统的组成

7.6.2　可视对讲门禁系统介绍

可视对讲门禁系统是在单对讲门禁系统的基础上增加了可视功能，即在室内机屏幕上可以查看到门口机摄像头拍摄的访客影像。可视对讲门禁系统也可分为多线制、总线-分线制和总线制三种类型，其中总线-分线制最为常用。图7-57是一种总线-分线制可视对讲门禁系统组成示意图。

当住户在小区门口机刷卡时，小区门控锁打开，住户进入小区；当住户到达单元楼门口机刷卡时，单元楼门控锁打开，住户就可进入单元楼。住户出单元楼或小区时操作出门开关，可以打开单元楼或小区的门控锁。

当访客需要进入小区时，可由门卫操作小区门口机的出门开关来打开小区门控锁；访客到达单元楼门口时，在门口机面板输入房号，门口机通过联网模块和楼层解码器使该房号的室内机响铃，同时门口机摄像头拍摄的访客视频也送到室内机，并在屏幕上显示出来，住户操作室内机通话键可以与访客通话，操作开锁键可以打开单元楼门的电控锁。

该系统可以让室内机与中心管理机进行语音对讲。当住户操作室内机的呼叫键时，中心管理机会响铃并显示住户房号信息，摘机后，中心管理机就可以和住户室内机进行语音对讲；中心管理机也可以输入房号，使该房号的室内机响铃，住户操作通话键后就可以与中心管理机进行语音对讲。

如果给住户室内机接上紧急开关或一些报警开关，当这些开关动作时，室内机会将有关信息传送到中心管理机，中心管理处的值班人员即可知道住户家中出现紧急情况，会指派有关人员上门查看。

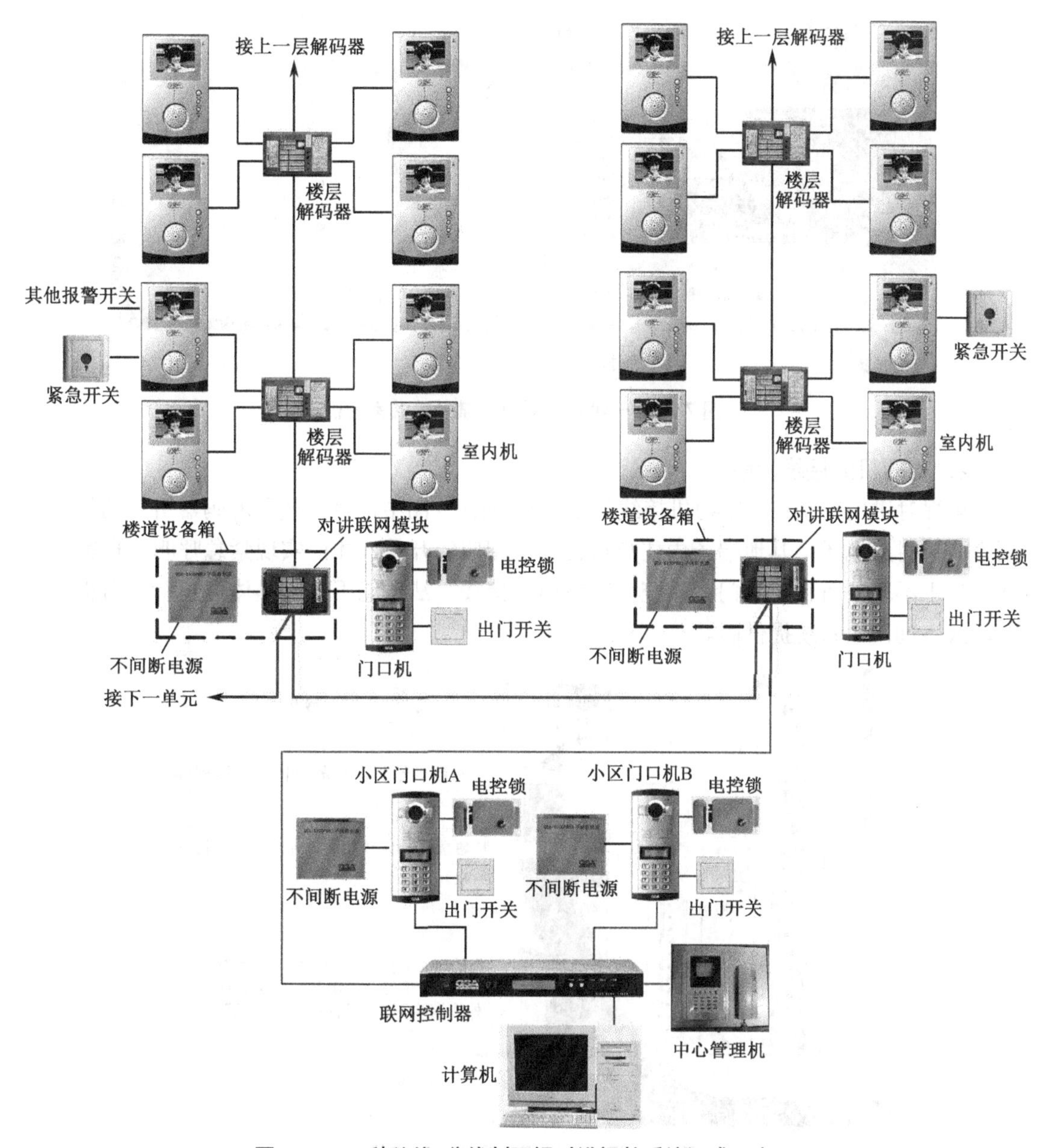

图 7-57　一种总线-分线制可视对讲门禁系统组成示意图

7.6.3　可视对讲门禁系统室内机的接线与安装

住宅对讲门禁系统一般由楼盘开发商或物业公司统一购买，并由供应商提供上门安装调试，家装电工人员主要应了解对讲门禁系统室内机的接线与安装，以便将室内的紧急开关和各类报警开关与室内机很好地连接起来。

1．室内机介绍

图 7-58 是一种可视对讲门禁系统的室内机。在室内机前面板上有按键、指示灯、扬声器、话筒和显示屏，在背面有挂扣和接线端，接线端旁边一般会标注各接线脚的功能。

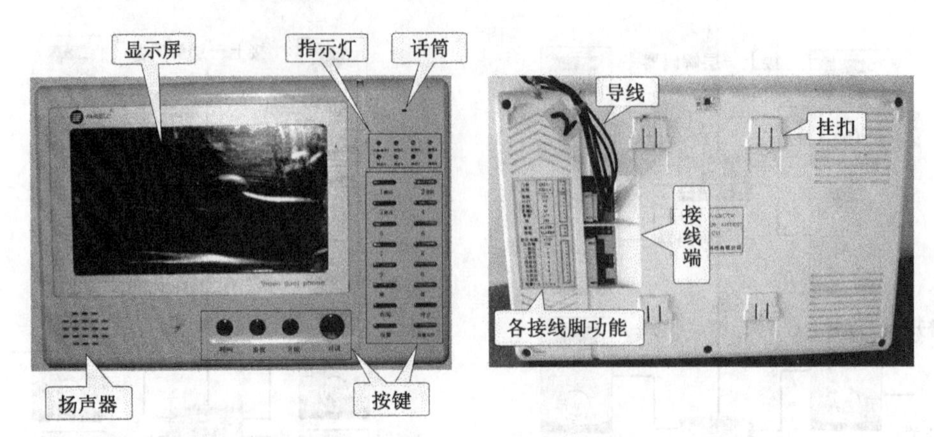

图7-58 一种可视对讲门禁系统的室内机

2．室内机的接线说明

可视对讲门禁系统的室内机接线如图7-59所示，图中已将从楼层解码器引来的导线接到室内机对应端子，其他端子由住户自己连接相应的开关，才能实现紧急呼叫、报警等功能。对于不同的可视对讲门禁系统，其室内机接线方法可能不同，具体可查看室内机说明书，或咨询门禁系统提供商。

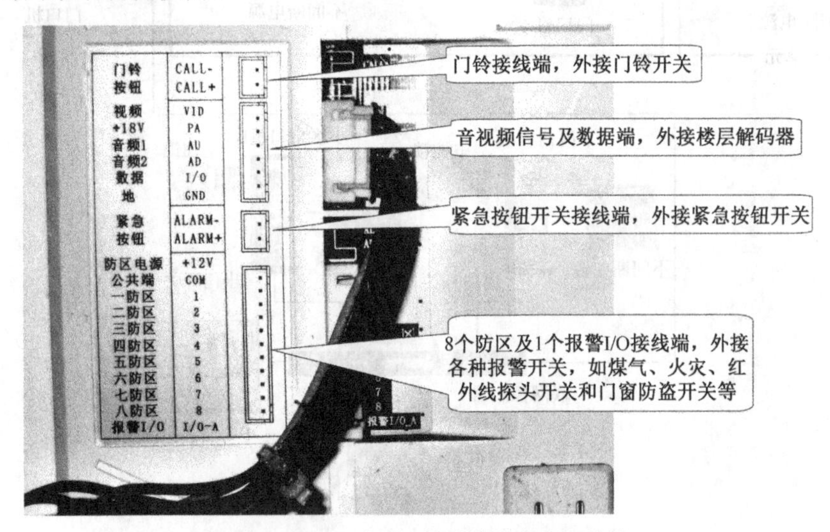

图7-59 可视对讲门禁系统的室内机接线

3．单独可视对讲室内机的安装

单独可视对讲室内机的安装如图7-60所示，在安装时，先从底盒中拉出楼层解码器接来的导线，并将导线穿过挂板线孔，然后用螺钉将挂板固定在底盒上，将解码器引来的导线与室内机接好后，再将室内机扣在挂板上即可。可视对讲室内机的实际安装拆解图如图7-61所示。

4．可视对讲室内机与报警开关的连接及布线

单独可视对讲室内机没有紧急呼叫、防盗及各种报警功能，如果希望室内机具有这些功能，就需要给它连接紧急按钮开关和各种报警开关。

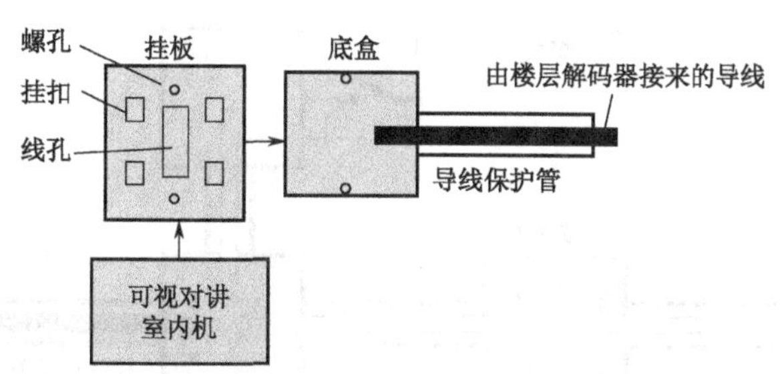

图 7-60　单独可视对讲室内机的安装

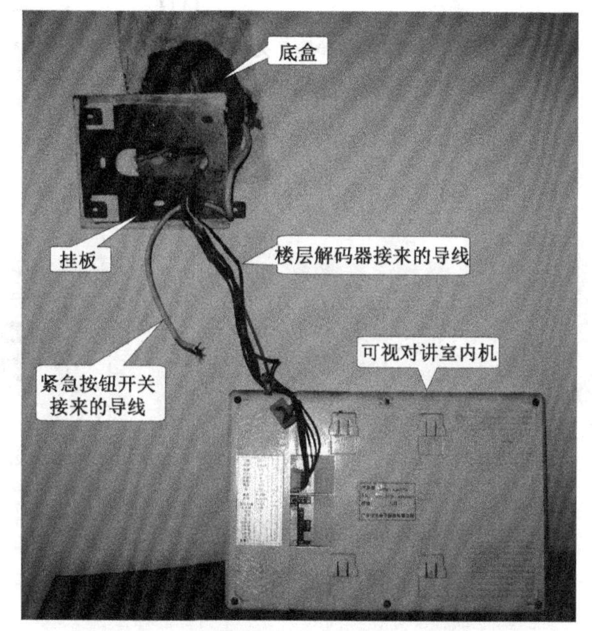

图 7-61　可视对讲室内机的实际安装拆解图

可视对讲室内机与报警开关的连接及布线如图 7-62 所示，当有多个紧急开关时，应将这些开关并联连接起来，并将导线接到室内机底盒内与室内机的紧急按钮端子连接；其他报警开关的两根导线也要引到室内机底盒内，一根导线接室内机防区公共端子，另一根导线可选接 1～8 防区的某个端子。

7.6.4　紧急按钮开关的接线与安装

1．外形与结构

当住户家中发生紧急情况需要外界帮助时，可以按下紧急按钮开关，向门禁系统的管理中心发出紧急呼叫，以便能得到及时的帮助。紧急按钮开关的外形与结构如图 7-63 所示，当发生紧急情况时，可按下紧急开关的按钮，开关断开或闭合，使室内机发出紧急信号送到管理中心。按钮按下后会锁住不能弹起复位，需要用钥匙才能使按钮弹起。

2．接线与安装

紧急按钮开关一般有三个接线端子，如图 7-64 所示，分别是公共端（COM）、常闭触点端（NC）和常开触点端（NO）。在按钮未按下时，COM、NC 端之间的触点闭合，COM、NO 端之间的触点断开，按钮按下后正好相反。

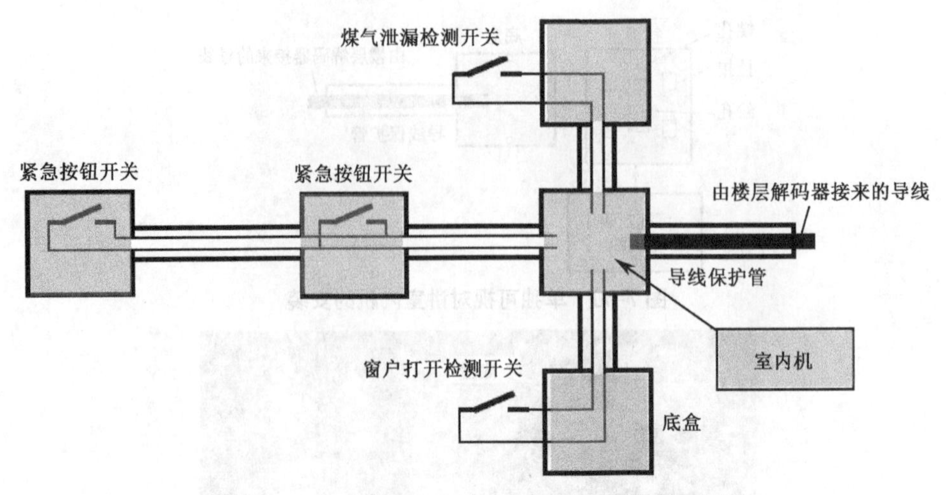

图 7-62　可视对讲室内机与报警开关的连接及布线

图 7-63　紧急按钮开关的外形与结构

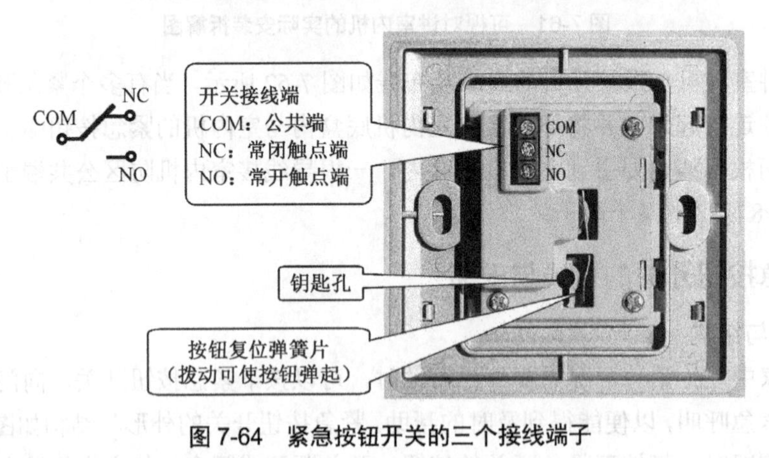

图 7-64　紧急按钮开关的三个接线端子

在连接可视对讲室内机时，只需用到紧急开关的两个端子（一个端子必须为 COM 端），如果室内机以开关闭合作为发出紧急信号，那么接线时应接 COM 端和 NO 端；如果无法确认室内机接收紧急信号的类型，可以将三个端子都接导线，然后在安装室内机时再确定使用哪两根线，如图 7-65 所示。紧急开关的实际接线与安装如图 7-66 所示。

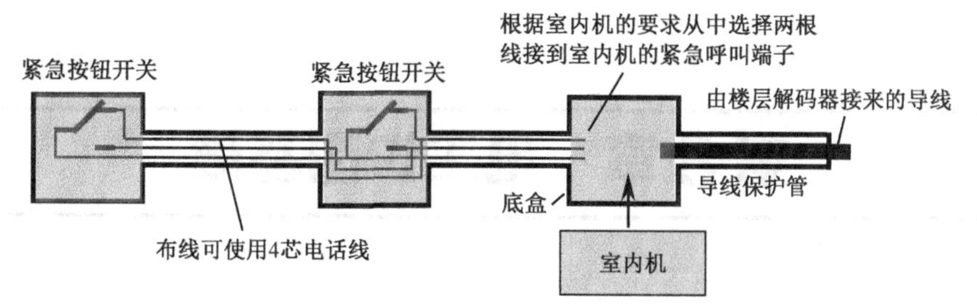

图 7-65　紧急按钮开关的布线与接线示意图

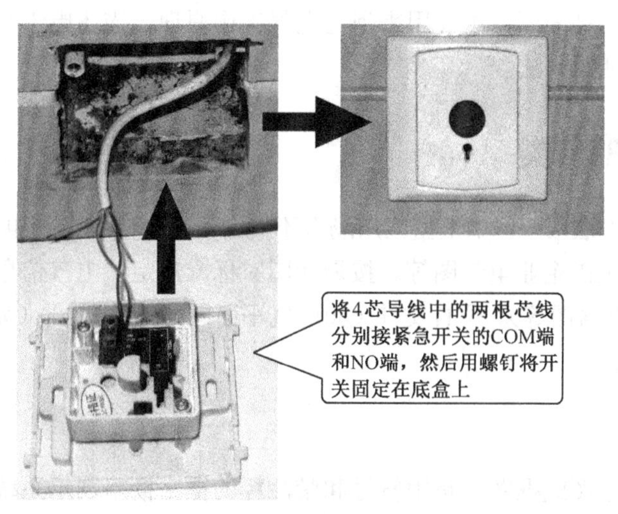

图 7-66　紧急开关的实际接线与安装

第8章　电工识图基础

电气图是一种用图形符号、线框或简化外形来表示电气系统或设备各组成部分相互关系及其连接关系的一种简图，主要用来阐述电气工作原理，描述电气产品的构造和功能，并提供产品安装和使用方法。

8.1　电气图的分类

电气图的分类方法很多，如根据应用场合不同，可分为电力系统电气图、船舶电气图、邮电通信电气图、工矿企业电气图等。按最新国家标准规定，电气信息文件可分为功能性文件（如系统图、电路图等）、位置文件（如电气平面图）、接线文件（如接线图）、项目表、说明文件和其他文件。

8.1.1　系统图

系统图又称概略图或框图，是用符号和带注释的框来概略表示系统或分系统的基本组成、相互关系及其主要特征的一种简图。图 8-1 为某变电所的供电系统图，表示变电所用变压器将 10kV 电压变换成 380V 的电压，再分成三条供电支路。图 8-1（a）为用图形符号表示的系统图，图 8-1（b）用文字框表示的系统图。

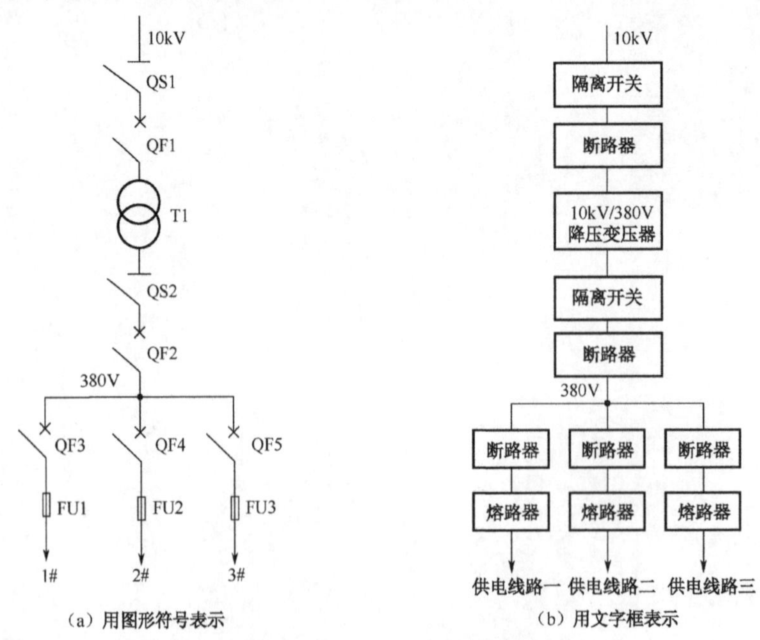

（a）用图形符号表示　（b）用文字框表示

图 8-1　某变电所的供电系统图

8.1.2　电路图

电路图是按工作顺序将图形符号从上到下、从左到右排列并连接起来，用来详细表示电路、设备或成套装置的全部组成和连接关系，而不考虑其实际位置的一种简图。通过识读电路图可以详细理解设备的工作原理，分析和计算电路特性及参数，所以这种图又称为电气原理图、电气线路图。

图 8-2 为三相异步电动机的点动控制电路，由主电路和控制电路两部分构成。其中，主电路由电源开关 QS、熔断器 FU1 和交流接触器 KM 的 3 个主触点和电动机组成，控制电路由熔断器 FU2、按钮开关 SB 和接触器 KM 线圈组成。

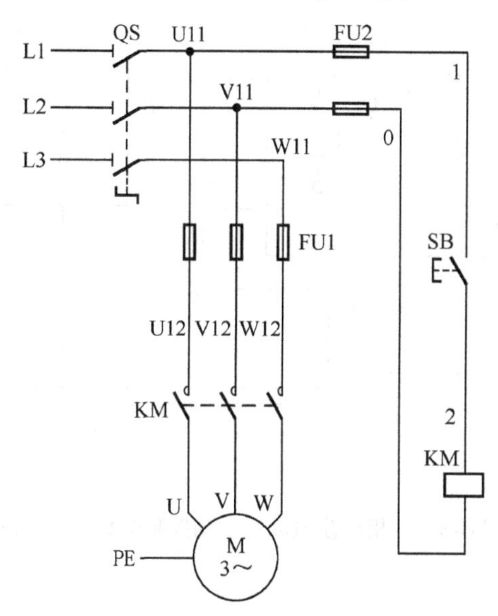

图 8-2　三相异步电动机的点动控制电路

当合上电源开关 QS 时，由于接触器 KM 的 3 个主触点处于断开状态，电源无法给电动机供电，电动机不工作。若按下按钮开关 SB，L1、L2 两相电压加到接触器 KM 线圈两端，有电流流过 KM 线圈，线圈产生磁场吸合 3 个 KM 主触点，使 3 个主触点闭合，三相交流电源 L1、L2、L3 通过 QS、FU1 和接触器 KM 的 3 个主触点给电动机供电，电动机运转。此时，若松开按钮开关 SB，无电流通过接触器线圈，线圈无法吸合主触点，3 个主触点断开，电动机停止运转。

8.1.3　接线图

接线图是用来表示成套装置、设备或装置的连接关系，用以进行安装、接线、检查、实验和维修等的一种简图。图 8-3 是三相异步电动机点动控制电路（见图 8-2）的接线图。从图中可以看出，接线图中的各元件连接关系除要与电路图一致外，还要考虑实际的元件。例如，KM 接触器由线圈和触点组成，在画电路图时，接触器的线圈和触点可以画在不同位置，而在画接线图时，则要考虑到接触器是一个元件，其线圈和触点是在一起的。

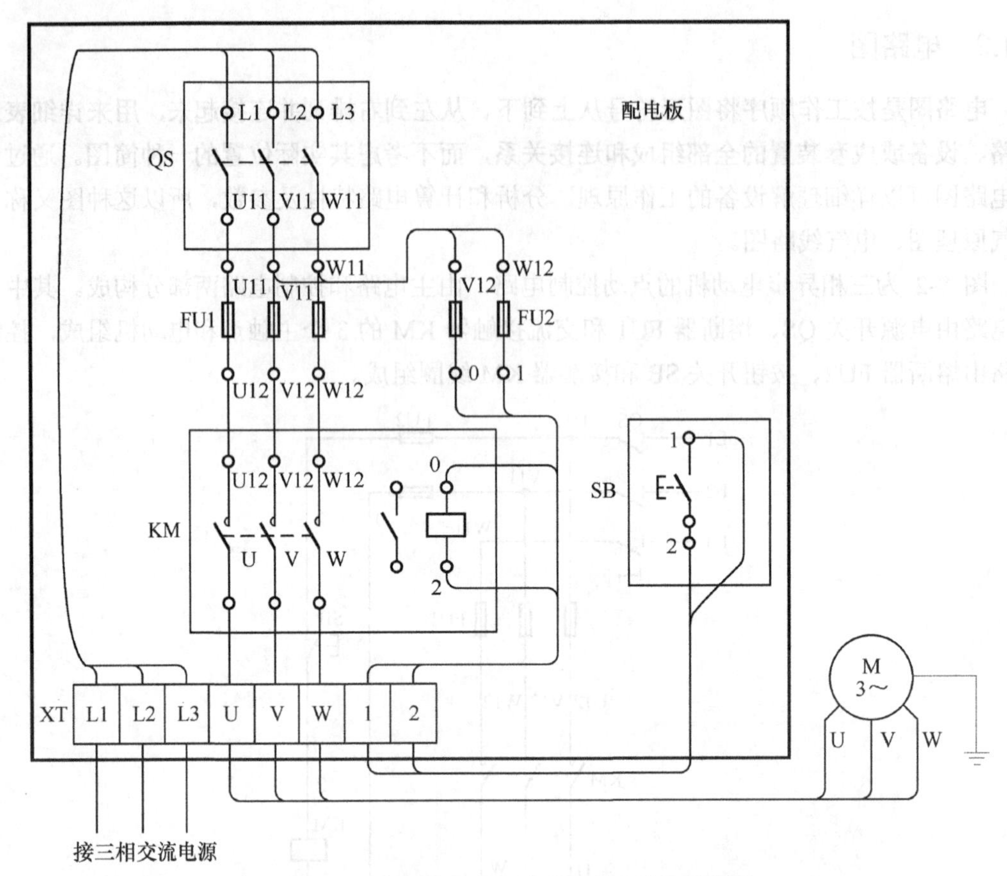

图 8-3　三相异步电动机点动控制电路的接线图

8.1.4　电气平面图

电气平面图是用来表示电气工程项目的电气设备、装置和线路的平面布置图，一般是在建筑平面图的基础上制作出来的。常见的电气平面图有电力平面图、变配电所平面图、供电线路平面图、照明平面图、弱电系统平面图、防雷和接地平面图等。

图 8-4 是某工厂车间的动力电气平面图。图中的 BLV-500（3×35-1×16）SC40-FC 表示外部接到配电箱的主电源线规格及布线方式，其含义为，BLV：布线用的塑料铝芯导线；500：导线绝缘耐压为 500V；3×35-1×16：3 根截面积为 35mm^2 和 1 根截面积为 16mm^2 的导线；SC40：穿直径为 40mm 的钢管；FC：沿地暗敷（导线穿入电线管后埋入地面）。图中的 $\frac{1、2}{5.5+0.16}$ 意为 1、2 号机床的电动机功率均为 5.5kW，机床安装离地 16cm。

8.1.5　设备元件和材料表

设备元件和材料表将设备、装置、成套装置的组成元件和材料列出，并注明各元件和材料的名称、型号、规格和数量等，便于设备的安装和维修，也能让读图者更好地了解各元器件和材料在装置中的作用和功能。设备元件和材料表是电气图的重要组成部分，可将它放置在图中的某一位置，如果数量较多也可单独放置在一页。

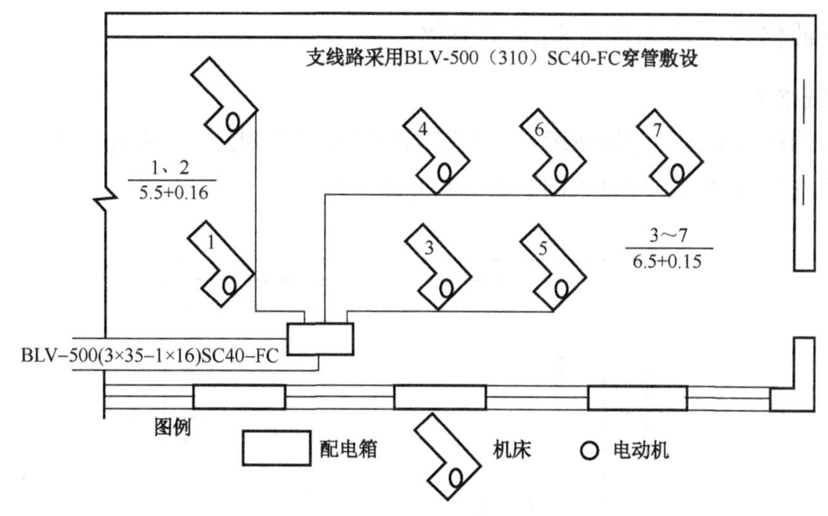

图 8-4　某工厂车间的动力电气平面图

表 8-1 是三相异步电动机点动控制电路（见图 8-3）的设备元件和材料表。

表 8-1　三相异步电动机点动控制电路的设备元件和材料表

符　号	名　称	型　号	规　格	数　量
M	三相笼型异步电动机	Y112M-4	4kW、380V、△接法、8.8A、1440r/min	1
QS	断路器	DZ5-20/330	三极复式脱扣器、380V、20A	1
FU1	螺旋式熔断器	RL1-60/25	500V、60A、配熔体额定电流 25A	3
FU2	螺旋式熔断器	RL1-15/2	500V、15A、配熔体额定电流 2A	2
KM	交流接触器	CJT1-20	20A、线圈电压 380V	1
SB	按钮	LA4-3H	保护式、按钮数 3（代用）	1
XT	端子板	TD-1515	15A、15 节、660V	1
	配电板		500mm×400mm×20mm	1
	主电路导线		BV1.5mm^2 和 BVR1.5mm^2（黑色）	若干
	控制电路导线		BV1mm^2（红色）	若干
	按钮导线		BVR0.75mm^2（红色）	若干
	按钮导线		BVR1.5mm^2（黄绿双色）	若干
	紧固体和编码套管			若干

电气图种类很多，前面介绍了一些常见的电气图，对于一台电气设备，不同的人接触到的电气图可能不同。一般来说，生产厂家具有较齐全的设备电气图（如系统图、电路图、印制板图、设备元件和材料列表等），为了技术保密或其他一些原因，厂家提供给用户的往往只有设备的系统图、接线图等形式的电气图。

8.2　电气图的制图与识图规则

电气图是电气工程通用的技术语言和技术交流工具，它除了要遵守国家制定的与电气图有关的标准，还要遵守机械制图、建筑制图等方面的有关规定，因此制图和识图人员有必要了解这些规定与标准。限于篇幅，这里主要介绍一些常用的规定与标准。

8.2.1 图纸格式、幅面尺寸和图纸分区

1. 图纸格式

电气图图纸的格式与建筑图纸、机械图纸的格式基本相同，一般由边界线、图框线、标题栏、会签栏等组成。电气图图纸的格式如图 8-5 所示。

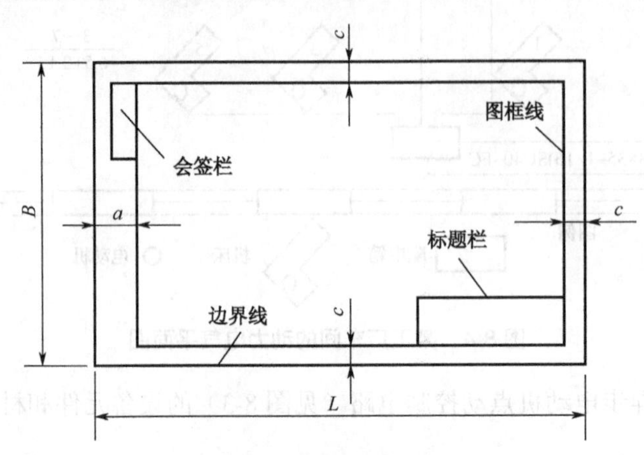

图 8-5 电气图图纸的格式

电气图应绘制在图框线内，图框线与图纸边界之间要有一定的留空。标题栏相当于图纸的铭牌，设有用来记录图样的名称、图号、张次、更改和有关人员签署等内容的栏目，位于图纸的下方或右下方。目前我国尚未规定统一的标题栏格式。图 8-6 是一种较典型的标题栏格式。会签栏通常用于水、暖、建筑和工艺等相关专业设计人员会审图纸时签名，如无必要，也可取消会签栏。

设计单位名称				工程名称	设计号	页张次
总工程师		主要设计人		项目名称		
设计总工程师		技核				
专业工程师		制图				
组长		描图		图号		
日期		比例				

图 8-6 典型的标题栏格式

2. 幅面尺寸

电气图图纸的幅面一般分为 5 种：0 号图纸（A0）、1 号图纸（A1）、2 号图纸（A2）、3 号图纸（A3）、4 号图纸（A4）。电气图图纸的幅面尺寸规格见表 8-2，从表中可以看出，如果图纸需要装订，其装订侧边宽（*a*）留空要大一些。

表 8-2 电气图图纸的幅面尺寸规格（单位：mm）

幅面代号	A0	A1	A2	A3	A4
宽×长（*B*×*L*）	841×1189	594×841	420×594	297×420	210×297
边宽（*c*）	10			5	
装订侧边宽（*a*）	25				

3．图纸分区

对于一些大幅面、内容复杂的电气图，为了便于确定图纸内容的位置，可对图纸进行分区。分区的方法是将图纸按长、宽方向各加以等分，分区数为偶数，每一分区的长度为 25～75mm，每个分区内竖边方向用大写字母编号，横边方向用阿拉伯数字编号，编号顺序从图纸左上角（标题栏在右下角）开始。

图纸分区的作用相当于在图纸上建立了一个坐标，图纸中的任何元件位置都可以用分区号来确定。如图 8-7 所示，接触器 KM 线圈位置分区代号为 B4，接触器 KM 触点的分区代号为 C2。分区代号用该区域的字母和数字表示，字母在前，数字在后。给图纸分区后，不管图纸多复杂，只要给出某元件所在的分区代号，就能在图纸上很快找到该元件。

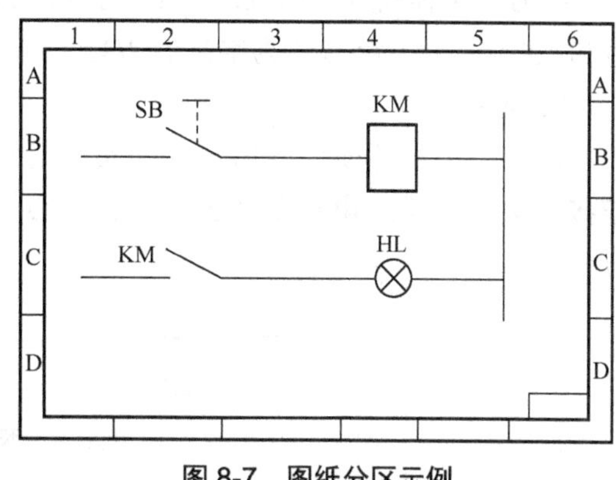

图 8-7 图纸分区示例

8.2.2 图线和字体等规定

1．图线

图线是指图中用到的各种线条。国家标准规定了 8 种基本图线，分别是粗实线、细实线、中实线、双折线、虚线、粗点画线、细点画线和双点画线。8 种基本图线的形式及应用见表 8-3。图线的宽度一般为 0.25mm、0.35mm、0.5mm、0.7mm、1.0mm、1.4mm。在电气图中绘制图线时，以粗实线的宽度 b 为基准，其他图线宽度应按规定，以 b 为标准按比例（1/2、1/3）选用。

表 8-3 8 种基本图线的形式及应用

符 号	名 称	形 式	宽 度	应 用 举 例
1	粗实线	————	b	可见过渡线、可见轮廓线、电气图中简图主要内容用线、图框线、可见导线
2	中实线	————	约 $b/2$	土建图上门、窗等的外轮廓线
3	细实线	————	约 $b/3$	尺寸线、尺寸界线、引出线、剖面线、分界线、范围线、指导线、辅助线
4	虚 线	- - - - - -	约 $b/3$	不可见轮廓线、不可见过渡线、不可见导线、计划扩展内容用线、地下管道、屏蔽线
5	双折线	——⅂——	约 $b/3$	被断开部分的边界线
6	双点画线	——··——	约 $b/3$	运动零件在极限或中间位置时的轮廓线、辅助用零件的轮廓线及其剖面线、剖视图中被剖去的前面部分的假想投影轮廓线
7	粗点画线	——·——	b	有特殊要求的线或表面的表示线、平面图中大型构件的轴线位置线
8	细点画线	——·——	约 $b/3$	物体或建筑物的中心线、对称线、分界线、结构围框线、功能围框线

2．字体

文字包括汉字、字母和数字，是电气图的重要组成部分。国家标准规定，文字必须做到字体端正、笔画清楚、排列整齐、间隔均匀。其中汉字采用国家正式公布的长仿宋体，字母可采用大写、小写、正体和斜体，数字通常采用正体。

字号（字体高度，单位：mm）可分为20号、14号、10号、7号、5号、3.5号、2.5号和1.8号8种，字宽约为字高的2/3。

3．箭头

电气图中主要使用开口箭头和实心箭头，如图8-8所示。**开口箭头常用于表示电气连接上电气能量或电气信号的流向；实心箭头表示力、运动方向、可变性方向或指引线方向。**

图8-8　两种常用箭头

4．指引线

指引线用于指示注释的对象。指引线一端指向注释对象，另一端放置注释文字。电气图中使用的指引线主要有三种形式，如图8-9所示。若指引线末端需指在轮廓线内，可在指引线末端使用黑圆点，如图8-9（a）所示；若指引线末端需指在轮廓线上，可在指引线末端使用箭头，如图8-9（b）所示；若指引线末端需指在电气线路上，可在指引线末端使用斜线，如图8-9（c）所示。

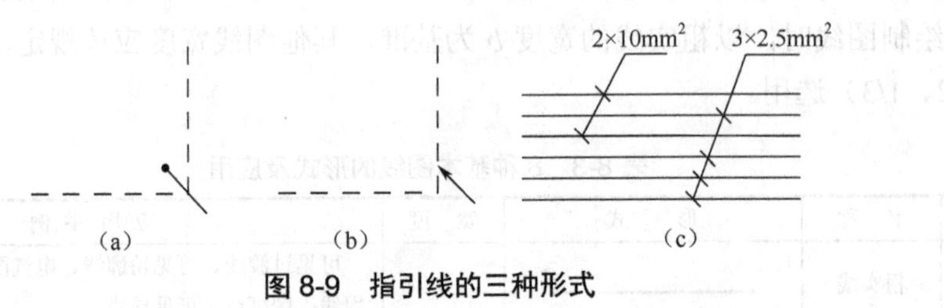

图8-9　指引线的三种形式

5．围框

如果电气图中有一部分是功能单元、结构单元或项目组（如电器组、接触器装置），可用围框（点画线）将这一部分围起来，围框的形状可以是不规则的。在电气图中采用围框时，围框线不应与元件符号相交（插头、插座和端子符号除外）。

图8-10（a）的细点画线围框中为两个接触器，每个接触器都有三个触点和一个线圈，用一个围框可以使两个接触器的作用关系看起来更加清楚。如果电气图很复杂，一页图纸无法放置时，可用围框来表示电气图中的某个单元，该单元的详图可画在其他页图纸上，并在图框内进行说明，如图8-10（b）所示。表示该含义的围框应用双点画线。

6．比例

电气图上画的图形大小与物体实际大小的比值称为比例。电气原理图一般不按比例绘制，而电气位置平面图等常按比例绘制或部分按比例绘制。对于采用比例绘制的电气平面图，

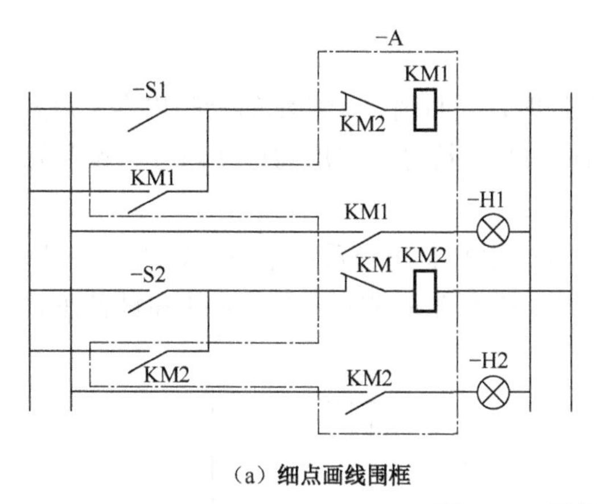

（a）细点画线围框

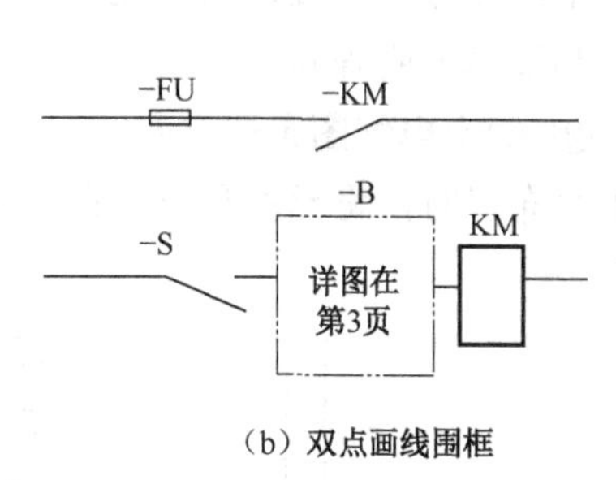

（b）双点画线围框

图 8-10　围框使用举例

只要在图上测出两点距离就可按比例值计算现场两点间的实际距离。

电气图采用的比例一般为 1∶10、1∶20、1∶50、1∶100、1∶200 和 1∶500。

7. 尺寸

尺寸是制造、施工、加工和装配的主要依据。尺寸由尺寸线、尺寸界线、尺寸起止点（实心箭头或 45° 斜短画线）和尺寸数字四个要素组成。尺寸标注的两种方式如图 8-11 所示。

电气图纸上的尺寸通常以 mm（毫米）为单位，除特殊情况外，图纸上一般不标注单位。

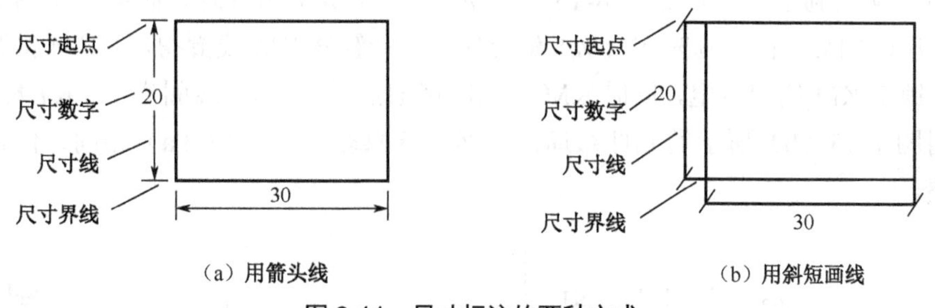

（a）用箭头线　　（b）用斜短画线

图 8-11　尺寸标注的两种方式

8. 注释

注释的作用是对图纸上的对象进行说明。注释可采用两种方式：

① 将注释内容直接放在所要说明的对象附近，如有必要，可使用指引线。

② 给注释对象和内容加相同标记，再将注释内容放在图纸的别处或其他图纸上。

若图中有多个注释，应将这些注释进行编号，并按顺序放在图纸边框附近。如果是多张图，一般性注释通常放在第一张图上，其他注释则放在与其内容相关的图上。注释时，可采用文字、图形、表格等形式，以便更好地将对象表达清楚。

8.2.3 电气图的布局

图纸上的电气图布局是否合理，对正确快速识图有很大影响。电气图布局的原则是：便于绘制、易于识读、突出重点、均匀对称、清晰美观。

在电气图布局时，可按以下步骤进行：

① **明确电气图的绘制内容。**在电气图布局时，要明确整个图纸的绘制内容（如需绘制的图形、图形的位置、图形之间的关系、图形的文字符号、图形的标注内容、设备元件明细表和技术说明等）。

② **确定电气图布局方向。**电气图布局方向有水平布局和垂直布局，如图 8-12 所示。在水平布局时，将元件和设备在水平方向布置；在垂直布局时，应将元件和设备在垂直方向布置。

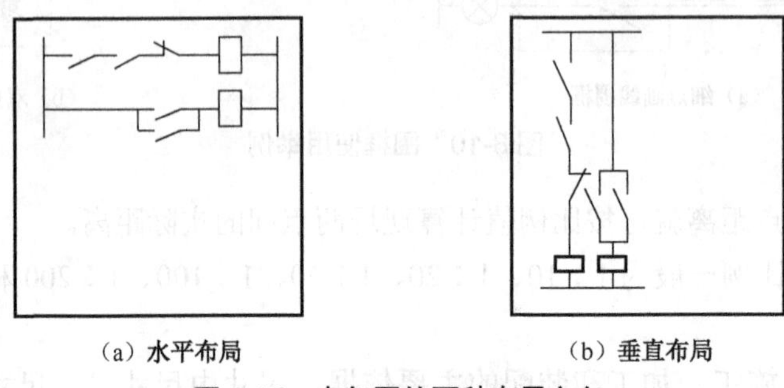

（a）水平布局　　（b）垂直布局

图 8-12　电气图的两种布局方向

③ **确定各对象在图纸上的位置。**确定各对象在图纸上的位置时，需要了解各对象形状大小，以安排合理的空间范围。在安排元件的位置时，一般按因果关系和动作顺序从左到右、从上到下布置。如图 8-13（a）所示，当 SB1 闭合时，时间继电器 KT 线圈得电，一段时间后，得电延时闭合 KT 触点闭合，接触器 KM 线圈得电，KM 常开自锁触点闭合，锁定 KM 线圈得电，同时 KM 常闭联锁触点断开，KT 线圈失电，KT 触点断开。如果采用图 8-13（b）所示的元件布局，虽然电气原理与图 8-13（a）相同，但识图时不符合习惯。

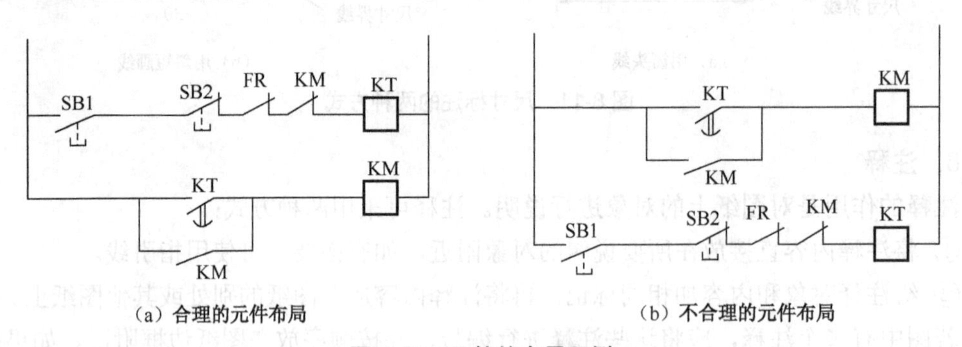

（a）合理的元件布局　　（b）不合理的元件布局

图 8-13　元件的布局示例

8.3　电气图的表示方法

8.3.1　电气连接线的表示方法

电气连接线简称导线，用于连接电气元件和设备，其功能是传输电能或传递电信号。

1．导线的一般表示方法

（1）导线的符号

导线的符号如图 8-14 所示，一般符号可表示任何形式的导线，母线是指在供配电系统中使用的粗导线。

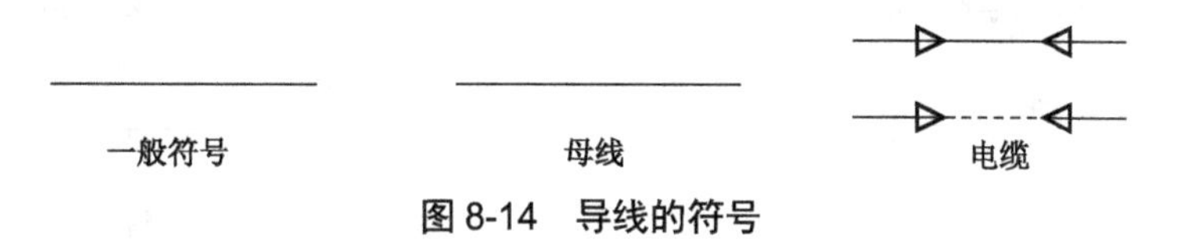

图 8-14　导线的符号

（2）多根导线的表示

在表示多根导线时，可用多根单导线符号组合在一起表示，也可用单线来表示多根导线，如图 8-15 所示。如果导线数量少，可直接在单线上画多根 45° 短画线；若导线根数很多，通常在单线上画一根短画线，并在旁边标注导线根数。

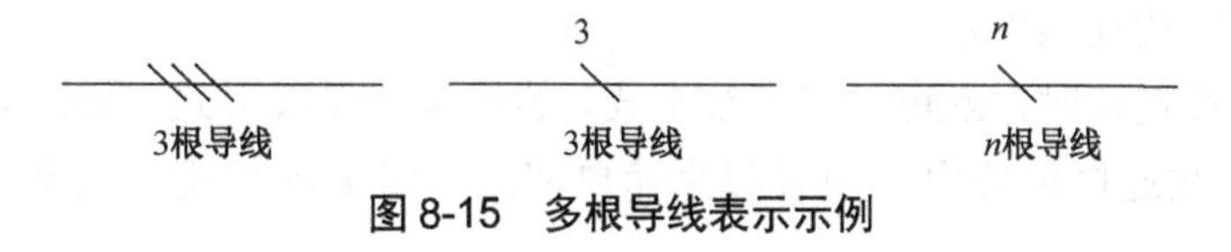

图 8-15　多根导线表示示例

（3）导线特征的表示

导线的特征主要有导线材料、截面积、电压、频率等，一般直接标注在导线旁边，也可在导线上画 45° 短画线来指定该导线特征，如图 8-16 所示。在图 8-16（a）中，3N～50Hz380V 表示有 3 根相线、1 根中性线，导线电源频率和电压分别为 50Hz 和 380V；3×10+1×4 表示 3 根相线的截面积为 $10mm^2$，1 根中性线的截面积为 $4mm^2$。在图 8-16（b）中，BLV-3×6-PC25-FC 表示有 3 根铝芯塑料绝缘导线，导线的截面积为 $6mm^2$，用管径为 25mm 的塑料电线管（PC）埋地暗敷（FC）。

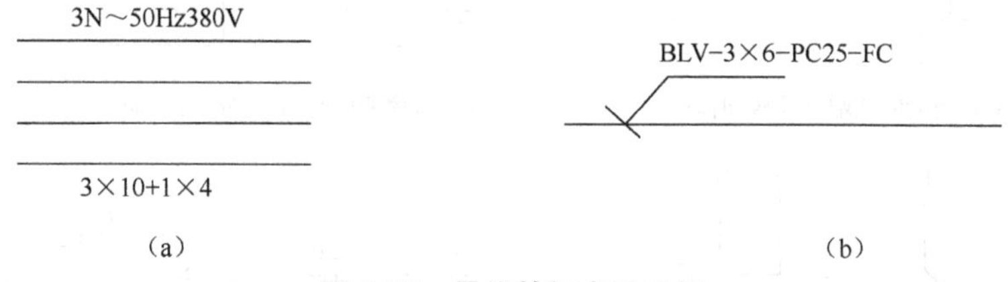

图 8-16　导线特征表示示例

（4）导线换位的表示

在某些情况下需要导线相序变换、极性反向和交换导线，可采用如图 8-17 所示的方法来表示，图中表示 L1 和 L3 相线互换。

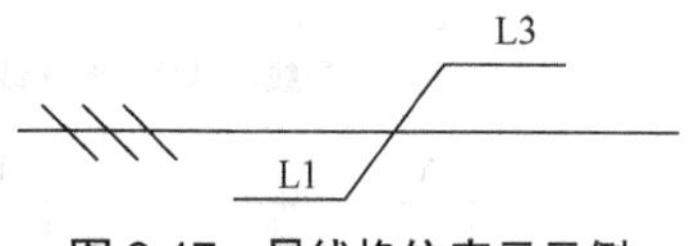

图 8-17　导线换位表示示例

2．导线连接点的表示方法

导线连接点有 T 字形和十字形，对于 T 字形连接点，可加黑圆点，也可不加，如图 8-18（a）所示；**对于十形连接点，如果交叉导线电气上不连接，交叉处不加黑圆点**，如图 8-18（b）所示，如果交叉导线电气上有连接关系，交叉处应加黑圆点，如图 8-18（c）

所示；导线应避免在交叉点改变方向，应跨过交叉点再改变方向，如图 8-18（d）所示。

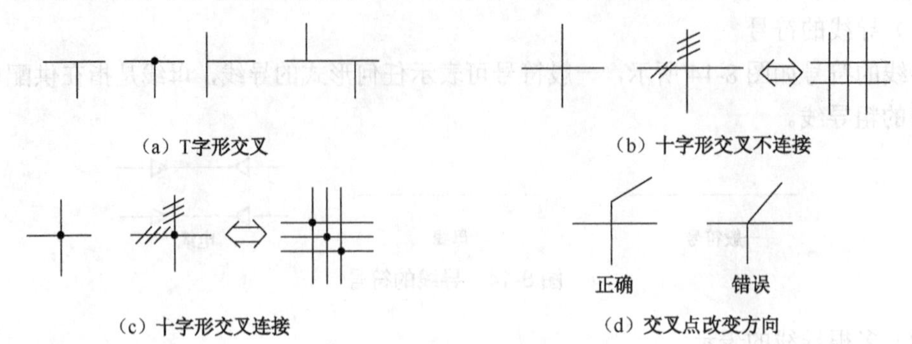

图 8-18　导线连接点表示示例

3. 导线连接关系表示

导线的连接关系有连续表示法和中断表示法。

（1）导线连接的连续表示

表示多根导线连接时，既可采用多线形式，也可采用单线形式，如图 8-19 所示，采用单线形式表示导线连接可使电气图看起来简单清晰。常见的导线单线连接形式如图 8-20 所示。

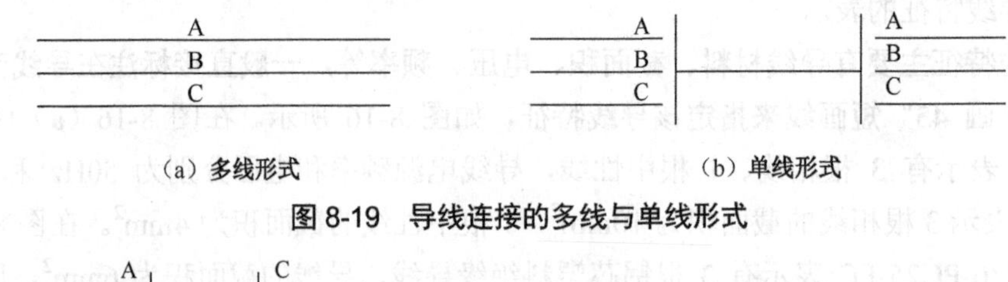

图 8-19　导线连接的多线与单线形式

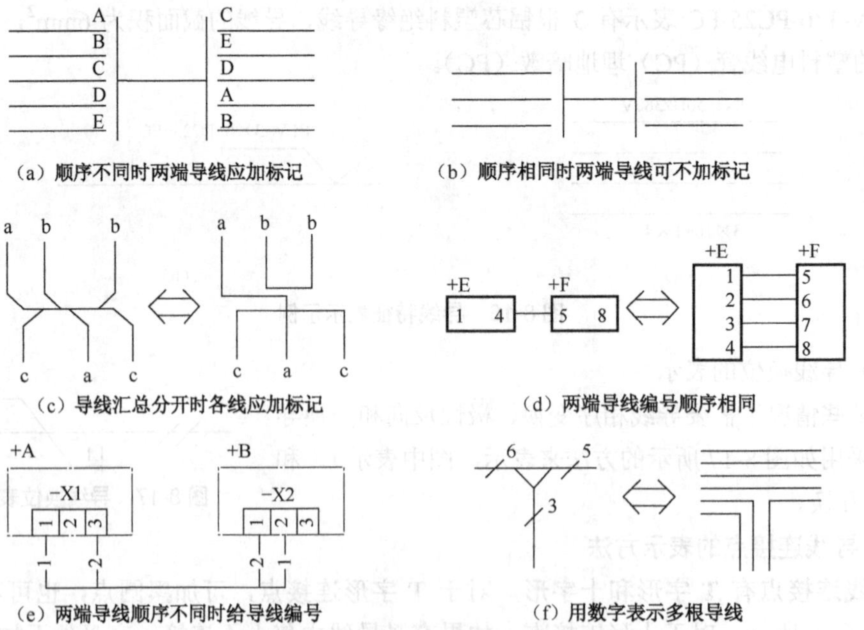

图 8-20　常见的导线单线连接形式

（2）导线连接的中断表示

如果导线需要穿越众多的图形符号，或者一张图纸上的导线要连接到另一张图纸上，这些情况下可采用中断方式来表示导线连接。导线连接的中断表示如图8-21所示，图8-21（a）采用在导线中断处加相同的标记来表示导线连接关系，图8-21（b）采用在导线中断处加连接目标的标记来表示导线连接关系。

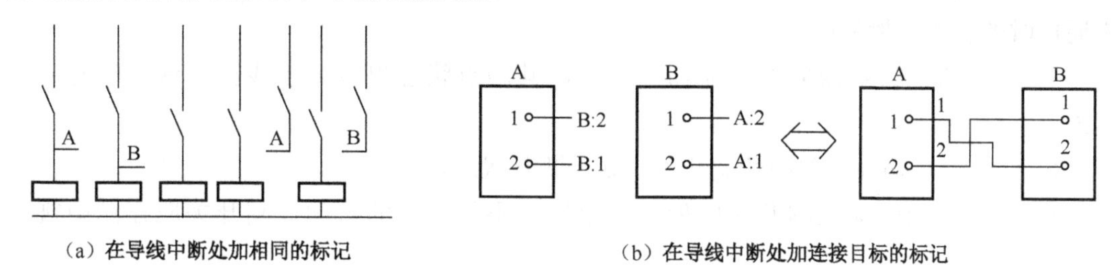

（a）在导线中断处加相同的标记　（b）在导线中断处加连接目标的标记

图8-21　导线连接的中断表示示例

8.3.2　电气元件的表示方法

1．复合型电气元件的表示方法

有些电气元件只有一个完整的图形符号（如电阻器），有些电气元件由多个部分组成（如接触器由线圈和触点组成），这类电气元件称为复合型电气元件，其不同部分使用不同图形符号表示。**对于复合型电气元件，在电气图中可采用集中方式表示、半集中方式表示或分开方式表示。**

（1）电气元件的集中方式表示

集中方式表示是指将电气元件的全部图形符号集中绘制在一起，用直虚线（机械连接符号）将全部图形符号连接起来。电气元件的集中方式表示如图8-22（a）所示，简单电路图中的电气元件适合用集中方式表示。

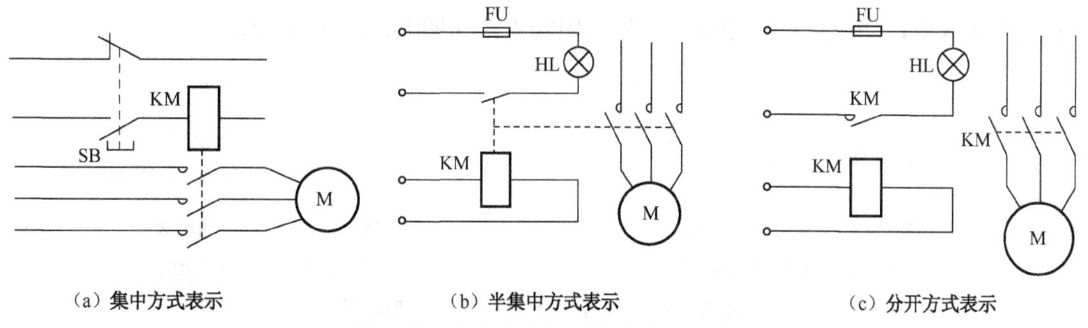

（a）集中方式表示　（b）半集中方式表示　（c）分开方式表示

图8-22　复合型电气元件的表示方法

（2）电气元件的半集中方式表示

半集中方式表示是指将电气元件的全部图形符号分散绘制，用虚线将全部图形符号连接起来。电气元件的半集中方式表示如图8-22（b）所示。

（3）电气元件的分开方式表示

分开方式表示是指将电气元件的全部图形符号分散绘制，各图形符号都用相同的项目代号表示。与半集中方式表示相比，电气元件采用分开方式绘制可以减少电气图上的图线（虚线），且更灵活，但由于未用虚线连接，识图时容易遗漏电气元件的某个部分。电气元件的分开方式表示如图 8-22（c）所示。

2．电气元件状态的表示

在绘制电气元件图形符号时，其状态均按“正常状态”表示，即元件未受外力作用、未通电时的状态。例如：

① 继电器、接触器应处于非通电状态，其触点状态也应处于线圈未通电时对应的状态。

② 断路器、隔离开关和负荷开关应处于断开状态。

③ 带零位的手动控制开关应处于零位置，不带零位的手动控制开关应在图中规定位置。

④ 机械操作开关（如行程开关）的状态由机械部件的位置决定，可在开关附近或别处标注开关状态与机械部件位置之间的关系。

⑤ 压力继电器、温度继电器应处于常温和常压时的状态。

⑥ 事故、报警、备用等开关或继电器的触点应处于设备正常使用的位置，如有特定位置，应在图中加以说明。

⑦ 复合型开闭器件（如组合开关）的各组成部分必须表示在相互一致的位置上，而不管电路的工作状态。

3．电气元件触点的绘制规律

对于电类继电器、接触器、开关、按钮等电气元件的触点，在同一电路中，在加电或受力后各触点符号的动作方向应绘成一致，其绘制规律为“左开右闭，下开上闭”。当触点符号垂直放置时，动触点在静触点左侧为常开触点（也称动合触点），动触点在右侧为常闭触点（又称动断触点），如图 8-23（a）所示。当触点符号水平放置时，动触点在静触点下方为常开触点，动触点在静触点上方为常闭触点，如图 8-23（b）所示。

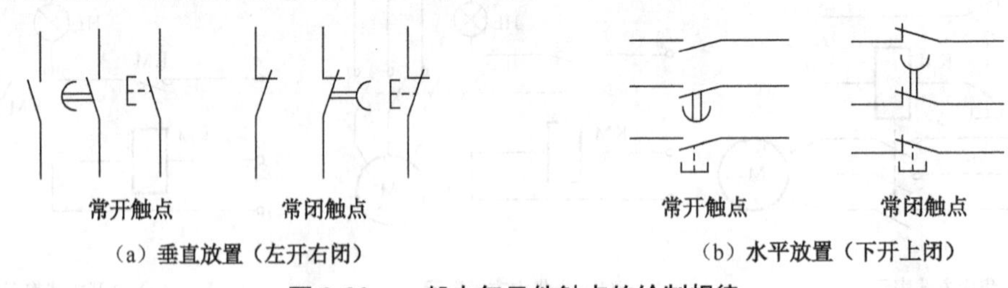

图 8-23　一般电气元件触点的绘制规律

4．电气元件标注的表示

电气元件的标注包括项目代号、技术数据和注释说明等。

（1）项目代号的表示

项目代号是区分不同项目的标记，如电阻项目代号用 R 表示，多个不同电阻分别用 R1、R2……表示。项目代号的一般表示规律如下：

① 项目代号的标注位置尽量靠近图形符号。

② 当元件水平布局时，项目代号一般应标在元件图形符号的上方，如图 8-24（a）中的 VD、R；当元件垂直布局时，项目代号一般标在元件图形符号的左方，如图 8-24（a）中的 C1、C2。

③ 围框的项目代号应标注在其上方或右方，如图 8-24（b）中的 U1。

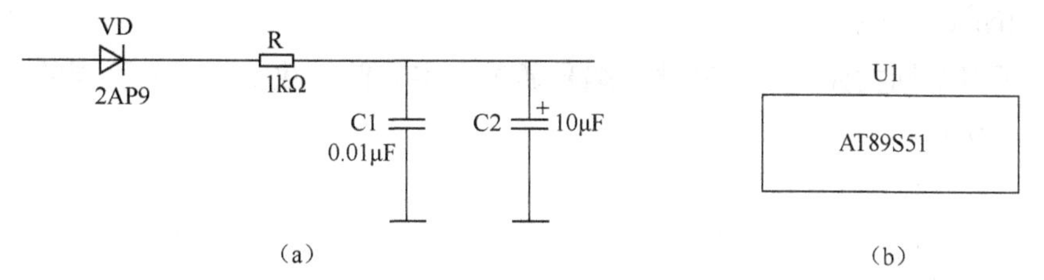

图 8-24　电气元件的项目代号和技术数据表示示例

（2）技术数据的表示

元件的技术数据主要包括元件型号、规格、工作条件、额定值等。技术数据的一般表示规律如下：

① 技术数据的标注位置尽量靠近图形符号。

② 当元件水平布局时，技术数据一般应标在元件图形符号的下方，如图 8-24（a）中的 2AP9、1kΩ；当元件垂直布局时，技术数据一般标在项目代号的下方或右方，如图 8-24（a）中的 0.01μF、10μF。

③ 对于像集成电路、仪表等方框符号或简化外形符号，技术数据可标在符号内，如图 8-24（b）中的 AT89S51。

（3）注释说明的表示

元件的注释说明可采用两种方式：

① 将注释内容直接放在所要说明的元件附近，如图 8-25 所示，如有必要，注释时可使用指引线。

② 给注释对象和内容加相同标记，再将注释内容放在图纸的别处或其他图纸上。

若图中有多个注释，应将这些注释进行编号，并按顺序放在图纸边框附近。如果是多张图，一般性注释通常放在第一张图上，其他注释则放在与其内容相关的图上。注释时，可采用文字、图形、表格等形式，以便更好地将对象表达清楚。

5．电气元件接线端子的表示

元件的接线端子有固定端子和可拆换端子，端子的图形符号如图 8-26 所示。

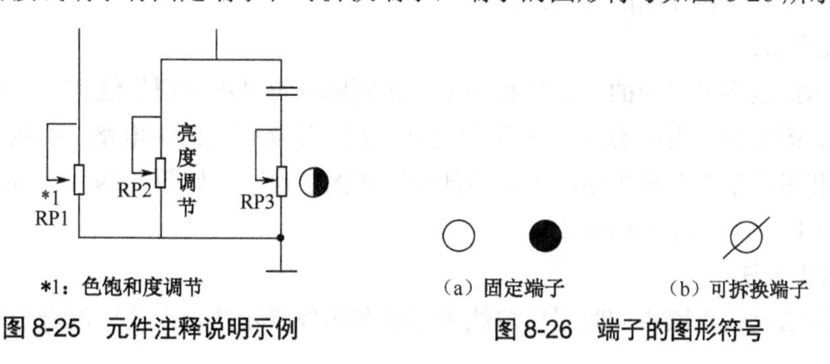

图 8-25　元件注释说明示例　　图 8-26　端子的图形符号

为了区分不同的接线端子，需要对端子进行编号。接线端子编号的一般表示规律如下：

① 单个元件的两个端子用连续数字表示，若有中间端子，则用逐增数字表示，如图 8-27（a）所示。

② 对于由多个相同元件组成的元件组，其端子编号通过在数字前加字母来区分组内不同元件，如图 8-27（b）所示。

③ 对于多个同类元件组，其端子编号通过在字母前加数字来区分不同的元件组，如图 8-27（c）所示。

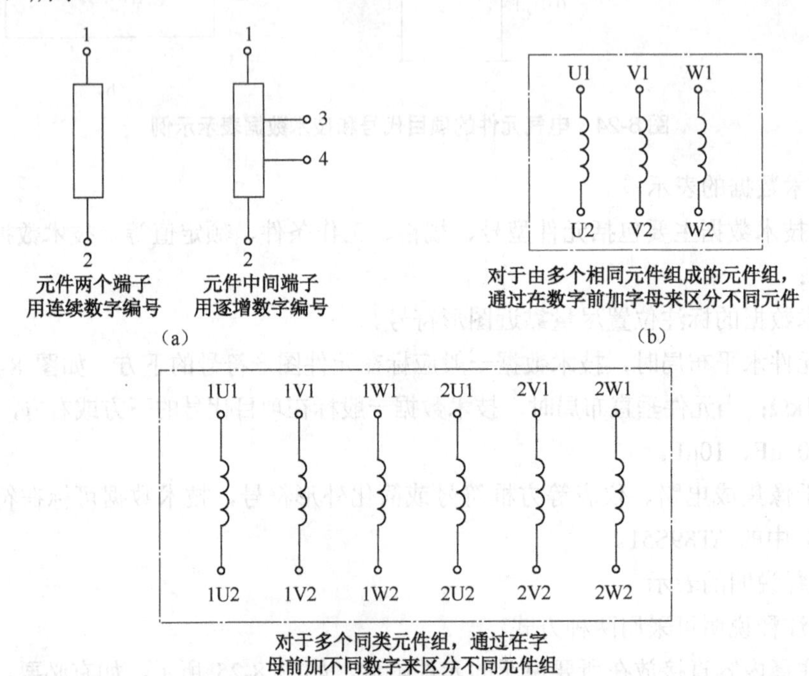

图 8-27　电气元件接线端了的表示示例

8.3.3　电气线路的表示方法

电气线路的表示通常有多线表示法、单线表示法和混合表示法。

1．多线表示法

多线表示法是将电路的所有元件和连接线都绘制出来的表示方法。图 8-28 是用多线方法表示电动机正、反转控制的主电路。

2．单线表示法

单线表示法是将电路中的多根导线和多个相同图形符号用一根导线和一个图形符号来表示的方法。图 8-29 是用单线方法表示的电动机正、反转控制的主电路。单线表示法适用于三相电路和多线基本对称电路，不对称部分应在图中说明，如图 8-29 中在 KM2 接触器触点前加了 L1、L3 导线互换标记。

3．混合表示法

混合表示法是在电路中同时采用单线表示法和多线表示法。在使用混合表示法时，对于三相和基本对称的电路部分可采用单线表示，对于非对称和要求精确描述的电路应采用多线表示法。图 8-30 是用混合表示法绘制的电动机星形–三角形切换主电路。

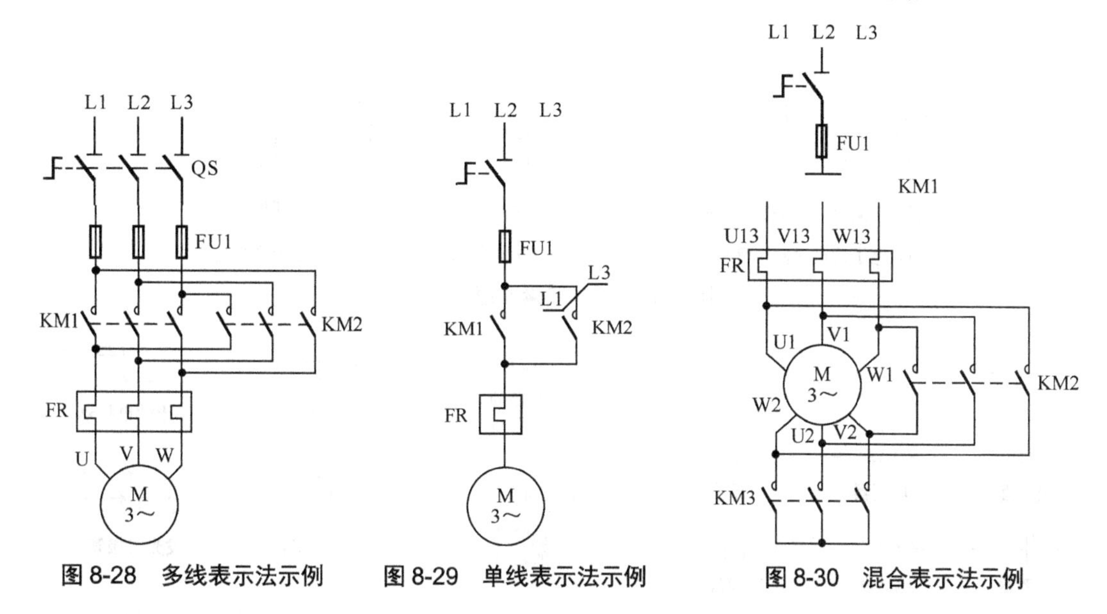

图 8-28　多线表示法示例　　图 8-29　单线表示法示例　　图 8-30　混合表示法示例

8.4 电气符号

电气符号包括图形符号、文字符号、项目代号和回路标号等。电气符号由国家标准统一规定，只有了解电气符号的含义、构成和表示方法，才能正确识读电气图。

8.4.1 图形符号

图形符号是表示设备或概念的图形、标记或字符等的总称。它通常用于图样或其他文件，是构成电气图的基本单元，是电工技术文件中的“象形文字”，是电气工程“语言”的“词汇”和“单词”，正确、熟练地掌握绘制和识别各种电气图形符号是识读电气图的基本功。

1．图形符号的组成

图形符号通常由基本符号、一般符号、符号要素和限定符号四部分组成。

① 基本符号。基本符号用来说明电路的某些特征，不表示单独的元件或设备。例如，“N”代表中性线，“+”“-”分别代表正、负极。

② 符号要素。符号要素是具有确定含义的简单图形，它必须和其他图形符号组合在一起才能构成完整的符号。例如，电子管类元件有管壳、阳极、阴极和栅极四个符号要素，如图 8-31（a）所示，这四个要素可以组合成电子管类的二极管、三极管和四极管等，如图 8-31（b）所示。

③ 一般符号。一般符号用来表示一类产品或此类产品特征，其图形往往比较简单。图 8-32 所示为一些常见的一般符号。

④ 限定符号。限定符号是一种附加在其他图形符号上的符号，用来表示附加信息（如

可变性、方向等）。限定符号一般不能单独使用，使用限定符号使得图形符号可表示更多种类的产品。一些限定符号的应用如图 8-33 所示。

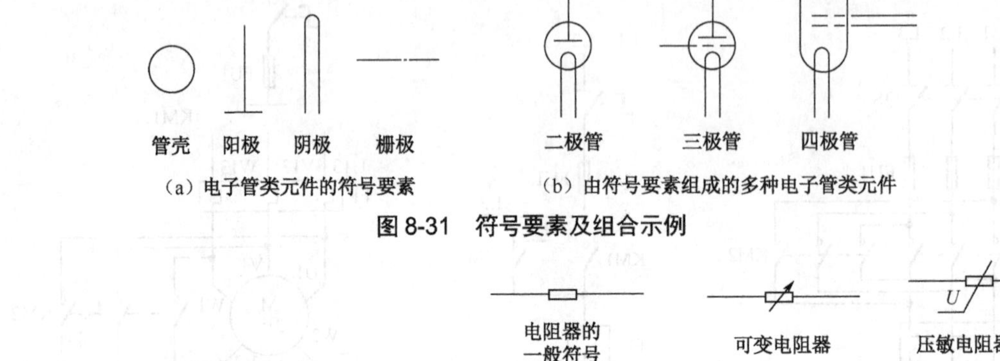

图 8-31　符号要素及组合示例

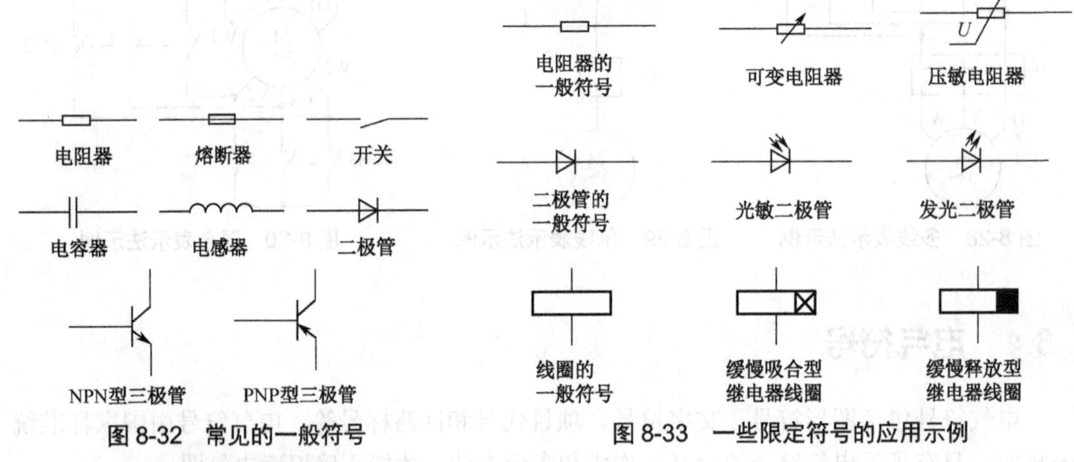

图 8-32　常见的一般符号

图 8-33　一些限定符号的应用示例

2．图形符号的分类

根据表示的对象和用途不同，图形符号可分为两类：电气图用图形符号和电气设备用图形符号。电气图用图形符号是指用在电气图纸上的符号，而电气设备用图形符号是指在实际电气设备或电气部件上使用的符号。

（1）电气图用图形符号

电气图用图形符号是指用在电气图纸上的符号。电气图形符号种类很多，国家标准 GB/T 4728—2005 将电气简图用图形符号分为 11 类：① 导线和连接器件；② 无源元件；③ 半导体管和电子管；④ 电能的发生和转换；⑤ 开关、控制和保护装置；⑥ 测量仪表、灯和信号器件；⑦ 电信-交换类和外围设备；⑧ 电信-传输类；⑨ 电力、照明和电信布置；⑩ 二进制逻辑单元；⑪ 模拟单元。

常用电气图用图形符号见附录 A。

（2）电气设备用图形符号

电气设备用图形符号主要标注在实际电气设备或电气部件上，用于识别、限定、说明、命令、警告和指示等。国家标准 GB/T 5465—1996 将电气设备用图形符号分为 6 部分：① 通用符号；② 广播电视及音响设备符号；③ 通信、测量、定位符号；④医用设备符号；⑤ 电化教育符号；⑥ 家用电器及其他符号。

常用电气设备用图形符号见附录 B。

8.4.2 文字符号

文字符号用于表示元件、装置和电气设备的类别名称、功能、状态及特征，一般标在元件、装置和电气设备符号之上或附近。电气系统中的文字符号分为基本文字符号和辅助文字符号。

1. 基本文字符号

基本文字符号主要表示元件、装置和电气设备的类别名称，分为单字母符号和双字母符号。电气设备基本文字符号见附录 C。

（1）单字母符号

单字母符号用于将元件、装置和电气设备分成 20 多个大类，每个大类用一个大写字母表示（I、O、J 字母未用）。例如，R 表示电阻器类，M 表示电动机类。

（2）双字母符号

双字母符号由表示大类的单字母符号之后增加一个字母组成。例如，R 表示电阻器类，RP 表示电阻器类中的电位器；H 表示信号器件类，HL 表示信号器件类的指示灯，HA 表示信号器件类的声响指示灯。

2. 辅助文字符号

辅助文字符号主要表示元件、装置和电气设备的功能、状态、特征及位置等。例如，ON、OFF 分别表示闭合、断开，PE 表示保护接地，ST、STP 分别表示启动、停止。电气设备辅助文字符号见附录 D。

3. 文字符号使用注意事项

在使用文字符号时，要注意以下事项：

① 电气系统中的文字符号不适用于各类电气产品的命名和型号编制。

② 文字符号的字母应采用正体大写格式。

③ 一般情况下基本文字符号优先使用单字母符号，如果希望表示得更详细，则可使用双字母符号。

8.4.3 项目代号

在电气图中，用一个图形符号表示的基本件、部件、功能单元、设备和系统等称为项目。由此可见，小到二极管、电阻器、连接片，大到配电装置、电力系统等都可称为项目。

项目代号是用于识别图形、图表、表格中和设备上的项目种类，提供项目的层次关系、种类和实际位置等信息的一种特定代码。项目代号由拉丁字母、阿拉伯数字和特定的前缀符号按一定规则组合而成。例如，某照明灯的项目代号为“=S3+301-E3：2”，表示 3 号车间变电所 301 室 3 号照明灯的第 2 个端子。

一个完整的项目代号包括 4 个代号段，分别是：① 高层代号（第 1 段，前缀为“=”）；② 位置代号（第 2 段，前缀为“+”）；③ 种类代号（第 3 段，前缀为“-”）；④ 端子代号（第 4 段，前缀为“：”）。图 8-34 为某 10kV 线路过电流保护项目的项目代号结构、前缀符号及其分解图。

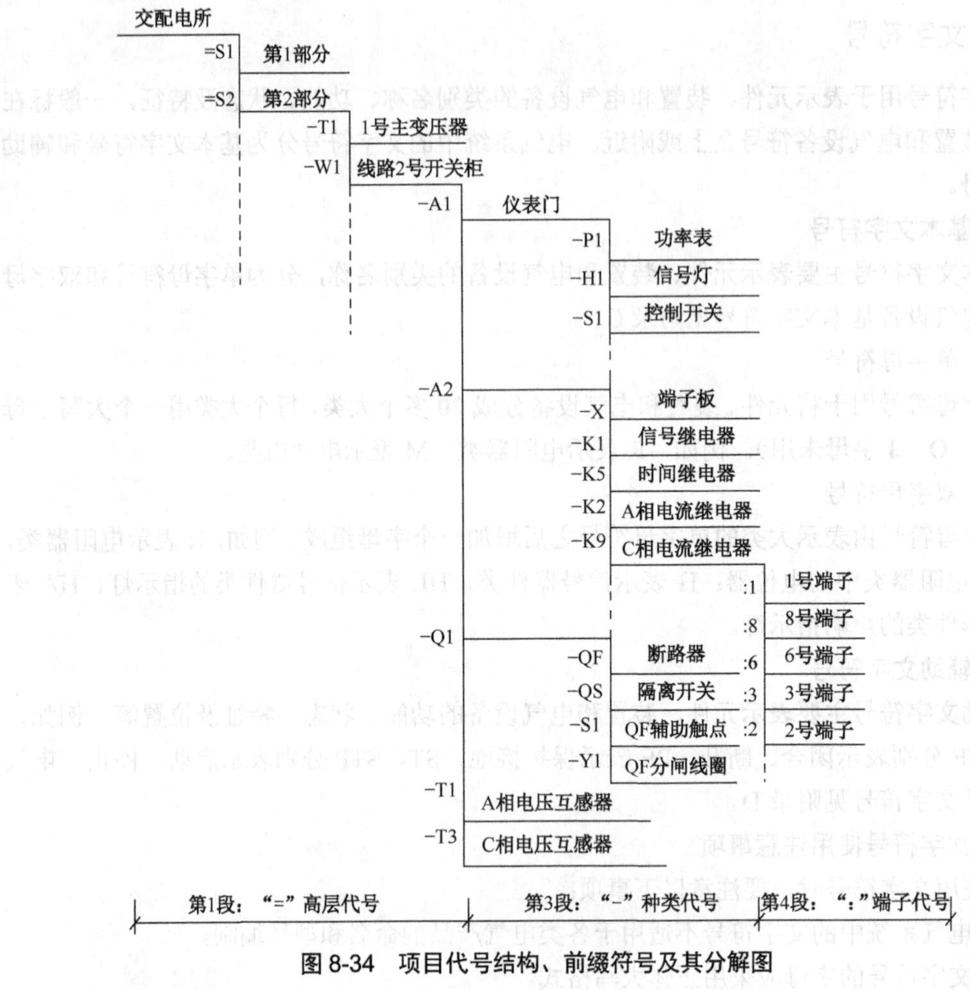

图 8-34　项目代号结构、前缀符号及其分解图

1. 高层代号

对所给代号的项目而言，设备或系统中任何较高层次的代号都可称为高层代号。高层代号具有项目总代号的含义，其命名是相对的。例如，在某一电力系统中，该电力系统的代号是其所属变电所的高层代号，而变电所代号又是其所属变压器的高层代号。所以高层代号除有项目总代号的含义外，其命名也具有相对性，即某些项目对于其下级项目就是高层代号。

高层代号的前缀符号是“=”，其后面的代码由字母和数字组合而成。一个项目代号中可以只有一个高层代号，也可以有两个或多个高层代号，有多个高层代号时要将较高层次的高层代号标注在前。例如，第一套机床传动装置中第一种控制设备，可以用“=P1=T1”表示，表明 P1、T1 都属于高层代号，并且 T1 属于 P1，“=P1=T1”也可以表示为“=P1T1”。

2. 位置代号

位置代号是项目在组件、设备、系统或建筑物中的实际位置代号。位置代号的前缀是“+”，其后面的代码通常由自行规定的字母和数字组成。

图 8-35 为某企业中央变电所 203 室的中央控制室，内部有控制屏、操作电源屏和继电保护屏共 3 列，各列用拉丁字母表示，每列的各屏用数字表示，位置代号由字母和数字组合而成。例如，B 列 6 号屏的位置代号“+B+6”，全称表示为“+203+B+6”，可简单表示为“+203B6”。

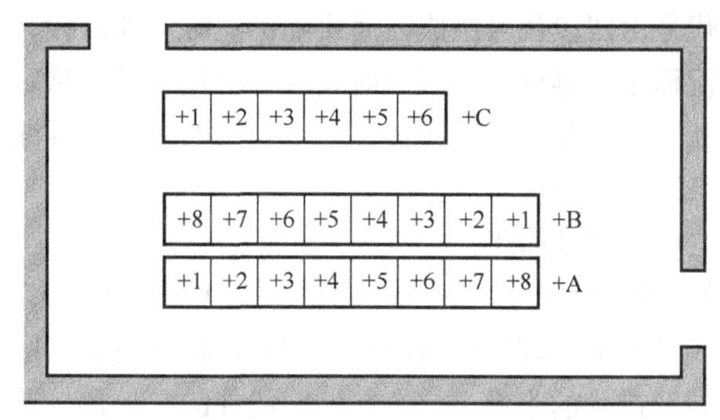

图 8-35 位置代号说明示例

3．种类代号

种类代号是用来识别项目种类的代号。 在项目分类时，将各种电气元件、器件、设备、装置等根据其结构和在电路中的作用来分类，相近的应归为同类。种类代号是整个项目代号的核心部分。

种类代号的前缀为“-”，其后面的代码有下面几种表示方式。

① **字母+数字表示。** 这是最常用、最容易理解的一种表示方法，如-A1、-B3、-R1 等，代码中的字母应为规定的单字母、双字母或辅助字母符号，通常采用单字母表示。如“-K3”，其中“-”为种类代号前缀，“K”表示继电器，“3”表示第 3 个。

② **用顺序数字（1、2、3……）表示。** 在图中给每个项目规定一个统一的数字序号，同时将这些顺序数字和它所表示的项目列表于图中或其他说明中，如-1、-2、-3 等，在图中或其他说明中必须说明-1、-2、-3 等代表的种类。

③ **按不同类分组编号表示。** 将不同类的项目分组编号，并将编号所代表的项目列表于图中或其他说明中，如电阻器用-11、-12、-13……表示，继电器用-21、-22、-23……表示，信号灯用-31、-32、-33……表示，编号中第 1 个数字 1、2、3 分别表示电阻器类、继电器类、信号灯类，后一个数字表示序号。

对于由若干项目组成的复合项目，其种类代号可采用字母代号与数字表示。例如，某高压开关柜 A3 第 1 个继电器可表示为“-A3-K1”，简化表示为“-A3K1”。

4．端子代号

端子代号是指同外电路进行电气连接的接线端子的代号。 端子代号是构成项目代号的一部分，如果项目端子有标记，端子代号必须与项目端子的标记一致；如果项目端子没有标记，应在图上自行标记端子代号。

端子代号的前缀为“:”，其后面的代码可以是数字， 如“:1”“:2”等，也可以是大写字母，如“:A”“:B”等，还可以是数字与大写字母的组合，如“:2W1”“:2W2”等。例如，QF1 断路器上的 3 号端子可以表示为“-QF1 : 3”。

电气接线端子与特定导线（包括绝缘导线）连接时，规定有专门的标记方法。例如，三相交流电器的接线端子若与相位有关，字母代号必须是“U、V、W”，并且应与交流电源的三相导线L1、L2、L3一一对应。

5．项目代号的使用

一个完整的项目代号由四段代号组成，而实际标注时，项目代号可以是一段、二段或三段代号，具体视情况而定。标注项目代号时，应针对要表示的项目，按照分层说明、适当组合、符合规范、就近标注和有利看图的原则，有目的地进行标注。对于经常使用而又较为简单的图，可以只采用一个代号段。

（1）单一代号段的项目代号标注

项目代号可以是单一的高层代号、单一的位置代号、单一的种类代号和单一的端子代号。

单一的高层项目代号多用于较高层次的电气图中，特别是概略图。单一高层代号可标注在该高层的围框或图形符号的附近，一般在轮廓线外的左上角。若全图都属于一个高层或一个高层的一部分，高层代号可标注在标题栏的上方，也可在标题栏内说明。

单一的位置代号多用在接线图中，标注在单元的围框附近。在安装图和电缆连接图中，只需提供项目的位置信息，此时可只标注由位置代号段构成的项目代号。

单一的种类代号多用于电路图中。对于比较简单的电路图，若只需表示电路的工作原理，而不强调电路各组成部分之间的层次关系，则可以在图上各项目附近只标注由种类代号构成的项目代号，如图8-36所示。

单一的端子代号多用于接线图和电路图中。端子代号可标注在端子符号的附近，不带圆圈的端子则将端子代号标注在符号引线附近，如图8-37的开关端子11、12，标注方向以看图方向为准；在有围框的功能单元或结构单元中，端子代号必须标注在围框内，如图8-37围框内的1、2、3等端子；端子板的各端子代号以数字为序直接标注在各小矩形框内，如图8-37中的X1端子板。

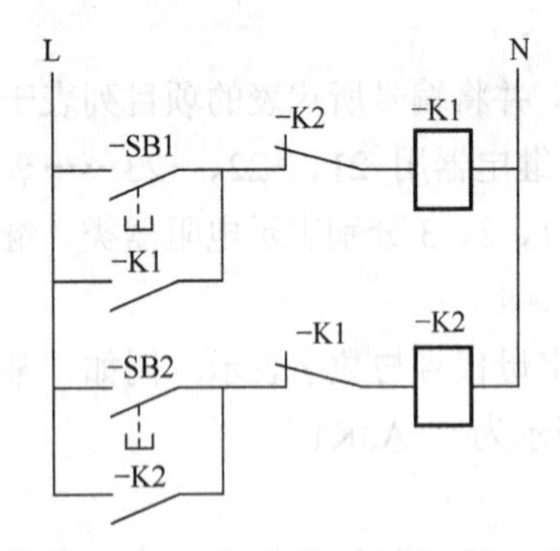

图8-36　单一种类代号标注示例

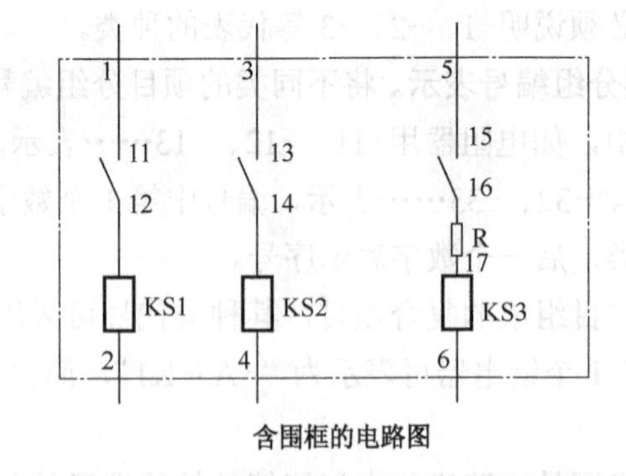

图8-37　单一端子代号标注示例

（2）多代号段的项目代号标注

项目代号可以是单代号段，也可以由多代号段组成。

当高层代号和种类代号组成项目代号时，主要表示项目之间功能上的层次关系，一般不反映项目的安装位置，因此多用于初期编定的项目代号。例如，第3套系统中的第2台电动机的项目代号为“= S3-M2”。

当位置代号和种类代号组成项目代号时，可以明确给出项目的位置，便于对项目的查找、检修和排除故障。例如，项目代号“+108B-M2”表示第 2 台电动机的位置在 108 室第 B 列开关柜上。

当种类代号和端子代号组成项目代号时，主要用于表示项目的端子代号。例如，图 8-37 中的各端子代号可表示为“-X1:1”“-X1:2”等。

当高层代号、位置代号和种类代号组成项目代号时，主要用于表示大型复杂成套装置。例如，项目代号“= T1+C-K2”表示 1 号变压器 C 列柜的第 2 个继电器。

当高层代号、位置代号、种类代号和端子代号组成项目代号时，可以表示更多的项目信息。例如，“= T1+C-K2: 3”表示 1 号变压器 C 列柜的第 2 个继电器的第 3 个端子。项目代号的代号段越多，所包含的信息越多，但可能会使电气图看上去比较混乱。因此，标注项目代号时，在能清楚表达的前提下，应尽量少用多段代号。

8.4.4　回路标号

在电气图中，用于表示回路种类、特征的文字和数字标号称为回路标号。回路标号的使用为接线和查线提供了方便。

1．回路标号的一般原则

回路标号的一般原则如下：

① 将导线按用途分组，每组给以一定的数字范围。

② 导线的标号一般由三位或三位以下的数字组成，当需要标明导线的相别或其他特征时，在数字的前面或后面（一般在数字的前面）添加文字符号。

③ 导线标号按等电位原则进行，即回路中连接在同一点上的导线具有相同的电位，应标注相同的回路标号。

④ 由线圈、触点、开关、电阻、电容等降压器件（开关断开时存在降压）间隔的线段，应标注不同的回路标号。

⑤ 标号应从交流电源或直流电源的正极开始，以奇数顺序号 1、3、5……或 101、103、105……开始，直至电路中的一个主要减压元件为止。之后按偶数顺序……6、4、2 或……106、104、102 至交流电源的中性线（或另一相线）或直流电源的负极。

⑥ 某些特殊用途的回路给以固定的数字标号。例如，断路器的跳闸回路用 33、133 等。

2．回路标号的分类

根据标识电路的内容不同，回路标号可分为直流回路的标号、交流回路的标号及电力拖动和自动控制回路的标号。

（1）直流回路的标号

在直流一次回路中，用个位数字的奇偶性来区分回路的极性，用十位数字的顺序来区分回路的不同线段，例如，正极回路用 1、11、21、31……顺序标号，负极回路用 2、12、22……顺序标号；**用百位数字来区分不同供电电源的回路，**如 A 电源的正、负极回路分别用101、111、121……和102、112、122……顺序标号，B电源的正、负极回路分别用201、211、221……和202、212、222……顺序标号。

在直流二次回路中，正、负极回路的线段分别用奇数1、3、5……和偶数2、4、6……顺序标号。

（2）交流回路的标号

在交流一次回路中，用个位数字的顺序来区分回路的相别，用十位数字的顺序来区分回路的不同线段。例如，第一相回路用1、11、21、31……顺序标号，第二相回路用2、12、22……顺序标号，第三相回路用3、13、23……顺序标号。

交流二次回路的标号原则与直流二次回路相似。回路的主要降压元件两端的不同线段分别按奇数和偶数的顺序标号，如一侧按1、3、5……顺序标号，另一侧按2、4、6……顺序标号。元件之间的连接导线，可任意选标奇数或偶数。

对于不同供电电源的回路，可用百位数字的顺序标号进行区分。

（3）电力拖动和自动控制回路的标号

在电力拖动和自动控制回路中，一次回路的标号由文字符号和数字符号两部分组成。文字符号用于标明一次回路中电气元件和线路的技术特性，如三相电动机绕组用U、V、W表示，三相交流电源端用L1、L2、L3表示。**数字标号由三位数字构成，用来区分同一文字标号回路中不同的线段，**如三相交流电源端用L1、L2、L3表示，经开关后用U11、V12、W13标号，熔断器以下用U21、V22、W23标号。

在二次回路中，除电气元件、设备、线路标注文字符号外，为简明起见，其他只标注回路标号。

图8-38所示是一个电动机控制电路。三相电源端用L1、L2、L3表示，“1、2、3”分

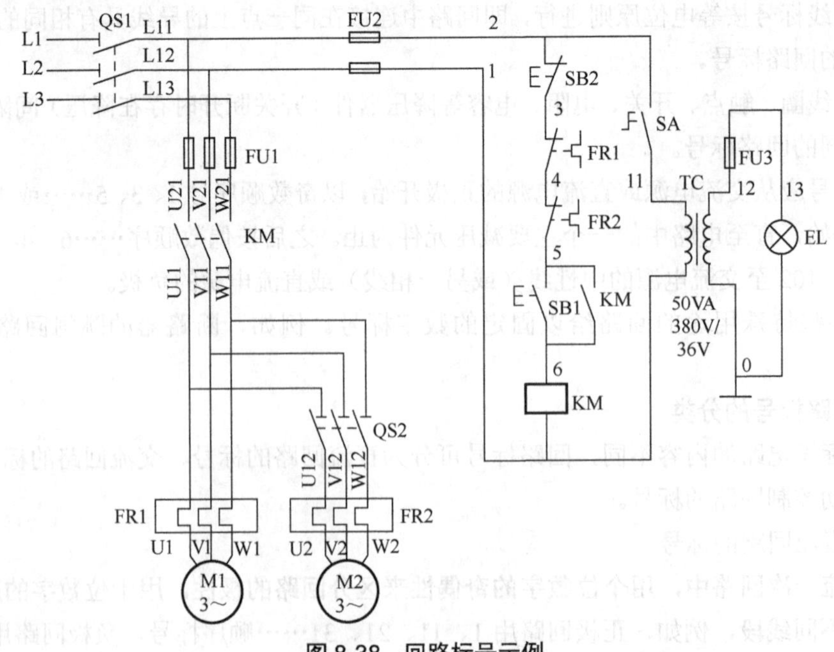

图8-38 回路标号示例

别表示三相电源的相别，由于 QS1 开关两端属于不同的线段，因此加一个十位数“1”，这样经电源开关后的标号为“L11、L12、L13”。电动机一次回路的标号应从电动机绕组开始，自下而上标号，以电动机 M1 的回路为例，电动机定子绕组的标号为 U1、V1、W1，在热继电器 FR1 发热元件另一组线段，标号为 U11、V11、W11，再经接触器 KM 触点，标号变为 U21、V21、W21，经过熔断器 FU1 与三相电源相连，并分别与 L11、L12、L13 同电位，因此不再标号，也可将 L11、L12、L13 改成标号 U31、V31、W31。

第 9 章　电工测量电路的识读

电工测量主要包括电流测量、电压测量、功率测量、功率因数测量和电能测量等。通过对电路各种电参数的测量，可以了解电路的工作情况，便于对电气设备、运行线路进行管理、维护及诊断。测量时，根据需要测量的参数选用合适的电工仪表，并将仪表正确接入电路中来测量电路的各种电参数。

9.1　电流和电压测量电路的识读

9.1.1　电流测量电路

电流测量有两种方法：直接测量法和间接测量法。低电压、小电流电路适合用直接测量法测量电流，高电压、大电流电路适合用间接测量法测量电流。

1．电流直接测量电路

在直接测量电流时，需要将电流表直接串接在电路中，测量直流电流要选择直流电流表，测量交流电流则要选择交流电流表。直流电流表和交流电流表如图 9-1 所示，直流电流和交流电流直接测量电路如图 9-2 所示，电流表要串接在电路中，测量直流电流时，要注意直流电流表的极性。

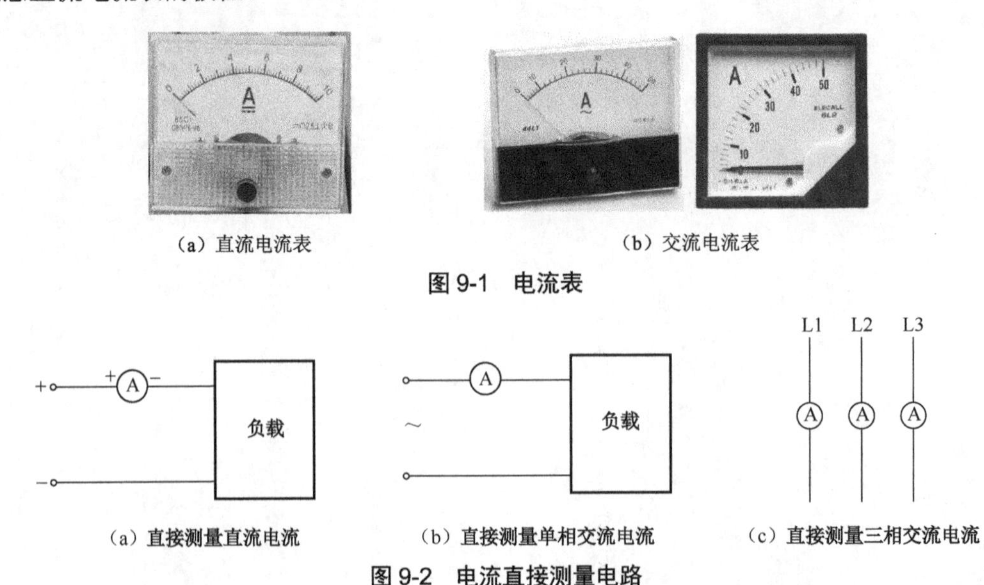

（a）直流电流表　　（b）交流电流表

图 9-1　电流表

（a）直接测量直流电流　　（b）直接测量单相交流电流　　（c）直接测量三相交流电流

图 9-2　电流直接测量电路

如果不需要长时间随时监视电路的电流大小，也可以使用万用表的电流挡来直接测量电路中的电流值。

2．电流间接测量电路

间接测量电流法适合测量高电压、大电流交流电路中的电流，在间接测量电流时，要用到电流互感器。

（1）电流互感器

电流互感器是一种能增大或减小交流电流的器件，其外形与工作原理说明如图 9-3 所示。

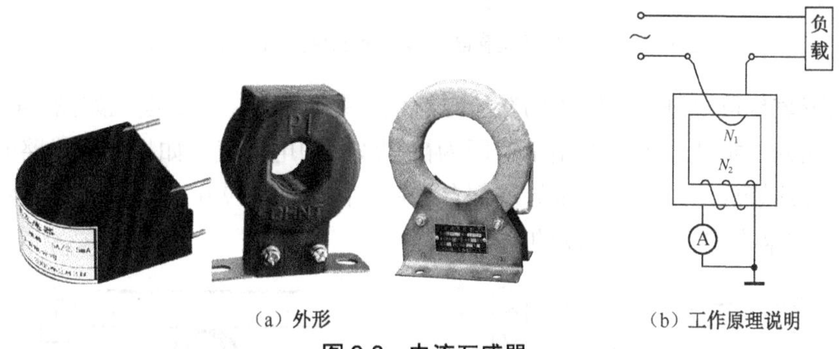

（a）外形　　（b）工作原理说明

图 9-3　电流互感器

从图 9-3（b）中可以看出，电流互感器的一次绕组串接在一根电源线上。当有电流流过一次绕组（线圈）时，绕组产生磁场，磁场通过铁芯穿过二次绕组，二次绕组两端有电压产生，与绕组连接的电流表有电流流过。对于穿心式电流互感器，直接将穿心（孔）而过的电源线作为一次绕组，二次绕组接电流表。

电流互感器的一次绕组电流 I_1 与二次绕组电流 I_2 有下面的关系：

$$\frac{I_1}{I_2}=\frac{N_2}{N_1}$$

从上面的式子可以看出，**绕组流过的电流大小与匝数成反比，即匝数多的绕组流过的电流小，匝数少的绕组流过的电流大，N_2/N_1 称为变流比**。

（2）电流间接测量电路实例

利用电流互感器与电流表配合，可以间接测量交流电流的大小；由于电流互感器无法对直流进行变流，故不能用电流互感器来间接测量直流电流。

利用电流互感器间接测量一相交流电流的电路如图 9-4 所示，如果电流互感器的变流比 N_2/N_1=6，电流表测得的电流值 I_2 为 8A，那么线路实际电流值 I_1=I_2（N_2/N_1）=48A。利用电流互感器间接测量三相交流电流的电路如图 9-5 所示。

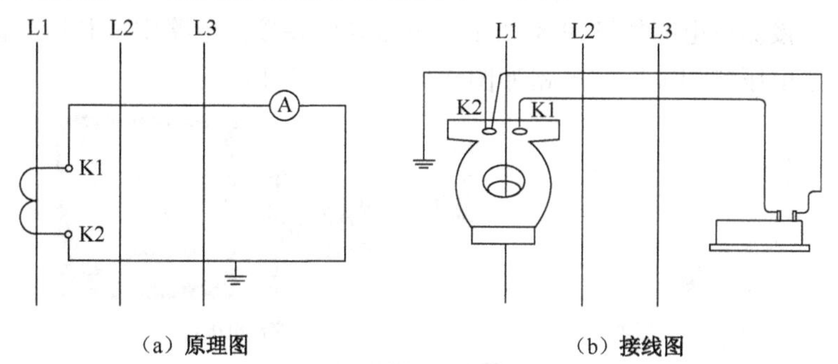

（a）原理图　　（b）接线图

图 9-4　利用电流互感器间接测量一相交流电流的电路

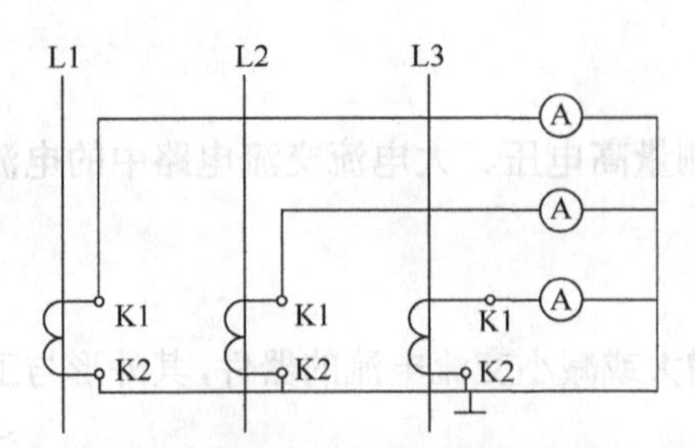

图 9-5　利用电流互感器间接测量三相交流电流的电路

使用钳形表也可以测量电路中的交流电流值。钳形表测量交流电流如图 9-6（a）所示，测量时只能钳入一根线，仪表的指示值即为被测线路的电流值。如果被测线路的电流值较小，可以将导线绕成两匝，将两匝导线都置入钳口内，如图 9-6（b）所示，再将仪表的指示值除以 2，所得值即为被测线路的电流值。

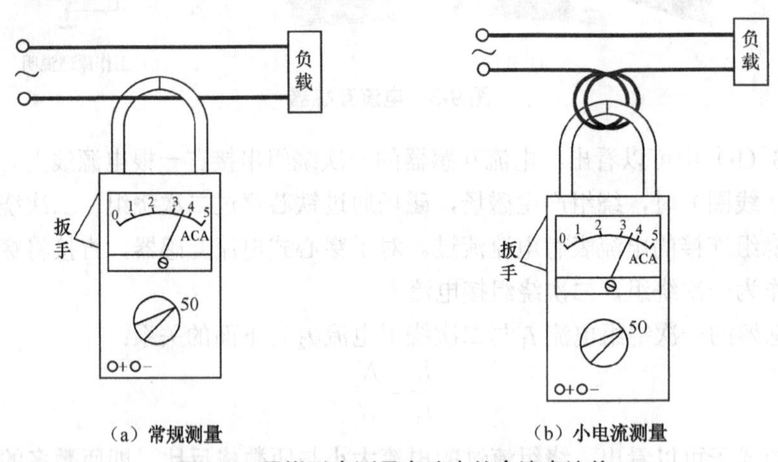

（a）常规测量　　（b）小电流测量

图 9-6　用钳形表测量电路中的交流电流值

9.1.2　电压测量电路

电压测量也有两种方法：直接测量法和间接测量法。低电压适合用直接测量法测量，高电压适合用间接测量法测量。

1．电压直接测量电路

在直接测量电压时，需要将电压表直接并接在电路中，测量直流电压要选择直流电压表，测量交流电压则要选择交流电压表。直流电压表和交流电压表如图 9-7 所示，直流电压和交流电压直接测量电路如图 9-8 所示，电压表要并接在电路中。利用交流电压表测量三相交流电的线电压和相电压的电路如图 9-9（a）、（b）所示。

（a）直流电压表　　（b）交流电压表

图 9-7　电压表

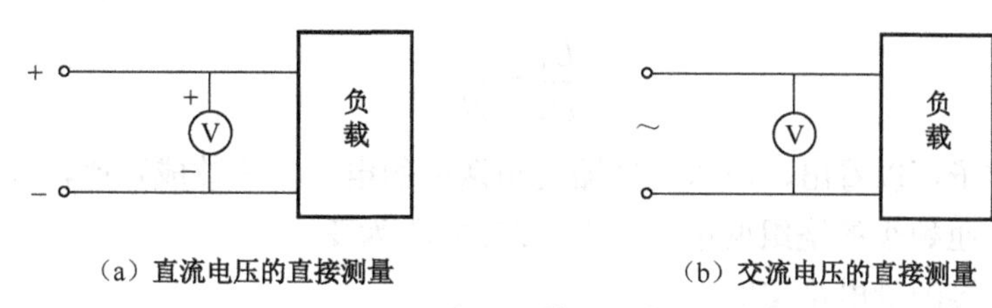

（a）直流电压的直接测量　　（b）交流电压的直接测量

图 9-8　电压直接测量电路

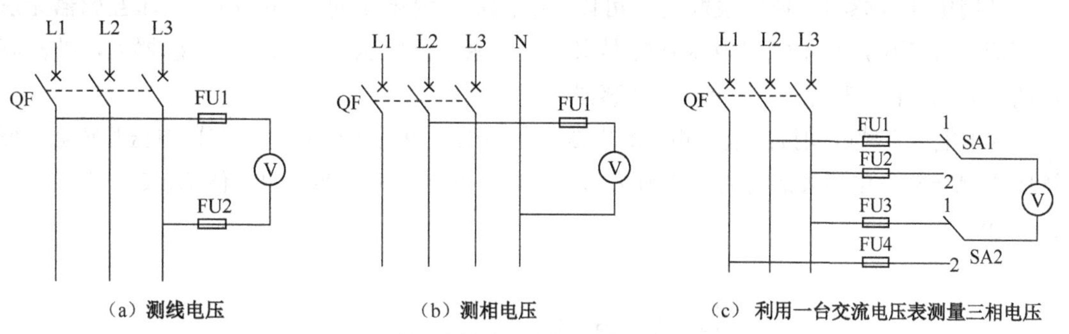

（a）测线电压　　（b）测相电压　　（c）利用一台交流电压表测量三相电压

图 9-9　利用交流电压表测量交流电压的电路

如果不需要长时间随时监视电路的电压大小，也可以使用万用表的电压挡来直接测量电路中的电压值。

2．电压间接测量电路

间接测量电压法适合测量高电压交流电路中的电压，在间接测量电压时，要用到电压互感器。

（1）电压互感器

电压互感器是一种能将交流电压升高或降低的器件，其外形与结构如图 9-10（a）、（b）所示，其工作原理说明如图 9-10（c）所示。

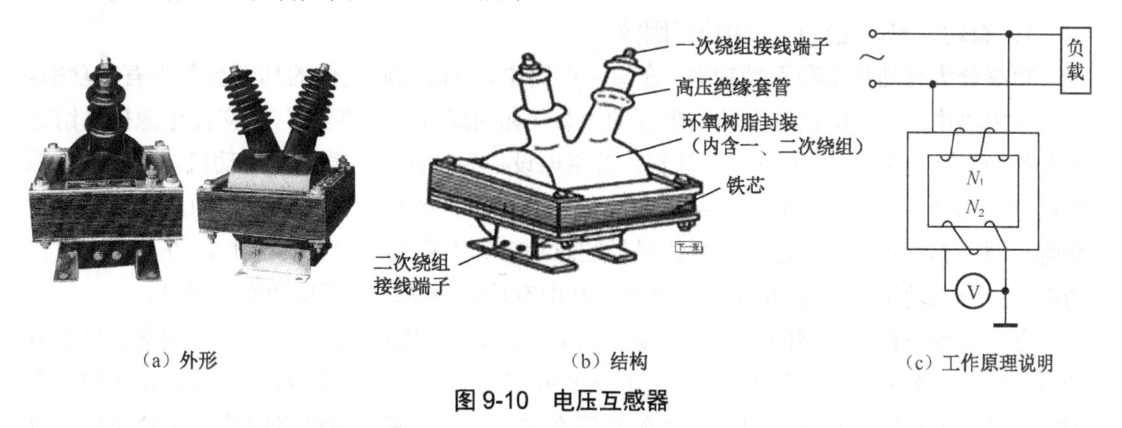

（a）外形　　（b）结构　　（c）工作原理说明

图 9-10　电压互感器

从图中可以看出，电压互感器由两组线圈绕在铁芯上构成，一组线圈（称作一次绕组，其匝数为 N_1）并接在电源线上，另一组线圈（称作二次绕组，其匝数为 N_2）接有一个电压表。当电源电压加到一次绕组时，该绕组产生磁场，磁场通过铁芯穿过二次绕组，二次绕组两端即产生电压。电压互感器的一次绕组电压 U_1 与二次绕组电压 U_2 有下面的关系：

$$\frac{U_1}{U_2}=\frac{N_1}{N_2}$$

从上面的式子可以看出，**电压互感器绕组两端的电压与匝数成正比，即匝数多的绕组两端的电压高，匝数少的绕组两端电压低，N_1/N_2 称为变压比。**

（2）电压间接测量电路实例

利用电压互感器与电压表配合，可以间接测量交流电压的大小；由于电压互感器无法对直流进行变压，故不能用电压互感器来间接测量直流电压。使用电压互感器后，被测高压的实际值=电压表的指示值×电压互感器的变压比。

利用电压互感器间接测量三相交流电线电压的电路如图 9-11 所示，如果电压互感器的变压比 N_1/N_2=50，电压表测得的电压值 U_2 为 200V，那么线路的实际电压值 $U_1=U_2$（N_1/N_2）= 10 000V。

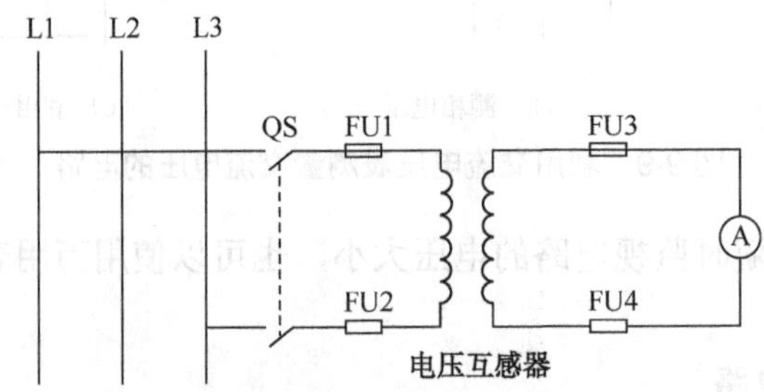

图 9-11 利用电压互感器间接测量三相交流电线电压的电路

9.2 功率和功率因数测量电路的识读

9.2.1 功率的类型与基本测量方法

1．有功功率、无功功率和功率因数

功率分为有功功率和无功功率。在直流电路中，直流电源提供的功率全部为有功功率。在交流电路中，若用电设备为纯电阻性的负载（如白炽灯、电热丝），则交流电源提供给它的全部为有功功率 P，可用 $P=UI$ 计算；若用电设备为感性类负载，如电动机，则交流电源除提供有功功率使之运转外，还会为它提供无功功率，无功功率是不做功的，被浪费掉。交流电源为感性类（或容性类）负载提供的总功率称为视在功率 S，可用 $S=UI$ 计算，视在功率 S 由有功功率 P 和无功功率 Q 组成，其中有功功率做功，无功功率不做功。

有功功率与视在功率的比值称为功率因数，用 $\cos\varphi$ 表示，$\cos\varphi=P/S$。三相交流异步电动机在额定负载时的功率因数一般为 0.7～0.9，在轻载时其功率因数就更低。设备的功率因数越低，就意味着设备对电能的实际利用率越低。**为了减少电动机浪费的无功功率，应选用合适容量的电动机，避免用“大牛拉小车”或让电动机空载运行。另外，在设备两端并联电容可以减少感性类设备浪费的无功功率，提高设备的功率因数。**

2．功率的伏安测量法

功率等于电压和电流的乘积，要测量功率就必须测量电压值和电流值。用电压表和电流表测量功率的两种测量电路如图 9-12 所示，若负载电阻 R_L 远小于电压表内阻 R_V，则电压表的分流可忽略不计，即大功率负载（R_L 阻值小）采用图 9-12（a）所示的测量电路测得的功率更准确；若负载电阻 R_L 远大于电流表内阻 R_A，则电流表的压降可忽略不计，即小功率负载（R_L 阻值大）应采用图 9-12（b）所示的测量电路，电压值 U 和电流值 I 测得后，再计算 UI 即得功率值。

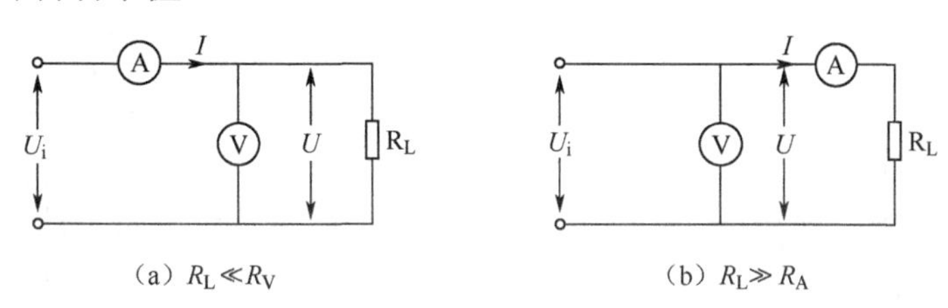

（a）$R_L \ll R_V$　　（b）$R_L \gg R_A$

图 9-12　用电压表和电流表测量功率的两种测量电路

9.2.2　单相和三相功率测量电路

功率分为有功功率和无功功率。测量有功功率使用有功功率表，如图 9-13 所示，有功功率的单位为 W、kW、MW；**测量无功功率使用无功功率表，**如图 9-14 所示，无功功率的单位为 var（乏）、kvar、Mvar。有功功率和无功功率的测量电路基本相同，区别在于所用仪表不同。下面以有功功率测量电路为例来介绍功率的测量。

图 9-13　有功功率表

图 9-14　无功功率表

1．单相功率测量电路

（1）功率直接测量电路

单相功率的直接测量电路如图 9-15 所示。**功率表内有电流线圈和电压线圈，对外有四个接线端，电流线圈匝数少且线径粗，其电阻很小，电压线圈匝数多且线径细，其电阻很大，在测量时，电流和电压线圈都有电流流过，它们产生偏转力共同驱动表针直接指示功率值。**大功率负载（R_L 阻值小）适合用图 9-15（a）所示的测量电路来测量功率，小功率负载（R_L 阻值大）适合采用图 9-15（b）所示的测量电路来测量功率。

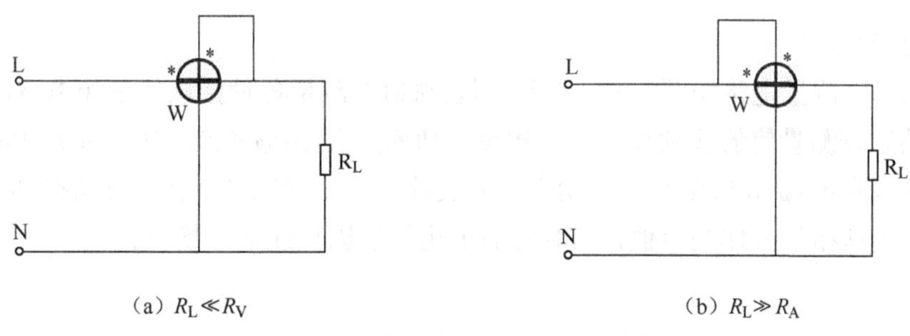

（a）$R_L \ll R_V$　　（b）$R_L \gg R_A$

图 9-15　用功率表直接测量功率的两种测量电路

（2）功率间接测量电路

单相功率的间接测量电路如图 9-16 所示，图 9-16（a）使用了电压互感器，其实际功率值为功率表指示值与电压互感器变压比的乘积；图 9-16（b）使用了电流互感器，其实际功率值为功率表指示值与电流互感器变流比的乘积。

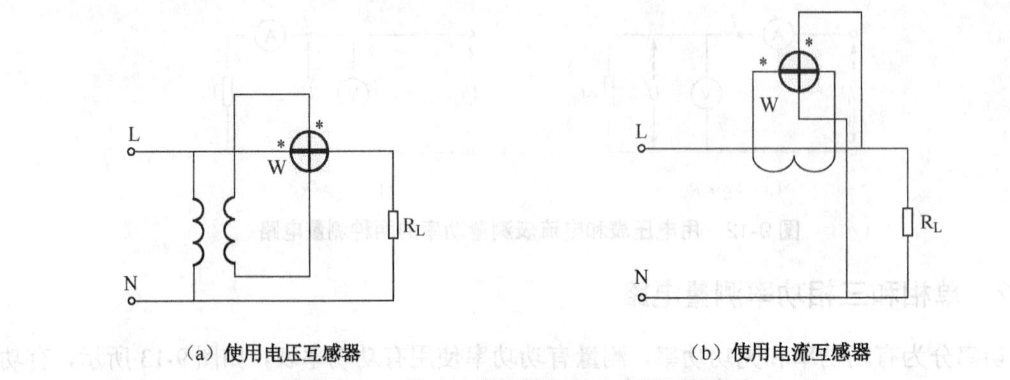

（a）使用电压互感器　　（b）使用电流互感器

图 9-16　用功率表间接测量功率的测量电路

2. 三相功率测量电路

三相功率测量电路有三种类型：一表法、两表法和三表法。

（1）一表法功率测量电路

一表法功率测量电路如图 9-17 所示，测量三相星形负载功率采用图 9-17（a）所示的测量电路，测量三相三角形负载功率采用图 9-17（b）所示的测量电路。**一表法适合测量三相对称且平衡的负载电路，三相总功率为功率表测量值的 3 倍，即 $P=3P_1$。**

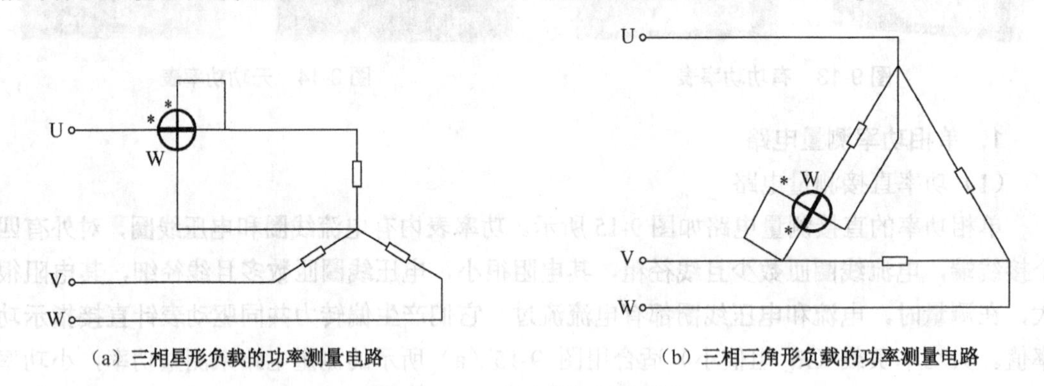

（a）三相星形负载的功率测量电路　　（b）三相三角形负载的功率测量电路

图 9-17　一表法功率测量电路

（2）两表法功率测量电路

两表法功率测量电路如图 9-18 所示。**两表法适合测量各种接法的三相电路，三相总功率为两个功率表测量值的代数和。**若三相负载功率因数 $\cos\varphi>0.5$，总功率 $P=P_1+P_2$；若三相负载功率因数 $\cos\varphi<0.5$，则有一个功率表的表针会反偏，指示为负值，总功率 $P=P_1+(-P_2)$，如果功率表无法指示具体的负值，可将该表的电流线圈接线端互换位置。

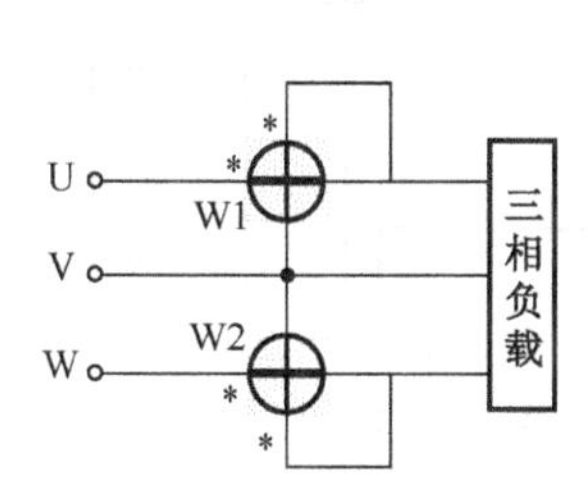

（a）两表直接测量三相功率的电路

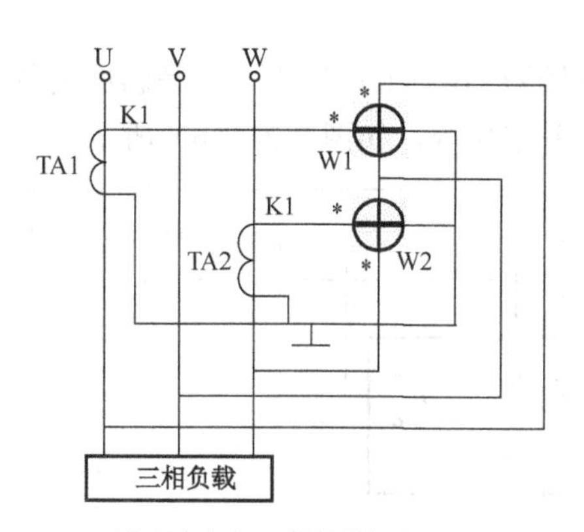

（b）两表配合电流互感器测量三相功率的电路

图 9-18　两表法功率测量电路

（3）三表法功率测量电路

三表法功率测量电路如图 9-19 所示。**三表法适合测量三相四线制电路，三相总功率为三个功率表测量值之和，即 $P=P_1+P_2+P_3$。**

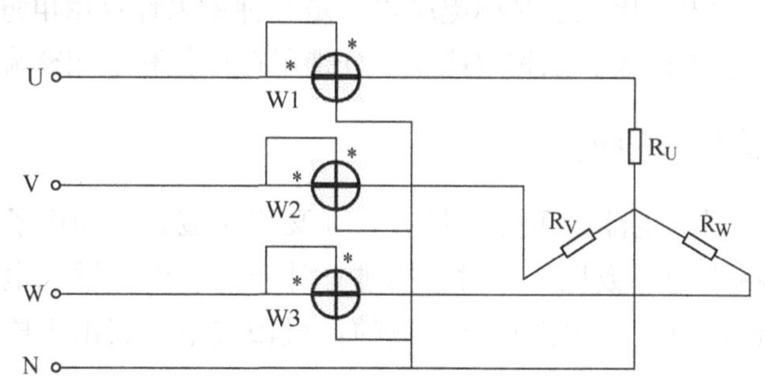

图 9-19　三表法功率测量电路

9.2.3　功率因数测量电路

电力系统的功率因数 cosφ 与负载的类型和参数有关，对于纯阻性负载，cosφ=1；对于感性类或容性类负载，0<cosφ<1。功率因数值越小，就意味着电路中真正做功的有功功率越少，不做功的无功功率越多，造成电能的浪费。在电路中安装无功补偿设备（如并联电容器）可以提高功率因数，从而减少无功功率。利用功率因数表能测出电路的功率因数大小，然后依此值作为选择合适无功补偿设备的依据。

功率因数表如图 9-20 所示。功率因数测量电路如图 9-21 所示，功率因数表有三个电压接线端和两个电流接线端，标*号的电压和电流接线端都应接同一相电源，并且标*号的电流接线端应接电流进线。若负载为纯阻性，功率因数表指示值为 cosφ=1；若为容性类负载，功率因数表指针会往逆时针方向偏转（超前），指示 cosφ<1；若为感性类负载，功率因数表指针会往顺时针方向偏转（滞后），指示 cosφ<1。电网中

图 9-20　功率因数表

引起功率因数 $\cos\varphi<1$ 的绝大多数是感性类负载（如电动机），为了提高功率因数，可在电路中并联补偿电容，如图9-21（b）所示。

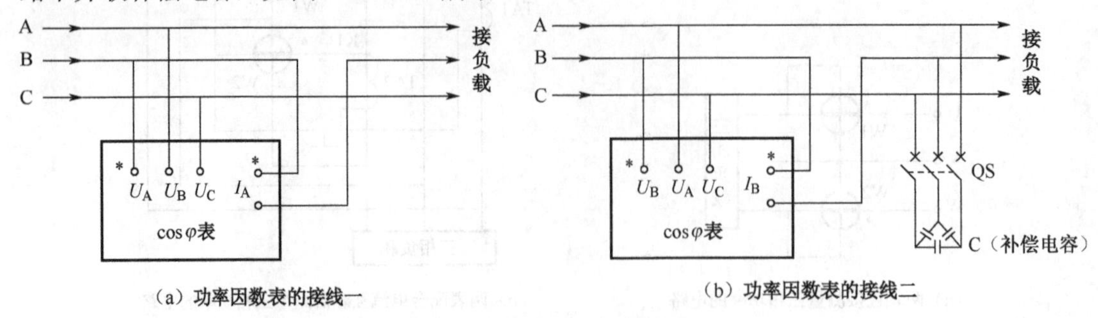

（a）功率因数表的接线一　　（b）功率因数表的接线二

图9-21　功率因数测量电路

9.3　电能测量电路的识读

电能测量使用电能表。**电能表又称电度表，是一种用来计算用电量（电能）的测量仪表。**电能表可分为单相电能表和三相电能表，分别用在单相和三相交流电路中。

9.3.1　电能表的结构与原理

根据工作方式不同，电能表可分为机械式（又称感应式）和电子式两种。电子式电能表是利用电子电路驱动计数机构来对电能进行计数的，而机械式电能表是利用电磁感应产生力矩来驱动计数机构对电能进行计数的。机械式电能表由于成本低、结构简单而被广泛应用。

单相电能表（机械式）的外形及内部结构如图9-22所示。

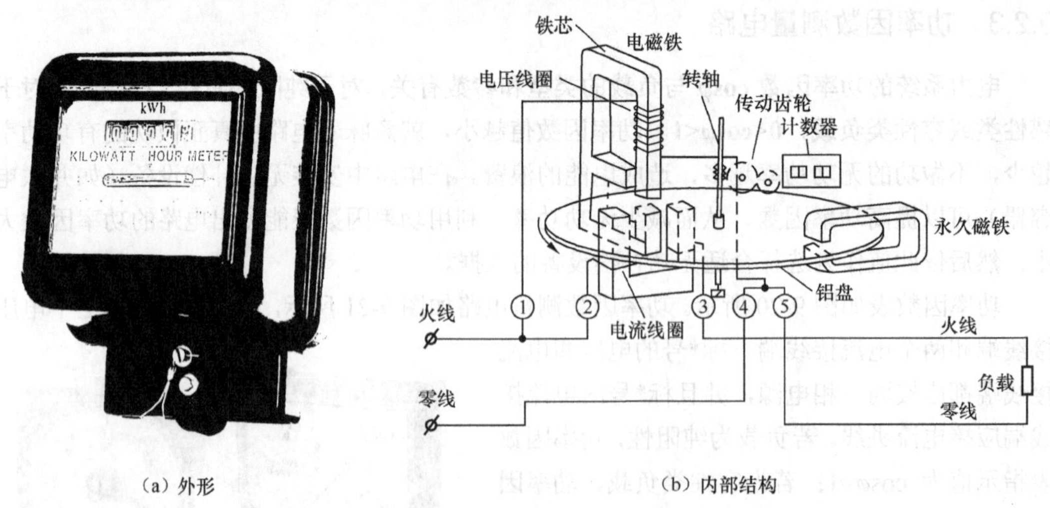

（a）外形　　（b）内部结构

图9-22　单相电能表（机械式）的外形及内部结构

从图9-22（b）中可以看出，单相电能表内部垂直方向有一个铁芯，铁芯中间夹有一个铝盘，铁芯上绕着线径小、匝数多的电压线圈；在铝盘的下方水平放置着一个铁芯，铁芯上绕有线径粗、匝数少的电流线圈。当电能表按图示的方法与电源及负载连接好后，电压线圈和电流线圈均有电流通过而产生磁场，它们的磁场分别通过垂直和水平方向的铁芯作用于铝盘，铝盘受力转动，铝盘中央的转轴也随之转动，它通过传动齿轮驱动计数器计数。如果电源电压高、流向负载的电流大，两个线圈产生的磁场强，铝盘转速快，通过转轴、传动齿轮驱动计数器的计数速度快，计数出来的电量更多。永久磁铁的作用是让铝盘运转保持平衡。

三相三线制电能表（机械式）的外形及内部结构如图 9-23 所示。从图中可以看出，三相三线制电能表有两组与单相电能表一样的元件，这两组元件共用一根转轴、减速齿轮和计数器，在工作时，两组元件的铝盘共同带动转轴运转，通过齿轮驱动计数器进行计数。

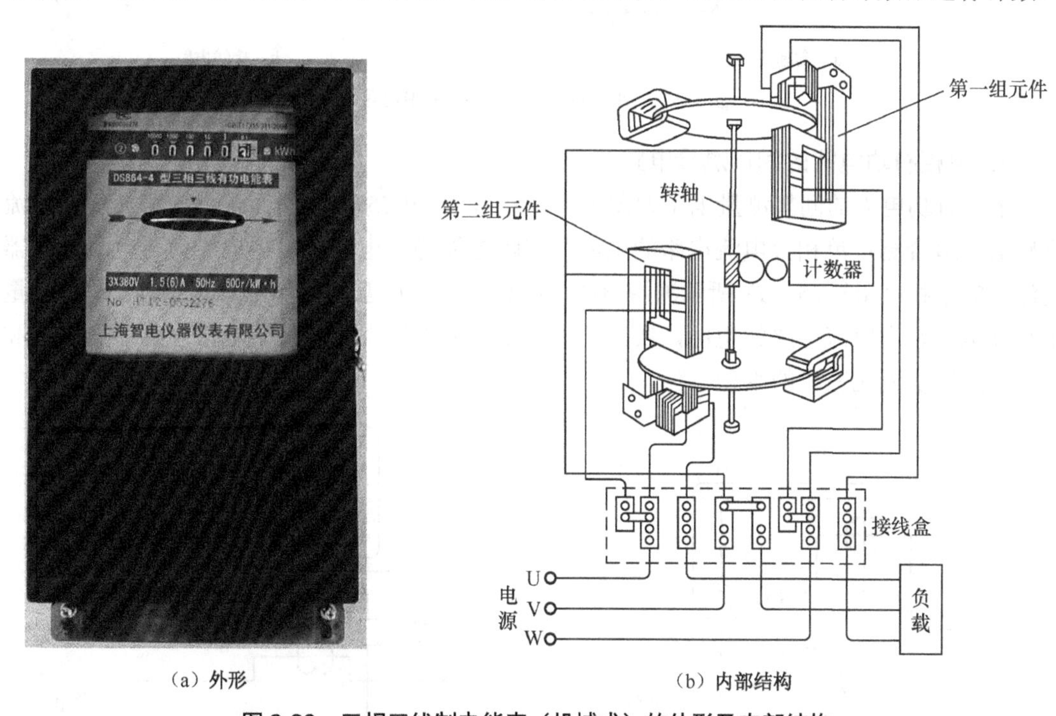

（a）外形　　（b）内部结构

图 9-23　三相三线制电能表（机械式）的外形及内部结构

三相四线制电能表的结构与三相三线制电能表类似，但它内部有三组元件来共同驱动计数机构。

9.3.2　单相有功电能的测量电路

1．单相有功电能的直接测量电路

单相有功电能的直接测量电路如图 9-24 所示。

图 9-24（b）中圆圈上的粗水平线表示电流线圈，其线径粗、匝数少、阻值小（接近 0Ω），在接线时，要串接在电源相线和负载之间；圆圈上的细垂直线表示电压线圈，其线径细、匝数多、阻值大（用万用表欧姆挡测量时几百～几千欧），在接线时，要接在电源相线和零线之间。另外，电能表电压线圈、电流线圈的电源端（一般标有“•”或“*”）应

共同接电源进线。

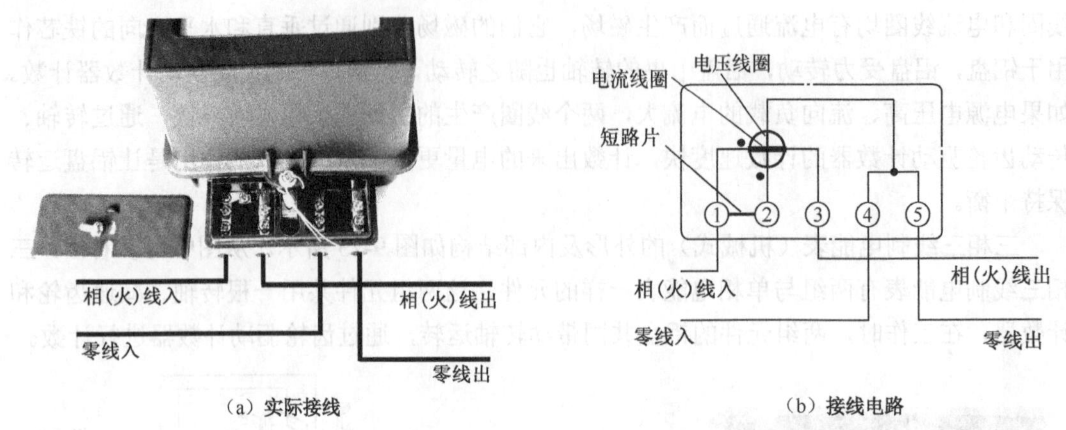

(a) 实际接线　　(b) 接线电路

图 9-24　单相有功电能的直接测量电路

2. 单相有功电能的间接测量电路

单相有功电能的间接测量电路如图 9-25 所示，图 9-25（a）所示测量电路使用了电流互感器，适合测量单相大电流电路的电能，实际电能等于电能表测得电能值与电流互感器变流比的乘积；图 9-25（b）所示测量电路同时使用了电压互感器和电流互感器，适合测量单相高电压、大电流电路的电能，实际电能等于电能表测得电能值、电压互感器变压比和电流互感器变流比三者的乘积。

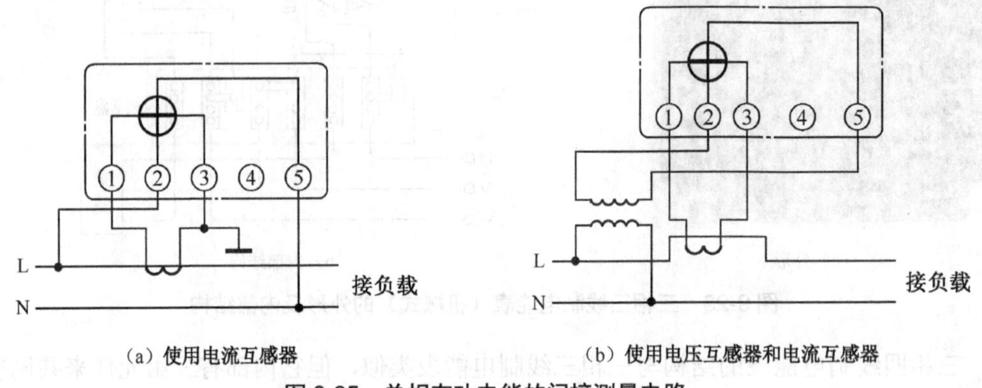

(a) 使用电流互感器　　(b) 使用电压互感器和电流互感器

图 9-25　单相有功电能的间接测量电路

9.3.3　三相有功电能的测量电路

三相有功电能表可分为三相两元件有功电能表和三相三元件有功电能表。两元件有功电能表内部有两个测量元件，适合测量三相三线制电路的有功电能，常称为三相三线制有功电能表；三元件有功电能表内部有三个测量元件，适合测量三相四线制电路的有功电能，常称为三相四线制有功电能表。

三相有功电能表的外形如图 9-26 所示，左图为电子式三相三线制有功电能表，其内部采用电子电路来测量电能，不需要铝盘；右图为机械式三相四线制有功电能表，其面板有铝盘窗口。

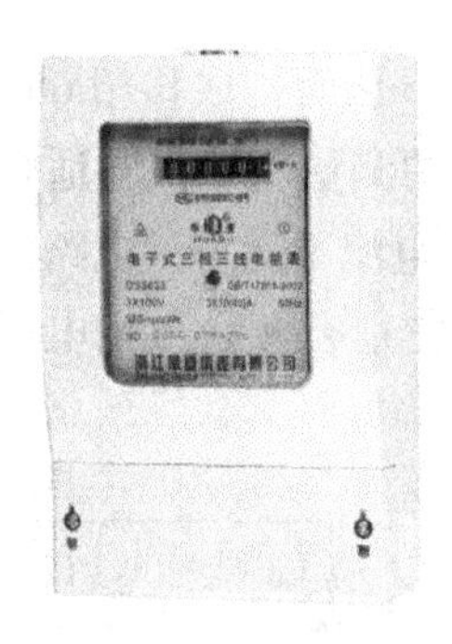

图 9-26　三相有功电能表的外形

1．三相两元件有功电能测量电路

三相两元件有功电能测量电路如图 9-27 所示。实际电能值为电能表的指示值与两个电流互感器变流比的乘积。

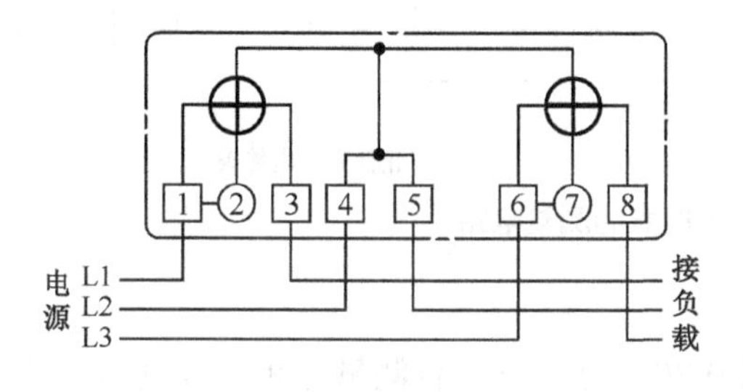

（a）直接测量电路

（b）间接测量电路

图 9-27　三相两元件有功电能测量电路

2．三相三元件有功电能测量电路

三相三元件有功电能测量电路如图 9-28 所示。实际电能值为电能表的指示值与三个电流互感器变流比的乘积。

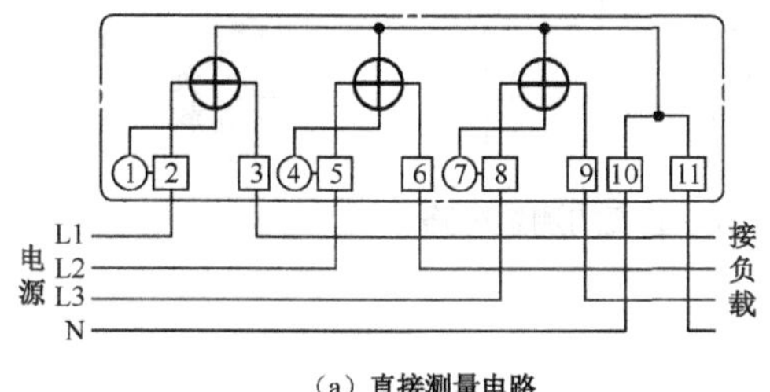

（a）直接测量电路

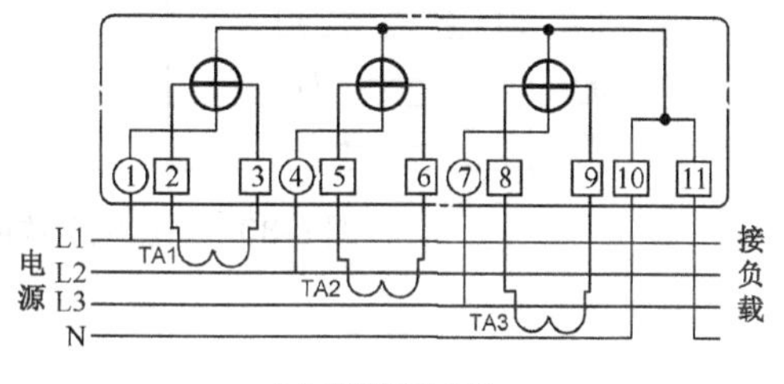

（b）间接测量电路

图 9-28　三相三元件有功电能测量电路

9.3.4　三相无功电能的测量电路

无功电能表用于测量电路的无功电能，其测量原理较有功电能表略复杂一些。**目前使用的无功电能表主要有移相 60° 型无功电能表和附加电流线圈型无功电能表。**

1．移相 60° 型无功电能表的测量电路

移相 60° 型无功电能表的测量电路如图 9-29 所示，它采用在电压线圈上串接电阻 R，

使电压线圈的电压与流过其中的电流成60° 相位差，从而构成移相60° 型无功电能表。

图 9-29（a）为移相 60° 型两元件无功电能表的测量电路，它适合测量三相三线制对称（电压、电流均对称）或简单不对称（电压对称、电流不对称）电路的无功功率；图 9-29（b）为移相 60° 型三元件无功电能表的测量电路，它适合测量三相电压对称的三相四线制电路的无功功率。

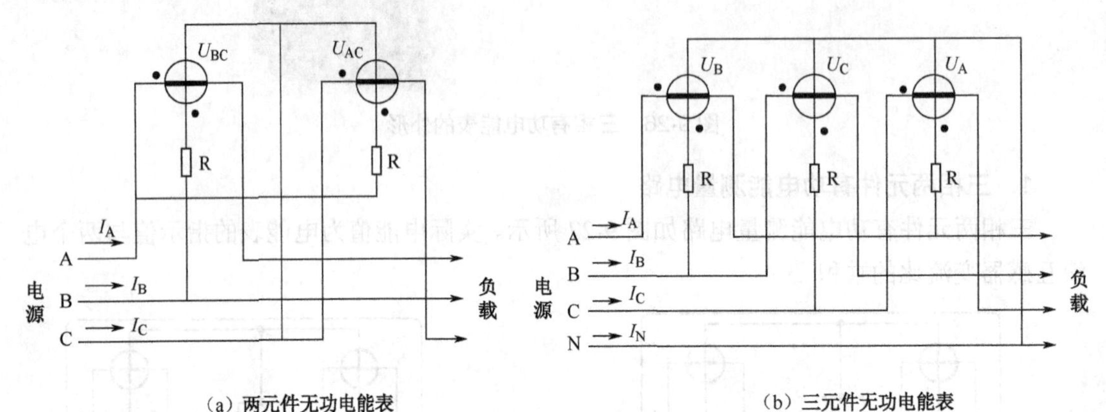

图 9-29　移相 60° 型无功电能表的测量电路

2. 附加电流线圈型无功电能表的测量电路

附加电流线圈型无功电能表的测量电路如图 9-30 所示，它适合测量三相三线制对称或不对称电路的无功功率。

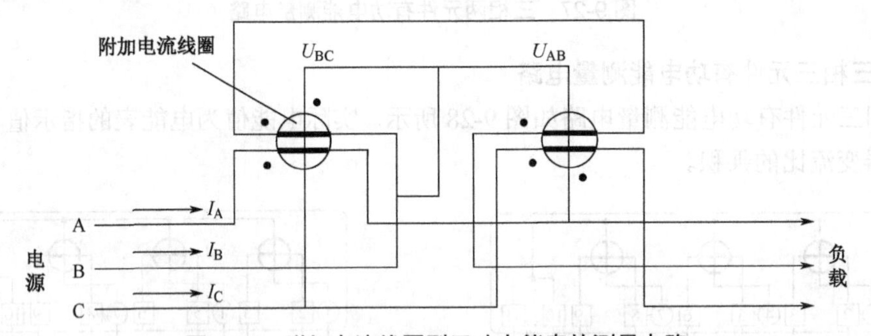

图 9-30　附加电流线圈型无功电能表的测量电路

第 10 章　照明与动力配电线路的识读

10.1 基础知识

10.1.1 照明灯具的标注

在电气图中，照明灯具的一般标注格式为：

$$a\text{-}b\frac{c \times dl}{e}f$$

其中，a 为同类灯具的数量；b 为灯具的具体型号或类型代号，见表 10-1；c 为灯具内灯泡或灯管的数量；d 为单个灯泡或灯管的功率；l 为灯具光源类型代号，见表 10-2；e 为灯具的安装高度（灯具底部至地面高度，单位：m）；f 为灯具的安装方式代号，见表 10-3。

表 10-1　灯具的类型代号

灯具名称	文字符号	灯具名称	文字符号
普通吊灯	P	工厂一般灯具	G
壁灯	B	荧光灯灯具	Y
花灯	H	隔爆灯	G 或专用符号
吸顶灯	D	水晶底罩灯	J
柱灯	Z	防水防尘灯	F
卤钨探照灯	L	搪瓷伞罩灯	S
投光灯	T	无磨砂玻璃罩万能型灯	W

表 10-2　灯具光源类型代号

光源类型	文字符号	光源类型	文字符号
氖灯	Ne	发光灯	EL
氙灯	Xe	弧光灯	ARC
钠灯	Na	荧光灯	FL
汞灯	Hg	红外线灯	IR
碘钨灯	I	紫外线灯	UV
白炽灯	IN	发光二极管	LED

表 10-3　灯具的安装方式代号

表达内容	标注符号	
	新代号	旧代号
线吊式	CP	
自在器线吊式	CP	X
固定线吊式	CP1	X1
防水线吊式	CP2	X2

续表

表达内容	标注符号	
	新代号	旧代号
吊线器式	CP3	X3
链吊式	Ch	L
管吊式	P	G
吸顶式或直附式	S	D
嵌入式（嵌入不可进入的顶棚）	R	R
顶棚内安装（嵌入可进入的顶棚）	CR	DR
墙壁内安装	WR	BR
台上安装	T	T
支架上安装	SP	J
壁装式	W	B
柱上安装	CL	Z
座装	HM	ZH

例如：

$$5\text{-Y}\frac{2\times 40\text{FL}}{3}\text{P}$$

表示该场所安装5盏同类型的灯具（5），灯具类型为荧光灯（Y），每盏灯具中安装两根灯管（2），每根灯管功率为40W（40），灯具光源类型为荧光灯（FL），灯具安装高度为3m（3），采用管吊式安装（P）。

10.1.2 配电线路的标注

在电气图中，配电线路的一般标注格式为：

$$a\text{-}b\text{-}c\times d\text{-}e\text{-}f$$

其中，a为线路在系统中的编号（如支路号）；b为导线型号，见表10-4；c为导线的根数；d为导线的截面积（单位：mm^2）；e为导线的敷设方式和穿管直径（单位：mm），导线敷设方式见表10-5；f为导线的敷设位置，见表10-6。

表10-4 导线型号

名称	型号	名称	型号
铜芯橡胶绝缘线	BX	铝芯橡胶绝缘线	BLX
铜芯塑料绝缘线	BV	铝芯塑料绝缘线	BLV
铜芯塑料绝缘护套线	BVV	铝芯塑料绝缘护套线	BLVV
铜母线	TMY	裸铝线	LJ
铝母线	LMY	硬铜线	TJ

表10-5 导线敷设方式

导线敷设方式	代号	
	新代号	旧代号
用塑料线槽敷设	PR	XC
用硬质塑料管敷设	PC	VG

续表

导线敷设方式	代号	
	新 代 号	旧 代 号
用半硬塑料管槽敷设	PEC	ZVG
用电线管敷设	TC	DG
用焊接钢管敷设	SC	G
用金属线槽敷设	SR	GC
用电缆桥架敷设	CT	
用瓷夹敷设	PL	CJ
用塑制夹敷设	PCL	VT
用蛇皮管敷设	CP	
用瓷瓶式或瓷柱式绝缘子敷设	K	CP

表 10-6　导线的敷设位置

导线敷设位置	代号	
	新 代 号	旧 代 号
沿钢索槽敷设	SR	S
沿屋架或层架下弦敷设	BE	LM
沿柱敷设	CLE	ZM
沿墙敷设	WE	QM
沿天棚敷设	CE	PM
吊顶内敷设	ACE	PNM
暗敷在梁内	BC	LA
暗敷在柱内	CLC	ZA
暗敷在屋面内或顶板内	CC	PA
暗敷在地面内或地板内	FC	DA
暗敷在不能进入的吊顶内	ACC	PND
暗敷在墙内	WC	QA

例如：

WL1-BV-3×4-PR-WE

表示第一条照明支路（WL1），导线为塑料绝缘铜芯导线（BV），共有 3 根截面积均为 4 mm^2 的导线（3×4），敷设方式为用塑料线槽敷设（PR），敷设位置为沿墙敷设（WE）。

再如：

4

WP1-BV-3×10+1×6-PC20-WC

表示第一条动力支路（WP1），导线为塑料绝缘铜芯导线（BV），共有 4 根线，3 根截面积均为 10mm^2（3×10），1 根截面积为 6mm^2（1×6），敷设方式为穿直径为 20mm 的 PVC 管敷设（PC20），敷设位置为暗敷在墙内（WC）。

10.1.3 用电设备的标注

用电设备的标注格式一般为：

$$\frac{a}{b} 或 \frac{a}{b}+\frac{c}{d}$$

例如，$\frac{10}{7.5}$ 表示该电动机在系统中的编号为10，其额定功率为7.5kW；$\frac{10}{7.5}+\frac{100}{0.3}$ 表示该电动机的编号为10，额定功率为7.5kW，低压断路器脱扣器的电流为100A，安装高度为0.3m。

10.1.4 电力和照明设备的标注

（1）一般标注格式

$$a\frac{b}{c} 或 a-b-c$$

例如，$3\frac{\text{Y200L-4}}{15}$ 或 3-（Y200L-4）-15 表示该电动机编号为3，为Y系列笼型异步电动机，机座中心高度为200mm，机座为长机型（L），磁极为4极，额定功率为15kW。

（2）含引入线的标注格式

$$a\frac{\text{b-c}}{\text{d(e}\times\text{f)-g}}$$

例如，$3\frac{\text{(Y200L-4)-15}}{\text{BV(4}\times\text{6)SC25-FC}}$ 表示该电动机编号为3，为Y系列笼型异步电动机，机座中心高度为200mm，机座为长机型（L），磁极为4极，额定功率为15kW，4根$6mm^2$的塑料绝缘铜芯导线穿入直径为25mm的钢管埋入地面暗敷。

10.1.5 开关与熔断器的标注

（1）一般标注格式

$$a\frac{b}{c/i} 或 a\text{-}b\text{-}c/i$$

其中，a表示设备的编号；b表示设备的型号；c表示额定电流（单位：A）；i表示整定电流（单位：A）。

例如，$\frac{\text{DZ20Y-200}}{200/200}$ 或 3-(DZ20Y-200)200/200 表示断路器编号为3，型号为DZ20Y-200，其额定电流和整定电流均为200A。

（2）含引入线的标注格式

$$a\frac{\text{b-c/i}}{\text{d(e}\times\text{f)-g}}$$

其中，a表示设备的编号；b表示设备的型号；c表示额定电流（单位：A）；i表示整定电流（单位：A）；d表示导线型号；e表示导线的根数；f表示导线的截面积（单位：mm^2）；g表示导线敷设方式与位置。

例如，$3\frac{\text{DZ20Y-200-200 / 200}}{\text{BV(3×50)K-BE}}$ 表示设备编号为 3，型号为 DZ20Y-200，其额定电流和整定电流均为 200A，3 根 50mm^2 的塑料绝缘铜芯导线用瓷瓶式绝缘子沿屋架敷设。

10.1.6　电缆的标注

电缆的标注方式与配电线路基本相同，当电缆与其他设施交叉时，其标注格式为

$$\frac{\text{a-b-c-d}}{\text{e-f}}$$

其中，a 表示保护管的根数；b 表示保护管的直径（单位：mm）；c 表示管长（单位：m）；d 表示地面标高（单位：m）；e 表示保护管埋设的深度（单位：m）；f 表示交叉点的坐标。

例如，$\frac{\text{4-100-8-1.0}}{\text{0.8-f}}$ 表示 4 根保护管，直径为 100mm，管长为 8m，于标高 1.0m 处埋深 0.8m，交叉坐标一般用文字标注，如与××管道交叉。

10.1.7　照明与动力配电电气图常用电气设备符号

照明与动力配电电气图常用电气设备符号见表 10-7。

表 10-7　照明与动力配电电气图常用电气设备符号

名　称	图 形 符 号	名　称	图 形 符 号
灯具一般符号		单联双控开关	
吸顶灯		延时开关	t
花灯		风扇调速开关	
壁灯		门铃	
荧光灯一般符号		按钮	
三管荧光灯		电话插座	TP
五管荧光灯	5	电话分线箱	
墙上灯座		电视插座	TV
单联跷板暗装开关		三分配器	
双联跷板暗装开关		单相两孔明装插座	
三联跷板防水开关		单相三孔暗装插座	
单联拉线明装开关		单相五孔暗装插座	

续表

名　称	图形符号	名　称	图形符号
三相四线暗装插座		向下配线	
电风扇	∞	垂直通过配线	
照明配电箱		二分支器	
隔离开关		串接一分支插座	
断路器		电视放大器	
漏电保护器		数字信息插座	TO
电能表	kW·h	感烟探测器	~
熔断器		可燃气体探测器	
向上配线			

10.2 住宅照明配电电气图的识读

住宅电气图主要有电气系统图和电气平面图。电气系统图用于表示整个工程或工程某一项目的供电方式和电能配送关系。电气平面图是用来表示电气工程项目的电气设备、装置和线路的平面布置图，它一般是在建筑平面图的基础上制作出来的。

10.2.1 整幢楼总电气系统图的识读

图10-1是一幢楼的总电气系统图。

1．总配电箱电源的引入

变电所或小区配电房的380V三相电源通过电缆接到整幢楼的总配电箱，电缆标注是YJV-1kV-4×70+1×35-SC70-FC，其含义为：交联聚乙烯绝缘聚氯乙烯护套电力电缆（YJV），额定电压为1kV，电缆有5根芯线，4根截面积均为70mm^2，1根截面积为35mm^2，电缆穿直径为70mm的钢管（SC70），埋入地面暗敷（FC）。总配电箱AL4的规格为800mm（长）×700mm（宽）×200mm（高）。

2．总配电箱的电源分配

三相电源通过5芯电缆（L1、L2、L3、N、PE）进入总配电箱，接到总断路器（型号为TSM21-160W/30-125A），经总断路器后，三相电源进行分配，L1相电源接到一、二层配电箱，L2相电源接到三、四层配电箱，L3相电源接到五、六层配电箱，每相电源分配使用3根导线（L、N、PE），导线标注是BV-2×50+1×25-SC50-FC.WC，其含义为：塑料绝缘铜芯导线（BV），两根截面积均为50 mm^{2}的导线（2×50），1根截面积为25mm^{2}的导线

（1×25），导线穿直径为 50mm 的钢管（SC50），埋入地面和墙内暗敷（FC.WC）。

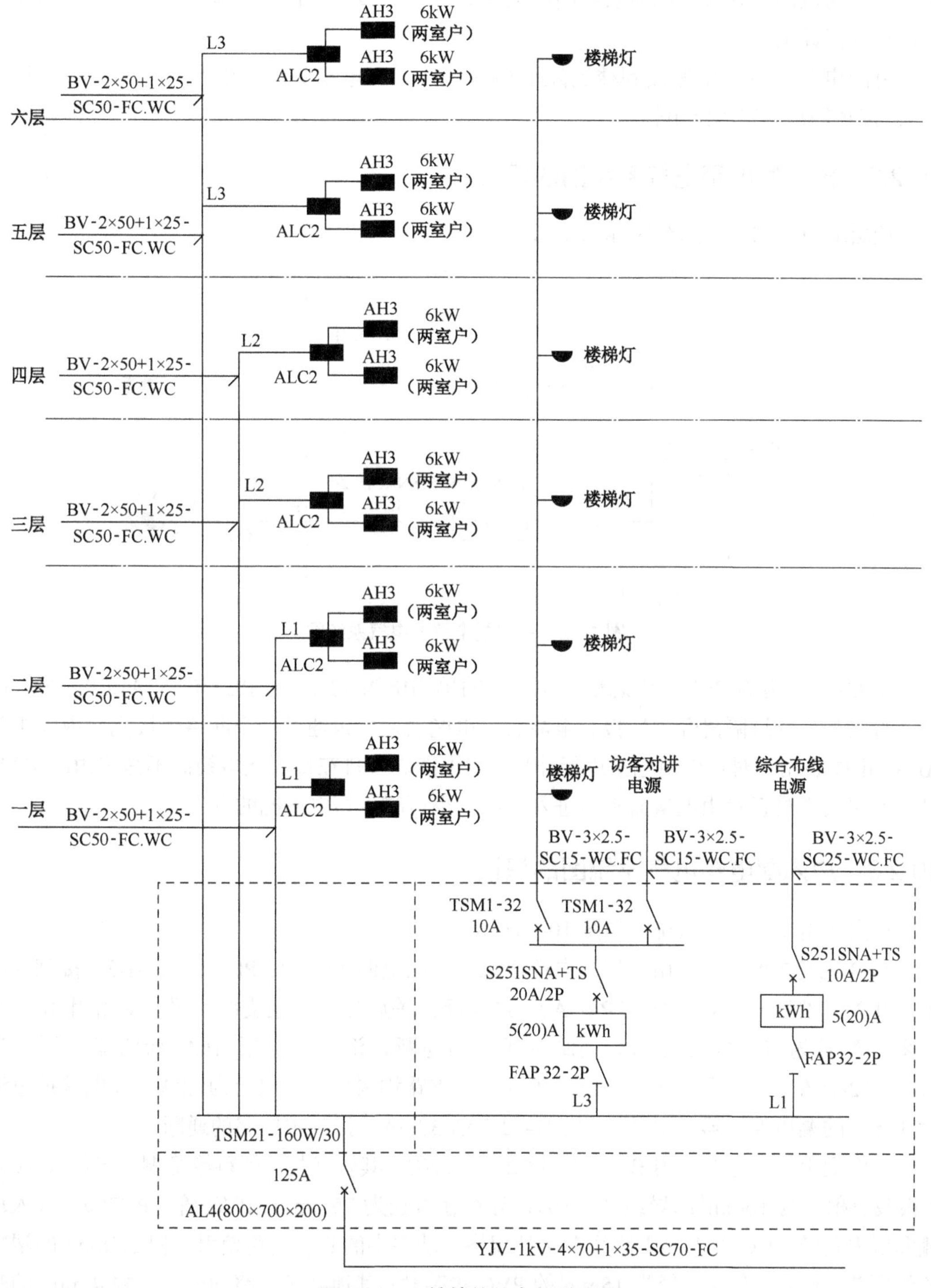

图 10-1　一幢楼的总电气系统图

L3 相电源除供给五、六层外，还通过断路器、电能表分成两路。一路经隔离开关后接到各楼层的楼梯灯，另一路经断路器接到访客对讲系统作为电源。L1相电源除供给一、二层外，还通过隔离开关、电能表和断路器接到综合布线设备作为电源。电能表用于对本路用电量进行计量。

总配电箱将单相电源接到楼层配电箱后，楼层配电箱又将该电源一分为二（一层两户），接到每户的室内配电箱。

10.2.2 楼层配电箱电气系统图的识读

楼层配电箱的电气系统图如图10-2所示。

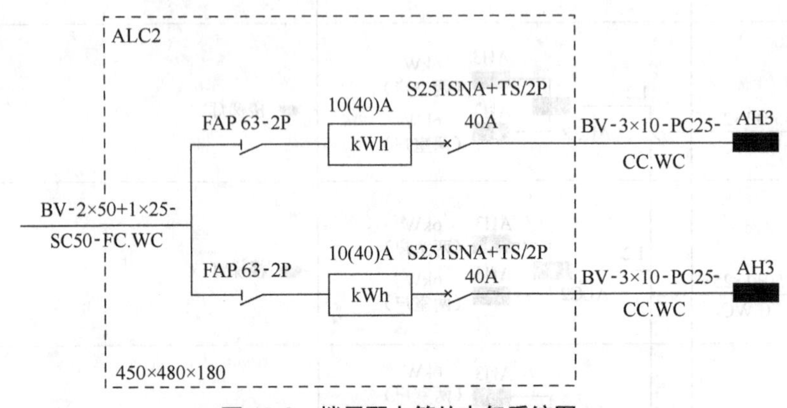

图10-2 楼层配电箱的电气系统图

ALC2为楼层配电箱，由总配电箱送来的单相电源（L、N、PE）进入ALC2，分作两路，每路都先经过隔离开关后接到电能表，电能表之后再通过一个断路器接到户内配电箱AH3。电能表用于对户内用电量进行计量，将电能表安排在楼层配电箱而不是户内配电箱，可方便相关人员查看用电量而不用进入室内，也可减少窃电情况的发生。

10.2.3 户内配电箱电气系统图的识读

户内配电箱的电气系统图如图10-3所示。

AH3为户内配电箱，由楼层配电箱送来的单相电源（L、N、PE）进入AH3，接到63A隔离开关（型号为TSM2-100/2P-63A），经隔离开关后分作8条支路，照明支路用10A断路器（型号为TSM1-32-10A）控制本线路的通断，浴霸支路用16A断路器（型号为TSM1-32-16A）控制本线路的通断，其他6条支路均采用额定电流为20A、漏电保护电流为30mA的漏电保护器（型号为TSM1-32-20A-30mA）控制本线路的通断。

户内配电箱的进线采用BV-3×10-PC25-CC.WC，其含义是：塑料绝缘铜芯导线（BV），3根截面积均为10mm^{2}的导线（3×10），导线穿直径为25mm的PVC管（PC25），埋入顶棚和墙内暗敷（CC.WC）。支路线有两种规格，功率小的照明支路使用2根2.5mm^{2}的塑料绝缘铜芯导线，并且穿直径为15mm的PVC管暗敷；其他7条支路均使用3根4 mm^{2}的塑料绝缘铜芯导线，都穿直径为20mm的PVC管暗敷。

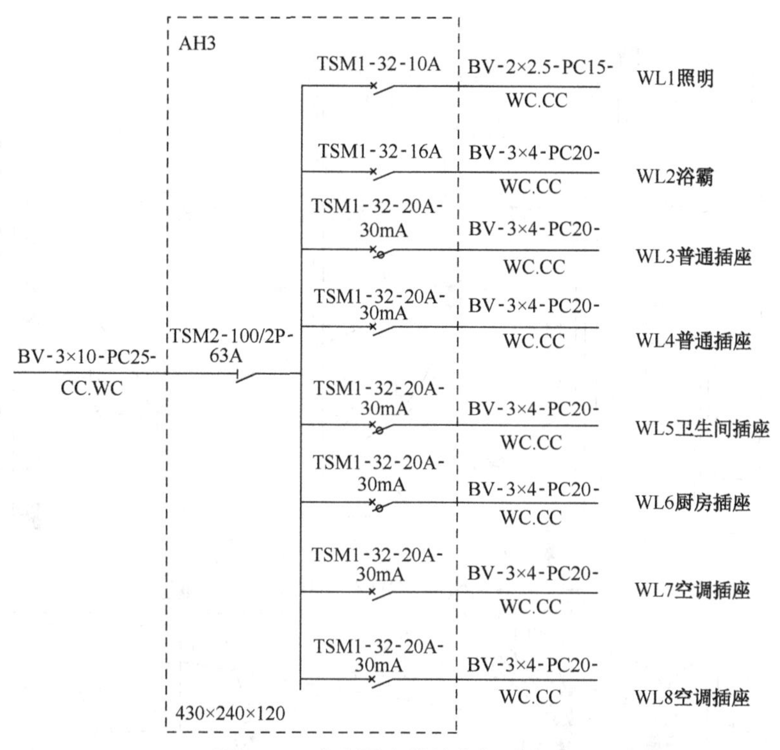

图 10-3 户内配电箱的电气系统图

10.2.4 住宅照明与插座电气平面图的识读

图 10-4 是一套两室两厅住宅的照明与插座电气平面图。

楼层配电箱 AL2 的电源线（L、N、PE）接到户内配电箱 AH3，在 AH3 内将电源分成 WL1～WL8 共 8 条支路。

（1）WL1 支路

WL1 支路为照明线路，其导线标注为 BV-2×2.5-PC15-WC.CC（见图 10-3），其含义是：塑料绝缘铜芯导线（BV），两根截面积均为 2.5 mm^2 的导线（2×2.5），导线穿直径为 15 mm 的 PVC 管（PC15），埋入墙内或顶棚暗敷（WC.CC）。

从户内配电箱 AH3 引出的 WL1 支路接到门厅灯（13 表示 13W，S 表示吸顶安装），在门厅灯处分作两路，一路去客厅灯，在客厅灯处又分作两路，一路去大阳台灯，另一路去大卧室灯，门厅灯分出的另一路去过道灯→小卧室灯→厨房灯（符号为防潮灯）→小阳台灯。

照明支路中门厅灯、客厅灯、大阳台灯、大卧室灯、过道灯和小卧室灯分别由一个单联跷板开关控制，厨房灯和小阳台灯由一个双联跷板开关控制。

（2）WL2 支路

WL2 支路为浴霸支路，其导线标注为 BV-3×4-PC20-WC.CC（见图 10-3），其含义是：塑料绝缘铜芯导线（BV），3 根截面积均为 4 mm^2 的导线（3×4），导线穿直径为 20 mm 的 PVC 管（PC20），埋入墙内或顶棚暗敷（WC.CC）。

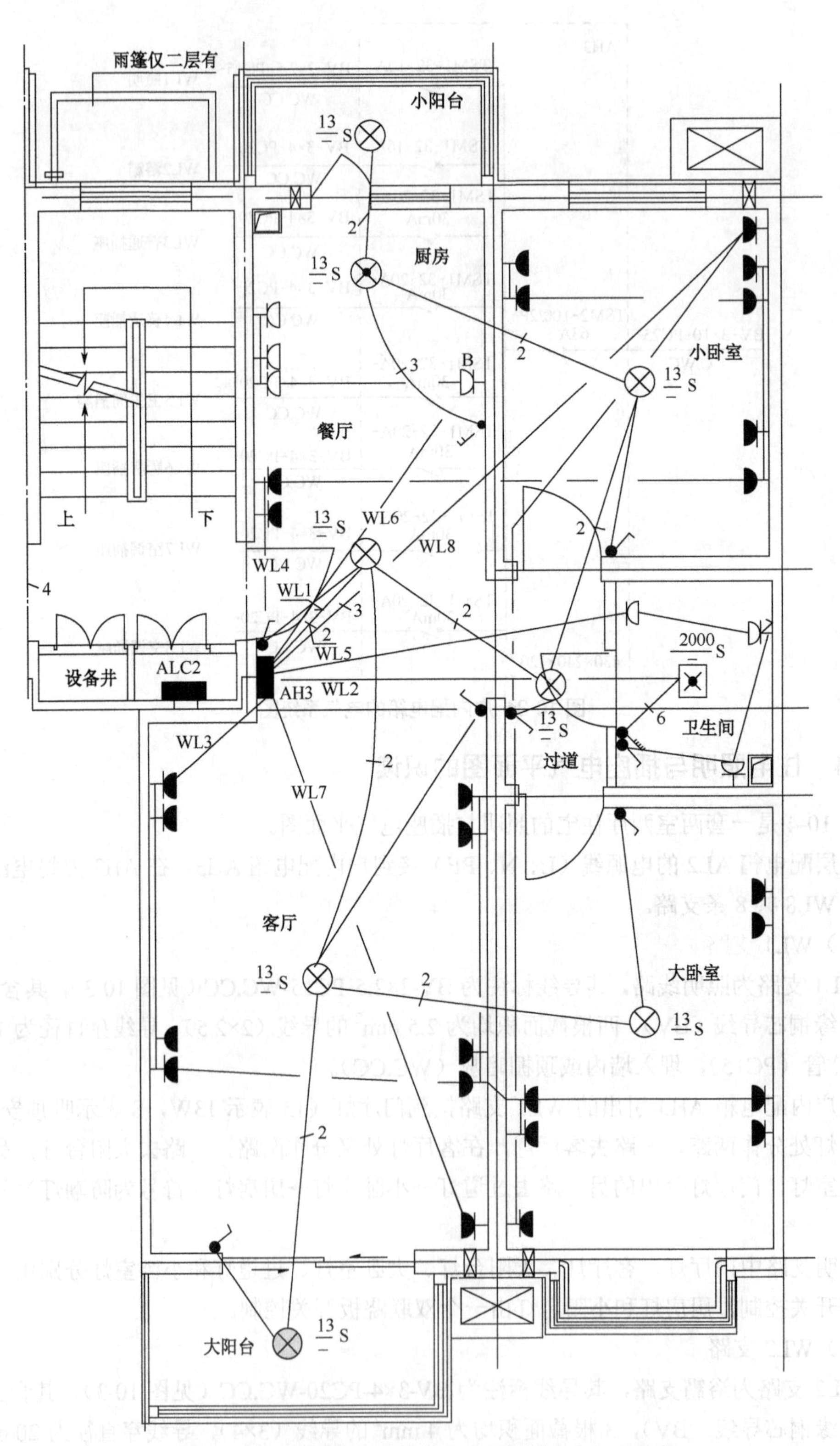

图 10-4　一套两室两厅住宅的照明与插座电气平面图

从户内配电箱 AH3 引出的 WL2 支路直接接到卫生间的浴霸，浴霸功率为 2000W，采用吸顶安装。从浴霸引出 6 根线接到一个五联单控开关，分别控制浴霸上的 4 个取暖灯和 1 个照明灯。

（3）WL3 支路

WL3 支路为普通插座支路，其导线标注为 BV-3×4-PC20-WC.CC，与浴霸支路相同。

WL3 支路的走向是：户内配电箱 AH3→客厅左上角插座→客厅左下角插座→客厅右下角插座，分作两路，一路接客厅右上角插座，另一路接大卧室左下角插座→大卧室右下角插座→大卧室右上角插座。

（4）WL4 支路

WL4 支路也为普通插座支路，其导线标注为 BV-3×4-PC20-WC.CC。

WL4 支路的走向是：户内配电箱 AH3→餐厅插座→小卧室右下角插座→小卧室右上角插座→小卧室左上角插座。

（5）WL5 支路

WL5 支路为卫生间插座支路，其导线标注为 BV-3×4-PC20-WC.CC。

WL5 支路的走向是：户内配电箱 AH3→卫生间左方防水插座→卫生间右方防水插座（该插座带有一个单极开关）→卫生间下方防水插座，该插座受一个开关控制。

（6）WL6 支路

WL6 支路为厨房插座支路，其导线标注为 BV-3×4-PC20-WC.CC。

WL6 支路的走向是：户内配电箱 AH3→厨房右方防水插座→厨房左方防水插座。

（7）WL7 支路

WL7 支路为客厅空调插座支路，其导线标注为 BV-3×4-PC20-WC.CC。

WL7 支路的走向是：户内配电箱 AH3→客厅右下角空调插座。

（8）WL8 支路

WL8 支路为卧室空调插座支路，其导线标注为 BV-3×4-PC20-WC.CC。

WL8 支路的走向是：户内配电箱 AH3→小卧室右上角空调插座→大卧室左下角空调插座。

10.3　动力配电电气图的识读

住宅配电对象主要是照明灯具和插座，动力配电对象主要是电动机，故动力配电主要用于工厂企业。

10.3.1　动力配电系统的三种接线方式

根据接线方式的不同，动力配电系统可分为三种：放射式动力配电系统、树干式动力配电系统和链式动力配电系统。

1．放射式动力配电系统

放射式动力配电系统如图 10-5 所示。这种配电方式的可靠性较高，适用于动力设备数量不多、容量大小差别较大、设备运行状态比较平稳的场合。这种系统在具体接线时，主动力配电箱宜安装在容量较大的设备附近，分动力配电箱和控制电路应和动力设备安装在一起。

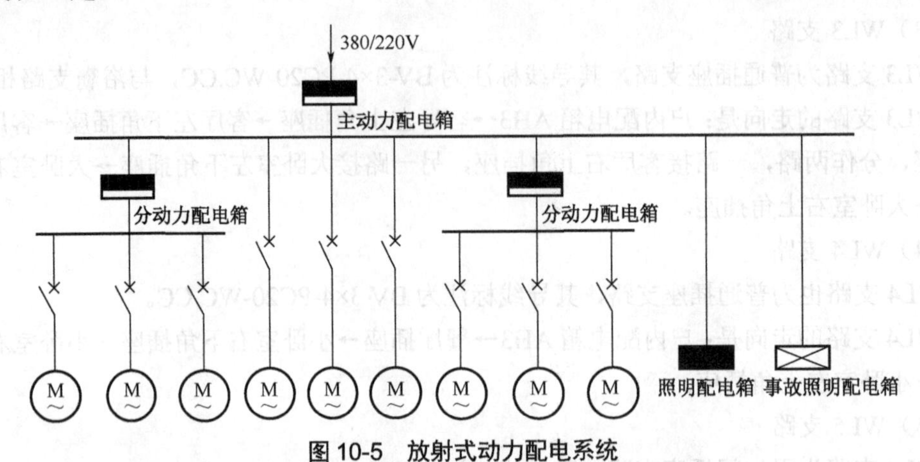

图 10-5　放射式动力配电系统

2. 树干式动力配电系统

树干式动力配电系统如图 10-6 所示。这种配电方式的可靠性较放射式稍低一些，适用于动力设备分布均匀、设备容量差距不大且安装距离较近的场合。

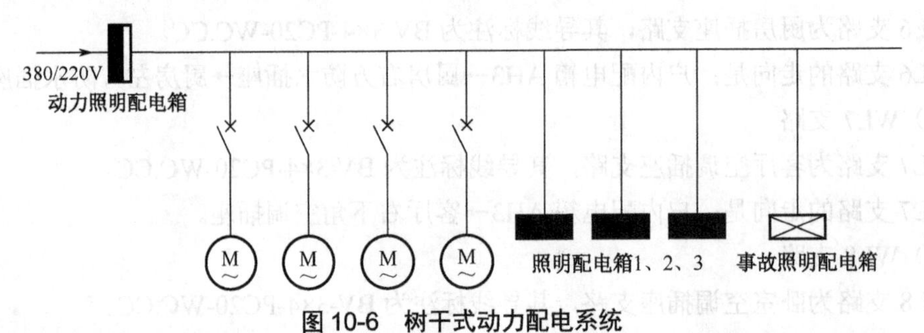

图 10-6　树干式动力配电系统

3. 链式动力配电系统

链式动力配电系统如图 10-7 所示。该配电方式适用于动力设备距离配电箱较远、各动力设备容量小且设备间距离近的场合。链式动力配电的可靠性较差，当一条线路出现故障时，可能会影响多台设备正常运行，通常一条线路可接 3～4 台设备（最多不超过 5 台），总功率不要超过 10kW。

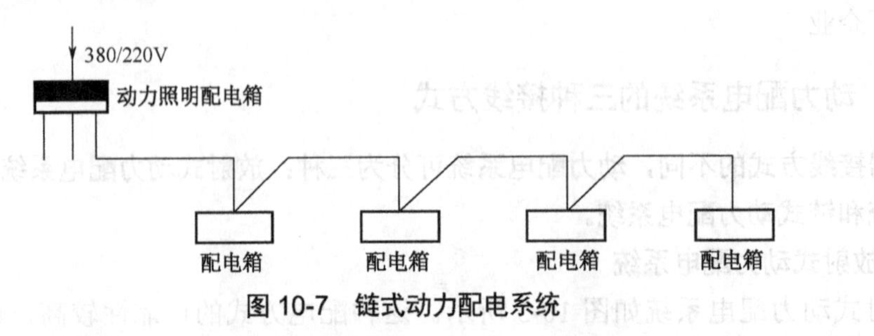

图 10-7　链式动力配电系统

10.3.2　动力配电系统图的识图实例

图 10-8 是某锅炉房动力配电系统图。下面以此为例来介绍动力配电系统图的识读。

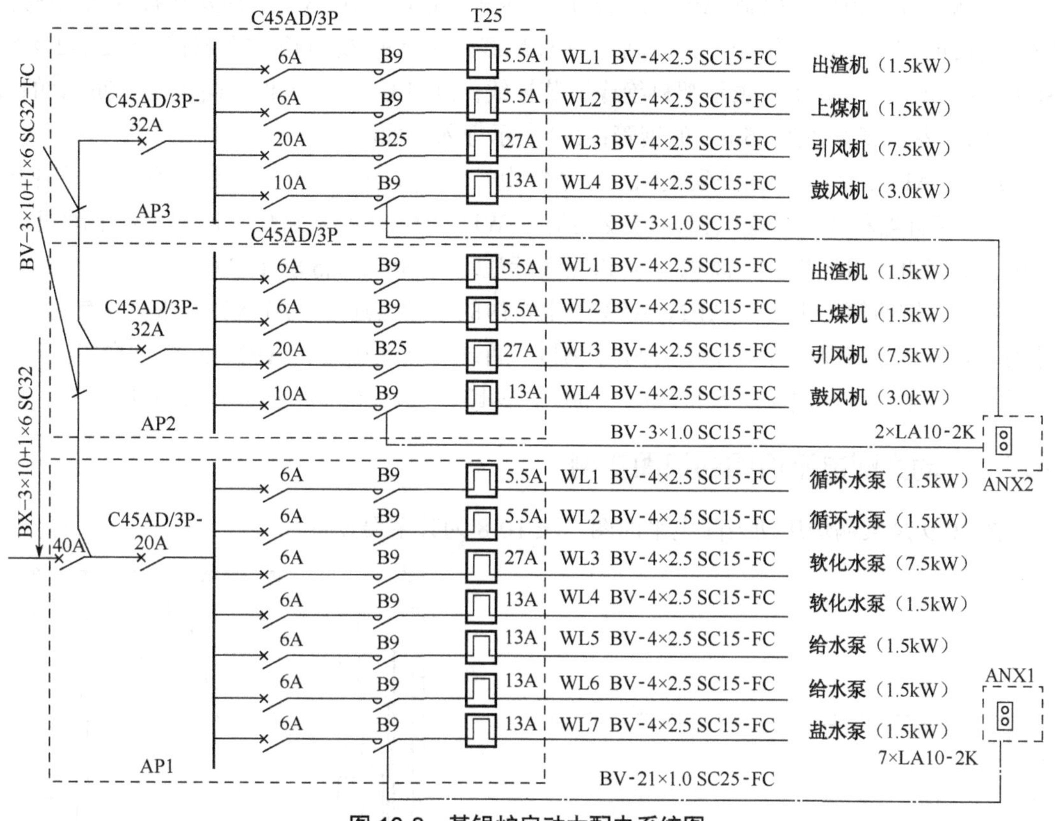

图 10-8　某锅炉房动力配电系统图

图中有 5 个配电箱，AP1～AP3 配电箱内安装有断路器（C45AD/3P）、B9 型接触器和 T25 型热继电器，ANX1、ANX2 配电箱安装有操作按钮，又称按钮箱。

电源首先通过配线进入 AP1 配电箱，配线标注为 BX-3×10+1×6 SC32，其含义为：BX 表示橡胶绝缘铜芯导线；3×10+1×6 表示 3 根截面积为 $10mm^2$ 和 1 根截面积为 $6mm^2$ 的导线；SC32 表示穿直径为 32mm 的钢管。电源配线进入 AP1 配电箱后，接型号为 C45AD/3P-40A 的主断路器，40A 表示额定电流为 40A，3P 表示断路器为 3 极，D 表示短路动作电流为 10～14 倍额定电流。

AP1 配电箱主断路器之后的电源配线分作两路，一路到本配电箱的断路器（C45AD/3P-20A），另一路到 AP2 配电箱的断路器（C45AD/3P-32A），再接到 AP3 配电箱的断路器（C45AD/3P-32A），接到 AP2、AP3 配电箱的配线标注均为 BX-3×10+1×6 SC32-FC，其含义为：BX 表示橡胶绝缘铜芯导线；3×10+1×6 表示 3 根截面积为 $10mm^2$ 和 1 根截面积为 $6mm^2$ 的导线；SC32 表示穿直径为 32mm 的钢管；FC 表示埋入地面暗敷。

在 AP1 配电箱中，电源分成 7 条支路，每条支路都安装 1 个型号为 C45AD/3P 的断路器（额定电流均为 6A）、1 个 B9 型交流接触器和 1 个用作电动机过载保护的 T25 型热继电器。AP1 配电箱的 7 条支路通过 WL1～WL7 共 7 路配线连接 7 台水泵电动机，7 路配线标注均为BV-4×2.5 SC15-FC，其含义为：BV表示塑料绝缘铜芯导线；4×2.5表示4根截面积为2.5mm^{2}的导线；SC15表示穿直径为15mm的钢管；FC表示埋入地面暗敷。

ANX1 按钮箱用于控制 AP1 配电箱内的接触器通断。ANX1 内部安装有 7 个型号为LA10-2K的双联按钮（启动/停止控制），通过配线接到AP1配电箱，配线标注为BV-21×1.0 SC25-FC，其含义为：BV表示塑料绝缘铜芯导线；21×1.0表示21根截面积为1.0mm^{2}的导线；SC25表示穿直径为25mm的钢管；FC表示埋入地面暗敷。

AP2、AP3为两个相同的配电箱，每个配电箱的电源都分为4条支路，有4个断路器、4个交流接触器和4个热继电器，4条支路通过WL1～WL4共4路配线连接4台电动机（出渣机、上煤机、引风机和鼓风机）。4路配线标注均为BV-4×2.5 SC15-FC。

ANX2 按钮箱用于控制 AP2、AP3 配电箱内的接触器通断。ANX2 内部安装有两个型号为LA10-2K的双联按钮（启动/停止控制），通过两路配线接到AP2、AP3配电箱，一个双联按钮控制一个配电箱所有接触器的通断，两路配线标注均为BV-3×1.0 SC15-FC。

10.3.3 动力配电平面图的识图实例

图10-9是某锅炉房动力配电平面图，表10-8为其主要设备表。

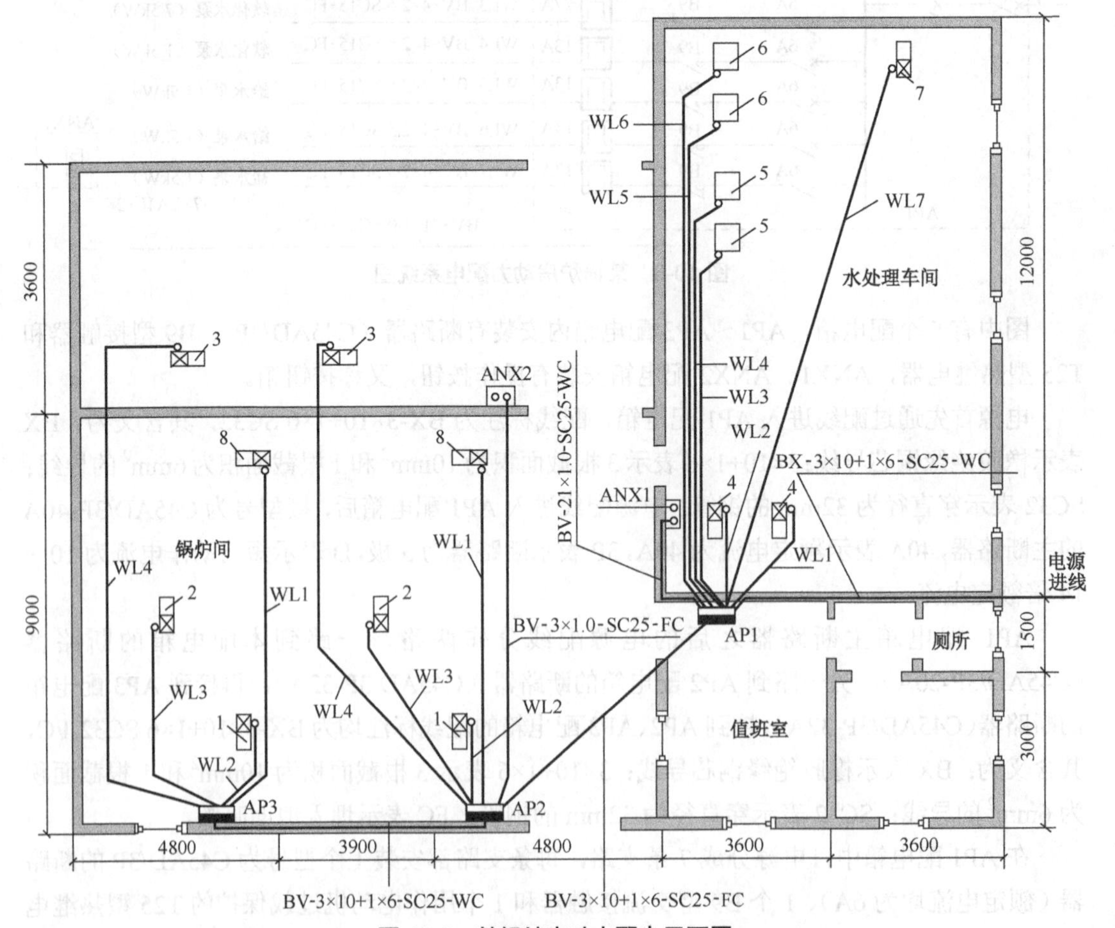

图10-9 某锅炉房动力配电平面图

表 10-8　某锅炉房的主要设备表

序　　号	名　　称	容量/kW	序　　号	名　　称	容量/kW
1	上煤机	1.5	5	软化水泵	1.5
2	引风机	7.5	6	给水泵	1.5
3	送风机	3.0	7	盐水泵	1.5
4	循环水泵	1.5	8	出渣机	1.5

室外电源线从右端进入值班室的 AP1 配电箱，在 AP1 配电箱中除分出一路电源线接到 AP2 配电箱外，在本配电箱内还分成 WL1～WL7 共 7 条支路，WL1、WL2 支路分别接到两台循环水泵（4），WL3、WL4 支路分别接到两台软化水泵（5），WL5、WL6 支路分别接到两台给水泵（6），WL7 支路接到盐水泵（7）。ANX1 按钮箱安装在水处理车间门口，通过配线接到 AP1 配电箱。

从 AP1 配电箱接来的电源线分出一路接到锅炉间的 AP2 配电箱，在 AP2 配电箱中除分出一路电源线接到 AP3 配电箱外，在本配电箱内还分成 WL1～WL4 共 4 条支路，WL1 支路接到出渣机（8），WL2 支路接到上煤机（1），WL3 支路接到引风机（2），WL4 支路接到送风机（3）。

由 AP2 配电箱分出的电源线接到 AP3 配电箱，在该配电箱中将电源分成 WL1～WL4 共 4 条支路，WL1 支路接到出渣机（8），WL2 支路接到上煤机（1），WL3 支路接到引风机（2），WL4 支路接到送风机（3）。

ANX2 按钮箱用来控制 AP2、AP3 配电箱，安装在锅炉房外，该按钮箱接出两路按钮线先到 AP2 配电箱，一路接在 AP2 配电箱内，另一路从 AP2 配电箱内与电源线一起接到 AP3 配电箱。

10.3.4　动力配电线路图和接线图的识图实例

1．锅炉房水处理车间的动力配电线路图与接线图

锅炉房水处理车间的动力配电线路图如图 10-10 所示，其接线图如图 10-11 所示。从图中可以看出，**接线图与线路图的工作原理是一样的，但画接线图必须考虑实际元件、方便布线和操作方便等因素**。比如，在线路图中，一个接触器的线圈、主触点、辅助触点可以画在不同位置，而在接线图中，接触器是一个整体，线圈、主触点、辅助触点必须画在一起。另外，在线路图中，操作按钮可以和其他电器画在一起，而在接线图中，操作按钮要与其他电器分开，单独安装在按钮箱中。

2．锅炉间的动力配电线路图与接线图

锅炉间有两套相同的动力配电线路，其中一套配电线路图如图 10-12 所示，其接线图如图 10-13 所示，两套线路的操作按钮都安装在 ANX2 按钮箱内。

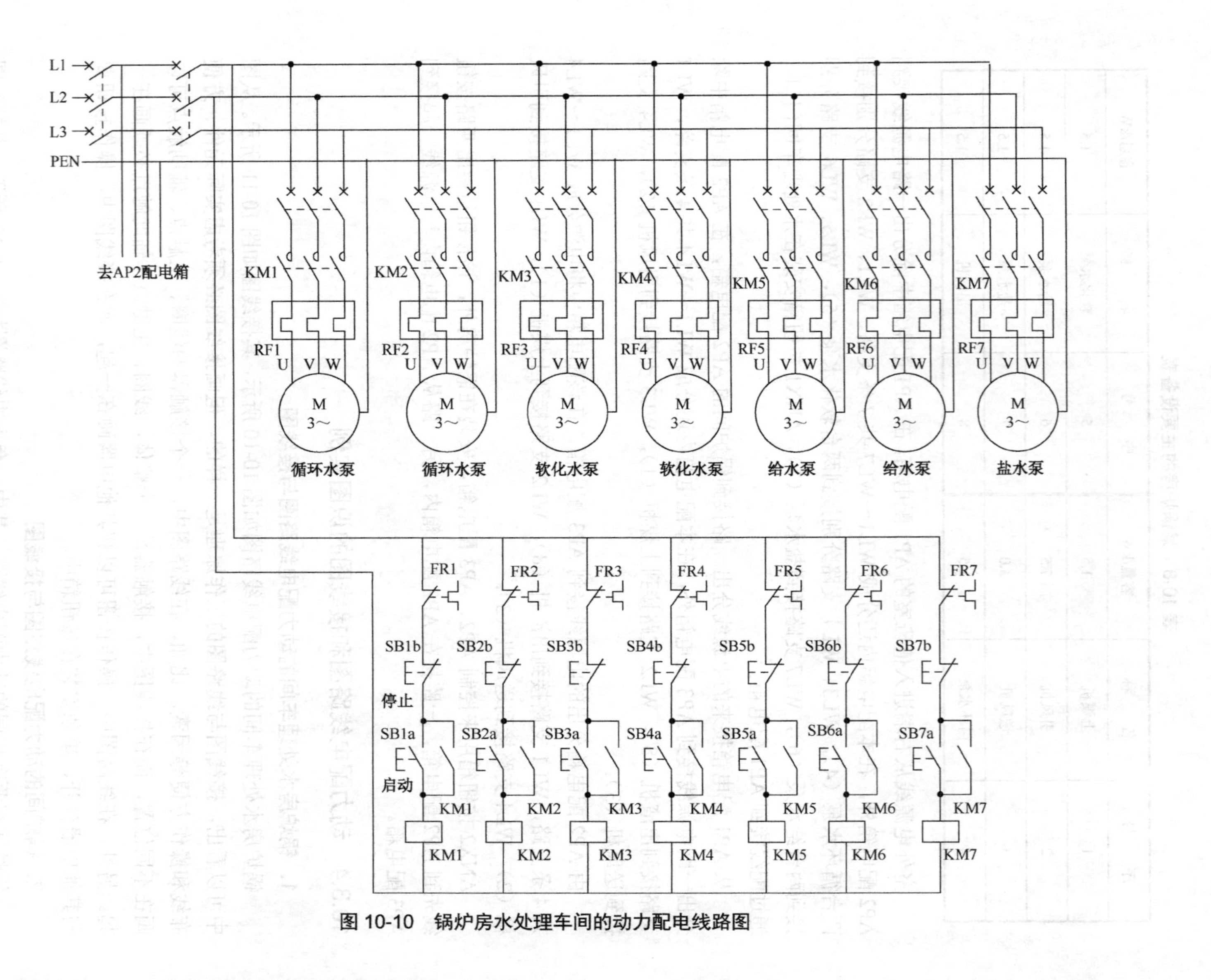

图 10-10　锅炉房水处理车间的动力配电线路图

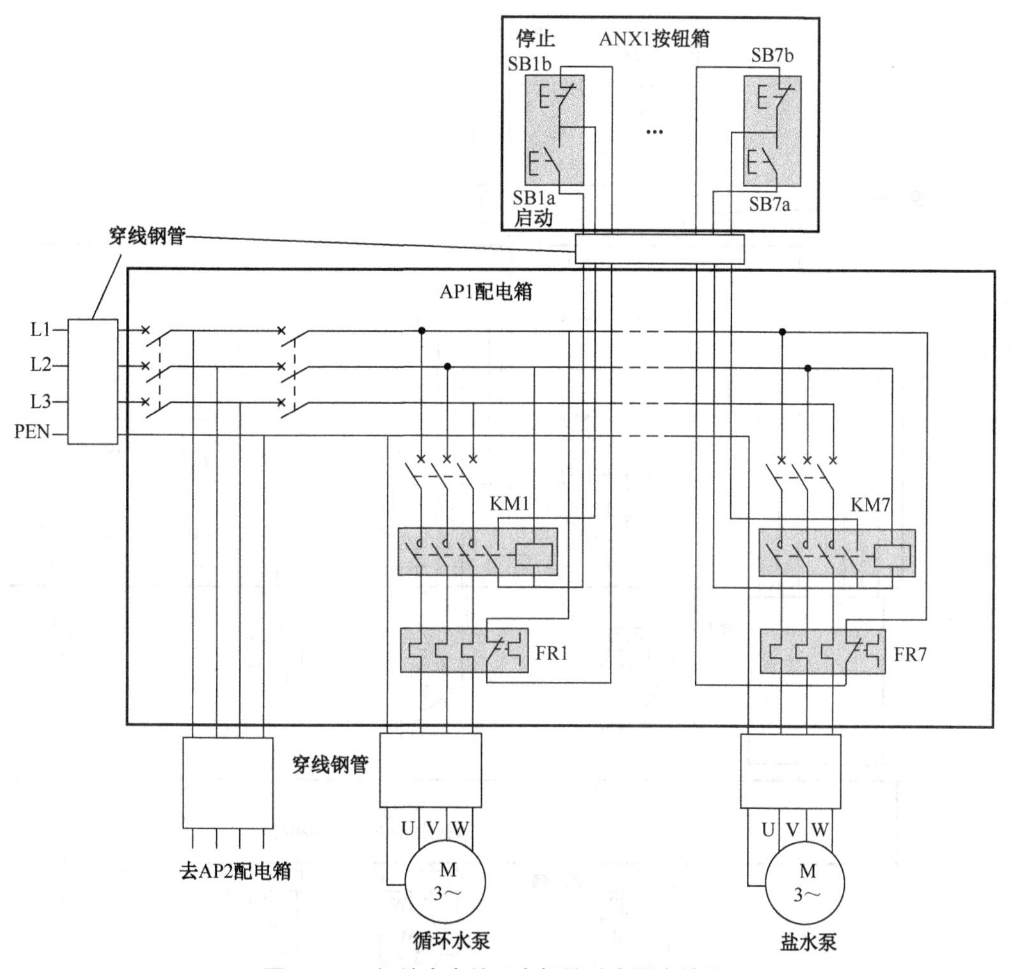

图 10-11　锅炉房水处理车间的动力配电接线图

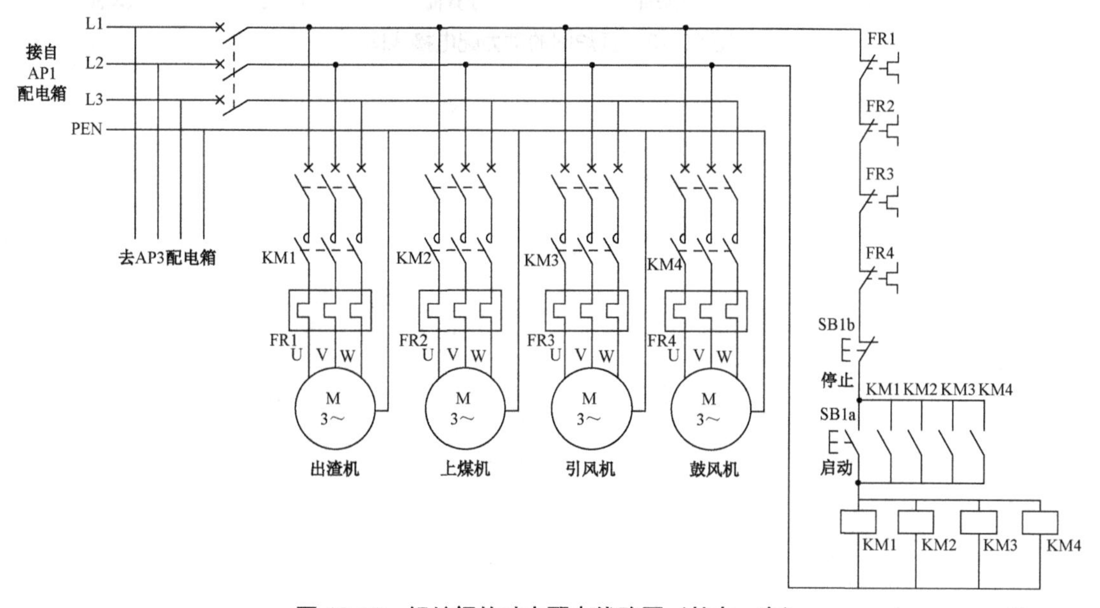

图 10-12　锅炉间的动力配电线路图（其中一套）

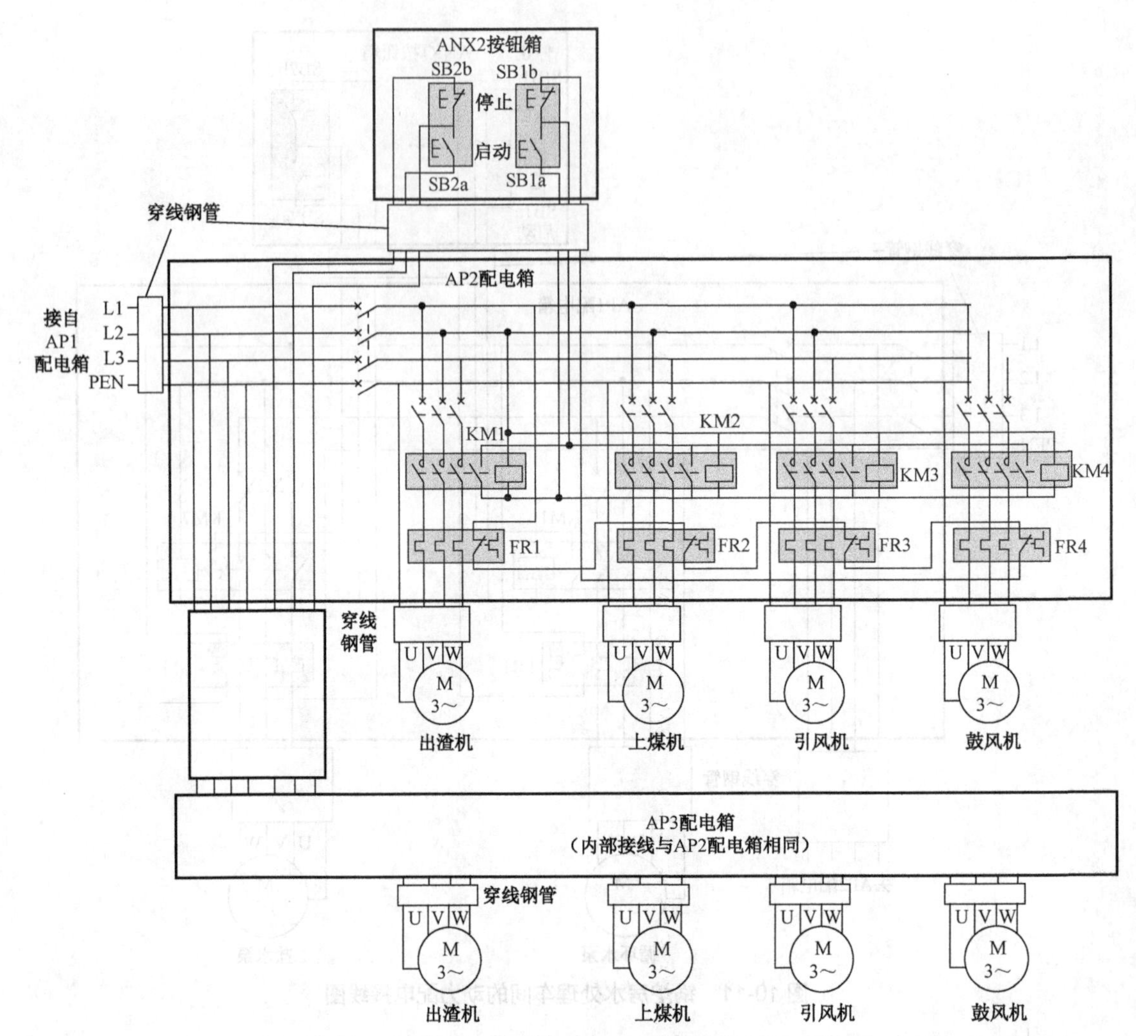

图 10-13　锅炉间的动力配电接线图

第 11 章　供配电系统电气线路的识读

11.1　供配电系统简介

11.1.1　供配电系统的组成

电能是由发电部门（火力发电厂、水力发电站和核电站）的发电机产生的，这些电能需要通过供配电系统传输给用户。电能从发电部门到用户的传输环节如图 11-1 所示，从图中可以看出，发电部门的发电机产生 3.15～20kV 的电压（交流），先经升压变压器升至 35～500kV，然后通过远距离传输线将电能传送到用电区域的变电所，变电所的降压变压器将 35～500kV 的电压降低到 6～10kV，该电压一方面直接供给一些工厂用户，另一方面再经降压变压器降成 220/380V 的低压，供给普通用户。

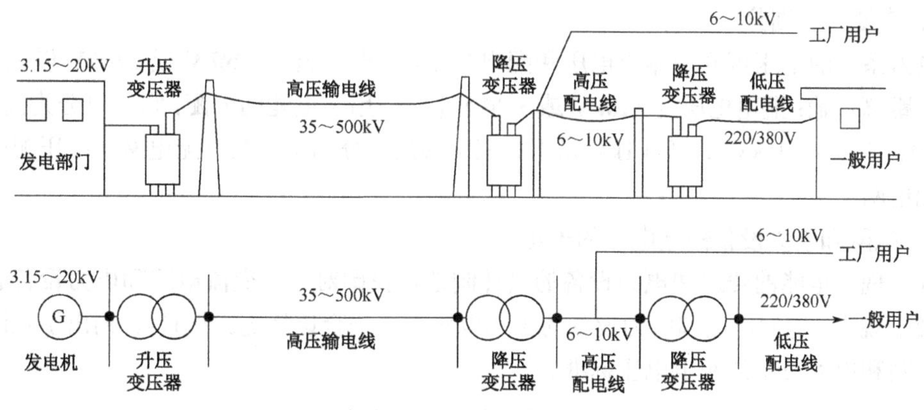

图 11-1　电能从发电部门到用户的传输环节

电能在远距离传输时，先将电压升高，传输到目的地后再将电压降低，这样做的目的主要有两点：

① **可减少电能在传输线上的损耗。**根据 $P=UI$ 可知，在传输功率一定的情况下，电压 U 越高，电流 I 越小；又根据焦耳定律 $Q=I^2Rt$ 可知，流过导线的电流越小，在导线上转变成热能而损耗的电能就越少。

② **可在导线截面积一定的情况下提高导线传输电能的功率。**比如，某导线允许通过的最大电流为 I_M，在电压未升高时传输的功率 $P=UI_M$，电压升高 20 倍后该导线传输的功率 $P=20UI_M$。

从发电部门的发电机产生电能开始到电能供给最终用户，电能经过了电能的产生、变换、传输、分配和使用环节，这些环节组成的整体称为电力系统。电网是电力系统的一部分，它不包括发电部门和电能用户。

11.1.2 变电所与配电所

电能由发电部门传输到用户的过程中，需要对电压进行变换，还要将电压分配给不同的地区和用户。**变电所或变电站的任务是将送来的电能进行电压变换并对电能进行分配。配电所或配电站的任务是将送来的电能进行分配。**

变电所与配电所的区别主要在于：变电所由于需要变换电压，所以必须要有电力变压器；而配电所不需要电压变换，故除可能有自用变压器外，配电所是没有其他电力变压器的。变电所和配电所的相同之处在于：① 两者都担负着接收电能和分配电能的任务；② 两者都具有电能引入线（架空线或电缆线）、各种开关电器（如隔离开关、刀开关、高低压断路器）、母线、电压/电流互感器、避雷器和电能引出线等。

变电所可分为升压变电所和降压变电所，升压变电所一般设在发电部门，将电压升高后进行远距离传输；降压变电所一般设在用电区域，它根据需要将高压适当降低到相应等级的电压后，供给本区域的电能用户。降压变电所又可分为区域降压变电所、终端降压变电所、工厂降压变电所和车间降压变电所等。

11.1.3 电力系统的电压规定

1．电压等级划分

电力系统的电压可分为输电电压和配电电压，输电电压为220kV或220kV以上，用于电能远距离传输；配电电压为110kV或110kV以下，用于电能的分配，它又可分为高（35～110kV）、中（6～35kV）、低（1kV以下）三个等级，分别用于高压配电网、中压配电网和低压配电网。

2．电网和电力设备额定电压的规定

为了规范电能的传送和电力设备的设计制造，我国对三相交流电网和电力设备的额定电压做了规定，电网电压和电力设备的工作电压必须符合该规定。表11-1 列出了我国三相交流电网和电力设备的额定电压标准。

表11-1 我国三相交流电网和电力设备的额定电压标准

分　类	电网和用电设备额定电压/kV	发电机额定电压/kV	电力变压器额定电压/kV	
			一次绕组	二次绕组
低压	0.38	0.40	0.38/0.22	0.4/0.23
	0.66	0.69	0.66/0.38	0.69/0.4
高压	3	3.15	3/3.15	3.15/3.3
	6	6.3	6/6.3	6.3/6.6
	10	10.5	10/10.5	10.5/11
	—	13.8/15.75/18/20/22/24/26	13.8/15.75/18/20/22/24/26	—
	35	—	35	38.5
	66	—	66	72.6
	110	—	110	121
	220	—	220	242

续表

分　类		电网和用电设备额定电压/kV	发电机额定电压/kV	电力变压器额定电压/kV	
				一次绕组	二次绕组
高压		330	—	330	363
		500	—	500	550

从表 11-1 中可以看出：

① 电网和用电设备的额定电压规定相同。表中未规定 2kV 额定电压，故电网中不允许以 2kV 电压来传输电能，生产厂家也不会设计制造 2kV 额定电压的用电设备。

② 相同电压等级的发电机的额定电压与电网和用电设备是不一样的，发电机的额定电压要略高（5%），这样规定是考虑到发电机产生的电能传送到电网或用电设备时线路会有一定的压降。

③ 电力变压器相同等级的额定电压规定是不一样的，相同等级的二次绕组的额定电压较一次绕组要略高（5%～10%），这样规定也是考虑到线路存在压降。

下面以图 11-2 来说明电力变压器一、二次绕组额定电压的确定。如果发电机的额定电压是 0.4kV（较相同等级的电网电压 0.38kV 高 5%），发电机产生的 0.4kV 电压经线路传送到升压变压器 T1 的一次绕组，由于线路的压降损耗，送到 T1 的一次绕组电压为 0.38kV，T1 将该电压升高到 242kV（较相同等级的电网电压 220kV 高 10%），242kV 电压经远距离线路传输，线路压降损耗为 10%，送到降压变压器 T2 的一次绕组的电压为 220kV，T2 将 220kV 降低到 0.4kV（较相同等级的电网电压 0.38kV 高 5%），经线路压降损耗 5%后得到 0.38kV 供给电动机。

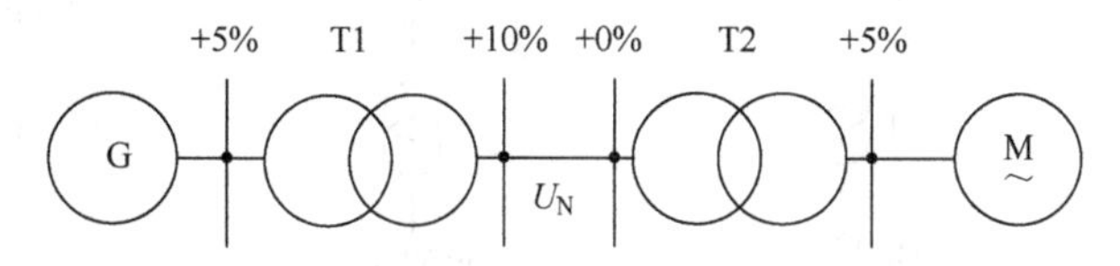

图 11-2　电力变压器一、二次绕组额定电压

11.2　变配电所主电路的接线形式

变配电所的电气接线包括一次电路接线和二次电路接线。一次电路又称主电路，是指电能流经的电路，主要设备有发电机、变压器、断路器、隔离开关、避雷器、熔断器和电压、电流互感器等，将这些设备按要求用导线连接起来就是主电路的接线；二次电路的功能是控制、保护、测量和监视一次电路，主要设备有控制开关、按钮、继电器、测量仪表、信号灯和自动装置等。**一次电路电压高、电流大，二次电路通过电压互感器和电流互感器来测量和监视一次电路的电压和电流，通过继电器和自动装置对一次电路进行控制和保护。**

变配电所的任务是汇集电能和分配电能，变电所还需要对电能电压进行变换。变配电所常用的主电路接线方式见表 11-2。

表 11-2　变配电所常用的主电路接线方式

主接线形式	无母线主接线	线路–变压器组接线
		桥形接线
		多角形接线
	单母线主接线	单母线无分段接线
		单母线分段接线
		单母线分段带旁路母线接线
	双母线主接线	双母线无分段接线
		双母线分段接线
		三分之二断路器双母线接线
		双母线分段带旁路母线接线

11.2.1　无母线主接线

无母线主接线可分为线路–变压器组接线、桥形接线和多角形接线。

1. 线路–变压器组接线

当只有一路电源和一台变压器时，主电路可采用线路–变压器组接线方式，根据变压器高压侧采用的开关器件不同，该方式又有四种具体形式，如图 11-3 所示。

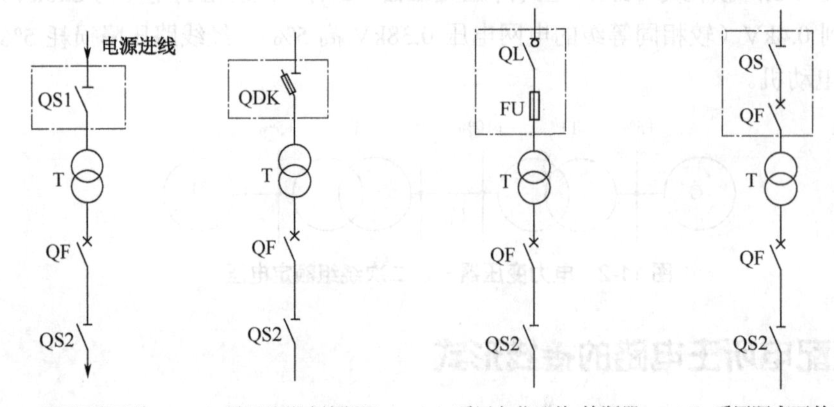

（a）采用隔离开关　（b）采用跌落式熔断器　（c）采用负荷开关–熔断器　（d）采用隔离开关和断路器

图 11-3　线路–变压器组接线的四种形式

若电源侧继电保护装置能保护变压器且灵敏度满足要求，则变压器高压侧可使用隔离开关，如图 11-3（a）所示；若变压器高压侧短路容量不超过高压熔断器断流容量，而又允许采用高压熔断器保护变压器，则变压器高压侧可使用跌落式熔断器或负荷开关–熔断器，如图 11-3（b）、（c）所示；一般情况下可在变压器高压侧使用隔离开关和断路器，如图 11-3（d）所示。如果在高压侧使用负荷开关，变压器容量不能大于 1250kVA；如果在高压侧使用隔离开关或跌落式熔断器，变压器容量一般不能大于 630kVA。

线路–变压器组接线方式接线简单，使用的电气设备少，配电装置也简单。但在任意设备发生故障或检修时，变电所需要全部停电，可靠性不高，故一般用于供电要求不高的小型企业或非生产用户。

2. 桥形接线

桥形接线是指在两路电源进线之间跨接一个断路器，如果断路器跨接在进线断路器的内侧（靠近变压器），则称为内桥形接线，如图 11-4（a）所示；**如果断路器跨接在进线断路器的外侧（靠近电源进线侧），则称为外桥形接线**，如图 11-4（b）所示。

在供配电线路中，常常用到断路器 QS 和隔离开关 QF，两者都可以接通和切断电路，但断路器带有灭弧装置，可以在带负荷的情况下接通和切断电路；隔离开关通常无灭弧装置，不能带负荷或只能带轻负荷接通和切断电路。另外，断路器具有过压和过流跳闸保护功能，隔离开关一般无此功能。在图 11-4（a）中，如果要将 WL1 线路与变压器 T1 高压侧接通，先要将隔离开关 QS1、QS2、QS3 闭合，再将断路器 QF1 闭合。如果在 QF1、QS2、QS3 闭合后再闭合隔离开关 QS1，相当于是带负荷接通隔离开关，而隔离开关通常无灭弧装置，接通时会产生强烈的电弧，会烧坏隔离开关，操作也非常危险。**总之，若断路器和隔离开关串接使用，在接通电源时，需要先闭合断路器两侧的隔离开关，再闭合断路器；在断开电源时，需要先断开断路器，再断开两侧的隔离开关。**

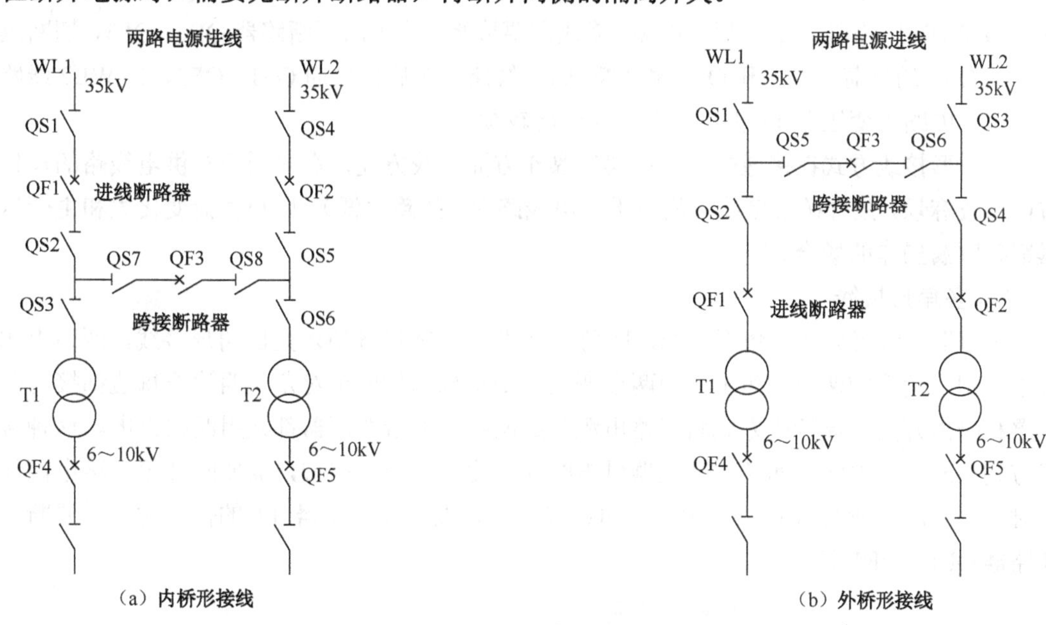

（a）内桥形接线　　（b）外桥形接线

图 11-4　桥形接线

（1）内桥形接线

内桥形接线如图 11-4（a）所示，跨接断路器接在进线断路器的内侧（靠近变压器）。WL1、WL2 线路来自两个独立的电源，WL1 线路经隔离开关 QS1、断路器 QF1、隔离开关 QS2、隔离开关 QS3 接到变压器 T1 的高压侧；WL2 线路经隔离开关 QS4、断路器 QF2、隔离开关 QS5、隔离开关 QS6 接到变压器 T2 的高压侧；WL1、WL2 线路之间通过隔离开关 QS7、断路器 QF3、隔离开关 QS8 跨接起来。WL1 线路的电能可以通过跨接电路供给变压器 T2，同样，WL2 线路的电能也可以通过跨接电路供给变压器 T1。

WL1、WL2 线路可以并行运行（跨接的 QS7、QF3、QS8 均要闭合），也可以单独运行（跨接的断路器 QF3 需断开）。如果 WL1 线路出现故障或需要检修，可以先断开断路器 QF1，再断开隔离开关 QS1、QS2，将 WL1 线路隔离开来。为了保证 WL1 线路断开后变压器 T1 仍有供电，应将跨接电路的隔离开关 QS7、QS8 闭合，再闭合断路器 QF3，将 WL2 线路电源引到变压器 T1 高压侧。如果需要切断供电对变压器 T1 进行检修或操作，不能直接断开隔离开关 QS3，而应先断开断路器 QF1 和 QF3，再断开 QS3，然后再闭合断路器 QF1 和 QF3，让 WL1 线路也为变压器 T2 供电。为了断开一个隔离开关 QS3，需要对断路器 QF1 和 QF3 进行反复操作。

内桥形接线方式在接通断开供电线路的操作方面比较方便，而在接通断开变压器的操作方面比较麻烦，故内桥形接线一般用于供电线路长（故障率高）、负荷较平稳和主变压器不需要频繁操作的场合。

（2）外桥形接线

外桥形接线如图 11-4（b）所示，跨接断路器接在进线断路器的外侧（靠近电源进线侧）。

如果需要切断供电对变压器 T1 进行检修或操作，只要先断开断路器 QF1，再断开隔离开关 QS2 即可。如果 WL1 线路出现故障或需要检修，应先断开断路器 QF1、QF3，切断隔离开关 QS1 的负荷，再断开 QS1 来切断 WL1 线路，然后再接通 QF1、QF3，让 WL2 线路通过跨接电路为变压器 T1 供电，显然操作比较烦琐。

外桥形接线方式在接通断开变压器的操作方面比较方便，在接通断开供电线路的操作方面比较麻烦，故外桥形接线一般用于供电线路短（故障率低）、用户负荷变化大和主变压器需要频繁操作的场合。

3．多角形接线

多角形接线可分为三角形接线、四角形接线等。图 11-5 所示是四角形接线，两路电源分别接到四角形的两个对角上，而两台变压器则接到另外两个对角，四边形每边都接有断路器和隔离开关。该接线方式将每路电源分成两路，每台变压器都采用两路供电。这种接线方式在断开供电线路和切断变压器供电时操作比较方便。比如，需要断开第一路电源线路时，只要断开断路器 QF1、QF4 即可；又如，需要切断变压器 T1 的供电时，只要断开断路器 QF1、QF2 即可。

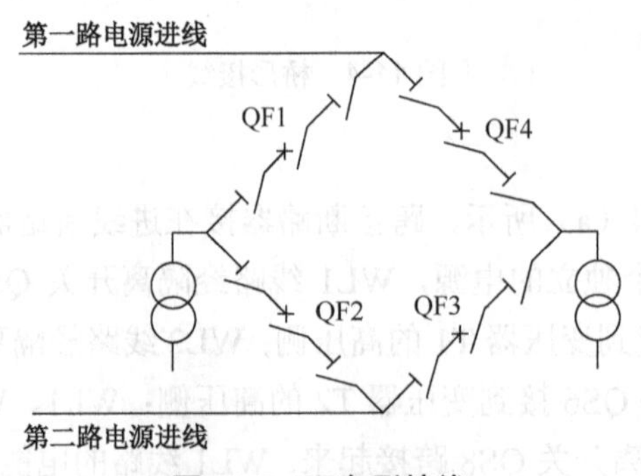

图 11-5　四角形接线

11.2.2　单母线主接线

母线的功能是汇集和分配电能，又称汇流排，如图 11-6 所示。根据使用的材料不同，母线分为硬铜母线、硬铝母线、铝合金母线等；根据截面形状不同，母线可分为矩形、圆形、槽形、管形等。对于容量不大的工厂变电所，多采用矩形截面的母线。**在母线表面涂漆有利于散热和防腐，电力系统一般规定交流母线 A、B、C 三相用黄、绿、红色标示，接地的中性线用紫色标示，不接地的中性线用蓝色标示。**

单母线主接线可分为单母线无分段接线、单母线分段接线和单母线分段带旁路母线接线。

1. 单母线无分段接线

单母线无分段接线如图 11-7 所示，电源进线通过隔离开关和断路器接到母线，再从母线分出多条线路，将电源提供给多个用户。

图 11-6　母线

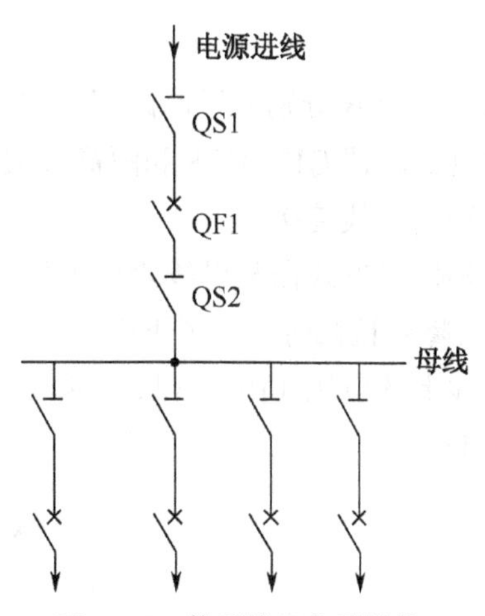

图 11-7　单母线无分段接线

单母线无分段接线是一种最简单的接线方式，所有电源及出线均接在同一母线上。其优点是接线简单、清晰，采用设备少、造价低，操作方便，扩建容易；其缺点是供电可靠性低，隔离开关、断路器和母线等任意元件发生故障或检修时，需要使整个供电系统停电。

2. 单母线分段接线

单母线分段接线如图 11-8 所示，它是在单母线无分段接线的基础上，用断路器对单母线进行分段，通常分成两段，母线分段后可进行分段检修。对于重要用户，可将不同的电源（通常为两路电源）提供给不同的母线段，分段断路器闭合时并行运行，断开时各段单独运行。

单母线分段接线的优点是接线简单、操作方便，除母线故障或检修外，可对用户进行连续供电；其缺点是当母线出现故障或检修时，仍有一半左右的用户停电，如母线段 2 出现故障会导致接到该母线的用户均停电。

3. 单母线分段带旁路母线接线

单母线分段带旁路母线接线如图 11-9 所示，它是在单母线分段接线的基础上增加了一条旁路母线，母线段 1、母线段 2 分别通过断路器 QF4、QF9 和隔离开关与旁路母线连接，

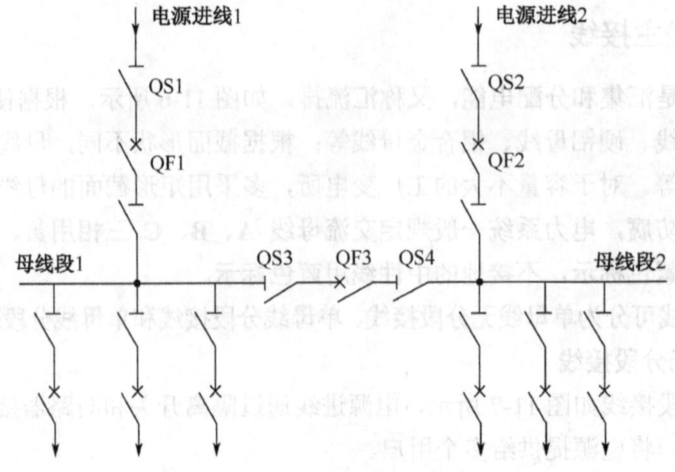

图 11-8 单母线分段接线

用户 A、用户 B 分别通过断路器 QF5、QF6 和隔离开关与母线段 1 连接，用户 C、用户 D 分别通过断路器 QF7、QF8 和隔离开关与母线段 2 连接，用户 A～D 还通过隔离开关 QS5～QS8 与旁路母线连接。

这种接线方式在某母线段出现故障或检修时，可以不中断用户的供电。比如，母线段 2 出现故障或检修时，为了不中断用户 C、用户 D 的供电，可将隔离开关 QS7、QS8 闭合，旁路母线上的电源（由母线段 1 通过 QS4 和隔离开关提供）通过 QS7、QS8 提供给用户 C 和用户 D。

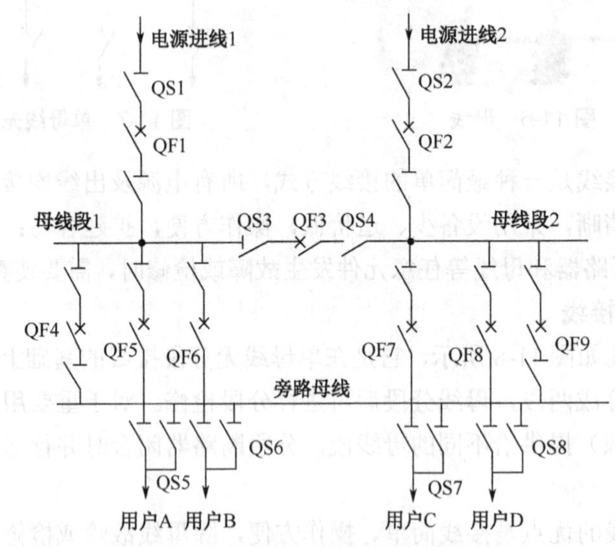

图 11-9 单母线分段带旁路母线接线

11.2.3 双母线主接线

单母线和单母线带分段接线的主要缺点是当母线出现故障或检修时需要对用户停电，而双母线接线可以有效克服该缺点。**双母线主接线可分为双母线无分段接线、双母线分段接线、三分之二断路器双母线接线和双母线分段带旁路母线接线。**

1. 双母线无分段接线

双母线无分段接线如图 11-10 所示，两路中的每路电源进线都分作两路，各通过两个隔离开关接到两路母线，母线之间通过断路器 QF3 联络实现并行运行。当任何一路母线出现故障或检修时，另一路母线都可以为所有用户继续供电。

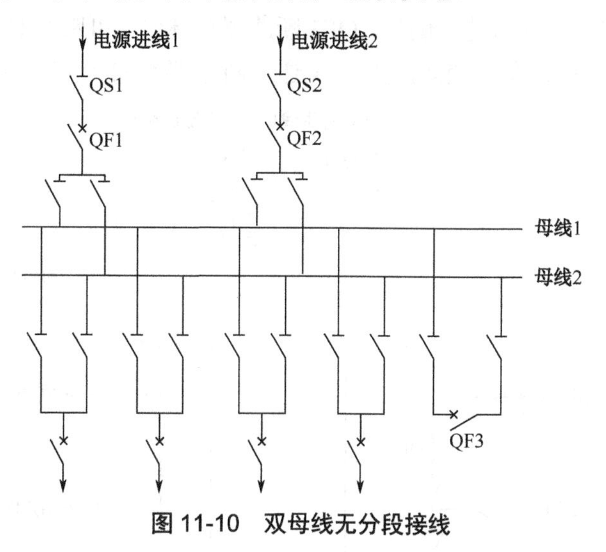

图 11-10　双母线无分段接线

2. 双母线分段接线

双母线分段（三分段）接线如图 11-11 所示，它用断路器 QF3 将其中一路母线分成母线 1A、母线 1B 两段，母线 1A 与母线 2 用断路器 QF4 连接，母线 1B 与母线 2 用断路器 QF5 连接。

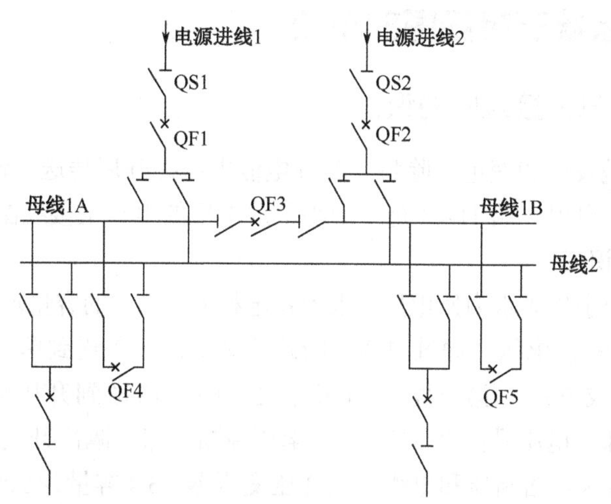

图 11-11　双母线分段（三分段）接线

双母线分段接线具有单母线分段接线和双母线无分段接线的特点，当任何一路母线（或母线段）出现故障或检修时，对所有用户均不间断供电，可靠性很高，广泛用在 6～10kV 的供配电系统中。

3. 三分之二断路器双母线接线

三分之二断路器双母线接线如图 11-12 所示，它在两路母线之间装设三个断路器，并从中接出两个回路。在正常运行时所有断路器和隔离开关均闭合，双母线同时工作，当任何一路母线出现故障或检修时，都不会造成某一回路用户停电；另外，在检修任何一路断路器时，也不会使某一回路停电。例如，QF3 断路器损坏时，可断开 QF3 两侧的隔离开关，对 QF3 进行更换或维修，在此期间，用户 A 通过断路器 QF4 从母线 2 获得供电。

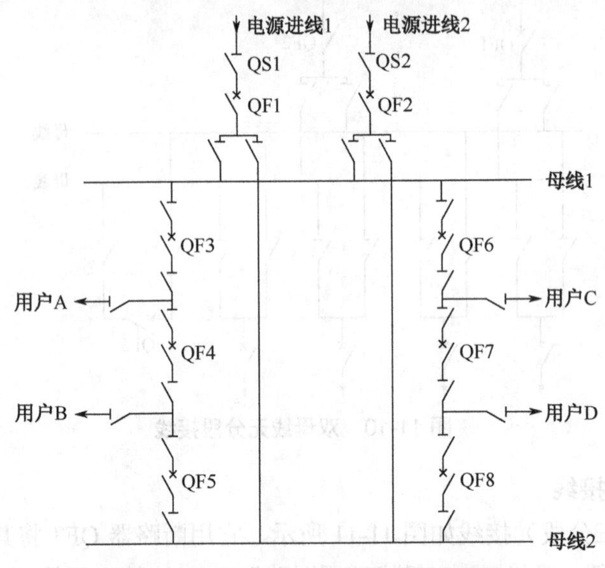

图 11-12　三分之二断路器双母线接线

11.3　供配电系统主接线图的识读

11.3.1　发电厂电气主接线图的识读

发电厂的功能是发电和变电，除将大部分电能电压提升后传送给输电线路外，还会取一部分电能供发电厂自用。图 11-13 是一个小型发电厂的电气主接线图。

1. 主接线图的识读

该发电厂是一个小型的水力发电厂，水力发电机 G1、G2 的容量均为 2000kW。两台发电机工作时产生 6kV 的电压，通过电缆、断路器和隔离开关送到单母线（无分段），6kV 电压在单母线上分成三路：第一路经隔离开关、断路器送到升压变压器 T1（容量为 5000kVA），T1 将 6kV 电压升高至 35kV，该电压经断路器、隔离开关和 WL1 线路送往电网；第二路经隔离开关、熔断器和电缆送到降压变压器 T3（容量为 200kVA），将电压降低后作为发电厂自用电源；第三路经隔离开关、断路器送到升压变压器 T2（容量为 1250kVA），T2 将 6kV 电压升高至 10kV，该电压经电缆、断路器、隔离开关送到另一单母线（不分段），在该母线将电源分成 WL2、WL3 两路，供给距离发电厂不远的地区。

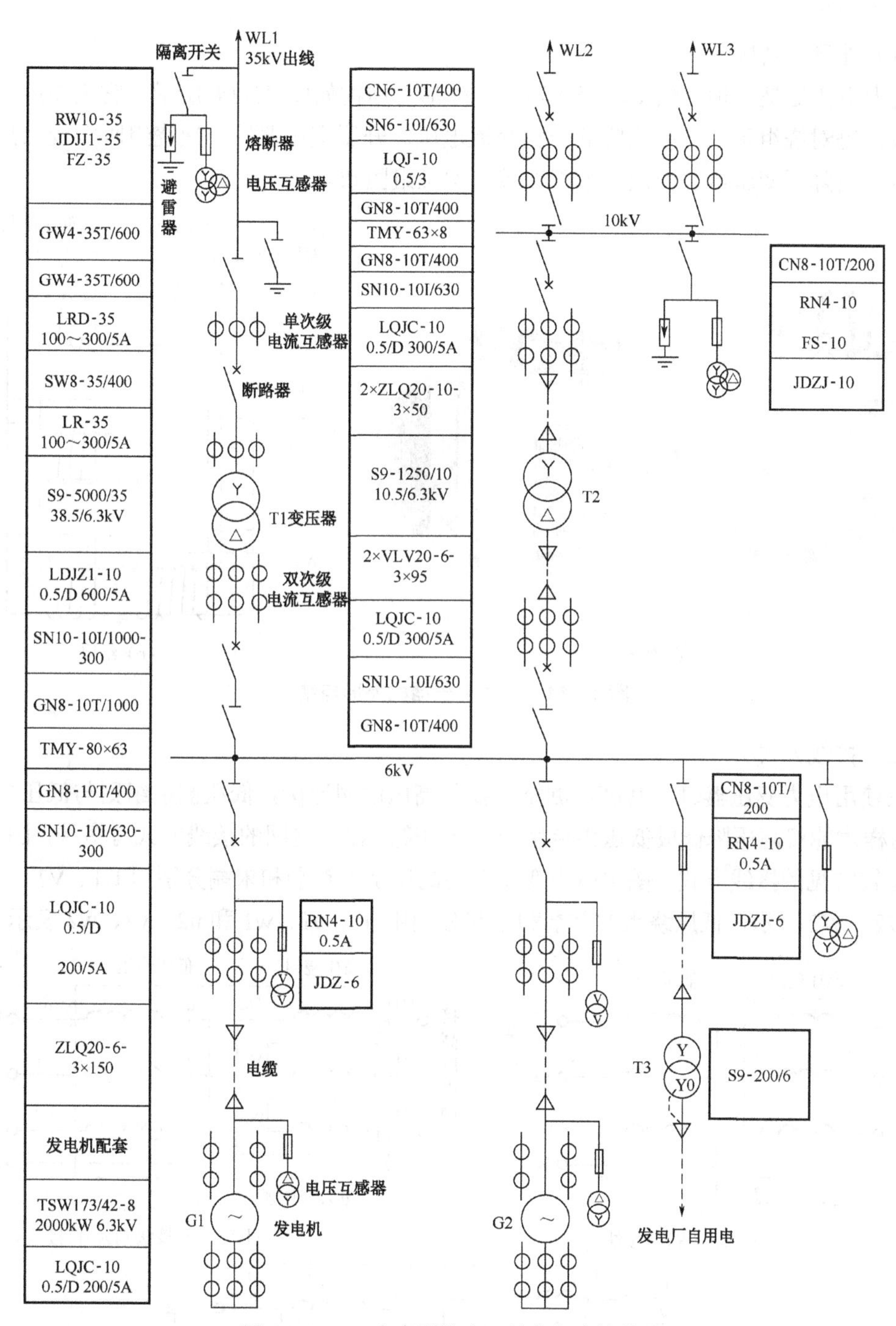

图 11-13　一个小型发电厂的电气主接线图

在电气图的电气设备符号旁边（水平方向），标有该设备的型号和有关参数，通过查看这些标注可以更深入地理解电气图。

2．电力变压器的接线

变压器的功能是升高或降低交流电压，故电力变压器可分为升压变压器和降压变压器。图 11-13 中的 T1、T2 均为升压变压器，T3 为降压变压器。

（1）外形与结构

电力变压器是一种三相交流变压器，其外形与结构如图 11-14 所示，它主要由三对绕组组成，每对绕组可以升高或降低一相交流电压。升压变压器的一次绕组匝数较二次绕组匝数少，而降压变压器的一次绕组匝数较二次绕组匝数多。

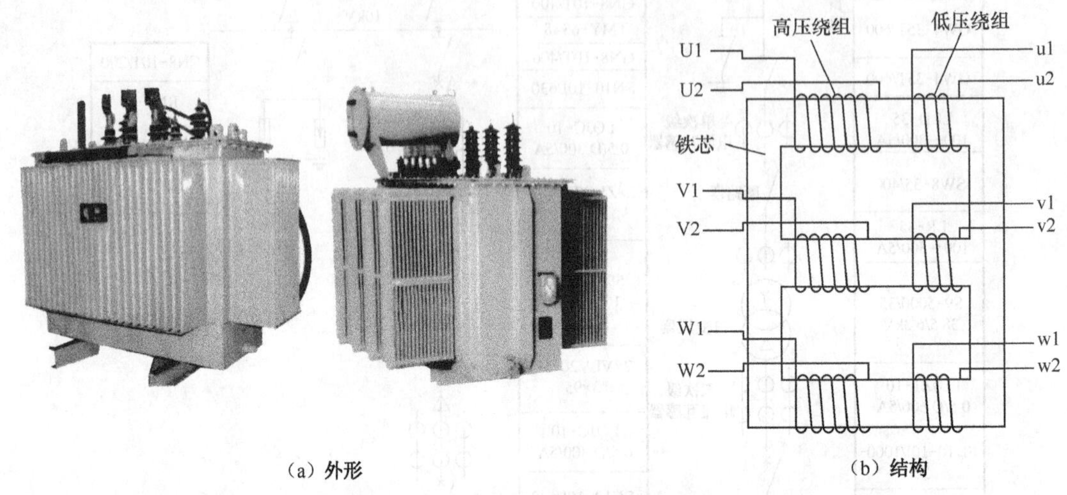

（a）外形　　（b）结构

图 11-14　电力变压器的外形与结构

（2）接线方式

在使用电力变压器时，其高压侧绕组要与高压电网连接，低压侧绕组则与低压电网连接，这样才能将高压降低成低压供给用户。电力变压器与电网的接线方式有多种，图 11-15 所示是较常见的接线方式，图中电力变压器的高压绕组首端和末端分别用 U1、V1、W1 和 U2、V2、W2 表示，低压绕组的首端和末端分别用 u1、v1、w1 和 u2、v2、w2 表示。

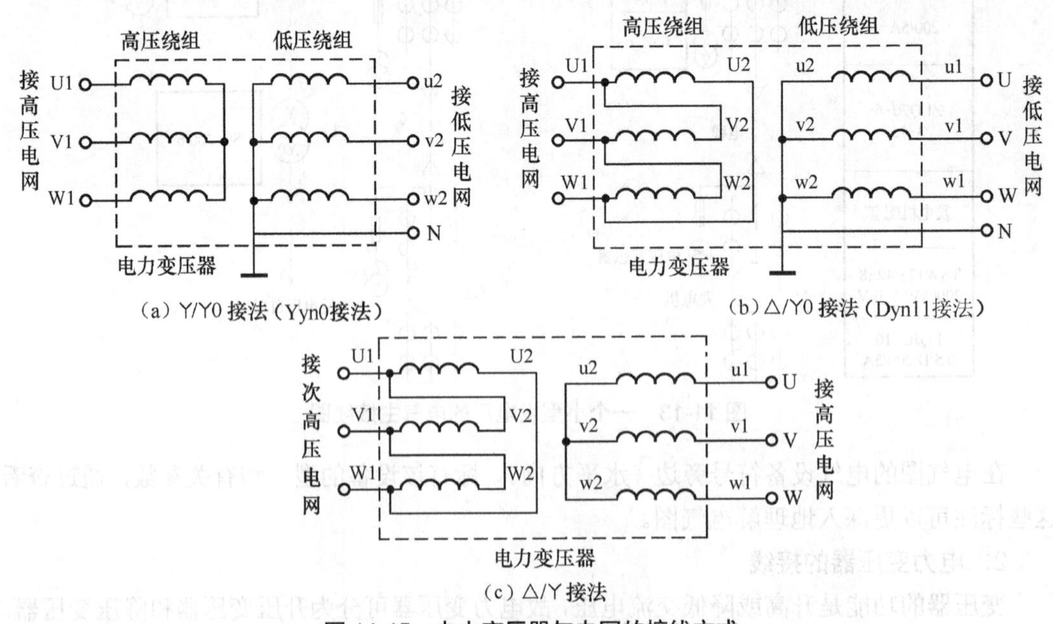

（a）Y/Y0 接法（Yyn0接法）　　（b）△/Y0 接法（Dyn11接法）

（c）△/Y 接法

图 11-15　电力变压器与电网的接线方式

图 11-15（a）中的变压器采用了 Y/Y0 接法，即高压绕组采用中性点不接地的星形接法（Y），低压绕组采用中性点接地的星形接法（Y0），这种接法又称为 Yyn0 接法。图 11-15（b）中的变压器采用了△/Y0 接法，即高压绕组采用三角形接法，低压绕组采用中性点接地的星形接法，这种接法又称为 Dyn11 接法。在远距离传送电能时，为了降低线路成本，电网通常只用三根导线来传输三相电能，该情况下若变压器绕组以星形方式接线，其中性点不会引出中性线，如图 11-15（c）所示。

3．电流互感器的接线

变配电所主线路的电流非常大，直接测量和取样很不方便，使用电流互感器可以将大电流变换成小电流，提供给二次电路测量或控制用。电流互感器的工作原理参见图 9-3。

电流互感器有单次级和双次级之分，其图形符号如图 11-16 所示。

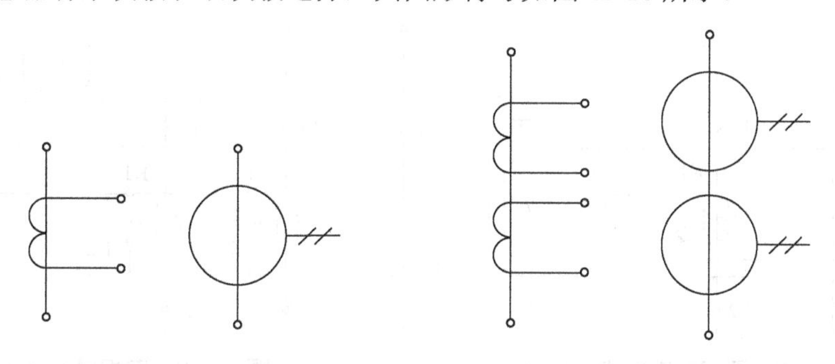

（a）单次级绕组电流互感器　　（b）双次级绕组电流互感器

图 11-16　电流互感器的图形符号

变配电所一般使用穿心式电流互感器，穿心而过的主线路导线为一次绕组，二次绕组接电流继电器或测量仪表。电流互感器在三相电路中有四种常见的接线方式。

（1）一相式接线

一相式接线如图 11-17 所示。它以二次侧电流线圈中通过的电流来反映一次电路对应相的电流。该接线一般用于负荷平衡的三相电路，用于测量电流和过负荷保护装置。

（2）两相 V 形接线（两相电流和接线）

两相 V 形接线如图 11-18 所示，又称为两相不完全星形接线。电流互感器一般接在 A、C 相，流过二次侧电流线圈的电流反映一次电路对应相的电流，而流过公共电流线圈的电流反映一次电路 B 相的电流。这种接线广泛应用于 6～10kV 高压线路中，用于测量三相电能电流和过负荷保护。

（3）两相交叉接线（两相电流差接线）

两相交叉接线如图 11-19 所示，又称两相一继电器接法。电流互感器一般接在 A、C 相，在三相对称短路时流过二次侧电流线圈的电流 $I=I_a-I_c$，其值为相电流的$\sqrt{3}$ 倍。这种接法在不同的短路故障时反映到二次侧电流线圈的电流会有所不同，该接线主要用于 6～10kV 高压电路中的过电流保护。

（4）三相星形接线

三相星形接线如图 11-20 所示。该接线流过二次侧各电流线圈的电流分别反映一次电路对应相的电流。它广泛用于负荷不平衡的三相四线制系统和三相三线制系统中，用于电能、电流的测量及过电流保护。

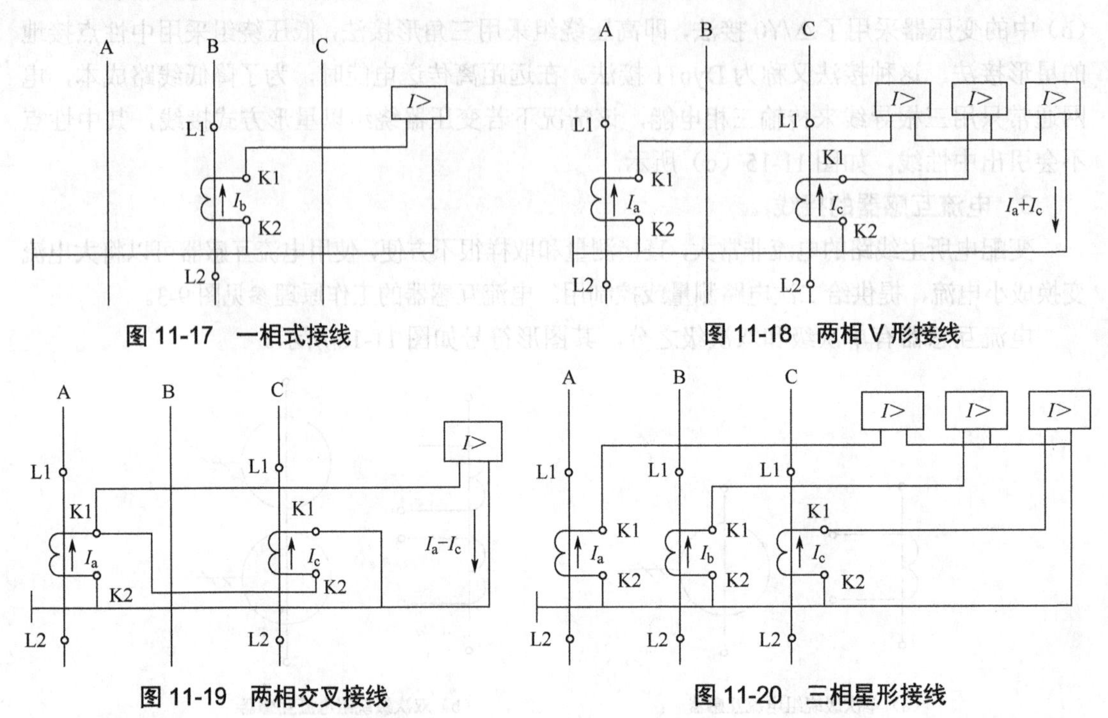

图 11-17　一相式接线　　　图 11-18　两相 V 形接线

图 11-19　两相交叉接线　　　图 11-20　三相星形接线

电流互感器在使用时要注意：① 在工作时二次侧不得开路；② 二次侧必须接地；③ 在接线时，其端子的极性必须正确。

4．电压互感器的接线

电压互感器可以将高电压变换成低电压，提供给二次电路测量或控制用。电压互感器在三相电路中有四种常见的接线方式。

（1）一个单相电压互感器的接线

图 11-21 是一个单相电压互感器的接线，可将三相电路的一个线电压供给仪表和继电器。

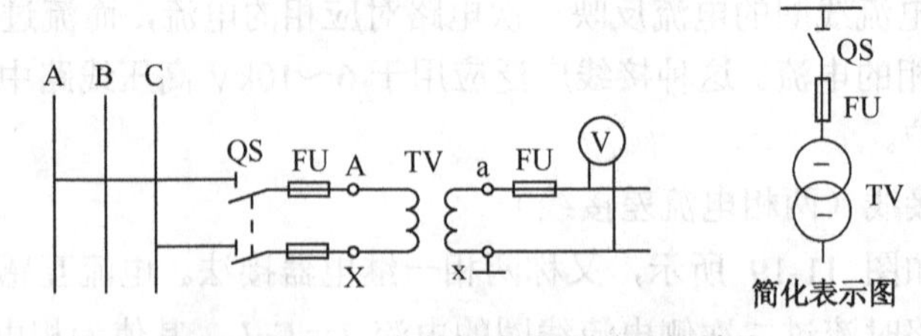

图 11-21　一个单相电压互感器的接线

（2）两个单相电压互感器的接线（V/V 接线）

图 11-22 为两个单相电压互感器的接线（V/V 接线），可将三相三线制电路的各个线电压提供给仪表和继电器，该接法广泛用于工厂变配电所 6～10kV 高压装置中。

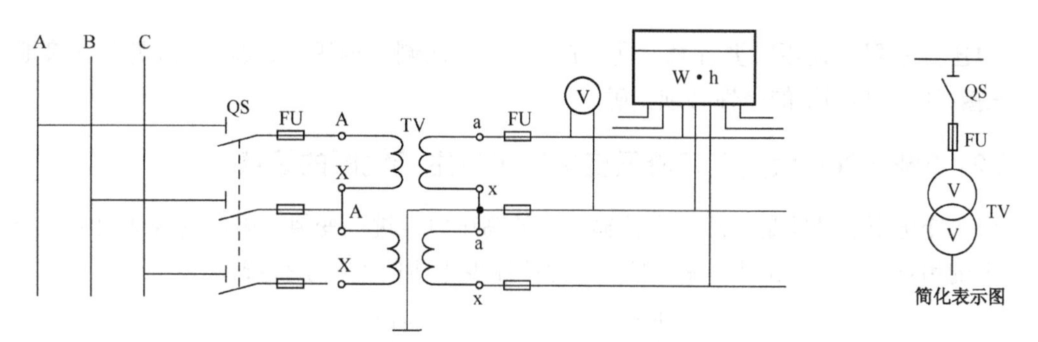

图 11-22　两个单相电压互感器的接线（V/V 接线）

（3）三个单相电压互感器的接线（Y0/Y0 接线）

图 11-23 为三个单相电压互感器的接线（Y0/Y0 接线），可将线电压提供给仪表、继电器，还能将相电压提供给绝缘监视用电压表。为了保证安全，绝缘监视用电压表应按线电压选择。

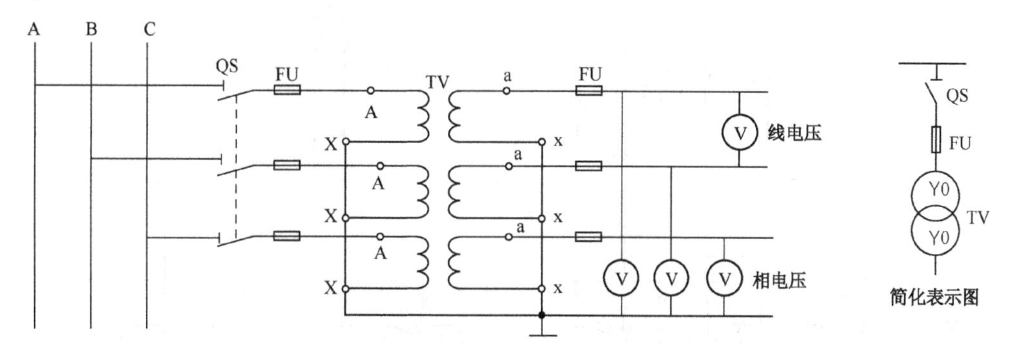

图 11-23　三个单相电压互感器的接线（Y0/Y0 接线）

（4）三个单相三绕组电压互感器或一个三相五芯柱三绕组电压互感器的接线（Y0/Y0/△接线）

图 11-24 为三个单相三绕组电压互感器或一个三相五芯柱三绕组电压互感器的接线（Y0/Y0/△接线），接成 Y0 的二次绕组将线电压提供给仪表、继电器或绝缘监视用电压表，Y0 接线与图 11-23 相同，辅助二次绕组接成开口三角形并与电压继电器连接。当一次侧电压正常时，由于三个相电压对称，因此开口三角形绕组两端的电压接近于零；当某一相接地时，开口三角形绕组两端将出现近 100V 的零序电压，使电压继电器动作，发出单相接地信号。

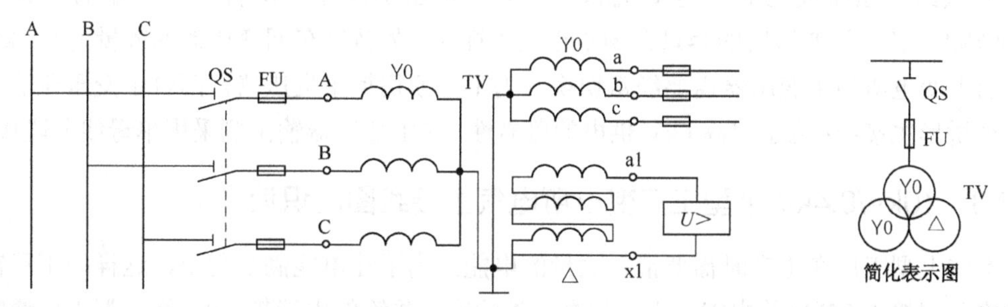

图 11-24　三个单相三绕组电压互感器或一个三相五芯柱三绕组电压互感器的接线（Y0/Y0/△接线）

电压互感器在使用时要注意：① 在工作时二次侧不得短路；② 二次侧必须接地；③ 在接线时，其端子的极性必须正确。

11.3.2　35kV/6kV 大型工厂降压变电所电气主接线图的识读

降压变电所的功能是将远距离传输过来的高压电能进行变换，降低到合适的电压分配给需要的用户。图 11-25 是一家大型工厂总降压变电所的电气主接线图。

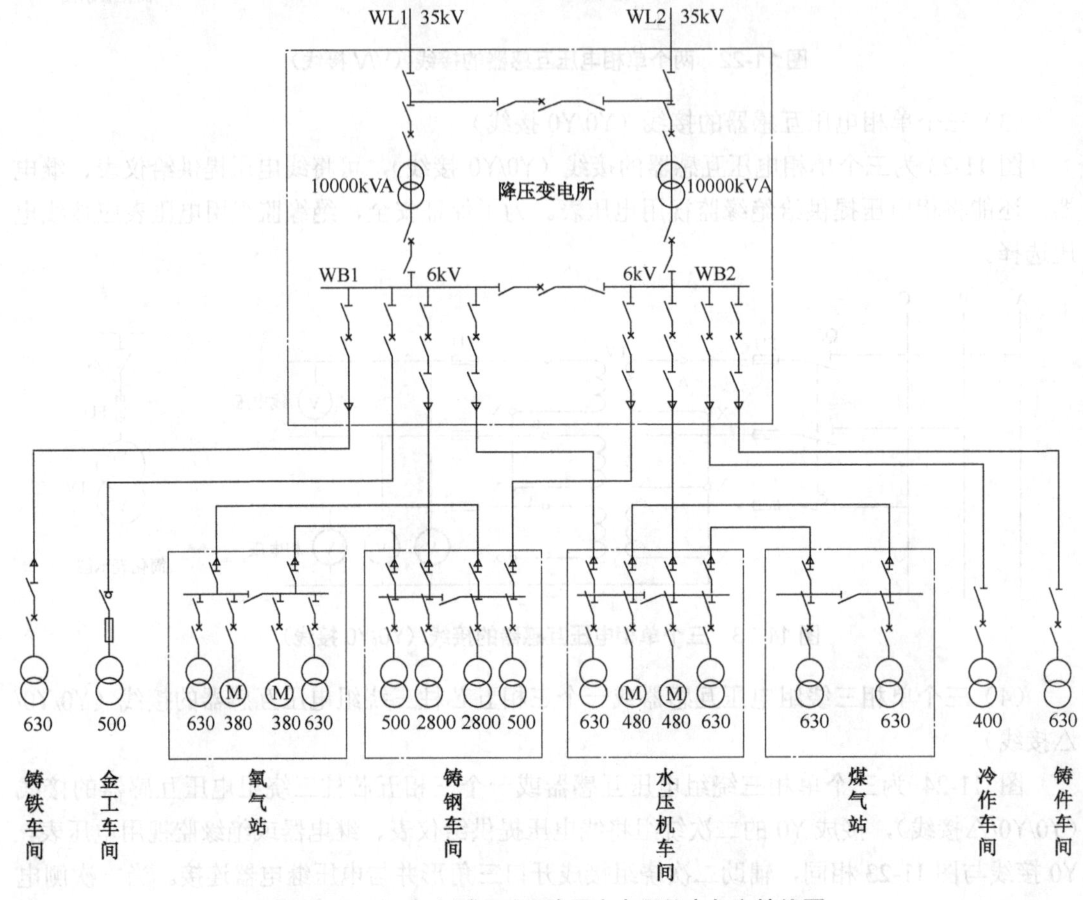

图 11-25　一家大型工厂总降压变电所的电气主接线图

供电部门将两路 35kV 电压送到降压变电所，由主变压器将 35kV 电压变换成 6kV 电压，再供给一些车间的高压电动机和各车间的降压变压器。两台主变压器的容量均为 10000kVA，各车间变压器的容量在图中也做了标注，如铸铁车间变压器的容量为 630kVA。

由于变电所的主变压器需要经常切换，为了方便切换主变压器，两台主变压器输入侧采用外桥形主接线；为了提高 6kV 供电的可靠性，在主变压器输出侧采用单母线分段接线。

11.3.3　10kV/0.4kV 小型工厂变电所电气主接线图的识读

有些大型工厂在生产时需要消耗大量的电能，为了让电能满足需要，这样的工厂需要向供电部门接入 35kV 的电能（电压越高，相同线路传输的电能越多），而小型工厂通常不需要太多的电能，故其变电所接入电源的电压一般为 6～10kV，再用小容量变压器将 6～10kV 转换成 220/380V 电压。

图 11-26 所示是一家小型工厂变电所的电气主接线图。

1．变压器高压侧主接线图的识读

区域变电所通过架空线将 10kV 电压送到工厂，经高压隔离开关、带熔断器的跌落式开关和埋地电缆接入工厂的 Y1 柜（TV-F 柜），Y1 柜内安装有避雷器、电压互感器和带电指示器，避雷器用于旁路可能窜入线路的雷电高压，电压互感器接电压表来监视线路的电压大小，带电指示器（电容与灯泡状符号）用于指示线路是否带电，线路带电时指示器会亮。

Y1 柜的 10kV 线路再接到 Y2 柜（总开关柜），Y2 柜内安装有总断路器、电流互感器和接地开关，断路器用来控制高压侧电源的通断，电流互感器接电流表来监视线路的电流值，接地开关用于泄放总断路器断开后线路上残存的电压。

Y2 柜的 10kV 线路往下接到 Y3 柜（计量柜），Y3 柜内安装有电流互感器和电压互感器，用于连接有功电能表和无功电能表，计量线路的有功电能和无功电能。

Y3 柜的 10kV 线路之后分作两路，分别接到 Y4 柜（1 号变压器柜）和 Y5 柜（2 号变压器柜）。在 Y4 柜内安装有断路器、电流互感器和接地开关，断路器用于接通和切断 1 号变压器高压侧的电源，电流互感器接二次电路的电流表和继电器，对一次电路进行保护、测量和指示。Y4 柜的 10kV 线路再接到 1 号变压器 T1 的高压侧，T1 高低压绕组采用 Yyn0 接法，即高压侧三个绕组采用中性点不接地的星形接法（Y），低压绕组采用中性点接地的星形接法（Y0）。变压器高压侧输入 10kV，降压后从低压侧输出线电压为 380V、相电压为 220V 的电源。Y5 柜、2 号变压器 T2 的情况与 Y4 柜和 1 号变压器 T2 的情况基本相同。

2．变压器低压侧主接线图的识读

两台变压器低压侧分成 I、II 两段供电，T1 低压绕组的 380V 电压（相电压为 220V）通过电缆送到 P1 配电屏，电缆穿屏而过后接到 P2 配电屏。P2 配电屏内安装有一个断路器、刀开关、电流表、电压表、有功功率表、无功功率表和电能表，断路器和刀开关用于接通和切断 I 段供电，其他各种仪表分别用来测量线路的电流、电压、有功功率、无功功率和电能。P2 配电屏的输出线路接到 I 段低压母线，P3～P8 配电屏内部线路直接接到 I 段母线。P3 配电屏内安装有刀开关、断路器、电流表、电流互感器和电能表，刀开关和断路器用于接通和切断 P3 屏线路电源，电流表用于监视线路电流，电能表配合电流互感器来计量线路电能。P4～P7 配电屏内部的线路和设备与 P3 配电屏基本相同。P8 配电屏为提升线路功率因数的无功功率自动补偿电容屏，内部安装有刀开关、电流表、电压表、功率因数表、电流互感器、熔断器、电抗器、交流接触器、热继电器和电容器。P9 配电屏为低压联络屏，用于联络 I、II 段母线，P9 配电屏内部安装有刀开关、断路器、电流表、电压表、电流互感器和电能表，在 I、II 段母线均有电源时，刀开关和断路器闭合可使两母线并行运行；如果某母线发生电源中断，只要闭合刀开关和断路器，另一母线上的电源便会送到该母线上。

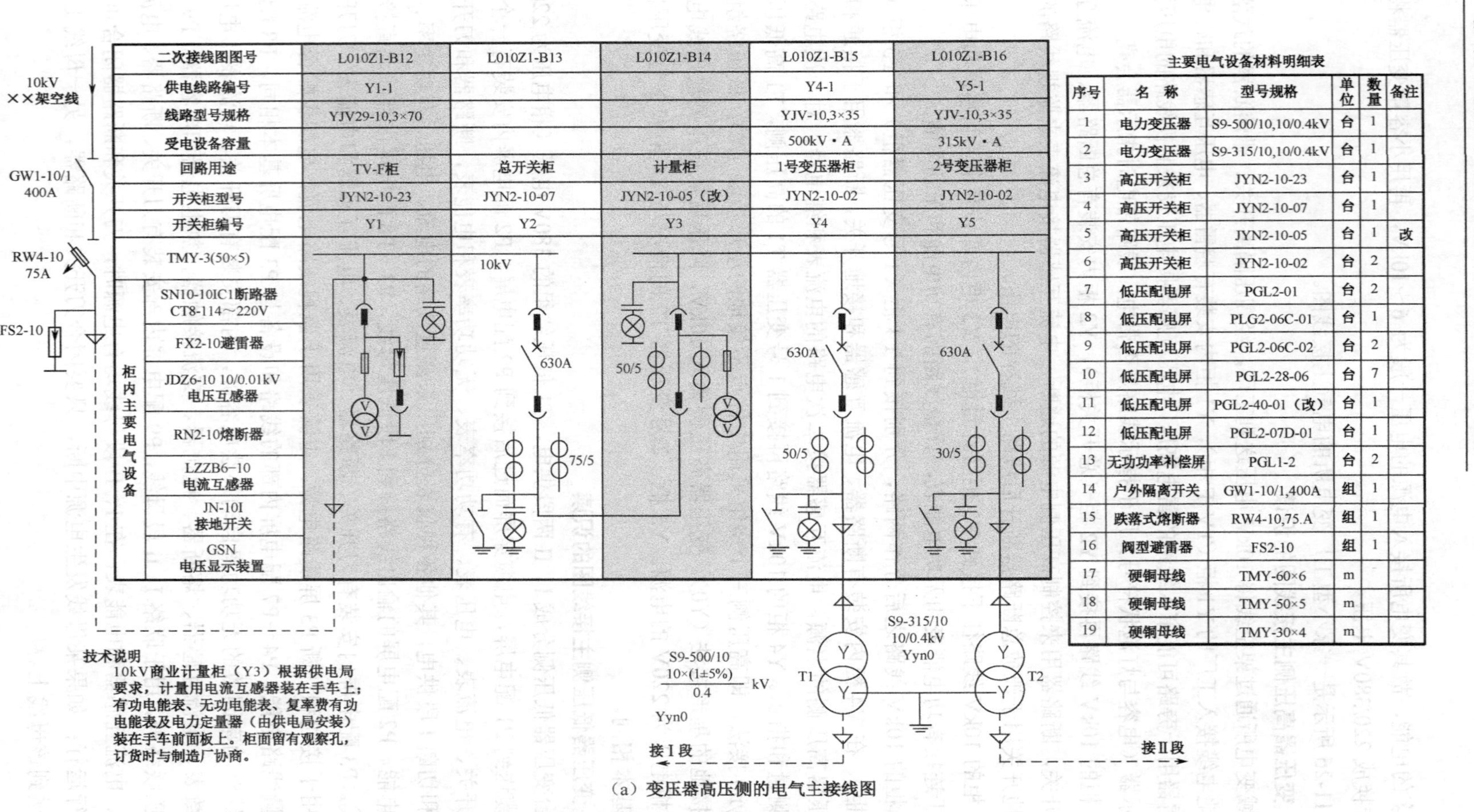

主要电气设备材料明细表

序号	名称	型号规格	单位	数量	备注
1	电力变压器	S9-500/10,10/0.4kV	台	1	
2	电力变压器	S9-315/10,10/0.4kV	台	1	
3	高压开关柜	JYN2-10-23	台	1	
4	高压开关柜	JYN2-10-07	台	1	
5	高压开关柜	JYN2-10-05	台	1	改
6	高压开关柜	JYN2-10-02	台	2	
7	低压配电屏	PGL2-01	台	2	
8	低压配电屏	PLG2-06C-01	台	1	
9	低压配电屏	PGL2-06C-02	台	2	
10	低压配电屏	PGL2-28-06	台	7	
11	低压配电屏	PGL2-40-01（改）	台	1	
12	低压配电屏	PGL2-07D-01	台	1	
13	无功功率补偿屏	PGL1-2	台	2	
14	户外隔离开关	GW1-10/1,400A	组	1	
15	跌落式熔断器	RW4-10,75.A	组	1	
16	阀型避雷器	FS2-10	组	1	
17	硬铜母线	TMY-60×6	m		
18	硬铜母线	TMY-50×5	m		
19	硬铜母线	TMY-30×4	m		

（a）变压器高压侧的电气主接线图

图11-26　一家小型工厂变电所的电气主接线图

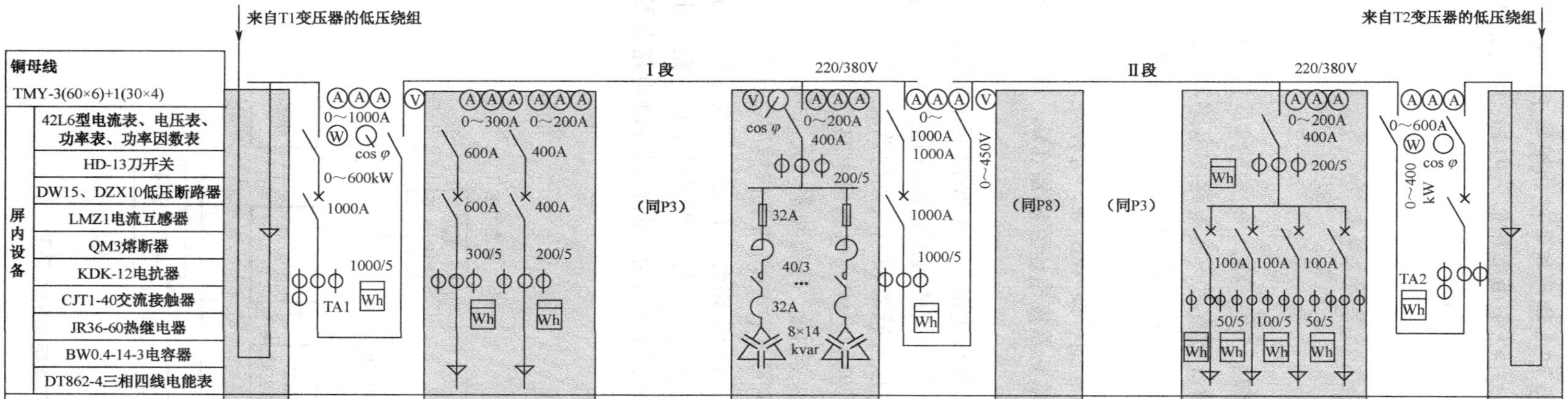

来自T1变压器的低压绕组　　Ⅰ段　220/380V　　Ⅱ段　220/380V　　来自T2变压器的低压绕组

铜母线

TMY-3(60×6)+1(30×4)

屏内设备：

- 42L6型电流表、电压表、功率表、功率因数表
- HD-13刀开关
- DW15、DZX10低压断路器
- LMZ1电流互感器
- QM3熔断器
- KDK-12电抗器
- CJT1-40交流接触器
- JR36-60热继电器
- BW0.4-14-3电容器
- DT862-4三相四线电能表

配电屏编号	P1	P2	P3		P4～P7	P8	P9	P10	P11、P12	P13				P14	P15
配电屏型号	PGL2-01	PGL2-06 C-01	PGL2-28-06		PGL2-28-06	PGL1-2	PGL2-06C-02	PGL1-2	PGL2-28-06	PGL2-40-01改				PGL2-07D-01	PGL2-0L
配电线路编号	PX1		PX3-1	PX3-2	PX4-PX7				PX11、PX12	PX 13-1	PX 13-2	PX 13-3	PX 13-4		PX15
用途	电缆受电	1号变低压总开关	工装、恒温车间动力	机修车间动力	锻工、金工、冲压、装配等车间动力	电容自动补偿（1）	低压联络	电容自动补偿（2）	热处理车间等及备用	办公楼照明	生活区照明	防空洞照明	备用	2号变低压总开关	电缆受电
回路计算电流 /A		750	300	200	200～300		750		60～400	50	100	50		600	
低压断路器脱扣器额定电流 /A		1000	400	300	300～400		1000		100～600	80	100	80	100	800	
低压断路器瞬时脱扣器额定电流 /A		3000	1200	900	900～1200		3000		500～1800	800	1000	800	1000	2400	
配电线路型号规格	3(VV-1 1×500)		VV29-13×150+1×50	VV29-13×95+1×35						VV29-1 3×35+1×10	同左	同左	同左		3(VV-1 1×500)
二次接线图图号		OZA.354.223	OZA.354.240		同P3		OZA.354.224		OZA.354.240	OZA.354.140（改）				OZA.354.223	
备注	电缆无铠装	TA1为电容补偿屏（1）用	Wh为DT862型220/380V		同P3	112kvar		112kvar	Wh为DT862 220/380V	Wh为三相四线屏蔽改为800mm				TA2为电容屏（2）用	电缆无凯装

（b）变压器低压侧的电气主接线图

图 11-26　一家小型工厂变电所的电气主接线图（续）

Ⅱ段母线电源来自T2变压器的低压侧，由T2低压绕组接来的电缆穿P15配电屏而过，再送入P14配电屏，P14配电屏内的线路和设备与P2配电屏相似，P14配电屏输出线路接到Ⅱ段母线，P9～P13配电屏的线路直接与该母线连接。

11.4　供配电系统二次电路的识读

11.4.1　二次电路与一次电路的关系说明

发电厂、变配电所的电气线路包括一次电路和二次电路，一次电路是指高电压、大电流电能流经的电路；二次电路是控制、保护、测量和监视一次电路的电路，二次电路一般通过电压互感器和电流互感器与一次电路建立电气联系。图11-27是一次电路与二次电路的关系图。

图11-27中虚线左边为一次电路。输入电源送到母线WB后，分作三路：一路接到所用变压器（变配电所自用的变压器），一路通过熔断器接电压互感器TV，还有一路经隔离开关QS、断路器QF送往下一级电路。

图11-27中虚线右边为二次电路。一次电路母线上的电压经所用变压器降压后，提供给直流操作电源电路，该电路的功能是将交流电压转换成直流电压并送到±直流母线，提供给断路器控制电路、信号电路、保护电路。电压互感器和电流互感器将一次电压和电流转换成较小的二次电压和电流送给电测量电路和保护电路，电测量电路通过测量二次电压和电流而间接获得一次电路的各项电参数（电压、电流、有功功率、无功功率、有功电能、无功电能等）；保护电路根据二次电压和电流来判断一次电路的工作情况。比如，一次电路出现短路，一次电流和二次电流均较正常值大，保护电路会将有关信号发送给信号电路，令其指示一次电路短路。另外，保护电路还会发出跳闸信号去断路器控制电路，让它控制一次电路中的断路器QF跳闸来切断供电，在断路器跳闸后，断路器控制电路会发信号到信号电路，令其指示断路器跳闸。

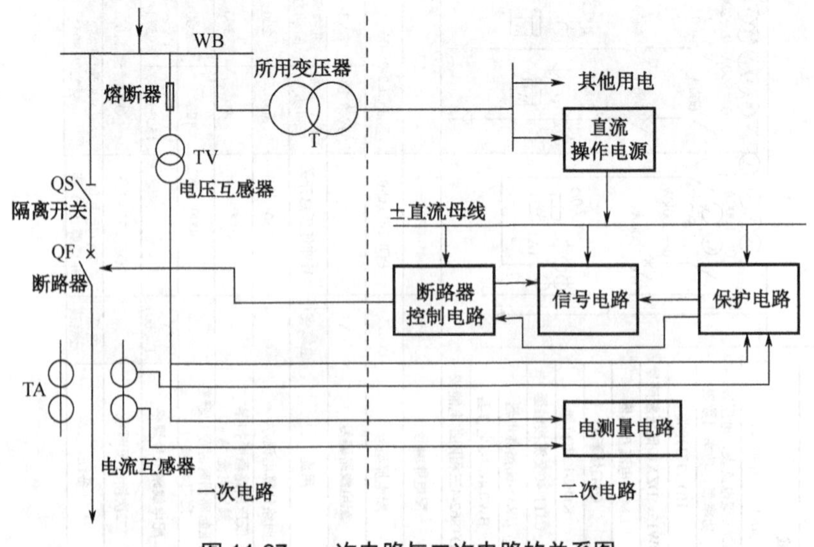

图11-27　一次电路与二次电路的关系图

11.4.2　二次电路的原理图、展开图和安装接线图

二次电路主要有原理图、展开图和安装接线图三种表现形式。

1. 二次电路的原理图

二次电路的原理图以整体的形式画出二次电路各设备及其连接关系，二次电路的交流回路、直流回路和一次电路有关部分都画在一起。

图 11-28 是一个 35kV 线路的过电流保护二次电路原理图。

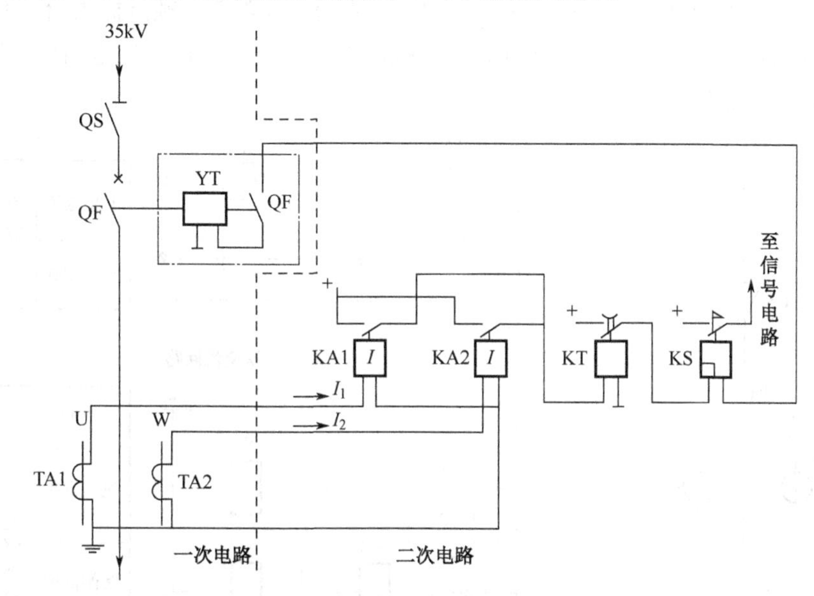

图 11-28　35kV 线路的过电流保护二次电路原理图

当 35kV 线路的一次电路出现过电流时，以 U 相过电流为例，它会使电流互感器 TA1 输出的 I_1 电流增大，很大的 I_1 电流流经电流继电器 KA1 线圈（I_1 电流途径是：TA1 线圈上→KA1 线圈→TA1 线圈下），KA1 常开触点闭合，马上有电流流经时间继电器 KT 的线圈（电流途径是：直流电源+端→已闭合的 KA1 常开触点→KT 线圈→直流电源−端）；经过设定时间后，KT 延时闭合常开触点闭合，有电流流过信号继电器 KS 的线圈（电流途径是：直流电源+端→已闭合的 KT 延时闭合常开触点→KS 线圈→已闭合的断路器 QF 辅助常开触点→断路器跳闸线圈 YT→直流电源−端）；KS 线圈通电后马上掉牌并使 KS 常开触点闭合，直流电源输出电流经 KS 常开触点流往信号电路的光牌指示灯；光字牌点亮指示“掉牌未复归”，断路器跳闸 YT 线圈通电使一次电路中的断路器 QF 跳闸，切断一次电路。（掉牌是指信号继电器动作后，继电器内有一显示牌脱钩掉转，在继电器前端的小窗口可见原来的白牌变为红牌。手动复位后恢复原状。掉牌是为了方便清晰地看到继电器动作。）

2. 二次电路的展开图

二次电路的展开图以分散的形式画出二次电路各设备及其连接关系，二次电路的交流回路、直流回路和一次电路有关部分都分开绘制。

图 11-29 是与图 11-28 所示 35kV 线路的过电流保护二次电路原理图对应的展开图。当图 11-29（a）所示的一次电路 U 相出现过电流时，它会使图 11-29（b）所示的二次交流回路

中的 TA1 输出电流 I_1 增大，I_1 电流流经电流继电器 KA1 线圈（I_1 电流途径是：TA1 线圈右→KA1 线圈→TA1 线圈左），KA1 线圈吸合二次直流回路中的 KA1 常开触点，如图 11-29（c）所示；马上有电流流经时间继电器 KT 的线圈（电流途径是：直流电源+端→已闭合的 KA1 常开触点→KT 线圈→直流电源-端），经过设定时间后，KT 延时闭合常开触点闭合；有电流流过信号继电器 KS 的线圈（电流途径是：直流电源+端→已闭合的 KT 延时闭合常开触点→KS 线圈→已闭合的断路器 QF 辅助常开触点→断路器跳闸线圈 YT→直流电源-端），KS 线圈通电后马上掉牌并使 KS 常开触点闭合，直流电源经 KS 触点提供给光牌指示灯；光字牌点亮指示“掉牌未复归”，同时断路器跳闸 YT 线圈通电使一次电路中的断路器 QF 跳闸，切断一次电路。

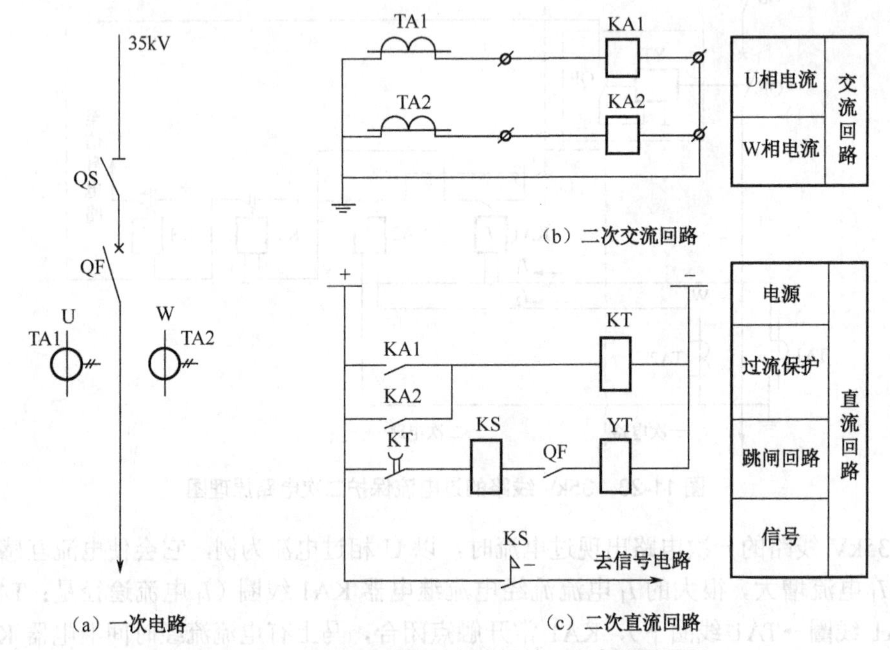

图 11-29　35kV 线路的过电流保护二次电路展开图

3. 二次电路的安装接线图

二次回路安装接线图是依据展开图并按实际接线而绘制的，是安装、试验、维护和检修的主要参考图。二次电路的安装接线图包括屏面布置图、端子排图和屏后接线图。

（1）屏面布置图

屏面布置图用来表示设备和器具在屏上的安装位置，屏、设备和器具的尺寸、相互间的距离等均是按一定比例绘制的。

图 11-30 是某一主变压器控制屏的屏面布置图，在该图上画出测量仪表、光字牌、信号灯和控制开关等设备在屏上的位置，这些设备在屏面图上都用代号表示，图上标注尺寸单位为 mm（毫米）。为了方便识图时了解各个设备，在屏面图旁边会附有设备表，见表 11-3。在识读屏面布置图时要配合查看设备表，通过查看设备表可知，布置图中的 I-1～I-3 均为电流表，I-9～I-32 为显示电路各种信息的光字牌，II-2、II-3 分别为红、绿指示灯。

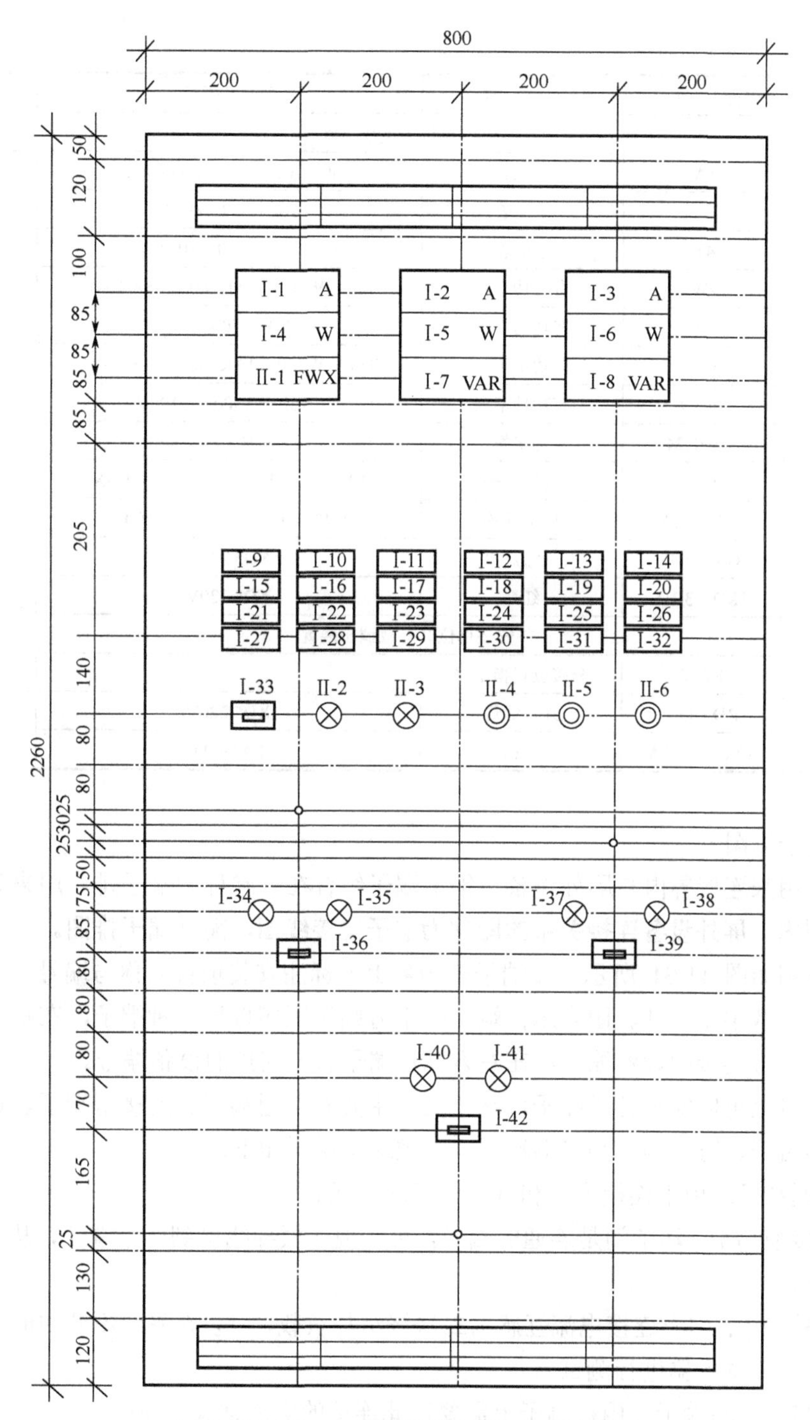

图 11-30　某一主变压器控制屏的屏面布置图

表 11-3　设备表

编　　号	符　号	名　称	型号及规范	数　量
安装单位 I 主变压器				
1	1A	电流表	16L1-A 100（200）/5A	1

续表

编　号	符　号	名　称	型号及规范	数　量
安装单位Ⅰ主变压器				
2	2A	电流表	16L1-A 200（400、600）/5A	1
3	3A	电流表	16L1-A 1500/5A	1
4	4T	温度表	XCT-102 0～100℃	1
5	2W	有功功率表	16L1-W200（400、600）/5A 100V	1
6	3W	有功功率表	16L1-W 1500/5A 100V	1
7	2VAR	有功功率表	16L1-W200（400、600）/5A 100V	1
8	3VAR	有功功率表	16L1-W1500/5A 100V	1
9～32	H1～H24	光字牌	XD10 220V	24
33	CK	转换开关	LW2-1a、2、2、2、2、2/F4-8X	1
36、39、42	1SA～3SA	控制开关	LW2-1a、4、6a、40、20/F8	3
34、37、40	1GN～3GN	绿灯	XD5 220V	3
35、38、41	1RD～3RD	红灯	XD5 220V	3
安装单位Ⅱ有载调压装置				
1	FWX	分接位置指示器		1
2、3	RD、GN	红、绿灯	XD5 220V	2
4～6	SA、JA、TA	按钮	LA19-11	3

（2）端子排图

端子排用来连接屏内与屏外设备，很多端子组合在一起称为端子排。**用来表示端子排各端子与屏内、屏外设备连接关系的图称为端子排接线图，简称端子排图。**

端子排图如图 11-31 所示，在端子排图最上方标注安装项目名称与编号，安装项目编号一般用罗马数字Ⅰ、Ⅱ、Ⅲ表示；端子排下方则按顺序排列各种端子，在每个端子左方标示该端子左方连接的设备编号，在右方标示端子右方连接的设备编号。

在端子排上可以安装各类端子，端子类型主要有普通端子、连接型端子、试验端子、连接型试验端子、特殊端子和终端端子。各类端子说明如下：

① 普通端子：用来连接屏内和屏外设备的导线。

② 连接型端子：端子间是连通的端子，可实现一根导线接到一个端子，从其他端子分成多路接出。

③ 试验端子：用于连接电流互感器二次绕组与负载，可以在系统不断电时通过这种端子对屏上仪表和继电器进行测试。

④ 连接型试验端子：用在端子上需要彼此连接的电流试验电路中。

⑤ 特殊端子：可以通过操作端子上的绝缘手柄来接通或切断该端子左、右侧导线的连接。

⑥ 终端端子：安装在端子排的首、中、末端，用于固定端子排或分隔不同的安装项目。

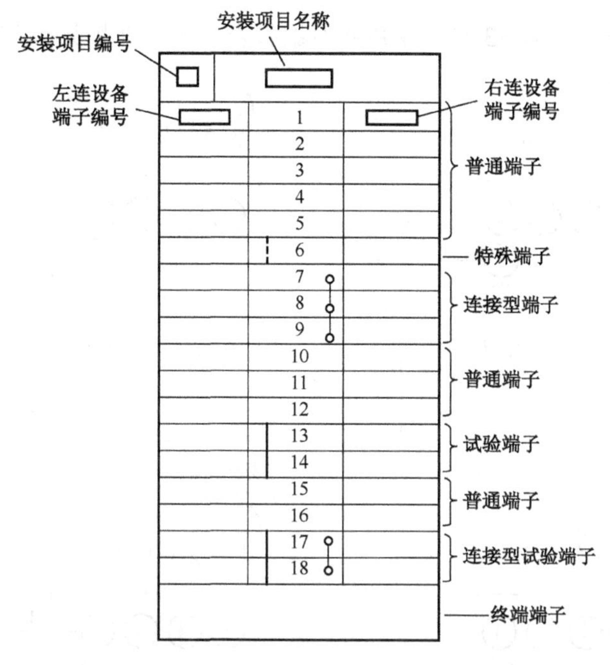

图 11-31　端子排图

（3）屏后接线图

屏面布置图用来表明各设备在屏上的安装位置，屏后接线图是用来表示屏内各设备接线的电气图，包括设备之间的接线和设备与端子排之间的接线。

① 屏后接线图的设备表示方法。在屏后接线图中，二次设备的表示方法如图 11-32 所示，设备编号、设备顺序号和文字符号等应与展开图和屏面布置图一致。

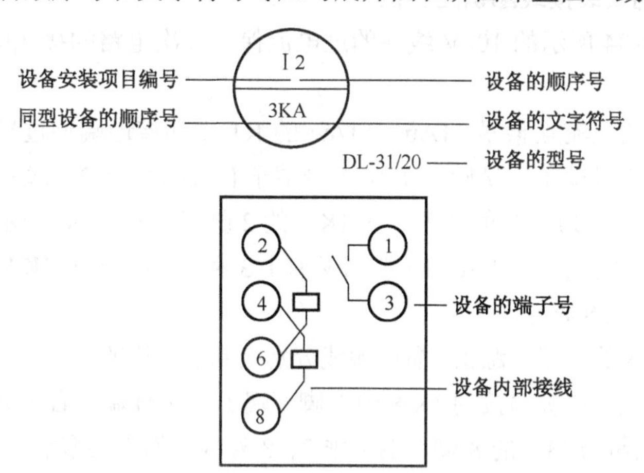

图 11-32　屏后接线图的设备表示方法

② 屏后接线图的设备连接表示方法。**在屏后接线图中，二次设备连接的表示方法主要有连续表示法和相对编号表示法，相对编号表示法使用更广泛。**连续表示法是在设备间画连续的连接线表示连接，相对编号表示法不用在设备之间画连接线，只要在设备端子旁标注其他要连接的设备端子编号即可。屏后接线图的设备连接表示方法如图 11-33 所示，图 11-33

（a）采用连续表示法，图 11-33（b）采用相对编号表示法，两者表示的连接关系是一样的。

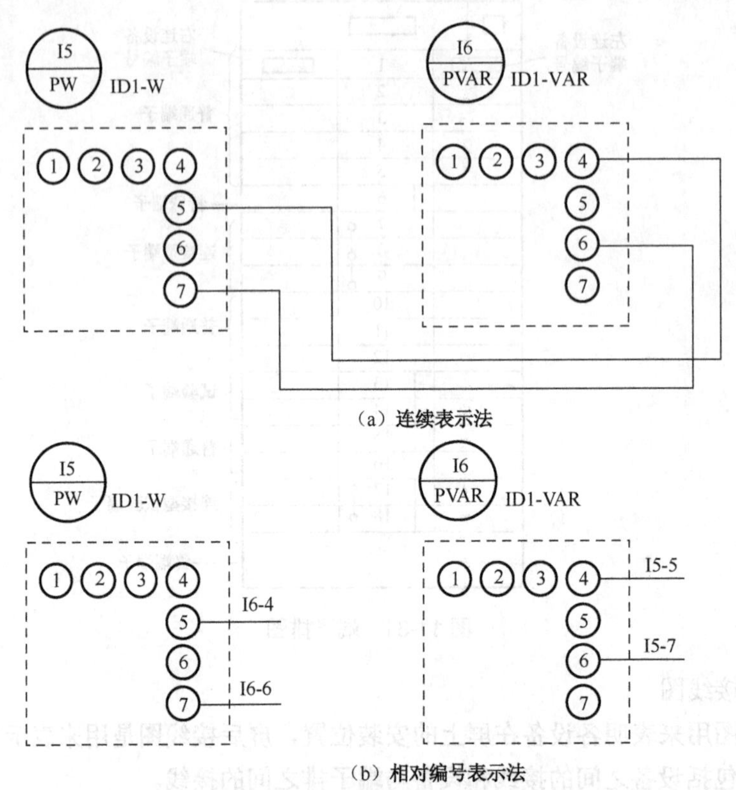

（a）连续表示法

（b）相对编号表示法

图 11-33　屏后接线图的设备连接表示方法

4．二次电路的安装接线图识图实例

下面以如图 11-34 所示的 10kV 线路的过电流保护二次电路的接线图为例，来说明接线图的识图。

高压开关柜内的电流互感器 1TAu、1TAw 的 K1 端和接地端通过导线分别接到本配电屏端子排的 1、2、3 号端子（试验端子），1 号端子右边标有 I1-2，表示该端子往屏内接到电流继电器 1KA（编号为 I1）的 2 脚；在 1KA 的 2 脚旁标有 I-1，表示该脚与端子排（编号为 I）的 1 号端子连接；在 2KA 的 8 脚旁标有 I-3 和 I1-8，表示 2KA 的 8 脚同时与端子排 3 号端子和 1KA 的 8 脚连接。

由屏顶单元送来的直流电源正、负电源线分别接到端子排的 5、7 号端子，5 号端子右边标有 I1-1，表示该端子往屏内接到 1KA 的 1 脚；端子排 7 号端子右边标有 I3-8，表示该端子往屏内接到 KT（编号 I3）的 8 脚，端子排 7、8 号端子为连接型端子，即 7、8 号端子是连通的。断路器跳闸线圈的电流途径（反向）是：屏顶直流电源的负极→7 号端子→8 号端子→高压开关柜内的断路器跳闸 YT 线圈→断路器辅助触点 1QF→端子排的 10 号端子→屏内连接片 XB（编号 I6）的 2 脚→XB 的 1 脚→信号继电器 KS（编号 I5）的 3 脚→KS 的 1 脚→控制继电器 KC（编号 I4）的 8 脚→KC 的 6 脚→时间继电器 KT（编号 I3）的 3 脚→2KA（编号 I2）的 1 脚→1KA（编号 I1）的 1 脚→端子排的 5 号端子→屏顶直流电源的正极。

信号继电器 KS 的常开触点用于在过电流时接通信号电路进行报警，其电流途径是：屏顶直流电源的正极→端子排的 11 号端子→屏内 KS（编号 I5）的 2 脚→KS 内部触点→KS 的 4 脚→端子排的 12 脚→屏顶信号电路。

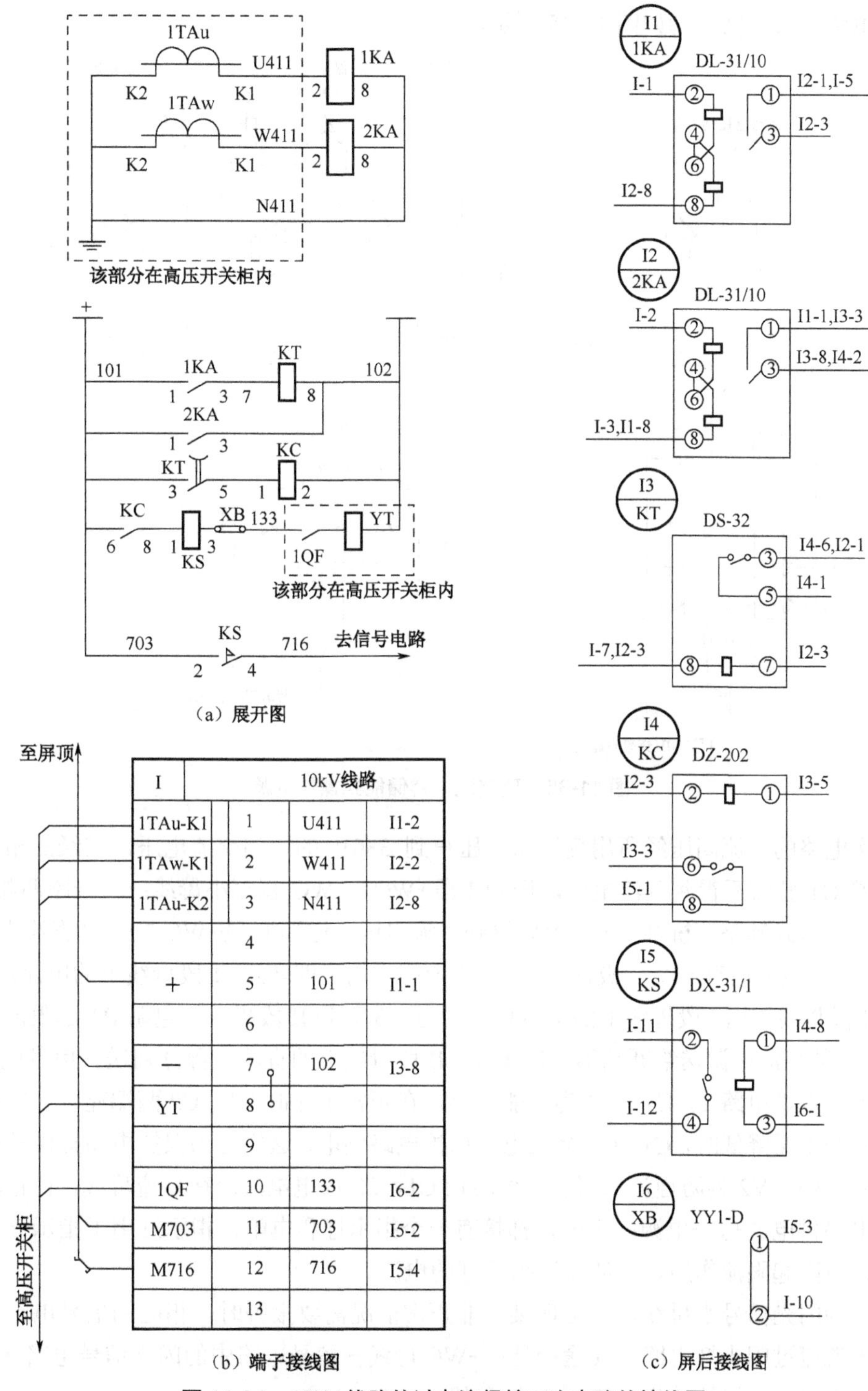

图 11-34　10kV 线路的过电流保护二次电路的接线图

11.4.3　直流操作电源的识读

二次电路主要包括断路器控制电路、信号电路、保护电路和测量电路等，直流操作电源的任务就是为这些电路提供工作电源。硅整流电容储能式操作电源是一种应用广泛的直流操作电路，其电路结构如图11-35所示。

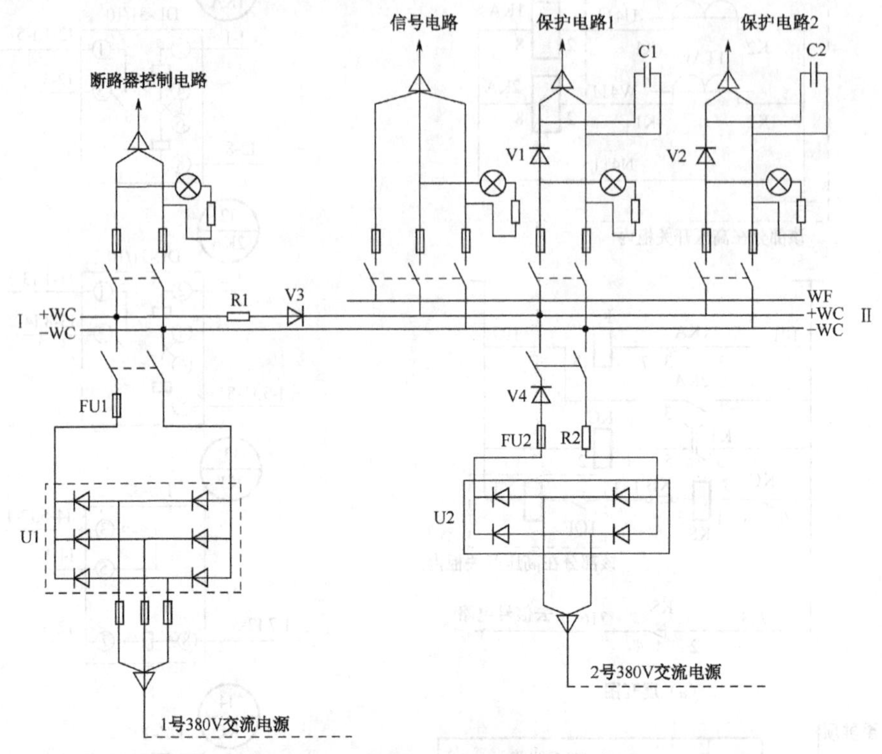

图11-35　硅整流电容储能式操作电源

一次电路的交流高压经所用变压器降压得到380V的三相交流电压，它经三相桥式硅整流桥堆U1整流后得到直流电压，送到I段+WC、−WC直流小母线；另一路两相380V交流电源经桥式硅整流桥堆U2整流后得到直流电压，送到II段+WC、−WC直流小母线。在I、II段母线之间有一个二极管V3，起止逆阀作用，即防止II段母线上的电流通过V3逆流到I段母线，而I段母线上的电流可以通过V3流到II段母线，电阻R1起限流作用。I段母线上的直流电源送给断路器控制电路，II段母线上的直流电源分别送到信号电路、保护电路1和保护电路2。C1、C2为储能电容，在正常工作时C1、C2两端充有一定电压，当直流母线电压降低时，C1、C2会放电为保护电路供电，这样可为保护电路提供较稳定的直流电源；V1、V2为防逆流二极管，可防止C1、C2放电电流流往直流母线。在直流母线为各次电路供电的+、−电源线之间，都接有一个指示灯和电阻，指示灯用于指示该路电源的有无，电阻起限流作用，降低流过指示灯的电流。

WF为闪光信号小母线，当出现某些非正常情况需要报警时，相应的信号电路接通，有直流电流流过闪光灯电路，其途径是：+WC母线→信号电路中的闪光信号电路→WF母线→信号电路中的报警动作电路→−WC母线。

11.4.4　断路器控制和信号电路的识读

一次电路中的断路器可采用手动方式直接合闸和跳闸，也可采用合闸和跳闸控制电路来控制断路器合闸和跳闸，采用电路控制可以在远距离操作，操作人员不用进入高压区域。在操作断路器时，一般会采用信号电路指示断路器的状态。

图 11-36 是某个 10kV 电源进线断路器控制和信号电路，SA 为万能转换开关，KO 为合闸线圈，YR 为跳闸线圈，GN 为跳闸信号指示灯（绿色），RD 为合闸信号指示灯（红色）。

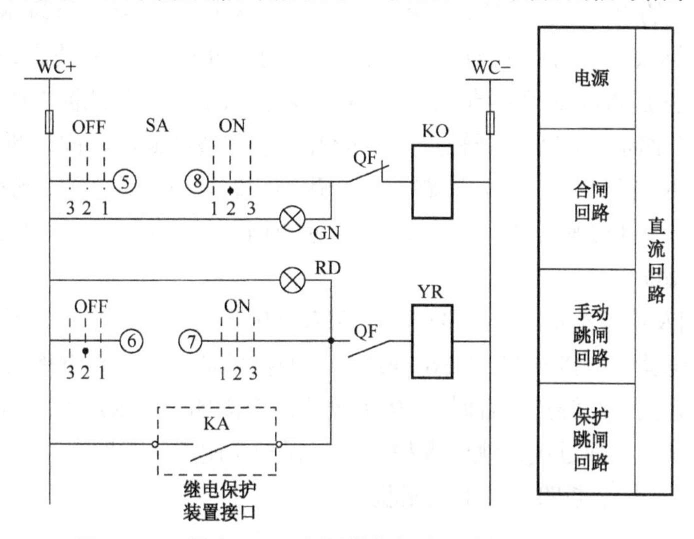

图 11-36　某个 10kV 电源进线断路器控制和信号电路

（1）万能转换开关

在图 11-36 所示电路中用到了万能转换开关，这种开关在其他二次电路中也常常用到。**万能转换开关由多层触点中间叠装绝缘层而构成，开关置于不同挡位时不同层的触点接通情况是不同的。**

LW2-Z-1a、4、6a、40、20/F8 型万能转换开关在二次电路中应用较为广泛，其图形符号如图 11-37 所示。从符号中可以看出，当开关置于“合闸”挡时，其 5、8 触点是接通的；当开关置于“跳闸”挡时，其 6、7 触点是接通的。

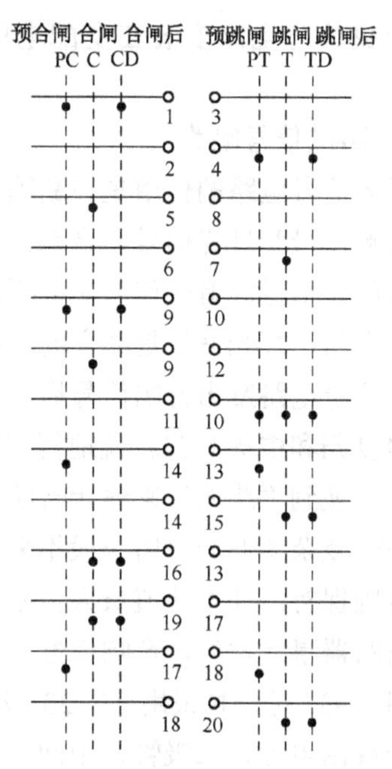

图 11-37　LW2-Z-1a、4、6a、40、20/F8 型万能转换开关的图形符号

（2）电路分析

① 合闸控制及信号指示。图 11-36 中的万能转换开关 SA 分为 ON、OFF 两部分，每部分有三个挡位，ON 部分用作合闸控制，1、2、3 挡分别为预合闸、合闸和合闸后；OFF 部分用作跳闸控制，1、2、3 挡分别为预跳闸、跳闸

和跳闸后。在对断路器进行合闸控制时，先将开关旋到预合闸挡（ON 部分的挡位 1），然后再旋到合闸挡，SA 的 5、8 触点接通，合闸线圈 KO 得电，将断路器合闸，合闸后断路器的辅助常闭触点 QF 断开，合闸线圈断电，同时断路器的辅助常开触点 QF 闭合，RD 指示灯亮，指示断路器处于合闸状态。SA 的合闸挡是一个非稳定挡，当 SA 旋到该挡时会短时接通 5、8 触点，然后自动弹到合闸后挡停止，将 5、8 触点断开，与断开的 QF 辅助常闭触点一起双重保证合闸线圈断电。在 RD 指示灯点亮时，虽然有电流流过跳闸线圈 YR，但由于 RD 指示灯的电阻很大，流过 YR 线圈的电流很小，故不会引起断路器跳闸。

② 跳闸控制及信号指示。在对断路器进行跳闸控制时，先将开关旋到预跳闸挡（OFF 部分的挡位 1），然后再旋到跳闸挡，SA 的 6、7 触点接通，跳闸线圈 YR 得电，断路器马上跳闸，跳闸后断路器的辅助常开触点 QF 断开，跳闸线圈断电，同时断路器的辅助常闭触点 QF 闭合，GN 指示灯亮，指示断路器处于跳闸状态。在 SA 旋到跳闸挡时短时接通 6、7 触点，然后自动弹到跳闸后挡停止，将 6、7 触点断开，与断开的 QF 辅助常开触点一起双重保证合闸线圈断电。

③ 保护跳闸及信号指示。如果希望该电路有过电流跳闸保护功能，可以将过电流保护电路中的有关继电器触点接到图 11-36 虚线框内的接线端。当一次电路出现过电流而使过电流保护电路的有关 KA 触点闭合时，YR 跳闸线圈会因闭合的 KA 触点而得电，使一次电路中的断路器跳闸，实现过电流跳闸保护控制。保护跳闸后，断路器 QF 辅助常闭触点闭合，GN 指示灯亮，指示断路器处于跳闸状态。

11.4.5 中央信号电路的识读

中央信号电路安装在变配电所值班室或控制室中，包括事故信号电路和预告信号电路。

1. 事故信号电路

事故信号电路的作用是在断路器出现事故跳闸时产生声光信号告知值班人员。事故信号有音响信号和灯光信号，音响信号由电笛（蜂鸣器）发出，灯光信号通常为绿色指示灯发出的闪光信号。音响信号是公用的，只要出现事故断路器跳闸，音响信号就会发出，提醒值班人员；灯光信号是独立的，用于指明具体的跳闸断路器。

在信号电路发出音响信号后，解除音响信号（即让音响信号停止）有两种方法，分别是就地复归和中央复归。就地复归就是将事故跳闸的断路器控制电路中的控制开关由“合闸后”切换到“跳闸”来停止音响信号，这种方式的缺点是灯光信号会随音响信号一起复归，在较复杂的变配电所一般不采用这种复归电路。中央复归是将音响信号先复归，而灯光信号则保持，便于让值班人员根据灯光信号了解具体故障位置。音响信号复归后，若有新的断路器事故发生，音响信号又会发出。

图 11-38 是一种采用 ZC-23 型冲击继电器的中央复归式事故音响信号电路。冲击继电器是一种由电容、二极管、中间继电器和干簧继电器等组成的继电器，点画线框内为其电路结构。

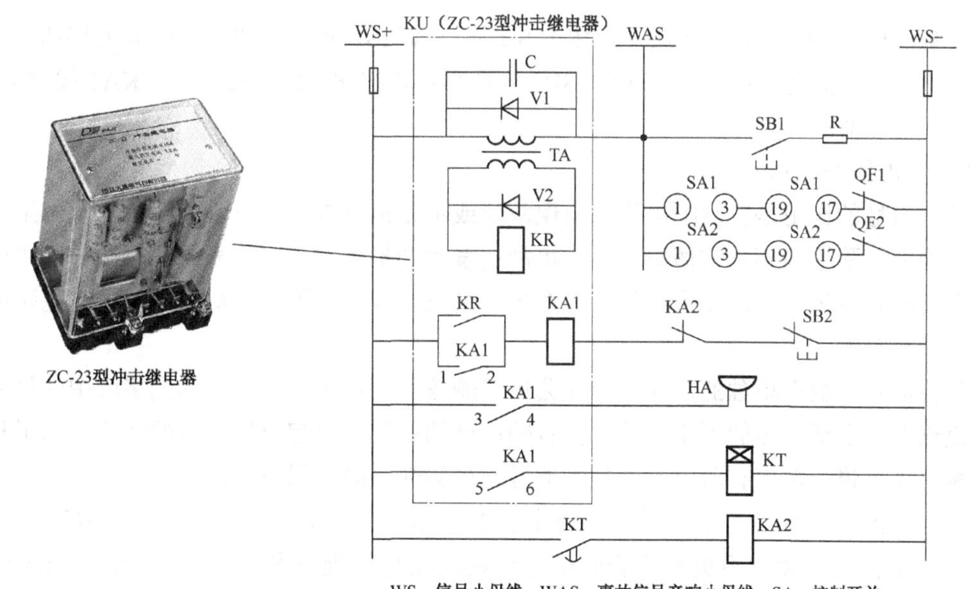

WS—信号小母线；WAS—事故信号音响小母线；SA—控制开关；
SB1—试验按钮；SB2—音响解除按钮；KU—冲击继电器；
KR—干簧继电器；KA—中间继电器；KT—时间继电器；TA—脉冲变流器。

图 11-38 一种采用 ZC-23 型冲击继电器的中央复归式事故音响信号电路

当一次电路的某断路器发生事故跳闸（如发生 QF1 断路器过电流跳闸）时，其辅助常闭触点闭合。由于是断路器事故跳闸，不是人为控制跳闸，故控制开关 SA1 仍处于“合闸后”位置，开关的 1、3 触点和 19、17 触点都是接通的。SA1、SA2 采用 LW2-Z 型万能转换开关，其触点在各挡位的通断情况如图 11-37 所示。WAS 小母线与 WS-小母线通过 SA1 和 QF1 辅助常闭触点接通，马上有电流流过冲击继电器内部的脉冲变流器 TA 的一个绕组（电流途径是：WS+→TA 绕组→WAS 小母线→SA1 的 1、3 触点和 19、17 触点→QF1 辅助常闭触点→WS-），绕组马上产生左正右负的电动势。电动势再感应到二次绕组，为干簧继电器 KR 线圈供电，KR 触点马上闭合，中间继电器 KA1 线圈得电，KA1 的 1、2 触点闭合，自锁 KA1 线圈供电，KA1 的 3、4 触点闭合，蜂鸣器 HA 获得电压，发出事故音响信号。KA1 的 5、6 触点闭合，时间继电器 KT 线圈得电，经设定时间后，KT 延时闭合触点闭合，中间继电器 KA2 线圈得电，KA2 常闭触点断开，KA1 线圈失电，KA1 的 3、4 触点断开，切断蜂鸣器 HA 的供电，音响信号停止。

任何线圈只有在流过的电流发生变化时才会产生电动势，故 QF1 辅助常闭触点闭合后，待流过 TA 一次绕组电流大小稳定不变时，该绕组上的电动势消失，二次绕组上的感应电动势也会消失。也就是说，TA 绕组产生的电动势是短暂的，干簧继电器 KR 线圈失电，KR 常开触点断开，KA1 线圈依靠 KA1 的 1、2 自锁触点供电。TA 一次绕组两端并联的 C、V1 起抗干扰作用，如果一次绕组产生的左正右负电动势过高，该电动势会对 C 充电而有所降低。如果 WAS、WS-小母线之间突然断开，TA 一次绕组会产生左负右正的电动势。如果该电动势感应到二次绕组，会使干簧继电器线圈得电而动作。V1 的存在可使 TA 一次绕组左负右正的电动势瞬间降到 1V 以下，二极管 V2 的作用与 V1 相同，这样可确保在 WAS、WS-小母线之间突然断开（如 SA1 的 1、3 触点断开）时干簧继电器不会动作，电路不会发生音响信号。SB1为试验按钮，当按下SB1时，WAS、WS-小母线之间人为接通，用于测试断路器跳闸后音响电路是否正常。SB2为音响解除按钮，按下SB2可使KA1线圈失电，最终切断蜂鸣器的供电。

2. 预告信号电路

预告信号的作用是在供配电系统出现故障或不正常时告知值班人员，使之及时采取适当的措施来消除这些不正常情况，防止事故的发生和扩大。事故信号是在事故已发生而使断路器跳闸时发出的，而预告信号则是在事故未发生但出现不正常情况（如一次电路电流过大）时发出的。

预告信号一般有单独的灯光信号和公用音响信号。灯光信号通常为光字牌中的灯光，可让值班人员了解具体的不正常情况；音响信号的作用是引起值班人员的注意，为了与事故音响信号的蜂鸣发声有所区别，预告信号发声器件一般采用电铃。

音响预告信号电路可分为可重复动作的中央预告音响信号电路和不可重复动作的中央预告音响信号电路，中央预告音响信号电路的工作原理与图11-38所示的中央复归式事故音响信号电路相似，这里介绍一种不可重复动作的中央预告音响信号电路，如图11-39所示。

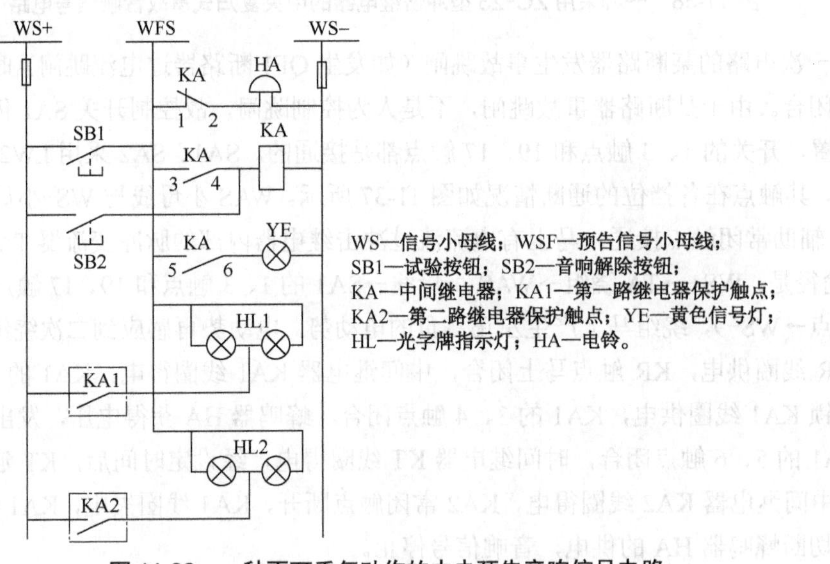

图11-39　一种不可重复动作的中央预告音响信号电路

当供配电系统出现某个不正常情况时，如一次电路的电流过大，引起继电器保护电路的KA1常开触点闭合，光字牌指示灯HL1和预告电铃HA同时有电流流过（电流途径是：WS+→KA1→HL1→KA触点→HA→WS-），电铃HA发声提醒值班人员注意，光字牌指示灯HL1发光指示具体不正常情况。值班人员按下SB2按钮，中间继电器KA线圈得电，KA的1、2常闭触点断开指示灯，切断电铃的电源使铃声停止，KA的3、4常开触点闭合，让KA线圈在SB2断开后继续得电，KA的5、6常开触点闭合，黄色信号灯YE发光，指示系统出现了不正常情况且未消除。当出现另一种不正常情况使继电器保护电路的KA2触点闭合时，光字牌指示灯HL2发光，但因KA的1、2常闭触点已断开，故电铃不会再发声。当所有不正常情况消除后，所有继电器保护电路的常开触点（图中为 KA1、KA2）均断开，黄色指示灯和所有 HL 光字牌指示灯都会熄灭；如果仅消除了某个不正常情况（还有其他不正常情况未消除），只有消除了不正常情况的光字牌指示灯会熄灭，黄色信号灯仍会亮。

11.4.6　继电器保护电路的识读

继电器保护电路的任务是在一次电路出现非正常情况或故障时，能迅速切断线路或故障元件，同时通过信号电路发出报警信号。继电器保护电路的种类很多，常见的有过电流保护、变压器保护等。过电流保护在前面已经介绍过，下面介绍变压器的继电器保护电路。

变压器故障分为内部故障和外部故障。变压器内部故障主要有相间绕组短路、绕组匝间短路、单相接地短路等，发生内部故障时，短路电流产生的热量会破坏绕组的绝缘层，绝缘层和变压器油受热会产生大量气体，可能会使变压器发生爆炸。变压器外部故障主要有引出线绝缘套管损坏，导致引出线相间短路和引出线与变压器外壳短路（对地短路）。

1. 变压器气体保护电路

变压器可分为干式变压器和油浸式变压器。油浸式变压器的绕组浸在绝缘油中，以增强散热和绝缘效果，当变压器内部绕组匝间短路或绕组相间短路时，短路电流会加热绝缘油而产生气体，气体会使变压器气体保护电路动作，发出报警信号，严重时会使断路器跳闸。

图 11-40 是一种常见的变压器气体保护电路。

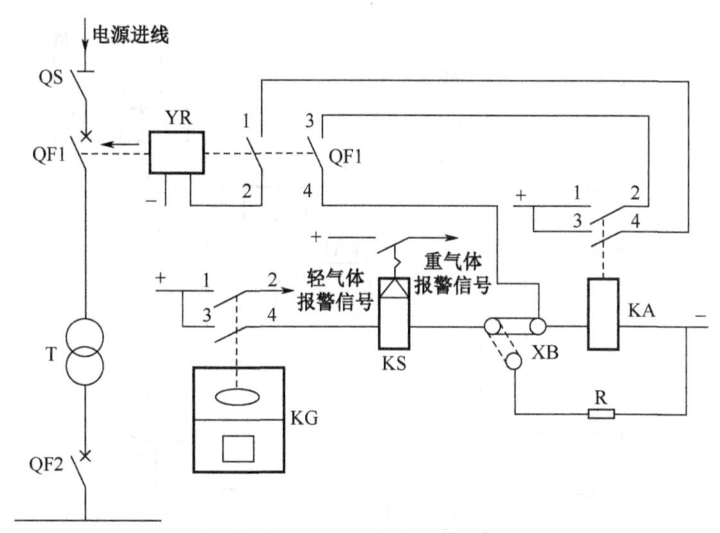

T—电力变压器；KG—气体继电器；KS—信号继电器；
KA—中间继电器；QF1—断路器；YR—跳闸线圈；XB—切换片。

图 11-40　一种常见的变压器气体保护电路

当变压器出现绕组匝间短路（轻微故障）时，由于短路电流不大，油箱内会产生少量的气体，随着气体逐渐增加，气体继电器 KG 的 1、2 常开触点闭合，电源经该触点提供给预告信号电路，使之发出轻气体报警信号。当变压器出现绕组相间短路（严重故障）时，由于短路电流很大，油箱内会产生大量的气体，大量油气冲击气体继电器 KG，KG 的 3、4

常开触点闭合，有电流流过信号继电器KS线圈和中间继电器KA线圈，KS线圈得电，KS常开触点闭合，电源经该触点提供给事故信号电路，使之发出重气体报警信号。KA线圈得电使KA的3、4常开触点闭合，有电流流过跳闸线圈YR，该电流途径是：电源+→KA的3、4触点（处于闭合状态）→断路器QF1的1、2常开触点（合闸时处于闭合状态）→YR线圈，YR线圈产生磁场通过有关机构让断路器QF1跳闸，切断变压器的输入电源。

由于气体继电器KG的3、4触点在因故障产生的油气的冲击下可能振动或闭合时间很短，为了保证断路器可靠跳闸，利用KA的1、2触点闭合锁定KA的供电，KA电流途径为：电源+→KA的1、2常开触点→QF1的3、4辅助常开触点→KA线圈→电源-。XB为试验切换片，如果在对气体继电器试验时希望断路器不跳闸，可将XB与电阻R接通，KG的3、4触点闭合时，KS触点闭合使信号电路发出重气体报警信号，由于KA继电器线圈不会得电，故断路器不会跳闸。

变压器气体保护电路的优点主要是电路简单、动作迅速、灵敏度高，能防止变压器油箱内各种短路故障，对绕组的匝间短路反应最灵敏。这种保护电路主要用作变压器内部故障保护，不适合用作变压器外部故障保护，常用于保护容量在800kVA及以上（车间变压器容量在400kVA及以上）的油浸式变压器。

2. 变压器差动保护电路

变压器差动保护电路主要用作变压器内部绕组短路和变压器外部引出线短路保护。图11-41是一种常见的变压器差动保护电路。

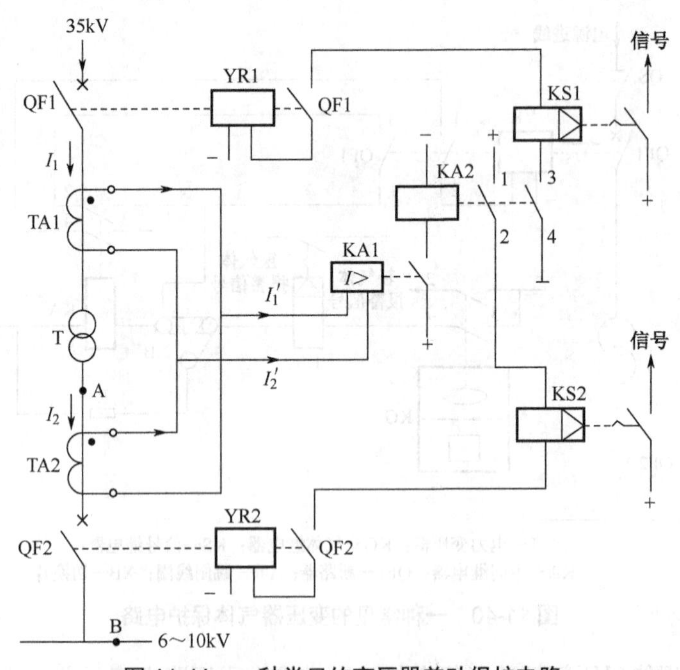

图11-41　一种常见的变压器差动保护电路

在变压器输入侧和输出侧各装设一个电流互感器，虽然输入侧线路电流I_1与输出侧线路电流I_2不同，但适当选用不同变流比的电流互感器，可使输入侧的电流互感器输出电流

I_1'与输出侧电流互感器输出电流 I_2'接近相等。这两个电流从不同端流入电流继电器 KA1 线圈，两者相互抵消，KA1 线圈流入的电流 I（$I=I_1'-I_2'$）近似为 0，KA1 继电器不动作。

当两个电流互感器之间的电路出现短路时，如 A 点出现相间短路，A 点所在相线上的电流会直接流到另一根相线，电流互感器 TA2 一次绕组（穿孔导线）电流 I_2 为 0，TA2 的二次绕组输出电流 I_2'也为 0，这时流过电流继电器 KA1 线圈的电流为 $I=I_1'$，KA1 线圈得电使 KA1 常开触点闭合，中间继电器 KA2 线圈得电，KA2 的 1、2 触点和 3、4 触点均闭合。KA2 的 1、2 触点闭合使信号继电器 KS2 线圈和输出侧断路器跳闸线圈 YR2 均得电，YR2 线圈得电使输出侧断路器 QF2 跳闸；KS2 线圈得电使 KS2 触点闭合，让信号电路报输出侧断路器跳闸事故信号。KA2 的 3、4 触点闭合使信号继电器 KS1 线圈和输入侧断路器跳闸线圈 YR1 均得电，YR1 线圈得电使输入侧断路器 QF1 跳闸；KS1 线圈得电使 KS1 触点闭合，让信号电路报输入侧断路器跳闸事故信号。

如果在两个电流互感器之外发生了短路，如 B 点处出现相间短路，变压器输出侧电流 I_2 和输入侧电流均会增大，两个电流互感器输出电流 I_1'、I_2'会同时增大，流入电流继电器 KA1 线圈的电流仍近似为 0，电流继电器不会动作，变压器输入侧和输出侧的断路器不会跳闸。

变压器差动保护电路具有保护范围大（两个电流互感器之间的电路）、灵敏度高、动作迅速等特点，特别适合容量大的变压器（单独运行的容量在 10 000kVA 及以上的变压器；并联运行时容量在 6300kVA 及以上的变压器；容量在 2000kVA 以上装设电流保护灵敏度不合格的变压器）。

11.4.7　电测量仪表电路的识读

电测量电路的功能是测量一次电路的有关电参数（电流、有功电能和无功电能等），由于一次电路的电压高、电流大，故二次电路的电测量电路需要配接电压互感器和电流互感器。

图 11-42 是 6～10kV 线路的电测量仪表电路。该电路使用了电流表 PA、三相有功电能表 PJ1 和三相无功电能表 PJ2，这些仪表通过配接电流互感器 TA1、TA2 和电压互感器 TV 对一次电路的电流、有功电能和无功电能进行测量。三个仪表的电流线圈串联在一起接在电流互感器二次绕组两端，以 A 相为例，测量电路电流途径为：TA1 二次绕组上端→有功电能表 PJ1①脚入→电流线圈→PJ1③脚出→无功电能表 PJ2①脚入→电流线圈→PJ2③脚出→电流表 PA②脚入→电流线圈→PA①脚出→TA1 二次绕组下端；有功电能表和无功电能表的电压线圈均并接在电压小母线上，在电压小母线上有电压互感器的二次绕组提供的电压。从图 11-42（a）所示的电路原理图可清晰看出一次电路、互感器和各仪表的实际连接关系，而图 11-42（b）所示的展开图则将仪表的电流回路和电压回路分开绘制，能直观说明仪表的电流线圈与电流互感器的连接关系及仪表的电压线圈与电压小母线的连接关系。

11.4.8　自动装置电路的识读

1. 自动重合闸装置

电力系统（特别是架空线路）的短路故障大多数是暂时性的，例如，因雷击闪电、鸟

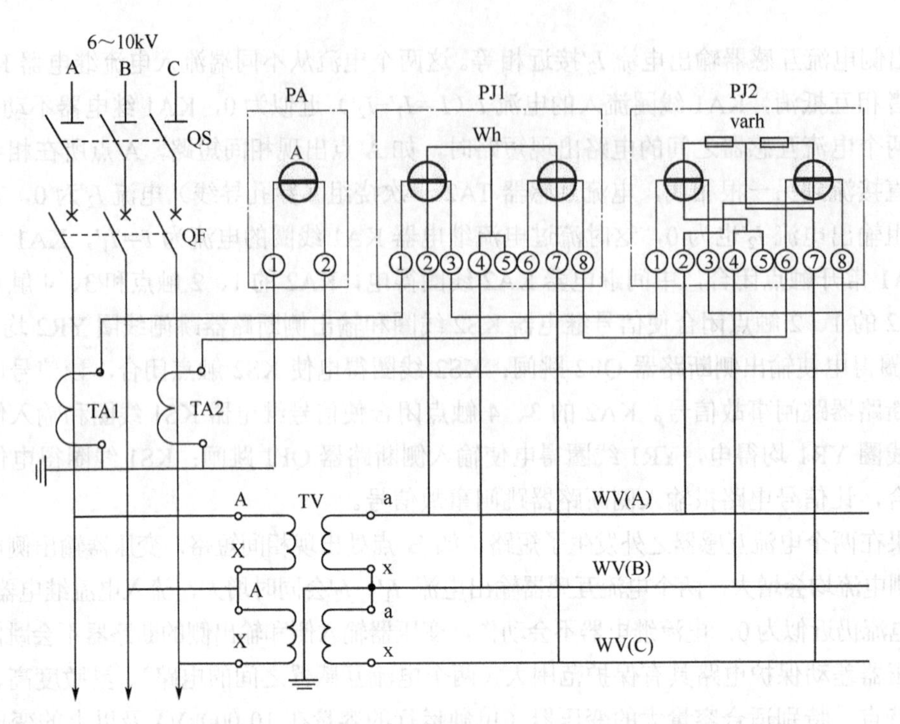

（a）电路原理图

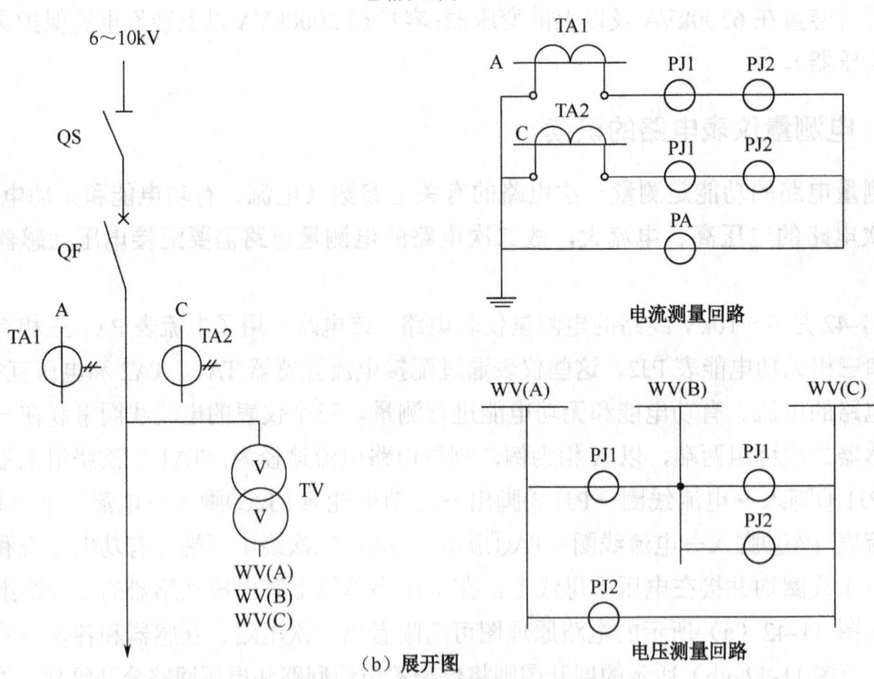

（b）展开图

TA1、TA2—电流互感器；TV—电压互感器；PA—电流表；
PJ1—三相有功电能表；PJ2—三相无功电能表；WV—电压小母线。

图 11-42　6～10kV 线路的电测量仪表电路

兽跨接导线、大风引起偶尔碰线等引起的短路，在雷电过后、鸟兽烧死、大风过后线路大多数能恢复正常。如果在供配电系统采用自动重合闸装置，能使断路器跳闸后自动重新合闸，可迅速恢复供电，提高供电的可靠性。

图 11-43 是自动重合闸装置的基本电路原理图。

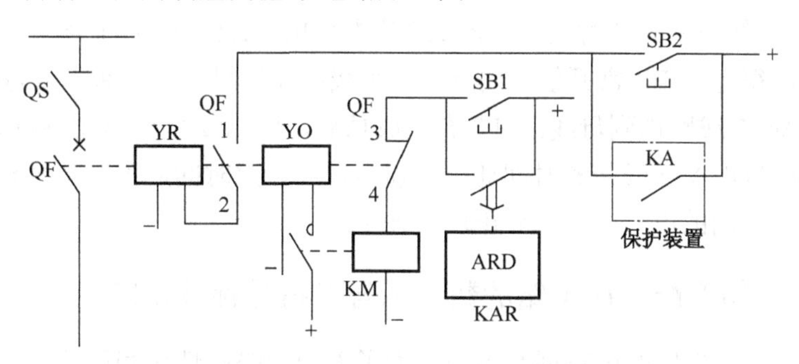

图 11-43　自动重合闸装置的基本电路原理图

在手动合闸时，按下 SB1 按钮，接触器 KM 线圈得电，KM 常开触点闭合，合闸线圈 YO 得电，将断路器 QF 合闸。合闸后，QF 的 1、2 辅助常开触点闭合，3、4 辅助常闭触点断开。

在手动跳闸时，按下 SB2 按钮，跳闸线圈 YR 得电，将断路器 QF 跳闸。跳闸后，QF 的 1、2 辅助常开触点断开，3、4 辅助常闭触点闭合。

在合闸运行时，如果线路出现短路过电流，继电器过电流保护装置中的 KA 常开触点闭合，跳闸线圈 YR 得电，使断路器 QF 跳闸。跳闸后，QF 的 3、4 辅助常闭触点处于闭合状态，同时重合闸继电器 KAR 启动，经设定时间后，其延时闭合触点闭合，接触器 KM 线圈得电，KM 常开触点闭合，合闸线圈 YO 得电，使断路器 QF 合闸。如果线路的短路故障未消除，继电器过电流保护装置中的 KA 常开触点又闭合，跳闸线圈 YR 再次得电使断路器 QF 跳闸。由于电路采取了防止二次合闸措施，重合闸继电器 KAR 不会使其延时闭合触点再次闭合，断路器也就不会再次合闸。

2．备用电源自动投入装置

在对供电可靠性要求较高的变配电所，通常采用两路电源进线，在正常时仅使用其中一路供电，当该路供电出现中断时，备用电源自动装置可自动将另一路电源切换为供电电源。

备用电源自动投入装置电路如图 11-44 所示。

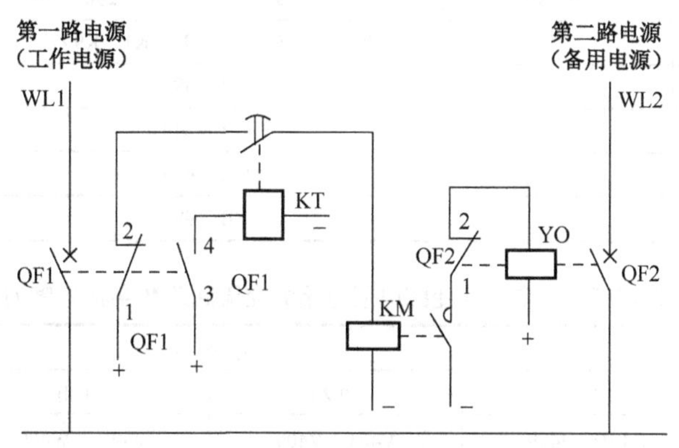

图 11-44　备用电源自动投入装置电路

WL1 为工作电源进线，WL2 为备用电源进线，在正常时，断路器 QF1 闭合，QF2 断开。如果WL1线路的电源突然中断，失压保护电路（图中未画出）使断路器QF1跳闸，切断WL1线路与母线的连接，同时QF1的1、2辅助常闭触点闭合，3、4辅助常开触点断开。QF1的3、4触点断开使时间继电器KT线圈失电，KT延时断开触点不会马上断开，接触器KM线圈得电，KM常开触点闭合，合闸线圈YO得电，将断路器QF2合闸，第二路备用电源经WL2线路送到母线。QF2合闸成功后，其1、2辅助常闭触点断开，切断YO线圈的电源，可防止YO线圈长时间通电而损坏，经设定时间后KT延时断开触点断开，切断接触器KM线圈的电源，KM常开触点断开。

11.4.9 发电厂与变配电所电路的数字标号与符号标注规定

在发电厂和变配电所的电路展开图中，为了表明回路的性质和用途，通常都会对回路进行标号。表11-4为发电厂和变配电所电路的直流回路数字标号序列，表11-5为发电厂和变配电所电路的交流回路数字标号序列，表11-6为发电厂和变配电所电路的控制电缆标号系列，表11-7为发电厂和变配电所电路的小母线文字符号。

表11-4 发电厂和变配电所电路的直流回路数字标号序列

回路名称	标号序列			
	Ⅰ	Ⅱ	Ⅲ	Ⅳ
+电源回路	1	101	201	301
-电源回路	2	102	202	302
合闸回路	3～31	103～131	203～231	303～331
绿灯或合闸回路监视继电器的回路	5	105	205	305
跳闸回路	33～49	133～149	233～249	333～349
红灯或跳闸回路监视继电器的回路	35	135	235	335
备用电源自动合闸回路	50～69	150～169	250～269	350～369
开关器具的信号回路	70～89	170～189	270～289	370～389
事故跳闸音响信号回路	90～99	190～199	290～299	390～399
保护及自动重合闸回路	01～099（或J1～J99、K1～K99）			
机组自动控制回路	401～599			
励磁控制回路	601～649			
发电机励磁回路	651～699			
信号及其他回路	701～999			

表11-5 发电厂和变配电所电路的交流回路数字标号序列

回路名称	标号序列			
	L1相	L2相	L3相	中性线N
电流回路	U401～U409 U401～U409	V401～V409 V411～V419	W401～W409 W411～W419	N401～N409 N411～N419

续表

回 路 名 称	标 号 序 列			
	L1 相	L2 相	L3 相	中性线 N
电流回路	… U491～U499 U501～U509 … U591～U599	… V491～V499 V501～V509 … V591～V599	… W491～W499 W501～W509 … W591～W599	… N491～N499 N501～N509 … N591～N599
电压回路	U601～U609 … U791～U799	V601～V609 … V791～V799	W601～W609 … W791～W799	N601～N609 … N791～N799
控制、保护信号回路	U1～U399	V1～V399	W1～W399	N1～N399

表 11-6 发电厂和变配电所电路的控制电缆标号系列

电缆起始点	电 缆 点
中央控制室到主机室	100～110
中央控制室到 6～10kV 配电装置	111～115
中央控制室到 33kV 配电装置	116～120
中央控制室到变压器	126～129
中央控制室屏间联系电缆	130～149
35kV 配电装置内联系电缆	160～169
其他配电装置内联系电缆	170～179
变压器处联系电缆	190～199
主机室机组联系电缆	200～249
坝区及启闭机联系电缆	250～269

注：数字 1～99 一般表示动力电缆。

表 11-7 发电厂和变配电所电路的小母线文字符号

小母线名称		小母线标号	
		新	旧
直流控制和信号的电源及辅助小母线			
控制回路电源小母线		+WC、-WC	+KM、-KM
信号回路电源小母线		+WS、-WS	+XM、-XM
事故音响信号小母线	用于配电装置内	WAS	SYM
	用于不发遥远信号	1WAS	1SYM
	用于发遥远信号	2WAS	2SYM
	用于直流屏	3WAS	3SYM
预报信号小母线	瞬时动作的信号	1WFS	1YBM
		2WFS	2YBM
	延时动作的信号	3WFS	3YBM
		4WFS	4YBM

续表

小母线名称		小母线标号	
		新	旧
直流屏上的预报信号小母线（延时动作的信号）		5WFS	5YBM
		6WFS	6YBM
灯光信号小母线		WL	-DM
闪光信号小母线		WF	（+）SM
合闸小母线		WO	+HM、-HM
“掉牌未复归”光字牌小母线		WSR	PM
交流电压、同期和电源小母线			
同期小母线	待并系统	WOS_u	TQM_a
		WOS_w	TQM_c
	运行系统	WOS'_u	TQM'_a
		WOS'_w	TQM'_c
电压小母线		WV	YM

第 12 章　电子电路的识读

12.1　放大电路的识读

三极管是一种具有放大功能的电子元器件，但单独的三极管是无法放大信号的，**只有给三极管提供电压，让它导通才具有放大能力**。为三极管提供导通所需的电压，使三极管具有放大能力的简单放大电路通常称为基本放大电路，又称偏置放大电路。常见的基本放大电路有固定偏置放大电路、电压负反馈放大电路和分压式电流负反馈放大电路。

12.1.1　固定偏置放大电路

固定偏置放大电路是一种最简单的放大电路，如图 12-1 所示，其中，图 12-1（a）为 NPN 型三极管构成的固定偏置放大电路，图 12-1（b）为由 PNP 型三极管构成的固定偏置放大电路。它们都由三极管 VT 和电阻 R_b、R_c 组成，R_b 称为偏置电阻，R_c 称为负载电阻。接通电源后，有电流流过三极管 VT，VT 就会导通而具有放大能力。下面以图 12-1（a）为例来分析固定偏置放大电路。

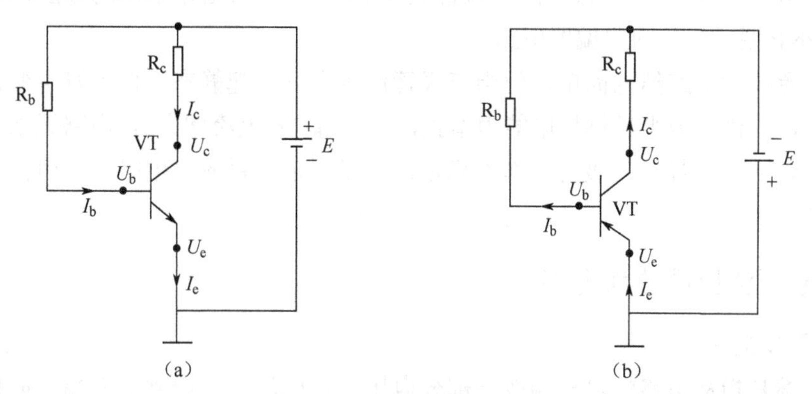

图 12-1　固定偏置放大电路

1．电流关系

接通电源后，从电源 E 正极流出电流，分作两路：一路电流经电阻 R_b 流入三极管 VT 基极，再通过 VT 内部的发射结从发射极流出；另一路电流经电阻 R_c 流入 VT 的集电极，再通过 VT 内部从发射极流出。两路电流从 VT 的发射极流出后汇合成一路电流，再流到电源的负极。

三极管三个极分别有电流流过，其中流经基极的电流称为 I_b 电流，流经集电极的电流称为 I_c 电流，流经发射极的电流称为 I_e 电流。各电流的关系为

$$I_b+I_c=I_e$$

$$I_c=I_b\beta$$（β 为三极管 VT 的放大倍数）

2．电压关系

接通电源后，电源为三极管各个极提供电压，电源正极电压经 R_c 降压后为 VT 提供集电极电压 U_c，电源经 R_b 降压后为 VT 提供基极电压 U_b，电源负极电压直接加到 VT 的发射极，发射极电压为 U_e。电路中 R_b 阻值较 R_c 的阻值大很多，所以三极管 VT 三个极的电压关系为

$$U_c>U_b>U_e$$

在放大电路中，三极管的 I_b（基极电流）、I_c（集电极电流）和 U_{ce}（集射极之间的电压，$U_{ce}=U_c-U_e$）称为静态工作点。

3．三极管内部两个 PN 结的状态

图 12-1（a）中的三极管 VT 为 NPN 型三极管，它内部有两个 PN 结，集电极和基极之间有一个 PN 结，称为集电结；发射极和基极之间有一个 PN 结，称为发射结。因为 VT 三个极的电压关系是 $U_c>U_b>U_e$，所以 VT 内部两个 PN 结的状态是：发射结正偏（PN 结可相当于一个二极管，P 极电压高于 N 极电压时称为 PN 结电压正偏），集电结反偏。

综上所述，三极管处于放大状态时具有以下特点：

① $I_b+I_c=I_e$，$I_c=I_b\beta$。

② $U_c>U_b>U_e$（NPN 型三极管）。

③ 发射结正偏，集电结反偏。

以上分析的是 NPN 型三极管固定偏置放大电路，读者可根据上面的方法来分析图 12-1（b）中的 PNP 型三极管固定偏置电路。

固定偏置放大电路结构简单，但当三极管温度上升引起静态工作点发生变化时（如环境温度上升，三极管内半导体导电能力增强，会使 I_b、I_c 电流增大），电路无法使静态工作点恢复正常，从而会导致三极管工作不稳定，所以固定偏置放大电路一般用在要求不高的电子设备中。

12.1.2　电压负反馈放大电路

1．关于反馈

所谓反馈是指从电路的输出端取一部分电压（或电流）反送到输入端。如果反送的电压（或电流）使输入端电压（或电流）减弱，即起抵消作用，这种反馈称为“负反馈”；如果反送的电压（或电流）使输入端电压（或电流）增强，这种反馈称为“正反馈”。反馈放大电路的组成如图 12-2 所示。

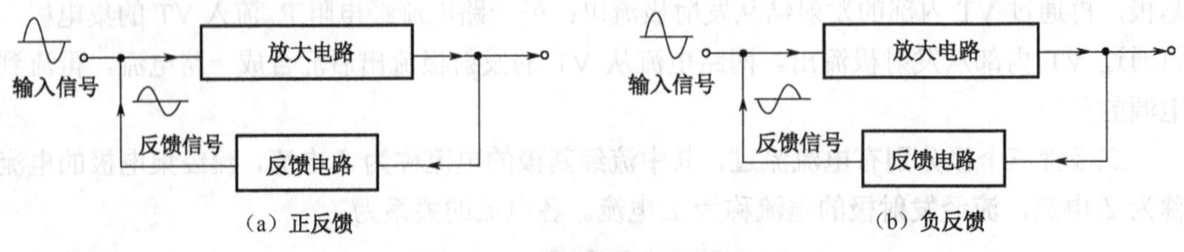

图 12-2　反馈放大电路的组成

在图 12-2（a）中，输入信号经放大电路放大后分作两路：一路去后级电路，另一路经反馈电路反送到输入端，从图中可以看出，反馈信号与输入信号相位相同，反馈信号会增强输入信号，所以该反馈电路为正反馈。在图 12-2（b）中，反馈信号与输入信号相位相反，反馈信号会抵消削弱输入信号，所以该反馈电路为负反馈。负反馈电路常用来稳定放大电路的静态工作点，即稳定放大电路的电压和电流；正反馈常与放大电路组合构成振荡器。

2．电压负反馈放大电路

电压负反馈放大电路如图 12-3 所示。

电压负反馈放大电路的电阻 R1 除可以为三极管 VT 提供基极电流 I_b 外，还能将输出信号的一部分反馈到 VT 的基极（即输入端），由于基极与集电极是反相关系，故反馈为负反馈。

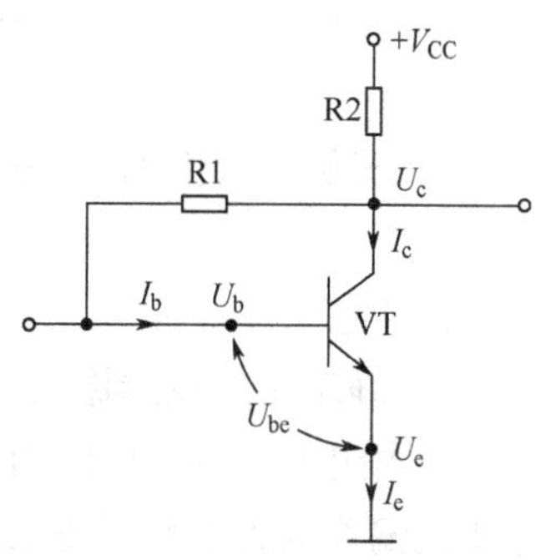

图 12-3　电压负反馈放大电路

负反馈电路的一个非常重要的特点就是可以稳定放大电路的静态工作点，下面分析图 12-3 所示电压负反馈放大电路静态工作点的稳定过程。

由于三极管是半导体元件，具有热敏性，当环境温度上升时，导电性增强，I_b、I_c 电流会增大，从而导致三极管工作不稳定，整个放大电路的工作也不稳定，而负反馈电阻 R1 可以稳定 I_b、I_c 电流。R1 稳定电路工作点过程如下：

当环境温度上升时，三极管 VT 的 I_b、I_c 电流增大，流过 R2 的电流 I 增大（$I=I_b+I_c$，I_b、I_c 电流增大，I 就增大），R2 两端的电压 U_{R2} 增大（$U_{R2}=IR_2$，I 增大，R_2 不变，U_{R2} 增大），VT 的 c 极电压 U_c 下降（$U_c=V_{CC}-U_{R2}$，U_{R2} 增大，V_{CC} 不变，U_c 就减小），VT 的 b 极电压 U_b 下降（U_b 由 U_c 经 R1 降压获得，U_c 下降，U_b 也会跟着下降），I_b 减小（U_b 下降，VT 发射结两端的电压 U_{be} 减小，流过的 I_b 电流就减小），I_c 也减小（$I_c=I_b\beta$，I_b 减小，β 不变，故 I_c 减小），I_b、I_c 减小恢复到正常值。

由此可见，电压负反馈放大电路由于 R1 的负反馈作用，使放大电路的静态工作点得到稳定。

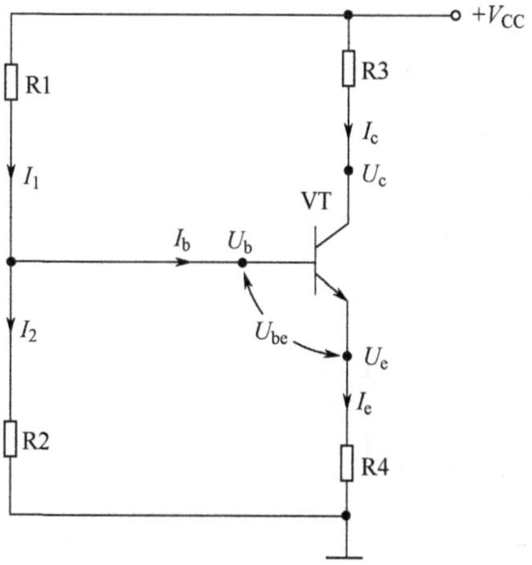

图 12-4　分压式偏置放大电路

12.1.3　分压式电流负反馈放大电路

分压式偏置放大电路是一种应用最为广泛的放大电路，这主要是因为它能有效克服固定偏置放大电路无法稳定静态工作点的缺点。分压式偏置放大电路如图 12-4 所示，R1 为上偏置电阻，R2 为下偏置电阻，R3 为负载电阻，R4 为发射极电阻。

1．电流关系

接通电源后，电路中有 I_1、I_2、I_b、I_c、I_e 电流产生，各电流的流向如图 12-4 所示。不难看出，这些电流有以下关系：

$$I_2+I_b=I_1$$

$$I_b+I_c=I_e$$

$$I_c=I_b\beta$$

2. 电压关系

接通电源后，电源为三极管各个极提供电压，$+V_{CC}$电源经R_c降压后为VT提供集电极电压U_c，$+V_{CC}$经R1、R2分压后为VT提供基极电压U_b，I_e电流在流经R4时，在R4上得到电压U_{R4}，U_{R4}与VT的发射极电压U_e相等。图12-4中的三极管VT处于放大状态，U_c、U_b、U_e三个电压满足以下关系：

$$U_c>U_b>U_e$$

3. 三极管内部两个PN结的状态

由于$U_c>U_b>U_e$，其中$U_c>U_b$使VT的集电结处于反偏状态，$U_b>U_e$使VT的发射结处于正偏状态。

4. 静态工作点的稳定

与固定偏置放大电路相比，分压式偏置电路最大的优点是具有稳定静态工作点的功能。分压式偏置放大电路静态工作点稳定过程分析如下：

当环境温度上升时，三极管内部的半导体材料导电性增强，VT的I_b、I_c电流增大，流过R4的电流I_e增大（$I_e=I_b+I_c$，I_b、I_c电流增大，I_e就增大），R4两端的电压U_{R4}增大（$U_{R4}=I_eR_4$，R_4不变，I_e增大，U_{R4}也就增大），VT的e极电压U_e上升（$U_e=U_{R4}$），VT的发射结两端的电压U_{be}下降（$U_{be}=U_b-U_e$，U_b基本不变，U_e上升，U_{be}下降），I_b减小，I_c也减小（$I_c=I_b\beta$，β不变，I_b减小，I_c也减小），I_b、I_c减小恢复到正常值，从而稳定了三极管的I_b、I_c电流。

12.1.4　交流放大电路

放大电路具有放大能力，若给放大电路输入交流信号，它就可以对交流信号进行放大，然后输出幅度大的交流信号。为了使放大电路能以良好的效果放大交流信号，并能与其他电路很好地连接，通常要给放大电路增加一些耦合、隔离和旁路元件，这样的电路常称为交流放大电路。图12-5是一种典型的交流放大电路。

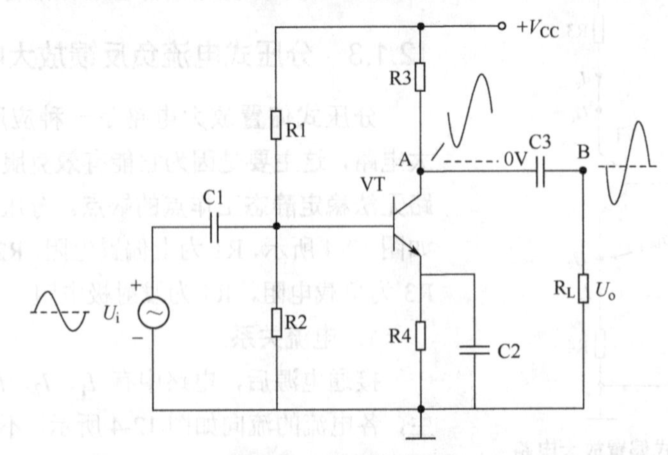

图12-5　交流放大电路

在图 12-5 中，电阻 R1、R2、R3、R4 与三极管 VT 构成分压式偏置放大电路。C1、C3 称作耦合电容，C1、C3 容量较大，对交流信号阻碍很小，交流信号很容易通过 C1、C3。C1 用来将输入端的交流信号传送到 VT 的基极，C3 用来将 VT 集电极输出的交流信号传送给负载 R_L，C1、C3 除传送交流信号外，还具有隔直作用，所以 VT 基极直流电压无法通过 C1 到输入端，VT 集电极直流电压无法通过 C3 到负载 R_L。C2 称作交流旁路电容，可以提高放大电路的放大能力。

1．直流工作条件

因为三极管只有在满足了直流工作条件后才具有放大能力，所以分析一个放大电路首先要分析它能否为三极管提供直流工作条件。

三极管要工作在放大状态，需满足的直流工作条件主要有：① 有完整的 I_b、I_c、I_e 电流途径；② 能提供 U_c、U_b、U_e 电压；③ 发射结正偏导通，集电结反偏。只有具备了这三个条件，三极管才具有放大能力。一般情况下，如果三极管 I_b、I_c、I_e 电流在电路中有完整的途径就可认为它具有放大能力，因此以后在分析三极管的直流工作条件时，一般分析三极管的 I_b、I_c、I_e 电流途径就可以了。

VT 的 I_b 电流的途径是：电源 V_{CC} 正极→电阻 R1→VT 的 b 极→VT 的 e 极；

VT 的 I_c 电流的途径是：电源 V_{CC} 正极→电阻 R3→VT 的 c 极→VT 的 e 极；

VT 的 I_e 电流的途径是：VT 的 e 极→R4→地（即电源 V_{CC} 的负极）。

下面的电流流程可以更直观地表示各电流的关系：

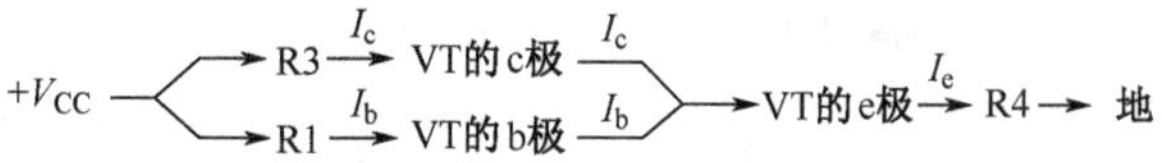

$+V_{CC}$ → R3 —I_c→ VT的c极 —I_c→ / $+V_{CC}$ → R1 —I_b→ VT的b极 —I_b→ （汇合）→ VT的e极 —I_e→ R4 → 地

从上面的分析可知，三极管 VT 的 I_b、I_c、I_e 电流在电路中有完整的途径，所以 VT 具有放大能力。试想一下，如果 R1 或 R3 开路，三极管 VT 有无放大能力？为什么？

2．交流信号处理过程

满足了直流工作条件后，三极管具有了放大能力，就可以放大交流信号。图 12-5 中的 U_i 为小幅度的交流信号电压，它通过电容 C1 加到三极管 VT 的 b 极。

当交流信号电压 U_i 为正半周时，U_i 极性为上正下负，上正电压经 C1 送到 VT 的 b 极，与 b 极的直流电压（V_{CC} 经 R1 提供）叠加，使 b 极电压上升，VT 的 I_b 电流增大，I_c 电流也增大，流过 R3 的 I_c 电流增大，R3 上的电压 U_{R3} 也增大（$U_{R3}=I_cR_3$，因 I_c 增大，故 U_{R3} 增大），VT 集电极电压 U_c 下降（$U_c=V_{CC}-U_{R3}$，U_{R3} 增大，故 U_c 下降），即 A 点电压下降，该下降的电压即为放大输出的信号电压，但信号电压被倒相 180°，变成负半周信号电压。

当交流信号电压 U_i 为负半周时，U_i 极性为上负下正，上负电压经 C1 送到 VT 的 b 极，与 b 极的直流电压（V_{CC} 经 R1 提供）叠加，使 b 极电压下降，VT 的 I_b 电流减小，I_c 电流也减小，流过 R3 的 I_c 电流减小，R3 上的电压 U_{R3} 也减小（$U_{R3}=I_cR_3$，因 I_c 减小，故 U_{R3} 减小），VT 集电极电压 U_c 上升（$U_c=V_{CC}-U_{R3}$，U_{R3} 减小，故 U_c 上升），即 A 点电压上升，该上升的电压即为放大输出的信号电压，但信号电压也被倒相 180°，变成正半周信号电压。

也就是说，当交流信号电压正、负半周送到三极管基极，经三极管放大后，从集电极输出放大的信号电压，但输出信号电压与输入信号电压相位相反。三极管集电极输出信号电压（即 A 点电压）始终大于 0V，它经耦合电容 C3 隔离掉直流成分后，在 B 点得到交流信号电压送给负载 R_L。

12.2 谐振电路

谐振电路是一种由电感和电容构成的电路，故又称为 LC 谐振电路。谐振电路在工作时会表现出一些特殊的性质，这使它得到了广泛应用。**谐振电路分为串联谐振电路和并联谐振电路。**

12.2.1 串联谐振电路

1. 电路分析

电容和电感头尾相连，并与交流信号连接在一起就构成了串联谐振电路。串联谐振电路如图 12-6 所示，其中，U为交流信号，C 为电容，L 为电感，R 为电感 L 的直流等效电阻。

为了分析串联谐振电路的性质，将一个电压不变、频率可调的交流信号电压 U 加到串联谐振电路两端，再在电路中串接一个交流电流表，如图 12-7 所示。

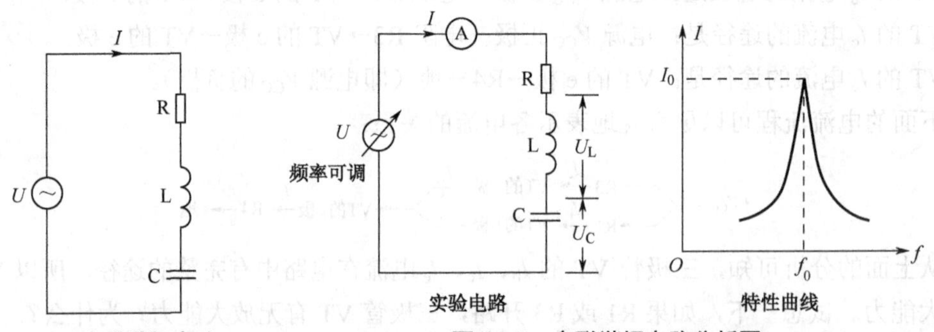

图 12-6 串联谐振电路 图 12-7 串联谐振电路分析图

让交流信号电压 U 始终保持不变，而将交流信号频率由 0 慢慢调高，在调节交流信号频率的同时观察电流表，结果发现电流表指示电流先慢慢增大，当增大到某一值再将交流信号频率继续调高时，会发现电流又逐渐开始下降，这个过程可用图 12-7 所示的特性曲线表示。

在串联谐振电路中，当交流信号频率为某一频率值（f_0）时，电路出现最大电流的现象称作“串联谐振现象”，简称“串联谐振”，这个频率称为谐振频率，用 f_0 表示，谐振频率 f_0 的大小可用下面公式来计算：

$$f_0 = \frac{1}{2\pi\sqrt{LC}}$$

2. 电路特点

串联谐振电路在谐振时的特点主要有：

① 谐振时，电路中的电流最大，此时 LC 元件串联在一起就像一个阻值很小的电阻，即串联谐振电路谐振时总阻抗最小（电阻、容抗和感抗统称为阻抗，用 Z 表示，阻抗单位

为欧姆)。

② 谐振时，电路中电感上的电压 U_L 和电容上的电压 U_C 都很高，往往比交流信号电压 U 大很多倍（$U_L=U_C=QU$，Q 为品质因数，$Q=\frac{2f\pi L}{R}$），因此串联谐振电路又称“电压谐振”，在谐振时 U_L 与 U_C 在数值上相等，但两电压的极性相反，故两电压之和（U_L+U_C）近似为零。

3．应用举例

串联谐振电路的应用如图 12-8 所示。

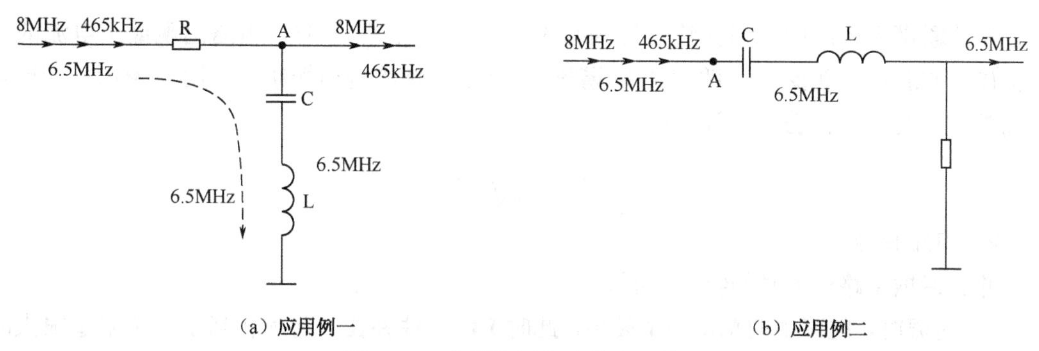

（a）应用例一　　（b）应用例二

图 12-8　串联谐振电路的应用举例

在图 12-8（a）中，L、C 元件构成串联谐振电路，其谐振频率为 6.5MHz。当 8MHz、6.5MHz 和 465kHz 三个频率信号到达 A 点时，LC 串联谐振电路对 6.5MHz 信号产生谐振，对该信号阻抗很小，6.5MHz 信号经 LC 串联谐振电路旁路到地；而串联谐振电路对 8MHz 和 465kHz 的信号不会产生谐振，它对这两个频率信号的阻抗很大，无法旁路，所以电路输出 8MHz 和 465kHz 信号。

在图 12-8（b）中，LC 串联谐振电路的谐振频率为 6.5MHz。当 8MHz、6.5MHz 和 465kHz 三个频率信号到达 A 点时，LC 串联谐振电路对 6.5MHz 信号产生谐振，对该信号的阻抗很小，6.5MHz 信号经 LC 串联谐振电路送往输出端；而串联谐振电路对 8MHz 和 465kHz 的信号不会产生谐振，它对这两个频率信号的阻抗很大，这两个信号无法通过 LC 电路。

12.2.2　并联谐振电路

1．电路分析

电容和电感头头相连、尾尾相接与交流信号连接起来就构成了并联谐振电路。并联谐振电路如图 12-9 所示，其中，U 为交流信号，C 为电容，L 为电感，R 为电感 L 的直流等效电阻。

为了分析并联谐振电路的性质，将一个电压不变、频率可调的交流信号电压加到并联谐振电路两端，再在电路中串接一个交流电流表，如图 12-10 所示。

让交流信号电压 U 始终保持不变，将交流信号频率从 0 开始慢慢调高，在调节交流信号频率的同时观察电流表，结果发现电流表指示电流开始很大，随着交流信号的频率逐渐调高电流慢慢减小，当电流减小到某一值再将交流信号频率继续调高时，发现电流又逐渐上升，该过程可用图 12-10 所示的特性曲线表示。

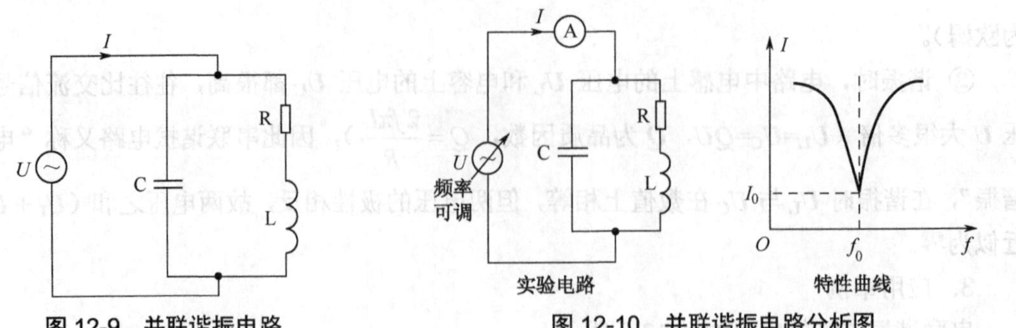

图 12-9　并联谐振电路

图 12-10　并联谐振电路分析图

在并联谐振电路中，当交流信号频率为某一频率值（f_0）时，电路出现最小电流的现象称作"并联谐振现象"，简称"并联谐振"，这个频率称为谐振频率，用f_0表示，谐振频率f_0的大小可用下面公式来计算：

$$f_0 = \frac{1}{2\pi\sqrt{LC}}$$

2．电路特点

并联谐振电路谐振时的特点主要有：

① 谐振时，电路中的总电流I最小，此时LC元件并在一起就相当于一个阻值很大的电阻，即并联谐振电路谐振时总阻抗最大。

② 谐振时，流过电容支路的电流I_C和流过电感支路的电流I_L比总电流I大很多倍，故并联谐振又称为"电流谐振"。其中I_C与I_L数值相等，I_C与I_L在LC支路构成回路，不会流过主干路。

3．应用举例

并联谐振电路的应用如图12-11所示。

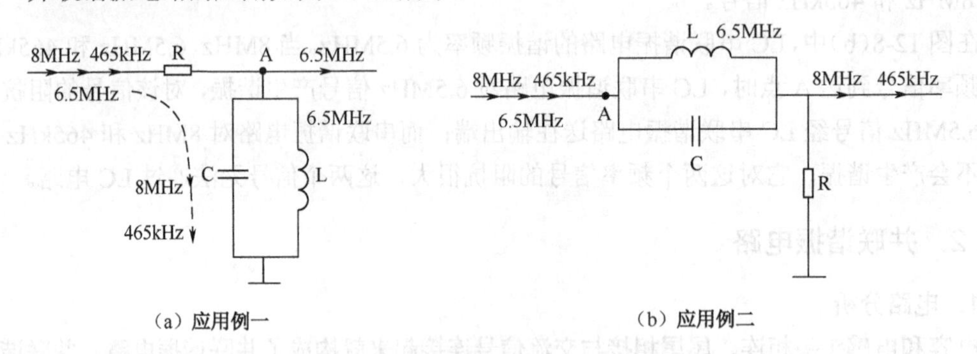

图 12-11　并联谐振电路的应用举例

在图12-11（a）中，L、C元件构成并联谐振电路，其谐振频率为6.5MHz。当8MHz、6.5MHz和465kHz三个频率信号到达A点时，LC并联谐振电路对6.5MHz信号产生谐振，对该信号的阻抗很大，6.5MHz信号不会被LC电路旁路到地；而并联谐振电路对8MHz和465kHz的信号不会产生谐振，对这两个频率信号的阻抗很小，这两个信号经LC电路旁路到地，所以电路输出6.5MHz信号。

在图12-11（b）中，LC并联谐振电路的谐振频率为6.5MHz。当8MHz、6.5MHz和

465kHz 三个频率信号到达 A 点时，LC 并联谐振电路对 6.5MHz 信号产生谐振，对该信号的阻抗很大，6.5MHz 信号无法通过 LC 并联谐振电路；而并联谐振电路对 8MHz 和 465kHz 信号不会产生谐振，对这两个频率信号的阻抗很小，这两个信号很容易通过 LC 电路去输出端。

12.3 振荡器

振荡器是一种产生交流信号的电路。只要提供直流电源，振荡器就可以产生各种频率的信号，因此振荡器是一种直流-交流转换电路。

12.3.1 振荡器的组成与原理

振荡器由放大电路、选频电路和正反馈电路三部分组成，如图 12-12 所示。

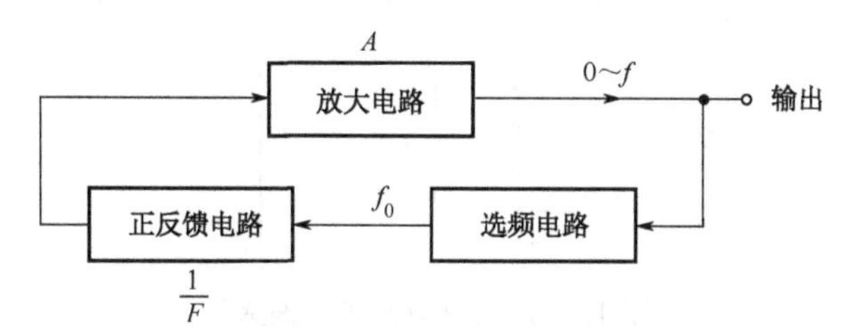

图 12-12 振荡器的组成

振荡器工作原理说明如下：

接通电源后，放大电路获得供电开始导通，导通时电流有一个从无到有的变化过程，该变化的电流中包含有微弱的 0～∞Hz 各种频率的信号。这些信号输出并送到选频电路，选频电路从中选出频率为 f_0 的信号，f_0 信号经正反馈电路反馈到放大电路的输入端，放大后输出幅度较大的 f_0 信号；f_0 信号又经选频电路选出，再通过正反馈电路反馈到放大电路输入端进行放大，然后输出幅度更大的 f_0 信号；接着又选频、反馈和放大，如此反复，放大电路输出的 f_0 信号越来越大。随着 f_0 信号不断增大，由于三极管非线性原因（即三极管输入信号达到一定幅度时，放大能力会下降，幅度越大，放大能力下降越多），放大电路的放大倍数 A 自动不断减小。

因为放大电路输出的 f_0 信号不会全部都反馈到放大电路的输入端，而是经反馈电路衰减了再送到放大电路输入端，设反馈电路反馈衰减倍数为 $1/F$。在振荡器工作后，放大电路的放大倍数 A 不断减小，当放大电路的放大倍数 A 与反馈电路的衰减倍数 $1/F$ 相等时，输出的 f_0 信号幅度不会再增大。例如，f_0 信号被反馈电路衰减为 1/10，再反馈到放大电路放大 10 倍，输出的 f_0 信号不会变化，电路输出幅度稳定的 f_0 信号。

从上述分析不难看出，一个振荡电路由放大电路、选频电路和正反馈电路组成，放大电路的功能是对微弱的信号进行反复放大；选频电路的功能是选取某一频率信号；正反馈电路的功能是不断将放大电路输出的某频率信号反送到放大电路输入端，使放大电路输出的信号不断增大。

12.3.2 变压器反馈式振荡器

振荡电路的种类很多，下面介绍一种典型的振荡器——变压器反馈式振荡器。变压器反馈式振荡器采用变压器构成反馈和选频电路，其电路结构如图 12-13 所示，其中三极管 VT 和电阻 R1、R2、R3 等元件构成放大电路；L1、C1 构成选频电路，其频率为 $f_0=\frac{1}{2\pi\sqrt{L_1C_1}}$；变压器 T1 的 L2 线圈和电容 C3 构成反馈电路。

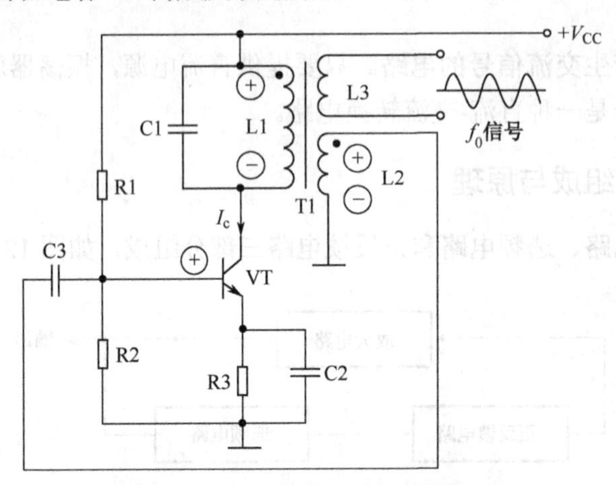

图 12-13 变压器反馈式振荡器

（1）反馈类型的判别

假设三极管 VT 基极电压上升（图中用“+”表示），集电极电压会下降（图中用“-”表示），变压器 T1 的线圈 L1 下端电压下降，L1 的上端电压上升（电感两端电压极性相反），由于同名端的缘故，线圈 L2 的上端电压上升，L2 上端上升的电压经 C3 反馈到 VT 的基极，反馈电压与假设的输入电压变化相同，故该反馈为正反馈。

（2）电路振荡过程

接通电源后，三极管 VT 导通，有 I_c 电流经线圈 L1 流过 VT。I_c 是一个变化的电流（由小到大），包含着微弱的 0～∞Hz 各种频率的信号。因为 L1、C1 构成的选频电路频率为 f_0，它从 0～∞Hz 这些信号中选出 f_0 信号，选出后在 L1 上有 f_0 信号电压（其他频率信号在 L1 上没有电压或电压很低），L1 上的 f_0 信号感应到 L2 上，L2 上的 f_0 信号再通过电容 C3 耦合到三极管 VT 的基极，放大后从集电极输出。选频电路将放大的信号选出，在 L1 上有更高的 f_0 信号电压，该信号又感应到 L2 上再反馈到 VT 的基极，如此反复进行，VT 输出的 f_0 信号幅度越来越大，反馈到 VT 基极的 f_0 信号也越来越大。随着反馈信号逐渐增大，三极管 VT 的放大倍数 A 不断减小，当放大电路的放大倍数 A 与反馈电路的衰减倍数 $1/F$（主要由 L1 与 L2 的匝数比决定）相等时，三极管 VT 输出送到 L1 上的 f_0 信号电压不能再增大，L1 上稳定的 f_0 信号电压感应到线圈 L3 上，送给需要 f_0 信号的电路。

12.4 电源电路

电路工作时需要提供电源，电源是电路工作的动力。电源的种类很多，如干电池、蓄电池和太阳能电池等，但最常见的电源则是 220V 的交流市电。大多数电子设备供电都来自 220V 交流市电，不过这些电器内部电路真正需要的是直流电压，为了解决这个矛盾，电子设备内部通常都设有电源电路，其任务是将 220V 交流电压转换成很低的直流电压，再供给内部各个电路。

12.4.1　电源电路的组成

电源电路通常是由整流电路、滤波电路和稳压电路组成的，其组成框图如图 12-14 所示。

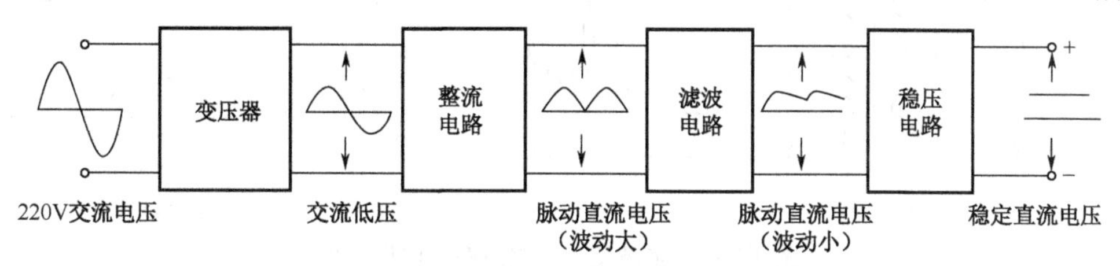

图 12-14　电源电路的组成框图

220V 的交流电压先经变压器降压，得到较低的交流电压，交流低压再由整流电路转换成脉动直流电压。该脉冲直流电压的波动很大（即电压时大时小，变化幅度很大），经滤波电路平滑后波动变小，再经稳压电路进一步稳压，得到稳定的直流电压，供给其他电路作为直流电源。

12.4.2　整流电路

整流电路的功能是将交流电转换成直流电。整流电路主要有半波整流电路、全波整流电路和桥式整流电路等。

1．半波整流电路

半波整流电路采用一个二极管将交流电转换成直流电，只能利用交流电的半个周期，故称为半波整流。半波整流电路及有关电压波形如图 12-15 所示。

图 12-15（a）为半波整流电路，图 12-15（b）为电路中有关电压的波形。220V 交流电压送到变压器 T1 初级线圈 L1 两端，L1 两端的交流电压 U_1 的波形如图 12-15（b）所示，该电压感应到次级线圈 L2 上，在 L2 上得到图 12-15（b）所示的较低的交流电压 U_2。当 L2 上的交流电压 U_2 为正半周时，U_2 的极性是上正下负，二极管 VD 导通，有电流流过二极管和电阻 R_L，电流方向是：U_2 上正→VD→R_L→U_2 下负；当 L2 上的交流电压 U_2 为负半周时，U_2 电压的极性是上负下正，二极管截止，无电流流过二极管 VD 和电阻 R_L。如此反复工作，在电阻 R_L 上会得到图 12-15（b）所示的脉动直流电压 U_L。

从上面的分析可以看出，半波整流电路只能在交流电压半个周期内导通，另半个周期内不能导通，即半波整流电路只能利用半个周期的交流电压。

半波整流电路结构简单，使用元件少，但整流输出的直流电压波动大；另外，由于整流时只利用了交流电压的半个周期（半波），故效率很低。因此，半波整流常用在对效率和电压稳定性要求不高的小功率电子设备中。

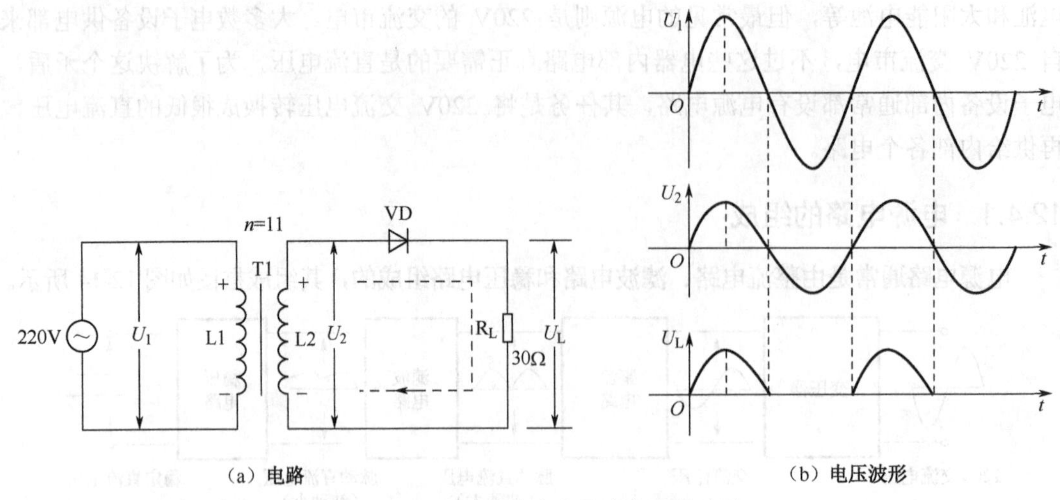

（a）电路　　（b）电压波形

图 12-15　半波整流电路及有关电压波形

2．全波整流电路

全波整流电路采用两个二极管将交流电转换成直流电，由于它可以利用交流电的正、负半周，所以称为全波整流。全波整流电路及有关电压波形如图 12-16 所示。

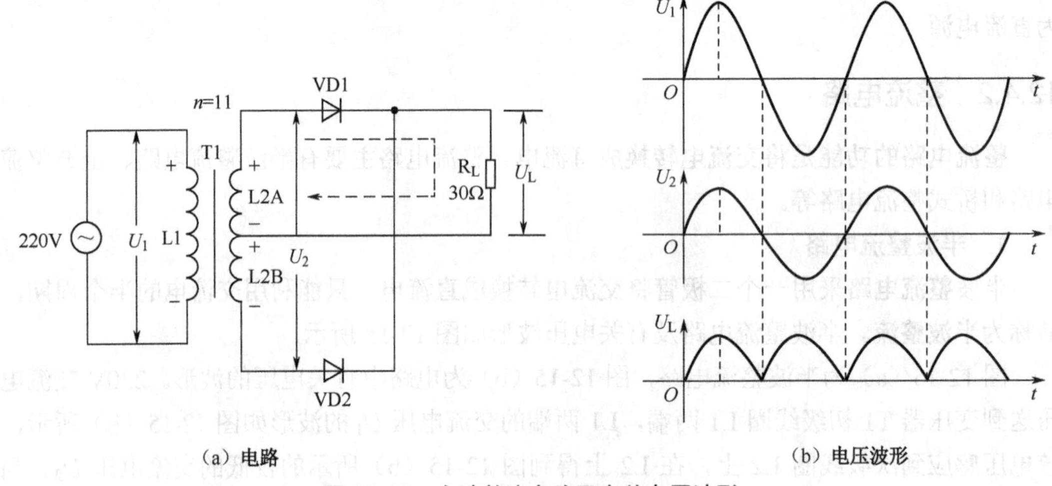

（a）电路　　（b）电压波形

图 12-16　全波整流电路及有关电压波形

全波整流电路如图 12-16（a）所示，电路中信号的电压波形如图 12-16（b）所示。这种整流电路采用两只整流二极管，使用的变压器次级线圈 L2 被对称分作 L2A 和 L2B 两部分。全波整流电路的工作原理说明如下：

220V 交流电压 U_1 送到变压器 T1 的初级线圈 L1 两端，U_1 电压波形见图 12-16（b）。当交流电压 U_1 正半周送到 L1 时，L1 上的交流电压 U_1 极性为上正下负，该电压感应到 L2A、L2B 上，L2A、L2B 上的电压极性也是上正下负。L2A 的上正下负电压使 VD1 导通，有电流流过负载 R_L，其途径是：L2A 上正→VD1→R_L→L2A 下负，此时 L2B 的上正下负电压对 VD2 为反向电压（L2B 下负对应 VD2 正极），故 VD2 不能导通；当交流电压 U_1 负半周送到 L1 时，L1 上的交流电压极性为上负下正，L2A、L2B 感应到的电压极性也为上负下正，L2B 的上负下正电压使 VD2 导通，有电流流过负载 R_L，其途径是：L2B 下正→VD2→R_L→L2B 上负，此时 L2A 的上负下正电压对 VD1 为反向电压，VD1 不能导通。如此反复工作，在 R_L 上会得到图 12-16（b）所示的脉动直流电压 U_L。

从上面的分析可以看出，全波整流能利用到交流电压的正、负半周，效率大大提高，达到半波整流的 2 倍。

全波整流电路的输出直流电压脉动小，整流二极管通过的电流小，但由于两个整流二极管轮流导通，变压器始终只有半个次级线圈工作，使变压器利用率低，从而使输出电压低、输出电流小。

3．桥式整流电路

桥式整流电路采用四个二极管将交流电转换成直流电，由于四个二极管在电路中的连接与电桥相似，故称为桥式整流电路。桥式整流电路及有关电压波形如图 12-17 所示。

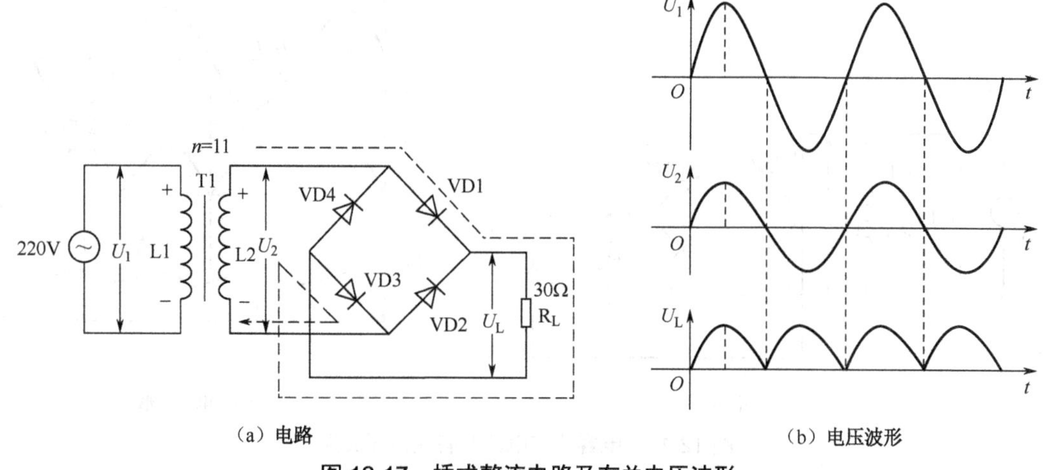

（a）电路　　（b）电压波形

图 12-17　桥式整流电路及有关电压波形

桥式整流电路如图 12-17（a）所示，这种整流电路用到了四个整流二极管。桥式整流电路的工作原理分析如下：

220V 交流电压 U_1 送到变压器初级线圈 L1 上，该电压经降压感应到 L2 上，在 L2 上得到 U_2 电压，U_1、U_2 电压波形如图 12-17（b）所示。当交流电压 U_1 为正半周时，L1 上的电压极性是上正下负，L2 上感应的电压 U_2 的极性也是上正下负，L2 上正下负电压 U_2 使 VD1、VD3 导通，有电流流过 R_L，电流途径是：L2 上正→VD1→R_L→VD3→L2 下负；当交流电压 U_1 为负半周时，L1 上的电压极性是上负下正，L2 上感应的电压 U_2 的极性也是上负下正，L2 上负下正电压 U_2 使 VD2、VD4 导通，电流途径是：L2 下正→VD2→R_L→VD4→L2 上负。如此反复工作，在 R_L 上得到图 12-17（b）所示的脉动直流电压 U_L。

从上面的分析可以看出，桥式整流电路在交流电压整个周期内都能导通，即桥式整流电路能利用整个周期的交流电压。

桥式整流电路输出的直流电压脉动小，由于能利用到交流电压正、负半周，故整流效率高。正因为有这些优点，故大多数电子设备的电源电路都采用桥式整流电路。

12.4.3 滤波电路

整流电路能将交流电转变为直流电，但由于交流电压大小时刻在变化，故整流后流过负载的电流大小也时刻变化。例如，当变压器线圈的正半周交流电压逐渐上升时，经二极管整流后流过负载的电流会逐渐增大；而当线圈的正半周交流电压逐渐下降时，经整流后流过负载的电流会逐渐减小，这样忽大忽小的电流流过负载，负载很难正常工作。为了让流过负载的电流大小稳定不变或变化尽量小，需要在整流电路后加上滤波电路。

常见的滤波电路有电容滤波电路、电感滤波电路和复合滤波电路等。

1．电容滤波电路

电容滤波是利用电容充、放电原理工作的。电容滤波电路及有关电压波形如图 12-18 所示。

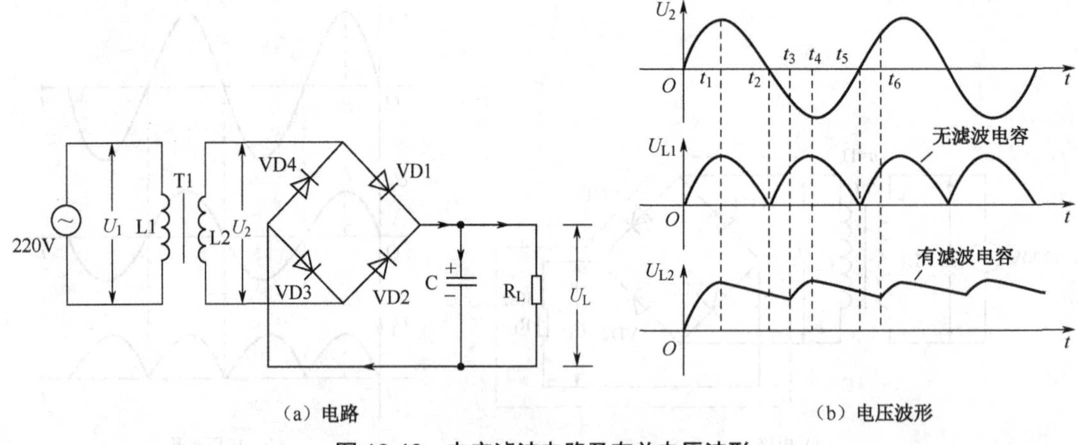

（a）电路　　（b）电压波形

图 12-18　电容滤波电路及有关电压波形

电容滤波电路如图 12-18（a）所示，电容 C 为滤波电容。220V 交流电压经变压器 T1 降压后，在 L2 上得到图 12-18（b）所示的 U_2 电压，在没有滤波电容 C 时，负载 R_L 得到的电压为 U_{L1}，U_{L1} 电压随 U_2 电压的波动而波动，波动变化很大，如 t_1 时刻 U_{L1} 电压最大，t_2 时刻 U_{L1} 电压变为 0，这样时大时小、时有时无的电压使负载无法正常工作，在整流电路之后增加滤波电容可以解决这个问题。

电容滤波原理说明如下：

在 0～t_1 期间，U_2 电压极性为上正下负且逐渐上升，U_2 波形如图 12-18（b）所示，VD1、VD3 导通，U_2 电压通过 VD1、VD3 整流输出的电流一方面流过负载 R_L，另一方面对电容 C 充电，在电容 C 上充得上正下负的电压，t_1 时刻充得的电压最高。

在 t_1～t_2 期间，U_2 电压极性为上正下负但逐渐下降，电容 C 上的电压高于 U_2 电压，VD1、VD3 截止，电容 C 开始对 R_L 放电，使整流二极管截止时 R_L 仍有电流流过。

在 t_2～t_3 期间，U_2 电压极性变为上负下正且逐渐增大，但电容 C 上的电压仍高于 U_2 电压，VD1、VD3 截止，电容 C 继续对 R_L 放电。

在 t_3～t_4 期间，U_2 电压极性为上负下正且继续增大，U_2 电压开始大于电容 C 上的电压，VD2、VD4 导通，U_2 电压通过 VD2、VD4 整流输出的电流又流过负载 R_L，并对电容 C 充电，在电容 C 上充得上正下负的电压。

在 t_4～t_5 期间，U_2 电压极性仍为上负下正但逐渐减小，电容 C 上的电压高于 U_2 电压，VD2、VD4 截止，电容 C 又对 R_L 放电，使 R_L 仍有电流流过。

在 t_5～t_6 期间，U_2 电压极性变为上正下负且逐渐增大，但电容 C 上的电压仍高于 U_2 电压，VD2、VD4 截止，电容 C 继续对 R_L 放电。

t_6 时刻以后，电路会重复 0～t_6 过程，从而在负载 R_L 两端（也是电容 C 两端）得到图 12-18（b）所示的 U_{L2} 电压。比较 U_{L1} 和 U_{L2} 电压波形不难发现，增加了滤波电容后在负载上得到的电压大小波动较无滤波电容时要小得多。

电容使整流电路输出电压波动变小的功能称为滤波。电容滤波的实质是在输入电压高时通过充电将电能存储起来，而在输入电压较低时通过放电将电能释放出来，从而保证负载得到波动较小的电压。电容滤波与水缸蓄水相似，如果自来水供应紧张，白天不供水或供水量很少而晚上供水量很多时，为了保证一整天能正常用水，可以在晚上水多时一边用水一边用水缸蓄水（相当于给电容充电），而在白天水少或无水时水缸可以供水（相当于电容放电）。这里的水缸就相当于电容，只不过水缸储存水，而电容储存电能。

电容能使整流输出电压波动变小，电容的容量越大，其两端的电压波动越小，即电容容量越大，滤波效果越好。容量大和容量小的电容可相当于大水缸和小茶杯，大水缸蓄水多，在停水时可以供很长时间的用水，而小茶杯蓄水少，停水时供水时间短，还会造成用水时有时无。

2．电感滤波电路

电感滤波是利用电感储能和放能原理工作的。电感滤波电路如图 12-19 所示。

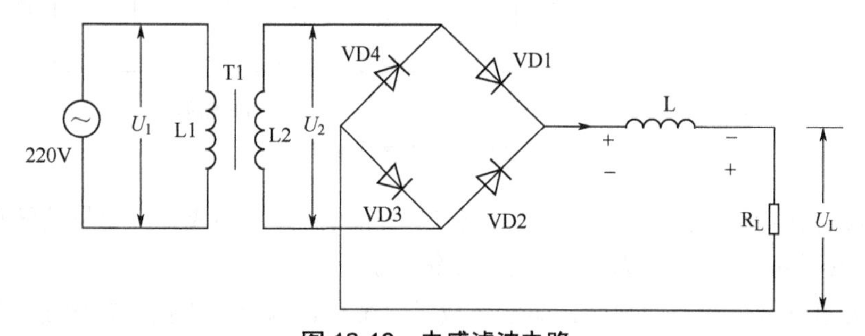

图 12-19　电感滤波电路

在图 12-19 所示电路中，电感 L 为滤波电感。220V 交流电压经变压器 T1 降压后，在 L2 上得到 U_2 电压。电感滤波原理说明如下：

当 U_2 电压极性为上正下负且逐渐上升时，VD1、VD3 导通，有电流流过电感 L 和负载 R_L，电流途径是：L2 上正→VD1→电感 L→负载 R_L→VD3→L2 下负。电流在流过电感 L 时，电感会产生左正右负的自感电动势阻碍电流，同时电感存储能量，由于电感自感电动势的阻碍，流过负载的电流缓慢增大。

当 U_2 电压极性为上正下负且逐渐下降时，经整流二极管 VD1、VD3 流过电感 L 和负载 R_L 的电流变小，电感 L 马上产生左负右正的自感电动势开始释放能量，电感 L 的左负右正电动势产生电流，电流的途径是：L 右正→R_L→VD3→L2→VD1→L 左负，该电流与 U_2 电压产生的电流一起流过负载 R_L，使流过 R_L 的电流不会因 U_2 的下降而变小。

当 U_2 电压极性为上负下正时，VD2、VD4 导通，电路工作原理与 U_2 电压极性为上正下负时基本相同，这里不再赘述。

从上面的分析可知，当输入电压高使输入电流大时，电感产生电动势对电流进行阻碍，避免流过负载的电流过大；而当输入电压低使输入电流小时，电感又产生反电动势，反电动势产生的电流与变小的整流电流一起流过负载，避免流过负载的电流减小，这样就使得流过负载的电流大小波动较小。

电感滤波的效果与电感的电感量有关，电感量越大，流过负载的电流波动越小，滤波效果越好。

3．复合滤波电路

单独的电容滤波或电感滤波效果往往不理想，因此可**将电容、电感和电阻组合起来构成复合滤波电路**，复合滤波电路的滤波效果比较好。

（1）LC 滤波电路

LC 滤波电路由电感和电容构成，其电路结构如图 12-20 虚线框内部分所示。

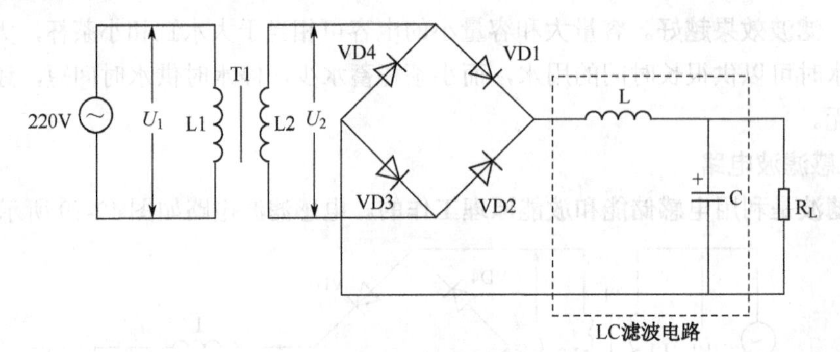

图 12-20　LC 滤波电路

整流电路输出的脉动直流电压先由电感 L 滤除大部分波动成分，少量的波动成分再由电容 C 进一步滤掉，供给负载的电压波动就很小。

LC 滤波电路带负载能力很强，即使负载发生变化，输出电压也比较稳定。另外，由于电容接在电感之后，在刚接通电源时，电感会对突然流过的浪涌电流产生阻碍，从而减小浪涌电流对整流二极管的冲击。

（2）LC-π 型滤波电路

LC-π 型滤波电路由一个电感和两个电容接成 π 型电路构成，其电路结构如图 12-21 虚线框内部分所示。

整流电路输出的脉动直流电压依次经电容 C1、电感 L 和电容 C2 滤波后，波动成分基本被滤掉，供给负载的电压波动很小。

LC-π 型滤波电路的滤波效果要好于 LC 滤波电路，但它带负载能力较差。由于电容 C1 接在电感之前，在刚接通电源时，变压器次级线圈通过整流二极管对 C1 充电的浪涌电流很大，为了缩短浪涌电流的持续时间，一般要求 C1 的容量小于 C2 的容量。

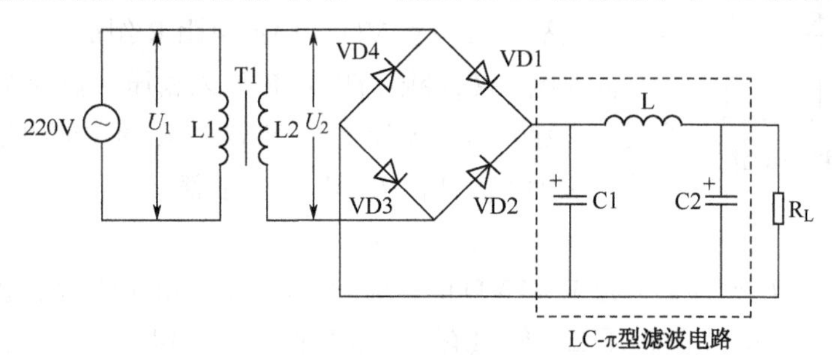

图 12-21　LC-π 型滤波电路

（3）RC-π 型滤波电路

RC-π 型滤波电路用电阻替代电感，并与电容接成 π 型电路构成。RC-π 型滤波电路如图 12-22 虚线框内部分所示。

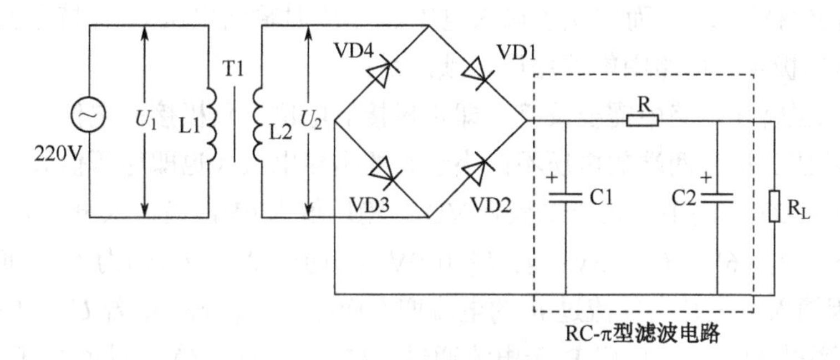

图 12-22　RC-π 型滤波电路

整流电路输出的脉动直流电压经电容 C1 滤除部分波动成分后，在通过电阻 R 时，波动电压在 R 上会产生一定压降，从而使 C2 上的波动电压大大减小。R 阻值越大，滤波效果越好。

RC-π 型滤波电路成本低、体积小，但电流在经过电阻时有电压降和损耗，会导致输出电压下降，所以这种滤波电路主要用在负载电流不大的电路中。另外，要求 R 的阻值不能太大，一般为几十至几百欧姆，且满足 $R \ll R_L$。

12.4.4　稳压电路

滤波电路可以将整流输出波动大的脉动直流电压平滑成波动小的直流电压，但当因供电原因引起 220V 电压大小变化时（如 220V 上升至 240V），则经整流得到的脉动直流电压平均值会随之变化（升高），滤波供给负载的直流电压也会变化（升高）。**为了保证在市电电压大小发生变化时提供给负载的直流电压始终保持稳定，还需要在整流滤波电路之后增加稳压电路。**

1. 简单的稳压电路

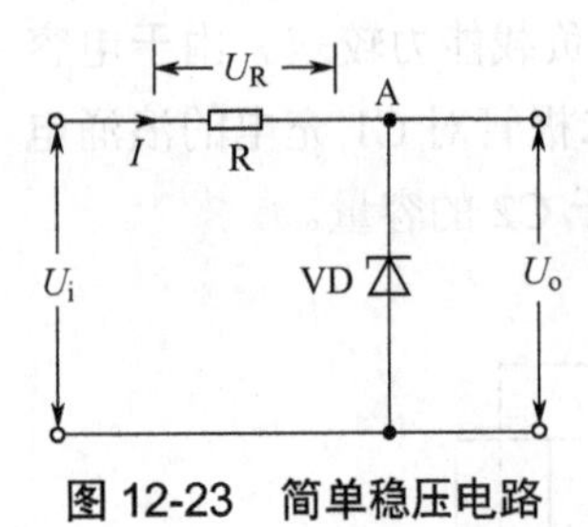

图 12-23　简单稳压电路

稳压二极管是一种具有稳压功能的元件，采用稳压二极管和限流电阻可以组成简单的稳压电路。简单稳压电路如图 12-23 所示，它由稳压二极管 VD 和限流电阻 R 组成。

输入电压 U_i 经限流电阻 R 送入稳压二极管 VD 的负极，VD 被反向击穿，有电流流过 R 和 VD，R 两端的电压为 U_R，VD 两端的电压为 U_o，U_i、U_R 和 U_o 三者满足：

$$U_i = U_R + U_o$$

如果输入电压 U_i 升高，流过 R 和 VD 的电流增大，R 两端的电压 U_R 增大（$U_R = IR$，I 增大，故 U_R 也增大），由于稳压二极管具有“击穿后两端电压保持不变”的特点，所以 U_o 电压保持不变，从而实现了输入电压 U_i 升高时输出电压 U_o 保持不变的稳压功能。

如果输入电压 U_i 下降，只要 U_i 电压大于稳压二极管的稳压值，稳压二极管就仍处于反向导通状态（击穿状态）。由于 U_i 下降，流过 R 和 VD 的电流减小，R 两端的电压 U_R 减小（$U_R = IR$，I 减小，U_R 也减小），因为稳压二极管具有“击穿后两端电压保持不变”的特点，所以 U_o 电压仍保持不变，从而实现了输入电压 U_i 下降时输出电压 U_o 保持不变的稳压功能。

要让稳压二极管在电路中能够稳压，须满足：

① 稳压二极管在电路中需要反接（即正极接低电位，负极接高电位）；

② 加到稳压二极管两端的电压不能小于它的击穿电压（也即稳压值）。

例如，图 12-23 电路中的稳压二极管 VD 的稳压值为 6V，当输入电压 U_i=9V 时，VD 处于击穿状态，U_o=6V，U_R=3V；若 U_i 由 9V 上升到 12V，U_o 仍为 6V，而 U_R 则由 3V 升高到 6V（因输入电压升高使流过 R 的电流增大而导致 U_R 升高）；若 U_i 由 9V 下降到 5V，稳压二极管无法击穿，限流电阻 R 无电流通过，U_R=0，U_o=5V，此时稳压二极管无稳压功能。

2. 串联型稳压电路

串联型稳压电路由三极管和稳压二极管等元件组成，由于电路中的三极管与负载是串联关系，所以称为串联型稳压电路。

（1）简单的串联型稳压电路

图 12-24 是一种简单的串联型稳压电路。220V 交流电压经变压器 T1 降压后得到 U_2 电压，U_2 电压经整流电路对 C1 进行充电，在 C1 上得到上正下负的电压 U_3，该电压经限流电阻 R1 加到稳压二极管 VD5 两端。由于 VD5 的稳压作用，在 VD5 的负极，也即 B 点得到一个与 VD5 稳压值相同的电压 U_B，U_B 电压送到三极管 VT 的基极，VT 产生 I_b 电流，VT 导通，有 I_c 电流从 VT 的 c 极流入、e 极流出，它对滤波电容 C2 进行充电，在 C2 上得到上正下负的 U_4 电压供给负载 R_L。

稳压过程：若 220V 交流电压上升至 240V，变压器 T1 次级线圈 L2 上的电压 U_2 也上升，经整流滤波后在 C1 上充得的电压 U_3 上升，因 U_3 电压上升，流过 R1、VD5 的电流增大，R1 上的电压 U_{R1} 增大。由于稳压二极管 VD5 击穿后两端电压保持不变，故 B 点电压 U_B 也保持不变，VT 基极电压不变，I_b 不变，I_c 也不变（$I_c = \beta I_b$，I_b、β 都不变，故 I_c 也不变），故 I_c 对 C2 充得的电压 U_4 也保持不变，从而实现了输入电压上升时保持输出电压 U_4 不变的稳压功能。

对于 220V 交流电压下降时电路的稳压过程，读者可自行分析。

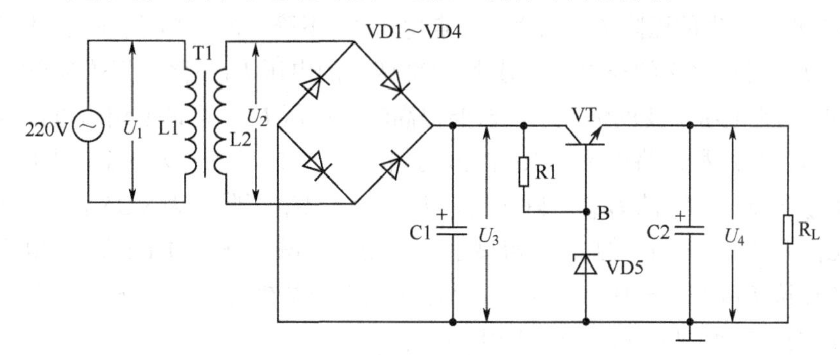

图 12-24　一种简单的串联型稳压电路

（2）常用的串联型稳压电路

图 12-25 是一种常用的串联型稳压电路。

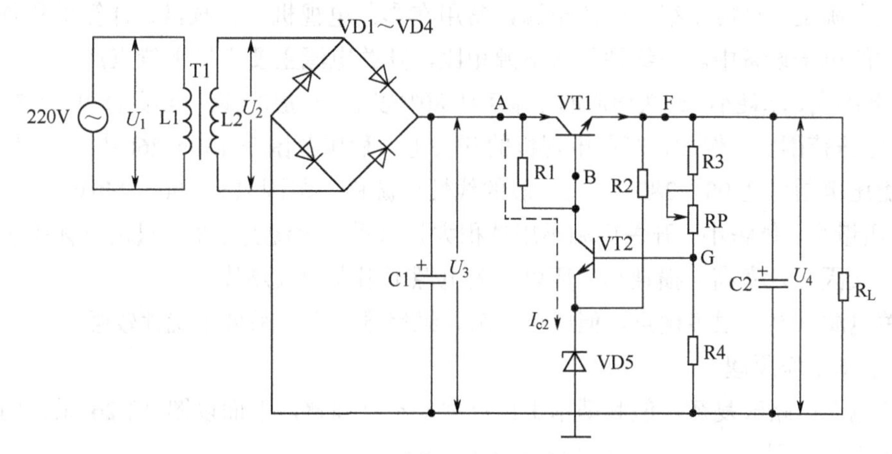

图 12-25　一种常用的串联型稳压电路

220V 交流电压经变压器 T1 降压后得到 U_2 电压，U_2 电压经整流电路对 C1 进行充电，在 C1 上得到上正下负的电压 U_3。这里的 C1 可相当于一个电源（类似充电电池），其负极接地，正极电压送到 A 点，A 点电压 U_A 与 U_3 相等。U_A 电压经 R1 送到 B 点，也即调整管 VT1 的基极，有 I_{b1} 电流由 VT1 的基极流往发射极，VT1 导通，有 I_{c1} 电流由 VT1 的集电极流往发射极，该 I_{c1} 电流对 C2 进行充电，在 C2 上充得上正下负的电压 U_4，该电压供给负载 R_L。

U_4 电压在供给负载的同时，还经 R3、RP、R4 分压为比较管 VT2 提供基极电压，VT2 有 I_{b2} 电流从基极流向发射极，VT2 导通，马上有 I_{c2} 电流流过 VT2，I_{c2} 电流途径是：A 点→R1→VT2 的 c、e 极→VD5→地。

稳压过程：若 220V 交流电压上升至 240V，变压器 T1 次级线圈 L2 上的电压 U_2 也上升，经整流滤波后在 C1 上充得的电压 U_3 上升，A 点电压上升，B 点电压上升，VT1 的基极电压上升，I_{b1} 增大，I_{c1} 增大，C2 充电电流增大，C2 两端电压 U_4 升高，U_4 电压经 R3、

RP、R4分压在G点得到的电压也升高，VT2基极电压U_{b2}升高。由于VD5的稳压作用，VT2的发射极电压U_{e2}保持不变，VT2的基-射极之间的电压差U_{be2}增大（$U_{be2}=U_{b2}-U_{e2}$，U_{b2}升高，U_{e2}不变，故U_{be2}增大），VT2的I_{b2}电流增大，I_{c2}电流也增大，流过R1的I_{c2}电流增大，R1两端产生的压降U_{R1}增大，B点电压U_B下降，即VT1的基极电压下降，VT1的I_{b1}下降，I_{c1}下降，C2的充电电流减小，C2两端的电压U_4下降，回落到正常电压值。

在220V交流电压不变的情况下，若要提高输出电压U_4，可调节调压电位器RP。

输出电压调高过程：将电位器RP的滑动端上移→RP阻值变大→G点电压下降→VT2基极电压U_{b2}下降→VT2的U_{be2}下降（$U_{be2}=U_{b2}-U_{e2}$，U_{b2}下降，因VD5稳压作用U_{e2}保持不变，故U_{be2}下降）→VT2的I_{b2}电流减小→I_{c2}电流也减小→流过R1的I_{c2}电流减小→R1两端产生的压降U_{R1}减小→B点电压U_B上升→VT1的基极电压上升→VT1的I_{b1}增大→I_{c1}增大→C2的充电电流增大→C2两端的电压U_4上升。

12.4.5 开关电源的特点与工作原理

1. 特点

开关电源是一种应用很广泛的电源，常用在彩色电视机、变频器、计算机和复印机等功率较大的电子设备中。与线性稳压电源相比，**开关电源主要有以下特点：**

① **效率高、功耗小。**开关电源的效率可达80%以上，一般的线性电源效率只有50%左右。

② **稳压范围宽。**例如，彩色电视机的开关电源稳压范围在130～260V，性能优良的开关电源稳压范围可达90～280V，而一般的线性电源稳压范围只有190～240V。

③ **质量小、体积小。**开关电源不用体积大且笨重的电源变压器，只用到体积小的开关变压器，又因为效率高、损耗小，所以开关电源不用大的散热片。

开关电源虽然有很多优点，但电路复杂、维修难度大，另外干扰性较强。

2. 基本工作原理

开关电源电路较复杂，但其基本工作原理却不难理解，下面以图12-26来说明开关电源的基本工作原理。

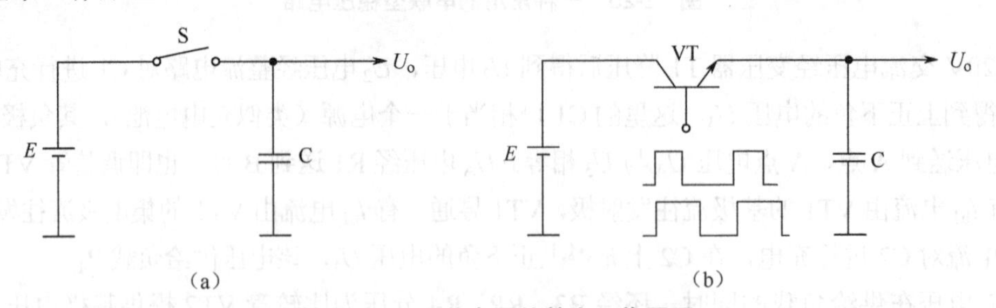

图12-26 开关电源的基本工作原理

在图12-26（a）中，当开关S合上时，电源E经S对C充电，在C上获得上正下负的电压；当开关S断开时，C往后级电路（未画出）放电。若开关S闭合时间长，则电源E对C充电时间长，C两端电压U_o会升高；反之，如果S闭合时间短，电源E对C充电时间短，C上充电少，C两端电压会下降。由此可见，改变开关的闭合时间长短就能改变输出电压的高低。

在实际的开关电源中，开关 S 常用三极管来代替，如图 12-26（b）所示。该三极管称为开关管，并且在开关管的基极加一个控制信号（激励脉冲）来控制开关管的导通和截止。当控制信号高电平送到开关管的基极时，开关管基极电压会上升而导通，VT 的 c、e 极相当于短路，电源 E 经 VT 的 c、e 极对 C 充电；当控制信号低电平到来时，VT 基极电压下降而截止，VT 的 c、e 极相当于开路，C 往后级电路放电。如果开关管基极的控制信号高电平持续时间长，低电平持续时间短，电源 E 对 C 充电时间长，C 放电时间短，C 两端电压会上升。

如果某些原因使输入电源 E 下降，为了保证输出电压不变，可以让送到 VT 基极的脉冲更宽（即脉冲的高电平时间更长），VT 导通时间长，E 经 VT 对 C 充电时间长，即使电源 E 下降，但由于 E 对 C 的充电时间延长，仍可让 C 两端电压不会因 E 下降而下降。

由此可见，控制开关管导通、截止时间长短就能改变输出电压或稳定输出电压，开关电源就是利用这个原理来工作的。送到开关管基极的脉冲宽度可变化的信号称为 PWM 脉冲，PWM 意为脉冲宽度调制。

3．三种类型的开关电源工作原理分析

开关电源的种类很多，根据控制脉冲的产生方式不同，可分为自激式和他激式；根据开关器件在电路中的连接方式不同，可分为串联型、并联型和变压器耦合型三种。

（1）串联型开关电源

串联型开关电源如图 12-27 所示。

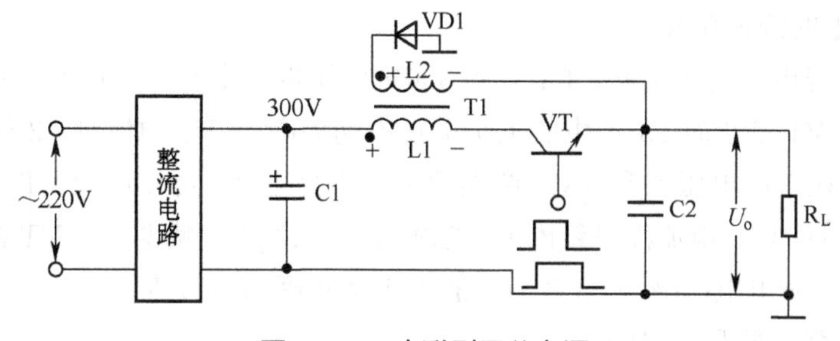

图 12-27　串联型开关电源

220V 交流市电经整流和 C1 滤波后，在 C1 上得到 300V 的直流电压（市电电压为 220V，该值是指有效值，其最大值可达到 $220\sqrt{2}$ V=311V，故 220V 市电直接整流后可得到 300V 左右的直流电压），该电压经线圈 L1 送到开关管 VT 的集电极。

开关管 VT 的基极加有脉冲信号，当脉冲信号高电平送到 VT 的基极时，VT 饱和导通，300V 的电压经 L1、VT 的 c、e 极对电容 C2 充电，在 C2 上充得上正下负的电压，充电电流在经过 L1 时，L1 会产生左正右负的电动势阻碍电流，L2 上会感应出左正右负的电动势（同名端极性相同），续流二极管 VD1 截止；当脉冲信号低电平送到 VT 的基极时，VT 截止，无电流流过 L1，L1 马上产生左负右正的电动势，L2 上感应出左负右正的电动势，二极管 VD1 导通，L2 上的电动势对 C2 充电，充电途径是：L2 右正→C2→地→VD1→L2 左负，在 C2 上充得上正下负的电压 U_o，供给负载 R_L。

稳压过程：若 220V 市电电压下降，C1 上的 300V 电压也会下降，如果 VT 基极的脉冲宽度不变，在 VT 导通时，充电电流会因 300V 电压下降而减小，C2 充电少，两端的电压 U_o 会下降。为了保证在市电电压下降时 C2 两端的电压不会下降，可让送到 VT 基极的脉冲信号变宽（高电平持续时间长），VT 导通时间长，C2 充电时间长，C2 两端的电压又回升到正常值。

（2）并联型开关电源

并联型开关电源如图 12-28 所示。

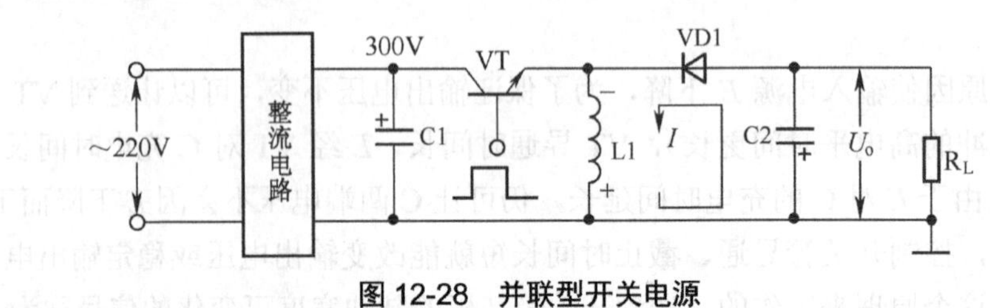

图 12-28 并联型开关电源

220V 交流电经整流和 C1 滤波后，在 C1 上得到 300V 的直流电压，该电压送到开关管 VT 的集电极。开关管 VT 的基极加有脉冲信号，当脉冲信号高电平送到 VT 的基极时，VT 饱和导通，300V 的电压产生电流经 VT、L1 到地，电流在经过 L1 时，L1 会产生上正下负的电动势阻碍电流，同时 L1 中储存了能量；当脉冲信号低电平送到 VT 的基极时，VT 截止，无电流流过 L1，L1 马上产生上负下正的电动势，该电动势使续流二极管 VD1 导通，并对电容 C2 充电，充电途径是：L1 下正→C2→VD1→L1 上负，在 C2 上充得上负下正的电压 U_o，该电压供给负载 R_L。

稳压过程：若市电电压上升，C1 上的 300V 电压也会上升，流过 L1 的电流大，L1 储存的能量多，在 VT 截止时 L1 产生的上负下正电动势高，该电动势对 C2 充电，使电压 U_o 升高。为了保证在市电电压上升时 C2 两端的电压不会上升，可让送到 VT 基极的脉冲信号变窄，VT 导通时间短，电流流过线圈 L2 的时间短，L2 储能减少，在 VT 截止时产生的电动势下降，对 C2 充电电流减小，C2 两端的电压又回落到正常值。

（3）变压器耦合型开关电源

变压器耦合型开关电源如图 12-29 所示。

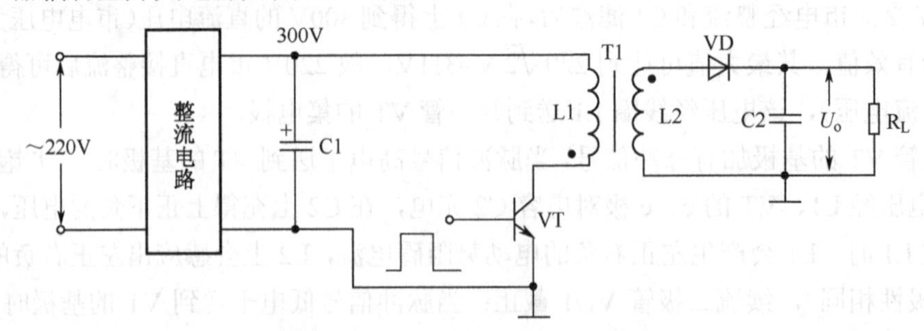

图 12-29 变压器耦合型开关电源

220V 的交流电压经整流电路整流和 C1 滤波后，在 C1 上得到 300V 的直流电压，该电压经开关变压器 T1 的初级线圈 L1 送到开关管 VT 的集电极。

开关管 VT 的基极加有控制脉冲信号，当脉冲信号高电平送到 VT 的基极时，VT 饱和导通，有电流流过 VT，其途径是：300V→L1→VT 的 c、e 极→地，电流在流经线圈 L1 时，L1 会产生上正下负的电动势阻碍电流，L1 上的电动势感应到次级线圈 L2 上，由于同名端的原因，L2 上感应的电动势极性为上负下正，二极管 VD 不能导通；当脉冲信号低电平送到 VT 的基极时，VT 截止，无电流流过线圈 L1，L1 马上产生相反的电动势，其极性是上负下正，该电动势感应到次级线圈 L2 上，L2 上得到上正下负的电动势，此电动势经二极管 VD 对 C2 充电，在 C2 上得到上正下负的电压 U_o，该电压供给负载 R_L。

稳压过程：若 220V 的电压上升，经电路整流滤波后在 C1 上得到的 300V 电压也上升，在 VT 饱和导通时，流经 L1 的电流大，L1 中储存的能量多；当 VT 截止时，L1 产生的上负下正电动势高，L2 上感应得到的上正下负电动势高，L2 上的电动势经 VD 对 C2 充电，在 C2 上充得的电压 U_o 升高。为了保证在市电电压上升时，C2 两端的电压不会上升，可让送到 VT 基极的脉冲信号变窄，VT 导通时间短，电流流过 L1 的时间短，L1 储能减少，在 VT 截止时，L1 产生的电动势低，L2 上感应得到的电动势低，L2 上电动势经 VD 对 C2 充电减少，C2 上的电压下降，回到正常值。

12.4.6　自激式开关电源的电路分析

开关电源的基本工作原理比较简单，但实际电路较复杂且种类多，下面以图 12-30 所示的一种典型的自激式开关电源（彩色电视机采用）为例来介绍开关电源的检修。

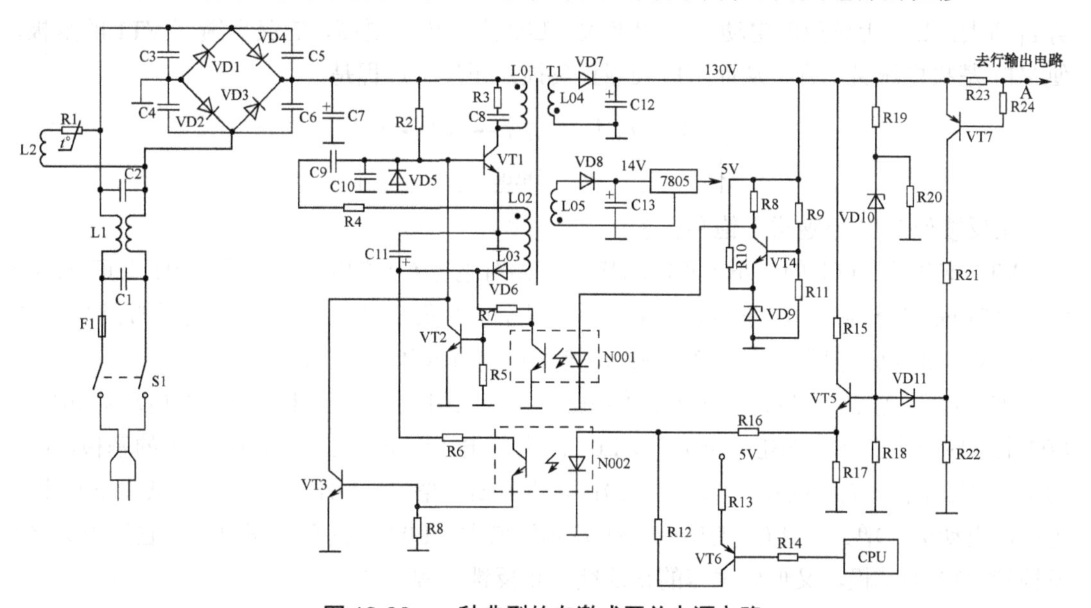

图 12-30　一种典型的自激式开关电源电路

（1）输入电路

输入电路由抗干扰、消磁、整流滤波电路组成，各种类型开关电源的输入电路都由这些电路组成。S1 为电源开关；F1 为耐冲击熔丝，又称延时熔丝，其特点是短时间内流过大电流不会熔断；C1、L1、C2 构成抗干扰电路，既可以防止电网中的高频干扰信号窜入电源电路，也能防止电源电路产生的高频干扰信号窜入电网，干扰与电网连接的其他用电器；R1、L2 构成消磁电路，R1 为消磁电阻，它实际是一个正温度系数的热敏电阻（温度高时阻值大），L2 为消磁线圈，它绕在显像管上；VD1～VD4 构成桥式整流电路；C3～C6 为保护电容，用来保护整流二极管在开机时不被大电流烧坏，因为它们在充电时分流一部分电流；C7 为大滤波电容，整流后在 C7 上会得到 300V 左右的直流电压。

（2）自激振荡电路

T1 为开关变压器，VT1 为开关管，R2 为启动电阻，L02、C9、R4 构成正反馈电路。VT1、T1、R2、L02、C9、R4、VD5 一起组成自激振荡电路，振荡的结果是开关管 VT1 工作在开关状态（饱和与截止状态）。L01 上有很高的电动势产生，它感应到 L04 和 L05 上，经整流滤波后得到 130V 和 14V 电压。R3、C8 为阻尼吸收回路，用于吸收开关管 VT1 截止时 L01 产生的很高的上负下正尖峰电压（尖峰电压会对 C8、R3 充电而降低），防止过高的尖峰电压击穿开关管。

自激振荡电路工作过程：

① 启动过程：大滤波电容 C7 上的 300V 电压一路经开关变压器 T1 的 L01 线圈加到开关管 VT1 的集电极，另一路经启动电阻 R2 加到 VT1 的基极，VT1 马上导通，启动过程完成。

② 振荡过程：VT1 导通后，有电流流经 L01 线圈，L01 马上产生上正下负的电动势 e_1，该电动势感应到 L02 上，L02 上电动势 e_2 极性是上正下负。L02 的上正电压经 R4、C9 反馈到 VT1 的基极，使 VT1 的 U_b 电压上升，I_{b1} 电流增大，I_{c1} 电流增大，L01 产生的电动势 e_1 增大，L02 上感应的电动势 e_2 也增大，L02 上正电压更高，它又反馈到 VT1 的基极，使 VT1 基极电压又上升，从而形成强烈正反馈，正反馈过程是：

$$U_{b1}\uparrow \rightarrow I_{b1}\uparrow \rightarrow I_{c1}\uparrow \rightarrow e_1\uparrow \rightarrow e_2\uparrow$$

（L02上正电压反馈回 U_{b1}）

正反馈使 VT1 迅速进入饱和状态。

VT1 饱和后，L02 的上正下负电动势 e_1 开始对电容 C9 充电，途径是：L02 上正→R4→C9→VT1 be 结→地→L02 下负，在 C9 上充得左正右负的电压，C9 右负电压加到 VT1 的基极，VT1 的 U_{b1} 电压下降，VT1 慢慢由饱和退出进入放大状态。

VT1 进入放大状态后，流过 L01 的电流减小，L01 马上产生上负下正的电动势 e_1'，L02 上感应出上负下正的电动势 e_2'，L02 的上负电压经 R4、C9 反馈到 VT1 的基极，VT1 的 U_{b1} 电压下降，I_{b1} 减小，I_{c1} 减小，L01 电动势 e_1' 增大（L01 上负电压更低，下正电压更高，电动势值增大），L02 的感应电动势 e_2' 增大，L02 上的负电压更低，它经 R4、C9 反馈到 VT1 的基极，又形成强烈的正反馈，正反馈过程是：

$$U_{b1}\downarrow \rightarrow I_{b1}\downarrow \rightarrow I_{c1}\downarrow \rightarrow e_1'\uparrow \rightarrow e_2'\uparrow$$

（L02上负电压反馈回 U_{b1}）

正反馈使 VT1 迅速进入截止状态。

VT1 进入截止状态后，C9 开始放电，放电途径是：C9 左正→R4→L02→地→VD5→

C9 右负。放电使 C9 右负电压慢慢被抵消，VT1 基极电压逐渐回升，当升到一定值时，VT1 导通，又有电流流过 L01，L01 又产生上正下负电动势，它又感应到 L02 上，从而开始下一次相同的振荡。当 VT1 工作在开关状态时，L01 上有电动势产生，它感应到 L04、L05 上，再经整流滤波会得到 130V 和 14V 的电压。

（3）稳压电路

VT4、VD9、R9、N001、VT2 等元件构成稳压电路。电网电压上升或负载减轻（如光栅亮度调暗）均会引起 130V 电压上升，上升的电压加到 VT4 的基极，VT4 导通程度深，其集电极电压 U_{c4} 下降，流过光电耦合器 N001 中发光二极管的电流小，发出光线弱，N001 内部的光敏管导通浅，VT2 的基极电压上升（在开关电源工作时，L03 上感应的电动势经 VD6 对 C11 充电，在 C11 上充得上负下正的电压，C11 下正电压经 R7 加到 VT2 的基极，N001 内的光敏管导通浅，相当于 VT2 基极与地之间的电阻变大，故 VT2 基极电压上升），VT2 导通程度深，开关管 VT1 基极电压下降，饱和导通时间缩短，L01 流过电流时间短，储能少，产生电动势低，最后会使输出电压下降，仍回到 130V。

（4）保护电路

该电源电路中既有过电压保护电路，又有过电流保护电路。

① 过电压保护电路。VD10、R19、VT5、N002、VT3 构成过电压保护电路。若 130V 电压上升过高（如 130V 负载有开路或稳压电路出现故障），该电压经 R19 将稳压二极管 VD10 击穿，电压加到 VT5 的基极，VT5 导通，有电流流过光电耦合器 N002 中的发光二极管，发光二极管发出光线，N002 内部的光敏管导通，C11 下正电压经 R6、光敏管加到 VT3 的基极，VT3 饱和导通，将开关管 VT1 基极电压旁路到地，VT1 截止，开关电源输出的 130V 电压为 0，保护了开关电源和负载电路。

② 过电流保护电路。R23、VT7、VD11、VT5、N002、VT3 构成过电流保护电路，它与过压保护电路共用了一部分电路。若行输出电路存在短路故障，流过 R23 的电流很大，R23 两端电压增大，一旦超过 0.2V，VT7 马上导通，VT7 发射极电压经 VT7、R21 将稳压二极管 VD11 击穿，电压加到 VT5 的基极，VT5 导通，通过光电耦合器 N002 和 VT3 等电路使开关管 VT1 进入截止状态，开关电源无电压输出，从而避免行输出电路的过电流损坏更多的电路。

（5）遥控关机电路

R14、VT6、R12、R13 构成遥控关机电路。在电视机正常工作时，CPU 关机控制脚输出高电平，VT6 处于截止状态，遥控关机电路不工作。在遥控关机时，CPU 关机控制脚输出低电平，VT6 导通，5V 电压经 R13、VT6、R12 加到发光二极管，有电流流过它而发光，光敏管导通，VT3 也饱和导通，将开关管 VT1 基极电压旁路而使 VT1 截止，开关电源不工作。

12.4.7　他激式开关电源的电路分析

他激式开关电源与自激式开关电源的区别在于：他激式开关电源有单独的振荡器，自激式开关电源则没有独立的振荡器，开关管是振荡器的一部分。他激式开关电源中独立的振荡器产生控制脉冲信号，去控制开关管工作在开关状态，另外电路中无正反馈线圈构成的正反馈电路。他激式开关电源组成示意图如图12-31所示。

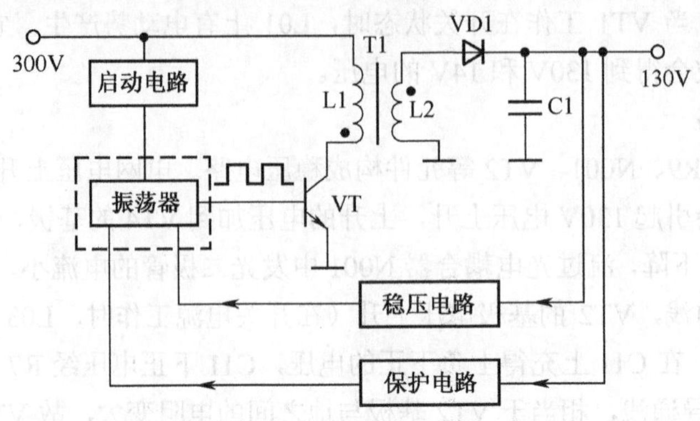

图12-31 他激式开关电源组成示意图

300V电压经启动电路为振荡器（振荡器制做在集成电路中）提供电源，振荡器开始工作，产生脉冲信号送到开关管的基极，当脉冲信号高电平到来时，开关管VT饱和导通；当脉冲信号低电平到来时，VT截止，VT工作在开关状态，线圈L1上有电动势产生，它感应到L2上，L2的感应电动势经VD1对C1充电，在C1上得到130V的电压。

稳压过程：若负载很重（负载阻值变小），130V电压会下降，该下降的电压送到稳压电路，稳压电路检测出输出电压下降后，会输出一个控制信号送到振荡器，让振荡器产生的脉冲信号宽度变宽（高电平持续时间长），开关管VT的导通时间变长，L1储能多，VT截止时L1产生的电动势升高，L2感应出的电动势升高，该电动势对C1充电，使C1两端的电压上升，仍回到130V。

保护过程：若某些原因使输出电压130V上升过高（如负载电路存在开路），该过高的电压送到保护电路，保护电路工作，它输出一个控制电压到振荡器，让振荡器停止工作，振荡器不能产生脉冲信号，无脉冲信号送到开关管VT的基极，VT处于截止状态，无电流流过L1，L1无能量储存而无法产生电动势，L2上也无感应电动势，无法对C1充电，C1两端电压变为0V，这样可以避免过高的输出电压击穿负载电路中的元件，保护了负载电路。

第13章　电力电子电路的识读

电力电子电路是指利用电力电子器件对工业电能进行变换和控制的大功率电子电路。由于电力电子电路主要用来处理高电压大电流的电能，为了减少电路对电能的损耗，电力电子器件工作于开关状态，因此电力电子电路实质上是一种大功率开关电路。

电力电子电路主要可分为整流电路（将交流转换成直流，又称AC-DC变换电路）、斩波电路（将一种直流转换成另一种直流，又称DC-DC变换电路）、逆变电路（将直流转换成交流，又称DC-AC变换电路）、变-交变频电路（将一种频率的交流转换成另一种频率的交流，又称AC-AC变换电路）等。

13.1　整流电路（AC-DC变换电路）

整流电路的功能是将交流电转换成直流电。整流采用的器件主要有二极管和晶闸管，二极管在工作时无法控制其通断，而晶闸管工作时可以用控制脉冲来控制其通断。根据工作时是否具有可控性，整流电路可分为不可控整流电路和可控整流电路。

13.1.1　不可控整流电路

不可控整流电路采用二极管作为整流元件。不可控整流电路种类很多，下面主要介绍一些典型的不可控整流电路。

1．单相半波整流电路

单相半波整流电路采用一个二极管将交流电转换成直流电，只能利用交流电的半个周期，故称为半波整流。单相半波整流电路如图13-1所示。

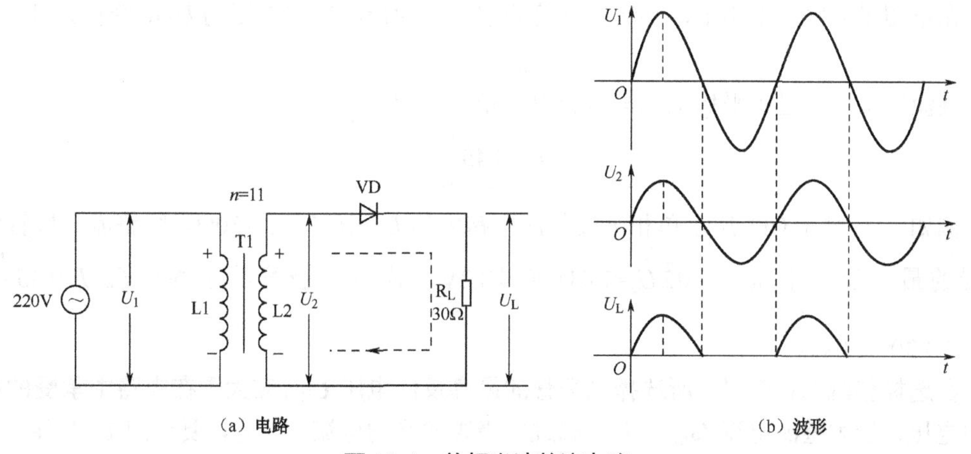

（a）电路　　（b）波形

图13-1　单相半波整流电路

（1）工作原理

图13-1（a）为单相半波整流电路，图13-1（b）为电路中有关电压的波形。

220V交流电压送到变压器T1初级线圈L1两端，L1两端的交流电压 U_1 的波形如图13-1（b）所示，该电压感应到次级线圈L2上，在L2上得到较低的交流电压 U_2。当L2上的交流电压 U_2 为正半周时，U_2 的极性是上正下负，二极管VD导通，有电流流过二极管和电阻 R_L，电流方向是：U_2 上正→VD→RL→U_2 下负；当L2上的交流电压 U_2 为负半周时，U_2 电压的极性是上负下正，二极管截止，无电流流过二极管VD和电阻 R_L。如此反复工作，在电阻 R_L 上会得到图13-1（b）所示的脉动直流电压 U_L。

从上面的分析可以看出，单相半波整流电路只能在交流电压半个周期内导通，另半个周期内不能导通，即单相半波整流电路只能利用半个周期的交流电压。

单相半波整流电路结构简单，使用元件少，但整流输出的直流电压波动大；另外，由于整流时只利用了交流电压的半个周期（半波），故效率很低，因此单相半波整流常用在对效率和电压稳定性要求不高的小功率电子设备中。

（2）电路计算

由于交流电压时刻在发生变化，所以整流后输出的直流电压 U_L 也会变化（电压时高时低），这种大小变化的直流电压称为脉动直流电压。根据理论和实践都可得出，单相半波整流电路负载 R_L 两端的平均电压值为

$$U_L=0.45U_2$$

负载 R_L 流过的电流平均值为

$$I_L=\frac{U_L}{R_L}=0.45\frac{U_2}{R_L}$$

例如，在图13-1（a）所示电路中，U_1=220V，变压器T1的匝数比 n=11，负载 R_L=30Ω，则电压 U_2=220/11=20V，负载 R_L 两端的电压 U_L=0.45×20=9V，R_L 流过的平均电流 I_L=0.45×20/30=0.3A。

对于整流电路，整流二极管的选择非常重要。在选择整流二极管时，主要考虑最高反向工作电压 U_{RM} 和最大整流电流 I_{RM}。

在单相半波整流电路中，整流二极管两端承受的最高反向电压为 U_2 的峰值，即

$$U=\sqrt{2}U_2$$

整流二极管流过的平均电流与负载电流相同，即

$$I=0.45\frac{U_2}{R_L}$$

例如，图13-1（a）所示单相半波整流电路中的 U_2=20V，R_L=30Ω，则整流二极管两端承受的最高反向电压 $U=\sqrt{2}U_2$=1.41×20=28.2V，流过二极管的平均电流 $I=0.45\frac{U_2}{R_L}$= 0.45×20/30=0.3A。

在选择整流二极管时，所选择二极管的最高反向电压 U_{RM} 应大于在电路中承受的最高反向电压，最大整流电流 I_{RM} 应大于流过二极管的平均电流。因此，要让图13-1（a）中的

二极管长时间正常工作，应选用 U_{RM}>28.2V、I_{RM}>0.3A 的整流二极管；若选用的整流二极管参数小于该值，则容易反向击穿或烧坏。

2．单相桥式整流电路

单相桥式整流电路采用四个二极管将交流电转换成直流电，由于四个二极管在电路中的连接与电桥相似，故称为单相桥式整流电路，如图 13-2 所示。

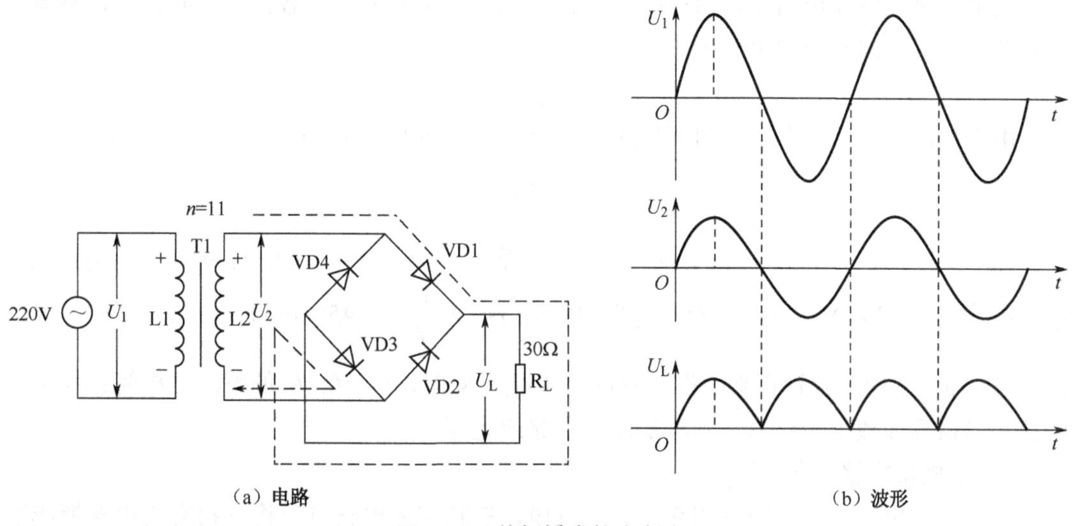

（a）电路　（b）波形

图 13-2　单相桥式整流电路

（1）工作原理

单相桥式整流电路如图 13-2（a）所示，这种整流电路用到了四个整流二极管。单相桥式整流电路的工作原理分析如下：

220V 交流电压 U_1 送到变压器初级线圈 L1 上，该电压经降压感应到 L2 上，在 L2 上得到 U_2 电压，U_1、U_2 电压波形如图 13-2（b）所示。当交流电压 U_1 为正半周时，L1 上的电压极性是上正下负，L2 上感应的电压 U_2 的极性也是上正下负，L2 上正下负电压 U_2 使 VD1、VD3 导通，有电流流过 R_L，电流途径是：L2 上正→VD1→R_L→VD3→L2 下负；当交流电压 U_1 为负半周时，L1 上的电压极性是上负下正，L2 上感应的电压 U_2 的极性也是上负下正，L2 上负下正电压 U_2 使 VD2、VD4 导通，电流途径是：L2 下正→VD2→R_L→VD4→L2 上负。如此反复工作，在 R_L 上得到图 13-2（b）所示的脉动直流电压 U_L。

从上面的分析可以看出，单相桥式整流电路在交流电压整个周期内都能导通，即单相桥式整流电路能利用整个周期的交流电压。

单相桥式整流电路输出的直流电压脉动小，由于能利用到交流电压正、负半周，故整流效率高，正因为有这些优点，故大量电子设备的电源电路采用单相桥式整流电路。

（2）电路计算

由于单相桥式整流电路能利用到交流电压的正、负半周，故负载 R_L 两端的平均电压值是单相半波整流的 2 倍，即

$$U_L=0.9U_2$$

负载 R_L 流过的电流平均值为

$$I_L=\frac{U_L}{R_L}=0.9\frac{U_2}{R_L}$$

例如，图 13-2（a）中，U_1=220V，变压器 T1 的匝数比 n=11，R_L=30Ω，则电压 U_2=220/11=20V，负载 R_L 两端的电压 U_L=0.9×20=18V，R_L 流过的平均电流 I_L=0.9×20/30= 0.6A。

在单相桥式整流电路中，每个整流二极管都有半个周期处于截止，在截止时，整流二极管两端承受的最高反向电压为

$$U=\sqrt{2}U_2$$

由于整流二极管只有半个周期导通，故流过的平均电流为负载电流的一半，即

$$I=0.45\frac{U_2}{R_L}$$

图 13-2（a）中，U_2=20V，R_L=30Ω，则整流二极管两端承受的最高反向电压 $U=\sqrt{2}U_2$=1.41×20=28.2V，流过二极管的平均电流 $I=0.45\frac{U_2}{R_L}$=0.45×20/30= 0.3A。因此，要让图 13-2（a）中的二极管正常工作，应选用 U_{RM}>28.2V、I_{RM}>0.3A 的整流二极管；若选用的整流二极管参数小于该值，则容易反向击穿或烧坏。

3．三相桥式整流电路

很多电力电子设备采用三相交流电源供电，**三相整流电路可以将三相交流电转换成直流电压**。三相桥式整流电路是一种应用很广泛的三相整流电路，如图 13-3 所示。

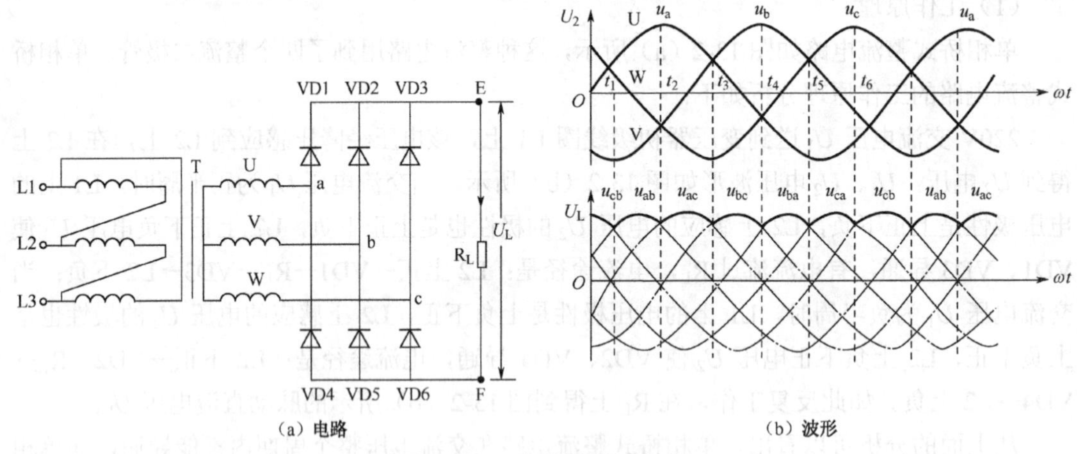

（a）电路　　（b）波形

图 13-3　三相桥式整流电路

（1）工作原理

在图 13-3（a）中，L1、L2、L3 三相交流电压经三相变压器 T 的一次侧绕组降压感应到二次侧绕组 U、V、W 上。6 个二极管 VD1～VD6 构成三相桥式整流电路，VD1～VD3 的 3 个阴极连接在一起，称为共阴极组二极管，VD4～VD6 的 3 个阳极连接在一起，称为共阳极组二极管。

电路工作过程说明如下：

① 在 t_1～t_2 期间，U 相始终为正电压（左负右正）且 a 点正电压最高，V 相始终为负

电压（左正右负）且 b 点负电压最低，W 相在前半段为正电压，后半段变为负电压。a 点正电压使 VD1 导通，E 点电压与 a 点电压相等（忽略二极管导通压降），VD2、VD3 正极电压均低于 E 点电压，故都无法导通；b 点负压使 VD5 导通，F 点电压与 b 点电压相等，VD4、VD6 负极电压均高于 F 点电压，故都无法导通。在 t_1～t_2 期间，只有 VD1、VD5 导通，有电流流过负载 R_L，电流的途径是：U 相线圈右端（电压极性为正）→a 点→VD1→R_L→VD5→b 点→V 相线圈右端（电压极性为负），因 VD1、VD5 导通，a、b 两点电压分别加到 R_L 两端，R_L 上电压 U_L 的大小为 U_{ab}（$U_{ab}=U_a-U_b$）。

② 在 t_2～t_3 期间，U 相始终为正电压（左负右正）且 a 点电压最高，W 相始终为负电压（左正右负）且 c 点负电压最低，V 相在前半段为负电压，后半段变为正电压。a 点正电压使 VD1 导通，E 点电压与 a 点电压相等，VD2、VD3 正极电压均低于 E 点电压，故都无法导通；c 点负电压使 VD6 导通，F 点电压与 c 点电压相等，VD4、VD5 负极电压均高于 F 点电压，都无法导通。在 t_2～t_3 期间，VD1、VD6 导通，有电流流过负载 R_L，电流的途径是：U 相线圈右端（电压极性为正）→a 点→VD1→R_L→VD6→c 点→W 相线圈右端（电压极性为负），因 VD1、VD6 导通，a、c 两点电压分别加到 R_L 两端，R_L 上电压 U_L 的大小为 U_{ac}（$U_{ac}=U_a-U_c$）。

③ 在 t_3～t_4 期间，V 相始终为正电压（左负右正）且 b 点正电压最高，W 相始终为负电压（左正右负）且 c 点负电压最低，U 相在前半段为正电压，后半段变为负电压。b 点正电压使 VD2 导通，E 点电压与 b 点电压相等，VD1、VD3 正极电压均低于 E 点电压，都无法导通；c 点负电压使 VD6 导通，F 点电压与 c 点电压相等，VD4、VD5 负极电压均高于 F 点电压，都无法导通。在 t_3～t_4 期间，VD2、VD6 导通，有电流流过负载 R_L，电流的途径是：V 相线圈右端（电压极性为正）→b 点→VD2→R_L→VD6→c 点→W 相线圈右端（电压极性为负），因 VD2、VD6 导通，b、c 两点电压分别加到 R_L 两端，R_L 上电压 U_L 的大小为 U_{bc}（U_b-U_c）。

电路后面的工作与上述过程基本相同，在 t_1～t_7 期间，负载 R_L 上可以得到图 13-3（b）所示的脉动直流电压 U_L（实线波形表示）。

在上面的分析中，将交流电压一个周期（t_1～t_7）分成 6 等份，每等份所占的相位角为 60°。在任意一个 60° 相位角内，始终有两个二极管处于导通状态（一个共阴极组二极管、一个共阳极组二极管），并且任意一个二极管的导通角都是 120°。

（2）电路计算

① 负载 R_L 的电压与电流计算。理论和实践证明：对于三相桥式整流电路，其负载 R_L 上的脉动直流电压 U_L 与变压器二次侧绕组上的电压 U_2 有以下关系：

$$U_L=2.34U_2$$

负载 R_L 流过的电流为

$$I_L=\frac{U_L}{R_L}=2.34\frac{U_2}{R_L}$$

② 整流二极管承受的最大反向电压及通过的平均电流。对于三相桥式整流电路，每只整流二极管承受的最大反向电压 U_{RM} 就是变压器二次侧电压的最大值，即

$$U_{RM}=\sqrt{2}\times\sqrt{3}\,U_2\approx 2.45U_2$$

每只整流二极管在一个周期内导通 1/3 周期，故流过每只整流二极管的平均电流为

$$I_F=\frac{1}{3}I_L\approx 0.78\frac{U_2}{R_L}$$

13.1.2　可控整流电路

可控整流电路是一种整流过程可以控制的电路。可控整流电路通常采用晶闸管作为整流元件，所有整流元件均为晶闸管的整流电路称为全控整流电路，由晶闸管与二极管混合构成的整流电路称为半控整流电路。

1．单相半波可控整流电路

单相半波可控整流电路及有关信号波形如图 13-4 所示。

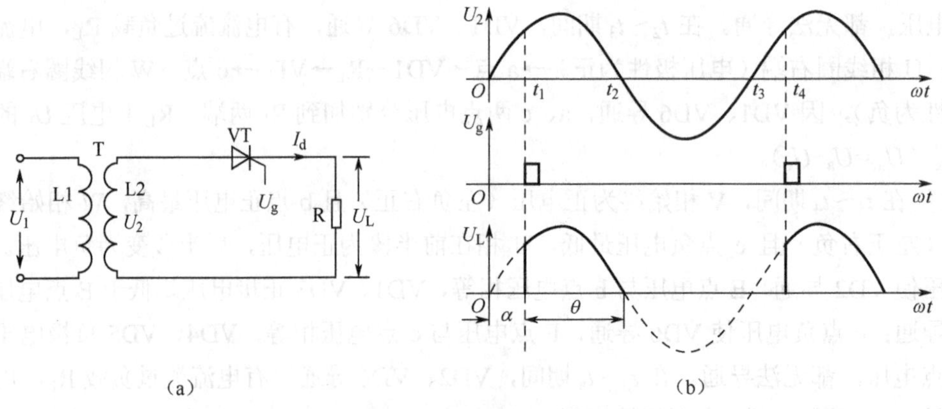

图 13-4　单相半波可控整流电路

单相交流电压 U_1 经变压器 T 降压后，在二次侧线圈 L2 上得到 U_2 电压，该电压送到晶闸管 VT 的 A 极，在晶闸管的 G 极加有 U_g 触发信号（由触发电路产生）。电路工作过程说明如下：

在 $0\sim t_1$ 期间，U_2 电压的极性是上正下负，上正电压送到晶闸管的 A 极，由于无触发信号送到晶闸管的 G 极，晶闸管不导通。

在 $t_1\sim t_2$ 期间，U_2 电压的极性仍是上正下负，t_1 时刻有一个正触发脉冲送到晶闸管的 G 极，晶闸管导通，有电流经晶闸管流过负载 R。

在 t_2 时刻，U_2 电压为 0，晶闸管由导通转为截止（称作过零关断）。

在 $t_2\sim t_3$ 期间，U_2 电压的极性变为上负下正，晶闸管仍处于截止。

在 $t_3\sim t_4$ 时刻，U_2 电压的极性变为上正下负，因无触发信号送到晶闸管的 G 极，晶闸管不导通。

在 t_4 时刻，第二个正触发脉冲送到晶闸管的 G 极，晶闸管又导通。

以后电路会重复 $0\sim t_4$ 期间的工作过程，从而在负载 R 上得到图 13-4（b）所示的直流电压 U_L。

从晶闸管单相半波整流电路工作过程可知，**触发信号能控制晶闸管的导通**，在 θ 角度

范围内晶闸管是导通的，故 θ 称为导通角（$0^\circ \leqslant \theta \leqslant 180^\circ$ 或 $0 \leqslant \theta \leqslant \pi$），如图 13-4（b）所示；**而在 α 角度范围内晶闸管是不导通的，$\alpha=\pi-\theta$，α 称为控制角。控制角 α 越大，导通角 θ 越小，晶闸管导通时间越短，在负载上得到的直流电压越低。**控制角 α 的大小与触发信号出现的时间有关。

单相半波可控整流电路输出电压的平均值 U_L 可用下面公式计算：

$$U_L = 0.45U_2\frac{1+\cos\alpha}{2}$$

2．单相半控桥式整流电路

单相半控桥式整流电路如图 13-5 所示。

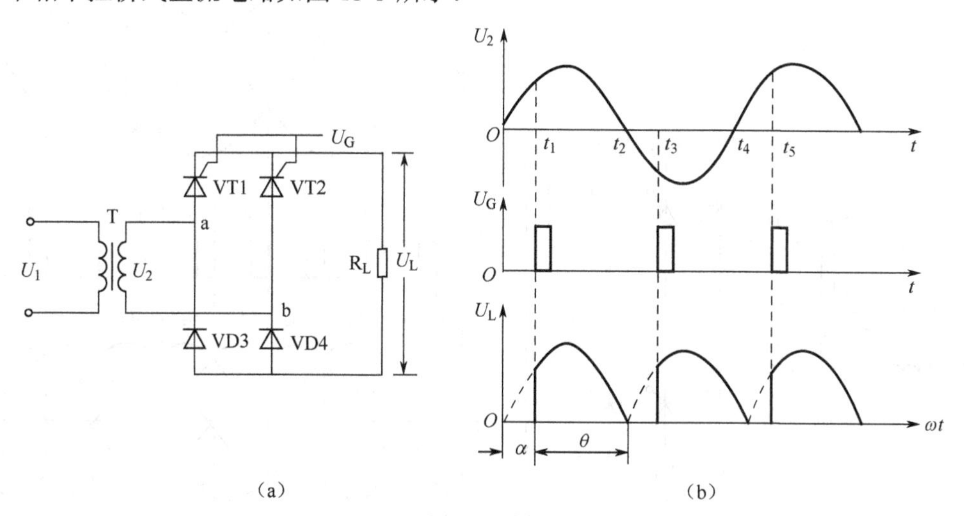

图 13-5　单相半控桥式整流电路

图中 VT1、VT2 为单向晶闸管，它们的 G 极连接在一起，触发信号 U_G 同时送到两管的 G 极。电路工作过程说明如下：

在 0～t_1 期间，U_2 电压的极性是上正下负，即 a 点为正、b 点为负，由于无触发信号送到晶闸管 VT1 的 G 极，VT1 不导通，VD4 也不导通。

在 t_1～t_2 期间，U_2 电压的极性仍是上正下负，t_1 时刻有一个触发脉冲送到晶闸管 VT1、VT2 的 G 极，VT1 导通，VT2 虽有触发信号，但因其 A 极为负电压，故不能导通。VT1 导通后，VD4 也会导通，有电流流过负载 R_L，电流途径是：a 点→VT1→R_L→VD4→b 点。

在 t_2 时刻，U_2 电压为 0，晶闸管 VT1 由导通转为截止。

在 t_2～t_3 期间，U_2 电压的极性变为上负下正，由于无触发信号送到晶闸管 VT2 的 G 极，VT2、VD3 均不能导通。

在 t_3 时刻，U_2 电压的极性仍为上负下正，此时第二个触发脉冲送到晶闸管 VT1、VT2 的 G 极，VT2 导通，VT1 因 A 极为负电压而无法导通。VT2 导通后，VD3 也会导通，有电流流过负载 R_L，电流途径是：b 点→VT2→R_L→VD3→a 点。

在 t_3～t_4 期间，VT2、VD3 始终处于导通状态。

在 t_4 时刻，U_2 电压为 0，晶闸管 VT1 由导通转为截止。

以后电路会重复 0～t_4 期间的工作过程，结果会在负载 R_L 上得到图 13-5（b）所示的直流电压 U_L。

改变触发脉冲的相位，电路整流输出的脉动直流电压 U_L 的大小也会发生变化。U_L 电压的大小可用下面的公式计算：

$$U_L = 0.9U_2 \frac{1+\cos\alpha}{2}$$

3．三相全控桥式整流电路

三相全控桥式整流电路如图 13-6 所示。

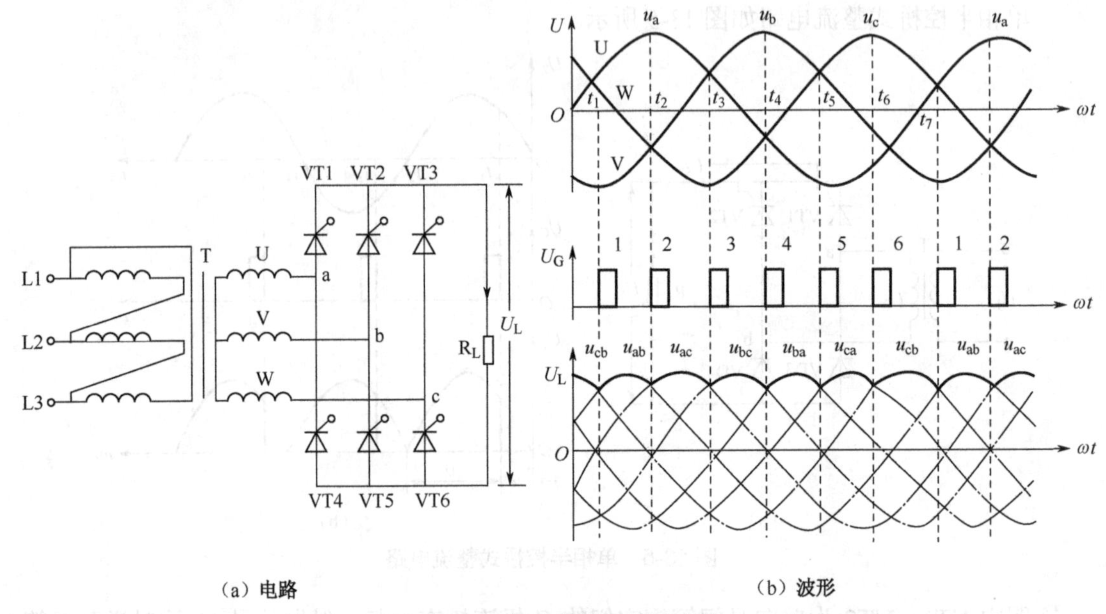

（a）电路　　（b）波形

图 13-6　三相全控桥式整流电路

在图 13-6 中，6 个晶闸管 VT1～VT6 构成三相全控桥式整流电路，VT1～VT3 的 3 个阴极连接在一起，称为共阴极组晶闸管，VT4～VT6 的 3 个阳极连接在一起，称为共阳极组晶闸管。VT1～VT6 的 G 极与触发电路连接，接受触发电路送来的触发脉冲的控制。

下面来分析电路在三相交流电一个周期（t_1～t_7）内的工作过程。

t_1～t_2 期间，U 相始终为正电压（左负右正），V 相始终为负电压（左正右负），W 相在前半段为正电压，后半段变为负电压。在 t_1 时刻，触发脉冲送到 VT1、VT5 的 G 极，VT1、VT5 导通，有电流流过负载 R_L，电流的途径是：U 相线圈右端（电压极性为正）→a 点→VT1→R_L→VT5→b 点→V 相线圈右端（电压极性为负），因 VT1、VT5 导通，a、b 两点电压分别加到 R_L 两端，R_L 上电压的大小为 U_{ab}。

t_2～t_3 期间，U 相始终为正电压（左负右正），W 相始终为负电压（左正右负），V 相在前半段为负电压，后半段变为正电压。在 t_2 时刻，触发脉冲送到 VT1、VT6 的 G 极，VT1、VT6 导通，有电流流过负载 R_L，电流的途径是：U 相线圈右端（电压极性为正）→a 点→VT1→R_L→VT6→c 点→W 相线圈右端（电压极性为负），因 VT1、VT6 导通，a、c 两点电压分别加到 R_L 两端，R_L 上电压的大小为 U_{ac}。

t_3～t_4期间，V相始终为正电压（左负右正），W相始终为负电压（左正右负），U相在前半段为正电压，后半段变为负电压。在t_3时刻，触发脉冲送到VT2、VT6的G极，VT2、VT6导通，有电流流过负载R_L，电流的途径是：V相线圈右端（电压极性为正）→b点→VT2→R_L→VT6→c点→W相线圈右端（电压极性为负），因VT2、VT6导通，b、c两点电压分别加到R_L两端，R_L上电压的大小为U_{bc}。

t_4～t_5期间，V相始终为正电压（左负右正），U相始终为负电压（左正右负），W相在前半段为负电压，后半段变为正电压。在t_4时刻，触发脉冲送到VT2、VT4的G极，VT2、VT4导通，有电流流过负载R_L，电流的途径是：V相线圈右端（电压极性为正）→b点→VT2→R_L→VT4→a点→U相线圈右端（电压极性为负），因VT2、VT4导通，b、a两点电压分别加到R_L两端，R_L上电压的大小为U_{ba}。

t_5～t_6期间，W相始终为正电压（左负右正），U相始终为负电压（左正右负），V相在前半段为正电压，后半段变为负电压。在t_5时刻，触发脉冲送到VT3、VT4的G极，VT3、VT4导通，有电流流过负载R_L，电流的途径是：W相线圈右端（电压极性为正）→c点→VT3→R_L→VT4→a点→U相线圈右端（电压极性为负），因VT3、VT4导通，c、a两点电压分别加到R_L两端，R_L上电压的大小为U_{ca}。

t_6～t_7期间，W相始终为正电压（左负右正），V相始终为负电压（左正右负），U相在前半段为负电压，后半段变为正电压。在t_6时刻，触发脉冲送到VT3、VT5的G极，VT3、VT5导通，有电流流过负载R_L，电流的途径是：W相线圈右端（电压极性为正）→c点→VT3→R_L→VT5→b点→V相线圈右端（电压极性为负），因VT3、VT5导通，c、b两点电压分别加到R_L两端，R_L上电压的大小为U_{cb}。

t_7时刻以后，电路会重复t_1～t_7期间的过程，在负载R_L上可以得到图示的脉动直流电压U_L。

在上面的电路分析中，将交流电压一个周期（t_1～t_7）分成6等份，每等份所占的相位角为60°。在任意一个60°相位角内，始终有两个晶闸管处于导通状态（一个共阴极组晶闸管、一个共阳极组晶闸管），并且任意一个晶闸管的导通角都是120°。另外，触发脉冲不是同时加到6个晶闸管的G极，而是在触发时刻将触发脉冲同时送到需触发的两个晶闸管的G极。

改变触发脉冲的相位，电路整流输出的脉动直流电压U_L的大小也会发生变化。当$\alpha \leqslant 60°$时，U_L电压大小可用下面的公式计算：

$$U_L=2.34U_2\cos\alpha$$

当$\alpha>60°$时，U_L电压大小可用下面的公式计算：

$$U_L=2.34U_2\left[1+\cos\left(\frac{\pi}{3}+\alpha\right)\right]$$

13.2 斩波电路（DC-DC变换电路）

斩波电路又称直-直变换器，其功能是将直流电转换成另一种固定或可调的直流电。斩波电路种类很多，通常可分为基本斩波电路和复合斩波电路。

13.2.1 基本斩波电路

基本斩波电路的类型很多，常见的有降压斩波电路、升压斩波电路、升降压斩波电路、Cuk 斩波电路、Sepic 斩波电路和 Zeta 斩波电路。

1. 降压斩波电路

降压斩波电路又称直流降压器，可以将直流电压降低。降压斩波电路如图 13-7 所示。

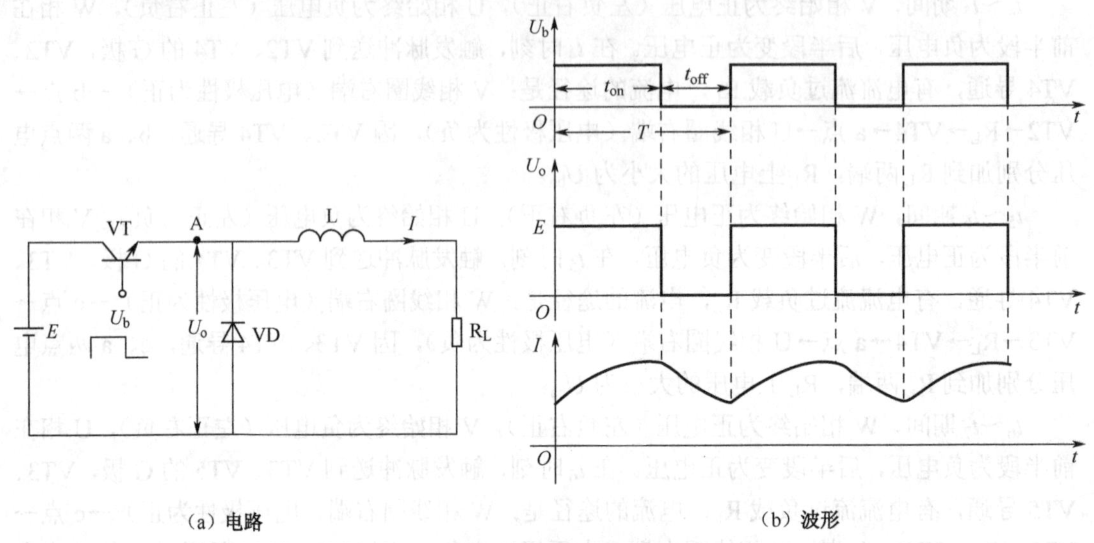

图 13-7 降压斩波电路

（1）工作原理

在图 13-7（a）中，三极管 VT 的基极加有控制脉冲 U_b，当 U_b 为高电平时，VT 导通，相当于开关闭合，A 点电压与直流电源 E 相等（忽略三极管集射极间的导通压降）；当 U_b 为低电平时，VT 关断，相当于开关断开，电源 E 无法通过，在 A 点得到图 13-7（b）所示的 U_o 电压。在 VT 导通期间，电源 E 产生电流经三极管 VT、电感 L 流过负载 R_L，电流在流过电感 L 时，L 会产生左正右负的电动势阻碍电流 I（同时储存能量），故 I 慢慢增大；在 VT 关断时，流过电感 L 的电流突然减小，L 马上产生左负右正的电动势，该电动势产生的电流经续流二极管 VD 继续流过负载 R_L（电感释放能量），电流途径是：L 右正→R_L→VD→L 左负，该电流是一个逐渐减小的电流。

对于图 13-7 所示的斩波电路，在一个周期 T 内，如果控制脉冲 U_b 的高电平持续时间为 t_{on}，低电平持续时间为 t_{off}，那么 U_o 电压的平均值有下面的关系：

$$U_o = \frac{t_{on}}{t_{on}+t_{off}}E = \frac{t_{on}}{T}E$$

式中，$\frac{t_{on}}{T}$ 称为降压比，由于 $\frac{t_{on}}{T}<1$，故输出电压 U_o 低于输入直流电压 E，即该电路只能将输入的直流电压降低输出。当 $\frac{t_{on}}{T}$ 值发生变化时，输出电压 U_o 就会发生改变，$\frac{t_{on}}{T}$ 值越大，三极管导通时间越长，输出电压 U_o 越高。

（2）斩波电路的调压控制方式

斩波电路是通过控制三极管（或其他电力电子器件）导通、关断来调节输出电压的，**斩波电路的调压控制方式主要有两种：**

① **脉冲调宽型。**该方式是控制脉冲的周期 T 保持不变，通过改变脉冲的宽度来调节输出电压，又称脉冲宽度调制型。如图 13-8 所示，当脉冲周期不变而宽度变窄时，三极管导通时间变短，输出的平均电压 U_o 会下降。

② **脉冲调频型。**该方式是控制脉冲的导通时间不变，通过改变脉冲的频率来调节输出电压，又称频率调制型。如图 13-8 所示，当脉冲宽度不变而周期变长时，单位时间内三极管导通时间相对变短，输出的平均电压 U_o 会下降。

2．升压斩波电路

升压斩波电路又称直流升压器，可以将直流电压升高。升压斩波电路如图 13-9 所示。

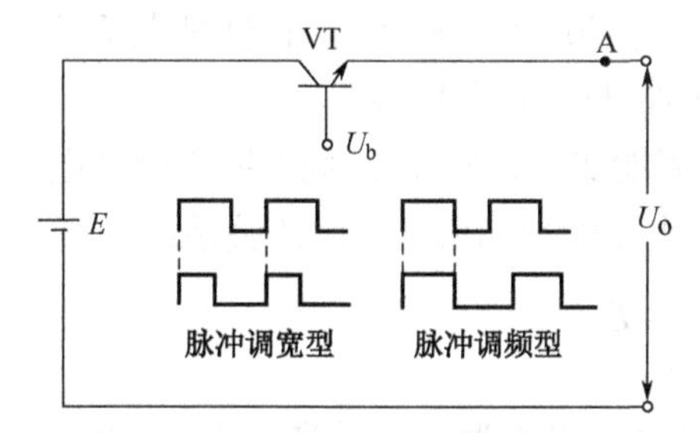

图 13-8　斩波电路的两种调压控制方式

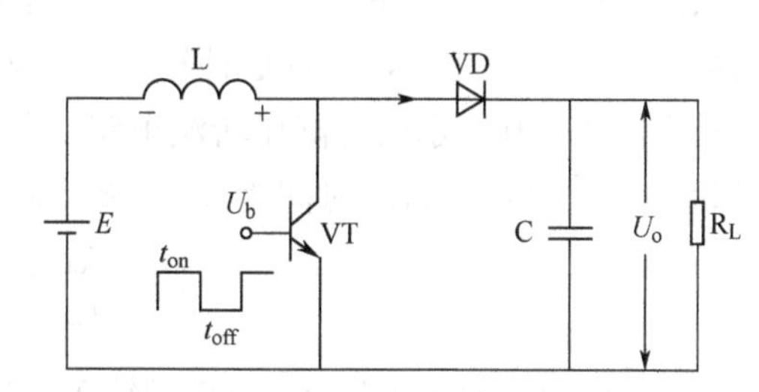

图 13-9　升压斩波电路

电路工作原理如下：

在图 13-9 电路中，三极管 VT 基极加有控制脉冲 U_b，当 U_b 为高电平时，VT 导通，电源 E 产生电流流过电感 L 和三极管 VT，L 马上产生左正右负的电动势阻碍电流，同时 L 中储存能量；当 U_b 为低电平时，VT 关断，流过 L 的电流突然变小，L 马上产生左负右正的电动势，该电动势与电源 E 进行叠加，通过二极管对电容 C 充电，在 C 上充得上正下负的电压 U_o。控制脉冲 U_b 高电平持续时间 t_{on} 越长，流过 L 的电流时间越长，L 储能越多，在 VT 关断时产生的左负右正电动势越高，对电容 C 充电越高，U_o 越高。

从上面的分析可知，输出电压 U_o 是由直流电源 E 和电感 L 产生的电动势叠加充得的，输出电压 U_o 较电源 E 更高，故称该电路为升压斩波电路。

对于图 13-9 所示的升压斩波电路，在一个周期 T 内，如果控制脉冲 U_b 的高电平持续时间为 t_{on}，低电平持续时间为 t_{off}，那么对于 U_o 电压的平均值有下面的关系：

$$U_o = \frac{T}{t_{off}}E$$

式中，$\frac{T}{t_{off}}$ 称为升压比，由于 $\frac{T}{t_{off}}>1$，故输出电压 U_o 始终高于输入直流电压 E。当 $\frac{T}{t_{off}}$ 值发生变化时，输出电压 U_o 就会发生改变，$\frac{T}{t_{off}}$ 值越大，输出电压 U_o 越高。

3．升降压斩波电路

升降压斩波电路既可以提升电压，也可以降低电压。升降压斩波电路可分为正极性和负极性两类。

（1）负极性升降压斩波电路

负极性升降压斩波电路主要有普通升降压斩波电路和 CuK 升降压斩波电路。

① 普通升降压斩波电路。普通升降压斩波电路如图 13-10 所示。

电路工作原理如下：

在图 13-10 所示电路中，三极管 VT 基极加有控制脉冲 U_b，当 U_b 为高电平时，VT 导通，电源 E 产生电流流过三极管 VT 和电感 L，L 马上产生上正下负的电动势阻碍电流，同时 L 中储存能量；当 U_b 为低电平时，VT 关断，流过 L 的电流突然变小，L 马上产生上负下正的电动势，该电动势通过二极管 VD 对电容 C 充电（同时也有电流流过负载 R_L），在 C 上充得上负下正的电压 U_o。控制脉冲 U_b 高电平持续时间 t_{on} 越长，流过 L 的电流时间越长，L 储能越多，在 VT 关断时产生的上负下正电动势越高，对电容 C 充电越多，U_o 越高。

从图 13-10 所示电路可以看出，该电路的负载 R_L 两端的电压 U_o 的极性是上负下正，它与电源 E 的极性相反，故称这种斩波电路为负极性升降压斩波电路。

对于图 13-10 所示的升降压斩波电路，在一个周期 T 内，如果控制脉冲 U_b 的高电平持续时间为 t_{on}，低电平持续时间为 t_{off}，那么对于 U_o 电压的平均值有下面的关系：

$$U_o = \frac{t_{on}}{t_{off}} E = \frac{t_{on}}{T - t_{on}} E$$

式中，若 $\frac{t_{on}}{t_{off}} > 1$，输出电压 U_o 会高于输入直流电压 E，电路为升压斩波；若 $\frac{t_{on}}{t_{off}} < 1$，输出电压 U_o 会低于输入直流电压 E，电路为降压斩波。

② CuK 升降压斩波电路。CuK 升降压斩波电路如图 13-11 所示。

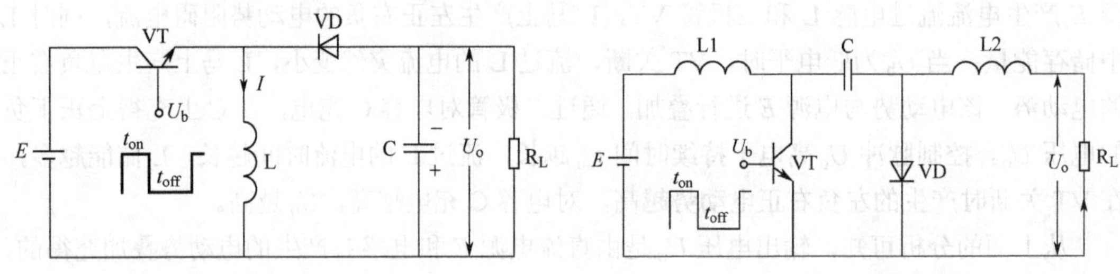

图 13-10 普通升降压斩波电路　　图 13-11 CuK 升降压斩波电路

电路工作原理如下：

在图 13-11 所示电路中，当三极管 VT 基极无控制脉冲时，VT 关断，电源 E 通过 L1、VD 对电容 C 充得左正右负的电压。当 VT 基极加有控制脉冲并且为高电平时，VT 导通，电路会出现两路电流，一路电流途径是：电源 E 正极→L1→VT 集射极→E 负极，有电流流过 L1，L1 储存能量；另一路电流途径是：C 左正→VT→负载 R_L→L2→C 右负，有电流流过 L2，L2 储存能量。当 VT 基极的控制脉冲为低电平时，VT 关断，电感 L1 产生左负右正的电动势，它与电源 E 叠加经 VD 对 C 充电，在 C 上充得左正右负的电动势。另外，由于 VT 关断使 L2 流过的电流突然减小，马上产生左正右负的电动势，该电动势形成电流经 VD 流过负载 R_L。

CuK 升降压斩波电路与普通升降压斩波电路一样，在负载上产生的都是负极性电压，前者的优点是流过负载的电流是连续的，即在 VT 导通、关断期间负载都有电流通过。

对于图 13-11 所示的 CuK 升降压斩波电路，在一个周期 T 内，如果控制脉冲 U_b 的高电平持续时间为 t_{on}，低电平持续时间为 t_{off}，那么对于 U_o 电压的平均值有下面的关系：

$$U_o = \frac{t_{on}}{t_{off}}E = \frac{t_{on}}{T - t_{on}}E$$

式中，若 $\frac{t_{on}}{t_{off}}>1$，$U_o>E$，电路为升压斩波；若 $\frac{t_{on}}{t_{off}}<1$，$U_o<E$，电路为降压斩波。

（2）正极性升降压斩波电路

正极性升降压斩波电路主要有 Sepic 斩波电路和 Zeta 斩波电路。

① Sepic 斩波电路。Sepic 斩波电路如图 13-12 所示。

电路工作原理如下：

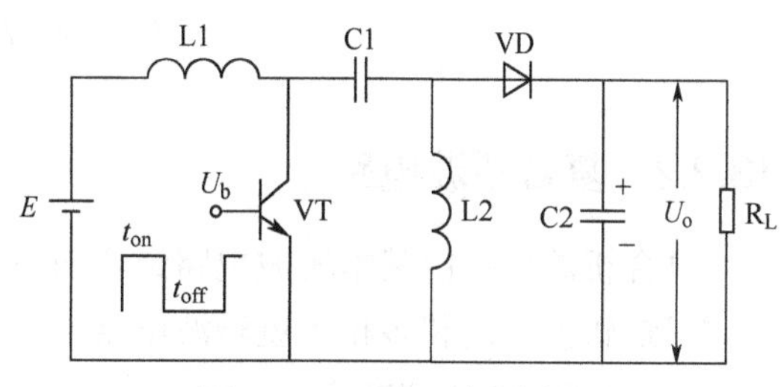

图 13-12　Sepic 斩波电路

在图 13-12 所示电路中，当三极管 VT 基极无控制脉冲时，VT 关断，电源 E 经过电感 L1、L2 对电容 C1 充电，在 C1 上充得左正右负的电压。当 VT 基极加有控制脉冲并且为高电平时，VT 导通，电路会出现两路电流，一路电流途径是：电源 E 正极→L1→VT 集射极→E 负极，有电流流过 L1，L1 储存能量；另一路电流途径是：C1 左正→VT→L2→C1 右负，有电流流过 L2，L2 储存能量。当 VT 基极的控制脉冲为低电平时，VT 关断，电感 L1 产生左负右正的电动势，它与电源 E 叠加经 VD 对 C1、C2 充电，C1 上充得左正右负的电压，C2 上充得上正下负的电压。另外，在 VT 关断时 L2 产生上正下负的电动势，也经 VD 对 C2 充电，C2 上得到输出电压 U_o。

从图 13-12 所示电路可以看出，该电路的负载 R_L 两端电压 U_o 的极性是上正下负，与电源 E 的极性相同，故称这种斩波电路为正极性升降压斩波电路。

对于 Sepic 升降压斩波电路，在一个周期 T 内，如果控制脉冲 U_b 的高电平持续时间为 t_{on}，低电平持续时间为 t_{off}，那么对于 U_o 电压的平均值有下面的关系：

$$U_o = \frac{t_{on}}{t_{off}}E = \frac{t_{on}}{T - t_{on}}E$$

② Zeta 斩波电路。Zeta 斩波电路如图 13-13 所示。

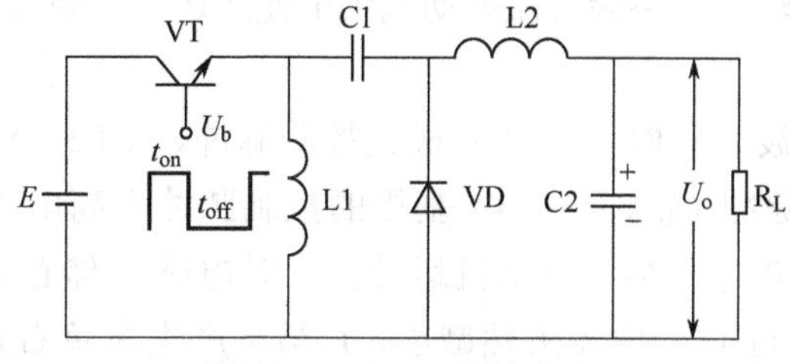

图 13-13　Zeta 斩波电路

电路工作原理如下：

在图13-13所示电路中，当三极管VT基极第一个控制脉冲高电平来临时，VT导通，电源E产生电流流经VT、L1，L1储存能量；当控制脉冲低电平来临时，VT关断，流过L1的电流突然减小，L1马上产生上负下正的电动势，经VD对C1充电，在C1上充得左负右正的电压。当第二个脉冲高电平来临时，VT导通，电源E在产生电流流过L1时，还会与C1上的左负右正电压叠加，经L2对C2充电，在C2上充得上正下负的电压，同时L2储存能量；当第二个脉冲低电平来临时，VT关断，除L1产生上负下正的电动势对C1充电外，L2会产生左负右正的电动势经VD对C2充得上正下负的电压。以后电路会重复上述过程，结果在C2上充得上正下负的正极性电压U_o。

对于Zeta升降压斩波电路，在一个周期T内，如果控制脉冲U_b的高电平持续时间为t_{on}，低电平持续时间为t_{off}，那么对于U_o电压的平均值有下面的关系：

$$U_o=\frac{t_{on}}{t_{off}}E=\frac{t_{on}}{T-t_{on}}E$$

13.2.2　复合斩波电路

复合斩波电路由基本斩波电路组合而成，常见的复合斩波电路有电流可逆斩波电路、桥式可逆斩波电路和多相多重斩波电路。

1．电流可逆斩波电路

电流可逆斩波电路常用于直流电动机的电动和制动运行控制，即当需要直流电动机主动运转时，让直流电源为电动机提供电压；当需要对运转的直流电动机制动时，让惯性运转的电动机（相当于直流发电机）产生的电压对直流电源充电，消耗电动机的能量进行制动（再生制动）。

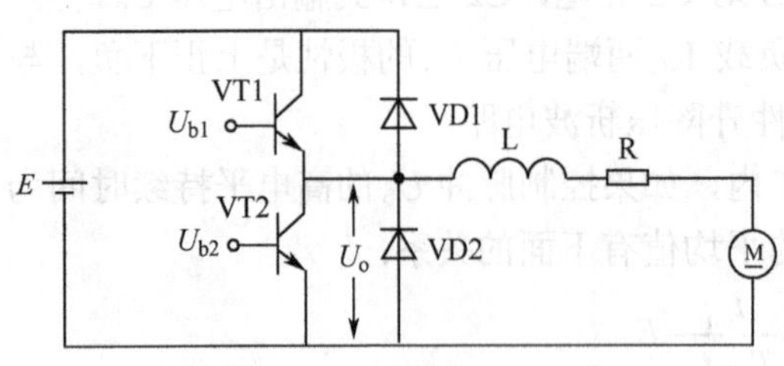

图13-14　电流可逆斩波电路

电流可逆斩波电路如图13-14所示，其中VT1、VD2构成降压斩波电路，VT2、VD1构成升压斩波电路。

电流可逆斩波电路有三种工作方式：降压斩波方式、升压斩波方式和降升压斩波方式。

（1）降压斩波方式

电流可逆斩波电路工作在降压斩波方式时，直流电源通过降压斩波电路为直流电动机供电使之运行。降压斩波方式的工作过程说明如下：

电路工作在降压斩波方式时，VT2基极无控制脉冲，VT2、VD1均处于关断状态，而VT1基极加有控制脉冲U_{b1}。当VT1基极的控制脉冲为高电平时，VT1导通，有电流经VT1、L、R流过电动机M，电动机运转，同时电感L储存能量；当控制脉冲为低电平时，VT1关断，流过L的电流突然减小，L马上产生左负右正的电动势，它产生的电流流过电动机（经R、VD2），继续为电动机供电。控制脉冲高电平持续时间越长，输出电压U_o的平均值越高，电动机运转速度越快。

（2）升压斩波方式

电流可逆斩波电路工作在升压斩波方式时，直流电动机无供电，它在惯性运转时产生电动势对直流电源 E 进行充电。升压斩波方式的工作过程说明如下：

电路工作在升压斩波方式时，VT1 基极无控制脉冲，VT1、VD2 均处于关断状态，VT2 基极加有控制脉冲 U_{b2}。当 VT2 基极的控制脉冲为高电平时，VT2 导通，电动机 M 惯性运转产生的电动势为上正下负，它形成的电流经 R、L、VT2 构成回路，电动机的能量转移到 L 中；当 VT2 基极的控制脉冲为低电平时，VT2 关断，流过 L 的电流突然减小，L 马上产生左正右负的电动势，它与电动机两端的反电动势（上正下负）叠加使 VD1 导通，对电源 E 充电，电动机惯性运转产生的电能就被转移给电源 E。当电动机转速很低时，产生的电动势下降，同时 L 的能量也减小，产生的电动势低，叠加电动势低于电源 E，VD1 关断，无法继续对电源 E 充电。

（3）降升压斩波方式

电流可逆斩波电路工作在降升压斩波方式时，VT1、VT2 基极都加有控制脉冲，它们交替导通、关断，具体工作过程说明如下：

当 VT1 基极控制脉冲 U_{b1} 为高电平（此时 U_{b2} 为低电平）时，电源 E 经 VT1、L、R 为直流电动机 M 供电，电动机运转；当 U_{b1} 变为低电平后，VT1 关断，流过 L 的电流突然减小，L 产生左负右正的电动势，经 R、VD2 为电动机继续提供电流；当 L 的能量释放完毕，电动势减小为 0 时，让 VT2 基极的控制脉冲 U_{b2} 为高电平，VT2 导通，惯性运转的电动机两端的反电动势（上正下负）经 R、L、VT2 回路产生电流，L 因电流通过而储存能量；当 VT2 的控制脉冲为低电平时，VT2 关断，流过 L 的电流突然减小，L 产生左正右负的电动势，它与电动机产生的上正下负的反电动势叠加，通过 VD1 对电源 E 充电；当 L 与电动机叠加电动势低于电源 E 时，VD1 关断，这时如果又让 VT1 基极脉冲变为高电平，电源 E 又经 VT1 为电动机提供电压。以后重复上述过程。

电流可逆斩波电路工作在降升压斩波方式，实际就是让直流电动机工作在运行和制动状态，当降压斩波时间长、升压斩波时间短时，电动机平均供电电压高、再生制动时间短，电动机运转速度快，反之，电动机运转速度慢。

2. 桥式可逆斩波电路

电流可逆斩波电路只能让直流电动机工作在正转和正转再生制动状态，而桥式可逆转波电路可以让直流电动机工作在正转、正转再生制动和反转、反转再生制动状态。

桥式可逆斩波电路如图 13-15 所示。

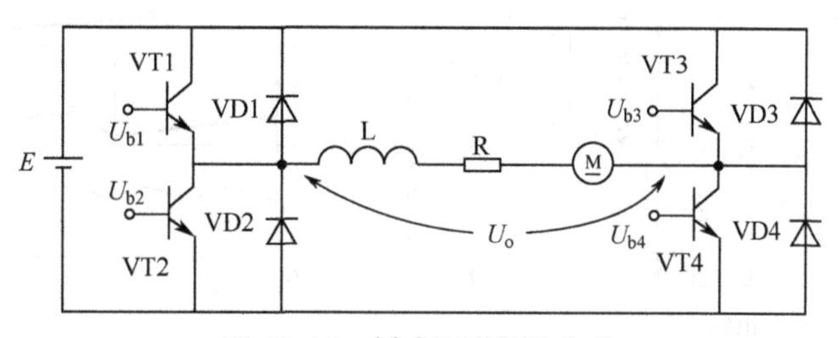

图 13-15 桥式可逆斩波电路

桥式可逆斩波电路有四种工作状态：正转降压斩波、正转升压斩波再生制动和反转降压斩波、反转升压斩波再生制动。

（1）正转降压斩波和正转升压斩波再生制动

当三极管VT4始终处于导通状态时，VT1、VD2组成正转降压斩波电路，VT2、VD1组成正转升压斩波再生制动电路。

在VT4始终处于导通状态时，当VT1基极控制脉冲U_{b1}为高电平（此时U_{b2}为低电平）时，电源E经VT1、L、R、VT4为直流电动机M供电，电动机正向运转；当U_{b1}变为低电平后，VT1关断，流过L的电流突然减小，L产生左负右正的电动势，经R、VT4、VD2为电动机继续提供电流，维持电动机正转；当L的能量释放完毕，电动势减小为0时，让VT2基极的控制脉冲U_{b2}为高电平，VT2导通，惯性运转的电动机两端的反电动势（左正右负）经R、L、VT2、VD4回路产生电流，L因电流通过而储存能量；当VT2的控制脉冲为低电平时，VT2关断，流过L的电流突然减小，L产生左正右负的电动势，它与电动机产生的左正右负的反电动势叠加，通过VD1对电源E充电，此时电动机进行正转再生制动；当L与电动机的叠加电动势低于电源E时，VD1关断，这时如果又让VT1基极脉冲变为高电平，电路又会重复上述工作过程。

（2）反转降压斩波和反转升压斩波再生制动

当三极管VT2始终处于导通状态时，VT3、VD4组成反转降压斩波电路，VT4、VD2组成反转升压斩波再生制动电路。反转降压斩波、反转升压斩波再生制动与正转降压斩波、正转升压斩波再生制动工作过程相似，读者可自行分析，这里不再赘述。

3. 多相多重斩波电路

前面介绍的复合斩波电路是由几种不同的单一斩波电路组成的，而多相多重斩波电路是由多个相同的斩波电路组成的。图13-16是一种三相三重斩波电路，在电源和负载之间接入三个结构相同的降压斩波电路。

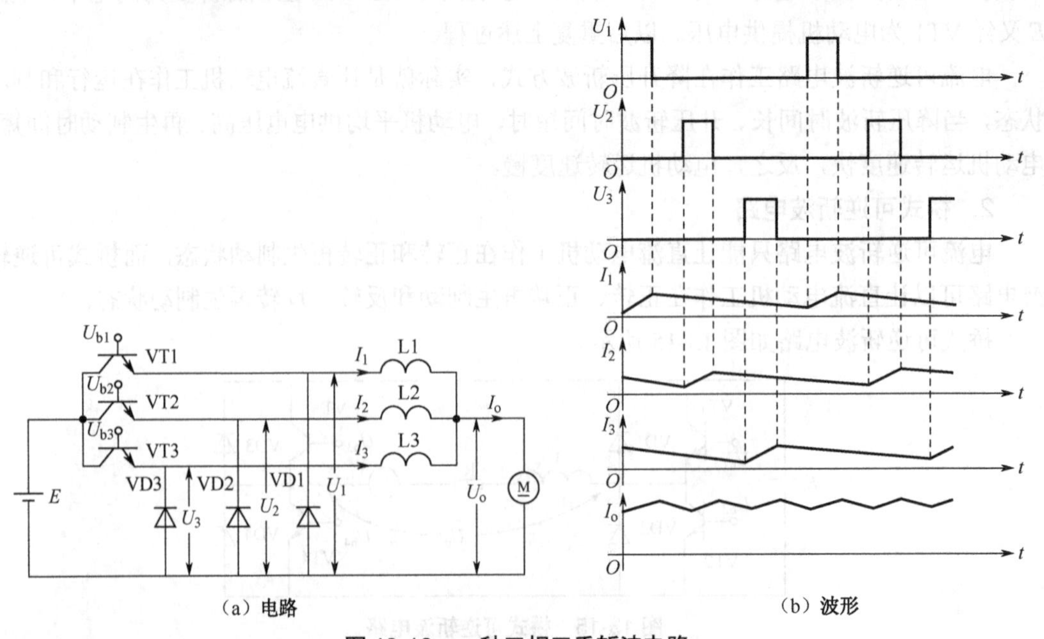

图13-16　一种三相三重斩波电路

三相三重斩波电路工作原理说明如下：

当三极管 VT1 基极的控制脉冲 U_{b1} 为高电平时，VT1 导通，电源 E 通过 VT1 加到 L1 的一端，L1 左端的电压如图 13-16（b）中 U_1 波形所示，有电流 I_1 经 L1 流过电动机；当控制脉冲 U_{b1} 为低电平时，VT1 关断，流过 L1 的电流突然变小，L1 马上产生左负右正的电动势，该电动势产生电流 I_1 通过 VD1 构成回路继续流过电动机，I_1 电流变化如图 13-16（b）中 I_1 曲线所示，从波形可以看出，一个周期内 I_1 有上升和下降的脉动过程，起伏波动较大。

同样，当三极管 VT2 基极加有控制脉冲 U_{b2} 时，在 L2 左端得到图 13-16（b）中所示的 U_2 电压，流过 L2 的电流为 I_2；当三极管 VT3 基极加有控制脉冲 U_{b3} 时，在 L3 左端得到图 13-16（b）中所示的 U_3 电压，流过 L3 的电流为 I_3。

当三个斩波电路都工作时，流过电动机的总电流 $I_o=I_1+I_2+I_3$。从图 13-16（b）还可以看出，总电流 I_o 的脉冲频率是单相电流脉动频率的 3 倍，但脉冲幅度明显变小，即三相三重斩波电路提供给电动机的电流波动更小，使电动机工作更稳定。另外，多相多重斩波电路还具有备用功能，当某一个斩波电路出现故障时，可以依靠其他的斩波电路继续工作。

13.3 逆变电路（DC-AC 变换电路）

逆变电路的功能是将直流电转换成交流电，故又称直-交转换器。它与整流电路的功能恰好相反。逆变电路可分为有源逆变电路和无源逆变电路。有源逆变电路是将直流电转换成与电网频率相同的交流电，再将该交流电送至交流电网；无源逆变电路是将直流电转换成某一频率或频率可调的交流电，再将该交流电送给用电设备。变频器中主要采用无源逆变电路。

13.3.1 逆变原理

逆变电路的功能是将直流电转换成交流电。下面以图 13-17 所示电路为例来说明逆变电路的基本工作原理。

工作原理说明如下：

电路工作时，需要给三极管 VT1～VT4 的基极提供控制脉冲信号。当 VT1、VT4 基极脉冲信号为高电平，而 VT2、VT3 基极脉冲信号为低电平时，VT1、VT4 导通，VT2、VT3 关断，有电流经 VT1、VT4 流过负载 R_L，电流途径是：电源 E 正极→VT1→R_L→VT4→电源 E 负极，R_L 两端的电压极性为左正右负；当 VT2、VT3 基极脉冲信号为高电平，而 VT1、VT4 基极脉冲信号为低电平时，VT2、VT3 导通，VT1、VT4 关断，有电流经 VT2、VT3 流过负载 R_L，电流途径是：电源 E 正极→VT3→R_L→VT2→电源 E 负极，R_L 两端电压的极性是左负右正。

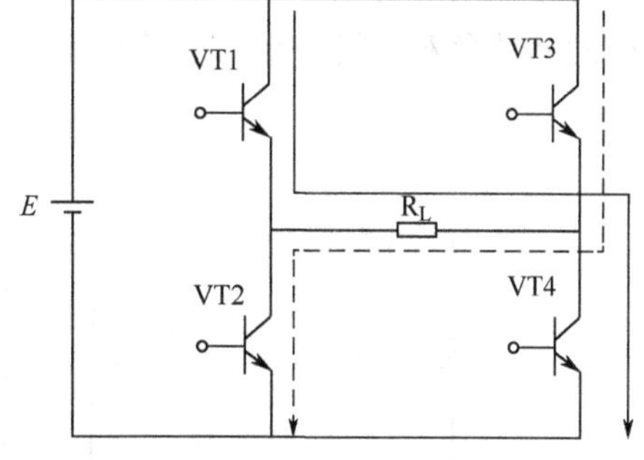

图 13-17 逆变电路的工作原理说明图

从上述过程可以看出，**在直流电源供电的情况下，通过控制开关器件的导通、关断可以改变流过负载的电流方向，这种方向发生改变的电流就是交流电流，从而实现直-交转换功能。**

13.3.2 电压型逆变电路

逆变电路分为直流侧（电源端）和交流侧（负载端），**电压型逆变电路是指直流侧采用电压源的逆变电路**。电压源是指能提供稳定电压的电源，另外，电压波动小且两端并联有大电容的电源也可视为电压源。图 13-18 中就是两种典型的电压源（虚线框内部分）。

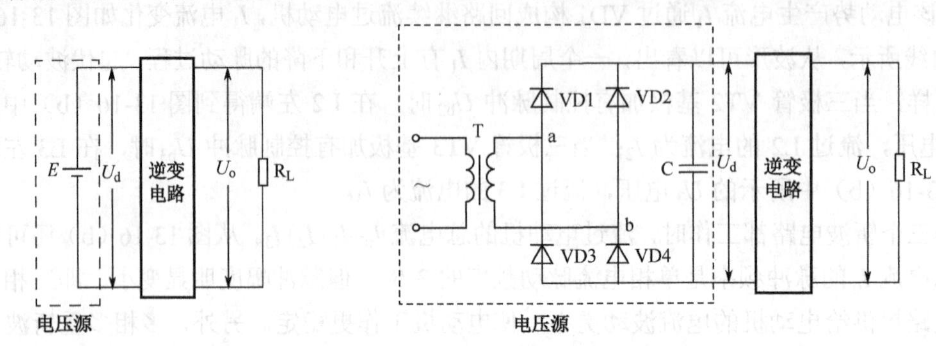

图 13-18 两种典型的电压源

图 13-18（a）中的直流电源 E 能提供稳定不变的电压 U_d，所以它可以视为电压源。图 13-18（b）中的桥式整流电路后面接有一个大滤波电容 C，交流电压经变压器降压和二极管整流后，在 C 上会得到波动很小的电压 U_d（电容往后级电路放电后，整流电路会及时充电，故 U_d 变化很小，电容容量越大，U_d 波动越小，电压越稳定），故虚线框内的整个电路也可视为电压源。

电压型逆变电路的种类很多，常用的有单相半桥逆变电路、单相全桥逆变电路、单相变压器逆变电路和三相电压逆变电路等。

1．单相半桥逆变电路

单相半桥逆变电路及有关波形如图 13-19 所示，C1、C2 是两个容量很大且相等的电容，它们将电压 U_d 分成相等的两部分，使 B 点电压为 $U_d/2$，三极管 VT1、VT2 基极加有一对相反的脉冲信号，VD1、VD2 为续流二极管，R、L 代表感性负载（如电动机就为典型的感性负载，其绕组对交流电呈感性，相当于电感 L，绕组本身的直流电阻用 R 表示）。

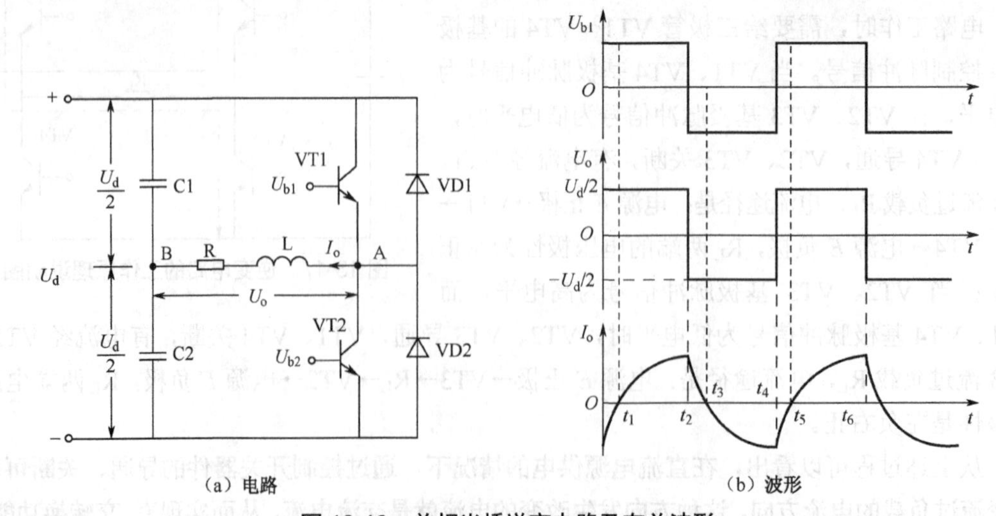

图 13-19 单相半桥逆变电路及有关波形

电路工作过程说明如下：

在 t_1～t_2 期间，VT1 基极脉冲信号 U_{b1} 为高电平，VT2 的 U_{b2} 为低电平，VT1 导通、VT2 关断，A 点电压为 U_d，由于 B 点电压为 $U_d/2$，故 R、L 两端的电压 U_o 为 $U_d/2$。VT1 导通后有电流流过 R、L，电流途径是：U_d+→VT1→L、R→B 点→C2→U_d−，因为 L 对变化电流的阻碍作用，流过 R、L 的电流 I_o 慢慢增大。

在 t_2～t_3 期间，VT1 的 U_{b1} 为低电平，VT2 的 U_{b2} 为高电平，VT1 关断，流过 L 的电流突然变小，L 马上产生左正右负的电动势，该电动势通过 VD2 形成电流回路，电流途径是：L 左正→R→C2→VD2→L 右负，该电流方向仍是由右往左，但电流随 L 上的电动势下降而减小，在 t_3 时刻电流 I_o 变为 0。在 t_2～t_3 期间，由于 L 产生左正右负的电动势，使 A 点电压较 B 点电压低，即 R、L 两端的电压 U_o 极性发生了改变，变为左正右负，由于 A 点电压很低，虽然 VT2 的 U_{b2} 为高电平，VT2 仍无法导通。

在 t_3～t_4 期间，VT1 基极脉冲信号 U_{b1} 仍为低电平，VT2 的 U_{b2} 仍为高电平，由于此时 L 上的左正右负电动势已消失，VT2 开始导通，有电流流过 R、L，电流途径是：C2 上正（C2 相当于一个大小为 $U_d/2$ 的电源）→R→L→VT2→C2 下负。该电流与 t_1～t_3 期间的电流相反，由于 L 的阻碍作用，该电流慢慢增大。因为 B 点电压为 $U_d/2$，A 点电压为 0（忽略 VT2 导通压降），故 R、L 两端的电压 U_o 大小为 $U_d/2$，极性是左正右负。

在 t_4～t_5 期间，VT1 的 U_{b1} 为高电平，VT2 的 U_{b2} 为低电平，VT2 关断，流过 L 的电流突然变小，L 马上产生左负右正的电动势，该电动势通过 VD1 形成电流回路，电流途径是：L 右正→VD1→C1→R→L 左负。该电流方向由左往右，但电流随 L 上的电动势下降而减小，在 t_5 时刻电流 I_o 变为 0。在 t_4～t_5 期间，由于 L 产生左负右正的电动势，使 A 点电压较 B 点电压高，即 U_o 极性仍是左负右正。另外，因为 A 点电压很高，虽然 VT1 的 U_{b1} 为高电平，VT1 仍无法导通。

t_5 时刻以后，电路重复上述工作过程。

单相半桥逆变电路结构简单，但负载两端得到的电压较低（为直流电源电压的一半），并且直流侧需采用两个电容器串联来均压。单相半桥逆变电路常用在几千瓦以下的小功率逆变设备中。

2. 单相全桥逆变电路

单相全桥逆变电路及有关波形如图 13-20 所示，VT1、VT4 组成一对桥臂，VT2、VT3 组成另一对桥臂，VD1～VD4 为续流二极管，VT1、VT2 基极加有一对相反的控制脉冲，VT3、VT4 基极的控制脉冲相位也相反，VT3 基极的控制脉冲相位落后 VT1 θ 角，$0° < \theta < 180°$。

电路工作过程说明如下：

在 0～t_1 期间，VT1、VT4 的基极控制脉冲都为高电平，VT1、VT4 都导通，A 点通过 VT1 与 U_d 正端连接，B 点通过 VT4 与 U_d 负端连接，故 R、L 两端的电压 U_o 大小与 U_d 相等，极性为左正右负（为正压），流过 R、L 电流的方向是：U_d+→VT1→R、L→VT4→U_d−。

在 t_1～t_2 期间，VT1 的 U_{b1} 为高电平，VT4 的 U_{b4} 为低电平，VT1 导通，VT4 关断，流过 L 的电流突然变小，L 马上产生左负右正的电动势，该电动势通过 VD3 形成电流回路，电流途径是：L 右正→VD3→VT1→R→L 左负。该电流方向仍是由左往右，由于 VT1、VD3 都导通，使 A 点和 B 点都与 U_d 正端连接，即 $U_A=U_B$，R、L 两端的电压 U_o 为 0（$U_o=U_A-U_B$）。在此期间，VT3 的 U_{b3} 也为高电平，但因 VD3 的导通使 VT3 的 c、e 极电

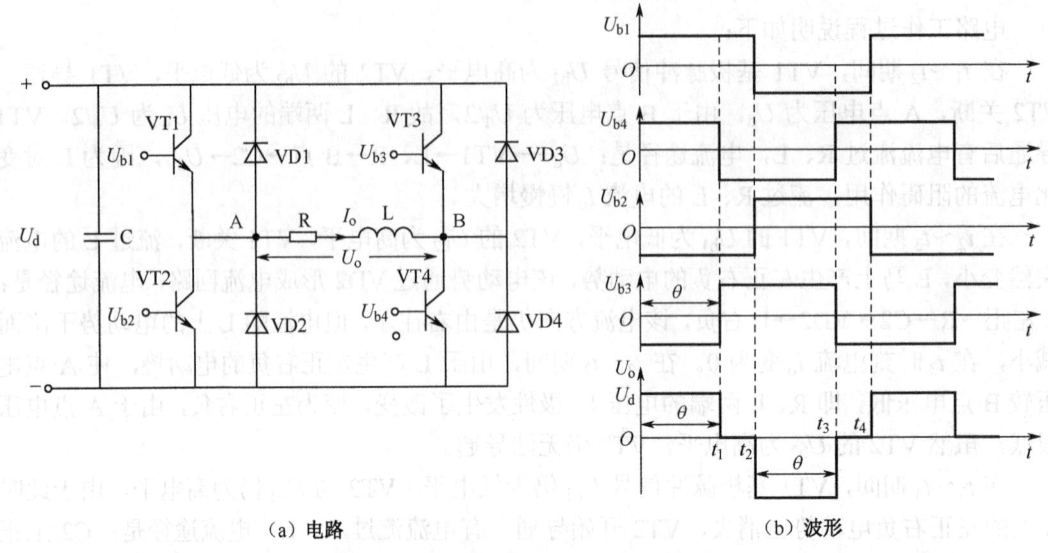

（a）电路　　（b）波形

图 13-20　单相全桥逆变电路及有关波形

压相等，VT3 无法导通。

在 t_2～t_3 期间，VT2、VT3 的基极控制脉冲都为高电平，在此期间开始一段时间内，L 的能量还未完全释放，还有左负右正的电动势，但 VT1 因基极变为低电平而截止，L 的电动势转而经 VD3、VD2 对直流侧电容 C 充电，充电电流途径是：L 右正→VD3→C→VD2→R→L 左负。VD3、VD2 的导通使 VT2、VT3 不能导通，A 点通过 VD2 与 U_d 负端连接，B 点通过 VD3 与 U_d 正端连接，故 R、L 两端的电压 U_o 大小与 U_d 相等，极性为左负右正（为负压）。当 L 上的电动势下降到与 U_d 相等时，无法继续对 C 充电，VD3、VD2 截止，VT2、VT3 马上导通，有电流流过 R、L，电流的方向是：U_d+→VT3→L、R→VT2→U_d-。

在 t_3～t_4 期间，VT2 的 U_{b2} 为高电平，VT3 的 U_{b3} 为低电平，VT2 导通，VT3 关断，流过 L 的电流突然变小，L 马上产生左正右负的电动势，该电动势通过 VD4 形成电流回路，电流途径是：L 左正→R→VT2→VD4→L 右负，该电流方向是由右往左。由于 VT2、VD4 都导通，使 A 点和 B 点都与 U_d 负端连接，即 $U_A=U_B$，R、L 两端的电压 U_o 为 0（$U_o=U_A-U_B$）。在此期间，VT4 的 U_{b4} 也为高电平，但因 VD4 的导通使 VT3 的 c、e 极电压相等，VT4 无法导通。

t_4 时刻以后，电路重复上述工作过程。

全桥逆变电路的 U_{b1}、U_{b3} 脉冲和 U_{b2}、U_{b4} 脉冲之间的相位差为 θ，改变 θ 值，就能调节负载 R、L 两端电压 U_o 的脉冲宽度（正、负宽度同时变化）。另外，全桥逆变电路负载两端的电压幅度是半桥逆变电路的 2 倍。

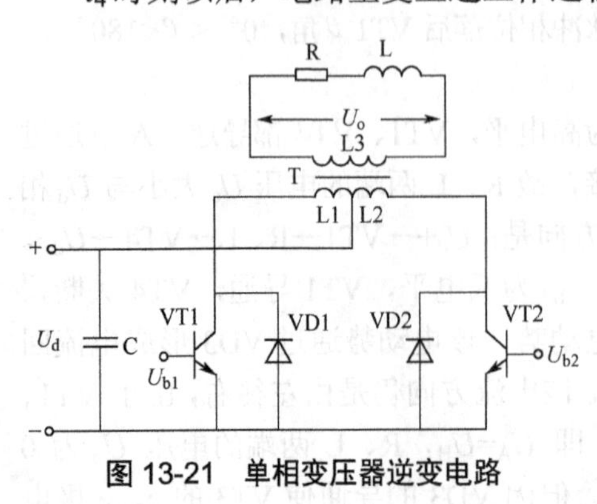

图 13-21　单相变压器逆变电路

3．单相变压器逆变电路

单相变压器逆变电路如图 13-21 所示，变压器 T 有 L1、L2、L3 三组线圈，它们的匝数比为 1∶1∶1，R、L 为感性负载。

电路工作过程说明如下：

当三极管 VT1 基极的控制脉冲 U_{b1} 为高电平时，VT1 导通，VT2 的 U_{b2} 为低电平，VT2 关断，有电流流过线圈 L1，电流途径是：U_d+→L1→VT1→U_d−，L1 产生左负右正的电动势，该电动势感应到 L3 上，L3 上得到左负右正的电压 U_o 供给负载 R、L。

当三极管 VT2 的 U_{b2} 为高电平，VT1 的 U_{b1} 为低电平时，VT1 关断，VT2 并不能马上导通，因为 VT1 关断后，流过负载 R、L 的电流突然减小，L 马上产生左正右负的电动势，该电动势送给 L3，L3 再感应到 L2 上，L2 上感应电动势极性为左正右负，该电动势对电容 C 充电将能量反馈给直流侧，充电途径是：L2 左正→C→VD2→L2 右负。由于 VD2 导通，VT2 的 e、c 极电压相等，虽然 VT2 的 U_{b2} 为高电平但不能导通。一旦 L2 上的电动势降到与 U_d 相等，将无法继续对 C 充电，VD2 截止，VT2 开始导通，有电流流过线圈 L2，电流途径是：U_d+→L2→VT2→U_d−，L2 产生左正右负的电动势，该电动势感应到 L3 上，L3 上得到左正右负的电压 U_o 供给负载 R、L。

当三极管 VT1 的 U_{b1} 再变为高电平，VT2 的 U_{b2} 为低电平时，VT2 关断，负载电感 L 会产生左负右正的电动势，通过 L3 感应到 L1 上，L1 上的电动势再通过 VD1 对直流侧的电容 C 充电。待 L1 上的左负右正电动势降到与 U_d 相等后，VD1 截止，VT1 才能导通。以后电路会重复上述工作。

变压器逆变电路的优点是采用的开关器件少，缺点是开关器件承受的电压高（$2U_d$），并且需要用到变压器。

4．三相电压逆变电路

单相电压逆变电路只能接一相负载，而三相电压逆变电路可以同时接三相负载。图 13-22 是一种应用广泛的三相电压逆变电路，R1、L1、R2、L2、R3、L3 构成三相感性负载（如三相异步电动机）。

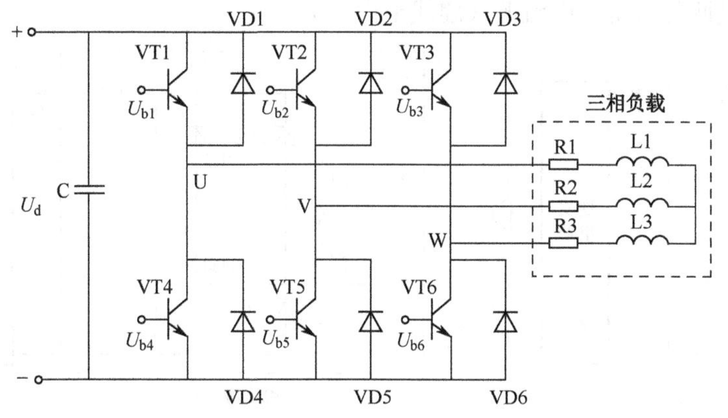

图 13-22　一种应用广泛的三相电压逆变电路

电路工作过程说明如下：

当 VT1、VT5、VT6 基极的控制脉冲均为高电平时，这三个三极管都导通，有电流流过三相负载，电流途径是：U_d+→VT1→R1、L1，再分作两路，一路经 L2、R2、VT5 流到 U_d−，另一路经 L3、R3、VT6 流到 U_d−。

当 VT2、VT4、VT6 基极的控制脉冲均为高电平时，这三个三极管不能马上导通，因为 VT1、VT5、VT6 关断后流过三相负载的电流突然减小，L1 产生左负右正的电动势，L2、L3 均产生左正右负的电动势，这些电动势叠加对直流侧电容 C 充电，充电途径是：L2 左正→VD2→C，L3 左正→VD3→C，两路电流汇合对 C 充电后，再经 VD4、R1→L1 左负。VD2 的导通使 VT2 集射极电压相等，VT2 无法导通，VT4、VT6 也无法导通。当 L1、L2、L3 叠加电动势下降到 U_d 大小时，VD2、VD3、VD4 截止，VT2、VT4、VT6 开始导通，有电流流过三相负载，电流途径是：U_d+→VT2→R2、L2，再分作两路，一路经 L1、R1、VT4 流到 U_d−，另一路经 L3、R3、VT6 流到 U_d−。

当 VT3、VT4、VT5 基极的控制脉冲均为高电平时，这三个三极管不能马上导通，因为 VT2、VT4、VT6 关断后流过三相负载的电流突然减小，L2 产生左负右正的电动势，L1、L3 均产生左正右负的电动势，这些电动势叠加对直流侧电容 C 充电，充电途径是：L1 左正→VD1→C，L3 左正→VD3→C，两路电流汇合对 C 充电后，再经 VD5、R2→L2 左负。VD3 的导通使 VT3 集射极电压相等，VT3 无法导通，VT4、VT5 也无法导通。当 L1、L2、L3 叠加电动势下降到 U_d 大小时，VD2、VD3、VD4 截止，VT3、VT4、VT5 开始导通，有电流流过三相负载，电流途径是：U_d+→VT3→R3、L3，再分作两路，一路经 L1、R1、VT4 流到 U_d−，另一路经 L2、R2、VT5 流到 U_d−。

以后的工作过程与上述相同，这里不再赘述。通过控制开关器件的导通、关断，三相电压逆变电路实现了将直流电压转换成三相交流电压功能。

13.3.3　电流型逆变电路

电流型逆变电路是指直流侧采用电流源的逆变电路。电流源是指能提供稳定电流的电源。理想的直流电流源较为少见，一般在逆变电路的直流侧串联一个大电感可视为电流源。图 13-23 中就是两种典型的电流源（虚线框内部分）。

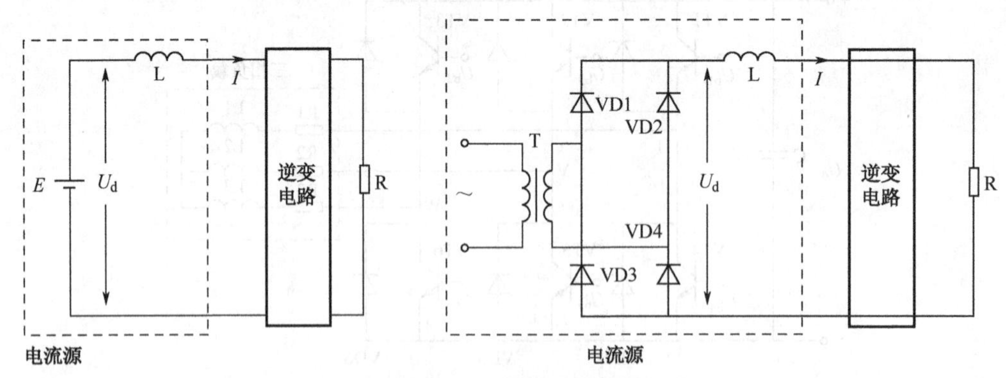

图 13-23　两种典型的电流源

图 13-23（a）中的直流电源 E 能往后级电路提供电流，当电源 E 大小突然变化时，电感 L 会产生电动势形成电流来弥补电源的电流。例如，E 突然变小，流过 L 的电流也会变小，L 马上产生左负右正的电动势而形成往右的电流，补充因电源 E 变小而减小的电流，电流 I 基本不变，故电源与电感串联可视为电流源。

图 13-23（b）中的桥式整流电路后面串接一个大电感，交流电压经变压器降压和二极管整流后得到电压 U_d，当 U_d 大小变化时，电感 L 会产生相应的电动势来弥补 U_d 造成的电流的不足，故虚线框内的整个电路也可视为电流源。

1．单相桥式电流型逆变电路

单相桥式电流型逆变电路如图 13-24 所示，晶闸管 VT1～VT4 为四个桥臂，其中 VT1、VT4 为一对，VT2、VT3 为另一对，R、L 为感性负载，C 为补偿电容，C、R、L 还组成并联谐振电路，所以该电路又称为并联谐振式逆变电路。RLC 电路的谐振频率为 1000～2500Hz，略低于晶闸管导通频率（也即控制脉冲的频率），对通过的信号呈容性。

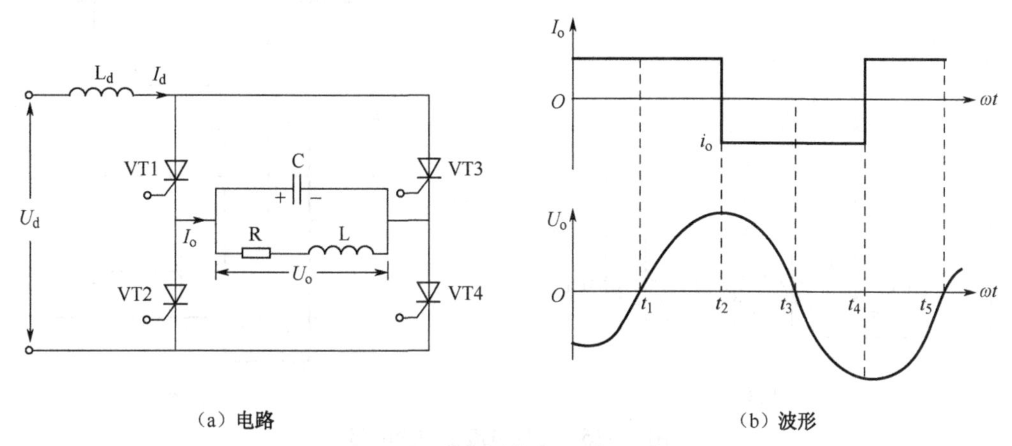

（a）电路　　（b）波形

图 13-24　单相桥式电流型逆变电路

电路工作过程说明如下：

在 t_1～t_2 期间，VT1、VT4 门极的控制脉冲为高电平，VT1、VT4 导通，有电流 I_o 经 VT1、VT4 流过 RLC 电路，该电流分作两路，一路流经 R、L 元件，另一路对 C 充电，在 C 上充得左正右负的电压。随着充电的进行，C 上的电压逐渐上升，也即 R、L 两端的电压 U_o 逐渐上升。由于 t_1～t_2 期间 VT3、VT2 处于关断状态，I_o 与 I_d 相等，并且大小不变（I_d 是稳定电流，I_o 也是稳定电流）。

在 t_2～t_3 期间，VT2、VT3 门极的控制脉冲为高电平，VT2、VT3 导通，由于 C 上充有左正右负的电压，该电压一方面通过 VT3 加到 VT1 两端（C 左正加到 VT1 的阴极，C 右负经 VT3 加到 VT1 阳极），另一方面通过 VT2 加到 VT4 两端（C 左正经 VT2 加到 VT4 阴极，C 右负加到 VT4 阳极）。C 上的电压经 VT1、VT4 加上反向电压，VT1、VT4 马上关断，这种利用负载两端电压来关断开关器件的方式称为负载换流方式。VT1、VT4 关断后，I_d 电流开始经 VT3、VT2 对电容 C 反向充电（同时也会分一部分流过 L、R），C 上的电压慢慢被中和，两端电压 U_o 也慢慢下降，t_3 时刻 C 上电压为 0。

t_3～t_4 期间，I_d 电流（也即 I_o）对 C 充电，充得左负右正的电压并且逐渐上升。

在 t_4～t_5 期间，VT1、VT4 门极的控制脉冲为高电平，VT1、VT4 导通，C 上的左负右正电压对 VT3、VT2 为反向电压，使 VT3、VT2 关断。VT3、VT2 关断后，I_d 电流开始经 VT1、VT4 对电容 C 充电，将 C 上的左负右正电压慢慢中和，两端电压 U_o 也慢慢下降，t_5

时刻 C 上电压为 0。

以后电路重复上述工作过程，从而在 RLC 电路两端得到正弦波电压 U_o，流过 RLC 电路的电流 I_o 为矩形电流。

2. 三相电流型逆变电路

三相电流型逆变电路如图 13-25 所示，VT1～VT6 为可关断晶闸管（GTO），栅极加正脉冲时导通，加负脉冲时关断，C1、C2、C3 为补偿电容，用于吸收在换流时感性负载产生的电动势，减小对晶闸管的冲击。

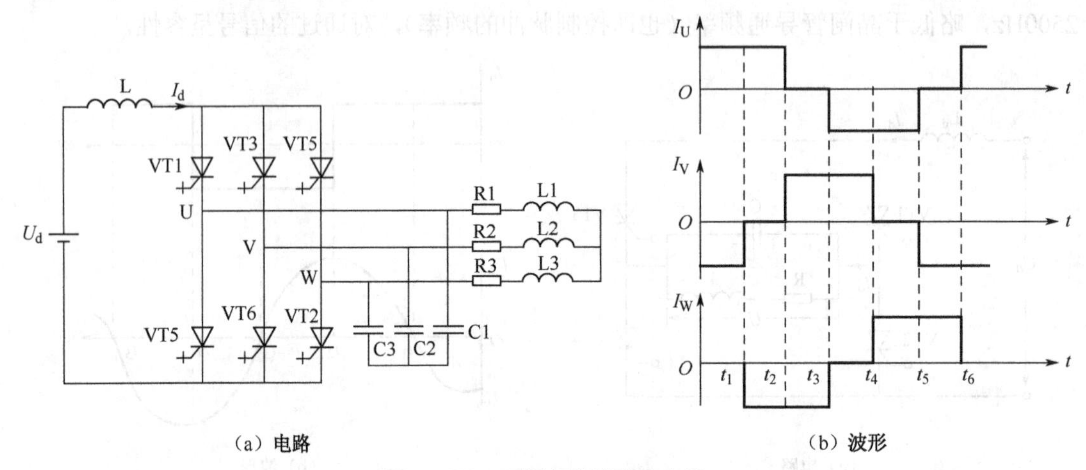

（a）电路　　　　（b）波形

图 13-25　三相电流型逆变电路

电路工作过程说明如下：

在 0～t_1 期间，VT1、VT6 导通，有电流 I_d 流过负载，电流途径是：U_d+→L→VT1→R1、L1→L2、R2→VT6→U_d-。

在 t_1～t_2 期间，VT1、VT2 导通，有电流 I_d 流过负载，电流途径是：U_d+→L→VT1→R1、L1→L3、R3→VT2→U_d-。

在 t_2～t_3 期间，VT3、VT2 导通，有电流 I_d 流过负载，电流途径是：U_d+→L→VT3→R2、L2→L3、R3→VT2→U_d-。

在 t_3～t_4 期间，VT3、VT4 导通，有电流 I_d 流过负载，电流途径是：U_d+→L→VT3→R2、L2→L1、R1→VT4→U_d-。

在 t_4～t_5 期间，VT5、VT4 导通，有电流 I_d 流过负载，电流途径是：U_d+→L→VT5→R3、L3→L1、R1→VT4→U_d-。

在 t_5～t_6 期间，VT5、VT6 导通，有电流 I_d 流过负载，电流途径是：U_d+→L→VT5→R3、L3→L2、R2→VT6→U_d-。

以后电路重复上述工作过程。

13.3.4　复合型逆变电路

电压型逆变电路输出的是矩形波电压，电流型逆变电路输出的是矩形波电流，而矩形波信号中含有较多的谐波成分（如二次谐波、三次谐波等），这些谐波对负载会产生很多不利影响。为了减少矩形波中的谐波，可以将多个逆变电路组合起来，将它们产生的相位不同的矩形波进行叠加，以形成近似正弦波的信号，再提供给负载。多重逆变电路和多电平逆变电路可以实现上述功能。

1. 多重逆变电路

多重逆变电路是指由多个电压型逆变电路或电流型逆变电路组合成的复合型逆变电路。图 13-26 所示是二重三相电压型逆变电路，T1、T2 为三相交流变压器，一次绕组按三角形接法连接，T1、T2 的二次绕组串接起来并接成星形，同一水平方向的绕组绕在同一铁芯上，同一铁芯的一次绕组电压可以感应到二次绕组上。

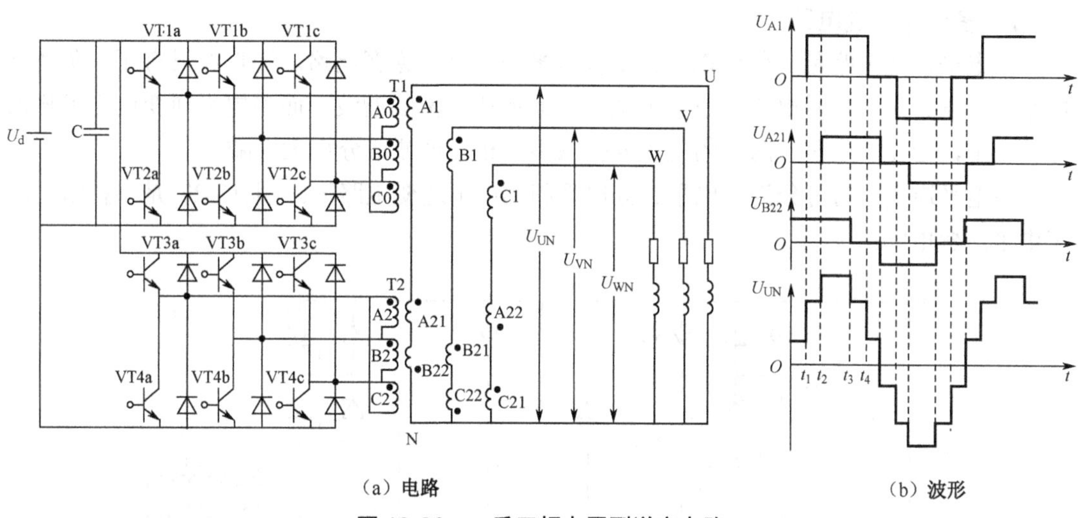

（a）电路　　（b）波形

图 13-26　二重三相电压型逆变电路

电路工作过程说明如下（以 U 相负载电压 U_{UN} 获得为例）：

在 0～t_1 期间，VT3b、VT4c 导通，线圈 B2 两端电压大小为 U_d（忽略三极管导通压降），极性为上正下负。该电压感应到同一铁芯的 B22、B21 绕组上，B22 上得到上正下负的电压 U_{B22}。在 0～t_1 期间，绕组 A1、A21 上的电压都为 0，三绕组叠加得到的 U_{UN} 电压为正电压（上正下负），0～t_1 期间 U_{UN} 电压如图 13-26（b）所示。

在 t_1～t_2 期间，VT1a、VT2b 和 VT3b、VT4c 都导通，线圈 A0 和线圈 B2 两端都得到大小为 U_d 的电压，极性都为上正下负。A0 绕组电压感应到 A1 绕组上，A1 绕组得到上正下负的电压 U_{A1}；B2 绕组电压感应到 B22、B21 绕组上，B22 上得到上正下负的电压 U_{B22}。在 t_1～t_2 期间，绕组 A21 上的电压为 0，三绕组电压叠加得到的 U_{UN} 电压为正电压，电压大小较 0～t_1 期间上升一个台阶。

在 t_2～t_3 期间，VT1a、VT2b 和 VT3a、VT4b 及 VT3b、VT4c 都导通，线圈 A0、A2、B2 两端都得到大小为 U_d 的电压，极性都为上正下负。A0 绕组电压感应到 A1 绕组上，A1 绕组得到上正下负的电压 U_{A1}；A2 绕组电压感应到 A21 绕组上，A21 绕组得到上正下负的电压 U_{A21}；B2 绕组电压感应到 B22、B21 绕组上，B22 上得到上正下负的电压 U_{B22}。在 t_2～t_3 期间，A2、A21、B22 三个绕组上的电压为正压，三绕组叠加得到的 U_{UN} 电压也为正电压，电压大小较 t_1～t_2 期间上升一个台阶。

在 t_3～t_4 期间，VT1a、VT2b 和 VT3a、VT4b 导通，线圈 A0、A2 两端都得到大小为 U_d 的电压，极性都为上正下负。A0 绕组电压感应到 A1 绕组上，A1 绕组得到上正下负的电压 U_{A1}；A2 绕组电压感应到 A21 绕组上，A21 绕组得到上正下负的电压 U_{A21}。在 t_3～t_4 期间，A2、A21 绕组上的电压为正压，它们叠加得到的 U_{UN} 电压为正电压，电压大小较 t_2～t_3 期间下降一个台阶。

以后电路工作过程与上述过程类似，结果在 U 相 R、L 负载两端得到近似正弦波的电压 U_{UN}。同样，V、W 相 R、L 负载两端也能得到近似正弦波的电压 U_{VN} 和 U_{WN}。这种近似正弦波的电压中包含的谐振成分较矩形波电压大大减少，可使感性负载较稳定地工作。

2．多电平逆变电路

多电平逆变电路是一种可以输出多种电平的复合型逆变电路。 矩形波只有正、负两种电平，在正、负转换时电压会发生突变，从而形成大量的谐波，而多电平逆变电路可输出多种电平，会使加到负载两端的电压变化减小，相应谐波成分也大大减小。

多电平逆变电路可分为三电平、五电平和七电平逆变电路等。图 13-27 是一种常见的三电平逆变电路。

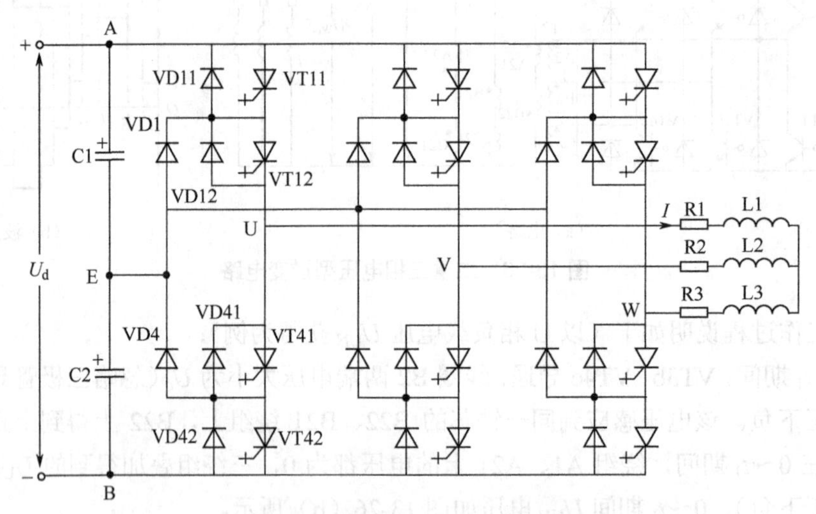

图 13-27　一种常见的三电平逆变电路

图 13-27 中的 C1、C2 是两个容量相同的电容，它将 U_d 分作相等的两个电压，即 $U_{C1}=U_{C2}=U_d/2$。如果将 E 点电压当作 0V，那么 A、B 点电压分别是 $+U_d/2$、$-U_d/2$。下面以 U 点电压变化为例来说明电平变化原理。

当可关断晶闸管 VT11、VT12 导通，VT41、VT42 关断时，U 点通过 VT11、VT12 与 A 点连通，U、E 点之间的电压等于 $U_d/2$。当 VT41、VT42 导通，VT11、VT12 关断时，U 点通过 VT41、VT42 与 B 点连通，U、E 点之间的电压等于 $-U_d/2$。当 VT11、VT42 关断时，VT12、VT41 门极的脉冲为高电平，如果先前流过 L1 的电流是由左往右的，则 VT11 关断后 L1 会产生左负右正的电动势，L1 左负电压经 R1 使 VT12、VD1 导通，U 点电压与 E 点电压相等，即 U、E 点之间的电压为 0；在 VT11、VT42 关断时，如果先前流过 L1 的电流是由右往左的，则 VT42 关断后 L1 会产生左正右负的电动势，L1 左正电压经 R1 使 VT41、

VD4 导通，U 点电压与 E 点电压相等，即 U、E 点之间的电压为 0。

综上所述，U 点有三种电平（即 U 点与 E 点之间的电压大小）：$+U_d/2$，0，$-U_d/2$。同样，V、W 点也分别有这三种电平，那么 U、V 点（或 U、W 点，或 V、W 点）之间的电压就有$+U_d$、$+U_d/2$、0、$-U_d/2$、$-U_d$ 五种，如 U 点电平为$+U_d/2$、V 点电平为$-U_d/2$ 时，U、V 点之间的电压变为$+U_d$。这样加到任意两相负载两端的电压（U_{UV}、U_{UW}、U_{VW}）变化就接近正弦波，这种变化的电压中谐波成分大大减少，有利于负载稳定工作。

13.4 PWM 控制技术

PWM 全称为 Pulse Width Modulation，意为脉冲宽度调制。PWM 控制就是对脉冲宽度进行调制，以得到一系列宽度变化的脉冲，再用这些脉冲来代替所需的信号（如正弦波）。

13.4.1 PWM 控制的基本原理

1. 面积等效原理

面积等效原理内容是：冲量相等（即面积相等）而形状不同的窄脉冲加在惯性环节（如电感）时，其效果基本相同。图 13-28 是三个形状不同但面积相等的窄脉冲信号电压，当它们加到如图 13-29 所示的 R、L 电路两端时，流过 R、L 元件的电流变化基本相同，因此对于 R、L 电路来说，这三个脉冲是等效的。

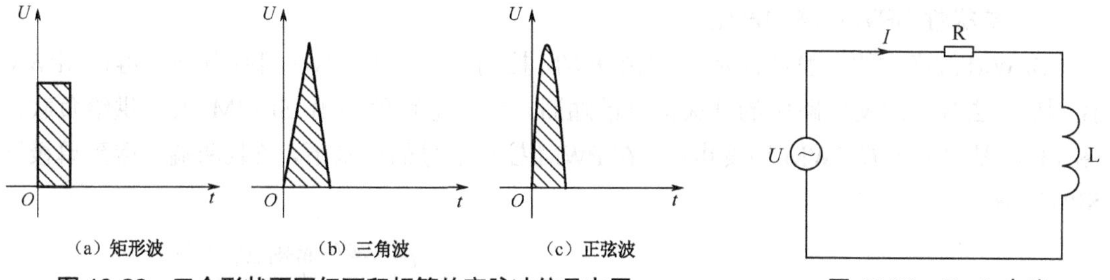

图 13-28　三个形状不同但面积相等的窄脉冲信号电压

图 13-29　R、L 电路

2. SPWM 控制原理

SPWM 意为正弦波（Sinusoidal）脉冲宽度调制。为了说明 SPWM 原理，可将图 13-30 所示的正弦波正半周分成 N 等份，那么该正弦波可以看成是由宽度相同、幅度变化的一系列连续的脉冲组成，这些脉冲的幅度按正弦规律变化，根据面积等效原理，这些脉冲可以用一系列矩形脉冲来代替，这些矩形脉冲的面积要求与对应正弦波部分相等，且矩形脉冲的中点与对应正弦波部分的中点重合。同样道理，正弦波负半周也可用一系列负的矩形脉冲来代替。这种**脉冲宽度按正弦规律变化且和正弦波等效的 PWM 波形称为 SPWM 波形。**PWM 波形还有其他一些类型，但在变频器中最常见的就是 SPWM 波形。

要得到 SPWM 脉冲，最简单的方法是采用图 13-31 所示的电路，通过控制开关 S 的通断，在 B 点可以得到图 13-30 所示的 SPWM 脉冲 U_B，该脉冲加到 R、L 电路两端，流过 R、L 电路的电流为 I，该电流与正弦波 U_A 加到 R、L 电路时流过的电流是近似相同的。也就是说，对于R、L电路来说，虽然加到两端的U_A和U_B信号波形不同，但流过的电流是近似相同的。

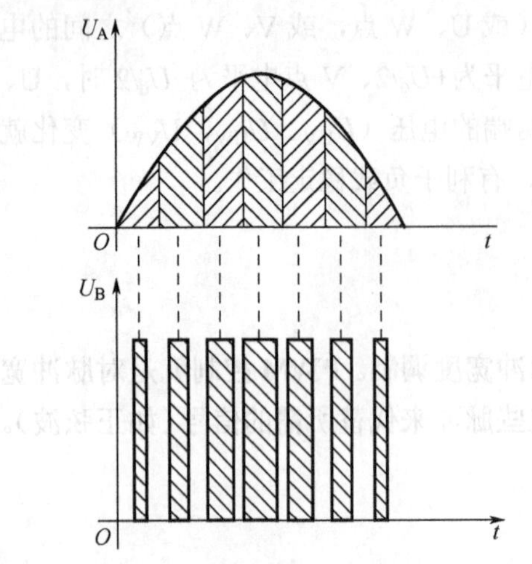

图13-30　正弦波按面积等效原理转换成SPWM脉冲

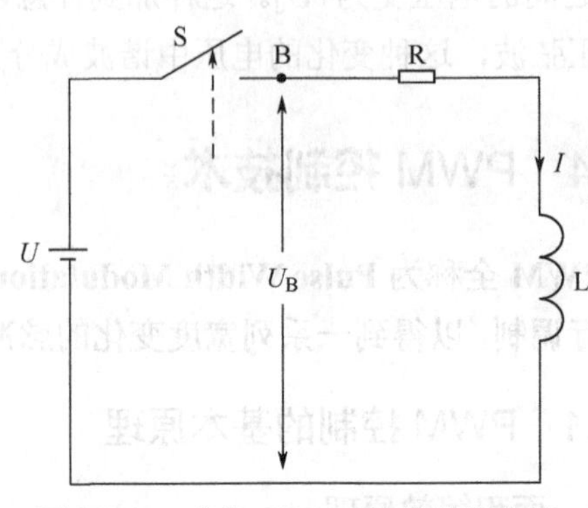

图13-31　产生SPWM波的简易电路

13.4.2　SPWM波的产生

SPWM波作用于感性负载与正弦波直接作用于感性负载的效果是一样的。**SPWM波有两种形式：单极性SPWM波和双极性SPWM波。**

1. 单极性SPWM波的产生

SPWM波产生的一般过程是：首先由PWM控制电路产生SPWM控制信号，再让SPWM控制信号去控制逆变电路中的开关器件的通断，逆变电路就输出SPWM波提供给负载。图13-32是单相桥式PWM逆变电路，在PWM控制信号的控制下，负载两端会得到单极性SPWM波。

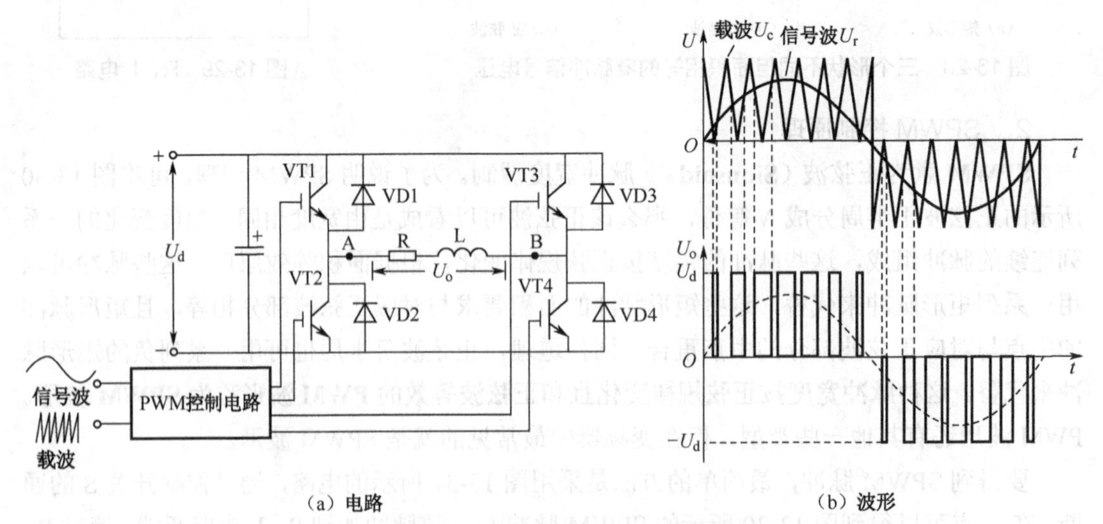

图13-32　采用单相桥式PWM逆变电路产生单极性SPWM波

单极性SPWM波的产生过程说明如下：

信号波（正弦波）和载波（三角波）送入 PWM 控制电路，该电路会产生 PWM 控制信号送到逆变电路的各个 IGBT 的栅极，控制它们的通断。

在信号波 U_r 为正半周时，载波 U_c 始终为正极性（即电压始终大于 0）。在 U_r 为正半周时，PWM 控制信号使 VT1 始终导通，VT2 始终关断。

当 $U_r>U_c$ 时，VT4 导通，VT3 关断，A 点通过 VT1 与 U_d 正端连接，B 点通过 VT4 与 U_d 负端连接，如图 13-32（b）所示，R、L 两端的电压 $U_o=U_d$；当 $U_r<U_c$ 时，VT4 关断，流过 L 的电流突然变小，L 马上产生左负右正的电动势，该电动势使 VD3 导通，电动势通过 VD3、VT1 构成回路续流，由于 VD3 导通，B 点通过 VD3 与 U_d 正端连接，$U_A=U_B$，R、L 两端的电压 $U_o=0$。

在信号波 U_r 为负半周时，载波 U_c 始终为负极性（即电压始终小于 0）。在 U_r 为负半周时，PWM 控制信号使 VT1 始终关断，VT2 始终导通。

当 $U_r<U_c$ 时，VT3 导通，VT4 关断，A 点通过 VT2 与 U_d 负端连接，B 点通过 VT3 与 U_d 正端连接，R、L 两端的电压极性为左负右正，即 $U_o=-U_d$；当 $U_r>U_c$ 时，VT3 关断，流过 L 的电流突然变小，L 马上产生左正右负的电动势，该电动势使 VD4 导通，电动势通过 VT2、VD4 构成回路续流，由于 VD4 导通，B 点通过 VD4 与 U_d 负端连接，$U_A=U_B$，R、L 两端的电压 $U_o=0$。

从图 13-32（b）中可以看出，在信号波 U_r 半个周期内，载波 U_c 只有一种极性变化，并且得到的 SPWM 波也只有一种极性变化，这种控制方式称为单极性 PWM 控制方式，由这种方式得到的 SPWM 波称为单极性 SPWM 波。

2．双极性 SPWM 波的产生

双极性 SPWM 波也可以由单相桥式 PWM 逆变电路产生。双极性 SPWM 波如图 13-33 所示。下面以图 13-32 所示的单相桥式 PWM 逆变电路为例来说明双极性 SPWM 波的产生。

要让单相桥式 PWM 逆变电路产生双极性 SPWM 波，PWM 控制电路须产生相应的 PWM 控制信号去控制逆变电路的开关器件。

当 $U_r<U_c$ 时，VT3、VT2 导通，VT1、VT4 关断，A 点通过 VT2 与 U_d 负端连接，B 点通过 VT3 与 U_d 正端连接，R、L 两端的电压 $U_o=-U_d$。

当 $U_r>U_c$ 时，VT1、VT4 导通，VT2、VT3 关断，A 点通过 VT1 与 U_d 正端连接，B 点通过 VT4 与 U_d 正端连接，R、L 两端的电压 $U_o=U_d$。在此期间，由于流过 L 的电流突然改变，L 会产生左正右负的电动势，该电动势使续流二极管 VD1、VD4 导通，对直流侧的电容充电，进行能量的回馈。

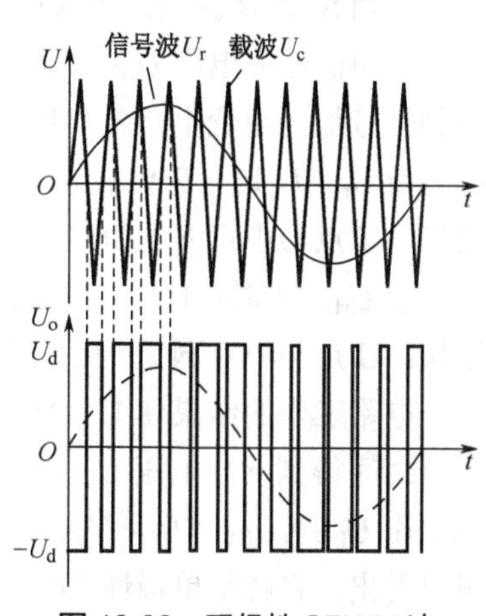

图 13-33　双极性 SPWM 波

R、L 上得到的 PWM 波形如图 13-32 所示的 U_o 电压，在信号波 U_r 半个周期内，载波 U_c 的极性有正、负两种变化，并且得到的 SPWM 波也有两个极性变化，这种控制方式称为双极性 PWM 控制方式，由这种方式得到的 SPWM 波称为双极性 SPWM 波。

3. 三相 SPWM 波的产生

单极性 SPWM 波和双极性 SPWM 波用来驱动单相电动机，三相 SPWM 波则用来驱动三相异步电动机。图 13-34 所示是三相桥式 PWM 逆变电路，可以产生三相 SPWM 波。图中，电容 C1、C2 容量相等，它们将 U_d 电压分成相等的两部分，N′为中点，C1、C2 两端的电压均为 $U_d/2$。

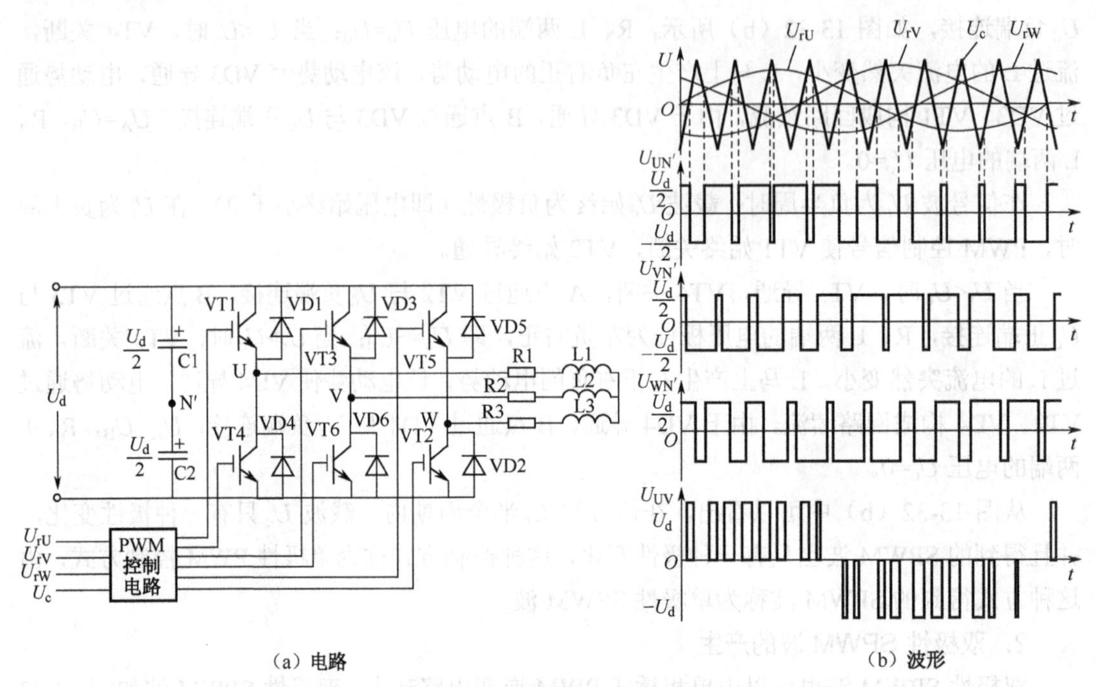

（a）电路　　　（b）波形

图 13-34　三相桥式 PWM 逆变电路产生三相 SPWM 波

三相 SPWM 波的产生说明如下（以 U 相为例）：

三相信号波电压 U_{rU}、U_{rV}、U_{rW} 和载波电压 U_c 送到 PWM 控制电路，该电路产生 PWM 控制信号加到逆变电路各 IGBT 的栅极，控制它们的通断。

当 $U_{rU}>U_c$ 时，PWM 控制信号使 VT1 导通、VT4 关断，U 点通过 VT1 与 U_d 正端直接连接，U 点与中点 N′之间的电压 $U_{UN'}=U_d/2$。

当 $U_{rU}<U_c$ 时，PWM 控制信号使 VT1 关断、VT4 导通，U 点通过 VT4 与 U_d 负端直接连接，U 点与中点 N′之间的电压 $U_{UN'}=-U_d/2$。

电路工作的结果使 U、N′两点之间得到图 13-34（b）所示的脉冲电压 $U_{UN'}$，在 V、N′两点之间得到脉冲电压 $U_{VN'}$，在 W、N′两点之间得到脉冲电压 $U_{WN'}$，在 U、V 两点之间得到电压 U_{UV}（$U_{UV}=U_{UN'}-U_{VN'}$），U_{UV} 实际上就是加到 L1、L2 两绕组之间的电压，从波形图可以看出，它就是单极性 SPWM 波。同样，在 U、W 两点之间得到电压为 U_{UW}，在 V、W 两点之间得到电压为 U_{VW}，它们都为单极性 SPWM 波。这里的 U_{UW}、U_{UV}、U_{VW} 就称为三相 SPWM 波。

13.4.3　PWM 控制方式

PWM 控制电路的功能是产生 PWM 控制信号去控制逆变电路，使之产生 SPWM 波提供给负载。为了使逆变电路产生的 SPWM 波合乎要求，通常的做法是将正弦波作为参考信号送给 PWM 控制电路，PWM 控制电路对该信号处理后形成相应的 PWM 控制信号去控制逆变电路，让逆变电路产生与参考信号等效的 SPWM 波。

根据 PWM 控制电路对参考信号处理方法的不同，可分为计算法、调制法和跟踪控制法等。

1．计算法

计算法是指 PWM 控制电路的计算电路根据参考正弦波的频率、幅值和半个周期内的脉冲数，计算 SPWM 脉冲的宽度和间隔后，输出相应的 PWM 控制信号去控制逆变电路，让其产生与参考正弦波等效的 SPWM 波。采用计算法的 PWM 电路如图 13-35 所示。

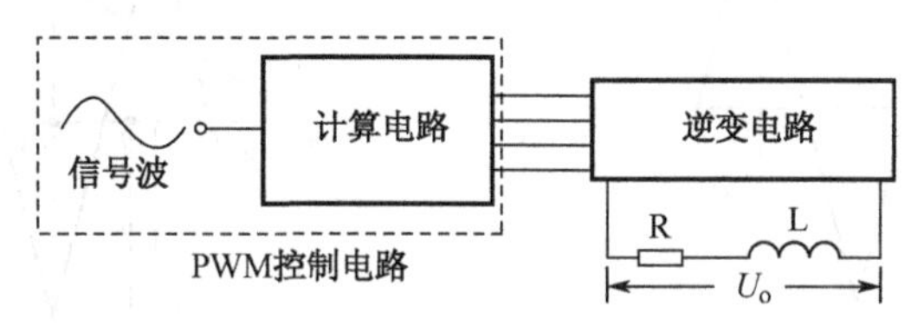

图 13-35　采用计算法的 PWM 电路

计算法是一种较烦琐的方法，故 PWM 控制电路较少采用这种方法。

2．调制法

调制法是指以参考正弦波作为调制信号，以等腰三角波作为载波信号，将正弦波调制成三角波来得到相应的 PWM 控制信号，再控制逆变电路产生与参考正弦波一致的 SPWM 波供给负载。采用调制法的 PWM 电路如图 13-36 所示。

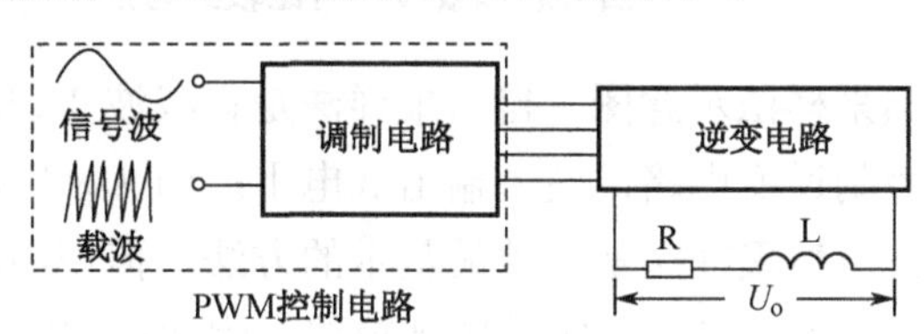

图 13-36　采用调制法的 PWM 电路

调制法中的载波频率 f_c 与信号波频率 f_r 之比称为载波比，记作 $N=f_c/f_r$。**根据载波和信号波是否同步及载波比的变化情况，调制法又可分为异步调制和同步调制。**

（1）异步调制

异步调制是指载波频率和信号波不保持同步的调制方式。在异步调制时，通常保持载波频率 f_c 不变，当信号波频率 f_r 发生变化时，载波比 N 也会随之变化。

在信号波频率较低时，载波比 N 增大，在信号半个周期内形成的 PWM 脉冲个数很多，载波频率不变，信号频率变低（周期变长），半个周期内形成的 SPWM 脉冲个数增多，SPWM 的效果越接近正弦波；反之，信号波频率较高时形成的 SPWM 脉冲个数少，如果信号波频率高且出现正、负不对称，那么形成的 SPWM 波与正弦波偏差较大。

异步调制适用于信号频率较低、载波频率较高（即载波比 N 较大）的 PWM 电路。

（2）同步调制

同步调制是指载波频率和信号波保持同步的调制方式。在同步调制时，载波频率 f_c 和信号波频率 f_r 会同时发生变化，而载波比 N 保持不变。由于载波比不变，所以在一个周期内形成的 SPWM 脉冲的个数是固定的，等效正弦波对称性较好。在三相 PWM 逆变电路中，通常共用一个三角载波，并且让载波比 N 固定取 3 的整数倍，这样会使输出的三相 SPWM 波严格对称。

在进行异步调制或同步调制时，要求将信号波和载波进行比较，采用的方法主要有自然采样法和规则采样法。自然采样法和规则采样法如图 13-37 所示。

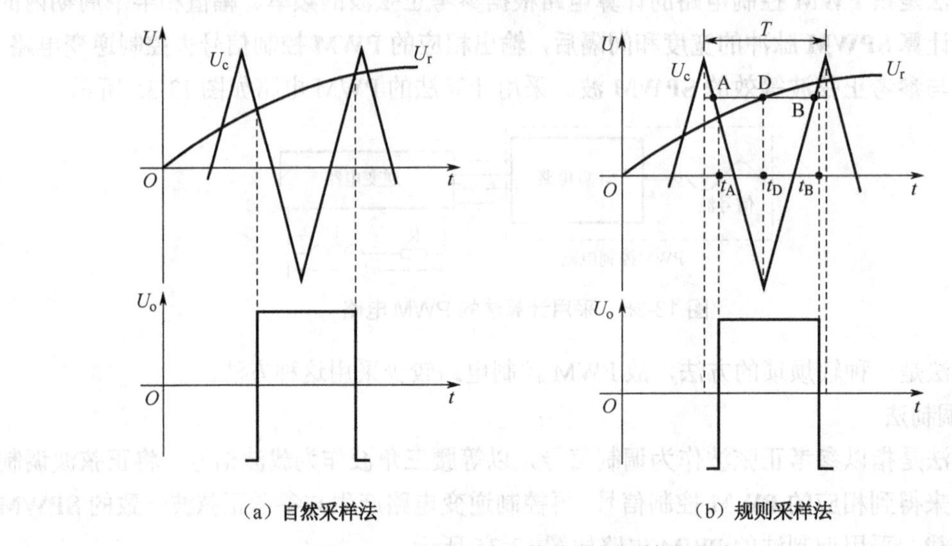

（a）自然采样法　　（b）规则采样法

图 13-37　信号波和载波进行比较的方法

图 13-37（a）为自然采样法示意图。自然采样法是将载波 U_c 与信号波 U_r 进行比较，当 $U_c>U_r$ 时，调制电路控制逆变电路，使之输出低电平；当 $U_c<U_r$ 时，调制电路控制逆变电路，使之输出高电平。自然采样法是一种最基本的方法，但使用这种方法要求电路进行复杂的运算，这样会花费较多的时间，实时控制较差，因此在实际中较少采用这种方法。

图 13-37（b）为规则采样法示意图。规则采样法是以三角载波的两个正峰之间为一个采样周期，以负峰作为采样点对信号波进行采样而得到 D 点，再过 D 点作一条水平线和三角载波相交于 A、B 两点，在 A、B 点的 $t_A \sim t_B$ 期间，调制电路会控制逆变电路，使之输出高电平。规则采样法的效果与自然采样法接近，但计算量很少，在实际中这种方法采用较广泛。

3．跟踪控制法

跟踪控制法是将参考信号与负载反馈过来的信号进行比较，再根据两者的偏差来形成 PWM 控制信号来控制逆变电路，使之产生与参考信号一致的 SPWM 波。跟踪控制法可分为滞环比较式和三角波比较式。

（1）滞环比较式

采用滞环比较式跟踪法的 PWM 控制电路要采用滞环比较器。根据反馈信号的类型不同，滞环比较式可分为电流型滞环比较式和电压型滞环比较式。

① 电流型滞环比较式。图 13-38 是单相电流型滞环比较式跟踪控制 PWM 逆变电路。该方式是将参考信号电流 I_r 与逆变电路输出端反馈过来的反馈信号电流 I_f 相减，再将两者的偏差 I_r-I_f 输入滞环比较器，滞环比较器会输出相应的 PWM 控制信号，控制逆变电路开关器件的通断，使输出反馈电流 I_f 与 I_r 误差减小，I_f 与 I_r 误差越小，表明逆变电路输出电流与参考电流越接近。

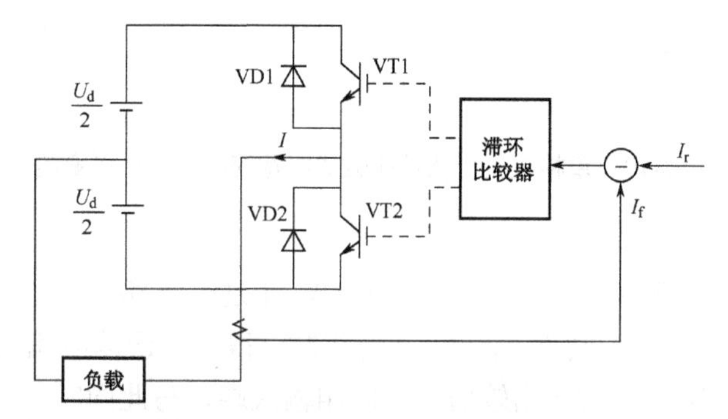

图 13-38　单相电流型滞环比较式跟踪控制 PWM 逆变电路

图 13-39 是三相电流型滞环比较式跟踪控制 PWM 逆变电路。该电路有 I_{Ur}、I_{Vr}、I_{Wr} 三个参考信号电流，它们分别与反馈信号电流 I_{Uf}、I_{Vf}、I_{Wf} 相减，再将两者的偏差输入各自的滞环比较器，各滞环比较器会输出相应的 PWM 控制信号，控制逆变电路开关器件的通断，使各自输出的反馈电流朝着与参考电流误差减小的方向变化。

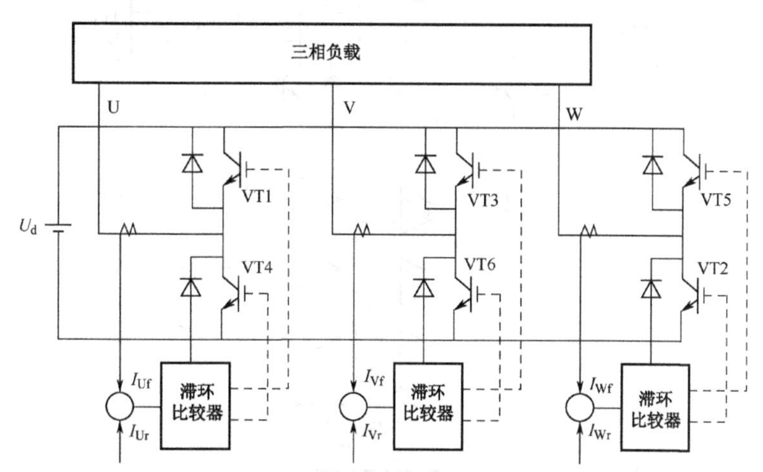

图 13-39　三相电流型滞环比较式跟踪控制 PWM 逆变电路

采用电流型滞环比较式跟踪控制的 PWM 电路的主要特点有：电路简单；控制响应快，适合实时控制；由于未用到载波，故输出电压波形中固定频率的谐波成分少；与调制法和计算法相比，相同开关频率时输出电流中高次谐波成分较多。

② 电压型滞环比较式。图 13-40 是单相电压型滞环比较式跟踪控制 PWM 逆变电路。从图中可以看出，电压型滞环比较式与电流型的不同主要在于参考信号和反馈信号都由电流换成了电压；另外，在滞环比较器前增加了滤波器，用来滤除减法器输出误差信号中的

高次谐波成分。

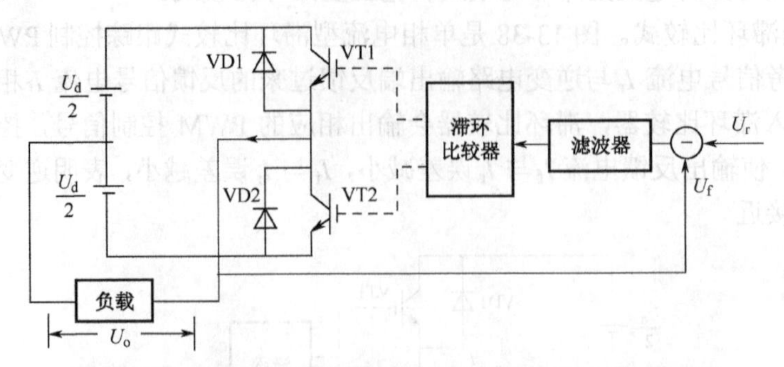

图 13-40　单相电压型滞环比较式跟踪控制 PWM 逆变电路

（2）三角波比较式

图 13-41 是三相三角波比较式电流跟踪型 PWM 逆变电路。在电路中，三个参考信号电流 I_{Ur}、I_{Vr}、I_{Wr} 与反馈信号电流 I_{Uf}、I_{Vf}、I_{Wf} 相减，得到的误差电流先由放大器 A 进行放大，然后再送到运算放大器 C（比较器）的同相输入端，与此同时，三相三角波发生电路产生三相三角波送到三个运算放大器的反相输入端，各误差信号与各自的三角波进行比较后输出相应的 PWM 控制信号，去控制逆变电路相应的开关器件通断，使各相输出反馈电流朝着与该相参考电流误差减小的方向变化。

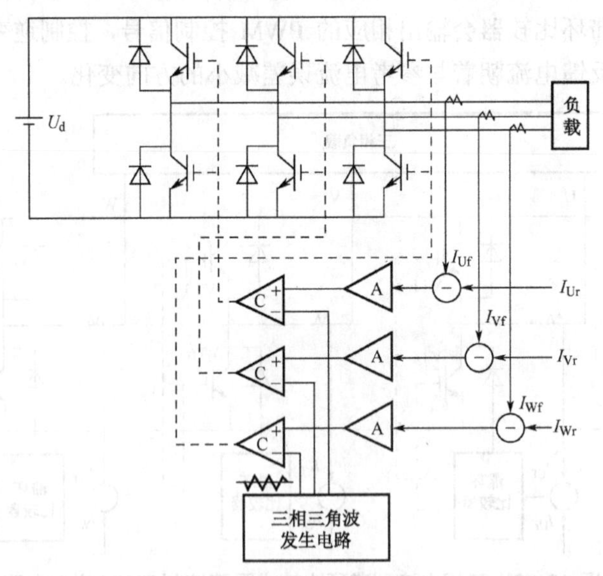

图 13-41　三相三角波比较式电流跟踪型 PWM 逆变电路

13.4.4　PWM 整流电路

目前广泛应用的整流电路主要有二极管整流和晶闸管可控整流，二极管整流电路简单，但无法对整流进行控制；晶闸管可控整流虽然可对整流进行控制，但功率因数低（即电能利用率低），且工作时易引起电网电源波形畸变，对电网其他用电设备会产生不良影响。**PWM 整流电路是一种可控整流电路，它的功率因数很高，且工作时不会对电网产生污染，**

因此 PWM 整流电路在电力电子设备中的应用越来越广泛。

PWM 整流电路可分为电压型和电流型，但广泛应用的主要是电压型。电压型 PWM 整流电路有单相和三相之分。

1．单相电压型 PWM 整流电路

单相电压型 PWM 整流电路如图 13-42 所示，图中 L 为电感量较大的电感，R 为电感和交流电压 U_i 的直流电阻，VT1～VT4 为 IGBT，其导通、关断受 PWM 控制电路（图中未画出）送来的控制信号控制。

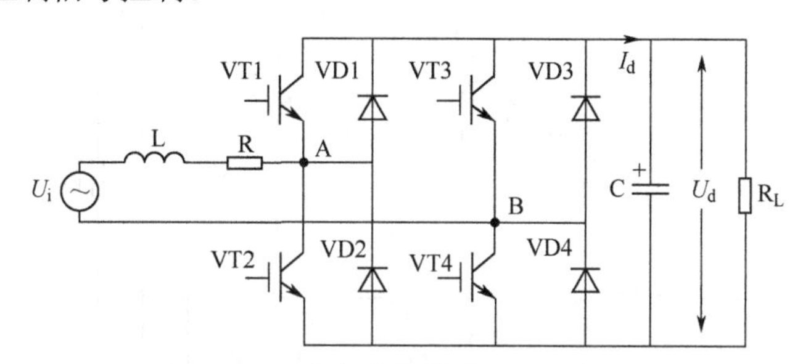

图 13-42　单相电压型 PWM 整流电路

电路工作过程说明如下：

当交流电压 U_i 极性为上正下负时，PWM 控制信号使 VT2、VT3 导通，电路中有电流产生，电流途径是：

VD1→VT3
U_i上正→L、R→A点 ⟨ ⟩→B点→U_i下负
VT2→VD4

电流在流经 L 时，L 产生左正右负的电动势阻碍电流，同时 L 储存能量。VT2、VT3 关断后，流过 L 的电流突然变小，L 马上产生左负右正的电动势，该电动势与上正下负的交流电压 U_i 叠加对电容 C 充电，充电途径是：L 右正→R→A 点→VD1→C→VD4→B 点→U_i 下负，在 C 上充得上正下负的电压。

当交流电压 U_i 的极性为上负下正时，PWM 控制信号使 VT1、VT4 导通，电路中有电流产生，电流途径是：

VD3→VT1
U_i下正→B点 ⟨ ⟩→A点→R、L→U_i上负
VT4→VD2

电流在流经 L 时，L 产生左负右正的电动势阻碍电流，同时 L 储存能量。VT1、VT4 关断后，流过 L 的电流突然变小，L 马上产生左正右负的电动势，该电动势与上负下正的交流电压 U_i 叠加对电容 C 充电，充电途径是：U_i 下正→B 点→VD3→C→VD2→A 点→L 右负，在 C 上充得上正下负的电压。

在交流电压正负半周期内，电容 C 上充得上正下负的电压 U_d，该电压为直流电压，它供给负载 R_L。从电路工作过程可知，在交流电压半个周期中的前一段时间内，有两个 IGBT 同时导通，电感 L 储存电能；在后一段时间内这两个 IGBT 关断，输入交流电压与电感释放电能量产生的电动势叠加对电容充电，因此电容上得到的电压 U_d 会高于输入端的交流电

压 U_i，故电压型 PWM 整流电路是升压型整流电路。

2．三相电压型 PWM 整流电路

三相电压型 PWM 整流电路如图 13-43 所示。U_1、U_2、U_3 为三相交流电压，L1、L2、L3 为储能电感（电感量较大的电感），R1、R2、R3 为储能电感和交流电压内阻的等效电阻。三相电压型 PWM 整流电路工作原理与单相电压型 PWM 整流电路基本相同，只是从单相扩展到三相，电路工作的结果是在电容 C 上得到上正下负的直流电压 U_d。

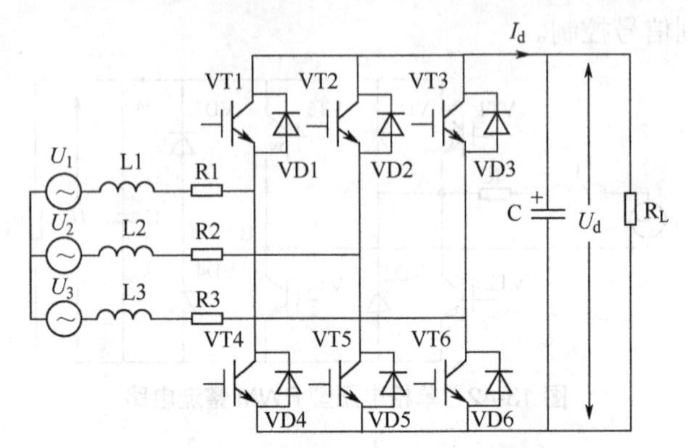

图 13-43　三相电压型 PWM 整流电路

13.5　交流调压电路

交流调压电路是一种能调节交流电压有效值大小的电路。交流调压电路种类较多，常见的有单向晶闸管交流调压电路、双向晶闸管交流调压电路、脉冲控制交流调压电路和三相交流调压电路等。

13.5.1　单向晶闸管交流调压电路

单向晶闸管交流调压电路主要由单向晶闸管和单结晶管构成。

1．单结晶管

（1）外形与结构

单结晶管又称双基极二极管，除有一个发射极 E 外，还有两个基极 B1、B2。单结晶管的外形、符号、结构和等效图如图 13-44 所示。

单结晶管的制作方法是：在一块高阻率的 N 型半导体基片的两端各引出一个铝电极，如图 13-44（b）所示，分别称作第一基极 B1 和第二基极 B2，然后在 N 型半导体基片一侧埋入 P 型半导体，在两种半导体的结合部位就形成了一个 PN 结，再在 P 型半导体端引出一个电极，称为发射极 E。

单结晶管的等效图如图 13-44（d）所示。单结晶管 B1、B2 极之间为高阻率的 N 型半导体，故两极之间的电阻 R_{BB} 较大（4～12kΩ）。以 PN 结为中心，将 N 型半导体分作两部分，PN 结与 B1 极之间的电阻用 R_{B1} 表示，PN 结与 B2 极之间的电阻用 R_{B2} 表示，$R_{BB}=R_{B1}+R_{B2}$；E 极与 N 型半导体之间的 PN 结可等效为一个二极管，用 VD 表示。

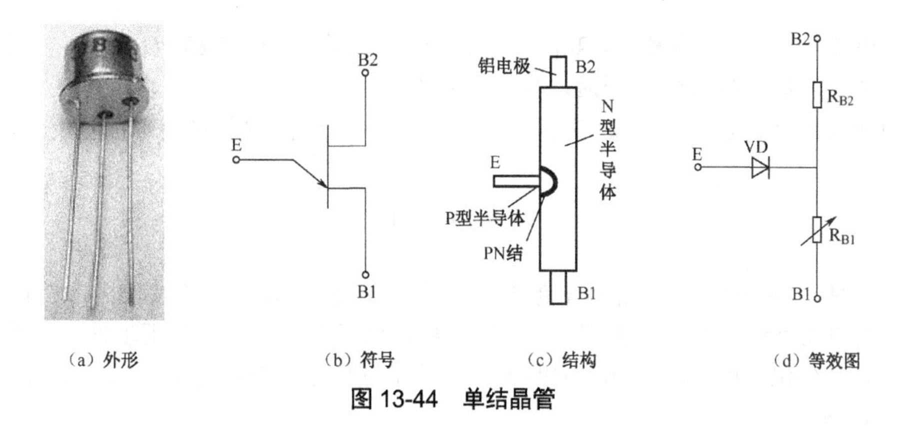

（a）外形　（b）符号　（c）结构　（d）等效图

图 13-44　单结晶管

（2）工作原理

为了说明单结晶管的工作原理，在发射极 E 和第一基极 B1 之间加 U_E 电压，在第二基极 B2 和第一基极 B1 之间加 U_{BB} 电压，具体如图 13-45（a）所示。下面分几种情况来分析单结晶管的工作原理。

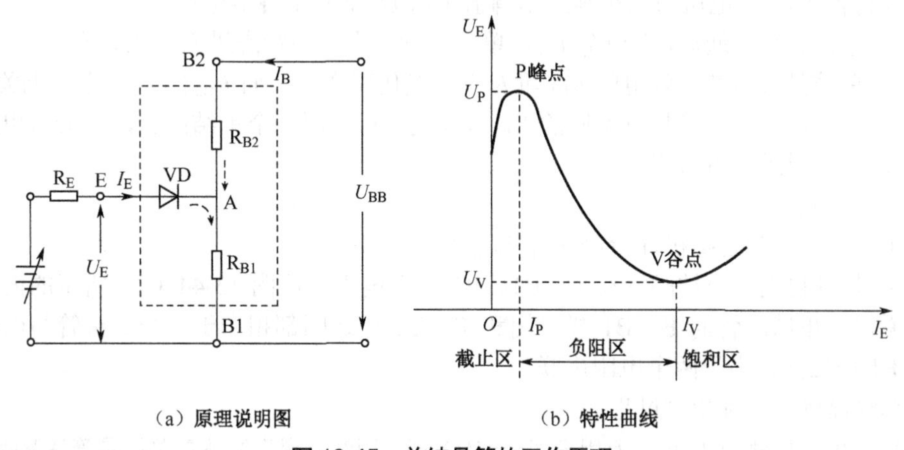

（a）原理说明图　（b）特性曲线

图 13-45　单结晶管的工作原理

① 当 U_E=0 时，单结晶管内部的 PN 结截止，由于 B2、B1 之间加有 U_{BB} 电压，有 I_B 电流流过 R_{B2} 和 R_{B1}，这两个等效电阻上都有电压，分别是 U_{RB2} 和 U_{RB1}，从图中不难看出，U_{RB1} 与 U_{BB} 之比等于 R_{B1} 与（R_{B1}+R_{B2}）之比，即

$$\frac{U_{RB1}}{U_{BB}}=\frac{R_{R1}}{R_{B1}+R_{B2}}$$

$$U_{RB1}=U_{BB}\frac{R_{R1}}{R_{B1}+R_{B2}}$$

式中，$\frac{R_{B1}}{R_{B1}+R_{B2}}$ 称为单结晶管的分压系数（或称分压比），常用 η 表示，不同单结晶管的 η 有所不同，η 通常在 0.3～0.9 之间。

② 当 $0<U_E<U_{VD}+U_{RB1}$ 时，由于 U_E 电压小于 PN 结的导通电压 U_{VD} 与 R_{B1} 上的电压 U_{RB1} 之和，所以仍无法使 PN 结导通。

③ 当 $U_E=U_{VD}+U_{RB1}=U_P$ 时，PN 结导通，有 I_E 电流流过 R_{B1}，由于 R_{B1} 呈负阻性，流

过 R_{B1} 的电流增大，其阻值减小，R_{B1} 上的电压 U_{RB1} 也减小，根据 $U_E=U_{VD}+U_{RB1}$ 可知，U_{RB1} 减小会使 U_E 也减小（PN 结导通后，其 U_{VD} 基本不变）。

I_E 的增大使 R_{B1} 变小，而 R_{B1} 变小又会使 I_E 进一步增大，这样就会形成正反馈，其过程如下：

$$I_E\uparrow \rightarrow R_{B1}\downarrow$$

正反馈使 I_E 越来越大，R_{B1} 越来越小，U_E 电压也越来越低，该过程如图 13-45（b）中的 P～V 点曲线所示。当 I_E 增大到一定值时，R_{B1} 开始增大，R_{B1} 又呈正阻性，U_E 电压开始缓慢回升，其变化如图 13-45（b）中的 V 点右方曲线所示。若此时 $U_E<U_V$，单结晶管又会进入截止状态。

单结晶管具有以下特点：

① 当发射极 U_E 电压小于峰值电压 U_P（也即小于 $U_{VD}+U_{RB1}$）时，单结晶管 E、B1 极之间不能导通。

② 当发射极 U_E 电压等于峰值电压 U_P 时，单结晶管 E、B1 极之间导通，两极之间的电阻变得很小，U_E 电压的大小马上由峰值电压 U_P 下降至谷值电压 U_V。

③ 单结晶管导通后，若 $U_E<U_V$，单结晶管会由导通状态进入截止状态。

④ 单结晶管内部等效电阻 R_{B1} 随 I_E 电流变化而变化，而 R_{B2} 则与 I_E 电流无关。

⑤ 不同的单结晶管具有不同的 U_P、U_V 值，对于同一个单结晶管，若 U_{BB} 电压变化，其 U_P、U_V 值也会发生变化。

（3）检测

单结晶管检测包括极性检测和好坏检测。

① 极性检测。单结晶管有 E、B1、B2 三个电极，从图 13-44（d）所示的内部等效图可以看出，单结晶管的 E、B1 极之间和 E、B2 极之间都相当于一个二极管与电阻串联，B2、B1 极之间相当于两个电阻串联。

单结晶管的极性检测过程如下：

第一步：检测出 E 极。万用表拨至×1kΩ 挡，用红、黑表笔测量单结晶管任意两极之间的阻值，每两极之间都正、反各测一次。若测得某两极之间的正、反向电阻相等或接近（阻值一般在 2kΩ 以上），则这两个电极就为 B1、B2 极，余下的电极为 E 极；若测得某两极之间的正、反向电阻出现一次阻值小，另一次为无穷大，则以阻值小的那次测量为准，黑表笔接的是 E 极，余下的两个电极是 B1、B2 极。

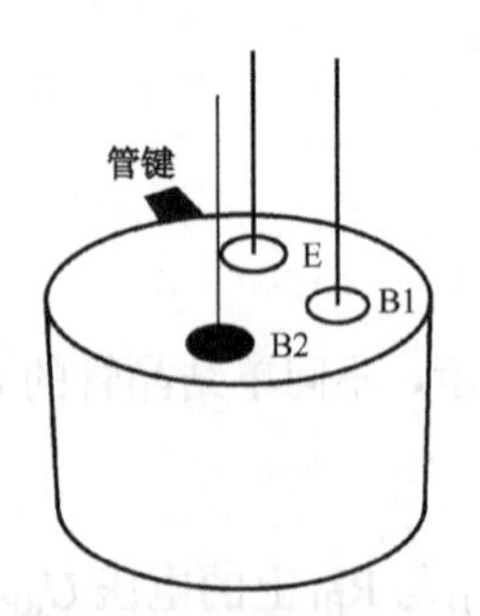

图 13-46　根据外形判断单结晶管的电极

第二步：检测出 B1、B2 极。万用表仍置于×1kΩ 挡，黑表笔接已判断出的 E 极，红表笔依次接另外两极，两次测得阻值会出现一大一小，以阻值小的那次为准，红表笔接的电极通常为 B1 极，余下的电极为 B2 极。由于不同型号单结晶管的 R_{B1}、R_{B2} 阻值会有所不同，因此这种检测 B1、B2 极的方法并不适合所有的单结晶管，如果在使用时发现单结晶管工作不理想，可将 B1、B2 极对换。

对于一些外形有规律的单结晶管，其电极也可以根据外形判断，具体如图 13-46 所示。将单结晶管引脚朝上，最接近管子管键（突出部分）的引脚为 E 极，按顺时针方向旋转依次为 B1、

B2 极。

② 好坏检测。单结晶管的好坏检测过程如下：

第一步：检测 E、B1 极和 E、B2 极之间的正、反向电阻。万用表拨至×1kΩ 挡，黑表笔接单结晶管的 E 极，红表笔依次接 B1、B2 极，测量 E、B1 极和 E、B2 极之间的正向电阻，正常时正向电阻较小；然后红表笔接 E 极，黑表笔依次接 B1、B2 极，测量 E、B1 极和 E、B2 极之间的反向电阻，正常时反向电阻为无穷大或接近无穷大。

第二步：检测 B1、B2 极之间的正、反向电阻。万用表拨至×1kΩ 挡，红、黑表笔分别接单结晶管的 B1、B2 极，正、反各测一次，正常时 B1、B2 极之间的正、反向电阻通常在 2～200kΩ 之间。

若测量结果与上述不符，则为单结晶管损坏或性能不良。

2. 单向晶闸管交流调压电路

单向晶闸管通常与单结晶管配合组成调压电路。单向晶闸管交流调压电路如图 13-47 所示。

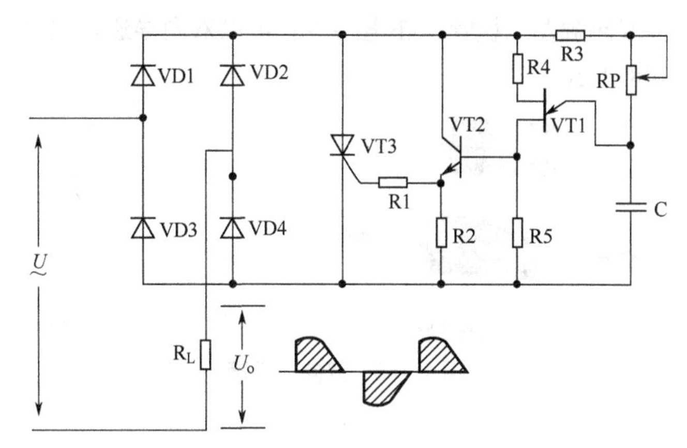

图 13-47　单向晶闸管交流调压电路

电路工作过程说明如下：

交流电压 U 与负载 R_L 串联接到桥式整流电路输入端。当交流电压为正半周时，U 电压的极性是上正下负，VD1、VD4 导通，有较小的电流对电容 C 充电，电流途径是：U 上正→VD1→R3→RP→C→VD4→R_L→U 下负。该电流对 C 充得上正下负的电压，随着充电的进行，C 上的电压逐渐上升，当电压达到单结晶管 VT1 的峰值电压时，VT1 的发射极 E 与第一基极 B1 之间马上导通，C 通过 VT1 的 EB1 极、R5 和 VT2 的发射结、R2 放电，放电电流使 VT2 的发射结导通，VT2 的集-射极之间也导通，VT2 发射极电压升高，该电压经 R1 加到晶闸管 VT3 的 G 极，VT3 导通。VT3 导通后，有大电流经 VD1、VT3、VD4 流过负载 R_L，在交流电压 U 过零时，流过 VT3 的电流为 0，VT3 关断。

当交流电压为负半周时，U 电压的极性是上负下正，VD2、VD3 导通，有较小的电流对电容 C 充电，电流途径是：U 下正→R_L→VD2→R3→RP→C→VD3→U 上负。该电流对 C 充得上正下负的电压，随着充电的进行，C 上的电压逐渐上升，当电压达到单结晶管 VT1 的峰值电压时，VT1 的 E、B1 极之间导通，C 由充电转为放电，使 VT2 导通，晶闸管 VT3

由截止转为导通。VT3 导通后，有大电流经 VD2、VT3、VD3 流过负载 R_L，在交流电压 U 过零时，流过 VT3 的电流为 0，VT3 关断。

从上面的分析可知，只有晶闸管导通时才有大电流流过负载，负载上才有电压，晶闸管导通时间越长，负载上的有效电压值越大。也就是说，只要改变晶闸管的导通时间，就可以调节负载上交流电压有效值的大小。调节电位器 RP 可以改变晶闸管的导通时间，例如，RP 滑动端上移，RP 阻值变大，对 C 充电电流减小，C 上电压升高到 VT1 的峰值电压所需时间延长，晶闸管 VT3 会维持较长的截止时间，导通时间相对缩短，负载上交流电压有效值减小。

13.5.2　双向晶闸管交流调压电路

双向晶闸管通常与双向二极管配合组成交流调压电路。

1. 双向二极管

（1）外形与符号

双向二极管又称双向触发二极管，在电路中它可以双向导通。双向二极管的实物外形和图形符号如图 13-48 所示。

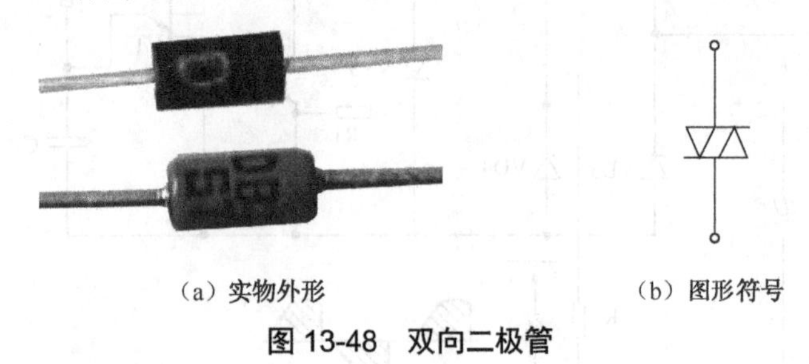

（a）实物外形　　（b）图形符号

图 13-48　双向二极管

（2）性质

普通二极管有单向导电性，而**双向二极管具有双向导电性**，但它的导通电压通常比较高。下面通过图 13-49 所示电路来说明双向二极管的性质。

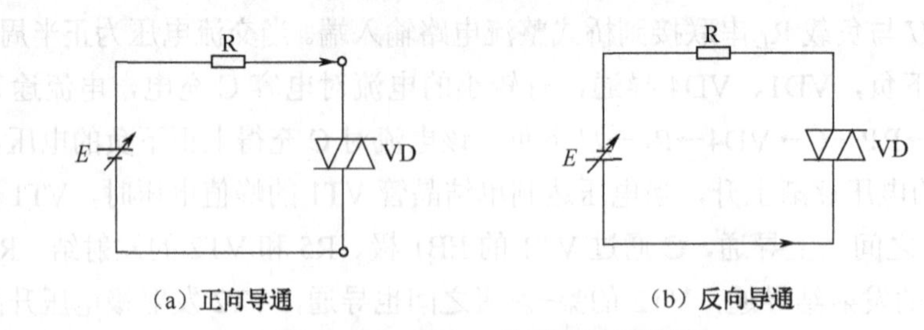

（a）正向导通　　（b）反向导通

图 13-49　双向二极管的性质说明

① 加正向电压。在图 13-49（a）电路中，将双向二极管 VD 与可调电源 E 连接起来。当电源电压较低时，VD 不能导通，随着电源电压的逐渐调高，当调到某一值时（如 30V），VD 马上导通，有从上向下的电流通过双向二极管。

② 加反向电压。在图 13-49（b）电路中，将电源的极性调换后再与双向二极管 VD 连

接起来。当电源电压较低时，VD 不能导通，随着电源电压的逐渐调高，当调到某一值时（如 30V），VD 马上导通，有从下向上的电流通过双向二极管。

综上所述，**不管加正向电压还是反向电压，只要电压达到一定值，双向二极管就能导通。**

（3）特性曲线

双向二极管的性质可用图 13-50 所示的曲线来表示，横坐标表示双向二极管两端的电压，纵坐标表示流过双向二极管的电流。

从图中可以看出，当触发二极管两端加正向电压时，如果两端电压低于 U_{B1}，流过的电流很小，双向二极管不能导通；一旦两端的正向电压达到 U_{B1}（称为触发电压），双向二极管马上导通，流过的电流增大，同时两端的电压会下降（低于 U_{B1}）。

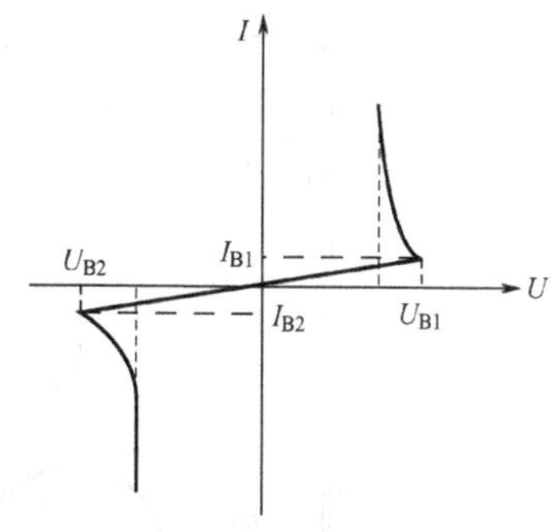

图 13-50　双向二极管特性曲线

同样，当触发二极管两端加反向电压时，在两端电压低于 U_{B2} 时不能导通，只有两端的反向电压达到 U_{B2} 时才能导通，导通后的双向二极管两端的电压会下降（低于 U_{B2}）。

从图中还可以看出，**双向二极管正、反向特性相同，具有对称性，故双向二极管极性没有正、负之分。**

双向二极管的触发电压较高，一般有 20～60V、100～150V 和 200～250V 三个等级，30V 左右最为常见。

（4）检测

双向二极管的检测包括好坏检测和触发电压检测。

① 好坏检测。万用表拨至×1kΩ 挡，测量双向二极管正、反向电阻，如图 13-51 所示。若双向二极管正常，正、反向电阻均为无穷大。若测得的正、反向电阻很小或为 0，说明双向二极管漏电或短路，不能使用。

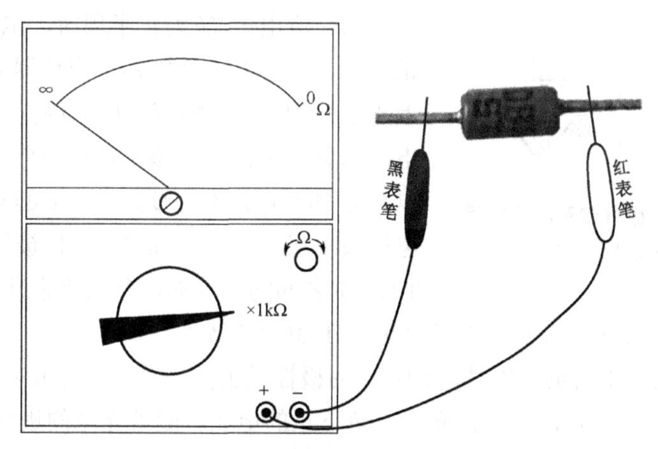

图 13-51　双向二极管好坏检测

② 触发电压检测。检测双向二极管的触发电压方法如下：

第一步：如图 13-52 所示，将双向二极管与电容、电阻和耐压大于 300V 的二极管接好，再与220V市电连接。

第二步：将万用表拨至直流50V挡，红、黑表笔分别接被测双向二极管的两极，然后观察表针位置，如果表针在表盘上摆动（时大时小），表针所指最大电压即为触发二极管的触发电压。图中表针指的最大值为30V，则触发二极管的触发电压值约为30V。

第三步：将双向二极管两极对调，再测两端电压，正常该电压值应与第二步测得的电压值相等或相近。两者差值越小，表明触发二极管对称性越好，即性能越好。

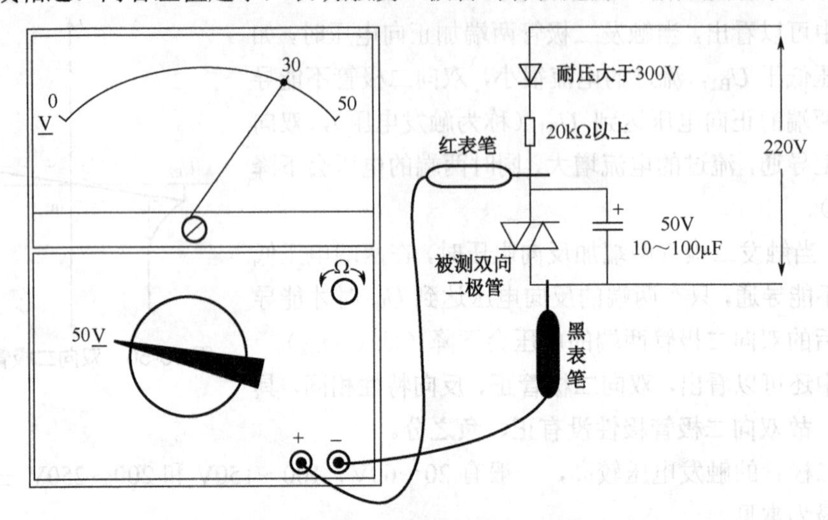

图13-52　双向二极管触发电压的检测

2. 双向晶闸管交流调压电路

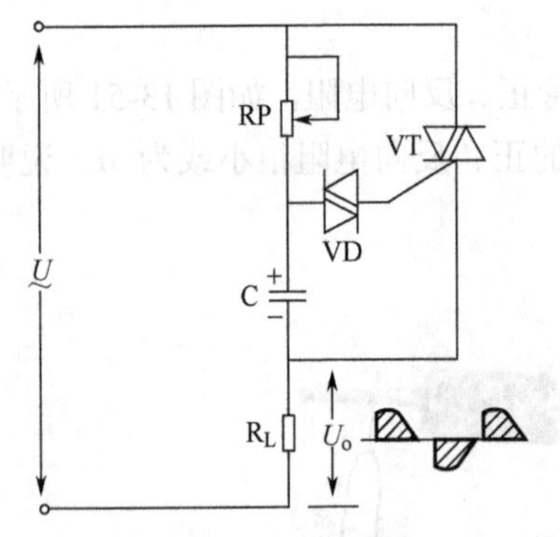

图13-53　由双向二极管和双向晶闸管构成的交流调压电路

图13-53是一种由双向二极管和双向晶闸管构成的交流调压电路。

电路工作过程说明如下：

当交流电压 U 为正半周时，电压 U 的极性是上正下负，该电压经负载 R_L、电位器RP对电容C充得上正下负的电压。随着充电的进行，当C的上正下负电压达到一定值时，该电压使双向二极管VD导通，电容C的正电压经VD送到VT的G极，VT的G极电压较主极T1的电压高，VT被正向触发，两主极T2、T1之间随之导通，有电流流过负载 R_L。在220V电压过零时，流过晶闸管VT的电流为0，VT由导通转入截止。

当220V交流电压为负半周时，电压 U 的极性是上负下正，该电压对电容C反向充电，先将上正下负的电压中和，然后再充得上负下正的电压。随着充电的进行，当C的上负下正电压达到一定值时，该电压使双向二极管VD导通，上负电压经VD送到VT的G极，VT的G极电压较主极T1电压低，VT被反向触发，两主极T1、T2之间随之导通，有电流流过负载 R_L。在220V电压过零时，VT由导通转入截止。

从上面的分析可知，只有在晶闸管导通期间，交流电压才能加到负载两端，晶闸管导通时间越短，负载两端得到的交流电压有效值越小，而调节电位器 RP 的值可以改变晶闸管导通时间，进而改变负载上的电压。例如，RP 滑动端下移，RP 阻值变小，220V 电压经 RP 对电容 C 充电的电流大，C 上的电压很快上升到使双向二极管导通的电压值，晶闸管导通提前，导通时间长，负载上得到的交流电压有效值高。

13.5.3　脉冲控制交流调压电路

脉冲控制交流调压电路由控制电路产生脉冲信号去控制电力电子器件，通过改变它们的通断时间来实现交流调压。常见的脉冲控制交流调压电路有双晶闸管交流调压电路和斩波式交流调压电路。

1. 双晶闸管交流调压电路

双晶闸管交流调压电路如图 13-54 所示，晶闸管 VT1、VT2 反向并联在电路中，其 G 极与控制电路连接，在工作时控制电路送控制脉冲控制 VT1、VT2 的通断，来调节输出电压 U_o。

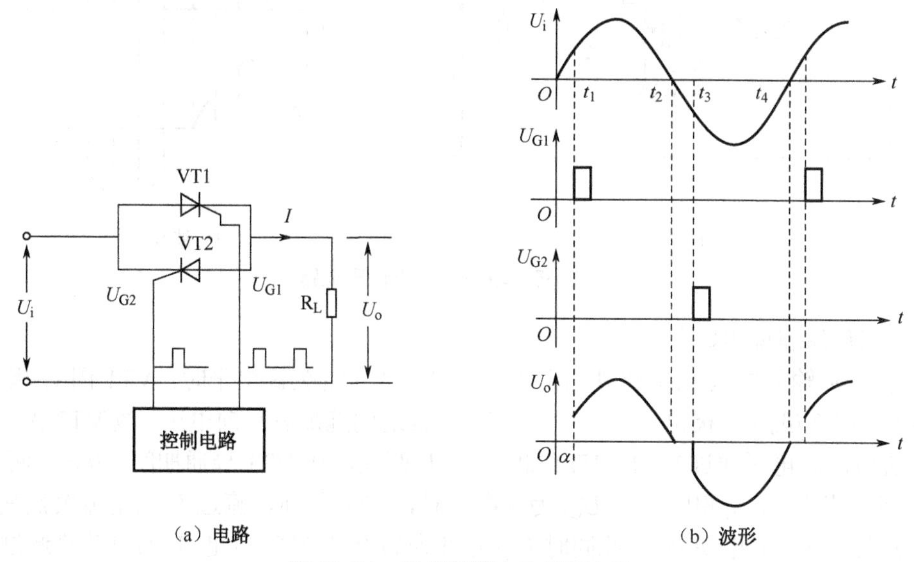

（a）电路　　（b）波形

图 13-54　双晶闸管交流调压电路

电路工作过程说明如下：

在 0～t_1 期间，交流电压 U_i 的极性是上正下负，VT1、VT2 的 G 极均无脉冲信号，VT1、VT2 关断，输出电压 U_o 为 0。

t_1 时刻，高电平脉冲送到 VT1 的 G 极，VT1 导通，输入电压 U_i 通过 VT1 加到负载 R_L 两端，在 t_1～t_2 期间，VT1 始终导通，输出电压 U_o 与输入电压 U_i 变化相同，即波形一致。

t_2 时刻，U_i 电压为 0，VT1 关断，U_o 也为 0，在 t_2～t_3 期间，U_i 的极性是上负下正，VT1、VT2 的 G 极均无脉冲信号，VT1、VT2 关断，U_o 仍为 0。

t_3 时刻，高电平脉冲送到 VT2 的 G 极，VT2 导通，U_i 通过 VT2 加到负载 R_L 两端，在 t_3～t_4 期间，VT2 始终导通，U_o 与 U_i 波形相同。

t_4时刻，U_i电压为 0，VT2 关断，U_o为 0。t_4时刻以后，电路会重复上述工作过程，结果在负载 R_L 两端得到图 13-54（b）所示的 U_o电压。图中交流调压电路中的控制脉冲 U_G相位落后于 U_i电压 α 角（$0\leqslant\alpha\leqslant\pi$），$\alpha$ 角越大，VT1、VT2 导通时间越短，负载上得到的电压 U_o有效值越低。也就是说，只要改变控制脉冲与输入电压的相位差 α，就能调节输出电压。

2．斩波式交流调压电路

斩波式交流调压电路如图 13-55 所示，该电路采用斩波的方式来调节输出电路，VT1、VT2 的通断受控制电路送来的 U_{G1} 脉冲控制，VT3、VT4 的通断受 U_{G2} 脉冲控制。

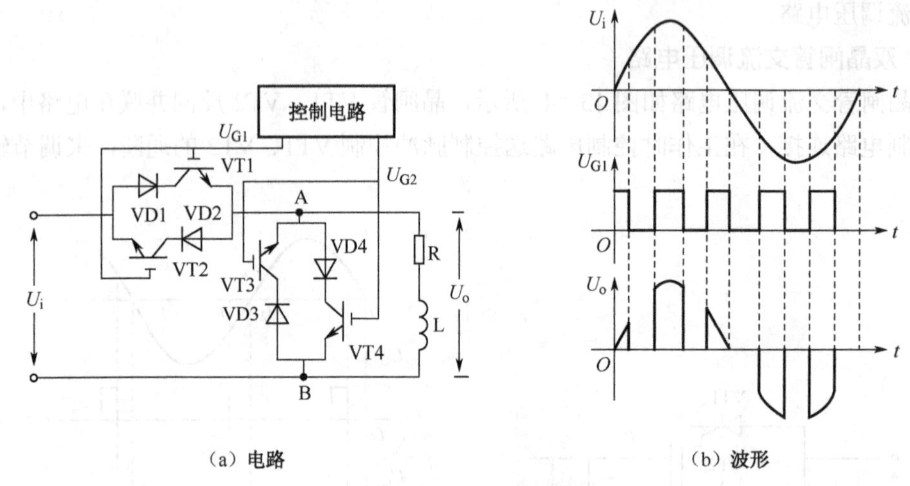

（a）电路　　（b）波形

图 13-55　斩波式交流调压电路

电路工作原理说明如下：

① 在交流输入电压 U_i的极性为上正下负时。当 U_{G1}为高电平时，VT1 因 G 极为高电平而导通，VT2 虽然 G 极也为高电平，但 C、E 极之间施加有反向电压，故 VT2 无法导通。VT1 导通后，U_i电压通过 VD1、VT1 加到 R、L 两端，在 VT1 导通期间，R、L 两端的电压 U_o大小、极性与 U_i相同。当 U_{G1}为低电平时，VT1 关断，流过 L 的电流突然变小，L 马上产生上负下正的电动势，与此同时 U_{G2}脉冲为高电平，VT3 导通，L 的电动势通过 VD3、VT3 进行续流，续流途径是：L 下正→VD3→VT3→R→L 上负。由于 VD3、VT3 处于导通状态，A、B 点相当于短路，故 R、L 两端的电压 U_o为 0。

② 在交流输入电压 U_i的极性为上负下正时。当 U_{G1}为高电平时，VT2 因 G 极为高电平而导通，VT1 因 C、E 极之间施加有反向电压，故 VT1 无法导通。VT2 导通后，U_i电压通过 VT2、VD2 加到 R、L 两端，在 VT2 导通期间，R、L 两端的电压 U_o大小、极性与 U_i相同。当 U_{G1}为低电平时，VT2 关断，流过 L 的电流突然变小，L 马上产生上正下负的电动势，与此同时 U_{G2}脉冲为高电平，VT4 导通，L 的电动势通过 VD4、VT4 进行续流，续流途径是：L 上正→R→VD4→VT4→L 下负。由于 VD4、VT4 处于导通状态，A、B 点相当于短路，故 R、L 两端的电压 U_o为 0。

通过控制脉冲来控制开关器件的通断，在负载上会得到图 13-55（b）所示的断续的交流电压 U_o，控制脉冲 U_{G1} 高电平持续时间越长，输出电压 U_o的有效值越大，即改变控制脉冲的宽度就能调节输出电压的大小。

13.5.4　三相交流调压电路

前面介绍的都是单相交流调压电路，**单相交流调压电路通过适当的组合可以构成三相交流调压电路。**图 13-56 是几种由晶闸管构成的三相交流调压电路，它们是由三相双晶闸管交流调压电路组成的，改变某相晶闸管的导通、关断时间，就能调节该相负载两端的电压。一般情况下，三相电压需要同时调节大小。

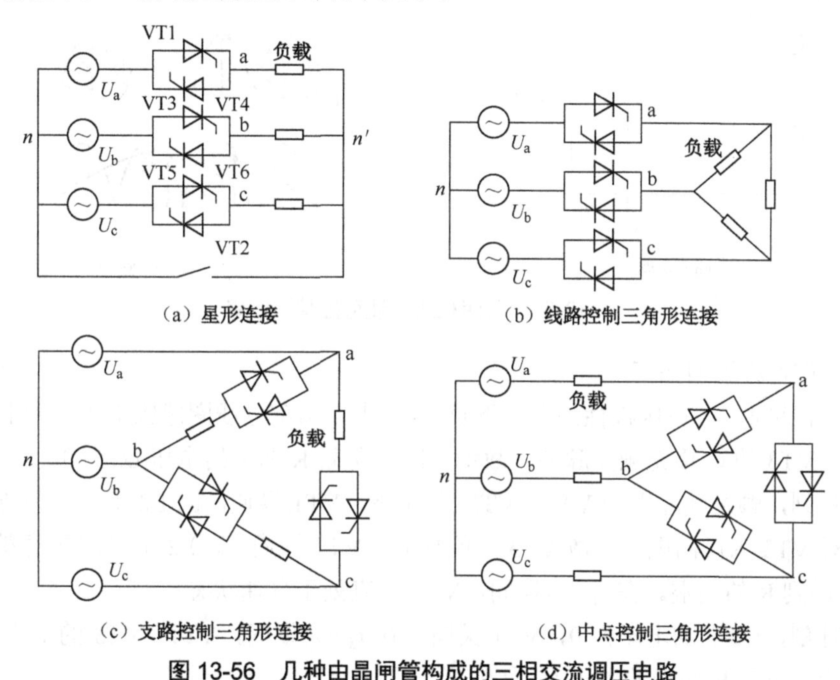

图 13-56　几种由晶闸管构成的三相交流调压电路

13.6　交-交变频电路（AC-AC 变换电路）

交-交变频电路的功能是将一种频率的交流电转换成另一种固定频率或频率可调的交流电。交-交变频电路又称周波变流器或相控变频器。一般的变频电路是先将交流变成直流，再将直流逆变成交流，而交-交变频电路直接进行交流频率变换，因此效率很高。交-交变频电路主要用在大功率低转速的交流调速电路中，如轧钢机、球磨机、卷扬机、矿石破碎机和鼓风机等场合。

交-交变频电路可分为单相交-交变频电路和三相交-交变频电路。

13.6.1　单相交-交变频电路

1. 交-交变频基础电路

交-交变频电路通常采用共阴极和共阳极可控整流电路来实现交-交变频。

（1）共阴极可控整流电路

图 13-57 是共阴极双半波（全波）可控整流电路，晶闸管 VT1、VT3 采用共阴极接法，

VT1、VT3的G极加有触发脉冲U_G。

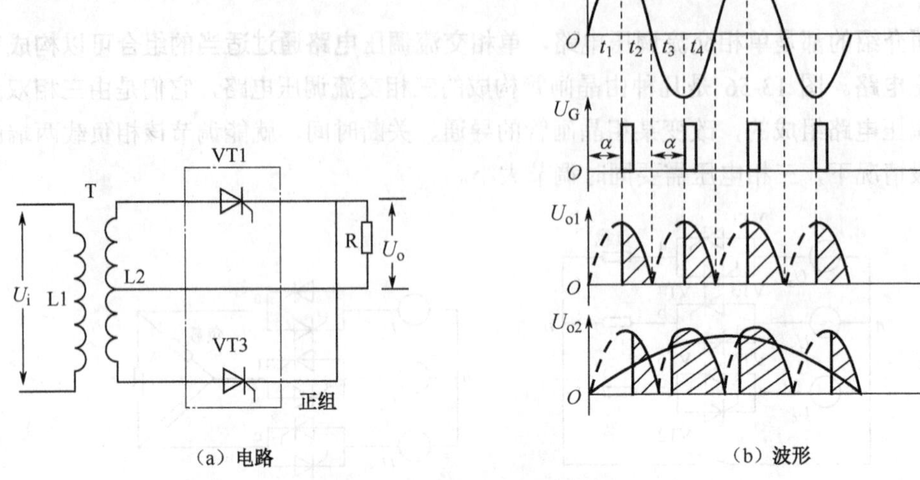

（a）电路　　（b）波形

图 13-57　共阴极双半波可控整流电路

电路工作过程说明如下：

在0～t_1期间，U_i电压极性为上正下负，L2上下两部分线圈感应电压也为上正下负，由于VT1、VT3的G极无触发脉冲，故均关断，负载R两端的电压U_o为0。

在t_1时刻，触发脉冲送到VT1、VT3的G极，VT1导通，因L2下半部分线圈的上正下负电压对VT3为反向电压，故VT3不能导通。VT1导通后，L2上半部分线圈上的电压通过VT1送到R的两端。在t_1～t_2期间，VT1一直处于导通状态。

在t_2时刻，L2上的电压为0，VT1关断。在t_2～t_3期间，VT1、VT3的G极无触发脉冲，均关断，负载R两端的电压U_o为0。

在t_3时刻，触发脉冲又送到VT1、VT3的G极，VT1关断，VT3导通。VT3导通后，L2下半部分线圈上的电压通过VT3送到R的两端。在t_3～t_4期间，VT3一直处于导通状态。

t_4时刻以后，电路会重复上述工作过程，结果在负载R上得到图13-57（b）所示的U_{o1}电压。如果按一定的规律改变触发脉冲的α角，如让α角先大后小再变大，结果会在负载上得到图13-57（b）所示的U_{o2}电压。U_o电压是一种断续的正电压，其有效值相当于一个先慢慢增大，然后慢慢下降的电压，近似于正弦波正半周。

（2）共阳极可控整流电路

图13-58是共阳极双半波可控整流电路，除两个晶闸管采用共阳极接法外，其他方面与共阴极双半波可控整流电路相同。

该电路的工作原理与共阴极可控整流电路基本相同，如果让触发脉冲的α角按一定的规律改变，如让α角先大后小再变大，结果会在负载上得到图13-58（b）所示的U_{o2}电压。U_o电压是一种断续的负电压，其有效值相当于一个先慢慢增大，然后慢慢下降的电压，近似于正弦波负半周。

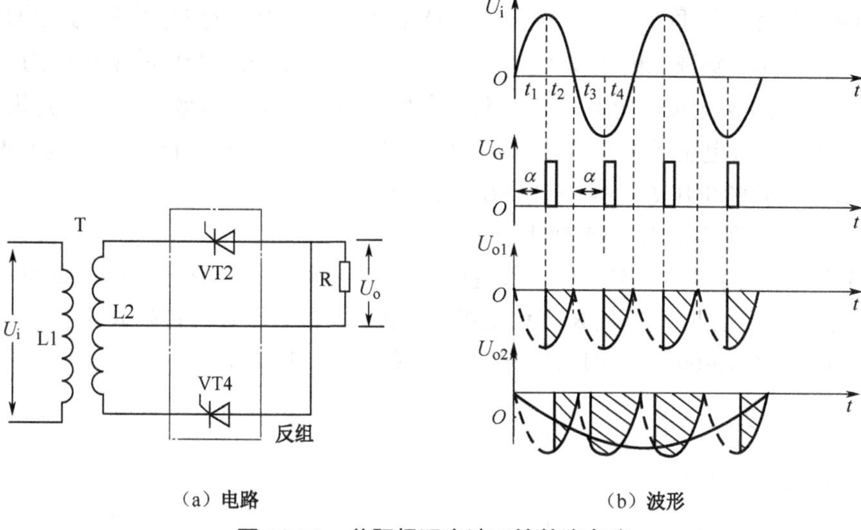

（a）电路　　（b）波形

图 13-58 共阳极双半波可控整流电路

2. 单相交-交变频电路

单相交-交变频电路可分为单相输入型单相交-交变频电路和三相输入型单相交-交变频电路。

（1）单相输入型单相交-交变频电路

图 13-59 是一种由共阴和共阳双半波可控整流电路构成的单相输入型交-交变频电路。共阴晶闸管称为正组晶闸管，共阳晶闸管称为反组晶闸管。

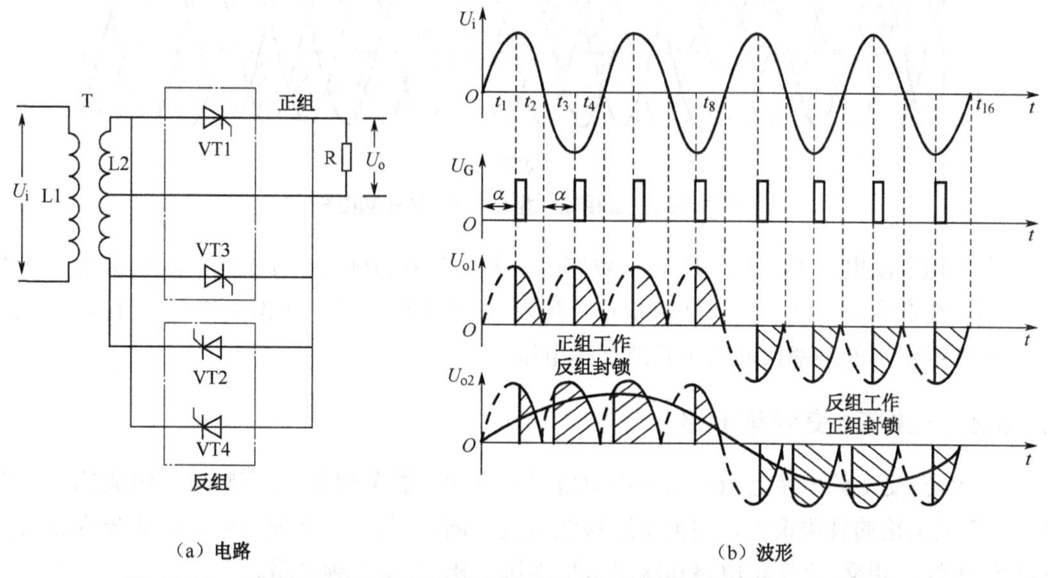

（a）电路　　（b）波形

图 13-59 由共阴和共阳双半波可控整流电路构成的单相输入型交-交变频电路

在 0～t_8 期间，正组晶闸管 VT1、VT3 加有触发脉冲，VT1 在交流电压正半周时触发导通，VT3 在交流电压负半周时触发导通，结果在负载上得到的 U_{o1} 电压为正电压。

在 t_8～t_{16} 期间，反组晶闸管 VT2、VT4 加有触发脉冲，VT2 在交流电压正半周时触发导通，VT4在交流电压负半周时触发导通，结果在负载上得到的U_{o1}电压为负电压。

在0～t_{16}期间，负载上的电压U_{o1}极性出现变化，这种极性变化的电压即为交流电压。如果让触发脉冲的α角按一定的规律改变，会使负载上的电压有效值呈正弦波状变化，如图13-59（b）中U_{o2}电压所示。如果图13-59电路的输入交流电压U_i的频率为50Hz，不难看出，负载上得到的电压U_o的频率为50/4=12.5Hz。

（2）三相输入型单相交-交变频电路

图13-60（a）是一种典型三相输入型单相交-交变频电路，它主要由正桥P和负桥N两部分组成。正桥工作时为负载R提供正半周电流，负桥工作时为负载R提供负半周电流，图13-60（b）为图13-60（a）的简化图，三斜线表示三相输入。

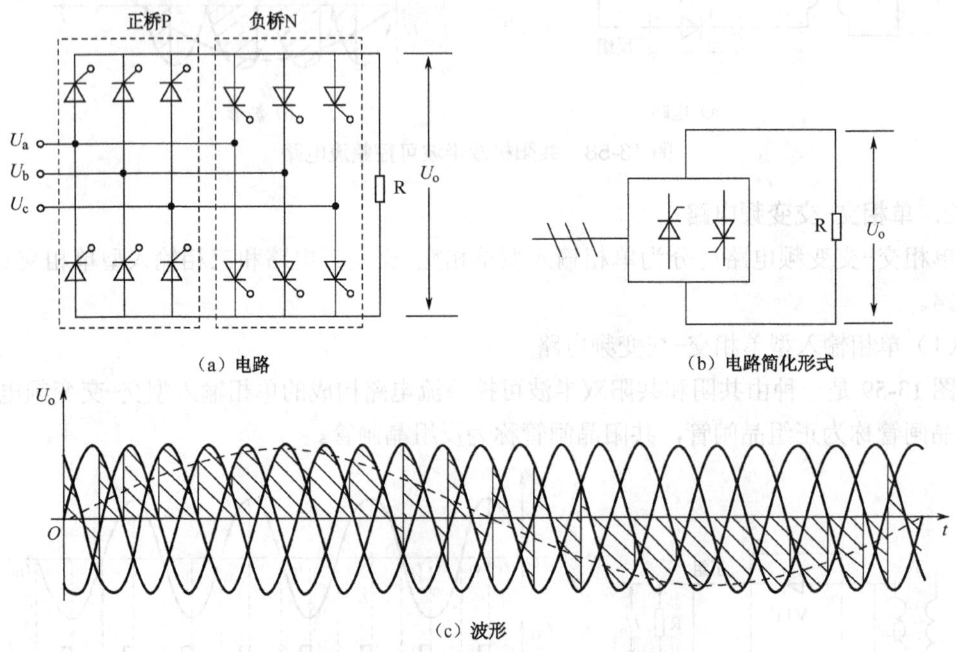

图13-60　三相输入型单相交-交变频电路

当三相交流电压U_a、U_b、U_c输入电路时，采用合适的触发脉冲控制正桥和负桥晶闸管的导通，会在负载R上得到图13-60（c）所示的U_o电压（阴影面积部分），其有效值相当于一个虚线所示的频率很低的正弦波交流电压。

13.6.2　三相交-交变频电路

三相交-交变频电路是由三组输出电压互差120°的单相交-交变频电路组成的。三相交-交变频电路的种类很多，根据电路接线方式不同，三相交-交变频电路主要分为公共交流母线进线三相交-交变频电路和输出星形连接三相交-交变频电路。

1．公共交流母线进线三相交-交变频电路

公共交流母线进线三相交-交变频电路简图如图13-61所示，它由三组独立的单相交-交变频电路组成。由于三组单相交-交变频电路的输入端通过电抗器（电感）接到公共母线，因此为了实现各相间的隔离，输出端各自独立，未接公共端。

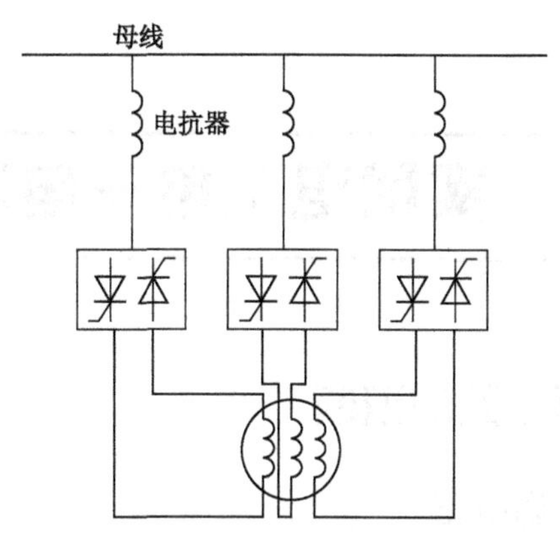

图 13-61　公共交流母线进线三相交-交变频电路简图

电路在工作时，采用合适的触发脉冲来控制各相变频电路的正桥和负桥晶闸管的导通，可使三个单相交-交变频电路输出频率较低的且相位互差 120° 的交流电压提供给三相电动机。

2．输出星形连接三相交-交变频电路

输出星形连接三相交-交变频电路如图 13-62 所示，其中图 13-62（a）为简图，图 13-62（b）为详图。这种变频电路的输出端负载采用星形连接，有一个公共端，为了实现各相电路的隔离，各相变频电路的输入端都采用了三相变压器。

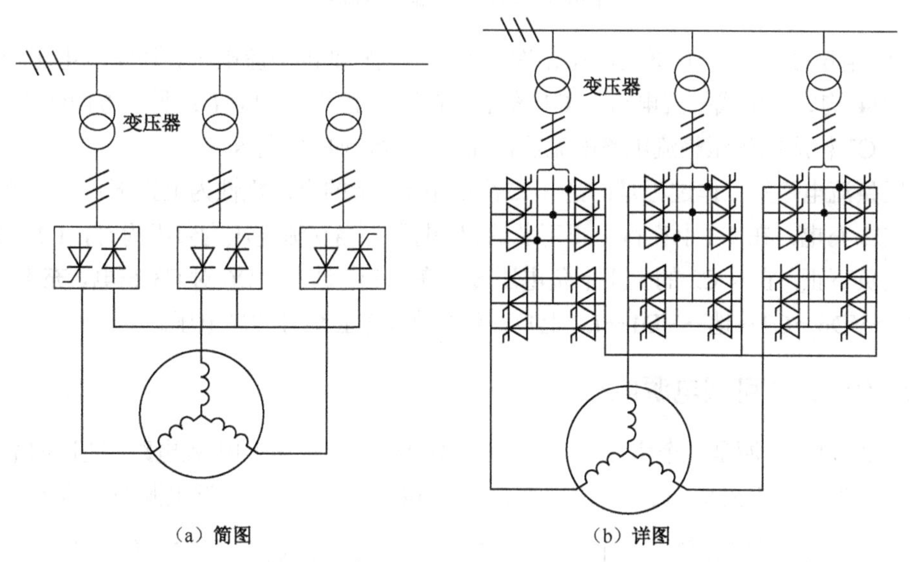

（a）简图　　（b）详图

图 13-62　输出星形连接三相交-交变频电路

第 14 章　实用电工电子电路的识读

14.1　电源与充电器电路的识读

14.1.1　单、倍压整流电源电路

单、倍压整流电源电路如图 14-1 所示。

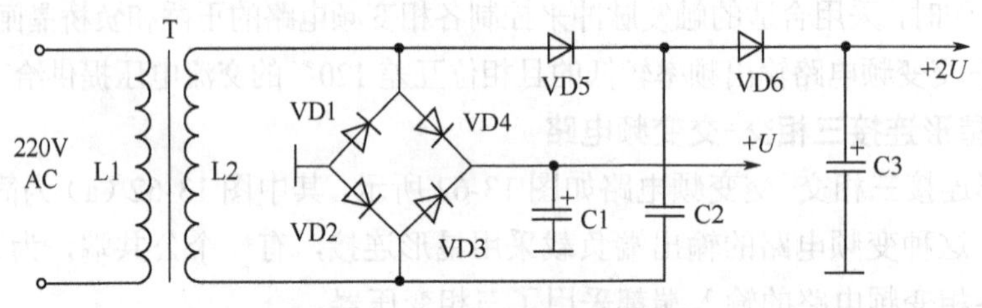

图 14-1　单、倍压整流电源电路

220V 电压经变压器 T 降压，在二次绕组上得到较低的交流电压。该交流电压一方面经 VD1～VD4 构成的桥式整流电路对 C1 充电，在 C1 上得到电压+U；另一方面经 VD5、C2 和 VD6、C3 构成的倍压整流电路整流后，在 C3 上得到+2U 电压。

倍压整流电路的工作过程是：当 T 二次绕组 L2 上的电压极性为上正下负时，该电压经 VD5 对 C2 充电，在 C2 上充得上正下负的+U 电压；当交流电压为负半周时，L2 上的电压极性是上负下正，它与 C2 的上正下负电压叠加在一起，通过 VD6 对 C3 充电，充电途径是：C2 上正→VD6→C3→地→VD1→L2 上负，结果在 C3 上充得+2U 电压。

14.1.2　0～12V 可调电源电路

0～12V 可调电源是一个将 220V 交流电压转换成直流电压的电源电路，通过调节电位器可使输出的直流电压在 0～12V 范围内变化。图 14-2 是 0～12V 可调电源的电路图。

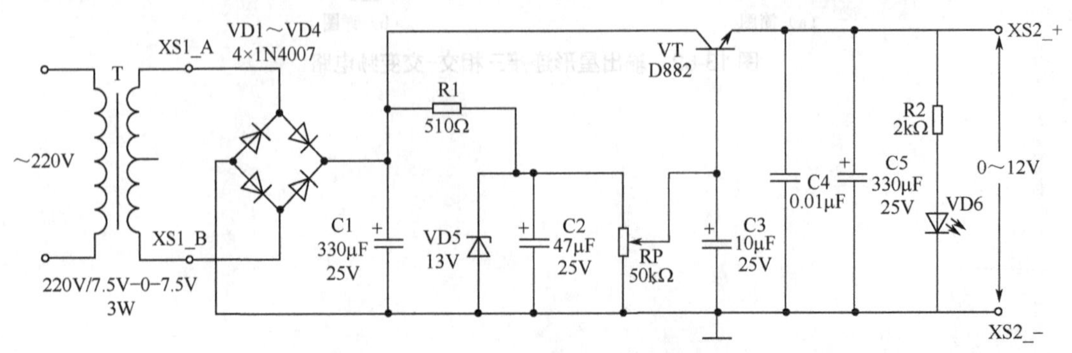

图 14-2　0～12V 可调电源的电路图

220V 交流电压经变压器 T 降压后，在二次绕组 A、B 端得到 15V 交流电压，该交流电压通过 VD1～VD4 构成的桥式整流电路对电容 C1 充电，在 C1 上得到 18V 左右的直流电压。该直流电压一方面加到三极管 VT（又称调整管）的集电极，另一方面经 R1、VD5 构成的稳压电路稳压后，在 VD5 负极得到 13V 左右的电压。此电压再经电位器 RP 送到三极管 VT 的基极，三极管 VT 导通，有 I_b、I_c 电流通过 VT 对电容 C5 充电，在 C5 上得到 0～12V 的直流电压。该电压一方面从接插件 XS2_+和 XS2_-端输出供给其他电路，另一方面经 R2 为发光二极管 VD6 供电，使之发光，指示电源电路有电压输出。

电源变压器 T 二次绕组有一个中心抽头端，将二次绕组平均分成两部分，每部分有 7.5V 电压。本电路的电压取自中心抽头以外的两端，电压为 15V（交流电压）。C1、C2、C3、C4、C5 均为滤波电容，用于滤除电压中的脉动成分，使直流电压更稳定。RP 为调压电位器，当滑动端移到最上端时，稳压二极管 VD5 负极的电压直接送到三极管 VT 的基极，VT 基极电压最高，约 13V，VT 导通程度最深，I_b、I_c 电流最大，C5 两端充得的电压最高，约 12.3V；当 RP 滑动端移到最下端时，VT 基极电压为 0，VT 无法导通，无 I_b、I_c 电流对 C5 充电，C5 两端电压为 0；调节 RP 可以使 VT 基极电压在 0～13V 范围内变化，由于 VT 发射极较基极低一个门电压（0.5～0.7V），故 VT 发射极电压在 0～12.3V 左右，VT 发射极电压与 C5 上的电压相同。

当电源的 XS2_+、XS2_-端所接负载阻值较小时，C5 往负载放电速度快，C5 两端电压下降，VT 的发射极电压下降，VT 的 I_b 电流增大，流过 RP 的电流增大，RP 产生的压降大，VT 基极电压下降，也就是说，该电源电路只有调压功能，无稳定输出电压的功能。

14.1.3　采用集成稳压器的可调电源电路

采用集成稳压器的可调电源电路如图 14-3 所示。

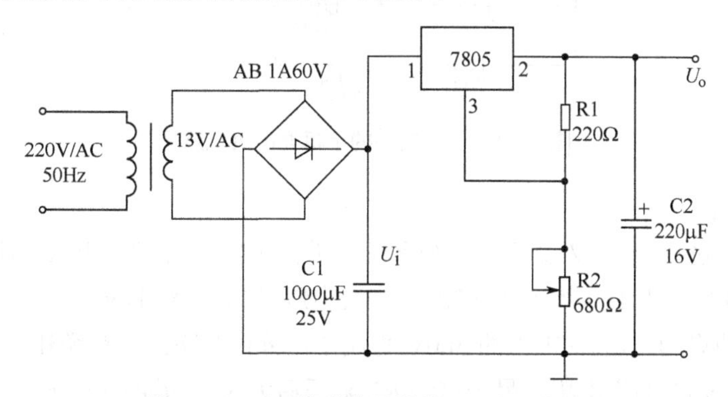

图 14-3　采用集成稳压器的可调电源电路

该电源电路采用了 7805 稳压集成电路，如果 7805 的 3 脚直接接地，其输出端将输出 +5V 电压。图中 7805 的 3 脚接在 R1、R2 之间，其输出电压 $U_o=U_i(1+R_2/R_1)$。只要调节 R_2，就可以改变 R_2、R_1 的比值，从而调节输出电压的大小。为了保证 7805 有较好的稳压效果，要求它的输入电压 U_i 与输出电压 U_o 应保持 2V 的差距。

220V 交流电压经变压器降压后，在二次绕组得到 13V 交流电压，整流后在 C1 上得到+14V 的电压。由于 U_i 与 U_o 至少要保持 2V 的差距，所以输出电压的范围在 5～12V。

14.1.4　USB 手机充电器电路

手机充电器的功能是将 220V 交流电压转换成 5V 左右的直流电压来为手机电池充电。早期的手机充电器多采用串联调整型电源电路，这种电源电路有很多的缺点，如采用的电源变压器体积大、成本高、电源利用率低、易发热和输出电流偏小等，故现在手机充电器基本采用体积小、电源利用率高和输出电流大的开关电源。

1．电路分析

图 14-4 是一个典型的手机充电器电路图。

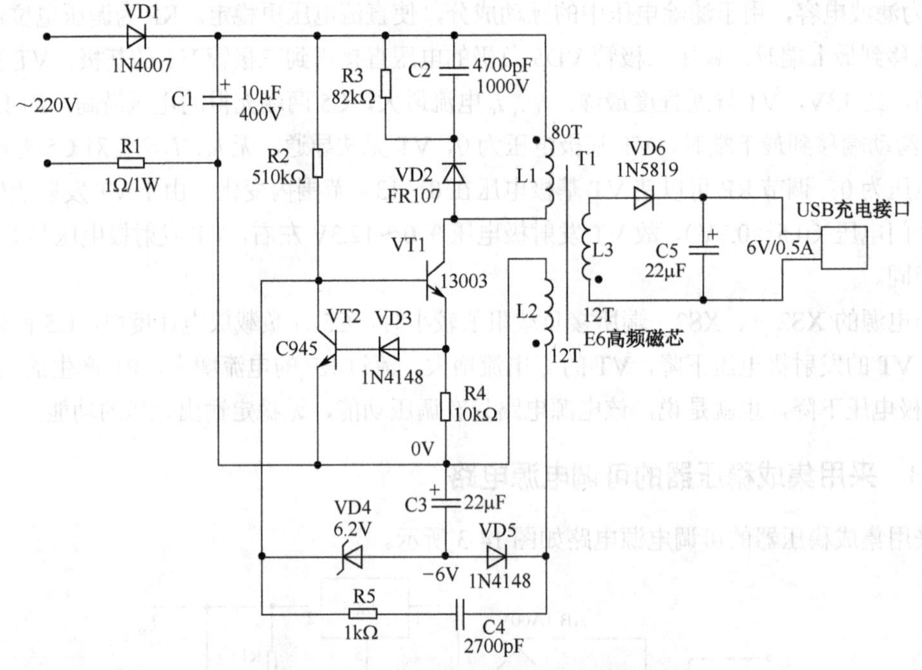

图 14-4　一个典型的手机充电器电路图

电路分析如下：

① 整流滤波过程。220V 交流电压经整流二极管 VD1、保护电阻 R1 对电容 C1 充电，在 C1 上充得 300V 左右的直流电压（220V 交流电压最高值为 311V）。

② 开关管的启动导通。C1 上的 300V 直流电压分作两路，一路经开关变压器 T1 的 L1 线圈加到开关管 VT1 的集电极，另一路经 R2 降压后为 VT1 提供基极电压，开关管 VT1 开始导通，进入放大状态。

③ 自激振荡过程。开关管 VT1 导通后，有电流流过 L1 线圈，L1 马上产生上正下负的电动势 e_1，L2 上会感应出上负下正的电动势 e_2。L2 的下正电压经 C4、R5 反馈到 VT1 的基极，VT1 的基极电压 U_{b1} 上升，I_{b1} 电流增大，I_{c1} 电流增大，e_1 电动势增大，感应电动势 e_2 也增大，L2 的下正电压更高，VT1 的基极电压 U_{b1} 再上升，从而形成强烈的正反馈，正反馈如下：

$U_{b1}\uparrow \rightarrow I_{b1}\uparrow \rightarrow I_{c1}\uparrow \rightarrow e_1\uparrow \rightarrow e_2\uparrow \rightarrow$ L2下正电压$\uparrow$

正反馈的结果使开关管 VT1 的 I_{b1}、I_{c1} 电流不断增大，当 I_{b1} 增大而 I_{c1} 不再随之增大（I_{c1} 保持不变）时，VT1 由放大进入饱和状态。VT1 饱和后，L2 上的 e_2 电动势对反馈电容 C4 充电（充电途径为：L2 下正→C4→R5→VT1 的 b 极→e 极→R4→L2 的上负），在 C4 上充得左负右正的电压。C4 的左负电压使 VT1 的 U_{b1} 下降，I_{b1} 减小，随着 C4 充电的进行，U_{b1} 不断下降，I_{b1} 不断减小，当 I_{b1} 减小到一定值时，I_{c1} 也减小，开关管 VT1 由饱和退出进入放大状态。VT1 进入放大状态后，I_{c1} 减小使 L1 线圈上产生上负下正的电动势 e_1'，L2 上感应出上正下负的电动势 e_2'。L2 的下负电压经 C4、R5 反馈到 VT1 的基极，VT1 的基极电压 U_{b1} 下降，I_{b1} 电流减小，I_{c1} 电流减小，e_1'电动势增大，感应电动势 e_2'电动势也增大，L2 的下负电压更低，VT1 的基极电压 U_{b1} 再下降，从而形成强烈的正反馈，正反馈如下：

$U_{b1}\downarrow \rightarrow I_{b1}\downarrow \rightarrow I_{c1}\downarrow \rightarrow e_1'\uparrow \rightarrow e_2'\uparrow \rightarrow$ L2下负电压$\downarrow$

正反馈的结果使开关管 VT1 的 I_{b1}、I_{c1} 电流不断减小，当 I_{b1} 减小到 0 时 I_{c1} 也为 0，VT1 由放大进入截止状态。在 VT1 截止期间，C1 上的 300V 电压经 R2 对反馈电容 C4 充电（充电途径为：C1 上正→R2→R5→C4→L2 线圈→C1 下负），充电先将 C4 上的左负右正电压抵消，再充得左正右负的电压。C4 左正电压使 VT1 的 U_{b1} 电压上升，当 U_{b1} 电压上升到一定值时，VT1 导通，由截止进入放大状态。VT1 进入放大状态后，有 I_{b1}、I_{c1} 电流流过，I_{c1} 电流在流经 L1 线圈时，L1 线圈产生上正下负的电动势 e_1，L2 上感应出上负下正的电动势 e_2，通过反馈使电路开始下一次振荡。

④ 输出电压及稳压过程。电源在自激振荡时，开关管 VT1 工作在开关状态（即导通、截止状态），在 VT1 处于导通状态时，开关变压器 T1 的 L1 线圈上电动势的极性为上正下负，L2、L3 线圈上的感应电动势极性均为上负下正，二极管 VD5、VD6 均无法导通；当 VT1 处于截止状态时，L1 线圈上电动势的极性为上负下正，L2、L3 线圈上的感应电动势极性均为上正下负，二极管 VD5、VD6 均导通。L3 上的电动势经 VD6 对 C5 充电，在 C5 上充得约 6V 的电压，该电压作为输出电压给手机充电。

L2 上的电动势经 VD5 对 C3 充电（充电途径：L2 上正→C3→VD5→L2 下负），在 C3 上充得上正下负约 6V 的电压（L2、L3 线圈匝数相同），该电压作为稳压取样电压。由于 C3 上端与 300V 电压的负端连接，电压固定为 0V，故 C3 下端电压应为−6V。如果稳压二极管 VD4 负极电压高于 0.2V，VD4 就会反向击穿，VD4 两端电压保持 6.2V 不变。如果 220V 电压上升，C1 充得 300V 电压升高，L1、L2、L3 线圈上的电动势升高，C5 上充得的输出电压和 C3 上充得的取样电压均升高。C3 上的电压高于 6V，由于 C3 上端电压固定为 0V，其下端电压则低于−6V，因稳压二极管 VD4 反向击穿后其两端电压维持 6.2V 电压差不变，故 VD4 负极电压低于 0.2V，即 C3 上的电压升高会通过 VD4 使开关管 VT1 基极电压下降，VT1 基极电压低，由截止进入导通状态所需时间长，即截止时间长，导通时间相对缩短，L1 线圈流过电流时间短，储能减少，在 VT1 截止时 L1 线圈产生的电动势低。L3 线圈感应电动势下降，C5 上的输出电压下降，恢复到 6V 电压。

⑤ 过电流保护过程。如果某些原因（如输入电压很高或输出电压负载过重）使 VT1 的

I_{c1} 电流很大，流过电流取样电阻 R4 的电流大，R4 上的电压增大，VT1 的 U_{e1} 电压升高，若 U_{e1}>1V，二极管 VD3 和 VT2 的发射结开始导通，即 VT2 会导通。VT2 导通后会使开关管 VT1 的基极电压下降，VT1 的导通时间缩短，这样会缩短大电流通过开关管的时间，可避免开关管烧坏，就像人的手指接触高温物体，只要缩短接触时间，手指也不会被烫伤一样。在 VT2 基极接二极管 VD3，用于设定过电流保护起控点，只有流过 R4 的电流达到一定值使 VT1 的 U_{e1} 电压达到 1V 以上时，VD3 才能导通，开始进行过电流保护控制。

⑥ 元件说明。R1 为大功率、低阻值（1W/1Ω）电阻，当电源出现严重的过电流或短路故障时，R1 会开路来切换输入电压，对电源电路进行保护；R3、C2、VD2 为阻尼吸收电路，在开关管 VT1 由导通转为截止的瞬间，开关变压器的 L1 线圈会产生很高的上负下正的反峰电压（可达上千伏），如果不降低该电压，它易将开关管 VT1 的 c、e 极之间内部击穿，在 L1 线圈两端并接 R3、C2 和 VD2 后，上负下正的反峰电压会使 VD2 导通而形成回路，反峰电压通过回路迅速被消耗而降低。

2. USB 手机充电器接口类型

手机充电器的 USB 充电接口主要有两种，分别为 Micro USB 接口和 Mini USB 接口。 两种接口的宽度相似，而 Micro USB 接口高度约为 Mini USB 接口的一半。Micro USB 接口和 Mini USB 接口内部有五个针脚，其功能如图 14-5 所示，手机充电器接口只使用两端的两个针脚（电源正极、电源负极）。

手机充电器的接口现在已经标准化，主要有 Micro USB 和 Mini USB 两种类型，如图 14-5 所示，接口内的 1、5 脚分别为输出电源的正、负极。

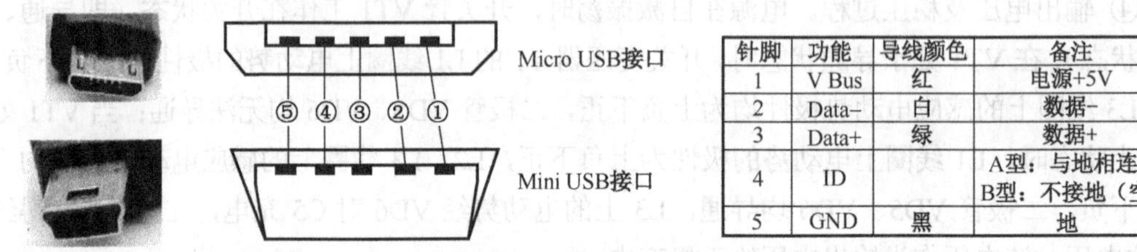

针脚	功能	导线颜色	备注
1	V Bus	红	电源+5V
2	Data−	白	数据−
3	Data+	绿	数据+
4	ID		A型：与地相连 B型：不接地（空）
5	GND	黑	地

图 14-5　手机充电器的 USB 充电接口类型及各针脚功能

14.2 LED 灯电路的识读

14.2.1 LED 灯介绍

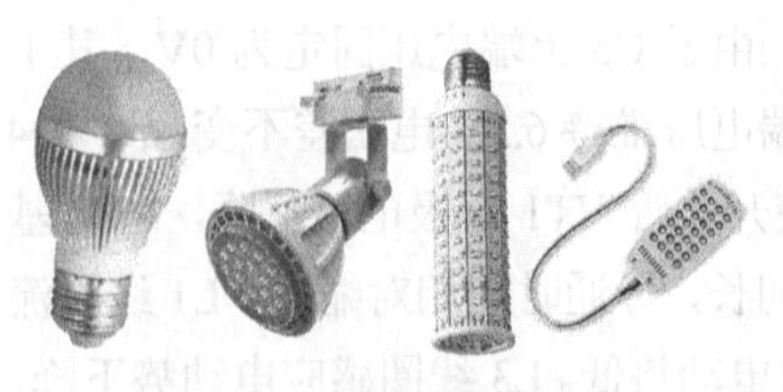

图 14-6　几种常见的 LED 灯

LED 又称发光二极管，通电后会发光，其工作时电流小，电−光转换效率高，主要用于指示和照明。 用作照明一般使用高亮 LED，其导通电压一般在 3～3.5V，工作电流一般不能超过 20mA，由于单个 LED 发光亮度不高，故通常将多个 LED 串并联起来并与电源电路制做在一起构成 LED 灯。图 14-6 为几种常见的 LED 灯。

14.2.2　直接电阻降压式 LED 灯电路

图 14-7 是两种简单的电阻降压式 LED 灯电路。对于图 14-7（a）所示电路，当 220V 电源极性为上正下负时，有电流流过 R 和 LED；当 220V 电源极性为上负下正时，有电流流过 R 和二极管 VD，在 LED 支路两端反向并联一个二极管，目的是防止在 220V 电源极性为上负下正时 LED 被反向击穿。由于 LED 只在交流电源半个周期内工作，故这种电路效率低。图 14-7（b）所示电路克服了图 14-7（a）所示电路的缺点，两个支路的 LED 交替工作。

在图 14-7 所示电路中，支路串接的 LED 数量应不超过 70 个，并联支路的条数应结合 R 的功率来考虑。以图 14-7（b）为例，设两支路串接的 LED 数量都是 60 个，R 的阻值应为：（220−60×3）/0.02=2000Ω，R 的功率应为:（220−60×3）×0.02=0.8W。支路串联的 LED 数量越多，要求 R 的阻值越小、功率越高。对于图 14-7（a）电路，由于电源负半周时 R 两端有 220V 电压，若其阻值小则要求功率大。比如，支路串接 60 个 LED，R 的阻值应选择 2000Ω，R 的功率应为（220×220）/2000=24.2W。由于大功率的电阻难找且成本高，故对图 14-7（a）电路支路不要串接太多的 LED。

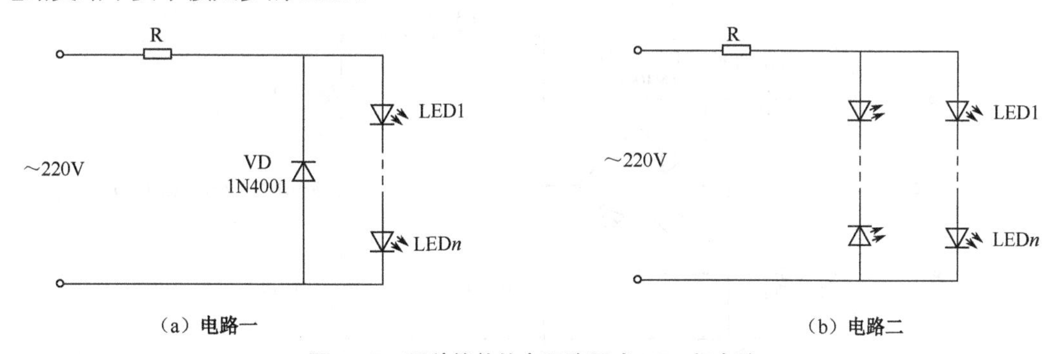

图 14-7　两种简单的电阻降压式 LED 灯电路

14.2.3　直接整流式 LED 灯电路

直接整流式 LED 灯电路如图 14-8 所示。220V 电压经 VD1～VD4 构成的桥式整流电路对电容 C 充电，在 C 上得到 300V 左右的电压，该电压经电阻 R 降压限流后提供给 LED。由于 LED 的导通电压为 3V，故该电路最多只能串接 100 个 LED，如果串接 LED 数量少于 90 个，应适当调整 R 的阻值和功率。以串接 70 个 LED 为例，R 的阻值应为：（300−70×3）/0.02=4500Ω，R 的功率应为:（300−70×3）×0.02=1.8W。

对于图 14-8 所示的电路，也可以增加 LED 支路的数量，每条支路电流不能超过 20mA。在增加 LED 支路数量时，应减小 R 的阻值，同时让 R 的功率也符合要求（按计算功率的 1.5 或 2 倍选择）。另外，要增大电容 C 的容量，以确保 C 两端的电压稳定（C 容量越大，两端电压越稳定）。

14.2.4　电容降压整流式 LED 灯电路

电容降压整流式 LED 灯电路如图 14-9 所示。220V 交流电源经 C1 降压和 VD1～VD4 整流后，对 C2 充电得到上正下负的电压，该电压再经 R3 降压限流后提供给 LED。C2 上的

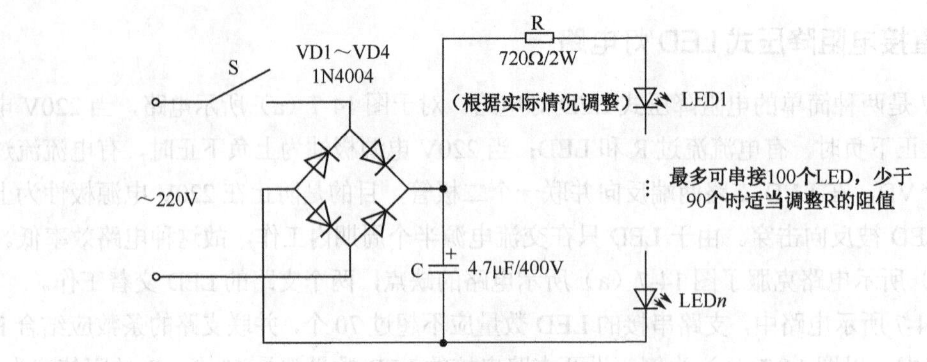

图 14-8　直接整流式 LED 灯电路

电压大小与 C1 的容量有关，C1 的容量越小，C2 上的电压越低，提供给 LED 的电流越小。C1 容量为 0.33μF 时，电路适合串接 20 个以内的 LED，提供给 LED 的电流不超过 20mA（LED 数量越多，电流越小）。如果要串接 30 个以上的 LED，C1 的容量应换成 0.47μF，R2、R3 功率应选择 1W 以上。

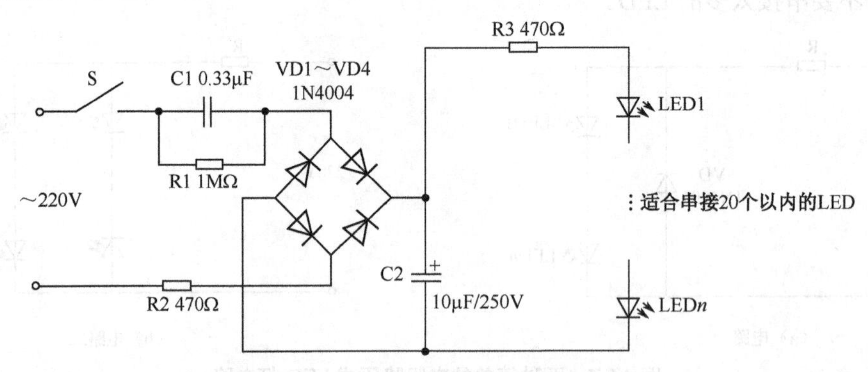

图 14-9　电容降压整流式 LED 灯电路

在 R3 或 LED 开路的情况下，闭合开关 S 后，C2 两端会有 300V 左右的电压，如果这时接上 LED，LED 易被高压损坏，所以应在接好 LED 时再闭合开关 S。

14.2.5　整流及恒流供电的 LED 灯电路

整流及恒流供电的 LED 灯电路如图 14-10 所示。220V 交流电源经 VD1～VD4 构成的桥式整流电路对电容 C 充电，在 C 上得到 300V 左右的电压，该电压经 R 降压后为三极管 VT 提供基极电压，VT 导通，有电流流过 LED，LED 发光。VT 集电极串接的 LED 至少为十几个，最多可为 90 多个。当串接的 LED 数量较少时，VT 集电极电压很高，其功耗（$P=UI$）大，因此 VT 应选功率大的三极管（如 MJE13003、MJE13005 等），并且安装散热片。VD5 为 6.2V 的稳压二极管，可以将 VT 的基极电压稳定在 6.2V。在未调节 RP 时，VT 的 I_b 电流保持不变，I_c 电流也不变，即流过 LED 的电流为恒流。如果要改变 LED 的电流，可以调节 RP，当 RP 滑动端上移时，VT 的发射极电压下降，I_b 增大，I_c 增大，流过 LED 的电流增大。

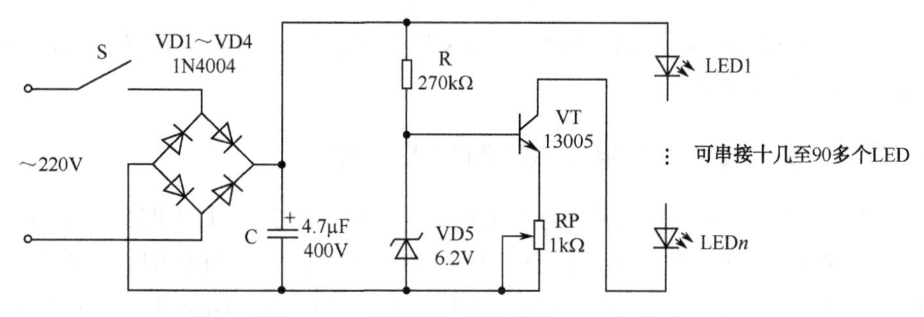

图 14-10　整流及恒流供电的 LED 灯电路

14.2.6　采用 1.5V 电池供电的 LED 灯电路

采用 1.5V 电池供电的 LED 灯电路如图 14-11 所示，该电路实际上是一个简单的振荡电路，在振荡期间将电池的 1.5V 与电感 L 产生的左负右正电动势叠加，得到 3V 提供给 LED（可 8 个并联）。

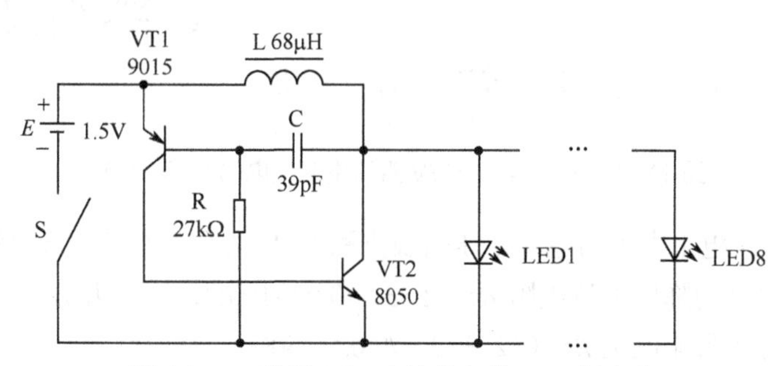

图 14-11　采用 1.5V 电池供电的 LED 灯电路

电路分析如下：

开关 S 闭合后，三极管 VT1 有 I_{b1} 电流流过而导通，I_{b1} 电流的途径是：电源 E+→VT1 的 e、b 极→R→开关 S→E−，VT1 导通后的 I_{c1} 电流流过 VT2 的发射结，VT2 导通，VT2 的 U_{c2} 下降，由于电容两端电压不能突变（电容充放电都需要一定的时间），当电容一端电压下降时，另一端也随之下降，故 VT1 的 U_{b1} 也下降，I_{b1} 增大，VT1 的 U_{c1} 上升（三极管基极与集电极是反相关系），VT2 的 U_{b2} 上升，I_{b2} 增大，U_{c2} 下降，这样会形成正反馈，正反馈的结果使 VT1、VT2 都进入饱和状态。

在 VT1、VT2 饱和期间，有电流流过电感 L（电流途径是：E+→L→VT2 的 c、e 极→S→E−），L 产生左正右负的电动势阻碍电流，同时储存能量。另外，VT1 的 I_{b1} 电流对电容 C 充电（电流途径是：E+→VT1 的 e、b 极→C→VT2 的 c、e 极→S→E−），在 C 上充得左正右负的电压。随着充电的进行，C 的左正电压越来越高，I_{b1} 电流越来越小，VT1 退出饱和进入放大状态，I_{b1} 减小，I_{c1} 也减小，U_{c1} 下降，U_{b2} 下降，VT2 退出饱和进入放大状态，I_{b2} 减小，I_{c2} 也减小，U_{c2} 上升，U_{b1} 上升，这样又会形成正反馈，正反馈的结果使 VT1、VT2 都进入截止状态。

在 VT1、VT2 截止期间，VT2 的截止使 L 产生左负右正的电动势，该电动势（可近似为一个左负右正的电池）与 1.5V 电源叠加，得到 3V 电压提供给 LED，LED 发光。另外，L 的左负右正电动势还会对 C 充电（充电途径是：L 右正→C→R→S→E→L 左负），该充电将

C 的原左正右负电压抵消，C 上的电压抵消后，VT1 的 U_{b1} 电压下降，又有 I_{b1} 电流流过 VT1，VT1 导通，开始下一次振荡。

14.2.7 采用 4.2～12V 直流电源供电的 LED 灯电路

采用 4.2～12V 直流电源（如蓄电池和充电器等）供电的 LED 灯电路如图 14-12 所示，每条支路可串接 1～3 个 LED，由于 LED 的导通电压为 3V，串接 LED 的导通总电压不能高于电源电压。电路并联支路的条数与电源输出电流大小有关，输出电流越大，可并联的支路越多。

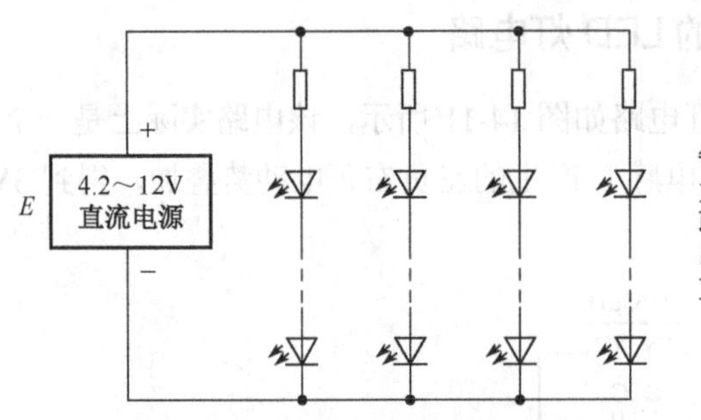

图 14-12 采用 4.2～12V 直流电源供电的 LED 灯电路

支路的降压限流电阻大小与电源电压值及支路 LED 的个数有关。若电源 E=5V，支路可串接 1 个 LED，串接的降压限流电阻 R=（5−3）/0.02=100Ω；若电源 E=12V，支路可串接 3 个 LED，串接的降压限流电阻 R=（12−3×3）/0.02=150Ω。

14.2.8 采用 36V/48V 蓄电池供电的 LED 灯电路

电动自行车一般采用 36V 或 48V 蓄电池作为电源，若将车灯改为 LED 灯，可以延长电池使用时间。图 14-13 是一种采用 36V/48V 蓄电池恒流供电的 LED 灯电路。它有 5 条支路，每条支路串接 10 个 LED，为避免某个 LED 开路使整条支路 LED 不亮，还将各 LED 并联起来构成串并阵列。R1、R2、VD 和 VT 构成恒流电路，调节 R2 让 VT 的 I_c 电流为 90mA，则每个 LED 流过的电流为 90/5=18mA。

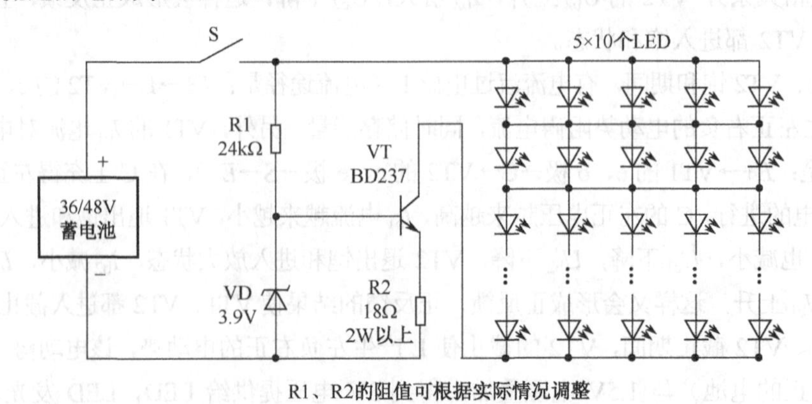

图 14-13 一种采用 36V/48V 蓄电池恒流供电的 LED 灯电路

14.3 音频电路的识读

14.3.1 可调音频信号发生器电路

可调音频信号发生器（以下简称音频信号发生器）是一种频率可调的低频振荡器，可以产生频率在可听范围内的低频信号。在调节音频信号发生器的振荡频率时，它输出的信号频率也会随之改变，若将频率变化的信号送入耳机，可以听到音调变化的声音。音频信号发生器不但可以直观演示声音音调变化，还可以当成频率可调的低频信号发生器使用。

音频信号发生器电路如图 14-14 所示。

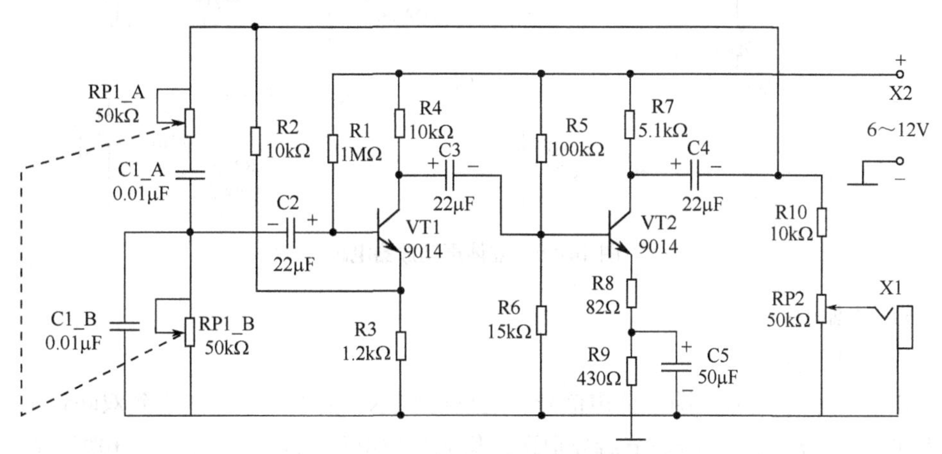

图 14-14　音频信号发生器电路

电路说明如下：

接通电源后，三极管 VT2 导通，导通时 I_c 电流从无到有，变化的 I_c 电流含有微弱的 0～∞Hz 各种频率信号，它从 VT2 集电极输出，经 C4 反馈到 RP1、C1 构成的 RC 串并联选频电路，该电路从各种频率信号中选出频率为 f_0 的信号 $\left(f_0=\dfrac{1}{2\pi R_{RP_1}C_1}\right)$，送到 VT1 基极放大，再输出送到 VT2 放大，然后又反馈到 VT1 基极进行放大。如此反复进行，VT2 集电极输出的 f_0 信号幅度越来越大，反馈到 VT1 基极的 f_0 信号幅度也不断增大，VT1、VT2 放大电路的电压放大倍数 A_u 逐渐下降，当 A_u 下降到一定值时，VT2 输出的 f_0 信号幅度不再增大，幅度稳定的 f_0 信号经 R10、RP2 送到插座 X1，若将耳机插入 X1，就能听见 f_0 信号在耳机中还原出来的声音。

RP1、C1 构成的 RC 串并联选频电路频率为 $f_0=\dfrac{1}{2\pi R_{RP1}C_1}$。RP1 为一个双联电位器，在调节时可以同时改变 RP1_A 和 RP1_B 的阻值，从而改变选频电路的频率，进而改变电路的振荡频率。R2 为反馈电阻，它所构成的反馈为负反馈（可自行分析），其功能是根据信号的幅度自动降低 VT1 的增益，如 VT2 输出信号越大，经 R2 反馈到 VT1 发射极的反馈信号幅度越大，VT1 增益越低。RP2 为幅度调节电位器，可以调节输出信号的幅度。

14.3.2 小功率集成立体声功放器电路

小功率集成立体声功放器（以下简称立体声功放器）采用集成放大电路进行功率放大，具有电路简单、性能优良和安装、调试方便等特点。立体声功放器电路如图 14-15 所示。

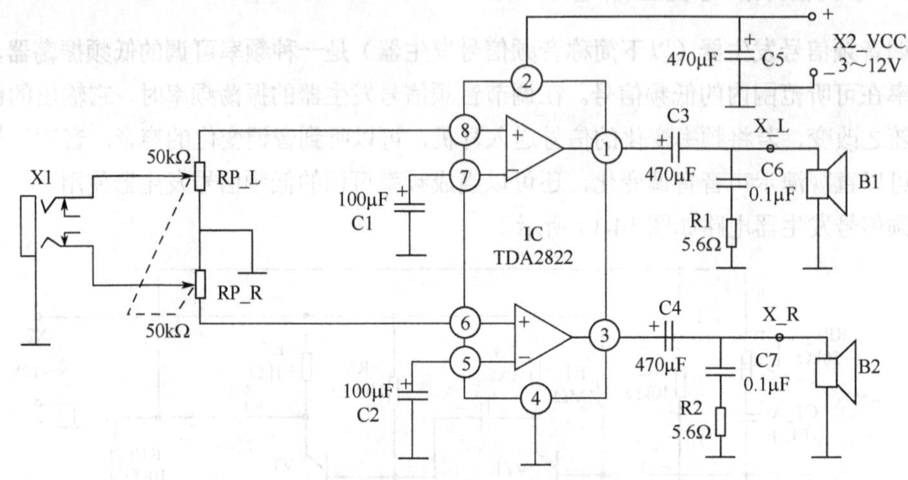

图 14-15 立体声功放器电路

电路说明如下：

（1）信号处理过程

L、R 声道音频信号（即立体声信号）通过插座 X1 的双触点分别送到双联音量电位器 RP_L 和 RP_R 的滑动端，经调节后分别送到集成功放电路 TDA2822 的⑦、⑥脚，在内部放大后再分别从①、③脚送出，经 C3、C4 分别送入扬声器 B1、B2，推动扬声器发声。

（2）直流工作情况

电源通过接插件 X2 送入电路，并经 C5 滤波后送到 TDA2822 的②脚，电源电压可在 3～12V 范围内调节，电压越高，集成功放器的输出功率越大，扬声器发声越大。TDA2822 的④脚接地（电源的负极）。

（3）元件说明

X1 为 3.5mm 的立体声插座。RP 为音量电位器，是一个 50kΩ 双联电位器。调节音量时，双声道的音量会同时改变。TDA2822 是一个双声道集成功放 IC，内部采用两组对称的集成功率放大电路。C1、C2 为交流旁路电容，可提高内部放大电路的增益。C6、R1 和 C7、R2 用于滤除音频信号中的高频噪声信号。

14.3.3 2.1 声道多媒体有源音箱电路

1. 2.1 声道多媒体音箱介绍

2.1 声道多媒体音箱由 3 个音箱组成，分别是左声道音箱、右声道音箱和低音音箱。左、右声道音箱又称卫星音箱，它们是全频音箱，可以将 20Hz～20kHz 范围内的所有音频信号还原为声音；低音音箱俗称低音炮，它只将低频音频信号（简称低音信号，一般在 200Hz 以下）还原为声音，增强声音震撼冲击力。

音箱可分为有源音箱和无源音箱。有源音箱内部含有音频放大电路和扬声器，其中放大电路需要提供电源才能工作，它将输入的音频信号放大后送给扬声器，使之发声；无源音箱内部有扬声器，没有放大电路，工作时无须提供电源。由于音箱本身无放大功能，故必须输入足够幅度的音频信号才能使音箱正常发声。**2.1 声道多媒体音箱一般为有源音箱，其放大电路通常放置在体积较大的低音音箱内。**2.1 声道多媒体有源音箱的外形如图 14-16 所示，它可以与多媒体计算机、带音频输出的 MP3 和手机等设备连接。

图 14-16　2.1 声道多媒体有源音箱的外形

2．电路识读

图 14-17 是一种常见的 2.1 声道多媒体有源音箱电路，主要由电源电路、左声道放大电路、右声道放大电路和低音分离及放大电路组成。

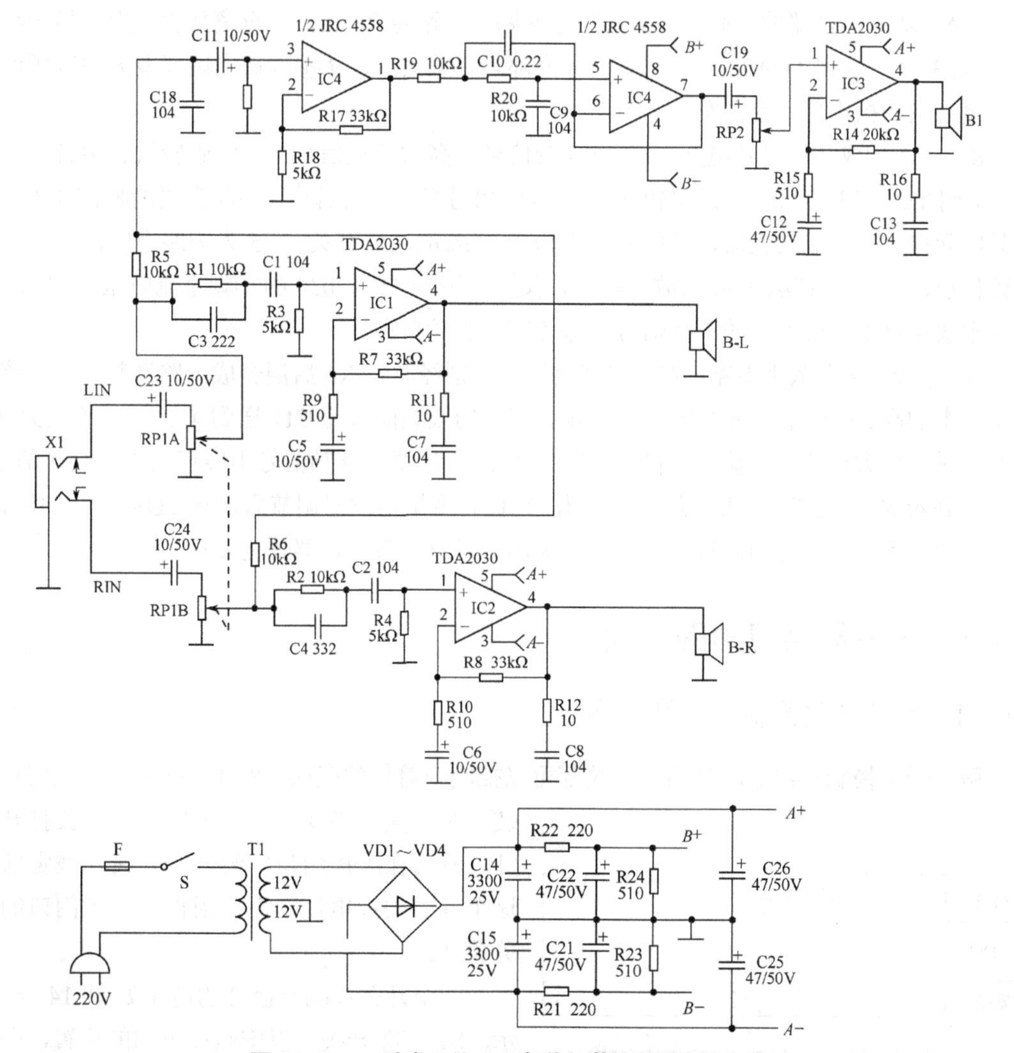

图 14-17　一种常见的 2.1 声道多媒体有源音箱电路

电路说明如下：

① 电源电路。220V交流电压经熔断器F和电源开关S送到电源变压器T1的一次绕组，经降压后，在二次绕组上得到24V交流电压（二次绕组的上半部分和下半部分均为12V）。二次绕组上的电压经VD1～VD4四个二极管构成的桥式整流电路对电容C14、C15充电，充得约32V的上正下负电压。由于C14、C15是串联关系且容量相同，故单独C14、C15上的电压均为16V，两者的电压极性都为上正下负。电容的电压极性为上正下负表示上端电位高于下端电位，C14上端电位较下端高16V，C15上端电位较下端高16V，由于C14的下端与C15的上端直接连接在一起且都接地，故两者电位相等且电位都为0V。所以C14上端输出电压*A*+为+16V，C15下端输出电压*A*-为-16V，*A*+、*A*-电压作为正、负电源供给3个功放IC（TDA2030）。*A*+、*A*-电压还分别经R22、R21降压后得到*B*+（+12V）、*B*-（-12V）电压，它们作为正、负电源提供给前置放大IC（4558）。

② 左、右声道放大电路（以左声道为例）。从X1插孔输入的左声道信号经C23和电位器RP1A（双联电位器的一联）调节后分作两路，一路经R5去低音分离放大电路，另一路通过R1//C3、C1送到TDA2030的①脚，经内部功率放大后，从④脚输出幅度很大的音频信号去卫星音箱的扬声器，使之发声。

R1、C3构成高音提升电路，C3对高音信号（高频音频信号）的阻碍较低、中音信号要小，送到TDA2030的高音信号幅度更大，可以相对提升高音音量，使高音更清晰；TDA2030与外围元件构成同相放大器，其放大能力与R_7、R_9的比值有关，C5为旁路电容，对音频信号阻抗小，可提高TDA2030的放大能力，又不会影响TDA2030的②脚直流电压；R11、C7用于吸收扬声器线圈产生的干扰信号，避免产生高频自激。

③ 低音分离及放大电路。左、右声道信号分别经R5、R6后混合成一路音频信号，该音频信号中的高、中频信号被C18旁路到地，剩下的低频信号经C11送到4558（前置放大IC）的③脚时，放大后从①脚输出，再经R20、C9进一步滤除低频信号中残存的中、高频信号，然后送到4558的⑤脚，放大后从⑦脚输出，经低音音量电位器调节后送到TDA2030的①脚，经功率放大后，大幅度的低频信号从④脚输出，送给低音扬声器使之发声。

14.4 其他实用电路的识读

14.4.1 两个开关控制一盏灯电路

两个开关控制一盏灯就是两个开关都可以控制一盏灯的亮灭。例如，在家里的大门口安装一个开关，当晚上回家时用这个开关打开电灯，然后在睡房门口安装一个开关，睡觉前用这个开关关掉电灯，而不用再去用大门口的开关关灯。

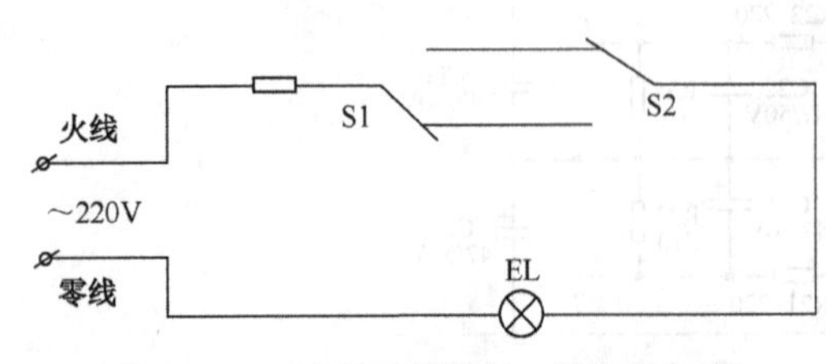

图14-18 两个开关控制一盏灯的电路

两个开关控制一盏灯的电路如图14-18所示。S1、S2开关可以安装在不同的位置，图中电灯处于熄灭状态，当操作 S1 开关时（将开关触点与上端接触），电路接通，灯泡亮；若操作 S2（将开关触点与下端接触），电路断开，灯泡熄灭；再操作 S2 则灯泡重亮，操作 S1 可将灯熄灭。

14.4.2　五个开关控制五层楼道灯电路

五个开关控制五层楼道灯是指五个开关中任意一个都能同时打开五盏灯，也可同时关掉五盏灯。这样做既方便住户，也可以节省电能。例如，一个住户晚上需从一楼到达四楼的住宅，他可以用一楼的开关开启所有的楼灯，当他到达第四层家门口时，可以用第四层楼的开关关掉所有的灯。

五个开关控制五层楼道灯的电路如图 14-19 所示。S1～S5 分别为一到五楼的楼道灯开关，EL1～EL5 分别为各层楼的楼道灯，当 S1～S5 处于图示位置时，EL1～EL5 均熄灭；当操作一楼开关 S1 时（即将开关与下触点接触），电路接通，所有的灯都得到供电而发光；如果到四楼后，操作 S4 开关，电路马上切断，所有的灯均会熄灭。

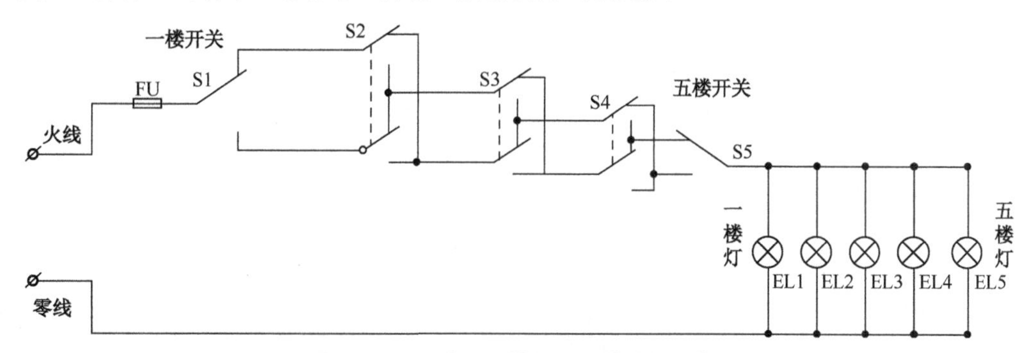

图 14-19　五个开关控制五层楼道灯的电路

14.4.3　简易防盗报警电路

图 14-20 是一种简易防盗报警电路，HA 为报警电铃，K 为继电器（含常开触点 K 与线圈 K），A、B 点用来连接防盗导线（一般采用很细的铜丝）。

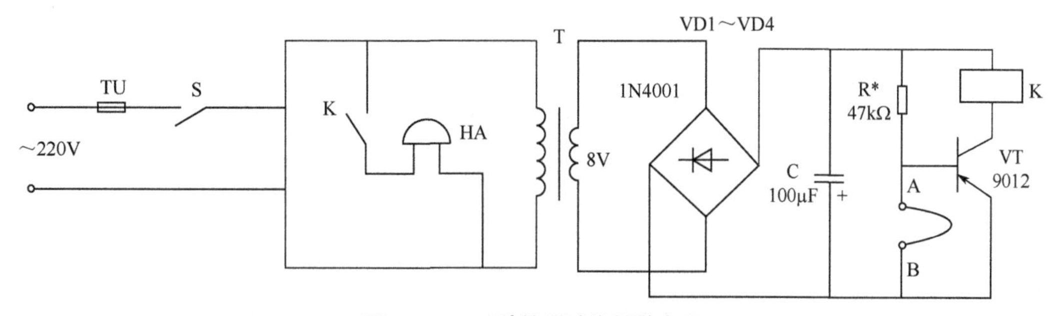

图 14-20　一种简易防盗报警电路

当合上开关 S 时，220V 电压加到变压器 T 的一次绕组，降压后得到 8V 电压，再经 VD1～VD4 构成的桥式整流电路整流后，在 C 上得到上负下正约 10V 的电压，该电压作为电源提供给三极管 VT。如果 A、B 点有导线连接，VT 基极与发射极电压相等，VT 无法导通；若

A、B点之间的导线切断，VT基极电压下降，VT导通，有电流流过继电器线圈，线圈产生磁场，常开触点闭合，报警电铃获得供电而发出报警声。如果要关闭铃声，可断开开关S，或在A、B点重新接上导线。

在使用这种报警电路时，可将A、B触点分别安装在门和门框之间，也可安装在窗户上，当小偷撬门或撬窗户时，A、B触点间的细铜线断开，电铃就会发声报警；如果用户需要开门或开窗，可先断开隐蔽处的开关S，这样电铃就不会发声。R的阻值要根据实际情况（C两端的电压、三极管VT型号和继电器）调整，以确保A、B间的导线断开后继电器可以动作。

第 15 章　变频器的组成与主电路原理及检修

15.1　变频器的调速原理与基本组成

15.1.1　异步电动机的两种调速方式

当三相异步电动机定子绕组通入三相交流电后，定子绕组会产生旋转磁场，旋转磁场的转速 n_0 与交流电源的频率 f 和电动机的磁极对数 p 有如下关系：

$$n_0=60f/p$$

电动机转子的旋转速度 n（即电动机的转速）略低于旋转磁场的旋转速度 n_0（又称同步转速），两者的转速差称为转差 s， 电动机的转速为

$$n=(1-s)60f/p$$

由于转差 s 很小，一般为 0.01～0.05，为了计算方便，可认为电动机的转速近似为

$$n=60f/p$$

从上面的近似公式可以看出，三相异步电动机的转速 n 与交流电源的频率 f 和电动机的磁极对数 p 有关，当交流电源的频率 f 发生改变时，电动机的转速会发生变化。**通过改变交流电源的频率来调节电动机转速的方法称为变频调速；通过改变电动机的磁极对数 p 来调节电动机转速的方法称为变极调速。**

变极调速只适用于笼型异步电动机（不适用于绕线型转子异步电动机），它是通过改变电动机定子绕组的连接方式来改变电动机的磁极对数，从而实现变极调速的。适合变极调速的电动机称为多速电动机， 常见的多速电动机有双速电动机、三速电动机和四速电动机等。

变极调速方式只适用于结构特殊的多速电动机调速，而且由一种速度转变为另一种速度时，速度变化较大，采用变频调速则可解决这些问题。如果对异步电动机进行变频调速，需要用到专门的电气设备——变频器。变频器将工频（50Hz 或 60Hz）交流电源转换成频率可变的交流电源并提供给电动机，只要改变输出交流电源的频率就能改变电动机的转速。由于变频器输出电源的频率可连续变化，故电动机的转速也可连续变化，从而实现电动机无级变速调节。图 15-1 列出了几种常见的变频器。

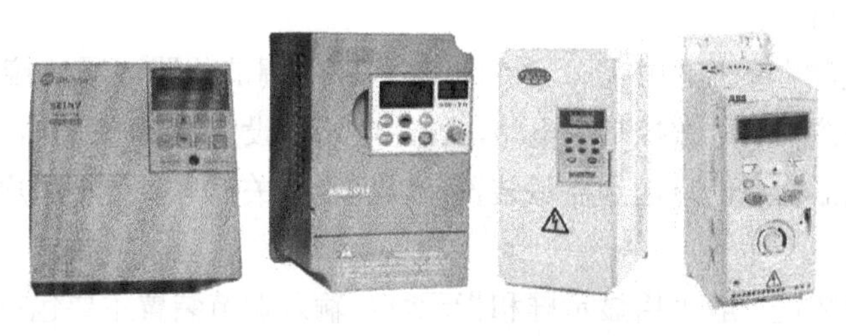

图 15-1　几种常见的变频器

15.1.2　变频器的基本结构及原理

变频器的功能是将工频（50Hz 或 60Hz）交流电源转换成频率可变的交流电源提供给电动机，通过改变交流电源的频率来对电动机进行调速控制。**变频器的种类很多，主要可分为两类：交–直–交型变频器和交–交型变频器。**

1．交–直–交型变频器的结构与原理

交–直–交型变频器利用电路先将工频电源转换成直流电源，再将直流电源转换成频率可变的交流电源，然后提供给电动机，通过调节输出电源的频率来改变电动机的转速。交–直–交型变频器的典型结构框图如图 15-2 所示。

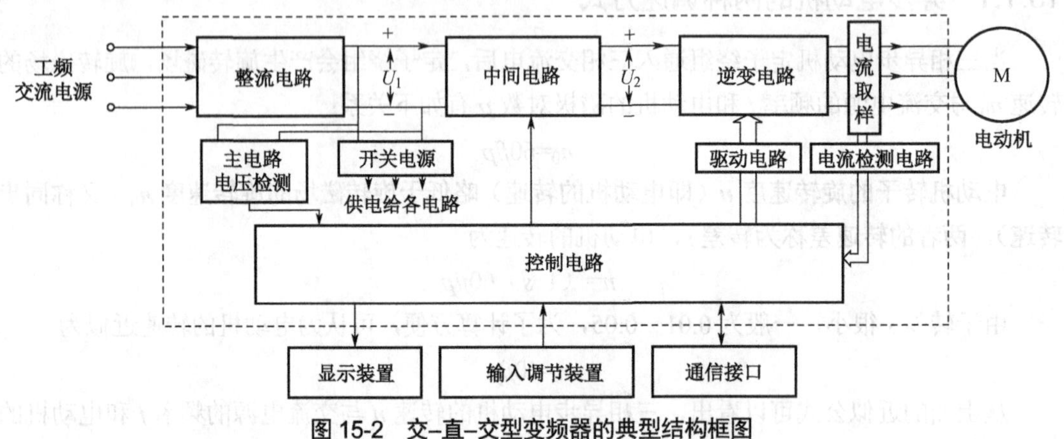

图 15-2　交–直–交型变频器的典型结构框图

下面对照图 15-2 所示框图说明交–直–交型变频器的工作原理。

三相或单相工频交流电源经整流电路转换成脉动的直流电，再经中间电路进行滤波平滑，然后送到逆变电路，与此同时，控制系统会产生驱动脉冲，经驱动电路放大后送到逆变电路，在驱动脉冲的控制下，逆变电路将直流电转换成频率可变的交流电并送给电动机，驱动电动机运转。改变逆变电路输出交流电的频率，电动机转速就会发生相应的变化。

整流电路、中间电路和逆变电路构成变频器的主电路，用来完成交–直–交的转换。由于主电路工作在高电压、大电流状态，为了保护主电路，变频器通常设有主电路电压检测和输出电流检测电路，当主电路电压过高或过低时，电压检测电路则将该情况反映给控制电路；当变频器输出电流过大（如电动机负荷大）时，电流取样元件或电路会产生过电流信号，经电流检测电路处理后也送到控制电路。当主电路电压不正常或输出电流过大时，控制电路通过检测电路获得该情况后，会根据设定的程序做出相应的控制，如让变频器主电路停止工作，并发出相应的报警指示。

控制电路是变频器的控制中心，当它接收到输入调节装置或通信接口送来的指令信号后，会发出相应的控制信号去控制主电路，使主电路按设定的要求工作，同时控制电路还会将有关的设置和机器状态信息送到显示装置，以显示有关信息，便于用户操作或了解变频器的工作情况。

变频器的显示装置一般采用显示屏和指示灯；输入调节装置主要包括按钮、开关和旋钮等；通信接口用来与其他设备（如可编程序控制器 PLC）进行通信，接收它们发送过来的信息，同时还将变频器有关信息反馈给这些设备。

2. 交-交型变频器的结构与原理

交-交型变频器利用电路直接将工频电源转换成频率可变的交流电源并提供给电动机，通过调节输出电源的频率来改变电动机的转速。交-交型变频器的结构框图如图 15-3 所示。从图中可以看出，交-交型变频器与交-直-交型变频器的主电路不同，它采用交-交变频电路直接将工频电源转换成频率可调的交流电源的方式进行变频调速。

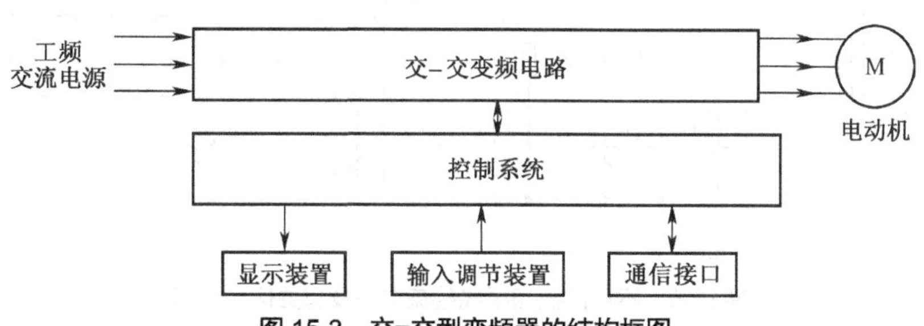

图 15-3　交-交型变频器的结构框图

交-交变频电路一般只能将输入交流电频率降低输出，而工频电源频率本来就低，所以交-交型变频器的调速范围很窄。另外，这种变频器要采用大量的晶闸管等电力电子器件，导致装置体积大、成本高，故交-交型变频器的使用远没有交-直-交型变频器广泛，因此本书主要介绍交-直-交型变频器。

15.2　变频器主电路的各单元电路工作原理

15.2.1　变频器主电路的功能与组成

变频器主电路的功能是对电能进行交-直-交的转换，将工频电源转换成频率可调的交流电源来驱动电动机。变频器的主电路由整流电路、中间电路和逆变电路组成，如图 15-4 所示。整流电路的作用是将工频电压转换成脉动直流电压 U_1，该直流电压经中间电路的滤波电路平滑后，得到波动小的直流电压 U_2 送给逆变电路，在驱动电路送来的驱动脉冲控制下，逆变电路将直流电压转换成三相交流电压送给电动机，驱动电动机运转。

图 15-4　主电路的组成

15.2.2　整流电路

变频器采用的整流电路主要有两种：不可控整流电路和可控整流电路。

1. 不可控整流电路

不可控整流电路以二极管作为整流器件，其整流过程不可控制。图 15-5 是一种典型的不可控三相桥式整流电路，电路的工作原理可参见前面已介绍过的三相桥式整流电路。

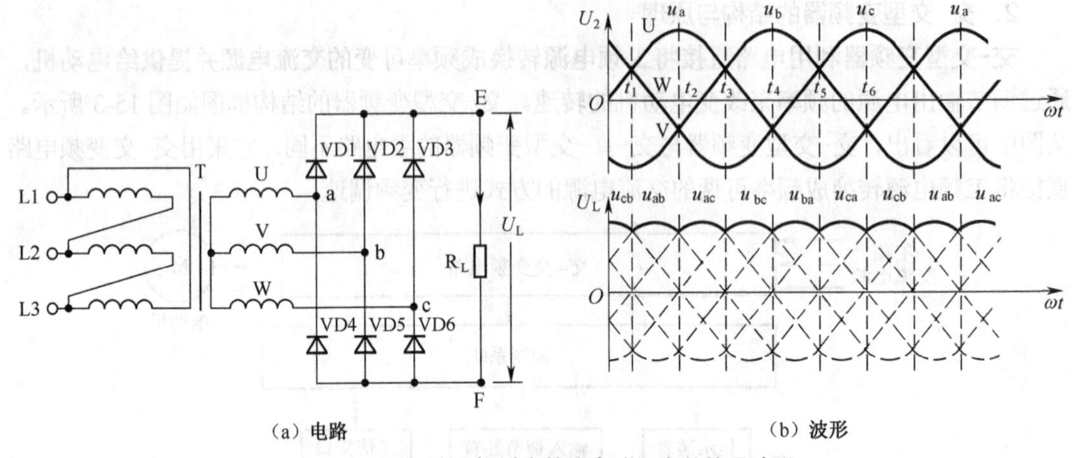

（a）电路　　（b）波形

图 15-5　不可控三相桥式整流电路及有关信号波形

2．可控整流电路

可控整流电路采用可控电力电子器件（如晶闸管、**IGBT** 等）作为整流器件，其整流输出电压大小可以通过改变开关器件的导通、关断来调节。图 15-6 是一种常见的单相半控桥式整流电路，VS1、VS2 为单向晶闸管，它们的 G 极连接在一起，触发信号 U_G 同时送到两管的 G 极。

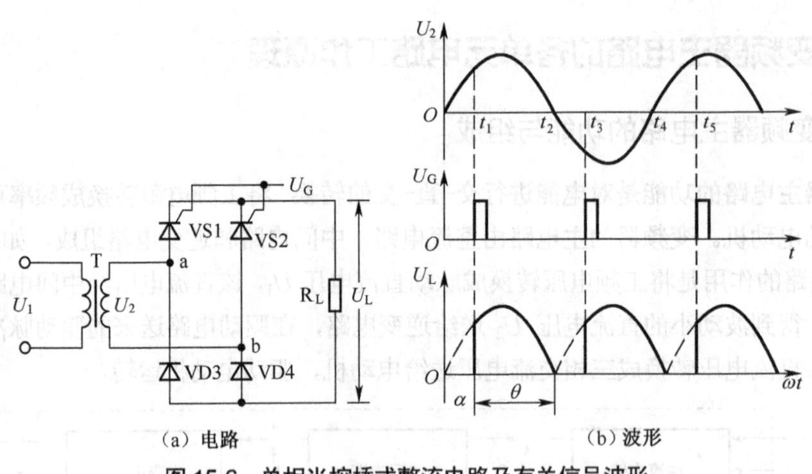

（a）电路　　（b）波形

图 15-6　单相半控桥式整流电路及有关信号波形

15.2.3　中间电路

中间电路位于整流电路和逆变电路之间，主要由滤波电路和制动电路等组成。

1．滤波电路

滤波电路的功能是对整流电路输出的波动较大的电压或电流进行平滑，为逆变电路提供波动小的直流电压或电流。滤波电路可采用大电容滤波，也可采用大电感（或称电抗）滤波。采用大电容滤波的滤波电路能为逆变电路提供稳定的直流电压，故称之为电压型变频器；采用大电感滤波的滤波电路能为逆变电路提供稳定的直流电流，故称之为电流型变频器。

（1）采用电容滤波

① 电容滤波电路。电容滤波电路如图 15-7 所示，它采用容量很大的电容作为滤波元件，该电容又称储能电容。工频电源经三相整流电路对滤波电容 C 充电，在 C 上充得上正下负的直流电压 U_d，然后电容往后级电路放电。这样的充、放电会不断重复，在充电时电容上的电压会上升，放电时电压会下降，电容上的电压有一些波动，电容容量越大，U_d 电压波动越小，即滤波效果越好。

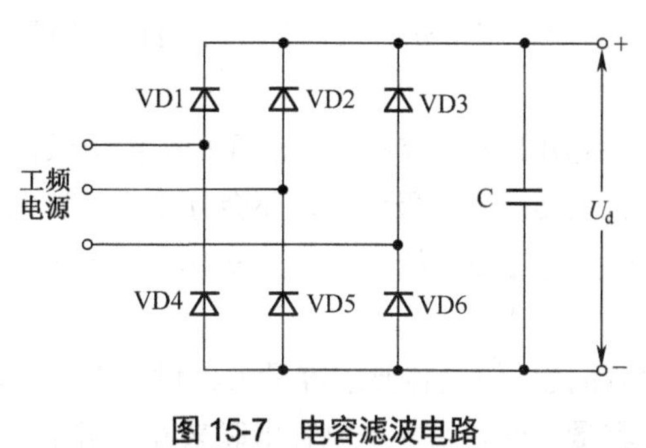

图 15-7　电容滤波电路

② 浪涌保护电路。对于采用电容滤波的变频器，接通电源前电容两端电压为 0，在刚接通电源时，会有很大的浪涌电流（冲击电流）经整流器件对电容充电，这样易烧坏整流器件。**为了保护整流器件不被开机浪涌电流烧坏，通常要采取一些浪涌保护电路。浪涌保护电路又称充电限流电路，**图 15-8 是几种常用的浪涌保护电路。

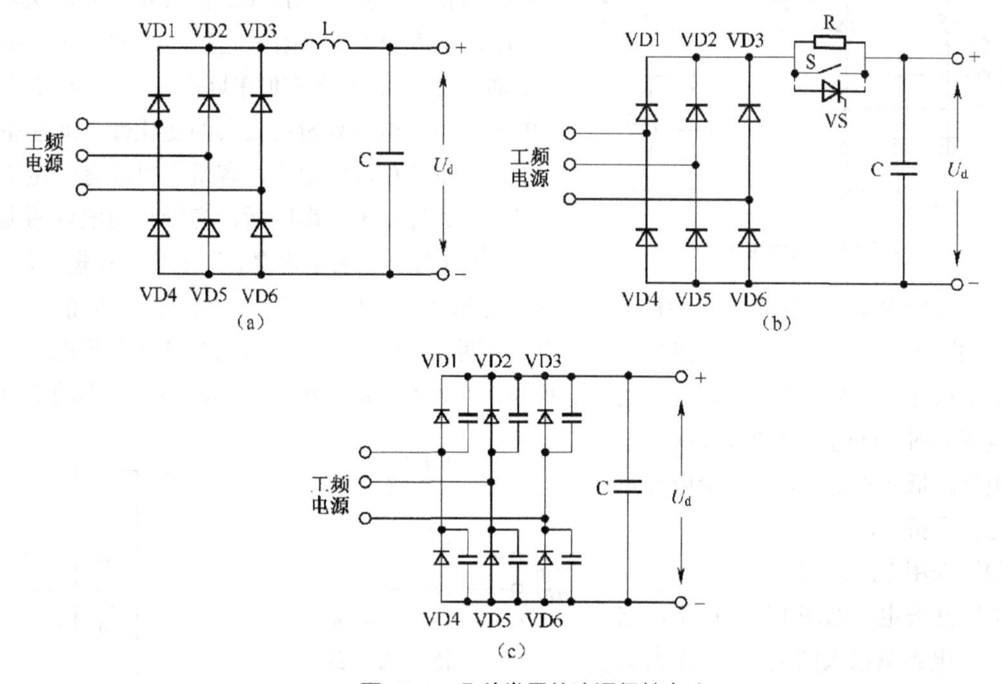

图 15-8　几种常用的浪涌保护电路

图 15-8（a）所示电路采用了电感进行浪涌保护。在接通电源时，流过电感 L 的电流突

然增大，L 会产生左正右负的电动势阻碍电流，由于电感对电流的阻碍，流过二极管并经 L 对电容充电的电流不会很大，有效保护了整流二极管。当电容上充得较高的电压后，流过 L 的电流减小，L 产生的电动势低，对电流的阻碍减小，L 相当于导线。

图 15-8（b）所示电路采用限流电阻进行浪涌保护。在接通电源时，开关 S 断开，整流电路通过限流电阻 R 对电容 C 充电，由于 R 的阻碍作用，流过二极管并经 R 对电容充电的电流较小，保护了整流二极管。图中的开关 S 一般由晶闸管取代，在刚接通电源时，让晶闸管关断（相当于开关断开），待电容上充得较高的电压后让晶闸管导通，相当于开关闭合，电路开始正常工作。

图 15-8（c）所示电路采用保护电容进行浪涌保护。由于保护电容与整流二极管并联，在接通电源时，输入的电流除要经过二极管外，还会分流对保护电容充电，这样就减小了通过整流二极管的电流。当保护电容充电结束后，滤波电容 C 上也充得较高的电压，电流仅流过整流二极管，电路开始正常工作。

③ 均压电路。滤波电路使用的电容要求容量大、耐压高，若单个电容无法满足要求，可采用多个电容并联增大容量，或采用多个电容串联来提高耐压。电容串联后总容量减小，但每个串联电容两端承受的电压减小，电容两端承受电压与容量成反比（$U_1/U_2=C_2/C_1$），即电容串联后，容量小的电容两端要承受更高的电压。

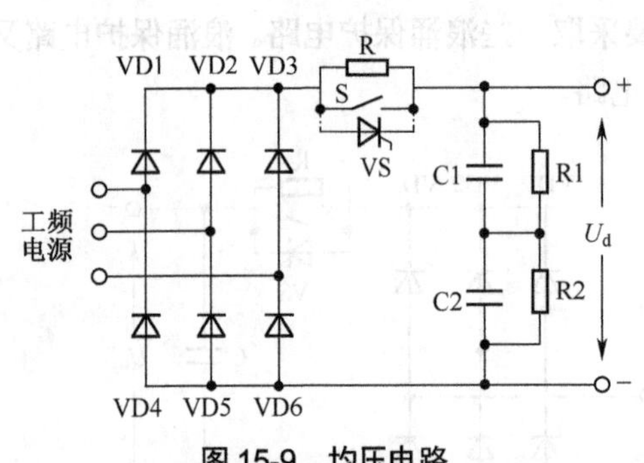

图 15-9　均压电路

图 15-9 所示电路中采用两个电容 C1、C2 串联来提高总耐压，为了使每个电容两端承受的电压相等，要求 C1、C2 的容量相同，这样总耐压就为两个电容耐压之和，如 C1、C2 耐压都为 250V，那么它们串联后可以承受 500V 电压。由于电容容量有较大的变化性，即使型号、容量都相同的电容，容量也可能有一定的差别，这样两电容串联后，容量小的电容两端承受的电压高，易被击穿。该电容击穿短路后，另一个电容要承受全部电压，也会被击穿。为了避免这种情况的出现，往往须在串联的电容两端并联阻值相同的均压电阻，使容量不同的电容两端承受的电压相同。图 15-9 所示电路中的电阻 R1、R2 就是均压电阻，它们的阻值相同，并且都并联在电容两端，当容量小的电容两端电压高时，该电容会通过并联的电阻放电来降低两端电压，使两个电容两端的电压保持相同。

（2）采用电感滤波

电感滤波电路如图 15-10 所示，它采用一个电感量很大的电感 L 作为滤波元件，该电感又称储能电感。工频电源经三相整流电路后有电流流过电感 L，当流过的电流 I 增大时，L 会产生左

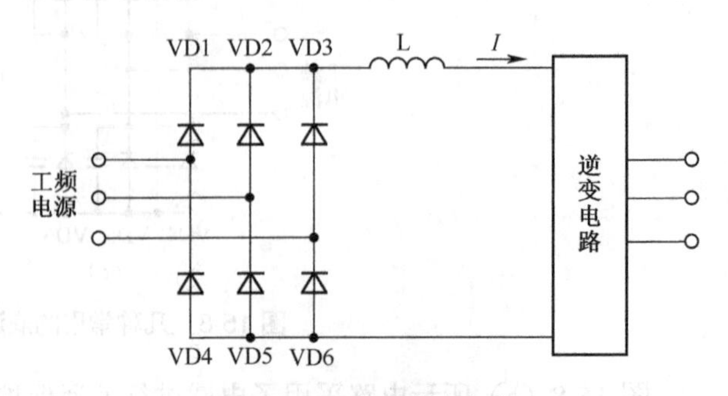

图 15-10　电感滤波电路

正右负的电动势阻碍电流增大，使电流慢慢增大；当流过的电流 I 减小时，L 会产生左负右正的电动势，该电动势产生的电流与整流电路送来的电流一起送往后级电路，这样送往后级电路的电流慢慢减小，即由于电感的作用，整流送往逆变电路的电流变化很小。

2. 制动电路

变频器是通过改变输出交流电的频率来控制电动机转速的。当需要电动机减速时，变频器的逆变器输出交流电频率下降，由于惯性原因，电动机减速时转子转速会短时高于定子绕组产生的旋转磁场转速（该磁场由变频器提供给定子绕组的交流电产生），电动机处于再生发电状态，它会产生电动势通过逆变电路对滤波电容反充电，使电容两端电压升高。**为了避免在减速时工作在再生发电状态的电动机对电容充的电压过高，同时也为了提高减速制动效果，通常在变频器的中间电路中设置制动电路。**

图 15-11 中虚线框内部分为制动电路，由 R1、VT 构成。在对电动机进行减速或制动控制时，由于惯性原因，电动机转子的转速会短时高于绕组产生的旋转磁场的转速，电动机工作在再生发电状态，这时的电动机相当于一台发电机，电动机绕组会产生反馈电流经逆变电路对电容 C 充电，C 上的电压 U_d 升高。为了避免过高的 U_d 电压损坏电路中的元器件，在制动或减速时，控制系统会送控制信号到三极管 VT 的基极，VT 导通，电动机通过逆变电路送来的反馈电流经 R1、VT 形成回路，不会对电容 C 充电。另外，该电流在流回电动机绕组时，绕组会产生磁场，该磁场对转子产生很大的制动力矩，从而使电动机快速由高速转为低速，回路电流越大，绕组产生的磁场对转子形成的制动力矩越大。如果电动机功率较大或电动机需要频繁调速，则内部制动电阻 R1 容易发热损坏（内部制动电阻功率通常较小，且散热条件差）。在这种情况下，可去掉 b、c 之间的短路片，在 a、c 间接功率更大的外部制动电阻 R。

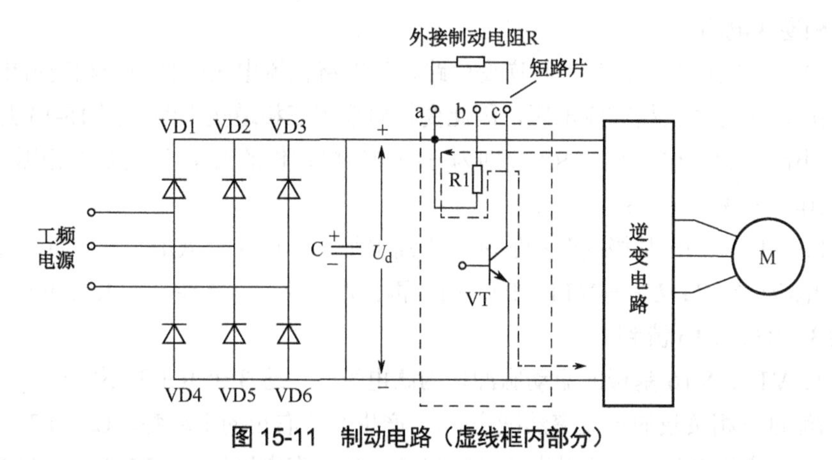

图 15-11　制动电路（虚线框内部分）

15.2.4　逆变电路

1. 逆变的基本原理

逆变电路的功能是将直流电转换成交流电。下面以图 15-12 所示电路为例来说明逆变的基本原理。

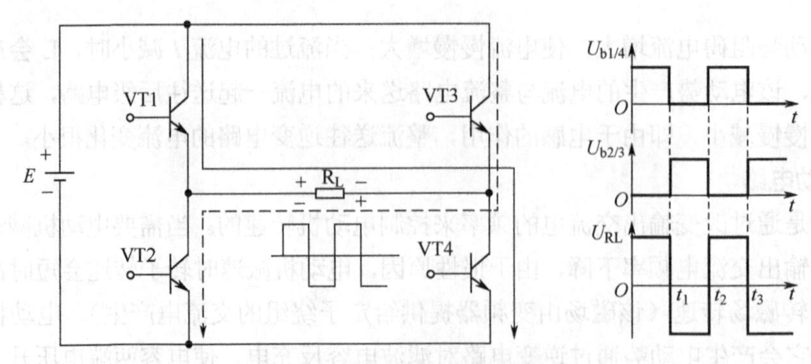

图 15-12　逆变的基本原理说明图

在电路工作时，给三极管 VT1、VT4 的基极提供驱动脉冲 $U_{b1/4}$，给 VT2、VT3 的基极提供驱动脉冲 $U_{b2/3}$。在 0～t_1 期间，VT1、VT4 基极的驱动脉冲为高电平，而 VT2、VT3 基极的驱动脉冲为低电平，VT1、VT4 导通，VT2、VT3 关断，有电流经 VT1、VT4 流过负载 R_L，电流途径是：电源 E 正极→VT1→R_L→VT4→电源 E 负极，R_L 两端的电压极性为左正右负；在 t_1～t_2 期间，VT2、VT3 基极的驱动脉冲为高电平，VT1、VT4 基极的驱动脉冲为低电平，VT2、VT3 导通，VT1、VT4 关断，有电流经 VT2、VT3 流过负载 R_L，电流途径是：电源 E 正极→VT3→R_L→VT2→电源 E 负极，R_L 两端电压的极性是左负右正。

从上述过程可以看出，在直流电源供电的情况下，通过控制开关器件的通断可以改变流过负载的电流方向，负载两端电压的极性也会发生变化，该方向变化的电压即为交流电压，从而实现直-交转换功能。另外，不难发现，当驱动脉冲的频率变化时，负载两端的交流电压频率也会发生变化。例如，驱动脉冲 $U_{b1/4}$、$U_{b2/3}$ 频率升高时，负载两端得到的交流电压 U_{RL} 频率也会随之升高。

2．三相逆变电路

图 15-12 所示的逆变电路为单相逆变电路，只能将直流电压转换成一相交流电压，而变频器需要为电动机提供三相交流电压，因此变频器采用三相逆变电路。图 15-13 是一种典型的三相逆变电路，L1～L3、R1～R3 分别为三相异步电动机的三个绕组及直流电阻。

电路工作过程说明如下：

当 VT1、VT5、VT6 基极的驱动脉冲均为高电平时，这 3 个 IGBT 都导通，有电流流过三相负载，电流途径是：U_d+→VT1→R1、L1，再分作两路，一路经 L2、R2、VT5 流到 U_d−，另一路经 L3、R3、VT6 流到 U_d−。

当 VT2、VT4、VT6 基极的驱动脉冲均为高电平时，这 3 个 IGBT 不能马上导通，因为 VT1 关断后流过三相负载的电流突然减小，L1 产生左负右正的电动势，L2、L3 均产生左正右负的电动势，这些电动势叠加对直流侧电容 C 充电，充电途径是：L2 左正→VD2→C，L3 左正→VD3→C，两路电流汇合对 C 充电后，再经 VD4、R1→L1 左负。VD2 的导通使 VT2 集射极电压相等，VT2 无法导通，VT4、VT6 也无法导通。当 L1、L2、L3 叠加电动势下降到 U_d 大小时，VD2、VD3、VD4 截止，VT2、VT4、VT6 开始导通，有电流流过三相负载，电流途径是：U_d+→VT2→R2、L2，再分作两路，一路经 L1、R1、VT4 流到 U_d−，另一路经 L3、R3、VT6 流到 U_d−。

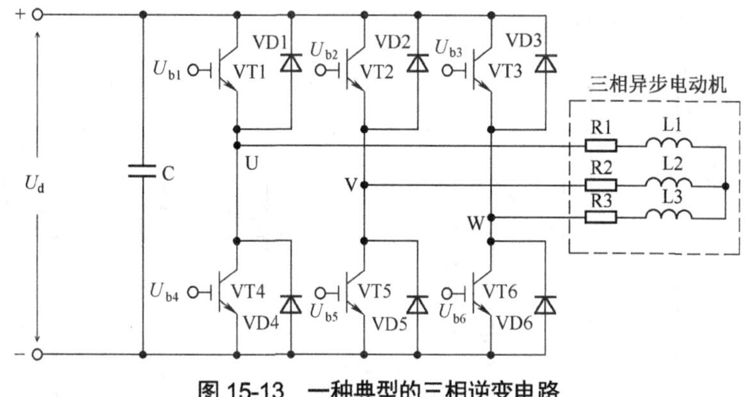

图 15-13　一种典型的三相逆变电路

当 VT3、VT4、VT5 基极的驱动脉冲均为高电平时，这 3 个 IGBT 不能马上导通，因为 VT2 关断后流过三相负载的电流突然减小，L2 产生左负右正的电动势，L1、L3 均产生左正右负的电动势，这些电动势叠加对直流侧电容 C 充电，充电途径是：L1 左正→VD1→C，L3 左正→VD3→C，两路电流汇合对 C 充电后，再经 VD5、R2→L2 左负。VD3 的导通使 VT3 集射极电压相等，VT3 无法导通，VT4、VT5 也无法导通。当 L1、L2、L3 叠加电动势下降到 U_d 大小时，VD1、VD3、VD5 截止，VT3、VT4、VT5 开始导通，有电流流过三相负载，电流途径是：U_d+→VT3→R3、L3，再分作两路，一路经 L1、R1、VT4 流到 U_d−，另一路经 L2、R2、VT5 流到 U_d−。

以后的工作过程与上述相同，这里不再赘述。通过控制开关器件的导通、关断，三相逆变电路实现了将直流电压转换成三相交流电压的功能。

15.3 变频器主电路实例电路分析

15.3.1 典型主电路实例电路分析一

图 15-14 是一种典型的变频器主电路。

三相交流电压从 R、S、T 三个端子输入变频器，经 VD1～VD6 构成的三相桥式整流电路对滤波电容 C20、C21 充电，在 C20、C21 上得到很高的直流电压（如果输入的三相电压为 380V，C20、C21 上的电压可达到 500V 以上）。与此同时，驱动电路送来 6 路驱动脉冲，分别加到逆变电路 VT1～VT6 的栅、射极，VT1～VT6 工作，将直流电压转换成三相交流电压，从 U、V、W 端子输出，去驱动三相电动机运转。

RV1～RV3 为压敏电阻，用于防止输入电压过高。当输入电压过高时，压敏电阻会击穿导通，输入电压被钳位在击穿电压上，输入电压恢复正常后，压敏电阻由导通恢复为截止。R44、R45、接触器 KM1 组成开机充电保护电路，由于开机前滤波电容 C20、C21 两端电压为 0，在开机时，经整流二极管对 C20、C21 充电的电流很大，极易损坏整流二极管。为了保护整流二极管，在开机时让充电接触器 KM1 触点断开（由控制电路控制），整流电路只能通过充电电阻 R44、R45 对 C20、C21 充电，由于电阻的限流作用，充电电流较小，待 C20、C21 两端电压达到较高值时，让 KM1 触点闭合。

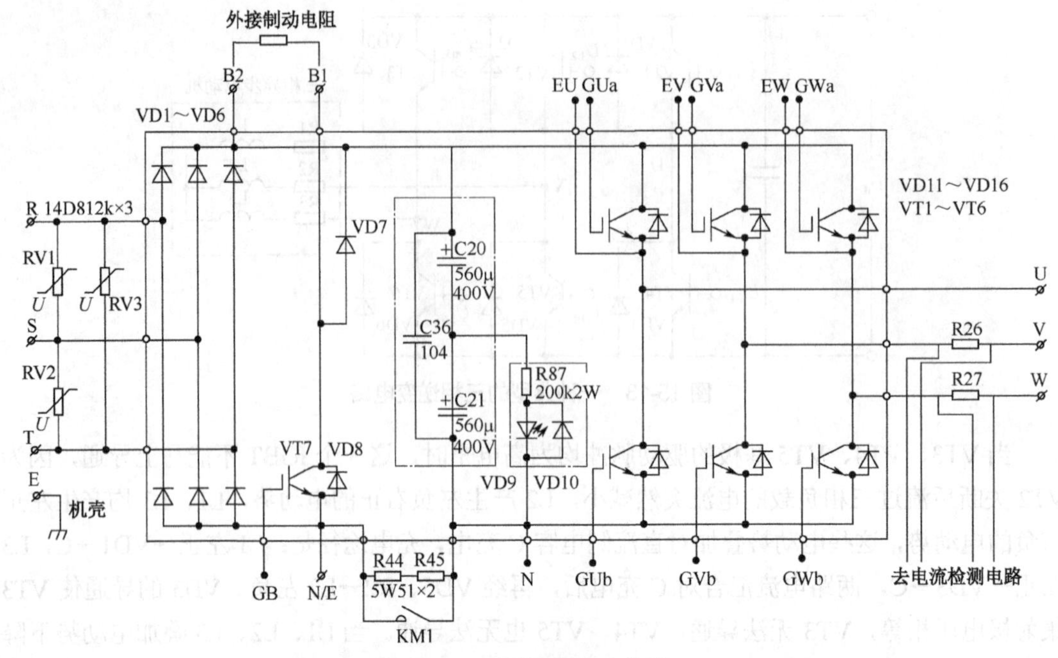

图 15-14 典型变频器主电路一

VT7、VD7、VD8 及 B1、B2 端外接的制动电阻组成制动电路，当对电动机进行减速或制动控制时，由于惯性原因，电动机转速短时偏高，它会工作在再生发电状态，电动机绕组产生的电流通过逆变电路对 C20、C21 充电，使 C20、C21 两端的电压升高。该过高的电压除易击穿 C20、C21 外，还可能损坏整流电路和逆变电路。为了避免出现这种情况，在对电动机进行减速或制动控制时，控制电路会发送一个控制信号到 VT7 的栅极，VT7 导通，电动机绕组产生的反馈电流经逆变电路上半部二极管、外接制动电阻、VT7、KM1 触点和逆变电路下半部二极管流回电动机绕组，该电流使绕组产生的磁场对电动机转子有制动作用，电流越大，制动效果越明显。另外，由于电动机产生的电流主要经导通的 VT7 返回，故对 C20、C21 充电很少，C20、C21 两端电压升高很少，不会对主电路造成损坏。由于制动电阻的功率较大，因此通常使用合金丝绕制而成。制动电阻是一种感性电阻，在制动时，当 VT7 由导通转为截止时，制动电阻会产生很高的左负右正的反峰电压，该电压易击穿 VT7。使用 VD7 后，制动电阻产生的反峰电压马上使 VD7 导通，反峰电压迅速释放而下降，保护了 VT7。

R87、VD9、VD10 构成主电路电源指示电路，在主电路工作时，C21 两端有 200V 以上的电压，该电压使发光二极管 VD9 导通发光，指示主电路中存在直流电压，VD10 用于关机时为 C20 提供放电回路。R26、R27 为电流取样电阻，其阻值为毫欧级，如果逆变电路流往电动机的电流过大，该大电流在流经 R26、R27 时，会在 R26、R27 两端得到较高的电压，该电压经电流检测电路处理后送至控制系统，使之作用于报警和停机等控制。

15.3.2 典型主电路实例电路分析二

图 15-15 是另一种类型的变频器主电路，由主电路和为整流晶闸管提供触发脉冲的电路组成。

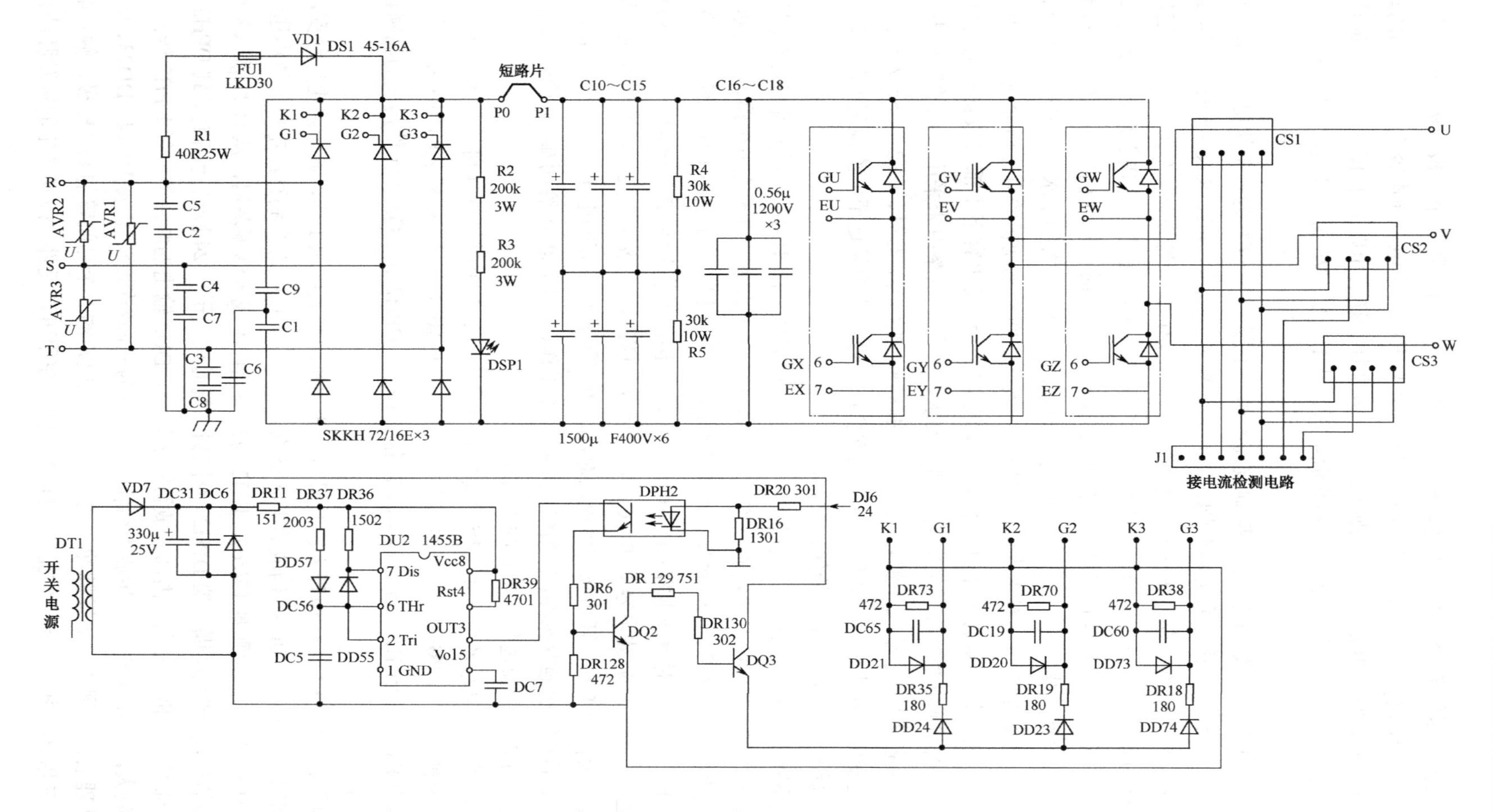

图 15-15　典型变频器主电路二

三相交流电压经 R、S、T 端子送入变频器，经 3 个晶闸管和 3 个二极管构成的三相半控桥式整流电路对滤波电容（由电容 C10～C15 串并联组成）充电，在电容上得到很高的直流电压。与此同时，驱动电路送来 6 路驱动脉冲，分别加到逆变电路 6 个 IGBT 的栅、射极，6 个 IGBT 工作，将直流电压转换成三相交流电压，从 U、V、W 端子输出，去驱动三相电动机运转。

R1、R2、R3 为压敏电阻，用于抑制过高的输入电压。C1～C9 为抗干扰电容，用于将三相交流电压中的高频干扰信号旁路到地，防止它们窜入主电路。R2、R3、DSP1 为主电路电源指示电路，当主电路中存在电压时，发光二极管 DSP1 会导通发光。C10～C15 通过串并联组成滤波电容，每个电容的容量、耐压均为 1500μF/400V，6 个电容串并联后总容量/耐压为 2250μF/800V。由于电容的容量大，在电动机减速或制动时，电动机再生电流短时对电容充电仅会使电容两端电压略有上升，这就像是装相同量的水，大杯子水位上升较小杯子更少一样，滤波电容容量大，它对再生电流阻碍小，因此返回到电动机的再生电流较大（再生电流途径：电动机→逆变电容上半部二极管→滤波电容→逆变电容下半部二极管→电动机），再生电流产生的制动力矩可满足电动机制动要求，因此主电路中未采用专门的制动电路。C16～C18 容量较小，主要用于滤除主电路中的高频干扰信号。CS1、CS2、CS3 为电流检测器件，当逆变电路输出电流过大时，这些元件会产生过电流信号送至电流检测电路处理，再送给控制系统，使之用于相应的保护控制。

本电路除未采用专门的制动电路外，也没有采用类似于图 15-14 一样的开机充电限流电路，它以开机预充电方式保护整流电路。R1、FU1、VD1 组成开机预充电电路，在开机时，三相整流电路中的 3 个晶闸管无触发脉冲不能导通，整个三相整流电路不工作，而 R 端输入电压经 R1、FU1、VD1 对滤波电容 C10～C15 充电，充电电流途径为：R 端→R1、FU1、VD1→P0、P1 之间短路片→滤波电容 C10～C15，然后分作两路，一路经整流二极管到 S 端，另一路经整流二极管到 T 端。开机预充电电路对滤波电容预充得较高的电压，然后给三相整流电路中的 3 个晶闸管送触发脉冲，三相整流电路开始工作，由于滤波电容两端已充得一定电压，故不会再有冲击电流流过整流电路的整流元件。

本电路的整流电路采用三相半控桥式整流电路，它由 3 个晶闸管（可控整流元件）和 3 个整流二极管（不可控整流元件）组成。晶闸管工作时需要在 G、K 极之间加触发信号，该触发信号由 DU2（1455B，555 时基集成电路）、DQ2、DPH2 和 DQ3 等元件构成的晶闸管触发电路产生。

晶闸管触发电路的工作原理为：开机后，变频器的开关电源工作，其一路电压经变压器 DT1 送到二极管 VD7、DC31 构成的半波整流电路，在 DC31 上得到直流电压，该电压经电阻 DR11 送到 DU2 的电源脚（Vcc）。DU2 与外围元件组成多谐振荡器，从 OUT 脚（3 脚）输出脉冲信号，送到光电耦合器 DPH2。当控制系统通过端子排 24 脚送一高电平到 DPH2 时，DPH2 内部发光二极管发光，内部光敏管随之导通，DU2 输出的脉冲信号经 DPH2 送到三极管 DQ2 放大，再由 DQ3 进一步放大后输出，一分为三，分别经二极管 DD24、DD23、DD74 等元件处理后，得到 3 路触发脉冲，送到三相整流电路的 3 个晶闸管的 G、K 极，触发晶闸管导通，三相整流电路开始正常工作。DU2 外围未使用可调元件，故其产生的触发脉冲频率和相位是不可调节的，因此无法改变 3 个晶闸管的导通情况来调节整流输出的直流电压值。

15.4 变频器主电路的检修

主电路工作在高电压、大电流状态下，是变频器故障率最高的电路。据不完全统计，主电路的故障率约为 40%，开关电源故障率约为 30%，检测电路故障率约为 15%，控制电路故障率约为 15%，这意味着会检修主电路和开关电源，就能修好大部分变频器。

15.4.1 变频器电路的工作流程

变频器的种类很多，但主电路结构大同小异。典型的主电路结构如图 15-16 所示，由整流电路、限流电路（浪涌保护电路）、滤波电路（储能电路）、高压指示电路、制动电路和逆变电路等组成。

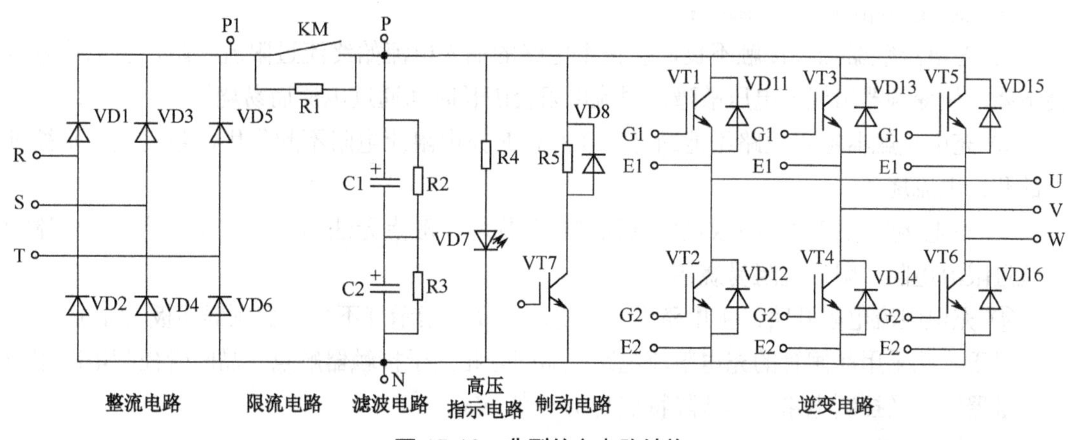

图 15-16　典型的主电路结构

变频器内部有很多电路，但都是围绕着主电路展开的，当主电路不工作或出现故障时，往往不是主电路本身的原因，而是由其他电路引起的。当变频器出现故障时，要站在系统的角度来分析故障原因，了解变频器电路的工作流程对分析变频器故障有非常大的帮助。

变频器接通输入电源后，输入电源经主电路的整流电路对储能电容充电，在储能电容两端得到 500V 以上的直流电压，该电压即为主电路电压。主电路电压一方面送到逆变电路，另一方面送到开关电源，开关电源将该电压转换成各种电压供给主电路以外的其他电路。CPU 获得供电后开始工作，当用户操作面板给 CPU 输入运行指令后，CPU 马上输出驱动脉冲，经驱动电路放大后送到逆变电路 6 个 IGBT 的 G、E 极，逆变电路在驱动脉冲的控制下开始工作，将主电路电压转换成三相交流电压从 U、V、W 端子输出，驱动电动机运转。

变频器在运行过程中，CPU 通过检测电路检测主电路电压、逆变电路输出电流和整流逆变电路的温度，一旦发现主电路电压过高或过低、逆变电路输出电流过大或模块工作温度过高，CPU 会停止输出驱动脉冲让逆变电路停止工作，变频器无 U、V、W 相电压输出，同时 CPU 还会在面板显示器上显示相应的故障代码（如过电压、欠电压、过电流和过热等）。

15.4.2　主电路各单元电路的常见故障

1．整流电路

整流电路常见故障有：

① 整流电路中的一个或多个整流二极管开路，会导致主电路直流电压（P、N间的电压）下降或无电压。

② 整流电路中的一个或多个整流二极管短路，会导致变频器的输入电源短路，如果变频器输入端接有断路器，断路器会跳闸，变频器无法接通输入电源。

2．充电限流电路

变频器在刚接通电源时，充电接触器触点断开，输入电源通过整流电路、限流电阻对滤波电容（或称储能电容）充电，当电容两端电压达到一定值时，充电接触器触点闭合，短接充电限流电阻。

充电限流电路的常见故障有：

① 充电接触器触点接触不良，会使主电路的输入电流始终流过限流电阻，主电路电压会下降，使变频器出现欠电压故障，限流电阻会因长时间通过电流而易烧坏。

② 充电接触器触点短路不能断开，在开机时充电限流电阻不起作用，整流电路易被过大的开机电流烧坏。

③ 充电接触器线圈开路或接触器控制电路损坏，触点无法闭合，主电路的输入电流始终流过限流电阻，限流电阻易烧坏。

④ 充电限流电阻开路，主电路无直流电压，高压指示灯不亮，变频器面板无显示。

对于一些采用晶闸管的充电限流电路，晶闸管相当于接触器触点，晶闸管控制电路相当于接触器线圈及控制电路，其故障特点与①～③一致。

3．滤波电路

滤波电路的作用是接受整流电路的充电而得到较高的直流电压，再将该电压作为电源供给逆变电路。

滤波电路常见故障有：

① 滤波电容老化容量变小或开路，主电路电压会下降，当容量低于标称容量的85%时，变频器的输出电压低于正常值。

② 滤波电容漏电或短路，会使主电路输入电流过大，易损坏接触器触点、限流电阻和整流电路。

③ 均压电阻损坏，会使两个电容承受电压不同，承受电压高的电容易先被击穿，然后另一个电容承受全部电压也被击穿。

4．制动电路

在变频器减速过程中，制动电路导通，让再生电流回流电动机，增加电动机的制动力矩，同时也释放再生电流对滤波电容过充的电压。

制动电路常见故障有：

① 制动管或制动电阻开路，制动电路失去对电动机的制动功能，同时滤波电容两端会

充得过高的电压，易损坏主电路中的元件。

② 制动电阻或制动管短路，主电路电压下降，同时增加整流电路负担，易损坏整流电路。

5．逆变电路

逆变电路的功能是在驱动脉冲的控制下，将主电路直流电压转换成三相交流电压供给电动机。逆变电路是主电路中故障率最高的电路。

逆变电路常见故障有：

① 6 个开关器件中的一个或一个以上损坏，会造成输出电压抖动、断相或无输出电压现象。

② 同一桥臂的两个开关器件同时短路，则会使主电路的 P、N 之间直接短路，充电接触器触点、整流电路会有过大的电流通过而被烧坏。

15.4.3　不带电检修主电路

由于主电路电压高、电流大，如果在主电路未排除故障前通电检测，有可能使电路的故障范围进一步扩大。为了安全起见，在检修时通常先不带电检测，然后带电检测。

1．整流电路（模块）的检测

整流电路由 6 个整流二极管组成，有的变频器将 6 个二极管做成一个整流模块。从图 15-16 可以看出，整流电路输入端接外部的 R、S、T 端子，上桥臂输出端接 P1 端子，下桥臂输出端接 N 端子，故检测整流电路可不用拆开变频器外壳。整流电路的检测如图 15-17 所示，万用表拨至×1kΩ 挡，红表笔接 P1 端子，黑表笔依次接 R、S、T 端子，测量上桥臂 3 个二极管的正向电阻，然后调换表笔测上桥臂 3 个二极管的反向电阻。用同样的方法测 N 与 R、S、T 端子间的下桥臂 3 个二极管的正、反向电阻。

对于一个正常的二极管，其正向电阻小、反向电阻大。若测得正、反向电阻都为无穷大，则被测二极管开路；若测得正、反向电阻都为 0 或阻值很小，则被测二极管短路；若测得正向电阻偏大、反向电阻偏小，则被测二极管性能不良。

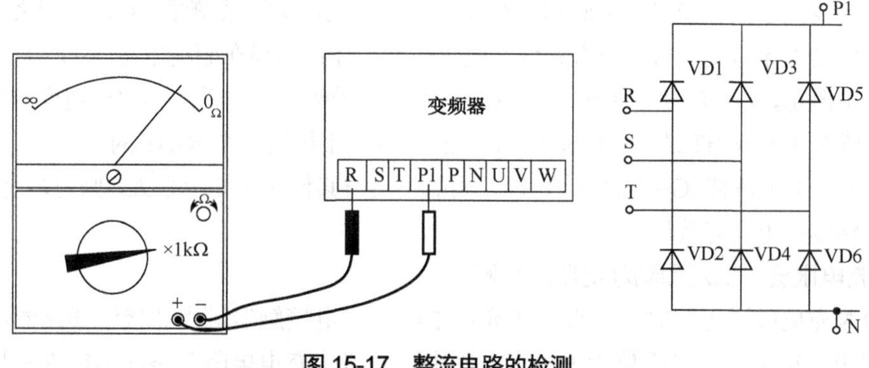

图 15-17　整流电路的检测

2．逆变电路（模块）的检测

逆变电路由 6 个 IGBT（或三极管）组成，有的变频器将 6 个 IGBT 及有关电路做成一个逆变模块。从图15-16可以看出，逆变电路输出端接外部的U、V、W端子，上桥臂输入端与P端子相通，下桥臂输入端与N端子相通，故检测逆变电路可不用拆开变频器外壳。由于正常的IGBT的C、E极之间的正、反向电阻均为无穷大，故检测逆变电路时可将IGBT视为不存在，逆变电路的检测与整流电路相同。

逆变电路的检测如图15-18所示，万用表拨至×1kΩ挡，红表笔接P端子，黑表笔依次接U、V、W端子，测量上桥臂3个二极管的正向电阻和IGBT的C、E极之间的电阻，然后调换表笔测上桥臂3个二极管的反向电阻和IGBT的C、E极之间的电阻。用同样的方法测N与U、V、W端子间的下桥臂3个二极管和IGBT的电阻。

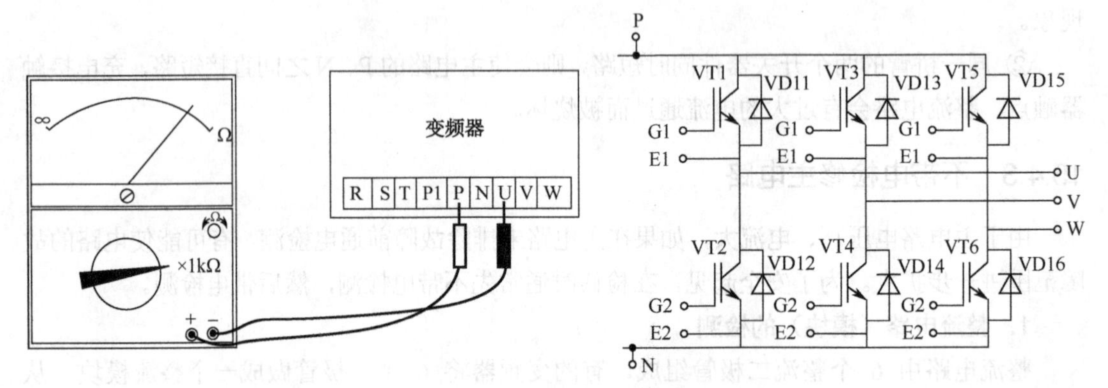

图15-18　逆变电路的检测

对于一个正常的桥臂，IGBT的C、E极之间正、反向电阻均为无穷大，而二极管的正向电阻小、反向电阻大。若测得某桥臂正、反向电阻都为无穷大，则被测桥臂的二极管开路；若测得正、反向电阻都为0或阻值很小，则可能是被测桥臂二极管短路或IGBT的C、E极之间短路；若测得正向电阻偏大、反向电阻偏小，则被测二极管性能不良或IGBT的C、E极之间漏电。

在采用上述方法检测逆变电路时，只能检测二极管是否正常及IGBT的C、E极之间是否短路。如果需要进一步确定IGBT是否正常，可打开机器测量逆变电路IGBT的G、E极之间的正、反向电阻。如果取下驱动电路与G、E极之间的连线测量，G、E极之间的正、反向电阻应均为无穷大，若不符合则为所测IGBT损坏；如果在驱动电路与G、E极保持连接的情况下测量，G、E极之间的正、反向电阻为几千欧～十几千欧。由于逆变电路具有对称性，上桥臂3个IGBT的G、E极之间的电阻相同，下桥臂3个IGBT的G、E极之间的电阻相同。如果某个桥臂IGBT的G、E极之间的电阻与其他两个差距很大，则可能是该IGBT损坏或该路驱动电路有故障。

3．充电限流、滤波和制动电路的检测

在检测充电限流电路时，主要测量充电电阻、充电接触器触点和接触器线圈。正常的充电电阻阻值很小，如果阻值为无穷大，则电阻开路，充电电阻开路故障较为常见；在不带电时充电接触器触点处于断开状态，如果测得阻值为0，则为触点短路；如果测得接触器线圈阻值为无穷大，则为线圈开路。检测充电电阻和触点使用×1Ω挡，检测接触器线圈使用×10Ω 或×100Ω 挡。

充电电阻功率很大，如果损坏后找不到功率相同或略大的电阻代换，可将多个电阻并联来增大功率。例如，100 个阻值为 1kΩ、功率为 0.5W 的电阻并联可相当于一个 50W、10Ω 的电阻。

在检测滤波电路时，先用万用表×10kΩ挡测量储能电容的阻值，正常时正向阻值为无穷大或接近无穷大。储能电容的容量可用电容表或带容量测量功能的数字万用表来检测，如果发现电容容量与标称容量有较大差距，应考虑更换。

在检测制动电路时，主要用万用表欧姆挡检测制动电阻、制动管好坏。

为了确保检测的准确性，除接触器触点可在路测量外，其他元件应拆下来测量。

15.4.4　变频器无输出电压的检修

1. 故障现象

变频器无 U、V、W 相电压输出，但主电路 P、N 之间（储能电容两端）有 500V 以上的正常电压，高压指示灯亮。

2. 故障分析

主电路 P、N 之间直流电压正常，说明整流、限流和储能等电路基本正常，制动电路和逆变电路也不存在短路故障。变频器无输出电压的原因在于逆变电路不工作，因为逆变电路 3 个上桥臂同时开路的可能性非常小，而逆变电路不工作的原因在于无驱动脉冲。

根据前面介绍的变频器电路工作流程可知，逆变电路所需的驱动脉冲由 CPU 产生，并经驱动电路放大后提供，所以逆变电路不工作的原因可能在于 CPU 和驱动电路出现故障。另外，如果逆变电路的过电流、过热等检测电路出现故障，也会使 CPU 识别失误而停止输出驱动脉冲。此外，这些电路工作电压都由开关电源提供，故开关电源出现故障也会使逆变电路不工作。

3. 故障检修

该故障可能是由 CPU、驱动电路、开关电源或检测电路损坏引起的。检修过程如下：

① 检测开关电源有无输出电压，若无输出电压，应检查开关电源。

② 对变频器进行运行操作，同时用示波器测量 CPU 的驱动脉冲输出脚有无脉冲输出。若 CPU 有脉冲输出，故障应在驱动电路，它无法将 CPU 产生的驱动脉冲送到逆变电路；若 CPU 无脉冲输出，应检查 CPU 及检测电路。

在通电期间，禁止用万用表和示波器直接测量逆变电路 IGBT 的 G 极，因为测量时可能会产生干扰信号，将 IGBT 非正常触发导通而损坏。另外，严禁断开驱动电路后给逆变电路通电，因为逆变电路各 IGBT 的 G 极悬空后极易受干扰而使 C、E 极之间导通，如果上、下桥 IGBT 同时导通，就将逆变电路的电源直接短路，IGBT 和供电电路会被烧坏。

关于开关电源、驱动电路、CPU 电路和检测电路的具体检修可参见后续相关章节内容。

15.4.5　主电路大量元件损坏的检修

1．故障现象

变频器不工作，主电路有大量元件被烧坏。

2．故障分析

主电路大量元件损坏，有可能是因为主电路中某元件出现短路（如储能电容短路），引起其他元件相继损坏，也可能是其他电路，如制动控制电路出现故障，在电动机减速制动时制动电路不能导通，电动机的再生电流对储能电容充电过高而击穿储能电容或逆变电路的IGBT，这些元件短路后又会使充电电阻和整流二极管进一步损坏。

3．故障检修

为了防止故障范围进一步扩大，应先不带电检测，然后带电检测。检修过程如下：

① 用前面介绍的不带电检修方法，检测主电路的整流电路、逆变电路、限流电路、滤波电路和制动电路，找出故障元件后更换新元件。

② 找出故障元件并更换后可以开始通电试机，因为万用表的测量电压很低，可能无法检测出一些在通电情况下才表现出故障的元件，为了避免通电造成损失，在通电时可采取一些防护措施。

在通电前，将两个220V、25W的灯泡串联起来，接在整流电路和滤波电容之间，另外将逆变电路也断开，如图15-19所示，灯泡起限流保护作用。当给变频器接通输入电源时，若电路正常，灯泡会亮一下后熄灭（输入电源经整流电路对储能电容充电的表现）；如果灯泡一直亮，则可能是储能电容C1、C2短路，制动管VT7短路，可断开制动管VT7；若灯泡熄灭，则为制动管短路；若灯泡仍亮，则为储能电容短路。

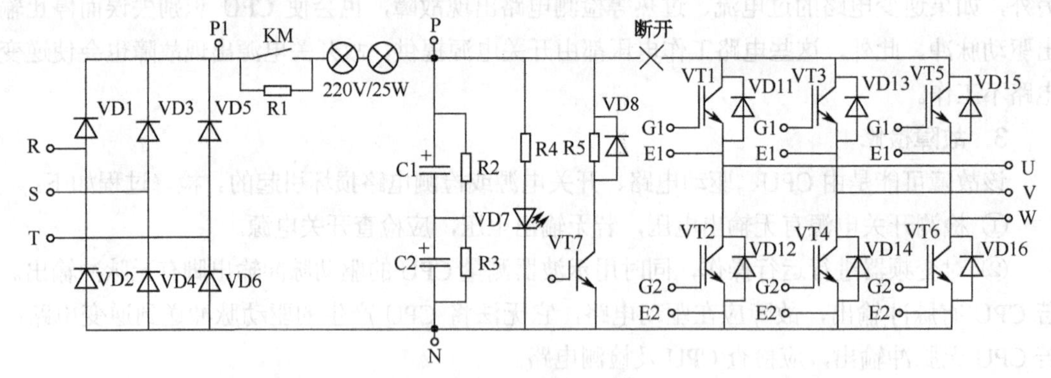

图15-19　采用串接灯泡和断开电路的方法检查主电路

在确定滤波和制动电路正常后，将两个220V、25W的灯泡串接到逆变电路之前，如图15-20所示，然后对变频器进行空载（即U、V、W端不接负载）通电试机，可能会出现以下情况：

① 变频器通电待机时，灯泡亮。变频器通电待机时，驱动电路不会送驱动脉冲给逆变电路的IGBT，所有的IGBT应处于截止状态，灯泡亮的原因为逆变电路某上、下桥臂存在漏电或短路，如VT1、VT2同时短路或漏电，用万用表测VT1、VT2可能是正常的，但通电

高压下故障会表现出来。

② 变频器通电待机时，灯泡不亮，但对变频器进行运行操作后灯泡一亮一暗闪烁。变频器运行时，驱动电路送驱动脉冲给逆变电路的 IGBT，灯泡闪亮说明流过灯泡的电流时大时小，其原因是某个 IGBT 损坏，如 VT2 短路，当 VT1 触发导通时，VT1、VT2 将逆变电路供电端短路，流过灯泡的电流很大而发出强光。

③ 变频器待机和运行时，灯泡均不亮。用万用表交流 500V 挡测量 U、V、W 端子的输出电压 U_{UV}、U_{UW}、U_{VW}，测量 U_{UV} 电压时，一支表笔接 U 端子，另一支表笔接 V 端子，发现三相电压平衡（相等），说明逆变电路工作正常，可给变频器接上负载进一步试机。

如果万用表测得 U_{UV}、U_{UW}、U_{VW} 电压不相等，差距较大，其原因是某个 IGBT 开路或导通电阻变大。为了找出损坏的 IGBT，可用万用表直流 500V 挡分别测量 U、V、W 端与 N 端之间的直流电压。如果逆变电路正常，U、V、W 端与 N 端之间的电压约为主电路电压（约 530V）的一半，即 260V 左右。如果 U、N 端之间的电压远远高于 260V 甚至等于 530V，说明 VT2 的 C、E 极之间导通电阻很大或开路（也可能是 VT2 无驱动脉冲）；如果 U、N 端之间的电压远远低于 260V 甚至等于 0V，说明 VT1 的 C、E 极之间导通电阻很大或开路（也可能是 VT1 无驱动脉冲）。

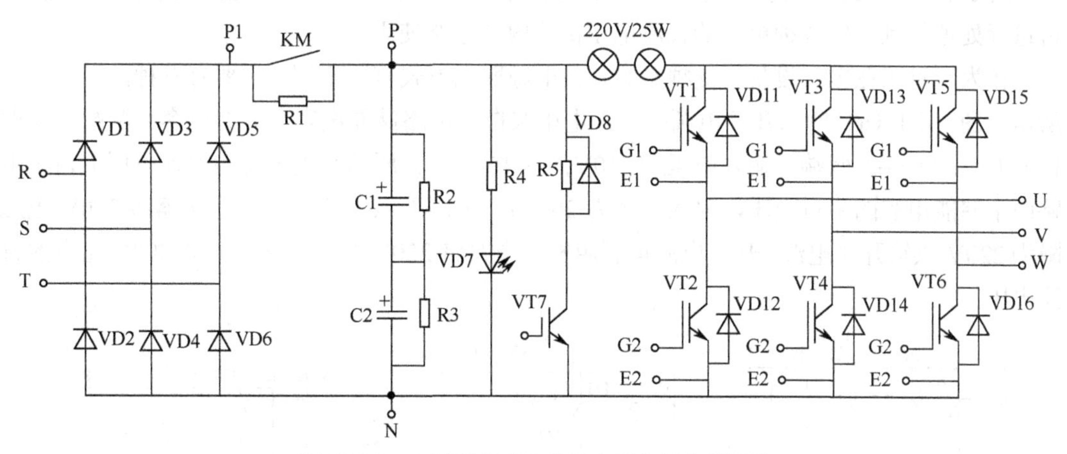

图 15-20　在逆变电路和前级电路之间串接灯泡

第 16 章　变频器的电源、驱动电路原理与检修

变频器内部除了有主电路，还有驱动电路、检测电路和 CPU 电路等。**电源电路的作用是为变频器内部电路提供工作电源，为了使电源电路具有较大的输出功率，变频器的电源电路采用开关电源。驱动电路的作用是将 CPU 电路产生的驱动脉冲进行放大并送给逆变电路。**

16.1　变频器的电源电路原理与检修

16.1.1　变频器电源电路的取电方式

对于彩色电视机、计算机等电子设备，其开关电源直接将 220V 市电整流获得直流电压，再进行处理得到其他各种更低的直流电压供给内部电路使用。

作为一种工业电气设备，变频器的开关电源取电方式有所不同，主要有三种，如图 16-1 所示。图 16-1（a）所示开关电源的输入电压取自主电路储能电容（滤波电容）两端，即取自 P（+）、N（–）两端，输入电压达 530V；图 16-1（b）所示开关电源的输入电压取自主电路两个储能电容的中点电压，输入电压为 265V；图 16-1（c）中，采用变压器将 380V 电压降为 220V 供给开关电源，开关电源再利用整流电路将 220V 交流电压整流成 300V 左右的直流电压。

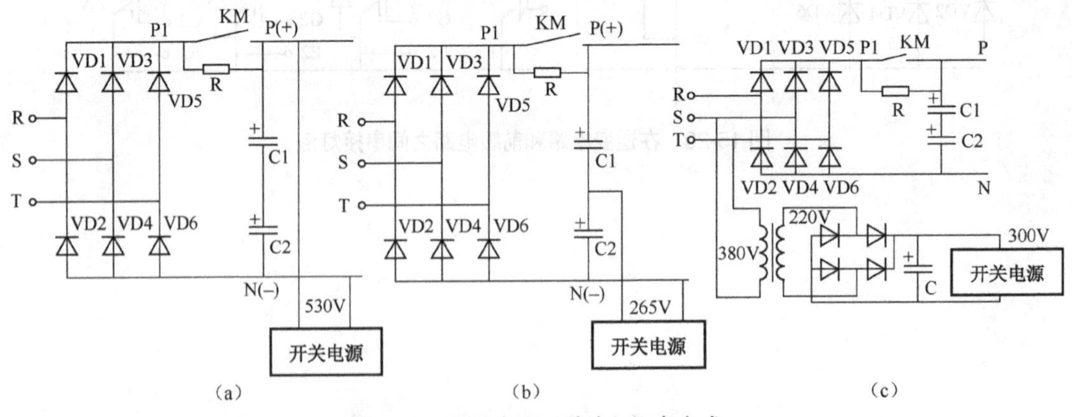

图 16-1　开关电源三种输入取电方式

16.1.2　自激式开关电源典型电路分析

根据激励脉冲产生方式的不同，开关电源有自激式和他激式之分，图 16-2 是一种典型的变频器采用的自激式开关电源。

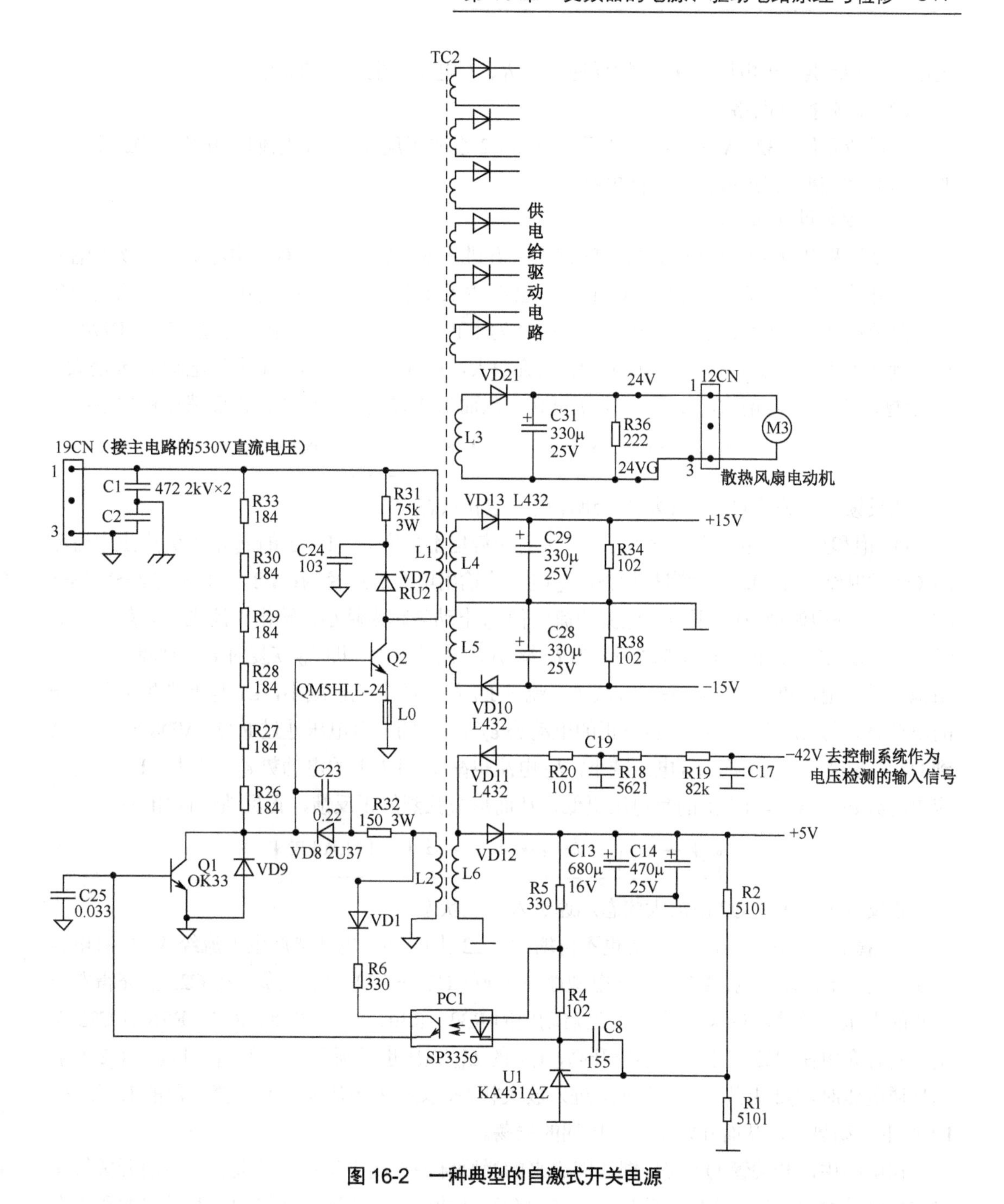

图 16-2　一种典型的自激式开关电源

自激式开关电源主要由启动电路、自激振荡电路和稳压电路等组成，有的电源还设有保护电路。

（1）启动电路

R33、R30、R29、R28、R27、R26 为启动电阻。

主电路 530V 的直流电压经插件 19CN 送入开关电源，分作两路：一路经开关变压器 TC2 的 L1 线圈送到开关管 Q2 的 c 极，另一路经启动电阻 R33、R30、R29、R28、R27、R26 降压后为Q2提供b极电压，Q2开始导通，有I_b、I_c电流产生，启动完成。

（2）自激振荡电路

由反馈元件R32、VD8、C23和反馈线圈L2组成正反馈电路，它们与开关管Q2及开关变压器L1线圈一起组成自激振荡电路。

自激振荡过程如下：

启动过程让开关管Q2由开机前的截止状态进入放大状态，Q2有I_c电流流过，该I_c电流在流经开关变压器TC2的L1线圈时，L1会产生上正下负的电动势e_1阻碍电流。该电动势感应到反馈线圈L2，L2上电动势为e_2，其极性为上正下负。L2的上正电压通过R32、VD8//C23反馈到开关管Q2的b极，U_{b2}升高，I_{b2}电流增大，I_{c2}电流也增大，L1上的电动势e_1增大，L2上感应电动势e_2增大，L2上正电压更高，从而形成强烈的正反馈，正反馈过程如下：

$$U_{b2}\uparrow\rightarrow I_{b2}\uparrow\rightarrow I_{c2}\uparrow\rightarrow e_1\uparrow\rightarrow e_2\uparrow\rightarrow \text{L2上正电压}\uparrow$$

正反馈使开关管Q2由放大状态迅速进入饱和状态。

Q2饱和后，I_{c2}电流不再增大，e_1、e_2电动势也不再增大，L2上的e_2电动势产生电流流向Q2发射结，让Q2维持饱和状态，e_2电动势输出电流的途径为：L2上正→R32→VD8→Q2发射结→电源地→L2下负。电流的流出使e_2电动势越来越小，输出电流也越来越小，流经Q2发射结的I_{b2}电流也越来越小，当I_{b2}减小I_{c2}也减小时，即I_{b2}恢复对I_{c2}的控制，Q2则由饱和状态退出进入放大状态，I_{c2}减小，流过L1线圈的电流也减小，L1马上产生上负下正的电动势e_1'，L2则感应出上负下正的电动势e_2'，L2的上负电压通过R32、VD8//C23反馈到Q2的b极，U_{b2}下降，I_{b2}电流减小，I_{c2}电流也减小，L1上的电动势e_1'增大，L2上的感应电动势e_2'增大，L2上的负电压更低，从而形成强烈的正反馈，正反馈过程如下：

$$U_{b2}\downarrow\rightarrow I_{b2}\downarrow\rightarrow I_{c2}\downarrow\rightarrow e_1'\uparrow\rightarrow e_2'\uparrow\rightarrow \text{L2上负电压}\downarrow$$

正反馈使开关管Q2由放大状态迅速进入截止状态。

Q2截止后，e_1'、e_2'电动势也不再增大，L2上的e_2'电动势产生电流经VD9对电容C23充电，电流途径为：L2下正→电源地→VD9→C23→R32→L2上负，在C23上充得左正右负的电压；同时，530V电压也通过启动电阻R33、R30、R29、R28、R27、R26对C23充电，两者充电使C23左正电压逐渐升高，Q2的U_{b2}电压也逐渐升高，当U_{b2}升高到Q2发射结导通电压时，Q2由截止转为导通，进入放大状态，又有I_c电流流过开关变压器的L1线圈，L1产生电动势e_1，从而开始下一个周期的振荡。

在电路中，开关管Q2在反馈线圈送来的激励脉冲控制下工作在开关状态，而开关管又参与激励脉冲的产生，这种开关管参与产生激励脉冲而又受激励脉冲控制的开关电源称为自激式开关电源。

在电路工作时，开关变压器TC2的L1线圈会产生上正下负的电动势（Q2导通时）和上负下正的电动势（Q2截止时），这些电动势会感应到次级线圈L3～L6上，这些线圈上的电动势经本路整流二极管对本路电容充电后，在电容上可得到上正下负的正电压或上负下正的负电压，再供给变频器有关电路。

（3）稳压电路

输出取样电阻 R1、R2、三端基准稳压器 KA431、光电耦合器 PC1 和线圈 L2、整流二极管 VD1、滤波电容 C23、脉宽调整管 Q1 等元件构成稳压电路。

在开关电源工作时，开关变压器 TC2 的 L6 线圈上的上正下负感应电动势经二极管 VD12 对电容 C13 充电，在 C13 充得+5V 电压。该电压经 R2、R1 分压后为 KA431 的 R 极提供电压，KA431 的 K、A 极之间导通，PC1 内的发光二极管导通发光，PC1 内的光敏管也导通，L2 线圈上的上正下负电动势经 VD1、R6、光敏管对 C25 充电，在 C25 上得到上正下负的电压。该电压送到 Q1 基极来控制 Q1 的导通程度，进而控制 Q2 基极的分流量，最终调节输出电压。

下面以开关电源输出电压偏高为例来说明稳压工作原理。

如果开关电源输入电压升高，在稳压调整前，各输出电压也会升高，其中 C14 两端+5V 电压也会上升，KA431 的 R 极电压上升，K、A 极之间导通变深，流过 PC1 内部发光二极管的电流增大，PC1 内部的光敏管导通加深，L2 上的电动势经 VD1、PC1 内部光敏管对 C25 充电电阻变小，C25 上充得的电压更高，Q1 因基极电压上升而导通更深，对 Q2 基极分流更大，在 Q2 饱和时由 L2 流向 Q2 基极维持 Q2 饱和的 I_b 电流减小很快（L2 输出电流一路会经 Q1 构成回路），Q2 饱和时间缩短，L1 线圈流过电流时间短而储能减少，在 Q2 截止时 L1 产生的电动势低，L6 等各次级线圈上的感应电动势下降，各输出电压下降，回到正常值。

（4）其他元件及电路说明

R31、VD7、C24 构成阻尼吸收电路。在 Q2 由导通转为截止瞬间，L1 会产生很高的上负下正的反峰电压，该电压易击穿 Q2。采用阻尼吸收电路后，反峰电压经 VD7 对 C24 充电和经 R31 构成回路而迅速降低。VD11、C19、C17 等元件构成电压检测取样电路。L6 线圈的上负下正电动势经二极管 VD11 对 C17 充得上负下正约–42V 的电压，送到控制系统作为电压检测取样信号。当主电路的直流电压上升时，开关电源输入电压上升，在开关管 Q2 导通时 L1 线圈产生的上正下负电动势就更高，L6 感应得到的上负下正电动势更高，C17 上充得的负压（上负下正电压）更低，控制系统通过检测该取样电压就能知道主电路的直流电压升高。该电压检测取样电路与开关电源其他次级整流电路非常相似，但它有一个明显的特点，就是采用容量很小的无极性电容作为滤波电容（普通的整流电路采用大容量的有极性电容作为滤波电容），这样取样电压可更快响应主电路直流电压的变化。很多变频器采用这种间接方式来检测主电路的直流电压变化情况。

16.1.3　自激式开关电源的检修

开关电源有自激式和他激式两种类型，他激式开关电源采用独立的振荡器来驱动开关管工作，而自激式开关电源没有独立的振荡器，它采用开关管和正反馈电路一起组成振荡器，依靠自己参与的振荡来产生脉冲信号驱动自身工作。自激式开关电源种类很多，但工作原理和电路结构大同小异，只要掌握了一种自激式开关电源的检修，就能很快学会检修其他类型的自激式开关电源。这里以图 16-2 所示的电源电路为例来说明自激式开关电源的检修。

开关电源常见故障有无输出电压、输出电压偏低和输出电压偏高。

1. 无输出电压

（1）故障现象

变频器面板无显示，且操作无效，测开关电源各路输出电压均为 0V，而主电路电压正常（500V 以上）。

（2）故障分析

因为除主电路外，变频器其他电路供电均来自开关电源，当开关电源无输出电压时，其他各电路无法工作，就会出现面板无显示、任何操作无效的故障现象。

开关电源不工作的主要原因有：

① 主电路的电压未送到开关电源，开关电源无输入电压。

② 开关管损坏。

③ 开关管基极的上偏元件（R26～R30、R33）开路，或下偏元件（Q1、VD9）短路，均会使开关管基极电压为 0V，开关管始终处于截止状态，开关变压器的 L1 线圈无电流通过而不会产生电动势，次级线圈也就不会有感应电动势。

（3）故障检修

检修过程如下：

① 测量开关管 Q2 的 c 极有无 500V 以上的电压，如果电压为 0V，可检查 Q2 的 c 极至主电路之间的元件和线路是否开路，如开关变压器 L1 线圈、接插件 19CN。虽然 C1、C2、Q2 短路也会使 Q2 的 c 极电压为 0V，但它们短路也会使主电路电压不正常。

② 若开关管 Q2 的 c 极有 500V 以上的电压，可测量 Q2 的 U_{be} 电压，如果 U_{be}>0.8V，一般为 Q2 的发射结开路；如果 U_{be}=0V，可能是 Q2 的发射结短路、L0 开路，Q2 基极的上偏元件 R26～R30、R33 开路，或者 Q2 的下偏元件 Q1、VD9 短路。

③ 在检修时，如果发现开关管 Q2 损坏，更换后不久又损坏，可能是阻尼吸收电路 R31、C24、VD7 损坏，不能吸收 L1 产生的很高的反峰电压；也可能是反馈电路 L2、R32、C23、VD8 存在开路，反馈信号无法送到 Q2 的基极，Q2 一直处于导通状态，Q2 长时间通过很大的 I_c 电流被烧坏；还有可能是 Q1 开路，或稳压电路存在开路使 Q1 始终截止，无法对开关管 Q2 的 b 极进行分流，Q2 因 U_{b2} 电压偏高、饱和时间长而被烧坏。

2. 输出电压偏低

（1）故障现象

开关电源各路输出电压均偏低，开关电源输入电压正常。

（2）故障分析

如果开关仅某路输出电压不正常，则为该路整流滤波和负载电路出现故障所致，现各路输出电压均偏低，故障原因应是开关电源主电路不正常。开关电源输出电压偏低的原因主要有：

① 开关管基极的上偏元件（R26～R30、R33）阻值变大，或下偏元件（Q1、VD9）漏电，均会使开关管基极电压偏低。开关管 Q2 因基极电压偏低而饱和时间缩短，L1 线圈通过电流的时间短而储能少，产生的电动势也低，感应到次级线圈的电动势随之下降，故各路输出电压偏低。

② 稳压电路存在故障使 Q1 导通程度深，而使开关管 Q2 基极电压低，如光电耦合器 PC1 的光敏管短路、KA431 的 A、K 极之间短路和 R1 阻值变大等。

③ 开关变压器的 L1、L2 线圈存在局部短路，其产生的电动势下降。

（3）故障检修

检修过程如下：

① 测量开关管 Q2 的 U_{be} 电压，同时用导线短路稳压电路中的 R1，相当于给稳压电路输入一个低取样电压。如果稳压电路正常，KA431 的 A、K 极之间导通变浅，光耦 PC1 导通也变浅，调整管 Q1 基极电压下降，导通变浅，对开关管 Q2 基极的分流减少，Q2 基极电压应该有变化。如果 Q2 的 U_{be} 电压不变化或变化不明显，应检查稳压电路。

② 检查开关管 Q2 基极的上偏元件 R26～R30、R33 是否阻值变大，检查 Q1、VD9、VD8、C23 等元件是否存在漏电现象。

③ 检查开关变压器温度是否偏高，若是，可更换变压器。

3．输出电压偏高

（1）故障现象

开关电源各路输出电压均偏高，开关电源输入电压正常。

（2）故障分析

开关电源输出电压偏高的故障与输出电压偏低是相反的，其原因也相反。开关电源输出电压偏高的原因主要有：

① 开关管基极的上偏元件（R26～R30、R33）阻值变小，或下偏元件（Q1）开路，均会使开关管基极电压偏高。开关管 Q2 因基极电压偏高而饱和时间延长，L1 线圈因通过电流的时间长而储能多，产生的电动势升高，感应到次级线圈的电动势随之上升，故各路输出电压均偏高。

② 稳压电路存在故障使 Q1 导通程度浅或截止，而使开关管 Q2 基极电压升高，如 VD1、R6、PC1 开路，KA431 的 A、K 极之间开路和 R2 阻值变大等。

③ 稳压电路取样电压下降，如 C13、C14 漏电，L6 线圈局部短路均会使+5V 电压下降，稳压电路认为输出电压偏低，马上将 Q1 的导通程度调浅，让开关管 Q2 导通时间变长，开关电源输出电压上升。

（3）故障检修

检修过程如下：

① 测量开关管 Q2 的 U_{be} 电压，同时用导线短路 R2。如果稳压电路正常，KA431 的 A、K 极之间导通会变深，光耦 PC1 导通也变深，调整管 Q1 基极电压上升，导通变深，对开关管 Q2 基极的分流增大，Q2 基极电压应该有变化。如果 Q2 的 U_{be} 电压不变化或变化不明显，应检查稳压电路。

② 检查开关管 Q2 基极的上偏元件 R26～R30、R33 是否阻值变小，检查 Q1 等元件是否开路。

③ 检查 C13、C14 是否漏电或短路，L6 是否开路或短路，VD12 是否开路。

16.1.4 他激式开关电源典型电路分析

有些变频器采用自激式开关电源，也有些变频器采用他激式开关电源，两种类型电源的区别在于：自激式开关电源的开关管参与激励脉冲的产生，即开关管是振荡电路的一部分，而他激式开关电源的激励脉冲由专门的振荡电路产生，开关管是独立的。图16-3是一种变频器采用的典型他激式开关电源。

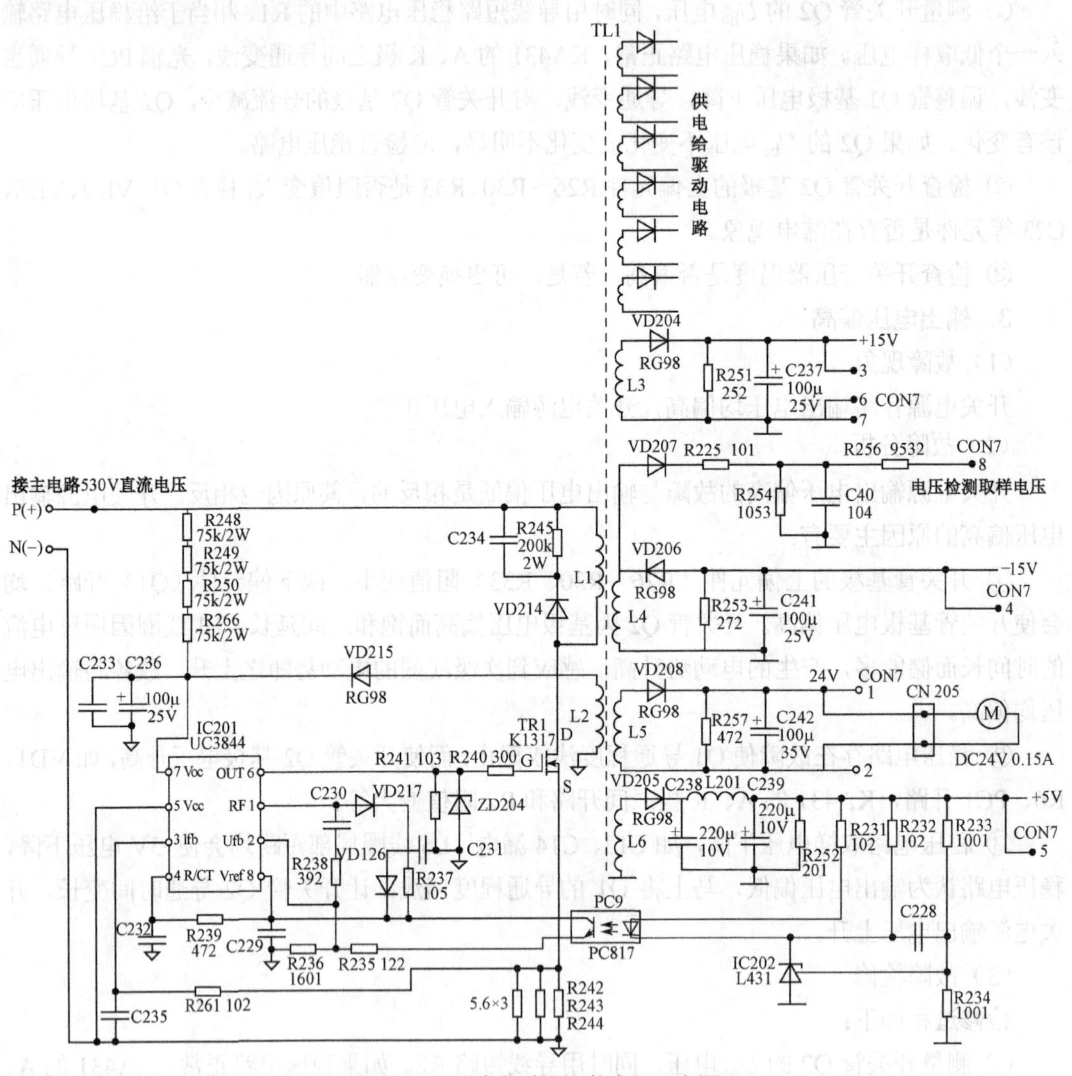

图16-3 一种典型的他激式开关电源

1. 电路说明

他激式开关电源主要由启动电路、振荡电路、稳压电路和保护电路等组成。

（1）启动电路

R248、R249、R250和R266为启动电阻。

主电路530V的直流电压送入开关电源，分作两路：一路经开关变压器TL1（增强型N沟道MOS管）的L1线圈送到开关管TR1的c极，另一路经启动电阻R248、R249、R250

和 R266 对电容 C236 充电。C236 两端电压加到集成电路 UC3844 的 7 脚，当 C236 两端电压上升到 16V 时，UC3844 内部的振荡电路开始工作，启动完成。

（2）振荡电路

UC3844 及外围元件构成振荡电路。当 UC3844 的 7 脚电压达到 16V 时，内部的振荡电路开始工作，从 6 脚输出激励脉冲，经 R240 送到开关管 TR1 的 G 极，在激励脉冲的控制下，TR1 工作在开关状态。当 TR1 处于开状态（D、S 极之间导通）时，有电流流过开关变压器的 L1 线圈，线圈会产生上正下负的电动势；当 TR1 处于关状态（D、S 极之间断开）时，L1 线圈会产生上负下正的电动势，L1 上的电动势感应到 L2～L6 等线圈上，经各路二极管整流后可得到各种直流电压。

UC3844 芯片的内部有独立的振荡电路，获得正常供电后就能产生激励脉冲，开关管不是振荡电路的一部分，不参与振荡，这种激励脉冲由独立振荡电路产生的开关电源称为他激式开关电源。

（3）稳压电路

输出取样电阻 R233、R234、三端基准稳压器 L431、光电耦合器 PC9、R235、R236 及 UC3844 的 2 脚内部有关电路共同组成稳压电路。

开关变压器 L6 线圈上的电动势经 VD205 整流和 C238、C239 滤波后得到+5V 电压，该电压经 R233、R234 分压后送到 L431 的 R 极，L431 的 A、K 极之间导通，有电流流过光电耦合器 PC9 的发光管，发光管导通，光敏管也随之导通。UC3844 的 8 脚输出的+5V 电压经 PC9 的光敏管和 R235、R236 分压后，给 UC3844 的 2 脚送入一个电压反馈信号，控制内部振荡器产生的激励脉冲的宽度。

如果因主电路 530V 电压上升或开关电源的负载减轻，均会使开关电源输出上升，L6 路的+5V 电压上升，经 R233、R234 分压后送到 L431 R 极的电压上升，L431 的 A、K 极之间导通变深，流过 PC9 的发光管电流增大，发光管发出光线强，光敏管导通变深，UC3844 的 8 脚输出的+5V 电压经 PC9 的光敏管和 R235、R236 分压给 UC3844 的 2 脚的电压更高，该电压使 UC3844 内部振荡器产生的激励脉冲的宽度变窄，开关管 TR1 导通时间变短，开关变压器 TL1 的 L1 线圈储能减少，其产生的电动势下降，开关变压器各次级线圈上的感应电动势也下降（相对稳压前的上升而言），经整流滤波后得到的电压下降，降回到正常值。

（4）保护电路

该电源具有欠电压保护、过电流保护功能。

UC3844 内部有欠电压锁定电路，当 UC3844 的 7 脚输入电压大于 16V 时，欠电压锁定电路开启，7 脚电压允许提供给内部电路；若 7 脚电压低于 10V，欠电压锁定电路断开，切断 7 脚电压的输入途径，UC3844 内部振荡器不工作，6 脚无激励脉冲输出，开关管 TR1 截止，开关变压器线圈上无电动势产生，开关电源无输出电压，实现输入欠电压保护功能。

开关管 TR1 的 S 极所接电流取样电阻 R242、R243、R244 及滤波电路 R261、C235 构成过流检测电路。在开关管导通时，有电流流过取样电阻 R242//R243//R244，取样电阻两端有电压，该电压经 R261 对 C235 充电，在 C235 上充得一定的电压。开关管截止后，C235 通过 R261、R242//R243//R244 放电。当开关导通时间长、截止时间短时，C235 充电时间长、放电时间短，C235 两端的电压高；反之，C235 两端的电压低。C235 两端的电压送到 UC3844 的 3 脚，作为电流检测取样输入。如果开关电源负载出现短路，开关电源的输出电压会下降，稳压电路为了提高输出电压，会降低 UC3844 的 2 脚电压，使内部振荡器产生的激励脉冲变宽，开关管 TR1 导通时间变长，截止时间变短，C235 两端的电压升高，UC3844 的 3 脚电压也升高。如果该电压达到一定值，UC3844 内部的振荡器停止工作，6 脚无激励脉冲输出，开关管 TR1 截止，开关电源停止输出电压，不但可以防止开关管长时间通过大电流被烧坏，还可在负载出现短路时停止输出电压，避免负载电路故障范围进一步扩大。

（5）其他元件及电路说明

R245、VD214、C234 构成阻尼吸收电路，吸收开关管 TR1 由导通转为截止时 L1 产生很高的上负下正的反峰电压，防止反峰电压击穿开关管。L2、VD215、C233、C236 为二次供电电路，在开关电源工作后，L2 上的电动势经 VD215、C233、C236 整流滤波后为 UC3844 的 7 脚提供电压，减轻启动电阻供电负担。R239、C232 为 UC3844 内部振荡电路的定时元件，改变 R239、C232 的值可以改变振荡电路产生的激励脉冲的频率。R238、C230 为阻容反馈电路，UC3844 的 2 脚输出信号通过 R238、C230 反馈到 1 脚，改善内部放大器的性能。VD217、VD126、R237 用于限制 UC3844 的 1 脚输出信号的幅度，输出信号幅度最大不超过 6.4V（5V+0.7V+0.7V）。ZD204 用于消除开关管 G 极的正向大幅度干扰信号，在脉冲高电平送到开关管 G 极时，高电平会在 G、S 极之间的结电容上充得一定电荷，高电平过后，结电容上的电荷可通过 R241 快速释放，这样可使开关管快速由导通转为截止。

VD207、R225、C40 等元件构成主电路电压取样电路，当主电路的直流电压上升时，开关电源输入电压上升，开关变压器 L1 线圈产生的电动势更高，L4 上的感应电动势更高，它经 VD207 对 C40 充电，在 C40 上得到的电压更高，控制系统通过检测该取样电压就能知道主电路的直流电压升高，以进行相应的控制。

2. UC3844 介绍

UC3844 是一种高性能控制器芯片，可产生最高频率达 500kHz 的 PWM 激励脉冲。该芯片内部具有可微调的振荡器、高增益误差放大器、电流取样比较器和大电流双管推挽功率放大输出电路，是驱动功率 MOS 管的理想器件。

UC3844 有 8 脚双列直插塑料封装（DIP）和 14 脚塑料表面贴装封装（SO-14）两种封装形式，SO-14 封装芯片的双管推挽功率输出电路具有单独的电源和接地引脚。UC3844 有 16V（通）和 10V（断）低压锁定门限，UC3845 的结构外形与 UC3844 相同，但是 UC3845 的低压锁定门限为 8.5V（通）和 7.6V（断）。

（1）两种封装形式

UC3844 有 8 脚和 14 脚两种封装形式，如图 16-4 所示。

（2）内部结构及引脚说明

UC3844 的内部结构及典型外围电路如图 16-5 所示。UC3844 各引脚功能说明见表 16-1。

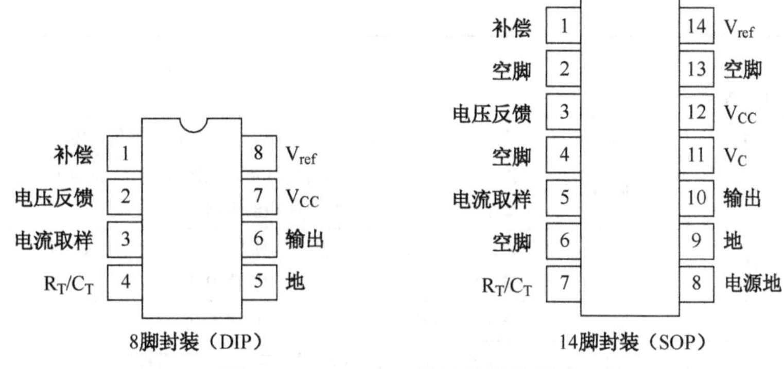

图 16-4　UC3844 的两种封装形式

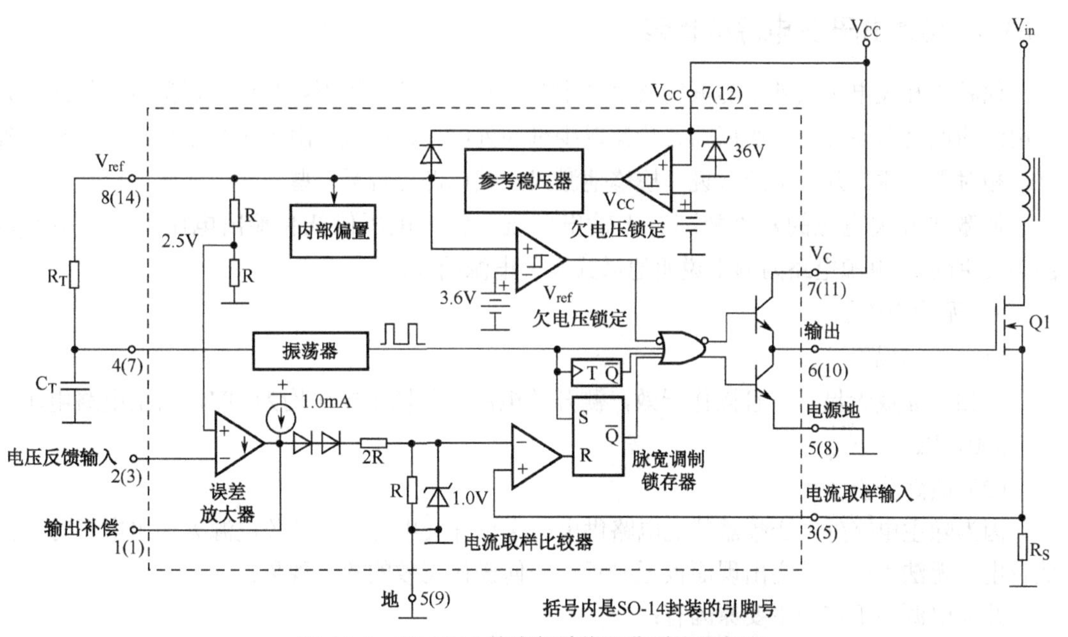

图 16-5　UC3844 的内部结构及典型外围电路

表 16-1　UC3844 各引脚功能说明

引脚号		功　能	说　明
8 引脚	14 引脚		
1	1	补偿	该引脚为误差放大输出，并可用于环路补偿
2	3	电压反馈	该引脚是误差放大器的反相输入，通常通过一个电阻分压器连至开关电源输出
3	5	电流取样	一个正比于电感器电流的电压接到这个输入，脉宽调制器使用此信息终止输出开关的导通
4	7	R_T/C_T	通过将电阻 R_T 连至 V_{ref} 并将电容 C_T 连至地，使得振荡器频率和最大输出占空比可调。工作频率可以达 1.0MHz
5	—	地	该引脚是控制电路和电源的公共地（仅对 8 引脚封装而言）
6	10	输出	该输出直接驱动功率 MOSFET 的栅极，高达 1.0A 的峰值电流由此引脚拉和灌，输出开关频率为振荡器频率的一半
7	12	V_{CC}	该引脚是控制集成电路的正电源

续表

引脚号		功　能	说　明
8引脚	14引脚		
8	14	V_{ref}	该引脚为参考输出，它经电阻 R_T 向电容 C_T 提供充电电流
—	8	电源地	该引脚是一个接回到电源的分离电源地返回端（仅对14引脚封装而言），用于减小控制电路中开关瞬态噪声的影响
—	11	V_C	输出高态（V_{OH}）由加到此引脚的电压设定（仅对14引脚封装而言）。通过分享的电源连接，可以减小控制电路中开关瞬态噪声的影响
—	9	地	该引脚是控制电路地返回端（仅对14引脚封装而言），并被接回电源地
—	2、4、6、13	空脚	无连接（仅对14引脚封装而言）。这些引脚没有内部连接

16.1.5　他激式开关电源的检修

他激式开关电源由独立的振荡器来产生激励脉冲，开关管不参与构成振荡器。他激式开关电源的振荡器通常由一块振荡芯片配以少量的外围元件构成。由于振荡器与开关管相互独立，相对于自激式开关电源来说，检修他激式开关电源更容易一些。

他激式开关电源的常见故障有无输出电压、输出电压偏低和输出电压偏高。下面以图16-3所示的电源电路为例来说明他激式开关电源的检修。

1．无输出电压

（1）故障现象

变频器面板无显示，且操作无效，测开关电源各路输出电压均为0V，而主电路电压正常（500V以上）。

（2）故障分析

因为除主电路外，变频器其他电路供电均来自开关电源，当开关电源无输出电压时，其他各电路无法工作，就会出现面板无显示、任何操作无效的故障现象。

开关电源不工作的主要原因有：

① 主电路的电压未送到开关电源，开关电源无输入电压。

② 开关管损坏。

③ 开关管的G极无激励脉冲，始终处于截止状态。无激励脉冲的原因可能是振荡器芯片或其外围元件损坏，不能产生激励脉冲，也可能是保护电路损坏使振荡器停止工作。

（3）故障检修

检修过程如下：

① 测量开关管TR1的D极有无500V以上的电压，如果电压为0V，可检查TR1的D极至主电路之间的元件和线路是否开路，如开关变压器L1线圈、接插件。

② 将万用表拨至交流2.5V挡，给红表笔串接一个100μF的电容（隔直）后接开关管TR1的G极电压，黑表笔接电源地（N端或UC3844的5脚），如果表针有一定的指示值，表明开关管TR1的G极有激励脉冲；若无输出电压可能是开关管损坏，可拆下TR1，检测其好坏。

③ 如果开关管G极无脉冲输入，而R240、R241、ZD204又正常，那么UC3844的6

脚肯定无脉冲输出，应检查 UC3844 及外围元件和保护电路，具体检查过程如下：

- 测量 UC3844 的 7 脚电压是否在 10V 以上，若在 10V 以下，UC3844 内部的欠电压保护电路动作，停止从 6 脚输出激励脉冲，应检查 R248 ~ R250、R266 是否开路或变值，C233、C236 是否短路或漏电，VD215 是否短路或漏电。
- 检查电流取样电阻 R242 ~ R244 是否存在开路，因为一个或两个取样电阻开路均会使 UC3844 的 3 脚输入取样电压上升，内部的电流保护电路动作，UC3844 停止从 6 脚输出激励脉冲。
- 检查 UC3844 的 4 脚外围元件 C232、R239，这两个元件是内部振荡器的定时元件，如果损坏会使内部振荡器不工作。
- 检查 UC3844 其他脚的外围元件，如果外围元件均正常，可更换 UC3844。

在检修时，如果发现开关管 TR1 损坏，更换后不久又损坏，可能是阻尼吸收电路 C234、R245、VD214 损坏；也可能是 R240 阻值变大，ZD204 反向漏电严重，送到开关管 G 极的激励脉冲幅度小，开关管导通截止不彻底，使功耗增大而烧坏。

2. 输出电压偏低

（1）故障现象

开关电源各路输出电压均偏低，开关电源输入电压正常。

（2）故障分析

开关电源输出电压偏低的原因主要有：

① 稳压电路中的某些元件损坏，如 R234 开路，会使 L431 的 A、K 极之间导通变深，光电耦合器 PC9 导通也变深，UC3844 的 2 脚电压上升，内部电路根据该电路判断开关电源输出电压偏高，马上让 6 脚输出高电平持续时间短的脉冲，开关管导通时间缩短，开关变压器 L1 线圈储能减少，产生的电动势低，次级线圈的感应电动势低，输出电压下降。

② 开关管 G 极所接的元件存在故障。

③ UC3844 性能不良或外围某些元件变值。

④ 开关变压器的 L1 线圈存在局部短路，其产生的电动势下降。

（3）故障检修

检修过程如下：

① 检查稳压电路中的有关元件，如 R234 是否开路，L431、PC9 是否短路，R236 是否开路等。

② 检查 R240、R241 和 ZD204。

③ 检查 UC3844 的外围元件，若外围元件正常可更换 UC3844。

④ 检查开关变压器温度是否偏高，若是，可更换变压器。

3. 输出电压偏高

（1）故障现象

开关电源各路输出电压均偏高，开关电源输入电压正常。

（2）故障分析

开关电源输出电压偏高的原因主要有：

① 稳压电路中的某些元件损坏，如R233阻值变大，会使L431的A、K极之间导通变浅，光电耦合器PC9导通也变浅，UC3844的2脚电压下降，内部电路根据该电路判断开关电源输出电压偏低，马上让6脚输出高电平持续时间长的脉冲，开关管导通时间延长，开关变压器L1线圈储能增加，产生的电动势高，次级线圈的感应电动势高，输出电压升高。

② 稳压取样电压偏低，如C238、C239漏电，L6局部短路等均会使+5V电压下降，稳压电路认为输出电压偏低，会让UC3844输出高电平更宽的激励脉冲，让开关管导通时间更长，开关电源输出电压升高。

③ UC3844性能不良或外围某些元件变值。

（3）故障检修

检修过程如下：

① 检查稳压电路中的有关元件，如R233是否变值或开路，L431、PC9是否开路，R235是否开路等。

② 检查C238、C239是否漏电或短路，VD205、L201是否开路，L6是否开路或局部短路。

③ 检查UC3844的外围元件，若外围元件正常，可更换UC3844。

16.2 变频器的驱动电路原理与检修

驱动电路的功能是将CPU产生的驱动脉冲进行放大，然后输出去控制逆变电路开关器件的通断，让逆变电路将直流电压转换成三相交流电压，去驱动三相电动机运转。如果改变驱动脉冲的频率，逆变电路的开关器件通断频率就会变化，转换成的三相交流电压频率也会变化，电动机的转速会随之发生变化。

16.2.1 驱动电路与其他电路的连接

驱动电路的输入端要与CPU连接，以接收CPU送来的驱动脉冲；驱动电路的输出端要与逆变电路连接，以将放大的驱动脉冲送给逆变电路；驱动电路还要与开关电源连接，以获得供电。驱动电路与其他电路的连接如图16-6所示。

由CPU产生的6路驱动脉冲信号，分别送到6个驱动电路进行放大，放大后的6路驱动脉冲分别送到逆变电路6个IGBT的G、E极。

开关电源次级线圈上的感应电动势经整流滤波后得到电压，将这些电压提供给各路驱动电路作为电源。由于变压器对电压有隔离作用，故驱动电路的电压与主电路的电压是相互独立的，主电路P+端530V电压是针对N–端而言的，由于驱动电路与主电路是相互隔离的，故P+端电压针对驱动电路中的任意一点而言都为0。如果使用万用表直流电压挡，红表笔接P+端，黑表笔接驱动电路任意一处，测得的电压将为0V（可能会有较低的感应电压）。因此，不管逆变电路各IGBT的E极电压针对N–端为多少伏，只要驱动电路提供给IGBT的脉冲电压U_{GE}大于开启电压，IGBT就能导通。

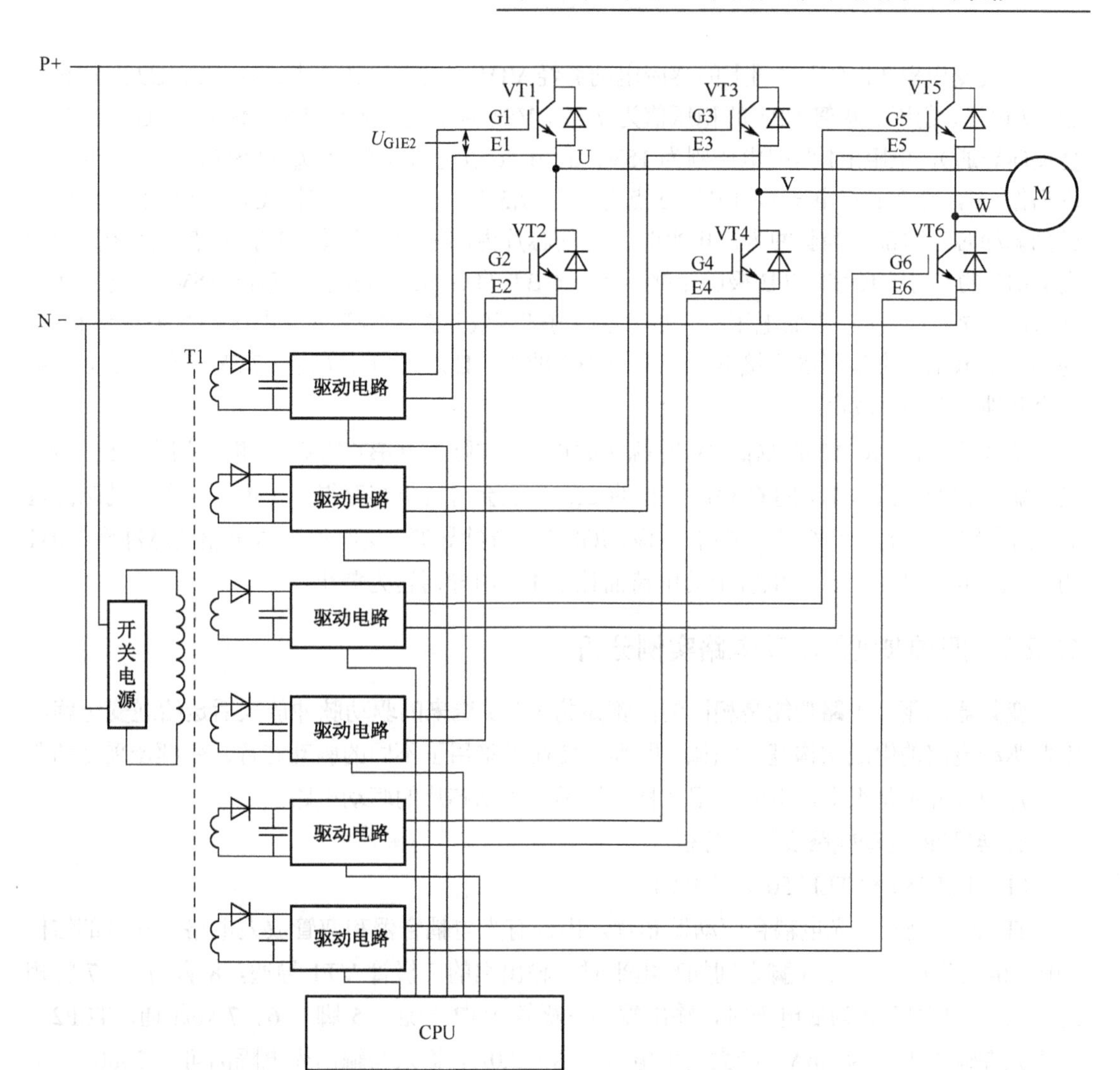

图 16-6　驱动电路与其他电路的连接

16.2.2　驱动电路的基本工作原理

为了让逆变电路的 IGBT 工作在导通、截止状态，要求驱动电路能将 CPU 送来的脉冲信号转换成幅度合适的正、负驱动脉冲。下面以图 16-7 为例来说明驱动电路的基本工作原理。

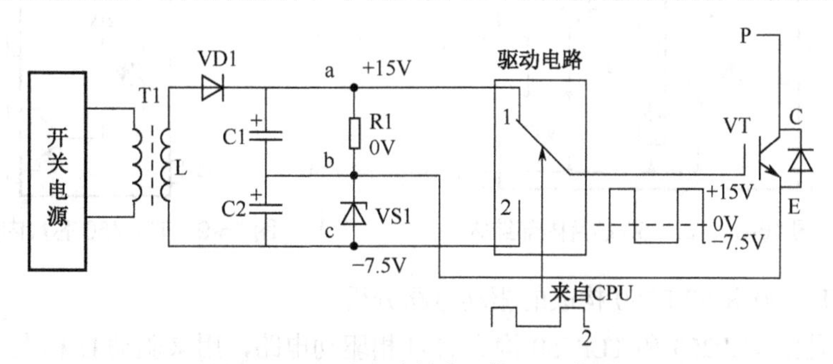

图 16-7　驱动电路基本工作原理说明图

开关变压器T1次级线圈上的感应电动势经VD1对C1、C2充电，在C1、C2两端充得22.5V电压。稳压二极管VS1的稳压值为7.5V，VS1两端电压维持7.5V不变（超过该值VS1会反向导通）。电阻R1两端电压则为15V，a、b、c点电压关系为$U_a>U_b>U_c$，如果将b点电位当作0V，那么a点电压为+15V，c点电压为−7.5V。在电路工作时，CPU产生的驱动脉冲送到驱动芯片内部。当脉冲为高电平时，驱动芯片内部等效开关接“1”，a点电压经开关送到IGBT的G极，IGBT的E极固定接b点，IGBT的G、E之间电压U_{GE}=+15V，正电压U_{GE}使IGBT导通；当脉冲为低电平时，驱动芯片内部等效开关接“2”，c点电压经开关送到IGBT的G极，IGBT的E极固定接b点，故IGBT的G、E之间电压U_{GE}=−7.5V，负电压U_{GE}可以有效地使IGBT截止。

从理论上讲，IGBT的U_{GE}=0V时就能截止，但实际上IGBT的G、E极之间存在结电容，当正驱动脉冲加到IGBT的G极时，正的U_{GE}电压会对结电容存得一定电压；正驱动脉冲过后，结电容上的电压使G极仍高于E极，IGBT会继续导通；这时如果送负驱动脉冲到IGBT的G极，可以迅速中和结电容上的电荷而让IGBT由导通转为截止。

16.2.3　四种典型的驱动电路实例分析

变频器的驱动电路功能是相同的，都是将CPU送来的驱动脉冲放大后送给逆变电路，因此驱动电路的组成结构基本相似，区别主要在于采用了不同的驱动芯片。变频器采用的驱动芯片型号并不是很多，下面介绍几种采用不同驱动芯片的驱动电路。

1．典型的驱动电路实例一分析

（1）TLP250和TLP750芯片介绍

TLP250是一种光电耦合驱动器芯片，内部有光电耦合器和双管放大电路。其内部结构如图16-8所示，当2、3脚之间加高电平时，输出端的三极管VT1导通，8脚与6、7脚相通；当2、3脚之间为低电平时，输出端的三极管VT2导通，5脚与6、7脚相通。TLP250最大允许输入电流为5mA，最大输出电流可达±2.0A，输入与输出光电隔离可达2500V，电源允许范围为10～35V。

TLP750为光电耦合器，其内部结构如图16-9所示，当2、3脚为正电压时，6、5脚内部的三极管导通，相当于6、5脚内部接通。

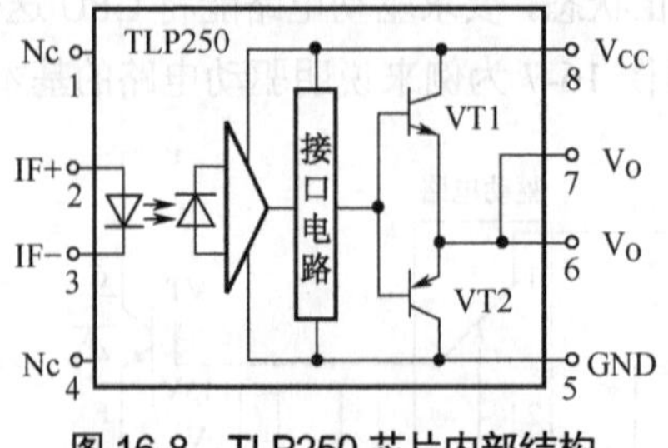

图16-8　TLP250芯片内部结构

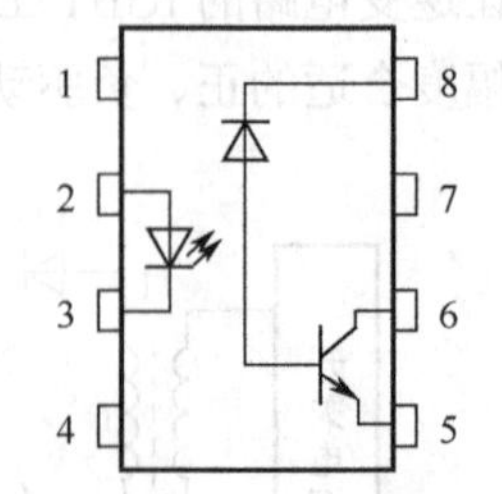

图16-9　TLP750芯片内部结构

（2）由TLP250和TLP750构成的驱动电路分析

图16-10是由TLP250和TLP750构成的U相驱动电路，用来驱动U相上、下臂IGBT。另外，该电路还采用IGBT保护电路。

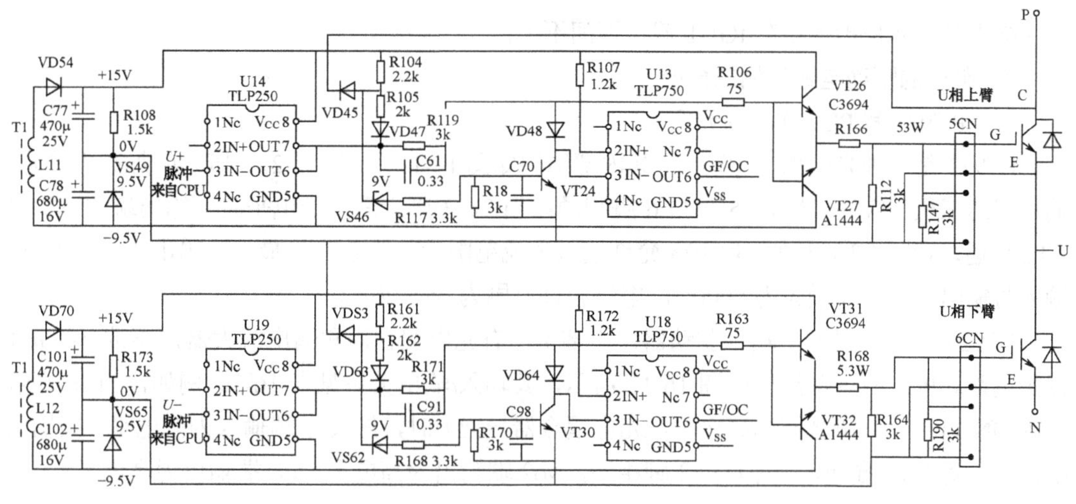

图 16-10　由 TLP250 和 TLP750 构成的 U 相驱动电路

① 驱动电路工作原理。开关变压器 T1 次级线圈 L11 上的感应电动势经整流二极管 VD54 对 C77、C78 充得 24.5V 电压，该电压由 R108、VS49 分成 15V 和 9.5V，以 R108、VS49 的连接点为 0V，则 R108 上端电压为+15V，VS49 下端电压为-9.5V，+15V 送到 U14（TLP250）的 8 脚（Vcc），-9.5V 电压送到 U14 的 5 脚（GND）。在变频器正常工作时，CPU 会送 *U*+脉冲到 U14 的 2、3 脚，当脉冲为高电平时，U14 的 8、7 脚内部的三极管导通，+15V 电压→U14 的 8 脚→U14 内总三极管→U14 的 7 脚→R119、R106 降压→VT26、VT27 的基极，VT26 导通，+15V 电压经 VT26、R166 送到上桥臂 IGBT 的 G 极，而 IGBT 的 E 极接 VS49 的负端，E 极电压为 0V，故上桥臂的 IGBT 因 U_{GE} 电压为正电压而导通。

当 CPU 送到 U14 的 2、3 脚的 *U*+脉冲为高电平时，送到 U19 的 2、3 脚的 *U*-脉冲则为低电平，U19 的 7、5 脚内部的三极管导通，-9.5V 电压→U19 的 5 脚→U19 内部三极管→U19 的 7 脚→R171、R163 降压→VT31、VT32 的基极，VT32 导通，下桥臂 IGBT 的 G 极通过 R168、VT32 接-9.5V，而 IGBT 的 E 极接 VS65 的负端，E 极电压为 0V，故下桥臂的 IGBT 因 U_{GE} 电压为负电压而截止。

② 保护电路。U13（TLP750）、VT24、VS46、VD45、VD47 等元件构成上桥臂 IGBT 保护电路。

当上桥臂 IGBT 正常导通时，其 C、E 极之间压降很低（约 2V），VD45 正极电压也较低，不足以击穿稳压二极管 VS46，保护电路不工作。如果上桥臂 IGBT 出现过电流情况，IGBT 的 C、E 极之间的压降增大，VD45 正极电压升高。如果电压大于 9V，稳压二极管 VS46 会被击穿，有电流流过 VT24 的发射结，VT24 导通，一方面二极管 VD48 导通，VD48 正极电压接近 0V，VT26 因基极电压接近 0V 而由导通转为截止，上桥臂 IGBT 失去 G 极电压而截止，从而避免 IGBT 因电流过大而烧坏；另一方面 VT24 导通，使 U13 内部光电耦合器导通，U13 的 6、5 脚内部接通，6 脚输出低电平，该电平作为 GF/OC（接地/过电流）信号去 CPU。在上桥臂 IGBT 截止期间，IGBT 的压降也很大，但 VD45 正极电压不会因此上升。这是因为此期间 U14 的 7 脚输出电压为-9.5V，VD47 导通，将 VD45 正极电压拉低，稳压二极管 VS46

无法被击穿，即保护电路在IGBT截止期间不工作。

2．典型的驱动电路实例二分析

（1）PC923和PC929芯片介绍

PC923是一种光电耦合驱动器，其内部结构如图16-11所示，当2、3脚之间加高电平时，输出端的三极管VT1导通，5脚与6脚相通；当2、3脚之间为低电平时，输出端的三极管VT2导通，6脚与7脚相通。PC923允许输入电流范围为5～20mA，最大输出电流为±0.4A，输入与输出光电隔离最大为5000V，电源允许范围为15～30V。

PC929也是一种光电耦合驱动器，内部不但有光电耦合器和输出放大器，还带有IGBT保护电路。PC929内部结构如图16-12所示，其输入/输出关系见表16-2。例如，当IF端输入为ON（即3、2脚之间为高电平，光电耦合器导通）时，如果C端输入为低电平，则输出端的三极管VT1导通，11脚与12脚相通，Vo2端输出为高电平，FS端输出为高电平。

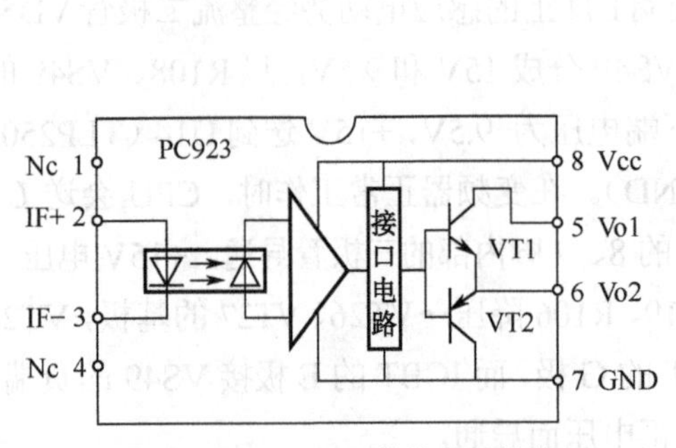

图16-11　PC923芯片内部结构

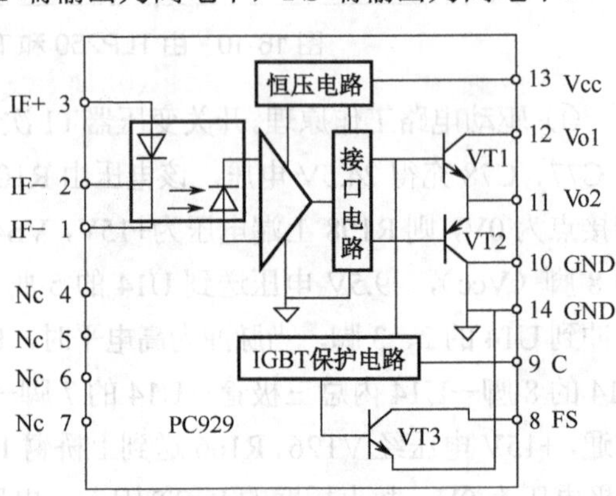

图16-12　PC929芯片内部结构

表16-2　PC929的输入/输出关系

IF端（I）	C端（I/O）	Vo2端（O）	FS端（O）
ON	低电平	高电平	高电平
	高电平	低电平	低电平
OFF	低电平	低电平	高电平
	高电平	低电平	高电平

（2）由PC923和PC929构成的驱动电路分析

图16-13是由PC923和PC929构成的U相驱动电路，用来驱动U相上、下臂IGBT。另外，该电路还采用了IGBT保护电路。

① 驱动电路工作原理。开关变压器TC2次级线圈上的感应电动势经整流二极管VD15对C13、C14充得28V电压，该电压由R22、ZD1分成18V和10V，以R22、ZD1连接点为0V，则R22上端电压为+18V，ZD1下端电压为−10V。+18V送到PC2（PC923）的8脚（Vcc），−10V电压送到PC2的7脚（GND）。在变频器正常工作时，CPU会送*U*+脉冲到PC2的3脚，当脉冲为低电平时，PC2输入为ON（光电耦合器导通），5、6脚内部的三极管导通，+18V电压→PC2的5脚→PC2内部三极管VT1→PC2的6脚→R21降压→VT3、VT4的基极，VT3

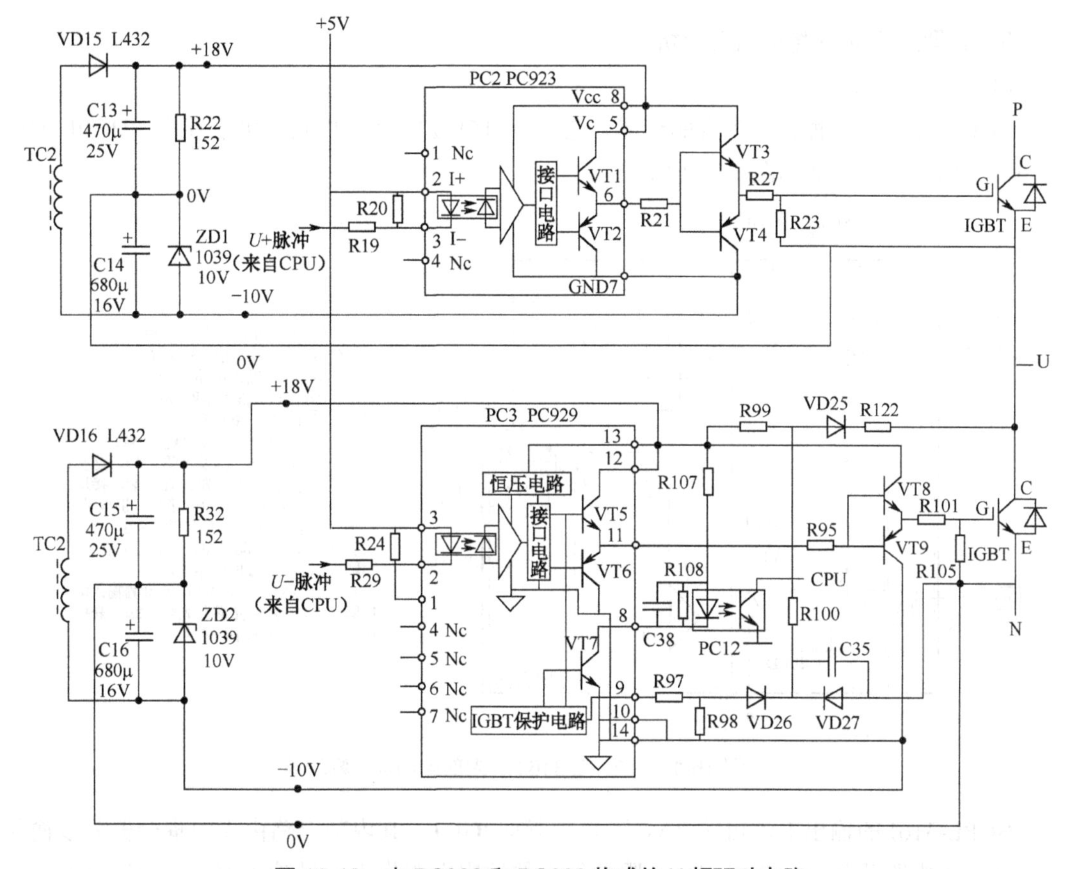

图 16-13　由 PC923 和 PC929 构成的 U 相驱动电路

导通，+18V 电压经 VT3、R27 送到上桥臂 IGBT 的 G 极，IGBT 的 E 极接 ZD1 的负极，E 极电压为 0V，故上桥臂的 IGBT 因 U_{GE} 电压为正电压而导通。

在 CPU 送低电平 *U*+脉冲到 PC2 时，会送高电平 *U*−脉冲到 PC3 的 2 脚，PC3 输入为 OFF，PC3 的 11、10 脚内部的三极管 VT6 导通，−10V 电压→PC3 的 10 脚→VT6→PC3 的 11 脚→R95 降压→VT8、VT9 的基极，VT9 导通，下桥臂 IGBT 的 G 极通过 R101、VT9 接−10V，IGBT 的 E 极接 ZD2 的负极，E 极电压为 0V，故下桥臂的 IGBT 因 U_{GE} 电压为负电压而截止。

② 保护电路。R99、VD25、VD26 及 PC929 内部的 IGBT 保护电路等构成 IGBT 过电流保护电路。

在下桥臂 IGBT 正常导通时，C、E 极之间的压降小，VD25 正极电压被拉低，VD26 负极电压低，VD26 导通，将 PC929 的 9 脚电压拉低，内部的 IGBT 保护电路不工作。如果流过 IGBT 的 C、E 极电流过大，IGBT 的 C、E 极压降增大，VD25 正极电压被抬高，VD26 负极电压升高，其正极也升高，该上升的电压进入 9 脚使 PC929 内部的 IGBT 保护电路工作，将三极管 VT5 基极电压降低，VT5 导通变浅，11 脚输出电压降低。VT8 导通也变浅，IGBT 的 G 极正电压降低而导通变浅，使流过的电流减小，防止 IGBT 被过大电流损坏。与此同时，IGBT 保护电路会送出一个高电平到 VT7 基极，VT7 导通，PC929 的 8 脚输出低电平，外部的光电耦合器 PC12 导通，给 CPU 送一个低电平信号，告之 IGBT 出现过电流情况。如果 IGBT 过电流时间很短，CPU 不做保护控制；如果 IGBT 过电流时间较长，CPU 则执行保护动作，停止输出驱动脉冲到驱动电路，让逆变电路的 IGBT 均截止。

3．典型的驱动电路实例三分析

（1）HCPL-316J 芯片介绍

HCPL-316J 是一种光电耦合驱动器，它与 A316J 功能完全相同，可以互换。HCPL-316J 的内部结构及引脚功能如图 16-14 所示。

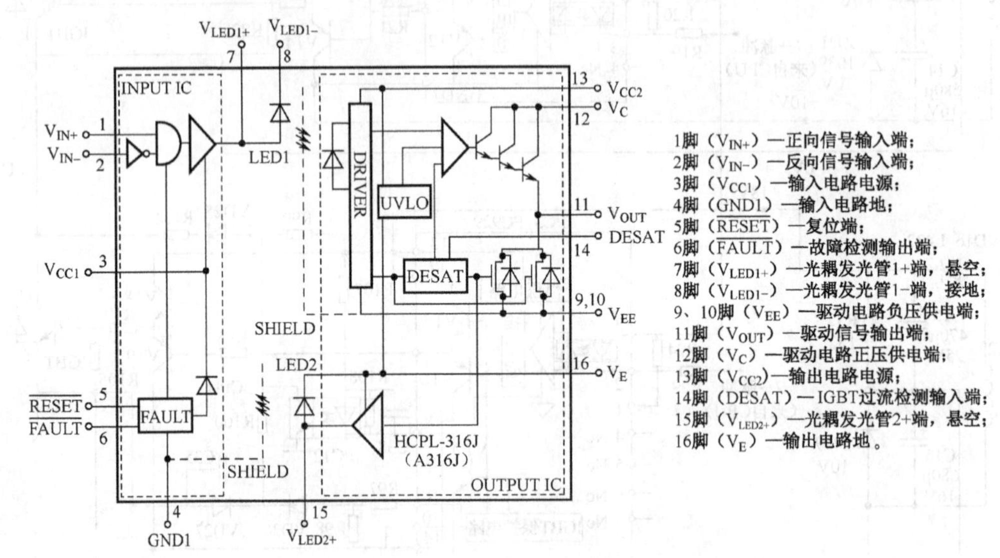

图 16-14　HCPL-316J 的内部结构及引脚功能

HCPL-316J 的输出电流可达 2A，可直接驱动 IGBT。其内部电路由光电耦合器分成输入电路和输出电路两部分，它采用输入阻抗很高的数字电路作为信号输入端，无须较大的输入信号电流；HCPL-316J 内部具有欠电压封锁和 IGBT 保护电路，当芯片输出电路的供电电压低于 12V 时，欠电压保护电路动作，12、11 脚之间的内部三极管截止，停止从 11 脚输出幅度不足的驱动信号。另外，当 IGBT 出现过电流时，芯片外围的过电流检测电路使 14 脚电压升高，内部保护电路动作，一方面让 MOS 管导通，停止从 11 脚输出驱动信号；另一方面输出一路信号经放大和光电耦合器后送到故障检测电路（FAULT），该电路除封锁输入电路外，还会从 6 脚输出一个低电平去 CPU 或相关电路，告之 IGBT 出现过电流故障，要解除输入封锁，须给 5 脚输入一个低电平复位信号。

HCPL-316J 关键引脚的输入/输出关系见表 16-3。

表 16-3　HCPL-316J 关键引脚的输入/输出关系

V_{IN+} 1 脚（I）	V_{IN-} 2 脚（I）	V_{CC2} 13 脚（I）	DESAT 14 脚（I）	$\overline{FAULT}$ 6 脚（O）	V_{OUT} 11 脚（O）
X	X	欠电压	X	X	L
X	X	X	过电流	L	L
L	X	X	X	X	L
X	H	X	X	X	L
H	L	电压正常	正常	H	H

注：X 表示高电平或低电平，H 表示高电平；L 表示低电平；I 表示输入；O 表示输出。

（2）由 A316J 构成的驱动电路分析

图 16-15 是由 A316J 构成的 U 相驱动电路，用来驱动 U 相上、下臂 IGBT，该电路还具有 IGBT 过电流检测保护功能。

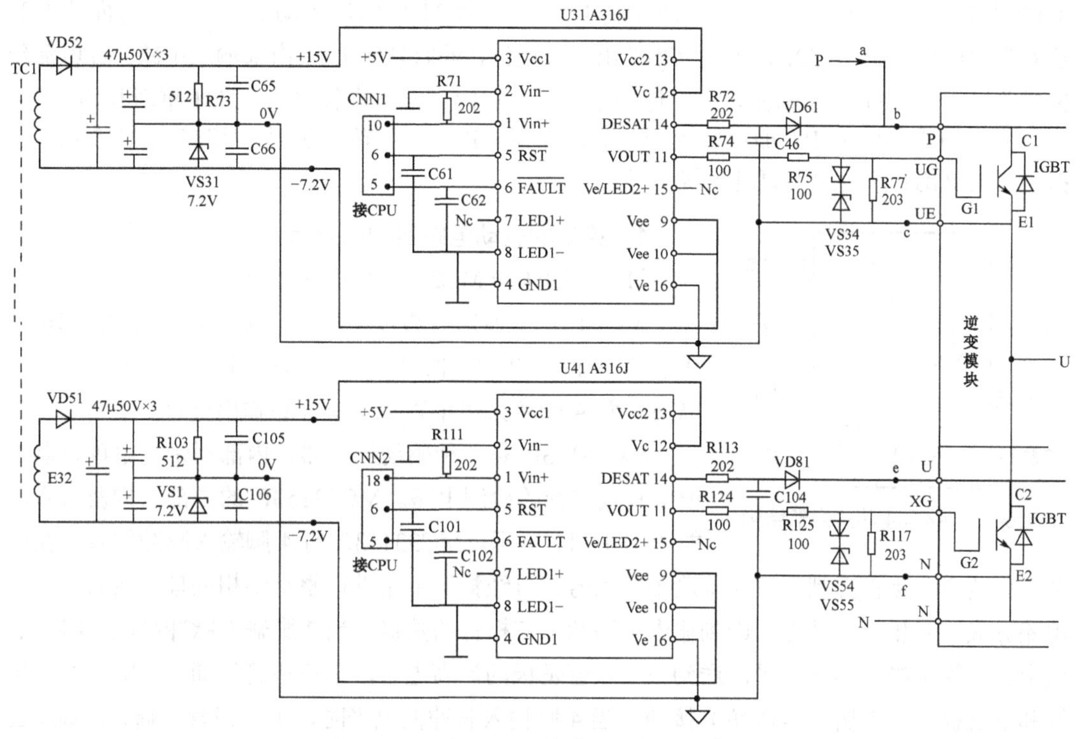

图 16-15　由 A316J 构成的 U 相驱动电路

① 驱动电路工作原理。开关变压器 TC1 次级线圈上的感应电动势经整流二极管 VD52 对电容充得 22.2V 电压，该电压由 R73、VS31 分成 15V 和 7.2V。以 R73、VS31 连接点为 0V，则 R73 上端电压为+15V，VS31 下端电压为−7.2V。+15V 送到 U31（A316J）的 13、12 脚作为输出电路的电源和正电压，−7.2V 电压送到 U31 的 9、10 脚作为输出电路的负电压。在变频器正常工作时，CPU 会送 *U*+脉冲到 U31 的 1 脚，当脉冲为高电平时，U31 的 12、11 脚内部的达林顿管（复合三极管）导通，+15V 电压→U31 的 12 脚→U31 内部三极管→U31 的 11 脚→R75→上桥臂 IGBT 的 G 极，IGBT 的 E 极接 VS31 的负极，E 极电压为 0V，故上桥臂 IGBT 因 U_{GE} 电压为正电压而导通；当 *U*+脉冲低电平送入 U31 的 1 脚时，U31 的 11、9 脚内部的 MOS 管导通，−7.2V 电压→U31 的 9 脚→内部 MOS 管→U31 的 11 脚→R75→上桥臂 IGBT 的 G 极，IGBT 的 E 极接 VS31 的负极，E 极电压为 0V，故上桥臂的 IGBT 因 U_{GE} 电压为负电压而截止。

下桥臂驱动电路工作原理与上桥臂相同，这里不再赘述。

② 保护电路。R72、C46、VD61 及 U31（A316J）内部的 IGBT 过电流检测及保护电路等构成上桥臂 IGBT 过电流保护电路。

在上桥臂 IGBT 正常导通时，C、E 极之间的导通压降一般在 3V 以下，VD61 负极电压低，U31 的 14 脚电压被拉低，U31 内部的 IGBT 检测保护电路不工作。如果 IGBT 的 C、E 极之间出现过电流，C、E 极之间导通压降会升高，VD61 负极电压升高，U31 的 14 脚电压被抬高。若过电流使 IGBT 导通压降达到 7V 以上，U31 的 14 脚电压被抬高很多，U31 内部 IGBT 检测保护电路动作，它一方面控制 U31 停止从 11 脚输出驱动信号，另一方面让 U31 从 6 脚输出低电平去 CPU，告之 IGBT 出现过电流，同时切断 U31 内部输入电路。过电流现象排除后，给 U31 的 5 脚输入一个低电平信号，对内部电路进行复位，U31 重新开始工作。

R77 用于释放 IGBT 栅电容上的电荷，提高 IGBT 通断转换速度；VS34、VS35 用于抑制窜入 IGBT 栅极的大幅度干扰信号。

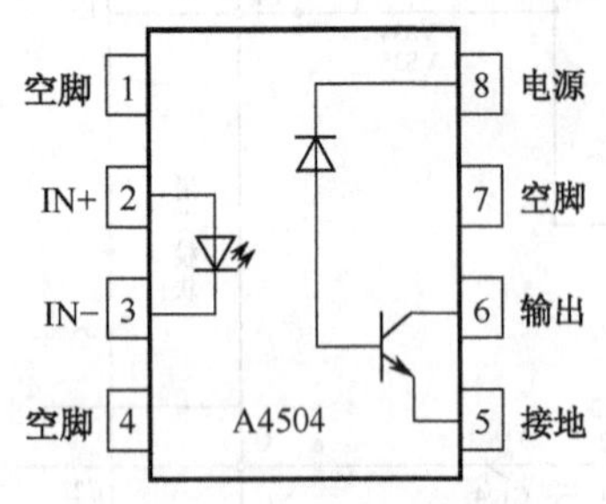

图 16-16　A4504 芯片内部结构

4．典型的驱动电路实例四分析

（1）A4504 和 MC33153P 芯片介绍

A4504 是一种光电耦合器芯片，其内部结构如图 16-16 所示。前面介绍的几种光电耦合器都采用双管推挽放大输出电路，而 A4504 采用单管集电极开路输出电路。

MC33153P 是一种驱动放大器，内部不带光电耦合器，但带有较完善的检测电路。MC33153P 的内部结构及引脚功能如图 16-17 所示。MC33153P 的 4 脚输入脉冲信号，在内部先由两个二极管抑制正负大幅度干扰信号，再经整形电路进行整形倒相处理，然后由与门电路分成一对相反的脉冲，送到输出电路两个三极管的基极。当 4 脚输入脉冲高电平时，送到上三极管基极的为低电平，送到下三极管基极的为高电平，下三极管导通，5 脚通过二极管和下三极管与 3 脚（电源负）接通；当 4 脚输入脉冲低电平时，上三极管导通，5 脚通过上三极管与 6 脚（电源正）接通。MC33153P 的 4、5 脚之间有一个三输入与门，脉冲信号能否通过受另两个输入端控制，任意一个输入端为低电平则与门不能通过 4 脚输入的信号。与门下输入端接欠电压检测电路，当 6 脚（Vcc）电压偏低时，欠电压检测电路会给与门送一个低电平，不允许脉冲信号通过，禁止电源电压不足时放大电路输出幅度小的驱动脉冲，因为 IGBT 激励不足时功耗增大容易烧坏；与门上输入端接欠电流检测（1 脚内部电路）和过电流检测（8 脚内部电路），当 1 脚输入电流偏小和 8 脚电压偏高时，检测电路都会送一个低电平到与门，禁止输入脉冲通过与门，与门上输出端输出低电平、下输出端（反相输出端）输出高电平，下三极管导通，5、3 脚接通。当 MC33153P 检测到 1 脚欠电流或 8 脚过电流时，会从 7 脚输出故障信号（高电平）去 CPU。

（2）由 A4504 和 MC33153P 构成的驱动电路分析

图 16-18 是由 A4504 和 MC33153P 构成的 U 相驱动电路，用来驱动 U 相上、下臂 IGBT，该电路还具有 IGBT 过电流检测保护功能。

① 驱动电路工作原理。开关变压器 T2 次级线圈上的感应电动势经整流二极管 VD7 对电容 C7 充得上正下负的正电压，该电压送到 U8、U17 的 8 脚和 U7、U16 的 6 脚作为电源。来自 CPU 的 *U*+脉冲送到 U8（A4504）的 3 脚，在内部经光电耦合器隔离传递并放大后从 6 脚输出，送到 U7（M33153P）的 4 脚，在内部先整形倒相，再通过控制门分成一对相反脉

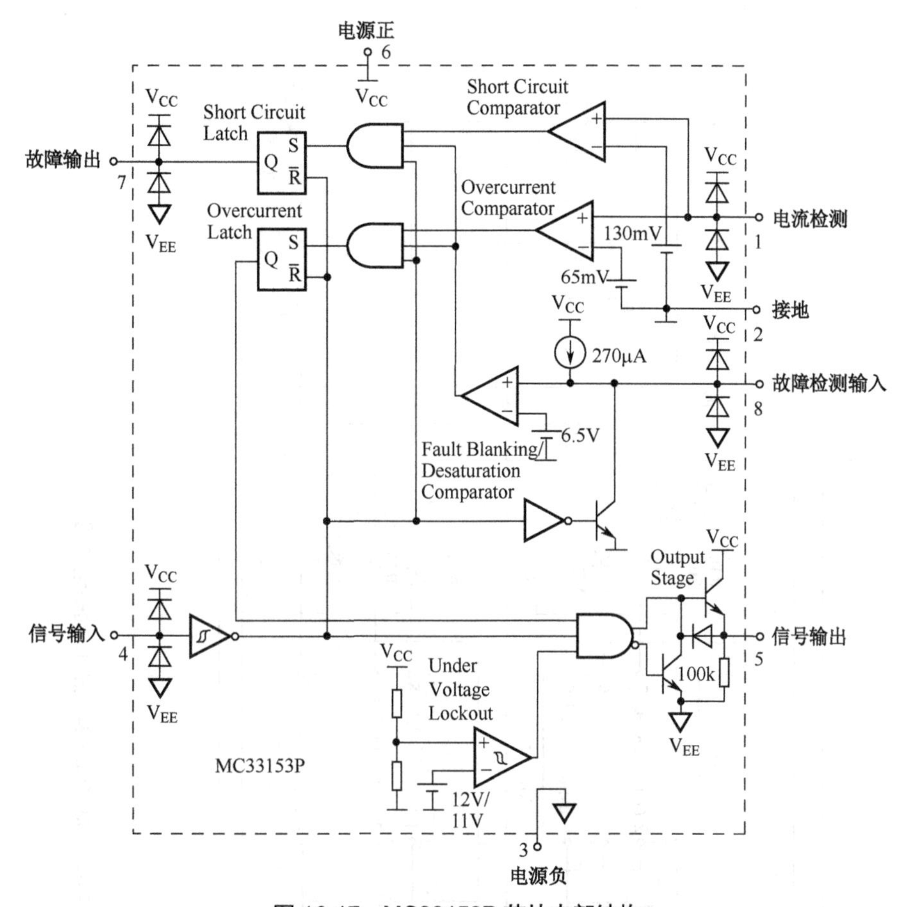

图 16-17　MC33153P 芯片内部结构

冲（见图 16-17 所示的 M33153P 内部结构），分别送到输出端两个三极管的基极。当 U7 的 4 脚输入脉冲低电平时，上三极管导通，6、5 脚内部接通，5 脚输出高电平，它经 30Ω 的电阻送到 IGBT 的 G 极，IGBT 的 U_{GE} 为正电压而导通；当 U7 的 4 脚输入脉冲高电平时，下三极管导通，3、5 脚内部接通，5 脚输出低电平，IGBT 的栅-射电容在导通时储存的电荷迅速放电，放电途径为：IGBT 的 G 极→30Ω、20Ω 的电阻及二极管→U7 的 5 脚→U7 内部经二极管和导通的下三极管→U7 的 3 脚→IGBT 的 E 极，IGBT 的 U_{GE} 为零电压而截止。

本电路未采用为 IGBT 的 G、E 极提供负压的方式来使 IGBT 截止，而是采用迅速释放 IGBT 栅-射电容上的电荷（在 G、E 极加正压时充得的），使 U_{GE} 为零电压而截止。

② 保护电路。R16、C6、VD27 及 U7（MC33153P）内部的过电流检测电路等构成上桥臂 IGBT 过电流保护电路。

在上桥臂 IGBT 正常导通时，C、E 极之间的导通压降一般在 3V 以下，VD27 负极电压低，U7 的 8 脚电压被拉低，U7 内部的过电流检测电路不工作。如果 IGBT 的 C、E 极之间出现过电流，C、E 极之间导通压降会升高，VD27 负极电压升高，U7 的 8 脚电压被抬高，U7 内部过电流检测电路动作，它一方面禁止 5 脚输出脉冲，另一方面从 7 脚输出高电平，通过光电耦合器 U25 送给 CPU。

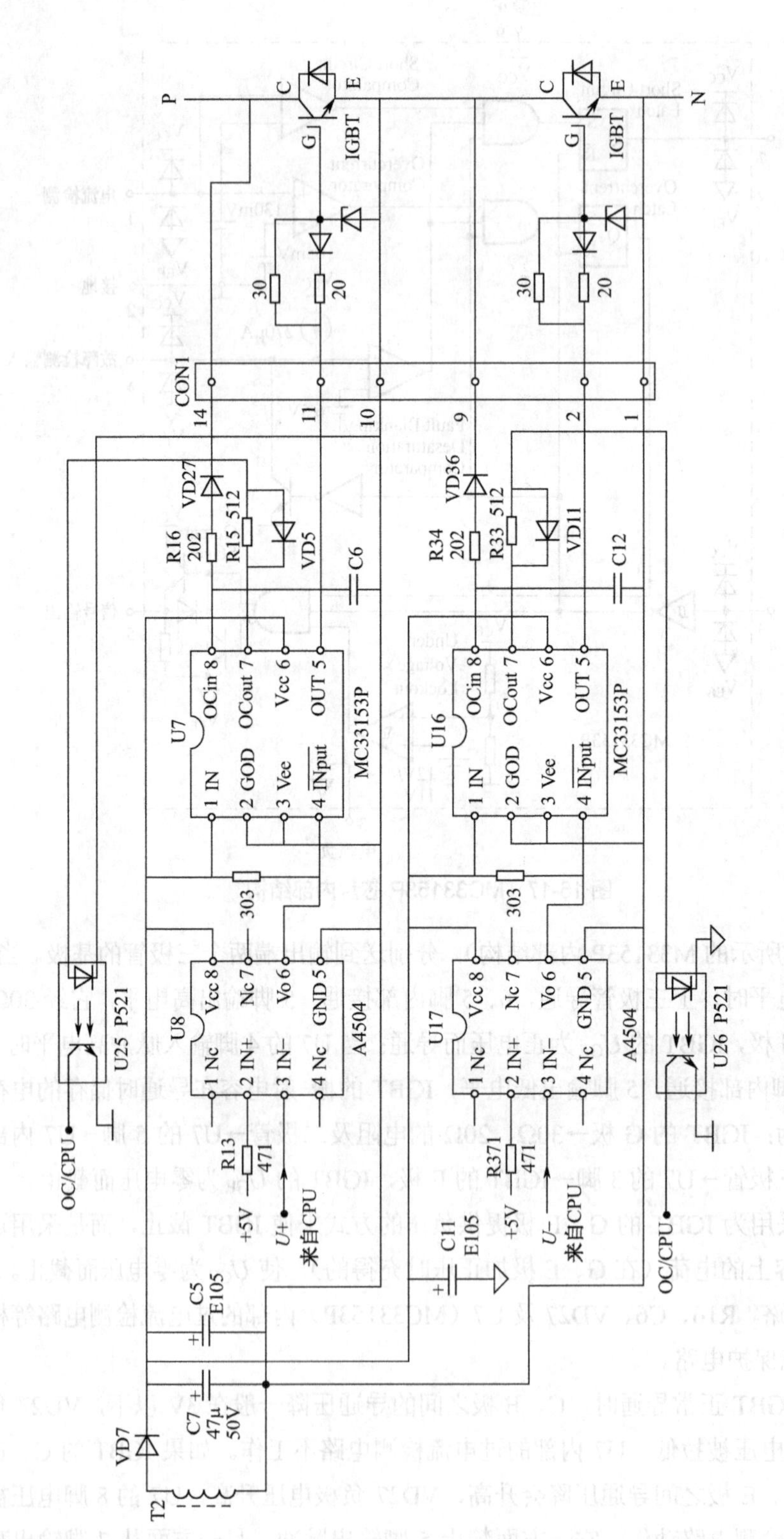

图16-18　由A4504和MC33153P构成的U相驱动电路

16.2.4　制动电路的驱动

变频器是通过改变输出交流电的频率来控制电动机转速的。当需要电动机减速时，变频器的逆变电路输出交流电频率下降，由于惯性原因，电动机转子转速会短时高于定子绕组产生的旋转磁场转速（该磁场由变频器提供给定子绕组的已降频的交流电源产生），电动机处于再生发电状态，它会产生电动势通过逆变电路中的二极管对滤波电容反充电，使电容两端电压升高。为了防止电动机减速再生发电时对电容充得的电压过高，同时也为了提高减速制动速度，通常需要在变频器的中间电路中设置制动电路。

制动电路的作用是在电动机减速时为电动机产生的再生电流提供回路，提高制动速度，同时减少再生电流对储能电容的充电，防止储能电容被充得过高的电压损坏电容本身及有关电路。典型的变频器制动电路如图 16-19 所示。

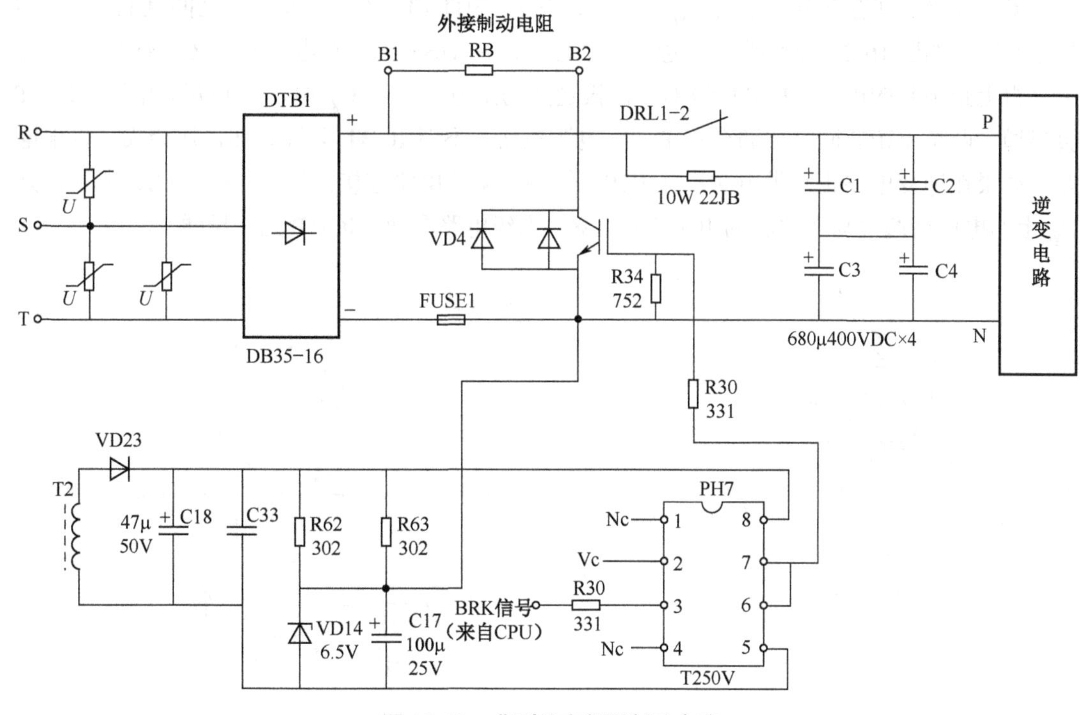

图 16-19　典型的变频器制动电路

开关变压器次级线圈上的感应电动势经 VD23 对 C18 充电，得到上正下负的电压。该电压经 R62、VD14 分成两部分，以 VD14 负极电压为 0V，则 R62 上端为正电压，VD14 正极为负电压，正、负电压分别送到 PH7（T250V）的 8、5 脚。在正常工作时，T250V 的 7、5 脚之间的内部三极管导通，5 脚的负压通过内部晶体管从 7 脚输出，送到制动 IGBT 的 G 极，IGBT 因 U_{GE} 为负压而截止，制动电路不工作；在电动机减速制动时，CPU 送 BRK 信号到 T250V 的 3 脚，经内部光耦隔离传递后，使 8、7 脚之间的晶体管导通，8 脚正电压通过 7 脚加到制动 IGBT 的 G 极，IGBT 的 U_{GE} 为正压而导通，电动机产生的再生电流经逆变电路上桥臂二极管、充电接触器触点、制动电阻 RB、制动 IGBT、逆变电路下桥臂二极管流回电动机。该电流在流回电动机绕组时，绕组产生磁场对转子产生很大的制动力矩，从而使电动机快速由高速转为低速。回路电流越大，绕组产生的磁场对转子形成的制动力矩越大。

16.2.5　检修驱动电路的注意事项及技巧

驱动电路的功能是将 CPU 送来的 6 路驱动脉冲进行放大，去驱动逆变电路 6 个 IGBT，使之将主电路直流电压转换成三相交流电压输出。逆变电路工作在高电压、大电流状态下，而驱动电路与逆变电路联系紧密，**为了避免检修驱动电路时损坏逆变电路，应注意下面一些事项。**

① 在上电检测驱动电路时，必须断开逆变电路的供电。 因为在检测驱动电路时，测量仪器可能会产生一些干扰信号，如果干扰信号窜到逆变电路 IGBT 的 G 极，可能会使 IGBT 导通。如果正好是上、下桥 IGBT 导通，逆变电路的供电会被短路，而烧坏 IGBT 和供电电路。

② 若给逆变电路正常供电，则严禁断开驱动电路。 IGBT 的 G、E 极之间存在分布电容 C_{ge}，C、G 极之间存在分布电容 C_{cg}。当上、下桥 IGBT 串接在 P、N 电源之间且 IGBT 的 G 极悬空时，如图 16-20（a）所示，电源会对上、下桥 IGBT 的分布电容 C_{cg}、C_{ge} 充电，在 C_{ge} 上充得上正下负的电压，IGBT 的 G、E 极之间为正电压。若 C_{ge} 电压达到开启电压，IGBT 会导通，两个 IGBT 同时导通会将 P、N 电源短路，不但 IGBT 会被烧坏，还会损坏供电电路。如果在逆变电路正常供电时，让 IGBT 保持与驱动电路连接，如图 16-20（b）所示，则 C_{ge} 上的电压会通过与之并联的电阻 R1 和驱动末级电路释放，IGBT 无法导通。

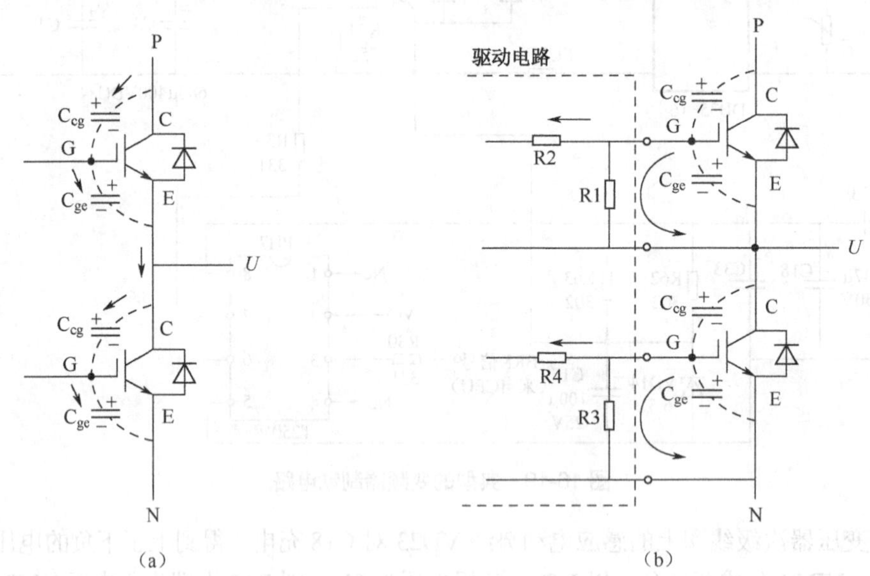

图 16-20　IGBT 的分布电容

16.2.6　驱动电路的常见故障及原因

1．变频器上电时显示正常，启动操作时马上显示 OC（过电流）代码

变频器上电时显示正常，说明开关电源和控制电路正常；启动操作时马上显示 OC 代码，说明逆变电路的 IGBT 管压降过高。

故障具体原因有：

① 逆变电路的 IGBT 开路，IGBT 的 C、E 管压降大，OC 检测电路动作，使 CPU 发出

OC 报警。

② 驱动电路损坏，导致 CPU 送出的驱动脉冲无法到达逆变电路的 IGBT，IGBT 截止，C、E 管压降大。

③ 驱动电路输出送给逆变电路 IGBT 的驱动脉冲幅度小，IGBT 导通不充分，C、E 管压降大。

④ 驱动电路供电电压偏低，导致 OC 检测电路误动作。

2. 变频器上电后即显示 OC 代码

故障原因可能有：

① 变频器三相输出电流检测电路损坏，引起 CPU 误报 OC 故障。

② 驱动电路 OC 检测电路出现故障，让 CPU 误认为出现 OC 故障。

3. 变频器空载或轻载运行正常，但带上一定负载（在正常范围内）后，出现电动机振动和频跳 OC 故障等现象

故障原因可能有：

① 驱动电路供电电源输出电流不足。

② 驱动电路的放大能力下降，使送到逆变电路的电压或电流幅度不足。

③ IGBT 性能下降，导通内阻增大，使导通压降增大。

16.2.7　驱动电路的检修

变频器的驱动电路种类很多，但结构大同小异，区别主要在于采用不同的光耦隔离及驱动芯片。下面以图 16-21 所示的由 PC923 和 PC929 芯片构成的驱动电路为例来说明驱动电路的检修。

1. 无驱动脉冲输出的检修

在检修驱动电路前，先将逆变电路供电断开，再将驱动电路与逆变电路之间的连接也断开。若断开驱动电路而不将逆变电路的供电切断，逆变电路中的 IGBT 会被分布电容上充得的电压触发导通而损坏。

在检修驱动电路时，一般先进行静态检测，当静态检测正常时再进行动态检测。

（1）静态检测

静态检测是指在无驱动脉冲输入时检测驱动电路。当变频器处于待机时，CPU 不会送驱动脉冲给驱动电路；当对变频器进行启动操作时，CPU 才会输出驱动脉冲。

驱动电路的静态检测过程如下：

① 测量驱动电路电源是否正常。万用表置于直流电压挡，黑表笔接电容 C13 的负极（零电位端），红表笔接 PC2（PC923）的 8 脚，正常应有+18V 左右的电压；若电压为 0，可能是 VD15 开路、C13 短路、PC923 内部短路、VT3 短路等。再用同样的方法测量 PC3（PC929）的 13 脚电压是否正常。

② 测量驱动电路输入引脚电压是否正常。万用表置于直流电压挡，测 PC2 的 2、3 脚之间的电压（红、黑表笔分别接 PC2 的 2、3 脚），在无驱动脉冲输入时，前级电路相当于开路，故 R20 和发光管无电流流过，2、3 脚之间的电压为 0V；若电压不为 0V，则可能是 PC2 输

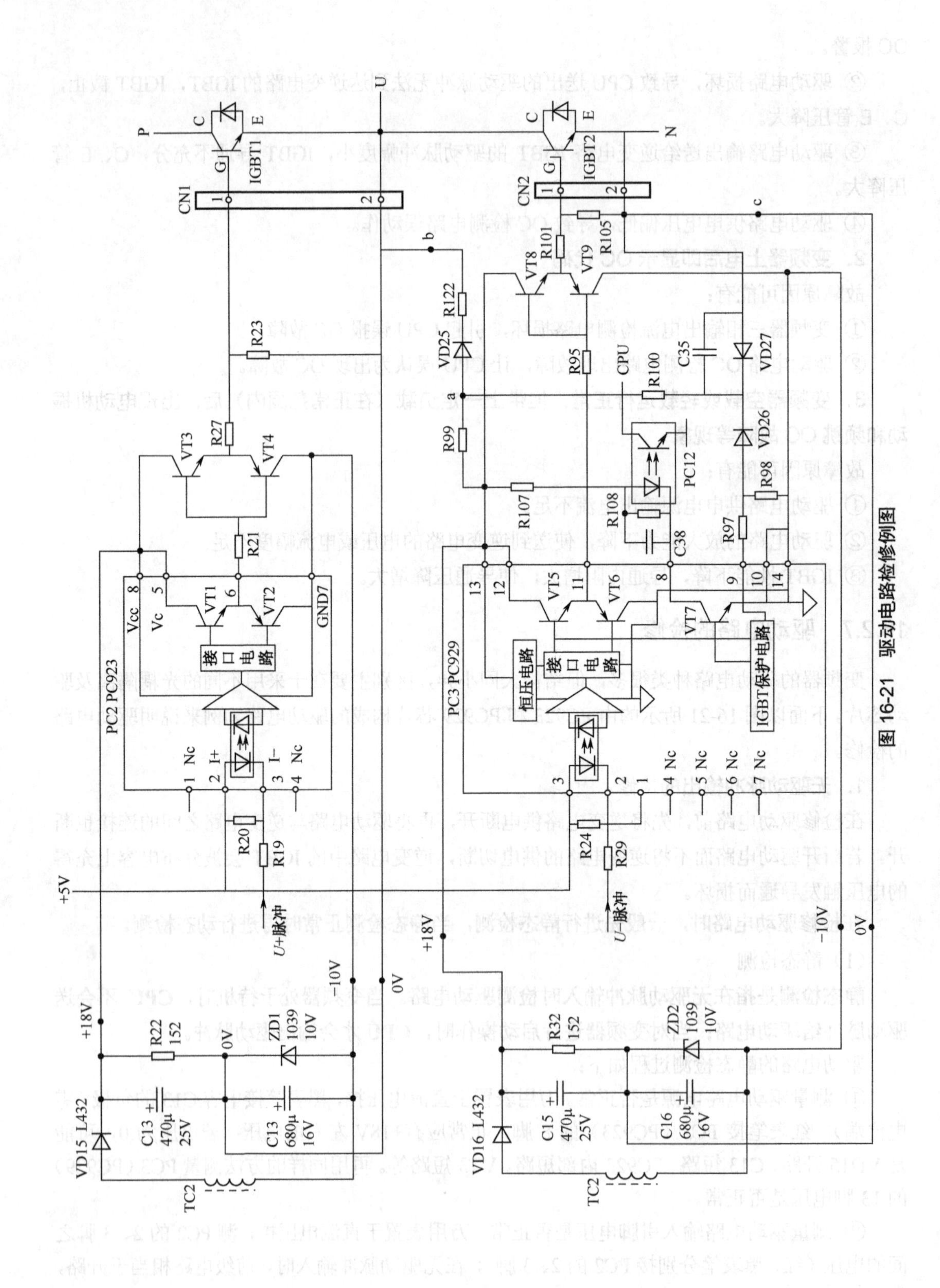

图 16-21 驱动电路检修例图

入脚内部开路，或 R19 前级电路损坏。再用同样的方法测 PC3（PC929）的 3、2 脚之间的电压是否正常，正常电压应为 0V。

③ 测量驱动电路输出引脚电压是否正常。万用表置于直流电压挡，红表笔接 C13 的负极（零电位端），黑表笔接插件 CN1 的 1 脚，正常时 CN1 的 1 脚电压约为-10V。这是因为在无脉冲输入时，PC2 内部的 VT2 饱和导通，外部的 VT4 也饱和导通，CN1 的 1 脚通过 R27、VT4 接-10V。如果电压为 0V，则可能是 R27、VT4、R21 和 VT2 开路；如果电压为正压，则可能是 VT3、VT1 短路。再用同样的方法检测 CN2 的 1 脚电压，正常电压也为-10V。

（2）动态检测

动态检测是指在有驱动脉冲输入时检测驱动电路。在变频器运行时 CPU 会产生驱动脉冲送给驱动电路，但由于先前已将 IGBT2 与驱动电路断开，上电后 a 点电压很高，PC3 的 9 脚电压也很高，PC3 内部的 IGBT 保护电路动作，VT7 导通，8 脚电压下降，通过光电耦合器 PC12 向 CPU 送 OC 信号，CPU 停止输出驱动脉冲，驱动电路无输入脉冲。在检修驱动电路时，为了在断开逆变电路后不跳 OC（不会过电流保护）且 CPU 仍输出驱动脉冲，模拟 OC 检测正常，具体操作方法是将 b、c 两点用导线连接起来，模拟 IGBT2 的 C、E 极正常导通，这样在断开逆变电路的情况下，CPU 仍会输出驱动脉冲。

驱动电路的动态检测过程如下：

① 测量驱动电路输入引脚电压。使用万用表直流电压挡测量 PC2 的 2、3 脚之间的电压，当 3 脚有驱动脉冲输入时，2、3 脚之间的正常电压约为 0.3V（静态时为 0V）；若电压为 0V，则可能是 R19 开路、PC2 的 3 脚至 CPU 脉冲输出引脚之间的前级电路损坏，或者是 PC2 的 2、3 脚内部短路。再用同样的方法测量 PC3 输入引脚电压。

② 测量驱动电路输出引脚电压。使用万用表直流电压挡测量插件 CN1 的 1 脚电压（黑表笔接 C13 负极，红表笔接 CN1 的 1 脚），CN1 的 1 脚正常电压约为+4V（静态时为-10V）。这是因为在有脉冲输入时，PC2 内部的 VT1、VT2 交替导通、截止，外部的 VT3、VT4 也交替导通、截止，VT3 导通、VT4 截止时 CN1 的 1 脚电压为+18V，VT4 导通、VT3 截止时 CN1 的 1 脚电压为-10V，VT3、VT4 交替导通、截止，CN1 的 1 脚平均电压为+4V，这也表明有驱动脉冲送到 CN1 的 1 脚。如果 CN1 的 1 脚电压为-10V（或接近-10V），而 PC2 的 2、3 脚又有脉冲输入，可能原因有 VT4、VT2 短路，VT1、VT3 开路，或 PC2 内部有关电路损坏。如果 CN1 的 1 脚电压为+18V（或接近+18V），可能原因有 VT4、VT2 开路，VT1、VT3 短路，或 PC2 内部有关电路损坏。

（3）防护试机

对 6 路驱动电路进行静态和动态检测后，如果都正常，则可初步确定驱动电路正常，能输出 6 路驱动脉冲，这时可以给驱动电路接上逆变电路进行试机。**为了安全起见，在试机时需要给逆变电路加一些防护措施，常用的防护方法有以下三种。**

方法一：在供电电路与逆变电路之间串接两个 15～40W 灯泡，如图 16-22（a）所示。当逆变电路的 IGBT 出现短路时，流过灯泡的电流增大，灯泡温度急剧上升，阻值变大，逆变电路的电流被限制在较小范围内，不会烧坏 IGBT。

方法二：在供电电路与逆变电路之间串接一个 2A 的玻壳熔断器，如图 16-22（b）所示。当逆变电路的 IGBT 出现短路时，一旦电流超过 2A，熔断器烧断，而 IGBT 允许通过的最大电流一般大于2A，故在2A范围内不会烧坏。

方法三：断开供电电路，给逆变电路接一个24V的外接电源，如图16-22（c）所示。当逆变电路的IGBT出现短路时，因为24V电源电压较低，流过IGBT的电流在安全范围内，不会烧坏IGBT。

在这三种防护方法中，串接灯泡的方法使用较多，这主要是因为灯泡容易找到，成本也低，而且可通过观察灯泡的亮暗来判断电路是否存在短路现象。

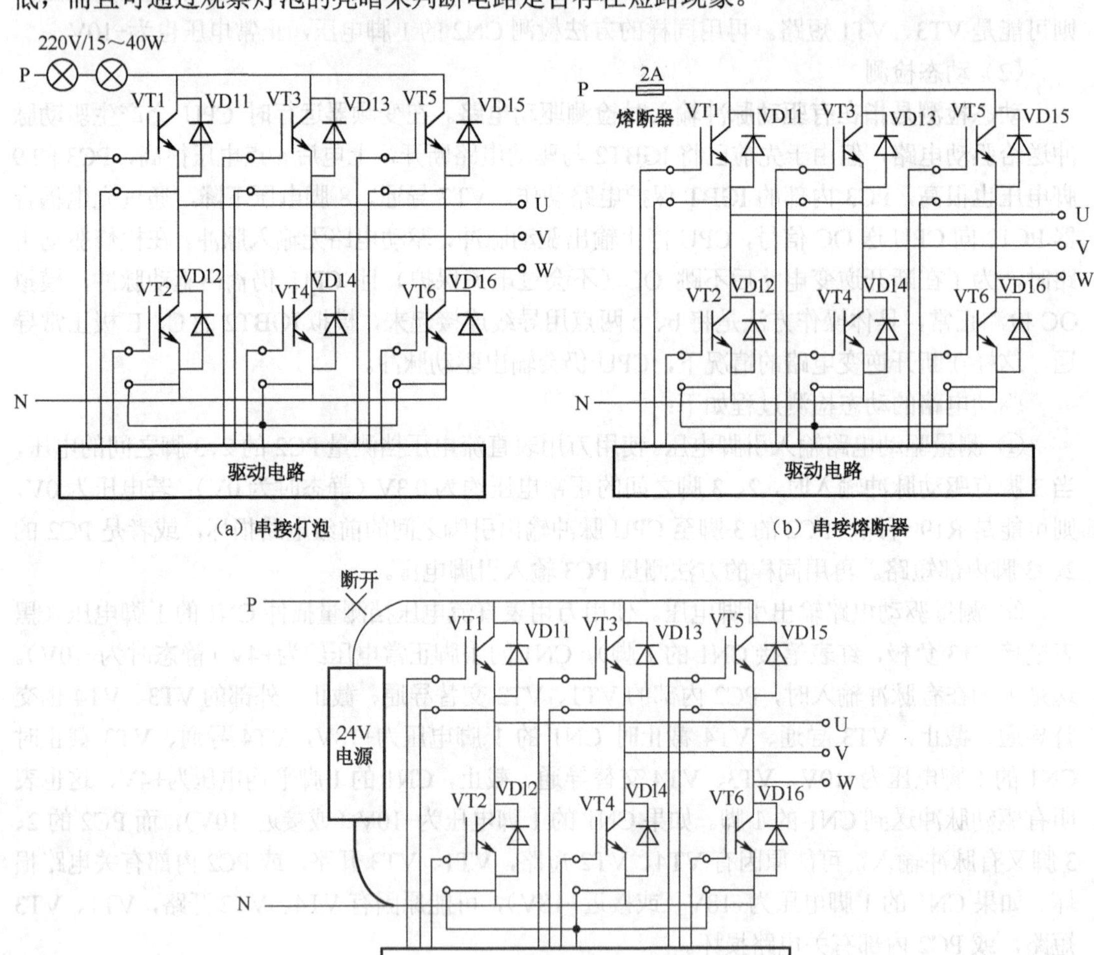

图16-22 通电试机的三种防护措施

在防护空载试机时，可能会出现以下情况：

① 变频器上电待机时，灯泡亮。变频器上电待机时，无驱动脉冲送给逆变电路的IGBT，灯泡亮的原因是逆变电路某上、下桥臂存在漏电或短路，如VT1、VT2同时短路或漏电，用万用表测VT1、VT2可能是正常的，但通电后在高压下故障会表现出来。

② 变频器上电待机时，灯泡不亮，但对变频器启动操作后灯泡一亮一暗闪烁。变频器启动时，驱动电路送驱动脉冲给逆变电路的IGBT，灯泡闪亮说明流过灯泡的电流时大时小，

其原因是某个 IGBT 损坏，如 VT2 短路，当 VT1 触发导通时，VT1、VT2 将逆变电路供电端短路，流过灯泡的电流很大而发出强光。

③ 变频器待机和运行时，灯泡均不亮。用万用表交流 500V 挡测量 U、V、W 端子的输出电压 U_{UV}、U_{UW}、U_{VW}，测量 U_{UV} 电压时，一支表笔接 U 端子，另一支表笔接 V 端子，发现三相电压平衡（相等），说明逆变电路工作正常，可给变频器接上负载进一步试机。

如果用万用表测得 U_{UV}、U_{UW}、U_{VW} 电压不相等，差距较大，其原因是某个 IGBT 开路或导通电阻变大。为了找出损坏的 IGBT，可用万用表直流 500V 挡分别测量 U、V、W 端与 N 端之间的直流电压。如果逆变电路正常，U、V、W 端与 N 端之间的电压应都相等。如果 U、N 之间的电压远远高于其他两相的电压，说明 VT2 的 C、E 极之间导通电阻很大或开路，或 VT2 的 G、E 极之间开路，也可能是 VT2 无驱动脉冲（可检测 U 驱动电路与 VT2 的 G、E 极之间的连接插件和有关元件）；如果 U、N 之间的电压远远低于其他两相的电压，说明 VT1 的 C、E 极之间导通电阻很大或开路，或 VT1 的 G、E 极之间开路，也可能是 VT1 无驱动脉冲（可检测 U 驱动电路与 VT1 的 G、E 极之间的连接插件和有关元件）。

（4）正常通电试机

在防护试机正常后，可以给逆变电路接上主电路电压进行正常试机，在试机前一定要认真检查逆变电路各 IGBT 与驱动电路之间的连接，以免某 IGBT 的 G 极悬空而损坏。另外，要取消 OC 检测电路的模拟正常连接，让 OC 电路正常检测 IGBT 的压降。

2. 驱动电路带负载能力的检修

驱动电路的负载是 IGBT，为了让 IGBT 能充分导通与截止，驱动电路需要为 IGBT 提供功率足够的驱动脉冲。**驱动电路带负载能力差是指驱动电路输出的脉冲电压和电流偏小，不能使 IGBT 充分导通或截止。**

（1）故障表现

驱动电路带负载能力差的主要表现有：正向脉冲不足时，IGBT 不能充分导通，导通压降大，会出现电动机剧烈振动，频跳 OC 故障；负向脉冲不足或丢失时，IGBT 不能完全截止，IGBT 容易烧坏。

（2）故障判别方法

判别一节 1.5V 电池是否可以正常使用，一般的方法是测量它两端是否有 1.5V 电压，若电压大于或等于 1.5V，则认为电池可用。这种方法虽然简单，但不是很准确。准确可靠的判别方法是给电池接一个负载，如图 16-23 所示，然后断开电路，测量电池的输出电流。如果输出电流正常（如负载为 10Ω，电池电压为 1.5V，输出电流在 150mA 左右可视为正常），则电池可用；如果输出电流很小，如为 50mA，则电池不能使用（即使未接负载时电池的电压有 1.5V）。有些电池未接负载时两端电压正常，而接上负载后输出电流很小，其原因是电池内阻很大，在开路测量时由于测量仪表内阻很大，电池输出电流很小，电流在内阻上的压降小，故两端电压接近正常电压；一旦接上较小的负载，则电池输出电流增大，电池内阻上的压降增大，输出电压下降。

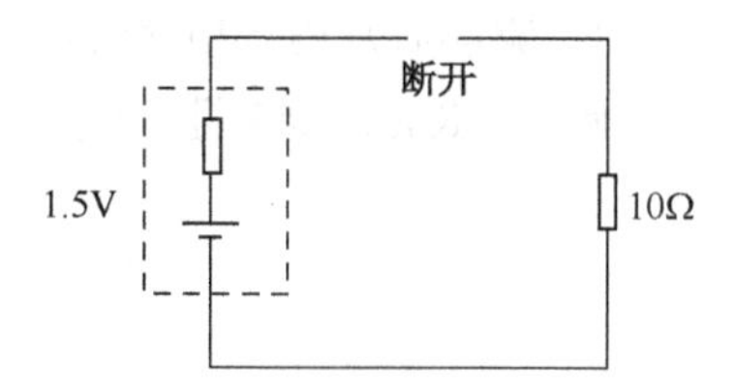

图 16-23　检测电池输出电流来判别其是否可用

驱动电路带负载能力的检测也可采用与判别电池带负载能力类似的方法，下面以图16-24所示驱动电路为例来说明。

驱动电路带负载能力的检测过程如下：

① 断开驱动电路与逆变电路的连接，逆变电路的供电也必须断开，同时模拟IGBT压降检测正常。

② 在驱动电路的输出端与0V电位之间串接一个与栅极电阻（R45）相等的电阻R，如图16-24虚线框内电路所示，电阻R与输出端断开，e、f为断开处的两点。

③ 用万用表直流挡测量e、f之间的电流，同时启动变频器，让驱动电路输出脉冲，正常电流大小约为150mA。如果6路驱动电路中的某路电流不正常，故障即为该驱动电路。

如果不能确定e、f间的正常电流大小，可测量其他各路驱动电路在该位置的电流，若某路与其他各路差距较大，则可认为该路驱动电路存在故障。

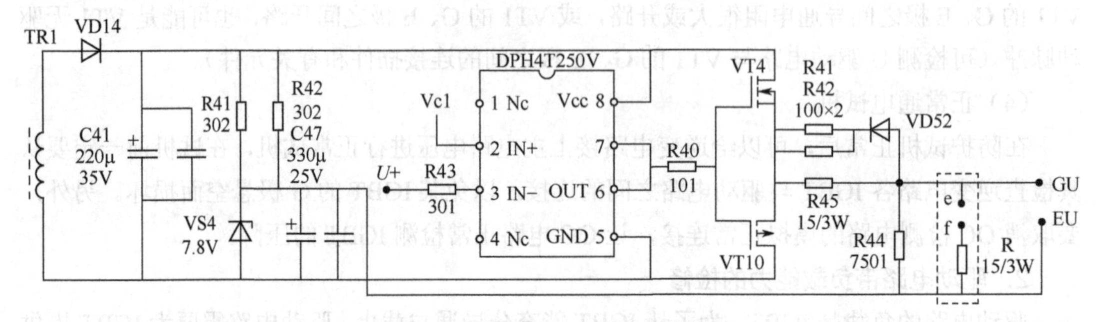

图16-24　检测驱动电路带负载能力

（3）故障原因

驱动电路带负载能力差的原因主要有：

① 驱动电路的电源供电不足，如C41容量变小、二极管VD14内阻增大、绕组局部短路等。

② 后级放大电路增益下降，如VT4、VT10的导通电阻增大。

③ 驱动芯片内部电路性能不良。

此外，R40、R45阻值增大，或R44阻值变小，也会使送到逆变电路的驱动脉冲幅度变小。

第 17 章　变频器的其他电路原理与检修

17.1　变频器的检测电路原理与检修

检测电路主要有电压检测电路、电流检测电路和温度检测电路。当变频器出现电压、电流和温度不正常情况时，相关的检测电路会送有关信号给 CPU，以便 CPU 做出相应的控制来保护变频器。

17.1.1　电压检测电路及其检修

电压检测通常包括主电路电压检测、三相输入电压检测和三相输出电压检测。大多数变频器仅检测主电路电压，少数变频器还会检测三相输入电压或三相输出电压。

1．主电路电压检测电路及其检修

变频器的主电路中有 500V 以上的直流电压，该电压是否正常对变频器非常重要。检测主电路电压有两种方式：直接检测和间接检测。

（1）主电路电压直接检测电路及其检修

① 电路分析。主电路电压直接检测电路如图 17-1 所示。

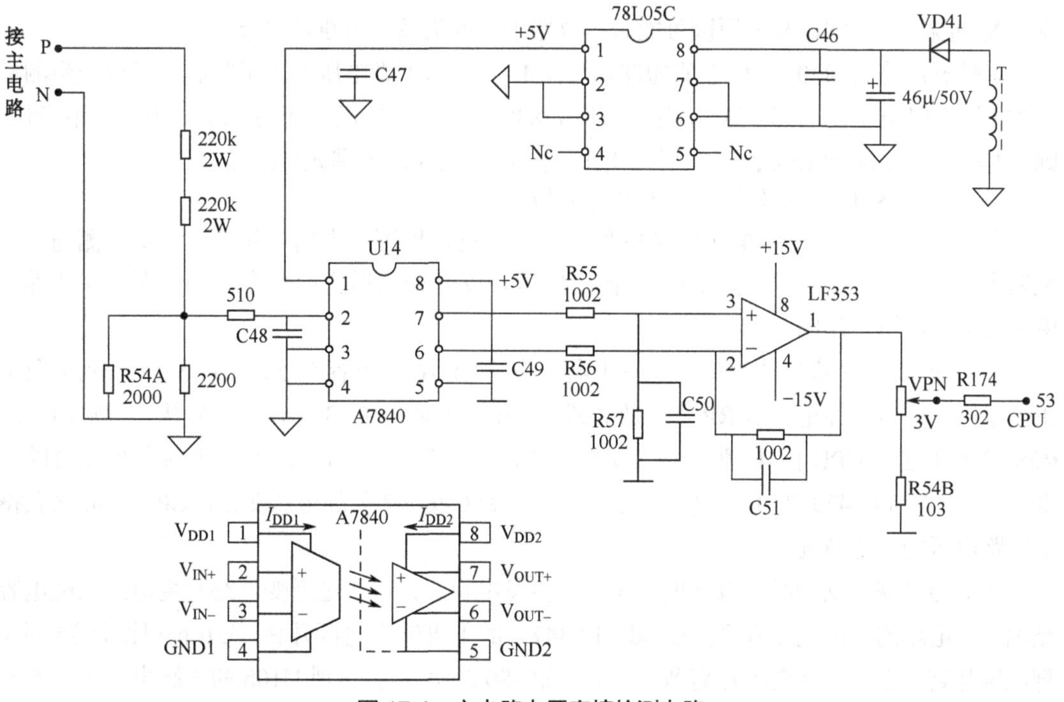

图 17-1　主电路电压直接检测电路

主电路P、N两端的直流电压经电阻降压后送到U14的2、3脚，U14（A7840）是一种带光电耦合的放大器（其内部结构如图所示），从U14的2、3脚输入的电压经光电隔离传递并放大后从7、6脚输出，再送到LF353进行放大从1脚输出，输出电压经电位器和R174送至CPU的53脚。主电路的直流电压发生变化，送到CPU 53脚的电压也会发生变化，CPU可根据该电压值按比例计算主电路的实际直流电压值（主电路电压为530V时VPN端的电压约为3V），再通过显示器显示主电路的电压值；CPU也可以通过该电压识别主电路电压是否过电压和欠电压等。

78L05C为电源稳压器，开关变压器T绕组上的电动势经二极管VD41对C46充得一定的电压，电压送到78L05C的8脚，经内部稳压后从1脚输出+5V供给U14的1脚作为输入电路的电源。

② 电路检修。图17-1所示的主电路电压直接检测电路的常见故障有：变频器上电后马上报过电压（OU）或欠电压（LU）。

检修过程如下：

步骤一：测量主电路电压是否正常（500V以上），不正常应检查主电路。

步骤二：若主电路电压正常，可测量VPN端（电位器中心端）电压，正常为3V；如果该电压偏高或偏低，则说明主电路电压检测电路有故障，可按后面步骤继续检查。

步骤三：测量A7840输入和输出侧的+5V供电是否正常，若不正常，则应检修相应的供电电路。

步骤四：测量A7840的2、3脚之间的电压，正常应有0.1V以上的输入电压。用导线短路2、3脚，测量LF353的1脚（输出脚）电压，若电压有明显下降，说明A7840、LF353及有关外围元件正常，故障原因可能是电位器不良或失调，可重新调节。

步骤五：将A7840的2、3脚短路，如果LF353的1脚电压变化不明显，可进一步测量LF353输入脚电压，正常为3V左右。短路A7840输入脚后电压会变为0V，如果电压不变化，则A7840及外围元件损坏；若电压有变化，则为LF353及外围元件损坏。

（2）主电路电压间接检测电路及故障分析

① 电路分析。**主电路电压间接检测电路不是直接检测主电路电压，通常是检测与主电路电压同步变化的开关电源的某路输出电压，以此来获得主电路电压的情况。**主电路电压间接检测电路如图17-2所示。

开关变压器T1次级绕组的上负下正电动势经VD16对电容C25、C24充电，得到上负下正的电压，该电压经电位器RP送到放大器U15d（LF347）的3脚，放大后从1脚输出，经R28、R104送到CPU的47脚。当主电路的直流电压变化时，C25、C24两端的电压会随之变化，U15d（LF347）的1脚电压也会变化，送到CPU 47脚的电压变化，CPU以此来获得主电路电压的变化情况。

在电动机减速制动时，电动机工作在再生发电状态，会通过逆变电路对主电路储能电容充电，主电路的直流电压升高，U15d（LF347）的1脚输出电压升高，U10b（比较器）的6脚电压升高。当主电路电压升高到一定值（如680V）时，会出现U10b的6脚电压大于5脚电压，U10b的7脚输出低电平，该低电平作为制动控制信号去后级电路，让主电路中的制

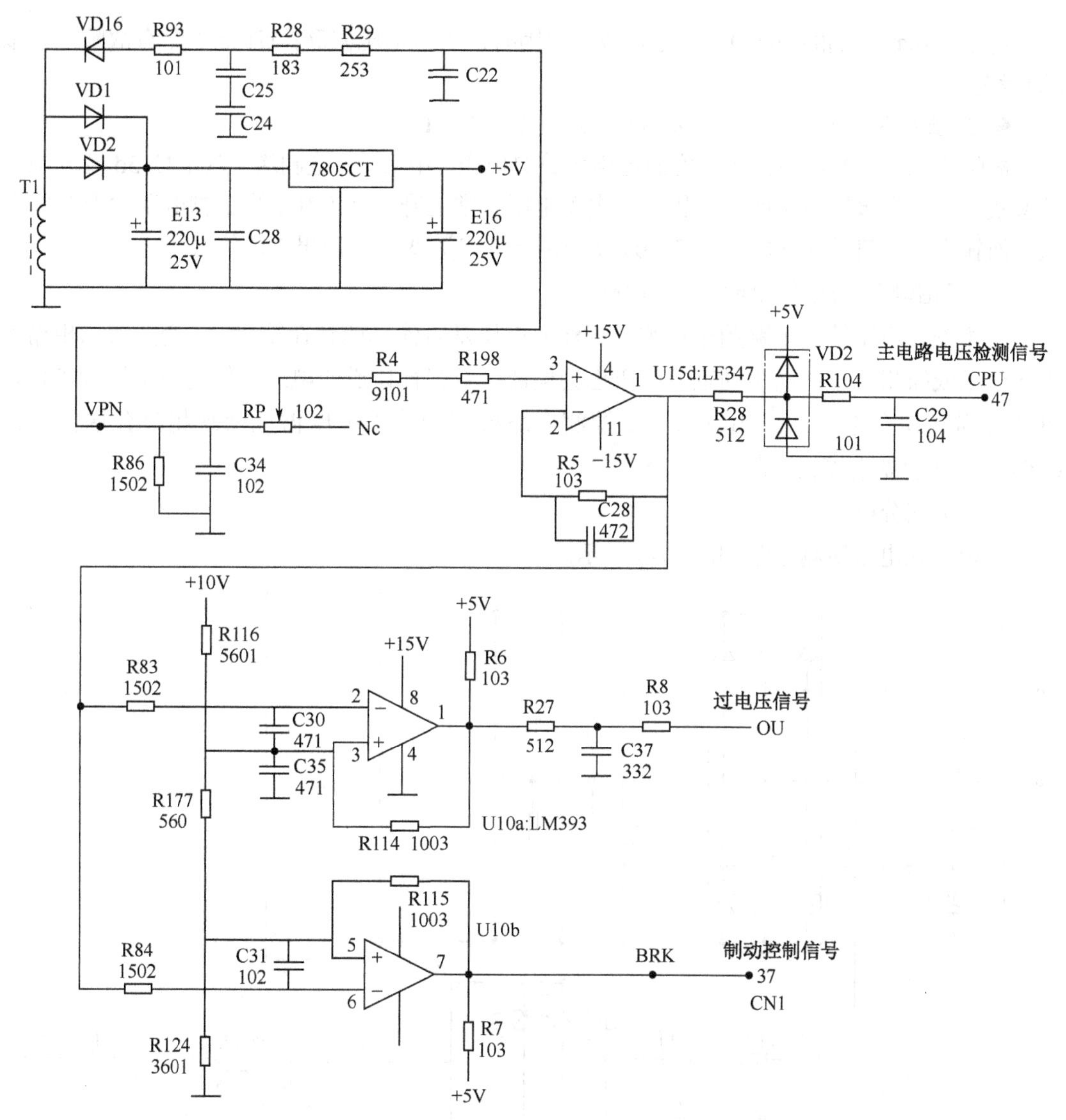

图 17-2　主电路电压间接检测电路

动开关管导通，释放储能电容两端的直流电压，同时为电动机再生电流提供回路，让回流电动机的电流对电动机进行制动。很多变频器的制动控制信号由 CPU 发出，本电路则采用检测主电路电压来判别电动机是否工作在制动状态。若主电路电压上升到一定值，制动检测电路认为电动机处于制动工作状态，马上输出制动控制信号，通过有关驱动电路让主电路中的制动开关管导通，对电动机进行制动控制，同时通过放电将主电路储能电容两端的电压降下来。

如果某些原因使主电路电压上升过高，U15d（LF347）的 1 脚输出电压也会很高，U10a（比较器）的 2 脚电压很高，当 2 脚电压大于 3 脚电压时，U10a 的 1 脚输出低电平，该低电平作为 OU（过电压）信号经后级电路进一步处理后送给 CPU，CPU 根据内部设定程序做出相应的保护控制。

② 故障分析。图 17-2 所示的主电路电压间接检测电路的故障分析如下：

● 变频器上电后，马上报过电压（OU）

这是 U10a 电路报出的 OU 信号，故障原因有：供电电压偏高；U10a 电路有故障，误报 OU 信号。

● 变频器运行过程中报过电压（OU）或欠电压（LU）

故障原因有：主电路存在轻度的过电压或欠电压，由 U15d 检测送 CPU；U15d 及外围元件参数变异，误报过电压或欠电压；主电路电压异常上升，使 U10a 的 2 脚电压大于 3 脚电压，而输出 OU 信号（低电平）；U10a 及外围元件参数变异，误报 OU 信号。

2．三相输入电压检测电路及其检修

三相输入电压检测电路用来检测三相输入电压是否偏低或存在缺相。当变频器三相输入电压偏低或缺相时，主电路的直流电压也会偏低，若强行让逆变电路在低电压下继续工作，可能会损坏逆变电路。三相输入电压检测电路检测到输入电压偏低或缺相时会送信号给 CPU，CPU 会做出停机控制。

（1）电路分析

三相输入电压检测电路如图 17-3 所示。

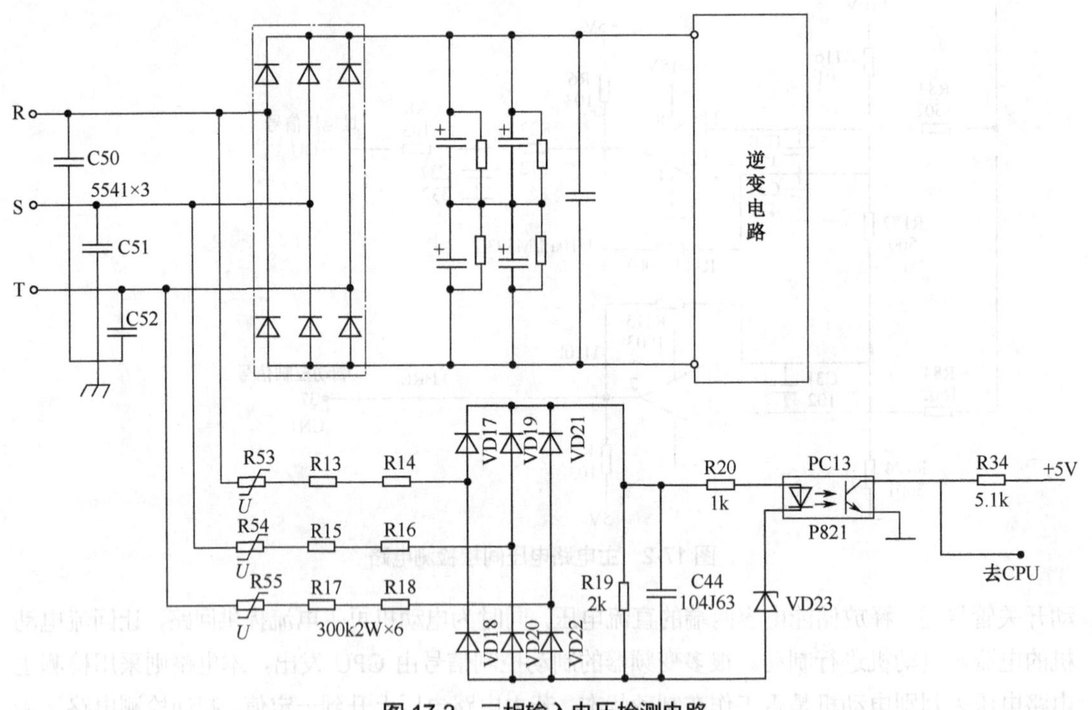

图 17-3　三相输入电压检测电路

三相交流电压通过 R、S、T 三个端子进入变频器，分作两路：一路去主电路的整流电路，对主电路的储能电容充得 500V 以上的电压；另一路经压敏电阻和阻值很大的电阻降压后送到 VD17～VD22 构成的整流电路，对 C44 充电，在 C44 上得到上正下负的电压。如果 R、S、T 端子输入的三相交流电压正常，主电路储能电容两端电压正常，三相输入电压检测电路中的 C44 两端电压较高，它通过 PC13 内部发光二极管击穿稳压二极管 VD23，有电流流过 PC13，PC13 内部光敏管导通，产生一个低电平信号去 CPU；如果 R、S、T 端子输入的三相交流电压中有一相电压偏低或缺少一相电压，主电路储能电容两端电压下降，同时三相检测电路该相输入压敏电阻不能导通，只有两相电压送入检测电路，C44 两端电压下降，无法通过 PC13 内部发光二极管击穿稳压二极管 VD23，PC13 内部光敏管截止，产生一个高电平信号去 CPU，CPU 发出输入断相报警，并做出停机控制。

（2）故障检修

图 17-3 所示的三相输入电压检测电路的常见故障为变频器报输入断相。

故障原因有：

① 三相输入电压检测电路中有一相电路存在元件开路，如 R53、R13、R14、VD17 开路。

② R20、VD23、PC13 开路。

③ C44 短路。

3. 三相输出电压检测电路及其检修

（1）电路分析

三相输出电压检测电路通常用来检测逆变电路输出电压是否断相。图 17-4 所示是一种常见的三相输出电压检测电路。

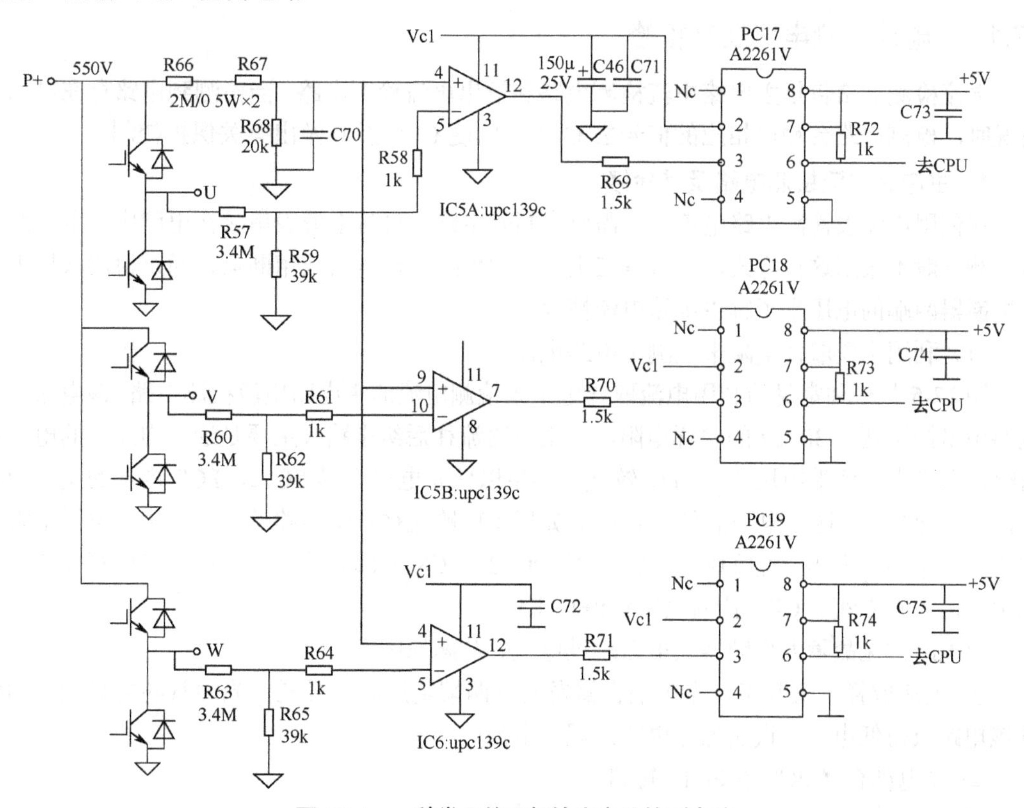

图 17-4　一种常见的三相输出电压检测电路

主电路的 500V 以上的直流电压经 R66、R67 降压后得到约 2.7V 电压，该电压提供给 IC5 的 4、9 脚（比较器同相输入端）和 IC6 的 4 脚。在变频器待机时，逆变电路的 IGBT 均处于截止状态，IC5 的 5、10 脚（比较器反相输入端）和 IC6 的 5 脚电压均为 0V，比较器输出均为高电平，A2261V 的 3 脚为高电平，内部光电耦合器不导通，6 脚输出高电平。在变频器正常工作时，逆变电路的 IGBT 工作在导通、截止状态，U、V、W 端有较高的电压，该电压经降压后送到比较器反相输入端，使反相输入端电压大于同相输入端电压，比较器输出低电平，A2261V 内部光电耦合器导通，6、5 脚内部晶体管导通，6 脚输出低电平，该低电平去 CPU 告之本相输出电压正常。如果逆变电路某相上桥 IGBT 开路或下桥 IGBT 短路，以 U 相为例，U 相上桥 IGBT 开路会使 U 端电压变为 0V，比较器 IC5A 输出高电平，PC17 内部光电耦合器不能导通，6 脚输出由低电平变为高电平，CPU 根据该变化的电平知道本相出现输出缺相，马上停机保护。

（2）故障检修

图 17-4 所示的三相输出电压检测电路的常见故障为输出缺相报警。

故障原因：

① 逆变电路某相上桥 IGBT 开路或下桥 IGBT 短路。

②三相输出电压检测电路中的某相检测电路存在故障，以 U 相为例，有 R57、R69 开路，IC5A、A2261V 损坏等。

17.1.2　电流检测电路及其检修

电流检测通常包括主电路电流检测电路和输出电流检测电路。当检测到电路存在过电流情况时，检测电路会输出相应的信号去 CPU，以便 CPU 及时做出有关保护控制。

1．主电路电流检测电路及其检修

在使用电流表检测电路电流时，需要先断开电路，再将电流表串接在电路中。主电路电流检测一般不采用这种方式，通常是在主电路中串接取样电阻或熔断器，通过检测取样电阻和熔断器两端的电压来了解主电路电流情况。

（1）利用电流取样电阻来检测主电路电流

图 17-5 是一种常见的利用电流取样电阻来检测电流的主电路电流检测电路。该电路在主电路中串接了两个 30mΩ 的取样电阻，当主电路流往后级电路（主要是逆变电路）的电流正常时，取样电阻两端电压 U_{q1}、U_{q2} 较低，不足以使光电耦合器 PC12、PC8 内部的发光管导通，光敏管截止，送高电平信号去 CPU。如果主电路流往后级电路的电流很大，取样电阻两端电压 U_{q1}、U_{q1} 很高，它们使光电耦合器 PC12、PC8 内部的发光管导通，光敏管导通，送低电平信号去 CPU，CPU 让后级电路停止工作。

该电路常见故障为变频器上电后跳过电流。故障原因有：

① 电流取样电阻开路，光电耦合器发光管两端电压高而导通，光敏管随之导通，CPU 从该电路获得低电平，误认为主电路出现过电流。

② 光电耦合器 PC8 或 PC12 短路。

③ C63 短路。

由于电流取样电阻阻值很小，损坏后难以找到这种电阻，可用细铁丝来绕制。具体做法是找一段较长的细铁丝，将万用表（可选精度高的数字万用表）一支表笔接铁丝一端，另一支表笔往铁丝另一端移动，观察阻值大小。当阻值为 300mΩ 时停止移动表笔，在该处将铁丝剪断，再将铁丝绕在绝缘支架上（保持匝间绝缘）。如果单层不够，可在已绕铁丝上缠绕绝缘胶带，再在绝缘胶带上继续绕制。

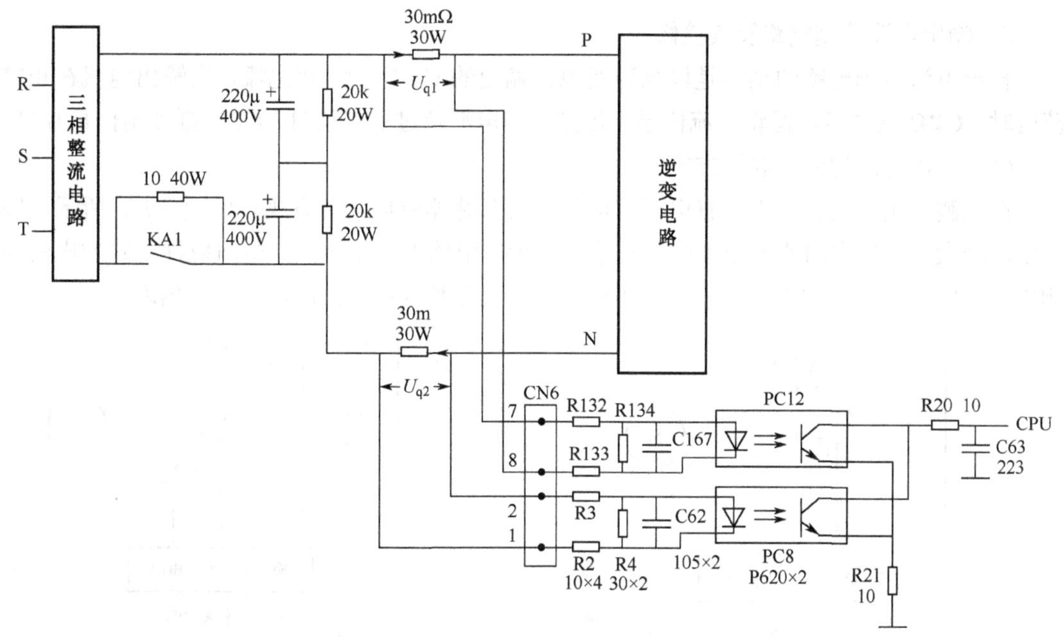

图 17-5　一种常见的利用电流取样电阻来检测电流的主电路电流检测电路

（2）利用熔断器来检测主电路电流

图 17-6 是一种常见的利用熔断器来检测电流的主电路电流检测电路。该电路在主电路中串接了一个熔断器 FU1，当主电路流往后级电路（主要是逆变电路）的电流正常时，熔断器两端电压为 0，无电流流过 PC2 内部的发光管，光敏管截止，PC2 输出高电平。如果主电路流往后级电路的电流过大，熔断器开路，有电流经 R37、R38 流入 PC2 内部的发光管，光敏管导通，PC2 输出低电平，该低电平作为 FU 故障信号去 CPU，CPU 控制停机并发出 FU 故障报警。

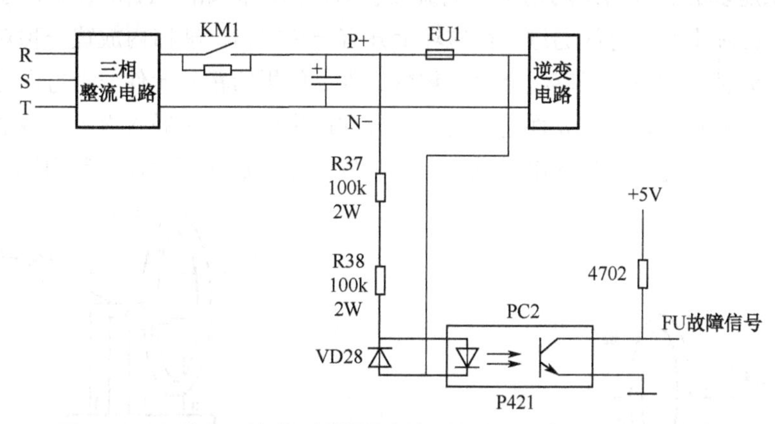

图 17-6　一种常见的利用熔断器来检测电流的主电路电流检测电路

该电路常见故障为变频器报 FU 故障。故障原因有：

① 熔断器 FU1 开路。

② 光电耦合器 PC2 光敏管短路。

2．输出电流检测电路及其检修

输出电流检测电路的功能是检测逆变电路输出的U、V、W相电流。当输出电流在正常范围时，CPU通过显示器将电流值显示出来；当电流超过正常值时，CPU则做出停机控制。

（1）输出电流的两种取样方式

在检测输出电流时，主要有电阻取样和电流互感器取样两种方式，如图17-7所示，输出电流越大，取样电阻或电流互感器送给电流检测电路的电压越高。电阻取样方式的电流检测电路应用较少，且常用在中小功率变频器中，大多数变频器采用电流互感器取样方式。

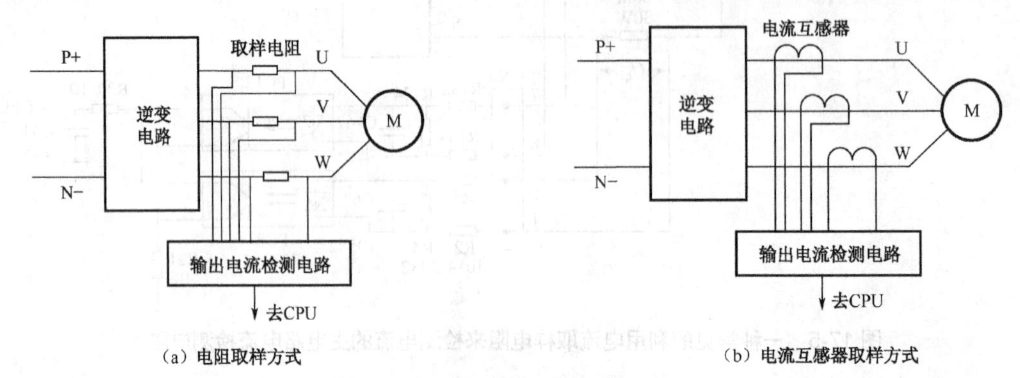

（a）电阻取样方式　　（b）电流互感器取样方式

图17-7　检测输出电流的两种方式

（2）电流互感器

早期的变频器检测输出电流多采用普通电流互感器，其结构如图17-8（a）所示。当有电流通过导线时，导线会产生环形磁场，磁环中有磁感线通过，绕在磁环上的线圈会产生感应电动势，如果给线圈外接电路，线圈就会输出电流流入电路。导线通过的电流越大，线圈输出电流就越大。

现在越来越多的变频器采用电子型电流互感器，其结构如图17-8（b）所示。当导线有电流通过时，磁环中有磁感线通过，在磁环上开有一个缺口，缺口内放置一种对磁场敏感的元件——霍尔元件，磁环的磁感线会穿过霍尔元件，如果给霍尔元件一个方向通入电流，在有磁场穿过霍尔元件时，霍尔元件会在另一个方向产生电压。在通入电流不变的情况下，磁环的磁场越强，霍尔元件产生的电压越高，该电压经放大后送到电流检测电路。

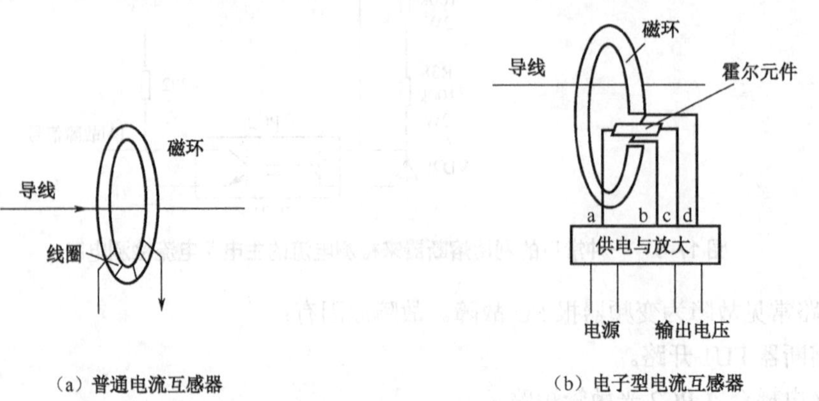

（a）普通电流互感器　　（b）电子型电流互感器

图17-8　电流互感器

（3）输出电流检测电路

图 17-9 是一种典型的输出电流检测电路。

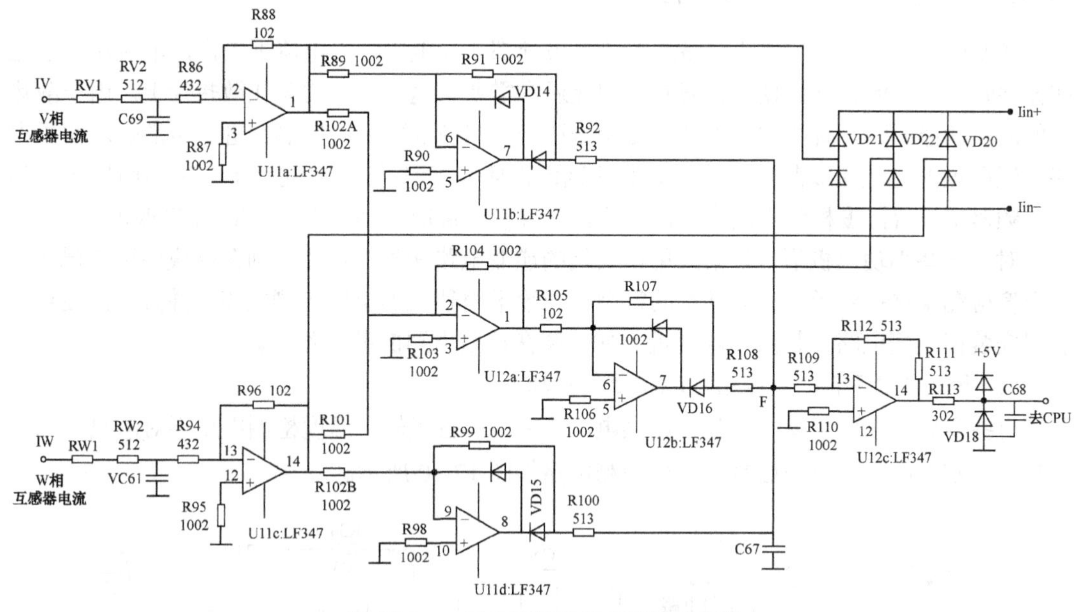

图 17-9　一种典型的输出电流检测电路

来自 V、W 相电流互感器的 IV、IW 电流经 RC 元件滤除高频干扰信号后，分别送到 U11a、U11c 的 2、13 脚，放大后分别从 1、14 脚输出。U11a 的 1 脚输出的 IV 信号分作三路：第一路去 VD20～VD22 构成的三相整流电路；第二路经 R89 去 U11b 的 6 脚；第三路经 R102A 去 U12a 的 2 脚。U11c 的 14 脚输出的 IW 信号也分作三路：第一路去 VD20～VD22 构成的三相整流电路；第二路经 R102B 去 U11d 的 9 脚；第三路经 R101 去 U12a 的 2 脚。

IV、IW 信号在 U12a 的 2 脚混合成 IU 信号，经 U12a 放大后从 1 脚输出，送到三相整流电路，IV、IW、IU 三路信号经三相整流电路汇合成一路总直流电流，从 Iin+、Iin−端送到后级电路进一步处理。如果逆变电路输出电流过大，从 Iin+、Iin−端送往后级电路的电流也很大，后级电路会得到一个反映过电流的电平信号送给 CPU，CPU 则做出停机控制。

U11b 的 6 脚的 IV 信号经 U11b 与 VD14 组成的精密半波整流电路取出半周 IV 信号，通过 R92 送到 F 点；U11d 的 9 脚的 IW 信号经 U11d 与 VD15 组成的精密半波整流电路取出半周 IW 信号，通过 R100 送到 F 点；U12b 的 6 脚的 IU 信号经 U12b 与 VD16 组成的精密半波整流电路取出半周 IU 信号，通过 R108 送到 F 点。IV、IW、IU 三路半周信号在 F 点汇合成一个电压信号，经 R109 送到 U12c 的 13 脚，放大后从 14 脚输出去 CPU。逆变电路输出电流越大，从 14 脚输出送给 CPU 的电压幅度越大，CPU 根据该电压值按比例计算实际输出电流大小，并通过显示器显示出来。

该电路常见故障为变频器报过电流或无法显示输出电流。

对于变频器报过电流故障，应检查与过电流检测有关的电路，如 U11a、U11c、U12b 及有关外围元件，电子电流互感器损坏也可能出现报过电流故障。

对于无法显示输出电流故障，应检查与电流大小检测有关的电路，如 U11b、U11d、U12a、

U12c 及有关外围元件。

17.1.3 温度检测电路及其检修

逆变电路的 IGBT 和整流电路的整流二极管都在高电压、大电流下工作，电流在通过这些元件时有一定的损耗而使元件发热，因此通常需要将这些元件安装在散热片上。由于散热片的散热功能有限，有些中、大功率变频器还会使用散热风扇对散热片进一步散热。如果电路出现严重的过电流或散热不良（如散热风扇损坏），元件温度可能会上升很高而烧坏，为此变频器常设置温度检测电路来检测温度，当温度过高时，CPU 则会控制停机保护。

对于一些小功率机型，如果采用模块化的逆变电路和整流电路，则在模块中通常已含有温度检测电路；对于中、大功率的机型，一般采用独立的温度检测电路，并且将温度传感器安装在逆变电路和整流电路附近，如安装在这些电路的散热片上。

1．不带风扇控制的温度检测电路及其检修

有些变频器通电后就给散热风扇供电，让风扇一直运转，温度检测电路不对散热风扇进行控制。常见的不带风扇控制的温度检测电路如图 17-10 所示。

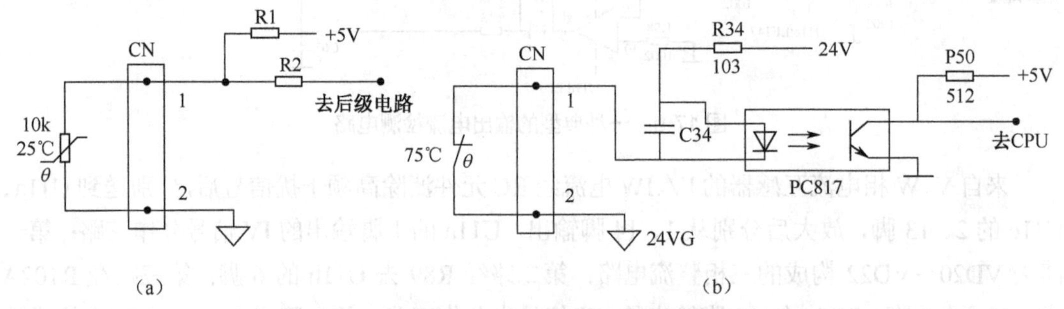

图 17-10 常见的不带风扇控制的温度检测电路

图 17-10（a）中采用热敏电阻作为温度传感器，当逆变电路或整流电路温度上升时，该电阻阻值会发生变化，送到后级电路的电压也会变化，当温度上升到一定值时，后级电路会将经 R2 送来的电压处理成一个电平信号送给 CPU，CPU 会做出 OH（过热）报警并停机保护。

图 17-10（b）中采用温控继电器作为温度传感器，在常温下该继电器触点处于闭合状态，当温度上升超过 75℃时，触点断开，光电耦合器 PC817 截止，电路会送一个高电平信号给 CPU，CPU 会做出 OH（过热）报警并停机保护。

该电路常见故障为变频器报 OH（过热）。以图 17-10（b）所示电路为例，变频器报 OH 故障原因有：

① 温度继电器触点开路。

② 光电耦合器 PC817 开路。

③ R34 开路，C34 短路。

2．带风扇控制的温度检测电路及其检修

带风扇控制的温度检测电路可在温度低时让风扇停转，在温度高时运转，温度越高风扇转速越快，当温度过高时由 CPU 发出 OH（过热）报警，并停机保护。图 17-11 是一种典型的带风扇控制的温度检测电路。

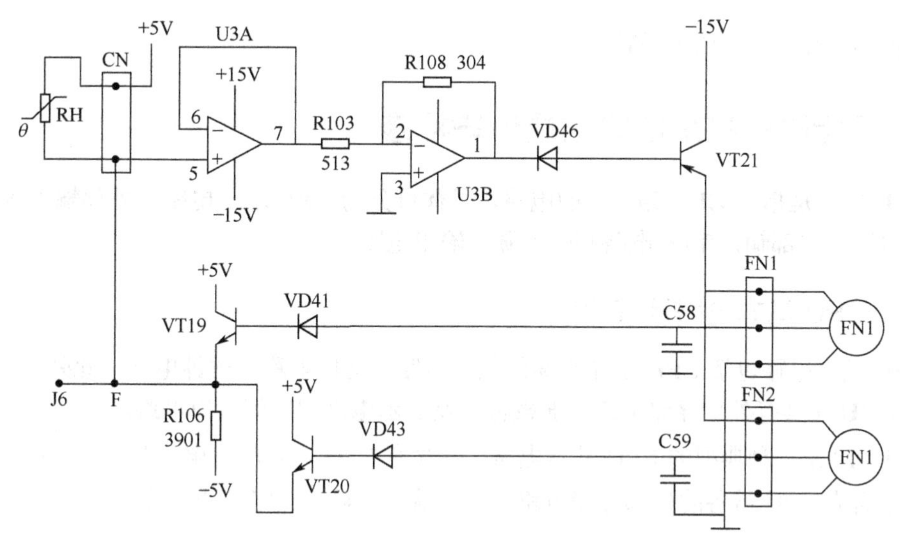

图 17-11　一种典型的带风扇控制的温度检测电路

图 17-11 中采用一个负温度系数热敏电阻（阻值变化与温度变化相反，温度上升阻值减小）作为温度传感器。在变频器刚开始运行时，热敏电阻 RH 温度低、阻值大，U3A 的 5 脚为负压，7 脚输出也为负压，U3B 的 2 脚输入为负压，1 脚输出为正压，二极管 VD46 截止，三极管 VT21 截止，散热风扇无电流通过不工作。变频器工作一段时间后，RH 温度升高阻值减小，U3A 的 5 脚为正压，7 脚输出也为正压，U3B 的 2 脚输入为正压，1 脚输出为负压，二极管 VD46 导通，三极管 VT21 导通，散热风扇有电流流过而开始运转散热。热敏电阻 RH 温度越高，其阻值越小，U3A 的 5、7 脚电压越高，U3B 的 1 脚电压越低，VT21 导通程度越深，流过风扇的电流越大，风扇转速越快。风扇运转一段时间后，RH 温度下降阻值增大，U3A 的 5 脚为负压，U3B 的 1 脚输出为正压，VD46、VT21 截止，散热风扇无电流通过停转。散热风扇按这种间歇方式工作可提高使用寿命。

在三线散热风扇运转过程中，风扇内部电路会输出运转信号，经 VT19、VT20 放大后从 J6 端去后级电路进一步处理，再送至 CPU，告之风扇处于运行状态。当热敏电阻 RH 开路或风扇出现故障停转时，F 点电压很低，该电压经后级电路处理后会形成一个电平信号去 CPU，CPU 做出 OH 报警并停机保护。

该电路常见故障有：风扇不转、报 OH 故障；风扇不转、不报 OH 故障。

（1）风扇不转、报 OH 故障可能原因

① VT21、VD46 开路，无法为风扇供电，风扇不转无法散热，整流和逆变模块温度上升引起报 OH 故障。

② U3A、U3B 及其外围元件损坏，无法为 VT21 基极提供低电平。

（2）风扇不转、不报 OH 故障可能原因

① 温度传感器 RH 短路，U3A 的 5 脚电压很高，U3B 的 1 脚输出为高电平，风扇不转。另外，因为 RH 短路使 F 点电压很高，不会报 OH 故障。由于风扇不转无法散热，而 CPU 又不能接收到 OH 检测信号进行保护，整流和逆变模块容易因温度上升而烧坏。

② VT19 或 VT20 短路，F 点电压很高，CPU 不报 OH，同时 U3A 的 5 脚电压很高，U3B

的1脚输出为高电平，风扇不转。

17.2　变频器的CPU电路原理与检修

CPU电路是指以CPU为中心的电路，具体可分为CPU基本电路、外部输入/输出端子接口电路、内部输入/输出电路和驱动脉冲输出电路。

17.2.1　CPU基本电路及其检修

CPU基本电路包括CPU工作必需的供电电路、复位电路和时钟电路，此外，有些变频器的CPU还具有外部存储电路、面板输入及显示电路和通信接口电路。

图17-12是一种典型的CPU基本电路，既含有CPU必备的供电电路、复位电路和时钟电路，也含有CPU常备的外部存储电路、面板输入及显示电路和通信接口电路。

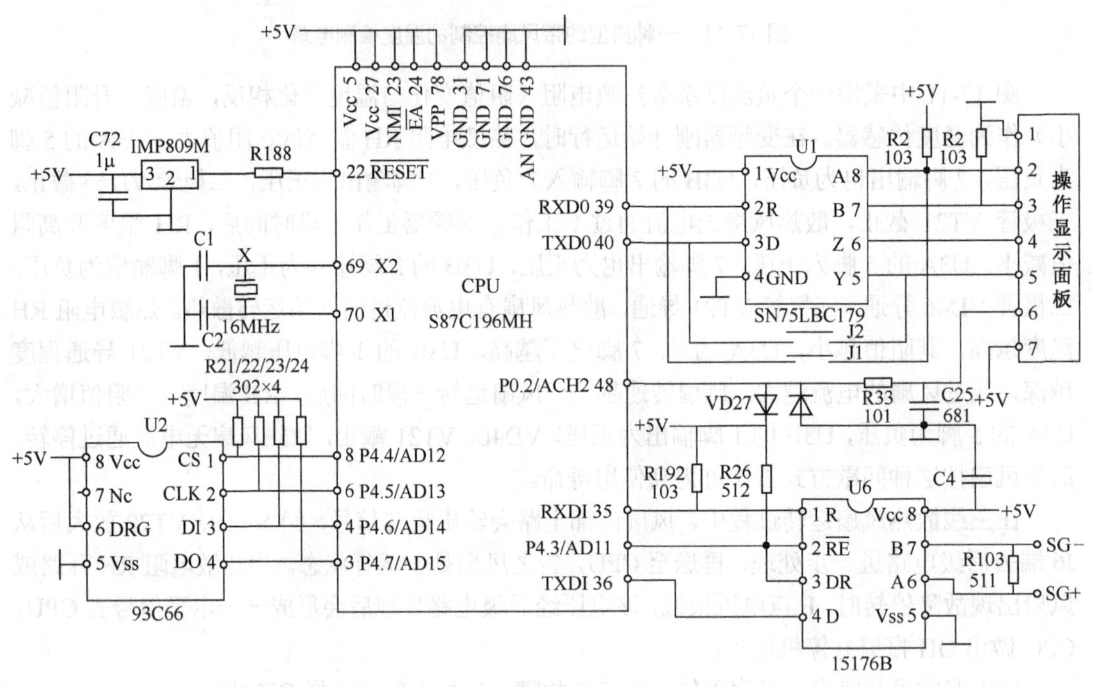

图17-12　一种典型的CPU基本电路

1．CPU必备电路及其检修

（1）电路分析

CPU必备电路是指CPU工作时必须具备的电路，这些电路不管缺少哪一个，CPU都不能工作。CPU必备电路有供电电路、时钟电路和复位电路。

① 供电电路。CPU的5、27脚为电源脚，由电源电路送来的+5V电压连接到这些脚，为内部电路供电。对于一些不用并且需要接高电平的引脚，通常与电源脚一起接+5V电压。

② 时钟电路。CPU内部有大量的数字电路，这些电路工作时需要时钟信号控制。CPU的69、70脚外接C1、C2和晶振X，它们与内部电路一起构成时钟振荡电路，产生16MHz

的时钟信号，控制内部的数字电路有条不紊地工作。

③ 复位电路。CPU 内部的数字电路很多，在 CPU 通电时内部各电路的状态比较混乱，复位电路的作用是产生一个复位信号提供给各数字电路，使其状态全部恢复到初始状态。复位信号的作用类似于学校的上课铃声，铃声一响，所有的学生都会马上回到教室坐好，等待老师上课。CPU 的 22 脚为复位信号输入引脚，IMP809M 为复位专用芯片，当+5V 电压提供给该芯片时，芯片马上送一个低电平到 CPU 的 22 脚，对内部数字电路进行复位。复位完成后，复位芯片送高电平到 22 脚，在正常工作时 CPU 的 22 脚为高电平。

（2）故障特征与检修

① 故障特征。CPU 必备电路典型的故障特征为：上电后操作面板无显示或显示一些固定的字符，操作面板所有按键失灵。

② 故障检修。当 CPU 的三个必备电路有一个不正常时，CPU 都不会工作，因此遇到 CPU 不工作时应先检查三个必备工作电路。

- 测量 CPU 的电源脚有无+5V 电压，若无，检查其供电电路。
- 测量 CPU 的复位脚（22 脚）电压，正常应为+5V，若电压不正常，检查 R188、C72 和复位芯片 IMP809M。该 CPU 采用低电平复位，即开机瞬间复位电路为复位脚提供一个低电平，然后恢复为高电平（+5V），因此即使测得复位脚为+5V，也不能说明复位电路一定正常。可采用人工复位的方法来进一步判别，用一根导线将复位脚与地瞬间短路，如果 CPU 马上工作（操作面板内容发生变化），说明复位电路有故障，应检查复位电路。如果 CPU 采用高电平复位，可用导线瞬间短路复位脚与电源脚来人工复位。
- 在检查时钟电路时，如果条件允许，可用示波器测量时钟脚（69、70 脚）有无时钟脉冲，也可用万用表测量时钟脚电压，正常 69 脚为 2V，70 脚为 2.3V。如果电压不正常，可检查 C1、C2 是否损坏，对于晶振无法测量其是否开路，可通过更换来判别。

如果 CPU 的三个必备电路都正常，而 CPU 又不工作，通常为 CPU 损坏。

2. CPU 常备电路及其检修

CPU 常备电路是指为了增强和扩展 CPU 的功能而设置的一些电路，CPU 缺少这些电路仍可工作，但功能会减弱。CPU 常备电路主要有外部存储电路、面板输入及显示电路和通信接口电路等。

（1）外部存储电路

CPU 内部有 ROM（只读存储器）和 RAM（随机存储器），ROM 用来存储工厂写入的程序和数据，用户无法修改，断电后 ROM 中的内容不会消失；RAM 用来存放 CPU 工作时产生的一些临时数据，断电后这些数据会消失。在使用变频器时，经常需要修改一些参数并且将修改后的数据保存下来，以便变频器下次工作时仍按这些参数工作，这就需要给 CPU 外接另一种存储器——EEPROM（电可擦写只读存储器）。这种存储器中的数据可以修改，并且断电后数据可保存下来，EEPROM 用来存放用户可修改的程序数据。

U2（93C66）为 EEPROM 芯片，通过 4 个引脚与 CPU 连接。CS 为片选引脚，当 CPU 需要读写 U2 中的数据时，必须给 CS 引脚送一个片选信号来选中该芯片，然后才能操作该芯片；DI为数据输入引脚，CPU的数据通过该引脚送入U2；DO为数据输出引脚，U2中的数据通过该脚送入CPU；CLK为时钟引脚，CPU通过该引脚将时钟信号送入U2，使U2内部数字电路工作步调与CPU内部电路保持一致。

外部存储电路典型故障特征：变频器操作运行正常，也能修改参数，但停电后参数无法保存。

外部存储器不工作原因有：

① 外部存储器供电不正常。

② 外部存储器与CPU之间的连线开路，或者连线的上拉电阻损坏。

③ 外部存储器损坏。

（2）面板输入及显示电路

为了实现人机交互功能，变频器一般配有操作显示面板，在操作显示面板中含有按键、显示器及有关电路。CPU往往不能直接与操作显示面板通信，它们之间需要加设接口电路。U1（SN75LBC179）为CPU与操作显示面板的通信接口芯片，当操作面板上的按键时，面板电路会送信号到U1的A、B脚，经U1转换处理后从R脚输出去CPU的RXD0（接收）脚。在变频器工作时，CPU会将机器的有关信息数据通过TXD0（发送）端送入U1的D端，经U1转换后从Z、Y脚输出去面板电路，面板显示器将机器有关信息显示出来。

面板输入及显示电路常见故障有：面板按键输入无效，显示器显示不正常（如显示字符缺笔画）。如果仅个别按键输入无效，可检查这些按键是否接触不良；如果所有按键均失效，则可能是面板电路损坏；显示器出现字符缺笔画现象一般是显示器个别引脚与显示驱动电路接触不良；如果显示器不显示，则可能是显示驱动电路无供电或损坏。如果操作面板不正常，更换新面板后故障依旧，则可能是面板与CPU之间的接口电路U1及其外围元件有故障。

（3）通信接口电路

在一些自动控制场合需要变频器与一些控制器（如PLC）进行通信，由控制器发指令控制变频器的工作。为适应这种要求，变频器通常设有RS-485通信端口，外部设备可使用该通信端口与变频器CPU通信。U6（15176B）为RS-485收发接口芯片，它能将CPU发送到R端的数据转换成RS-485格式的数据从A、B端送到外部设备，也可以将外部设备送到A、B端的RS-485格式的数据转换成CPU可接收的数据，从D端输出，去CPU的TXDI端。U6的$\overline{RE}$、DR引脚为通信允许控制端。

通信接口电路典型故障特征是：变频器无法通过通信端口与其他设备通信。在检查时，先要检查通信端口是否接触良好，再检查通信接口芯片U6及其外围元件。

17.2.2　外部输入/输出端子接口电路及其检修

变频器有大量的输入/输出端子，图17-13为典型的变频器输入/输出端子图，除R、S、T、U、V、W、PI、P、N端子内接主电路外，其他端子大多通过内部接口电路与CPU连接。与CPU连接的端子可分为两类：数字量输入/输出端子和模拟量输入/输出端子。

1. 数字量端子接口电路及其检修

数字量端子又称开关量端子，用于输入或输出ON、OFF（即开、关）信号。例如，在

图 17-13 中，STF 端为数字量输入端子，A 端为数字量输出端子。当 STF、SD 端子之间的开

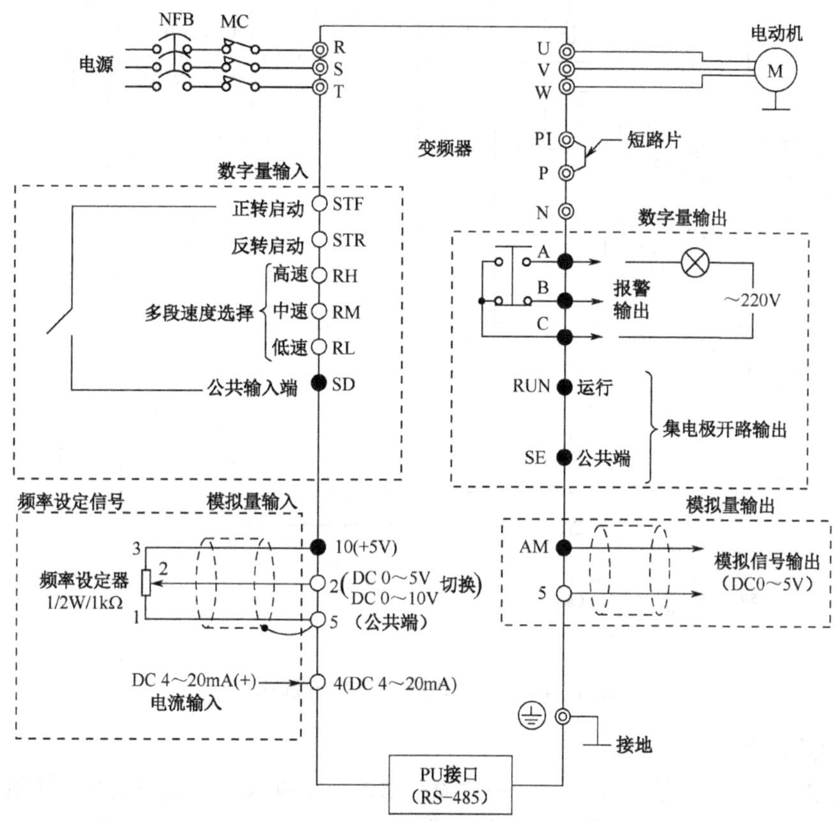

图 17-13　典型的变频器输入/输出端子图

关闭合时，变频器的 STF 端子输入为 ON，变频器驱动电动机正转，如果 A 端输出为 ON，则 A、C 端子内部开关闭合，A 端外接灯泡会被点亮。由于 A、B 端子内部开关是联锁的，A、C 内部接通时 B、C 内部断开。

（1）电路分析

CPU 的数字量端子接口电路如图 17-14 所示。

S1、S2、S3、S4、S5、S6 为数字量输入端子，COM（相当于图 17-13 中的 SD）为数字量输入公共端子，变频器可通过 24V 端子往外部设备供电。当 S1、COM 端子之间的外部开关闭合时，有电流从 S1 端子流出，电流途径是 24V→光电耦合器 U22 的发光管→R182→S1 端子→外部开关→COM 端子→地（-24V），有电流流过光电耦合器 U22，U22 导通，给 CPU 的 20 脚输入一个低电平，CPU 根据该脚预先的定义执行相应程序，再发出相应的驱动或控制信号。比如 S1 端子定义为反转控制，CPU 的 20 脚接到低电平后知道 S1 端子输入为 ON，马上送出与正转不同的反转驱动脉冲去逆变电路，让逆变电路输出与正转不同的三相反转电源，驱动电动机反向运转。

MA、MC、MB、M1、M2 为数字量输出端子。当 CPU 的 2 脚输出高电平时，三极管 VT3 导通，有电流流过继电器 K1 线圈，K1 常开触点闭合、常闭触点断开，结果 MA、MC 端子内部接通，而 MB、MC 端子内部断开。

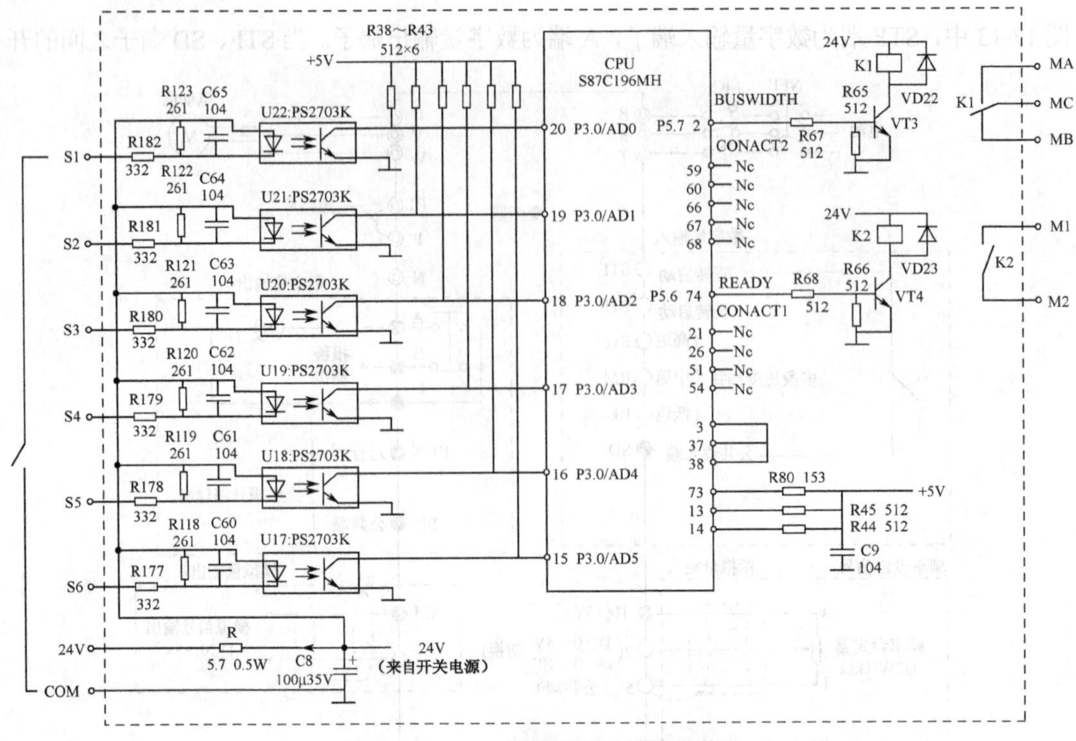

图 17-14　CPU 的数字量端子接口电路

（2）故障检修

① 某数字输入端子输入无效。这种故障是由该数字输入端子接口电路损坏所致。以 S1 端子输入无效为例，检查时测量 CPU 的 20 脚，正常应为高电平，然后将 S1 端子外接开关闭合，20 脚电压应降为低电平。如果闭合开关后 20 脚电压仍为高电平，则可能是 R182 开路，光电耦合器 U22 短路，R123、C65 短路。

② 所有的数字输入端子均无效。这种故障是由数字输入端子公共电路损坏所致。先检测数字输入端子接口电路的 24V 电源是否正常，若不正常，可检测 C8 是否短路。如果 C8 正常，应检查开关电源 24V 电压输出电路。另外，接口电路的+5V 电压不正常、COM 端子开路，也会导致该故障的出现。

③ 某数字输出端子无法输出。这种故障是由该数字输出端子接口电路损坏所致。以 M1、M2 端子为例，在 VT4 的基极与+5V 电源之间串接一个 2kΩ 的电阻，为 VT4 基极提供一个高电平，同时测量 M1、M2 端子是否接通。如果两端子接通，表明 VT4 及继电器 K2 正常，故障在于 R68 开路或 CPU 74 脚内部电路损坏；如果两端子不能接通，应检查 VT4、继电器 K2 和两端子等。在确定某输出端是否有故障前，一定要明白该端子在何种情况下有输出，只有在该情况下无输出时才能确定该端子接口电路有故障。

2．模拟量端子接口电路

（1）电路分析

模拟量端子用于输入或输出连续变化的电压或电流。CPU 的模拟量端子接口电路如图 17-15 所示。

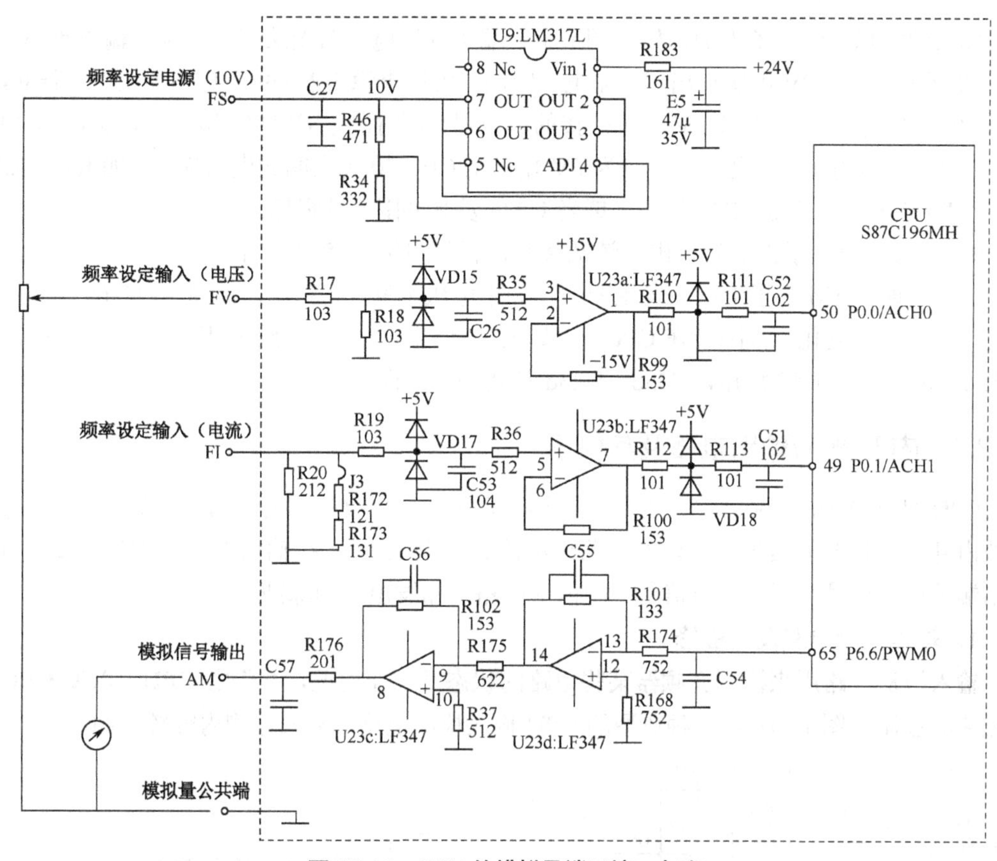

图 17-15　CPU 的模拟量端子接口电路

FS 为频率设定电源输出端，变频器内部 24V 电压送入 U9 的 1 脚，经稳压调整后从 7 脚输出 10V 电压，再送到 FS 端子。

FV 为电压/频率设定输入端子，该端子可以输入 0～10V 电压。电压先经 R17、R18 分压成 0～5V 电压，再经由 U23a 送到 CPU 的 50 脚。FV 端子输入电压越高，CPU 的 50 脚输入电压也越高，CPU 会送出高频率的驱动脉冲去逆变电路，驱动逆变电路输出高频率的三相电源，让电动机转速更高。在使用电压方式调节输出频率时，通常在 FS 端子和模拟量公共端子之间接一个 1kΩ 的电位器，电位器的滑动端接 FV 端子，调节电位器即可调节变频器输出三相电源的频率。

FI 为电流/频率设定输入端子，该端子可以输入 0～20mA 电流。电流流过 R20、R172、R173 时，在电阻上会得到 0～5V 的电压，电压经 U23b 送到 CPU 的 49 脚。FI 端子输入电流越大，CPU 的 49 脚输入电压越高，CPU 送出驱动脉冲使逆变电路输出高频率的三相电源，让电动机转速变快。

AM 为模拟信号输出端子，可以输出 0～10V 电压，常用于反映变频器输出电源的频率，输出电压越高，表示输出电源频率越高。当该端子外接 10V 量程的电压表时，可以通过该表监视变频器输出电源的频率变化情况。

（2）故障检修

① 使用模拟量输入端子无法调节变频器的输出频率。该故障是由该模拟量输入接口电

路损坏所致。以 FV 端子为例，如果调节 FV 端子外接电位器无法调节变频器输出频率，先测量 FS 端子有无 10V 电压输出。若无电压输出，可检查稳压器 U9 及其外围元件；若 FS 端子有 10V 电压输出，可调节 FV 端子外接的电位器，同时测量 CPU 50 脚电压，正常 50 脚电压应有变化。若电压无变化，故障应为 FV 端子至 CPU 50 脚之间的电路损坏，如 R17、R35、R110、R111 开路，C26、C52 短路，或者 U23a 及其外围元件损坏。

② 模拟信号端子无信号输出。该故障是由模拟量输出接口电路损坏所致。在调节变频器输出频率时，AM 端子电压应发生变化。如果电压不变，可进一步测量 CPU 65 脚电压是否变化。若电压变化，故障应在 CPU 65 脚至 AM 端子之间的电路损坏，如 R174、R175、R176 开路，C54、C57 短路，U23c、U23d 及其外围元件损坏。

17.2.3 内部输入/输出电路及其检修

CPU 是变频器的控制中心。在输入方面，它除了要接收外部端子的输入信号，还要接收反映内部电路情况的信号（如内部电路过电流、过电压等）；在输出方面，它除了要往外部输出端子输出信号，还要发出信号控制内部电路（如发出驱动脉冲）。

1. 输入检测电路及其检修

输入检测电路用来检测变频器某些电路的状态及工作情况，并告之 CPU，以便 CPU 做出相应的控制。图 17-16 是一种典型的 CPU 输入检测电路，输入检测内容较全面。

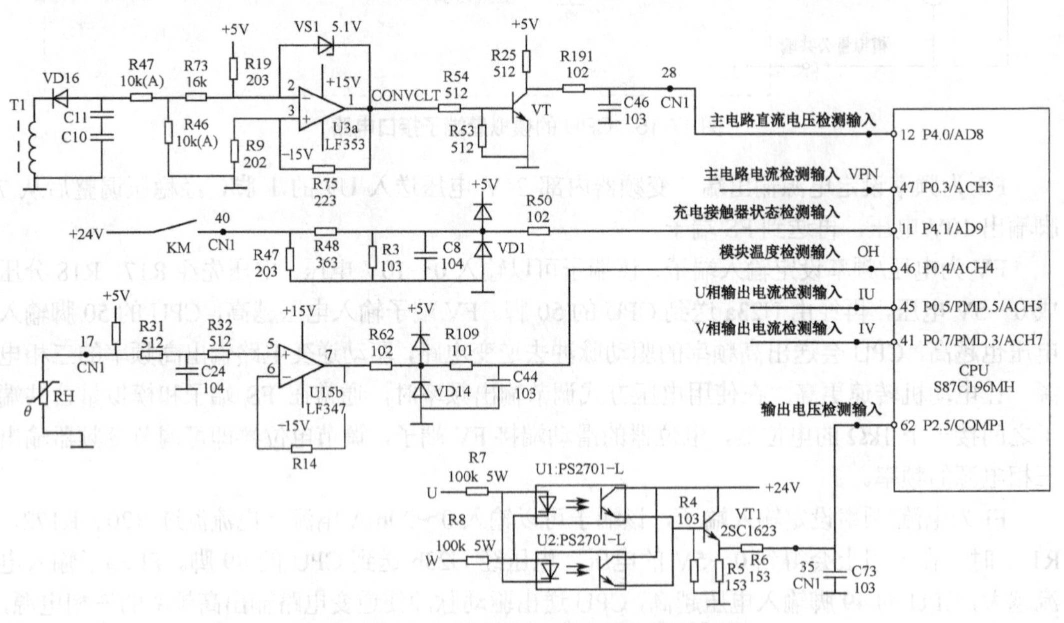

图 17-16 一种典型的 CPU 输入检测电路

（1）主电路直流电压检测输入电路

开关变压器 T1 次级线圈上负下正电动势经 VD16 对 C11、C10 充电，在电容上充得上负下正的负压，它送到 U3a 反相放大后输出，去三极管 VT 的基极，放大后送到 CPU 的 12 脚，CPU 根据 12 脚电压来判断主电路电压的高低。主电路直流电压越高，C11、C10 上的负压越高，VT 基极的正压越高，CPU 的 12 脚电压越低。

该电路常见故障为变频器报欠电压（OL）或过电压。当 VD16、R47、R73 开路时，U3a 的 2 脚电压很高，1 脚输出低电平，三极管 VT 截止，CPU 12 脚电压很高，CPU 会误认为主电路电压很低而报 OL；另外，R54、VT 开路也会使 CPU 12 脚电压很高。当 VT、C46 短路或 R25 开路时，CPU 12 脚电压很低，CPU 会报过电压。

（2）充电接触器状态检测输入电路

变频器在刚通电时，输入电源通过整流电路和充电电阻对储能电容充电，当储能电容两端电压达到一定值时，让充电接触器触点闭合。变频器正常工作时，整流电路始终通过接触器触点对储能电容充电。如果正常工作时触点处于断开状态，储能电容充电仍需经过充电电阻，充电电流较小，电容两端电压偏低，主电路不能正常工作。为此，有些变频器设有充电接触器状态检测电路，在变频器正常工作时如果 CPU 检测到充电触点仍断开，则停机保护。在图 17-16 中，由开关电源为充电接触器 KM 的触点提供 24V 电压。如果触点处于断开状态，CPU 的 11 脚输入为低电平；触点闭合时 CPU 的 11 脚输入为高电平。

该电路常见故障为变频器报充电接触器故障或欠电压故障。例如，当 R48、R50 开路，C8 短路时，都会使 CPU 的 11 脚输入为低电平，CPU 会误认为充电接触器触点未闭合，而做出充电接触器故障报警。

（3）模块温度检测输入电路

RH 为温度检测传感器（热敏电阻），当模块温度变化时，RH 的阻值会发生变化，U15b 的 5 脚电压也会变化，送到 CPU 46 脚的电压随之变化。如果模块温度过高，会使 CPU 46 脚电压达到一定值，CPU 则认为模块温度过高，会做出过热报警，并停机保护。

该电路常见故障为变频器报过热（OH）故障。当变频器报 OH 故障时，可检查整流和逆变模块是否真正过热，若温度正常，应检查 CPU 46 脚外围的温度检测电路。在检查时，用导线短路温度传感器 RH，同时测量 CPU 46 脚电压有无变化。若无变化，说明 RH 至 CPU 46 脚之间的电路不正常，因为该电路无法将 RH 阻值变化引起的电压变化传递给 CPU；若有变化，则可能是温度传感器损坏。

（4）输出电压检测输入电路

由输出电压检测电路送来的 U、W 相检测电平送到光电耦合器 U1、U2，U1、U2 导通。如果输出电压过高，U、W 检测电平为高电平，U1、U2 导通，三极管 VT1 也导通，CPU 的 62 脚得到一个高电平信号。

该电路常见故障为变频器报过电压故障。例如，U1、U2 的光敏管短路，VT1 短路，CPU 62 脚输入高电平，而 CPU 做出过电压报警。

（5）其他输入电路

CPU 还具有检测主电路输入电流及逆变电路 U、V 相输出电流等功能，具体检测电路可参见 17.1 节内容。

2．CPU 输出驱动脉冲电路及其检修

（1）电路分析

逆变电路工作所需的六路驱动脉冲由 CPU 提供，由于 CPU 输出的驱动脉冲幅度较小，故通常需要将 CPU 输出的驱动脉冲先进行一定程度的放大，再送到驱动电路。CPU 输出驱动脉冲电路如图 17-17 所示，74LS07 为六路缓冲放大器，它将 CPU 送来的六路驱动脉冲放大后输出，送至驱动电路。

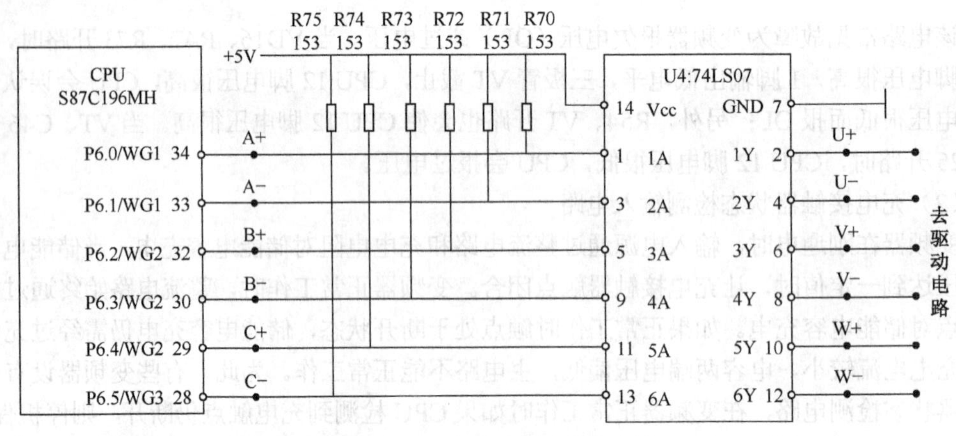

图 17-17　CPU 输出驱动脉冲电路

（2）故障检修

CPU 输出驱动脉冲电路常见故障及其原因如下：

① 三相输出断相、电动机剧烈振动。当缺少一路或两路驱动脉冲时，会出现这种故障。例如，缺少 A+脉冲的可能原因有 R70 开路，U4 的 1、2 脚之间的放大器损坏等。驱动电路有一个特点：在驱动脉冲输入期间，IGBT 压降检测有效；而无驱动脉冲输入时，IGBT 保护电路检测无效。因此，当驱动电路缺少一路或两路驱动脉冲时，并不会报出 OC 故障。

② 操作面板有输出频率显示，但变频器无三相电压输出。面板有输出频率显示，说明 CPU 已输出驱动脉冲，变频无三相电压输出的原因在于 CPU 送出的驱动脉冲未送到驱动电路，出现这种情况可能是 U4 供电不正常或 U4 损坏。

3．控制信号输出电路及其检修

控制信号输出电路的功能是根据有关输入信号或内部程序的要求，CPU 送出控制信号去控制有关电路。图 17-18 是一种变频器的控制信号输出电路。

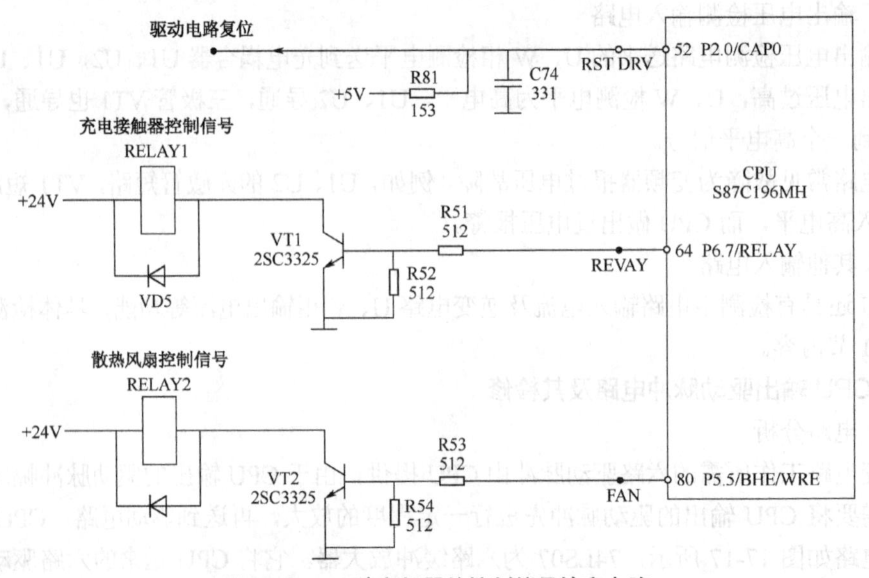

图 17-18　一种变频器的控制信号输出电路

CPU 的 64 脚为充电接触器控制端。在变频器刚接通电源时，输入电源经整流电路、充电电阻对储能电容充电，由于充电电阻的限流作用，充电电流较小，这样不容易损坏整流电路。当 CPU 通过主电路电压检测电路知道储能电容两端电压达到一定值时，从 64 脚输出高电平，三极管 VT1 导通，有电流流过充电接触器线圈，接触器触点闭合，以后整流电路通过接触器触点对储能电容充电。VD5 为阻尼二极管，用于吸收三极管 VT1 导通转为截止时线圈产生的左负右正的反峰电压，防止其击穿 VT1。

充电接触器控制电路损坏的故障表现为充电接触器触点无法闭合，应检查 R51、VT1 和接触器线圈是否开路，+24V 电压是否丢失。

CPU 的 80 脚为散热风扇运行控制端。CPU 通过温度检测电路探测整流和逆变电路的温度，当温度上升到一定值时，CPU 从 80 脚输出高电平，VT2 导通，有电流流过继电器线圈，继电器触点闭合，为散热风扇接通电源，让散热风扇对有关模块降温。

散热风扇控制电路损坏的故障表现为风扇不会运转，应检查 R53、VT2 和继电器线圈是否开路，+24V 电压是否丢失。

附录A　常用电气图用图形符号

图形符号	说　明
1. 符号要素、限定符号和其他常用符号	
	直流 说明：电压可标注在符号右边，系统类型可标注在符号左边
	交流（低频） 说明：频率或频率范围及电压的数值可标注在符号右边，相数和中性线存在时标注在符号左边
	中频（音频）
	高频（超高频、载频或射频）
	交直流
N	中性（中性线）
M	中间线
+	正极性
-	负极性
	正脉冲
	负脉冲
	正阶跃函数
	负阶跃函数
	接地一般符号 注：如表示接地的状况或作用不够明显，可补充说明
	保护接地
	接机壳或接底板
	保护等电位连接
	功能性等电位连接

图形符号	说　明
2. 导体和连接件	
3	导线、导线组、电线、电缆、电路、线路、母线（总线）一般符号 注：当用单线表示一组导线时，若需示出导线数可加短斜线或画一条短斜线加数字表示 示例：三根导线 示例：三根导线
	柔性连接
	屏蔽导体
	导体的连接点
	端子 注：必要时圆圈可画成圆黑点
	可拆卸的端子
形式1　形式2	导体的T形连接
形式1　形式2	导线的双重连接
	导线或电缆的分支和合并
	导线的不连接（跨越）
	导线直接连接　导线接头
	接通的连接片
	断开的连接片

续表

图 形 符 号	说　　明
2. 导体和连接件	
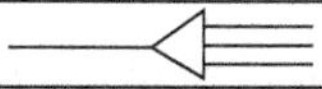	电缆密封终端头多线表示
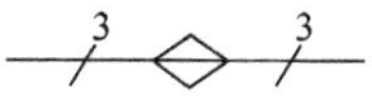 3　3	电缆直通接线盒单线表示
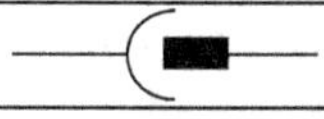	插头和插座
3. 基本无源元件	
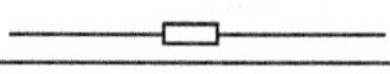	电阻器的一般符号
	可变电阻器 可调电阻器
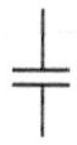	电容器的一般符号
	可变电容器 可调电容器
	电感器、绕组 线圈、扼流圈 示例：带磁芯的电感器
4. 半导体和电子管	
	半导体二极管的一般符号
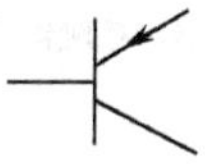	PNP 型半导体管
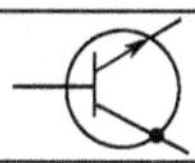	集电极接管壳的 NPN 型半导体管
5. 电能的发生与转换	
	两相绕组
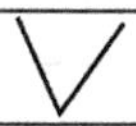	V 形（60°）连接的三相绕组
	中性点引出的四相绕组
	T 形连接的三相绕组
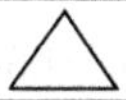	三角形连接的三相绕组
	开口三角形连接的三相绕组
	星形连接的三相绕组
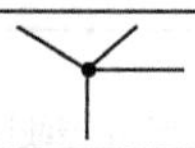	中性点引出的星形连接的三相绕组
5. 电能的发生与转换	
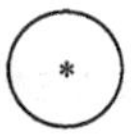 *	电机一般符号 注：符号内星号必须用规定的字母代替
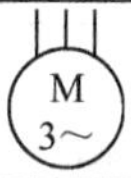 M 3～	三相笼型异步电动机
形式1 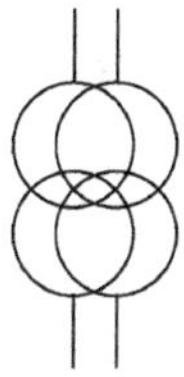　形式2 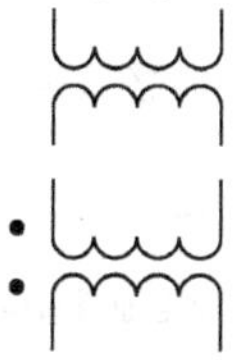	双绕组变压器，一般符号 注：瞬时电压的极性可以在形式 2 中表示 示例：示出时电压极性标记的双绕组变压器，流入绕组标记端的瞬时电流产生辅助磁通
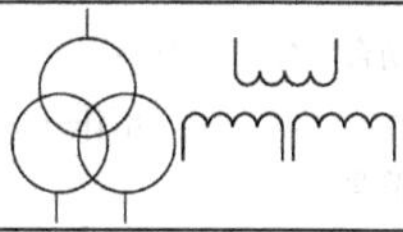	三绕组变压器，一般符号
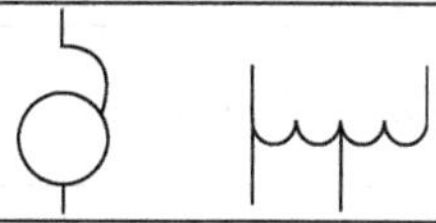	自耦变压器，一般符号
	电抗器（扼流圈），一般符号
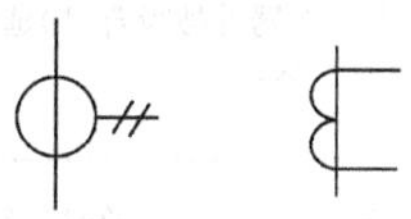	电流互感器 脉冲变压器
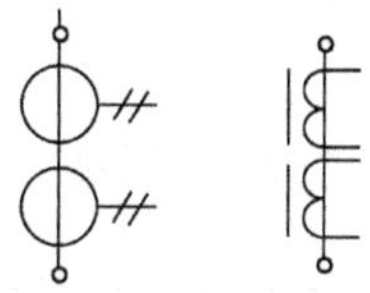	具有两个铁芯，每个铁芯有一个次级绕组的电流互感器
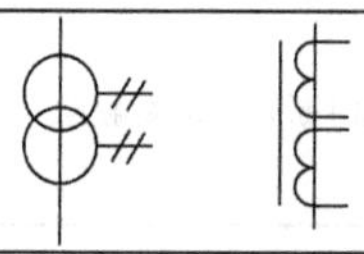	在一个铁芯上具有两个次级绕组的电流互感器
	电压互感器

续表

图形符号	说　明	图形符号	说　明
5. 电能的发生与转换		6. 开关、控制和保护器件	
	Y-△连接的三相变压器		无自动复位的旋转开关、旋钮开关
	整流器方框符号		位置开关和限制开关的动合触点
	桥式全波整流方框符号		位置开关和限制开关的动断触点
	原电池或蓄电池		开关
6. 开关、控制和保护器件			三级开关 单线表示 多线表示
形式1　形式2	动合（常开）触点 注：本符号也可用作开关一般符号		接触器，接触器的主动合触点
	动断（常闭）触点		接触器，接触器的主动断触点
	中间断开的双向转换触点		断路器
	（当操作器件被吸合时）延时闭合的动合触点		隔离开关
	（当操作器件被释放时）延时断开的动合触点		负荷开关
	延时闭合的动断触点	形式1　形式2	动作机构，一般符号 继电器线圈，一般符号
	延时断开的动断触点		缓慢释放继电器线圈
	手动开关的一般符号		缓慢吸合继电器线圈
	按钮开关		

续表

图形符号	说明
6. 开关、控制和保护器件	
	快速继电器（快吸和快放）线圈
~	交流继电器线圈
	热继电器驱动器件
	瓦斯保护器件，气体继电器
	熔断器的一般符号
	熔断器开关
	火花间隙
	避雷器
7. 测量仪表、灯和信号器件	
*	指示仪表，一般符号 *被测量的量和单位的文字符号从IEC60027中选择
*	记录仪表，一般符号 *被测量的量和单位的文字符号应从IEC60027中选择
*	积算仪表，一般符号 别名：能量仪表 *被测量的量和单位的文字符号应从IEC60027中选择
A	电流表
P	功率表

图形符号	说明
7. 测量仪表、灯和信号器件	
V	电压表
var	无功功率表
$\cos\varphi$	功率因数表
Hz	频率计
	示波器
	检流计
n	转速表
Wh	电能表，瓦时计
varh	无功电能表
	灯，一般符号 别名：信号灯
	电喇叭
	电铃；音响信号装置，一般符号
	报警器
	蜂鸣器

续表

图形符号		说　明	图形符号	说　明
8. 建筑、安装平面布置图			8. 建筑、安装平面布置图	
规划的	运行的			盒，一般符号
		发电站		用户端，供电引入设备
		变电所、配电所		配电中心（示出五路配线）
		地下线路		连接盒、接线盒
		架空线路	a $\frac{b}{c}$ Ad	带照明灯的电杆 a—编号 b—杆形 c—杆高 d—容量 A—连接相序
		套管线路		
		挂在钢索上的线路		
		事故照明线		电缆铺砖保护
		50V及以下电力及照明线路		电缆穿管保护
		控制及信号线路（电力及照明用）		母线伸缩接头
		用单线表示多种线路		电缆分支接头盒
		用单线表示多回路线路（或电缆管束）		屏、台、箱、柜一般符号
		母线一般符号		动力或动力-照明配电箱
		滑触线		照明配电箱（屏）
		中性线		事故照明配电箱（屏）
		保护线		按钮一般符号
		保护线和中性线共用线		单相电源插座，一般符号
		向上配线		暗装
		向下配线		密闭（防水）
		垂直通过配线		防爆

续表

图形符号	说　明
8. 建筑、安装平面布置图	
	带保护极的单相（电源）插座 暗装 密闭（防水） 防爆
	带保护极的三相插座 暗装 密闭（防水） 防爆
	电信插座，一般符号
	开关，一般符号
	单极开关 暗装 密闭（防水） 防爆

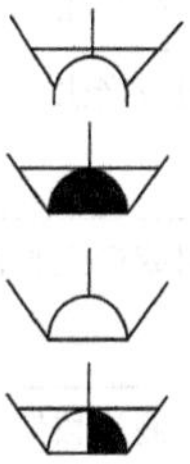

图形符号	说　明
8. 建筑、安装平面布置图	
	双极开关 暗装 密闭（防水） 防爆
	三极开关 暗装 密闭（防水） 防爆
	照明引出线位置
	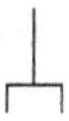 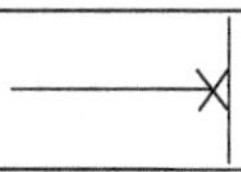 墙上照明引出线位置
	  荧光灯，一般符号
5	 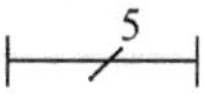 多管荧光灯（图示五管）
	投光灯，一般符号
	自带电源的应急照明灯
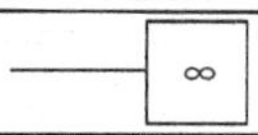 ∞	风扇

附录B　常用电气设备用图形符号

序　号	名　称	符　号	尺寸比例（$h \times b$）	应 用 范 围
1	直流电	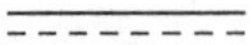	$0.36a \times 1.40a$	适用于直流电设备的铭牌上及用于表示直流电的端子
2	交流电		$0.44a \times 1.46a$	适用于交流电设备的铭牌上及用于表示交流电的端子
3	正号、正极		$1.20a \times 1.20a$	表示使用或产生直流电设备的正端
4	负号、负极		$0.08a \times 1.20a$	表示使用或产生直流电设备的负端
5	电池检测	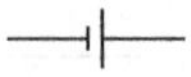	$0.80a \times 1.00a$	表示电池测试按钮和表明电池情况的灯或仪表
6	电池定位	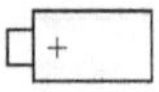	$0.54a \times 1.40a$	表示电池盒（箱）本身及电池的极性和位置
7	整流器		$0.82a \times 1.46a$	表示整流设备及其有关接线端和控制装置
8	变压器	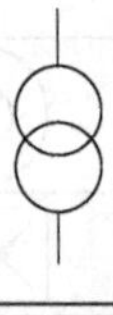	$1.48a \times 0.80a$	表示电气设备可通过变压器与电力线连接的开关、控制器、连接器或端子，也可用于变压器包封或外壳上
9	熔断器		$0.54a \times 1.46a$	表示熔断盒及其位置
10	危险电压		$1.26a \times 0.50a$	表示危险电压引起的危险
11	Ⅱ类设备	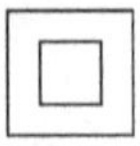	$1.04a \times 1.04a$	表示能满足第Ⅱ类设备（双重绝缘设备）安全要求的设备
12	接地		$1.30a \times 0.79a$	表示接地端子
13	保护接地		$1.16a \times 1.16a$	表示在发生故障时防止电击的与外保护导体相连接的端子，或与保护接地电极相连接的端子
14	接地壳、接机架	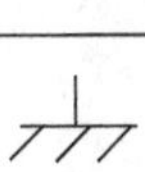	$1.25a \times 0.91a$	表示连接机壳、机架的端子
15	输入	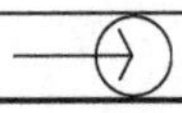	$1.00a \times 1.46a$	表示输入端

续表

序号	名称	符号	尺寸比例（h×b）	应用范围
16	输出	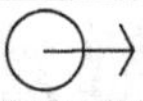	1.00*a*×1.46*a*	表示输出端
17	通		1.12*a*×0.08*a*	表示已接通电源，必须标在电源开关或开关的位置
18	断		1.20*a*×1.20*a*	表示已与电源断开，必须标在电源开关或开关的位置
19	可变性（可调性）		0.40*a*×1.40*a*	表示量的被控方式，被控量随图形的宽度而增加
20	调到最小	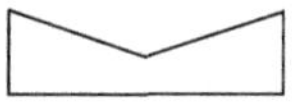	0.60*a*×1.36*a*	表示量值调到最小值的控制
21	调到最大	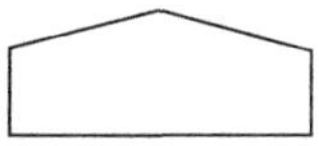	0.58*a*×1.36*a*	表示量值调到最大值的控制
22	灯、照明、照明设备		1.32*a*×1.34*a*	表示控制照明光源的开关
23	亮度、辉度		1.40*a*×1.40*a*	表示诸如亮度调节器、电视接收机等设备的亮度、辉度控制
24	对比度		1.16*a*×1.16*a*	表示诸如电视接收机等的对比度控制
25	色饱和度		1.16*a*×1.16*a*	表示彩色电视机等设备上的色彩饱和度控制

注：表中 *a*=50mm。

附录C　电气设备基本文字符号

项目种类	详细分类	单字母符号	双字母符号
组件和部件	结构单元	A	
	功能单元	A	
	功能组件	A	
	分离元件放大器	A	
	半导体放大器	A	AD
	集成电路放大器	A	AJ
	磁放大器	A	AM
	电子管放大器	A	AV
	印制电路板	A	AP
	抽屉柜	A	AT
	支架盘	A	AR
	本表其他地方未规定的组件、部件	A	
变换器（电量⇄非电量）	热电传感器	B	
	热电池	B	
	光电池	B	
	测功计	B	
	晶体换能器	B	
	送话器	B	
	拾音器	B	
	电喇叭	B	
	耳机	B	
	自整角机	B	
	旋转变压器	B	
	模拟和多级数字变换器或传感器	B	
	压力变换器（用于指示或测量）	B	BP
	位置变换器	B	BQ
	旋转变换器（测速发电机）	B	BR
	温度变换器	B	BT
	速度变换器	B	BV
电容器	电容器	C	
二进制元件 延迟器件 存储器件	延迟线	D	
	双稳态元件	D	
	单稳态元件	D	
	磁芯存储器	D	
	寄存器	D	
	磁带记录机	D	
	盘式记录机	D	

续表

项目种类	详细分类	单字母符号	双字母符号
其他元器件	发热器件	E	EH
	照明灯	E	EL
	空气调节器	E	EV
	本表其他地方未规定的部件	E	
保护器件	过电压放电器件	F	
	避雷器	F	
	瞬时动作的限流保护器	F	FA
	延时动作的限流保护器	F	FR
	瞬时和延时动作的限流保护器	F	FS
	熔断器	F	FU
	限电压保护器件	F	FV
发电机 电源 发生器	旋转发电机	G	
	振荡器	G	
	发生器	G	GS
	同步发电机	G	GS
	异步发电机	G	GA
	蓄电池	G	GB
	旋转或固定式变频	G	GF
信号器件	声响指示器	H	HA
	光指示器	H	HL
	指示灯	H	HL
继电器 接触器	瞬时接触继电器	K	KA
	瞬时有或无继电器	K	KA
	闭锁接触继电器	K	KL
	双稳态继电器	K	KL
	接触器	K	KM
	极化继电器	K	KP
	簧片继电器	K	KR
	延时有或无继电器	K	KT
	逆流继电器	K	KR
调制器 变换器	鉴频器	U	
	解调器	U	
	变频器	U	
	编码器	U	
	交流器	U	
	逆变器	U	
	整流器	U	
	电报译码器	U	
电子管 晶体管	气体放电管	V	
	二极管	V	VD
	晶体管	V	VT
	晶闸管	V	VT
	电子管	V	VE
	控制电路用电源整流管	V	VC

续表

项目种类	详细分类	单字母符号	双字母符号
传输通信 波导 天线	导线	W	
	电缆	W	
	母线	W	
	波导	W	
	波导定向耦合器	W	
	耦合天线	W	
	抛物天线	W	
端子 插头 插座	连接插头和插座	X	
	接线柱	X	
	电缆封端和接头	X	
	焊接端子板	X	
	连接片	X	XB
	测试插孔	X	XJ
	插头	X	XP
	插座	X	XS
	端子板	X	XT
电气操作的机械器件	气阀	Y	
	电磁铁	Y	YA
	电磁制动器	Y	YB
	电磁离合器	Y	YC
	电磁吸盘	Y	YH
	电动阀	Y	YM
	电磁阀	Y	YV
终端设备 混合变压器 滤波器 均衡器 限幅器	电缆平衡网络	Z	
	压缩扩展器	Z	
	晶体滤波器	Z	
	网络	Z	

附录 D　电气设备辅助文字符号

文字符号	含　义	文字符号	含　义	文字符号	含　义
A	电流	F	快速	PU	保护不接地
A	模拟	FB	反馈	R	记录
AC	交流	FW	正、向前	R	右
A，AUT	自动	GN	绿	R	反
ACC	加速	H	高	RD	红
ADD	附加	IN	输入	R，RST	复位
ADJ	可调	INC	增	RES	备用
AUX	辅助	IND	感应	RUN	运转
ASY	异步	L	左	S	信号
B，BRK	制动	L	限制	ST	启动
BK	黑	L	低	S，SET	置位、定位
BL	蓝	LA	闭锁	SAT	饱和
BW	向后	M	主	STE	步进
C	控制	M	中	STP	停止
CW	顺时针	M	中间线	SYN	同步
CCW	逆时针	M，MAN	手动	T	温度
D	延时（延迟）	N	中性线	T	时间
D	差动	OFF	断开	TE	无噪声（防干扰）接地
D	数字	ON	闭合	UV	紫外线
D	降	OUT	输出	V	真空
DC	直流	P	压力	V	电压
DEC	减	P	保护	V	速度
E	接地	PE	保护接地	WH	白
EM	紧急	PEN	保护接地与中性线共用	YE	黄